소방승진

위험물안전관리법 최종모의고사

소방위 · 장 공통

시대에듀

2025 시대에듀 소방승진 위험물안전관리법 최종모의고사

Always **with you**

사람의 인연은 길에서 우연하게 만나거나 함께 살아가는 것만을 의미하지는 않습니다.
책을 펴내는 출판사와 그 책을 읽는 독자의 만남도 소중한 인연입니다.
시대에듀는 항상 독자의 마음을 헤아리기 위해 노력하고 있습니다. 늘 독자와 함께하겠습니다.

화재감식평가기사 · 산업기사, 소방승진(위험물안전관리법, 소방전술, 소방기본법, 소방공무원법)시험과 관련된 도서문의, 자료 및 최신 개정법령, 추록, 정오표는 저자가 운영하는 진격의 소방카페를 통해 확인하실 수 있습니다.

진격의 소방(cafe.naver.com/sogonghak)

머리말 PREFACE

공부에 들어가기 전에...

먼저, "시대에듀 소방승진 시리즈"를 사랑해주신 모든 소방공무원 여러분께 감사드립니다.

덥고 습한 여름날 일선 현장에서 화재진압, 구조구급, 행정업무에 이어 비번 날에도 쉬지 못하고 책과 씨름을 해야 하는 수험생의 입장을 경험자로서 충분히 이해할 수 있습니다.

이렇듯 경험자로서 충분히 공감하기에 본 문제집을 통해 반드시 알고 있어야 할 핵심 내용을 모의고사 형식으로 풀어봄으로써 지금까지 공부한 것을 최종마무리로 다질 수 있도록 하였습니다. 여러분들이 결국에는 꼭 합격하여 승진의 기쁨을 만끽하시길 간절히 바랍니다.

도서의 특징

"소방위"로 합격의 영광에 이르기까지 저자 또한 몇 번의 승진시험 실패의 아픈 경험이 있었던 것도 사실입니다. 그동안 시중에 출간된 수험서를 탐독하여 장단점을 비교, 분석하였습니다. 또한 예상(기출)문제 풀이 경험, 출제위원의 출제 성향 파악 등을 바탕으로 수험자의 마음을 반영한 입장에서 최소의 노력으로 최대의 효과를 만들어 좋은 성과를 맺을 수 있도록 승진시험에 대한 수많은 노하우를 싣고자 노력하였습니다.

❶ 소방학교 기본교재를 중심으로 최근 개정된 법령까지 완벽 대비할 수 있는 요점정리와 문제로 구성하였습니다.

❷ 빨 · 간 · 키를 따로 첨부하여 공부하는 데 복습효과를 극대화하고 불필요한 시간낭비를 줄이고자 하였습니다.

❸ 공개문제와 소방위 및 각 시 · 도 교/장 기출문제를 최대한 복원하여 수록하였습니다.

❹ 현재 출제빈도와 난이도를 분석하여 수험생들에게 공부 방향을 제시할 수 있도록 하였습니다.

❺ 승진시험에 직접 응시한 저자가 경험한 기출 및 예상문제를 통하여 출제경향을 파악하고 충분한 해설로 이해를 돕고자 노력하였습니다.

이렇듯, 다수의 승진시험 경험을 바탕으로 수험자의 마음을 반영한 "시대에듀 소방승진 시리즈"와 모의고사 문제집으로 준비한다면 각 계급으로의 승진시험에 있어 좋은 성과가 있으리라 기대합니다.

편저자 **문옥섭**

이 책의 구성과 특징 STRUCTURES

빨리보는 간단한 키워드

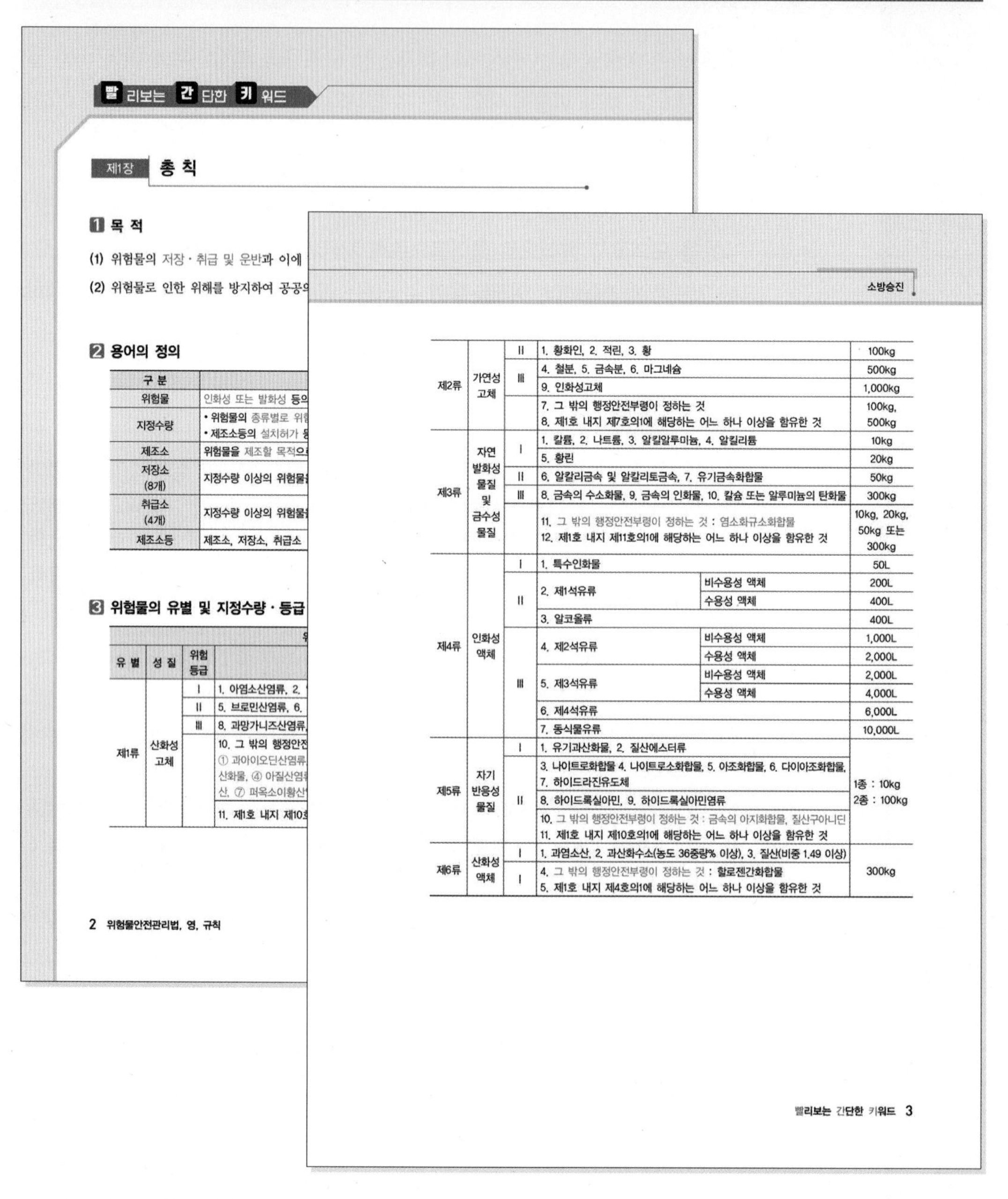

빨리보는 간단한 키워드

제1장 총 칙

1 목 적

(1) 위험물의 저장 · 취급 및 운반과 이에

(2) 위험물로 인한 위해를 방지하여 공공의

2 용어의 정의

구 분	
위험물	인화성 또는 발화성 등의
지정수량	• 위험물의 종류별로 위험 • 제조소등의 설치허가 등
제조소	위험물을 제조할 목적으로
저장소(8개)	지정수량 이상의 위험물을
취급소(4개)	지정수량 이상의 위험물을
제조소등	제조소, 저장소, 취급소

3 위험물의 유별 및 지정수량 · 등급

유 별	성 질	위험등급	
제1류	산화성 고체	I	1. 아염소산염류, 2.
		II	5. 브로민산염류, 6.
		III	8. 과망가니즈산염류,
			10. 그 밖의 행정안전 ① 과아이오딘산염류, 산화물, ④ 아질산염류 산, ⑦ 퍼옥소이황산
			11. 제1호 내지 제10호

2 위험물안전관리법, 영, 규칙

소방승진

제2류	가연성 고체	II	1. 황화인, 2. 적린, 3. 황		100kg
		III	4. 철분, 5. 금속분, 6. 마그네슘		500kg
			9. 인화성고체		1,000kg
			7. 그 밖의 행정안전부령이 정하는 것 8. 제1호 내지 제7호의1에 해당하는 어느 하나 이상을 함유한 것		100kg, 500kg
제3류	자연발화성물질 및 금수성물질	I	1. 칼륨, 2. 나트륨, 3. 알킬알루미늄, 4. 알킬리튬		10kg
			5. 황린		20kg
		II	6. 알칼리금속 및 알칼리토금속, 7. 유기금속화합물		50kg
		III	8. 금속의 수소화물, 9. 금속의 인화물, 10. 칼슘 또는 알루미늄의 탄화물		300kg
			11. 그 밖의 행정안전부령이 정하는 것 : 염소화규소화합물 12. 제1호 내지 제11호의1에 해당하는 어느 하나 이상을 함유한 것		10kg, 20kg, 50kg 또는 300kg
제4류	인화성 액체	I	1. 특수인화물		50L
		II	2. 제1석유류	비수용성 액체	200L
				수용성 액체	400L
			3. 알코올류		400L
		III	4. 제2석유류	비수용성 액체	1,000L
				수용성 액체	2,000L
			5. 제3석유류	비수용성 액체	2,000L
				수용성 액체	4,000L
			6. 제4석유류		6,000L
			7. 동식물유류		10,000L
제5류	자기반응성물질	I	1. 유기과산화물, 2. 질산에스터류		1종 : 10kg 2종 : 100kg
		II	3. 나이트로화합물 4. 나이트로소화합물, 5. 아조화합물, 6. 다이아조화합물, 7. 하이드라진유도체		
			8. 하이드록실아민, 9. 하이드록실아민염류		
			10. 그 밖의 행정안전부령이 정하는 것 : 금속의 아지화합물, 질산구아니딘 11. 제1호 내지 제10호의1에 해당하는 어느 하나 이상을 함유한 것		
제6류	산화성 액체	I	1. 과염소산, 2. 과산화수소(농도 36중량% 이상), 3. 질산(비중 1.49 이상)		300kg
		I	4. 그 밖의 행정안전부령이 정하는 것 : 할로젠간화합물 5. 제1호 내지 제4호의1에 해당하는 어느 하나 이상을 함유한 것		

빨리보는 간단한 키워드 3

▸ 필수적으로 학습해야 하는 중요 키워드를 출제기준에 맞춰 수록하였습니다. 시험보기 전 간단하게 학습했던 내용을 상기시키고 시험에 임할 수 있도록 하였습니다.

기출복원문제

CHAPTER 2024년 소방위 소방법령Ⅳ

02 공개문제

▶ 본 공개문제는 2023년 11월 2일에 시행한 소방위
관한 문제만 수록하였습니다.

01 「위험물안전관리법 시행령」상 위험
① 제1류 위험물인 "산화성고체"라 함
섭씨 20도 초과 섭씨 40도 이하에
것)외의 것을 말한다]로서 산 화력
기 위하여 소방청장이 정하여 고시
것이다.
② 제3류 위험물인 "자연발화성 및 금
의 위험이 있거나 물과 접촉하여
말한다.
③ 제4류 위험물인 "인화성액체"라 함
25도에서 액체인 것만 해당한다)
④ 제5류 위험물인 "자기반응성물질"
격렬함을 판단하기 위하여 고시로
것을 말하며, 위험성 유무와 등급

해설 위험물 유별의 성질과 상태

성질 및 상태	
산화성 고체	고체[액체(1기압 및 섭 액상인 것을 말한다. 이 서 산화력의 잠재적인 정하여 고시하는 시험어 함은 수직으로 된 시험 다)에 시료를 55밀리미 선단이 30밀리미터를
가연성 고체	고체로서 화염에 의한 는 시험에서 고시로 정

CHAPTER 2024년 소방장 소방법령Ⅲ

01 공개문제

▶ 본 공개문제는 2024년 11월 2일에 시행한 소방장 승진시험 과목 중 제2과목 소방법령 Ⅲ에서 위험물안전관리법령에 관한 문제만 수록하였습니다.

01 「위험물안전관리법」 및 같은 법 시행령과 시행규칙상 위험물의 운반 및 운송에 관한 내용으로 옳지 않은 것은?

① 위험물(제4류 위험물에 있어서는 특수인화물, 제1석유류 및 알코올류에 한한다)을 운송하게 하는 자는 별지 제48호 서식의 위험물안전카드를 위험물운송자로 하여금 휴대하게 해야 한다.
② 알킬알루미늄, 알킬리튬 운송에 있어서는 운송책임자(위험물 운송의 감독 또는 지원을 하는 자를 말한다)의 감독 또는 지원을 받아 이를 운송하여야 한다.
③ 기계에 의하여 하역하는 구조로 된 대형의 운반용기로서 행정안전부령이 정하는 것을 제작하거나 수입한 자 등은 행정안전부령이 정하는 바에 따라 당해 용기를 사용하거나 유통시키기 전에 시·도지사가 실시하는 운반용기에 대한 검사를 받아야 한다.
④ 중요기준이란 화재 등 위해의 예방과 응급조치에 있어서 큰 영향을 미치거나 그 기준을 위반하는 경우 직접적으로 화재를 일으킬 가능성이 큰 기준으로서 행정안전부령이 정하는 기준이다.

해설 위험물 운송책임자의 감독 또는 지원의 방법과 위험물의 운송 시에 준수하여야 하는 사항(위험물안전관리법 시행규칙 별표 21)
위험물(제4류 위험물에 있어서는 특수인화물 및 제1석유류에 한한다)을 운송하게 하는 자는 별지 제48호 서식의 위험물안전카드를 위험물운송자로 하여금 휴대하게 해야 한다.

정답 01 ①

▸ 2015년부터 2024년 최근까지의 소방위 · 소방장 · 법령Ⅲ · Ⅳ 공개문제 및 기출유사문제를 수록하였습니다. 문제를 풀어보며 시험의 출제경향을 파악하고 문제 하단에 있는 자세한 해설을 통해 모르는 부분도 충분히 이해하고 넘어갈 수 있습니다.

이 책의 구성과 특징 STRUCTURES

최종모의고사

CHAPTER 위험물안전관리법

25 최종모의고사

01 위험물저장 장소로서 옥내저장
는 창고에 있어서는 몇 m^2 이

① 300
③ 800

02 위험물의 유별 분류 및 지정수
① 염소화아이소사이아누르산
② 염소화규소화합물 - 제3류
③ 금속의 아지화합물 - 제5류
④ 할로젠간화합물 - 제6류 -

03 위험물안전관리법에 따른 충전
취급할 수 없는 위험물을 모두
① 알킬알루미늄등, 알세트알
② 알세트알데이드등 및 하이
③ 알킬알루미늄등 및 하이드
④ 알킬알루미늄등 및 알세트

04 위험물안전관리법상 주유취급
① 주유취급소에는 자동차 등
② 고정주유설비 또는 고정급
급받을 수 있도록 해야 한
③ 고정주유설비 또는 고정급
④ 펌프기기는 주유관 선단에
경우에는 분당 80리터 이하

CHAPTER 위험물안전관리법

01 최종모의고사

01 위험물안전관리법령상 한국소방산업기술원에 위탁할 수 있는 시·도지사 업무의 내용으로 옳지 않은 것은? 15년 소방위 17년 인천소방장

① 용량이 100만 리터 이상인 액체위험물을 저장하는 탱크안전성능검사
② 지정수량의 1천배 이상의 위험물을 취급하는 제조소 또는 일반취급소의 설치 또는 변경(사용 중인 제조소 또는 일반취급소의 보수 또는 부분적인 증설을 제외한다)에 따른 완공검사
③ 암반탱크저장소의 설치 또는 변경에 따른 완공검사
④ 지하탱크저장소의 위험물탱크 중 이중벽탱크의 완공검사

02 위험물안전관리법령상 제조소 또는 일반취급소의 설비 중 변경허가를 받을 필요가 없는 경우는? 14년, 17년, 18년, 21년 소방위 21년 소방장

① 배출설비를 신설하는 경우
② 불활성기체의 봉입장치를 신설하는 경우
③ 위험물취급탱크의 탱크전용실을 증설하는 경우
④ 펌프설비를 증설하는 경우

03 건축물 외벽이 내화구조이며 연면적 $300m^2$인 위험물 옥내저장소의 건축물에 대하여 소화설비의 소화능력단위는 최소한 몇 단위 이상이 되어야 하는가? 20년 소방장

① 1단위 ② 2단위
③ 3단위 ④ 4단위

04 제조소의 옥외에 모두 3기의 휘발유 취급탱크를 설치하고 그 주위에 방유제를 설치하고자 한다. 방유제 안에 설치하는 각 취급탱크의 용량이 5만 리터, 3만 리터, 2만 리터일 때, 필요한 방유제의 용량은 몇 리터 이상인가? 19년 소방위 19년 통합소방장

① 66,000 ② 60,000
③ 33,000 ④ 30,000

제1회 최종모의고사 | 135

▸ 시험에 자주 출제되는 이론을 바탕으로 저자가 직접 구성한 총 25회분의 최종모의고사를 수록하였습니다. 다양한 문제를 풀어보며 문제 유형을 익히고 실제 시험에 대비할 수 있습니다.

시험과 관련된 정보를 파악할 수 있는 카페

▸ 소방승진, 화재감식평가기사 · 산업기사 저자가 운영하는 진격의 소방(cafe.naver.com/sogonghak) 카페에서 시험과 관련된 도서문의, 자료 및 추록, 개정법령, 정오표를 확인하실 수 있습니다.

시험안내 INFORMATION

시험실시권자

❶ **소방청장** : 신규채용 및 승진시험과 소방간부후보생 선발시험(소방공무원법 제11조)
다만, 소방청장이 필요하다고 인정할 때에는 대통령령으로 정하는 바에 따라 그 권한의 일부를 시 · 도지사 또는 소방청 소속기관의 장에게 위임할 수 있다.

❷ **시험실시권의 위임**(소방공무원 승진임용 규정 제29조)
시 · 도 소속 소방공무원의 소방장 이하 계급으로의 시험 : 시 · 도지사

시험시행 및 공고

시험실시권자	소방청장, 시 · 도지사, 시험실시권의 위임을 받은 자
공 고	일시 · 장소 기타 시험의 실시에 관한 사항을 시험실시 20일 전까지 공고
응시서류의 제출	소방공무원 승진임용 규정 시행규칙 제30조 ㉠ **응시하고자 하는 자** : 응시원서(시행규칙 별지 제12호 서식)를 기재하여 소속기관의 장 또는 시험실시권자에게 제출 ㉡ **소속기관장** : 승진시험요구서(시행규칙 별지 제12호의2 서식)를 기재하여 시험실시권자에게 제출하여야 함

시험과목

필기시험의 과목은 다음 표와 같다(소방공무원 승진임용 규정 시행규칙 제28조 관련 별표 8).

구 분	과목수	필기시험과목
소방령 및 소방경 승진시험	3	행정법, 소방법령 Ⅰ · Ⅱ · Ⅲ 선택1(행정학, 조직학, 재정학)
소방위 승진시험	3	행정법, 소방법령Ⅳ, 소방전술
소방장 승진시험	3	소방법령Ⅱ, 소방법령Ⅲ, 소방전술
소방교 승진시험	3	소방법령Ⅰ, 소방법령Ⅱ, 소방전술

※ 비 고
(1) **소방법령Ⅰ** : 소방공무원법(같은 법 시행령 및 시행규칙을 포함한다. 이하 같다)
(2) **소방법령Ⅱ** : 소방기본법, 소방시설 설치 및 관리에 관한 법률 및 화재의 예방 및 안전관리에 관한 법률
(3) **소방법령Ⅲ** : 위험물안전관리법, 다중이용업소의 안전관리에 관한 특별법
(4) **소방법령Ⅳ** : 소방공무원법, 위험물안전관리법
(5) **소방전술** : 화재진압 · 구조 · 구급 관련 업무수행을 위한 지식 · 기술 및 기법 등

승진시험과목 『소방전술』 세부 출제범위(소방공무원 승진시험 시행요강 제9조 제3항 관련)

분 야	출제범위	비 고
화재분야	화재의 의의 및 성상	–
	화재진압의 의의	
	단계별 화재진압활동 및 지휘이론	
	화재진압 전술	
	소방용수 총론 및 시설	
	상수도 소화용수설비 등	
	재난현장 표준작전 절차(화재분야)	소방교 및 소방장 승진시험에서는 제외
	안전관리의 기본	–
	소방활동 안전관리	
	재해의 원인, 예방 및 조사	
	안전교육	
	소화약제 및 연소 · 폭발이론	소방교 승진시험에서는 제외
	위험물성상 및 진압이론	
	화재조사실무(관계법령 포함)	–
구조분야	구조개론	
	구조활동의 전개요령	
	군중통제, 구조장비개론, 구조장비 조작	
	기본구조훈련(로프, 확보, 하강, 등반, 도하 등)	
	응용구조훈련	
	일반(전문) 구조활동(기술)	
	재난현장 표준작전 절차(구조분야)	소방교 및 소방장 승진시험에서는 제외
	안전관리의 기본 및 현장활동 안전관리	–
	119구조구급에 관한 법률(시행령 및 시행규칙 포함)	
	재난 및 안전관리 기본법(시행령 및 시행규칙 포함)	소방교 및 소방장 승진시험에서는 제외
구급분야	응급의료개론	–
	응급의학총론	
	응급의료장비 운영	
	심폐정지, 순환부전, 의식장해, 출혈, 일반외상, 두부 및 경추손상, 기도 · 소화관이물, 대상이상, 체온이상, 감염증, 면역부전, 급성복통, 화학손상, 산부인과질환, 신생아질환, 정신장해, 창상	소방교 승진시험에서는 제외
소방차량 정비실무	소방자동차 일반	–
	소방자동차 점검 · 정비	
	소방자동차 구조 및 원리	
	고가 · 굴절 사다리차	

이 책의 차례 CONTENTS

※ 도서의 내용 및 오류 관련 문의는 진격의 소방(cafe.naver.com/sogonghak) 카페에서 하실 수 있습니다.

핵심이론정리 빨리보는 간단한 키워드

최신 기출복원문제(공개문제/소방위 · 소방장 기출유사문제)

1~25회 최종모의고사

이 책의 차례 CONTENTS

1~25회 정답 및 해설

빨간키

합격의 공식 시대에듀 www.sdedu.co.kr

빨리보는 간단한 키워드

시험장에서 보라

시험 전에 보는 핵심요약 키워드

시험공부 시 교과서나 노트필기, 참고서 등에 흩어져 있는 정보를 하나로 압축해 공부하는 것이 효과적이므로, 열 권의 참고서가 부럽지 않은 나만의 핵심키워드 노트를 만드는 것은 합격으로 가는 지름길입니다. 빨 · 간 · 키만은 꼭 점검하고 시험에 응하세요!

제1장 총 칙

1 목 적

(1) 위험물의 저장·취급 및 운반과 이에 따른 안전관리에 관한 사항 규정

(2) 위험물로 인한 위해를 방지하여 공공의 안전을 확보

2 용어의 정의

구 분	정 의
위험물	인화성 또는 발화성 등의 성질을 가지는 것으로서 대통령령이 정하는 물품
지정수량	• 위험물의 종류별로 위험성을 고려하여 대통령령이 정하는 수량 • 제조소등의 설치허가 등에 있어서 최저의 기준이 되는 수량
제조소	위험물을 제조할 목적으로 지정수량 이상의 위험물을 취급하기 위하여 허가받은 장소
저장소 (8개)	지정수량 이상의 위험물을 저장하기 위한 대통령령이 정하는 장소로서 허가받은 장소
취급소 (4개)	지정수량 이상의 위험물을 제조 외의 목적으로 취급하기 위한 대통령령이 정하는 장소
제조소등	제조소, 저장소, 취급소

3 위험물의 유별 및 지정수량·등급 17년, 19~24년 소방장 14년, 15년, 17~24년 소방위

위험물				지정수량
유 별	성 질	위험등급	품 명	
제1류	산화성 고체	Ⅰ	1. 아염소산염류, 2. 염소산염류, 3. 과염소산염류, 4. 무기과산화물	50kg
		Ⅱ	5. 브로민산염류, 6. 질산염류, 7. 아이오딘산염류	300kg
		Ⅲ	8. 과망가니즈산염류, 9. 다이크로뮴산염류	1,000kg
			10. 그 밖의 행정안전부령이 정하는 것 ① 과아이오딘산염류, ② 과아이오딘산, ③ 크로뮴, 납 또는 아이오딘의 산화물, ④ 아질산염류, ⑤ 차아염소산염류, ⑥ 염소화아이소사이아누르산, ⑦ 퍼옥소이황산염류, ⑧ 퍼옥소붕산염류	50kg, 300kg 또는 1,000kg
			11. 제1호 내지 제10호의1에 해당하는 어느 하나 이상을 함유한 것	

<table>
<tr><td rowspan="4">제2류</td><td rowspan="4">가연성
고체</td><td>II</td><td colspan="2">1. 황화인, 2. 적린, 3. 황</td><td>100kg</td></tr>
<tr><td rowspan="2">III</td><td colspan="2">4. 철분, 5. 금속분, 6. 마그네슘</td><td>500kg</td></tr>
<tr><td colspan="2">9. 인화성고체</td><td>1,000kg</td></tr>
<tr><td></td><td colspan="2">7. 그 밖의 행정안전부령이 정하는 것
8. 제1호 내지 제7호의1에 해당하는 어느 하나 이상을 함유한 것</td><td>100kg,
500kg</td></tr>
<tr><td rowspan="5">제3류</td><td rowspan="5">자연
발화성
물질
및
금수성
물질</td><td rowspan="2">I</td><td colspan="2">1. 칼륨, 2. 나트륨, 3. 알킬알루미늄, 4. 알킬리튬</td><td>10kg</td></tr>
<tr><td colspan="2">5. 황린</td><td>20kg</td></tr>
<tr><td>II</td><td colspan="2">6. 알칼리금속 및 알칼리토금속, 7. 유기금속화합물</td><td>50kg</td></tr>
<tr><td>III</td><td colspan="2">8. 금속의 수소화물, 9. 금속의 인화물, 10. 칼슘 또는 알루미늄의 탄화물</td><td>300kg</td></tr>
<tr><td></td><td colspan="2">11. 그 밖의 행정안전부령이 정하는 것 : 염소화규소화합물
12. 제1호 내지 제11호의1에 해당하는 어느 하나 이상을 함유한 것</td><td>10kg, 20kg,
50kg 또는
300kg</td></tr>
<tr><td rowspan="9">제4류</td><td rowspan="9">인화성
액체</td><td>I</td><td colspan="2">1. 특수인화물</td><td>50L</td></tr>
<tr><td rowspan="3">II</td><td rowspan="2">2. 제1석유류</td><td>비수용성 액체</td><td>200L</td></tr>
<tr><td>수용성 액체</td><td>400L</td></tr>
<tr><td colspan="2">3. 알코올류</td><td>400L</td></tr>
<tr><td rowspan="6">III</td><td rowspan="2">4. 제2석유류</td><td>비수용성 액체</td><td>1,000L</td></tr>
<tr><td>수용성 액체</td><td>2,000L</td></tr>
<tr><td rowspan="2">5. 제3석유류</td><td>비수용성 액체</td><td>2,000L</td></tr>
<tr><td>수용성 액체</td><td>4,000L</td></tr>
<tr><td colspan="2">6. 제4석유류</td><td>6,000L</td></tr>
<tr><td colspan="2">7. 동식물유류</td><td>10,000L</td></tr>
<tr><td rowspan="4">제5류</td><td rowspan="4">자기
반응성
물질</td><td>I</td><td colspan="2">1. 유기과산화물, 2. 질산에스터류</td><td rowspan="4">1종 : 10kg
2종 : 100kg</td></tr>
<tr><td rowspan="3">II</td><td colspan="2">3. 나이트로화합물 4. 나이트로소화합물, 5. 아조화합물, 6. 다이아조화합물,
7. 하이드라진유도체</td></tr>
<tr><td colspan="2">8. 하이드록실아민, 9. 하이드록실아민염류</td></tr>
<tr><td colspan="2">10. 그 밖의 행정안전부령이 정하는 것 : 금속의 아지화합물, 질산구아니딘
11. 제1호 내지 제10호의1에 해당하는 어느 하나 이상을 함유한 것</td></tr>
<tr><td rowspan="2">제6류</td><td rowspan="2">산화성
액체</td><td>I</td><td colspan="2">1. 과염소산, 2. 과산화수소(농도 36중량% 이상), 3. 질산(비중 1.49 이상)</td><td rowspan="2">300kg</td></tr>
<tr><td>I</td><td colspan="2">4. 그 밖의 행정안전부령이 정하는 것 : 할로젠간화합물
5. 제1호 내지 제4호의1에 해당하는 어느 하나 이상을 함유한 것</td></tr>
</table>

암기 TIP

유 별	성 질	품 명	지정수량	위험등급
제1류	1산고	아염과무(50)/브아질(300)/과다(1,000)	오/삼/천	I / II / III
제2류	2기고	황화인이 황건적 100명을/ 무찔러 500kg의 철금마를 인수천 했다.	백/오백/천	II / III
제3류	3금자	칼나알리(10)황(20)/이 알칼리금속을 유기(50)/하여 300kg의 수소화물, 인, 칼슘을 염소화했다.	십/이십/오십/삼백	I / II / III
제4류	4인화	특/1알/234동〈특이에/아가/등경/중클/야동〉	오/이사!/126만 원만 빌려 주게나	I / II / III
제5류	5자기	유질!/나이트(소) 자주가면 아조 다이아조 버린다. 하하하/ 질금(끔)했지	제1종 : 10 제2종 : 100	I / II
제6류	6산액	과과 질할할 삼(300)	삼 백	I

4 위험물 및 지정수량 관련 용어

(1) 산화성고체 24년 소방위

고체(액체 또는 기체 이외의 것)로서 산화력의 잠재적인 위험성 또는 충격에 대한 민감성을 판단하기 위하여 소방청장이 정하여 고시하는 시험에서 고시로 정하는 성질과 상태를 나타내는 것

- 액체 : 1기압 및 섭씨 20도에서 액상인 것 또는 섭씨 20도 초과 섭씨 40도 이하에서 액상인 것
- 기체 : 1기압 및 섭씨 20도에서 기상인 것
- 액상 : 수직으로 된 안지름 30밀리미터, 높이 120밀리미터 원통형 유리시험관에 시료를 55밀리미터까지 채운 다음 해당 시험관을 수평으로 하였을 때 시료액면의 끝부분이 30밀리미터를 이동하는 데 걸리는 시간이 90초 이내에 있는 것을 말한다.

(2) 가연성고체 21년, 23년 소방위

고체로서 화염에 의한 발화의 위험성 또는 인화의 위험성을 판단하기 위하여 시험에서 고시로 정하는 성질과 상태를 나타내는 것

품 명	용어내용
황	순도가 60중량퍼센트 이상인 것(순도측정에 있어서 불순물은 활석 등 불연성 물질과 수분에 한함)
철 분	철의 분말로서 53마이크로미터의 표준체를 통과하는 것이 50중량퍼센트 미만인 것을 제외
금속분	알칼리금속・알칼리토류금속・철 및 마그네슘 외의 금속의 분말을 말하며, 구리분・니켈분 및 150마이크로미터의 체를 통과하는 것이 50중량퍼센트 미만인 것은 제외한다.
마그네슘 및 마그네슘을 함유한 것	다음에 해당하는 것은 제외한다. • 2밀리미터의 체를 통과하지 아니하는 덩어리 상태의 것 • 지름 2밀리미터 이상의 막대 모양의 것
황화인・적린・황 및 철분	가연성고체의 성상이 있는 것으로 본다.
인화성고체	고형알코올 그 밖에 1기압에서 인화점이 섭씨 40도 미만인 고체

(3) 자연발화성물질 및 금수성물질 13년 경남소방장 13년, 24년 소방위

① 고체 또는 액체로서 공기 중에서 발화의 위험성이 있거나 물과 접촉하여 발화하거나 가연성 가스를 발생하는 위험성이 있는 것

② **칼륨・나트륨・알킬알루미늄・알킬리튬 및 황린** : 자연발화성물질 및 금수성물질의 성상이 있는 것으로 본다.

(4) 인화성액체 13년, 17년, 21년 소방장 13년, 21년, 23년, 24년 소방위

액체(제3석유류, 제4석유류 및 동식물유류에 있어서는 1기압과 섭씨 20도에서 액상인 것만 해당)로서 인화의 위험성이 있는 것을 말한다.

품 명	대표적인 품목	인화점
특수인화물	이황화탄소, 다이에틸에터	• 인화점이 섭씨 영하 20도 이하이고 비점이 섭씨 40도 이하인 것 • 그 밖의 1기압에서 발화점이 섭씨 100도 이하인 것
제1석유류	아세톤, 휘발유	그 밖의 1기압에서 인화점이 섭씨 21도 미만인 것
제2석유류	등유, 경유	• 그 밖의 1기압에서 인화점이 섭씨 21도 이상 70도 미만인 것 • 다만, 도료류 그 밖의 물품에 있어서 가연성 액체량이 40중량퍼센트 이하이면서 인화점이 섭씨 40도 이상인 동시에 연소점이 섭씨 60도 이상인 것은 제외한다.
제3석유류	중유, 크레오소트유	• 그 밖의 1기압에서 인화점이 섭씨 70도 이상 섭씨 200도 미만인 것 • 다만, 도료류 그 밖의 물품은 가연성 액체량이 40중량퍼센트 이하인 것은 제외한다.
제4석유류	기어유, 실린더유	• 그 밖의 1기압에서 인화점이 섭씨 200도 이상 섭씨 250도 미만의 것 • 다만, 도료류 그 밖의 물품은 가연성 액체량이 40중량퍼센트 이하인 것은 제외한다.

동식물유류	동물의 지육 등 또는 식물의 종자나 과육으로부터 추출한 것	• 그 밖의 1기압에서 인화점이 섭씨 250도 미만인 것 • 다만, 행정안전부령으로 정하는 용기기준과 수납·저장기준에 따라 수납되어 저장·보관되고 용기의 외부에 물품의 통칭명, 수량 및 화기엄금(화기엄금과 동일한 의미를 갖는 표시를 포함한다)의 표시가 있는 경우를 제외한다.
알코올류	메탄올, 에탄올	• 1분자를 구성하는 탄소원자의 수가 1개부터 3개까지인 포화1가 알코올(변성알코올을 포함한다)을 말한다. • 다만, 다음 각 목의 1에 해당하는 것은 제외한다. – 1분자를 구성하는 탄소원자의 수가 1개 내지 3개의 포화1가 알코올의 함유량이 60중량퍼센트 미만인 수용액 – 가연성액체량이 60중량퍼센트 미만이고 인화점 및 연소점(태그개방식인화점측정기에 의한 연소점을 말한다. 이하 같다)이 에틸알코올 60중량퍼센트 수용액의 인화점 및 연소점을 초과하는 것

인화성액체에서 제외

위험물의 운반용기를 사용하여 진열·판매·저장하거나 운반하는 다음의 경우

- 화장품 중 인화성액체를 포함하고 있는 것
- 의약품 중 인화성액체를 포함하고 있는 것
- 의약외품(알코올류에 해당하는 것은 제외한다) 중 수용성인 인화성액체를 50부피퍼센트 이하로 포함하고 있는 것
- 체외진단용 의료기기 중 인화성액체를 포함하고 있는 것
- 안전확인 대상 생활화학제품(알코올류에 해당하는 것은 제외한다) 중 수용성인 인화성액체를 50부피퍼센트 이하로 포함하고 있는 것

(5) 자기반응성물질 21년, 24년 소방장

고체 또는 액체로서 폭발의 위험성 또는 가열분해의 격렬함을 판단하기 위하여 고시로 정하는 시험에서 고시로 정하는 성질과 상태를 나타내는 것을 말하며, 위험성 유무와 등급에 따라 제1종 또는 제2종으로 분류한다.

자기반응성물질의 유기과산화물을 함유하는 것 중에서 불활성고체를 함유하는 것으로서 다음 각 목의 1에 해당하는 것은 제외 24년 소방위

① 과산화벤조일의 함유량이 **35.5중량퍼센트 미만**인 것으로서 전분가루, 황산칼슘2수화물 또는 인산수소칼슘2수화물과의 혼합물
② 비스(4-클로로벤조일)퍼옥사이드의 함유량이 **30중량퍼센트 미만**인 것으로서 불활성고체와의 혼합물
③ 과산화다이쿠밀의 함유량이 **40중량퍼센트 미만**인 것으로서 불활성고체와의 혼합물
④ 1·4비스(2-터셔리뷰틸퍼옥시아이소프로필)벤젠의 함유량이 **40중량퍼센트 미만**인 것으로서 불활성고체와의 혼합물
⑤ 사이클로헥산온퍼옥사이드의 함유량이 **30중량퍼센트 미만**인 것으로서 불활성고체와의 혼합물

(6) 산화성액체 22년, 23년 소방위

액체로서 산화력의 잠재적인 위험성을 판단하기 위하여 고시로 정하는 시험에서 고시로 정하는 성질과 상태를 나타내는 것

품 명	물질 및 위험물 조건	지정수량
과염소산	$HClO_4$	300kg
과산화수소(H_2O_2)	그 농도가 36중량퍼센트 이상인 것에 한한다.	
질산(HNO_3)	그 비중이 1.49 이상인 것에 한한다.	
할로젠간화합물	ICl, IBr, BrF_3, BrF_5, IF_5 등	

(7) 위험물의 유별 성질과 상태

유별 및 성질	상 태	판정시험
1산고	고 체	산화력의 잠재적인 위험성 또는 충격에 대한 민감성
2가고	고 체	발화의 위험성, 인화의 위험성
3금자	고체 또는 액체	공기 중에서 발화의 위험성, 물과 접촉하여 발화 또는 가연성가스를 발생하는 위험성
4인화	액 체	인화의 위험성 ※ 제3석유류, 제4석유류 및 동식물유류에 있어서는 1기압과 섭씨 20도에서 액상인 것만 해당
5자기	고체 또는 액체	폭발의 위험성 또는 가열분해의 격렬함
6산액	액 체	산화력의 잠재적인 위험성

5 저장소의 구분

지정수량 이상의 위험물을 저장하기 위한 장소	저장소의 구분
옥내(지붕과 기둥 또는 벽 등에 의하여 둘러싸인 곳을 말한다. 이하 같다)에 저장(위험물을 저장하는 데 따르는 취급을 포함한다. 이하 이 표에서 같다)하는 장소. 다만, 옥내탱크저장소는 제외한다.	옥내저장소
옥외에 있는 탱크(지하, 간이, 이동, 암반탱크는 제외한다)에 위험물을 저장하는 장소	옥외탱크저장소
옥내에 있는 탱크(지하, 간이, 이동, 암반탱크는 제외한다)에 위험물을 저장하는 장소	옥내탱크저장소
지하에 매설한 탱크에 위험물을 저장하는 장소	지하탱크저장소
간이탱크에 위험물을 저장하는 장소	간이탱크저장소
차량(피견인자동차에 있어서는 앞차축을 갖지 아니하는 것으로서 해당 피견인자동차의 일부가 견인자동차에 적재되고 해당 피견인자동차와 그 적재물의 중량의 상당부분이 견인자동차에 의하여 지탱되는 구조의 것에 한한다)에 고정된 탱크에 위험물을 저장하는 장소	이동탱크저장소

옥외에 다음 각 목의 1에 해당하는 위험물을 저장하는 장소. 다만, 옥외탱크저장소를 제외한다. 가. 제2류 위험물 중 황 또는 인화점이 섭씨 0도 이상 인화성고체 나. 제4류 위험물 중 인화점이 섭씨 0도 이상인 제1석유류 · 알코올류 · 제2석유류 · 제3석유류 · 제4석유류 및 동식물유류 다. 제6류 위험물 라. 보세구역 안에서 저장하는 제2류 위험물 및 제6류 위험물 중 시 · 도의 조례에서 정하는 위험물 마. 국제해사 기구가 채택한 「국제해상위험물규칙」에 적합한 용기에 수납된 위험물	옥외저장소 17년 소방장 · 위
암반 내의 공간을 이용한 탱크에 액체의 위험물을 저장하는 장소	암반탱크저장소

6 취급소의 구분

(1) **주유취급소** : 고정된 주유설비에 의하여 자동차 · 항공기 또는 선박 등의 연료탱크에 직접 주유하기 위하여 위험물을 취급하는 장소

- 항공기에 주유하는 경우에는 차량에 설치된 주유설비를 포함한다.
- 가짜석유제품에 해당하는 위험물을 취급하는 장소는 제외한다.
- 위험물을 용기에 옮겨 담거나 차량에 고정된 5천 리터 이하의 탱크에 주입하기 위하여 고정된 급유설비를 병설한 장소를 포함한다.

(2) **판매취급소** : 점포에서 위험물을 용기에 담아 판매하기 위하여 지정수량의 40배 이하의 위험물을 취급하는 장소로서 허가받은 장소

- 제1종 판매취급소 : 저장 또는 취급하는 위험물의 수량이 지정수량의 20배 이하인 판매취급소
- 제2종 판매취급소 : 저장 또는 취급하는 위험물의 수량이 지정수량 20배 초과 40배 이하인 판매취급소
- 가짜석유제품에 해당하는 위험물을 취급하는 장소는 제외한다.

(3) **이송취급소** : 배관 및 이에 부속된 설비에 의하여 위험물을 이송하는 장소

(4) **일반취급소** : 주유취급소, 판매취급소, 이송취급소 외의 장소

가짜석유제품에 해당하는 위험물을 취급하는 장소는 제외한다.

7 적용제외(법 제3조)

위험물안전관리법은 항공기 · 선박(선박법 제1조의2 제1항에 따른 선박을 말한다) · 철도 및 궤도에 의한 위험물의 저장 · 취급 및 운반에 있어서는 이를 적용하지 아니한다.

8 국가의 책무(법 제3조의2)

(1) 시책수립 · 시행

국가는 위험물에 의한 사고를 예방하기 위하여 다음 각 호의 사항을 포함하는 시책을 수립 · 시행해야 한다.

① 위험물의 유통실태 분석
② 위험물에 의한 사고 유형의 분석
③ 사고 예방을 위한 안전기술 개발
④ 전문인력 양성
⑤ 그 밖에 사고 예방을 위하여 필요한 사항

암기 TIP

인기사유는 국가의 책임이다.

(2) 행정적 · 재정적 지원

국가는 지방자치단체가 위험물에 의한 사고의 예방 · 대비 및 대응을 위한 시책을 추진하는 데에 필요한 행정적 · 재정적 지원을 해야 한다.

9 지정수량 미만인 위험물의 저장 · 취급(법 제4조)

지정수량 미만인 위험물의 저장 또는 취급에 관한 기술상의 기준은 시 · 도 조례로 정한다.

10 위험물의 저장 및 취급의 제한(법 제5조)

(1) 지정수량 이상의 위험물을 저장소가 아닌 장소에서 저장하거나 제조소등이 아닌 장소에서 취급하여서는 아니 된다.

(2) 제조소등이 아닌 장소에서 지정수량 이상의 위험물을 취급할 수 있는 경우

① 시 · 도의 조례가 정하는 바에 따라 관할 소방서장의 승인을 받아 지정수량 이상의 위험물을 90일 이내의 기간 동안 임시로 저장 또는 취급하는 경우
② 군부대가 지정수량 이상의 위험물을 군사목적으로 임시로 저장 또는 취급하는 경우

- 임시로 저장 또는 취급하는 장소의 위치 구조 및 설비의 기준 : **시 · 도의 조례**
- 위반내용 : 위험물의 임시저장 · 취급을 소방서장의 승인을 받지 아니한 자
- 위반 시 : 500만 원 이하의 과태료(법 제39조 제1항 제1호)

(3) 제조소등의 위치 · 구조 및 설비의 기술기준 : 행정안전부령(제28조 내지 제40조)

(4) 지정수량 배수의 환산 16년, 18년 소방위 13년, 17년, 24년 소방장

① 지정수량에 미만의 2품명 이상의 위험물을 같은 장소에서 저장 · 취급하는 경우

해당 장소에서 저장 또는 취급하는 각 위험물의 수량을 그 위험물의 지정수량으로 각각 나누어 얻은 수의 합계가 1 이상인 경우 해당 위험물은 지정수량 이상의 위험물로 본다.

〈계산 방법〉

$$\text{지정수량 배수} = \frac{\text{A품명의 수량}}{\text{A품명의 지정수량}} + \frac{\text{B품명의 수량}}{\text{B품명의 지정수량}} + \frac{\text{C품명의 수량}}{\text{C품명의 지정수량}} + \cdots$$

1 이상 → 위험물에 해당 → 위험물 제조소등 허가수량 → 위험물안전관리법으로 규제
1 미만 → 소량위험물 → 시 · 도 조례로 규제

② 하나의 품명의 위험물을 저장 · 취급한 경우

저장 · 취급량을 해당 위험물의 지정수량으로 나누어 얻은 값이 전체 위험물의 지정수량의 배수가 된다.

$$\text{지정수량 배수} = \frac{\text{A품명의 저장 · 취급수량}}{\text{A품명의 지정수량}}$$

제2장 위험물시설의 설치 및 변경

1 위험물시설의 설치 및 변경 등(법 제6조)

(1) 제조소등을 설치하고자 하거나 · 변경하고자 하는 자 : 시 · 도지사의 허가를 받아야 한다.

(2) 제조소등의 위치 · 구조 또는 설비의 변경 없이 해당 제조소등에서 저장하거나 취급하는 위험물의 품명 · 수량 또는 지정수량의 배수를 변경하고자 하는 자는 변경하고자 하는 날의 1일 전까지 행정안전부령이 정하는 바에 따라 시 · 도지사에게 신고하여야 한다. 18년 소방위 24년 소방장

시행규칙 제10조(품명 등의 변경신고서)
저장 또는 취급하는 위험물의 품명 · 수량 또는 지정수량의 배수에 관한 변경신고를 하려는 자는 위험물의 품명 · 수량 또는 지정수량의 배수의 변경 신고서(전자문서로 된 신고서를 포함한다)에 **제조소등의 완공검사합격확인증**을 첨부하여 시 · 도지사 또는 소방서장에게 제출해야 한다.

(3) 다음 각 호의 어느 하나에 해당하는 제조소등의 경우에는 허가를 받지 아니하고 해당 제조소등을 설치하거나 그 위치·구조 또는 설비를 변경할 수 있으며, 신고를 하지 아니하고 위험물의 품명·수량 또는 지정수량의 배수를 변경할 수 있다. **19년 소방위**

① 주택의 난방시설(공동주택의 중앙난방시설을 제외한다)을 위한 저장소 또는 취급소

② 농예용·축산용 또는 수산용으로 필요한 난방시설 또는 건조시설을 위한 지정수량 20배 이하의 저장소

(4) 제조소등의 변경허가를 받아야 하는 경우(시행규칙 제8조관련 별표 1의2 참조)

① 제조소등 위치 이전 등에 따른 변경허가를 받아야 하는 경우(18개 항목)

21년, 22년, 23년 소방장 **14년, 15년, 17년, 18년, 21년, 22년, 23년, 24년 소방위**

키워드	변경허가를 받아야 하는 경우
탱크 (6)	옥외저장탱크의 위치를 이전하는 경우
	옥내저장탱크의 위치를 이전하는 경우
	지하저장탱크의 위치를 이전하는 경우
	간이저장탱크의 위치를 이전하는 경우
	지하에 매설하는 탱크의 위치를 이전하는 경우
	주유취급소의 옥내에 설치하는 탱크의 위치를 이전하는 경우
주입구 (6)	옥외탱크 주입구의 위치를 이전하거나 신설하는 경우
	옥내탱크 주입구의 위치를 이전하거나 신설하는 경우
	지하탱크 주입구의 위치를 이전하거나 신설하는 경우
	암반탱크 주입구의 위치를 이전하거나 신설하는 경우
	주유취급소 주입구의 위치를 이전하거나 신설하는 경우
	이송취급소의 주입구·토출구 또는 펌프설비의 위치를 이전하거나 신설하는 경우
주유설비	고정주유설비 또는 고정급유설비의 위치를 이전하는 경우
제조소의 이전 (3)	제조소 또는 일반취급소의 위치를 이전하는 경우
	이송취급소의 위치를 이전하는 경우
	상치장소의 위치를 이전하는 경우 (같은 사업장 또는 같은 울 안에서 이전하는 경우는 제외한다)
면적 (2)	옥외저장소의 면적을 변경하는 경우
	주유취급소 부지의 면적 또는 위치를 변경하는 경우

② 배관길이 등 제조소등의 구조변경에 따른 변경허가를 받아야 하는 경우(19개 항목)

키워드	변경허가를 받아야 하는 경우
250mm 초과 (8)	(제조 또는 일반, 옥내(외)탱크, 지하, 간이, 이동, 주유) 탱크의 노즐 또는 맨홀을 신설하는 경우(지름이 250mm를 초과하는 경우에 한한다)
300m 초과	300m(지상에 설치하지 아니하는 배관의 경우에는 30m)를 초과하는 위험물배관을 신설・교체・철거 또는 보수(배관을 절개하는 경우에 한한다)하는 경우
30% 이상	옥외저장탱크의 지붕판 표면적 30% 이상을 교체하거나 구조・재질 또는 두께를 변경하는 경우
20% 초과	옥외저장탱크의 밑판 또는 옆판의 표면적의 20%를 초과하는 겹침보수공사 또는 육성보수공사를 하는 경우
300mm 초과	옥외저장탱크의 애뉼러 판 또는 밑판이 옆판과 접하는 용접이음부의 겹침보수공사 또는 육성보수공사를 하는 경우(용접길이가 300mm를 초과하는 경우에 한한다)
$4m^2$ 이상	주유취급소 시설과 관계된 공작물(바닥면적이 $4m^2$ 이상인 것에 한한다)을 신설 또는 증축하는 경우
방유제 변경	위험물 취급탱크, 옥외저장탱크의 방유제의 높이 또는 방유제 내의 면적을 변경하는 경우
내용적 변경	이동저장탱크, 암반저장탱크의 내용적을 변경하는 경우
신설 또는 철거	• 주유취급소의 담 또는 캐노피를 신설 또는 철거(유리를 부착하기 위하여 담의 일부를 철거하는 경우를 포함한다)하는 경우 • 이송취급소 방호구조물을 신설 또는 철거하는 경우
신설, 교체, 철거	옥내저장탱크, 지하저장탱크, 간이저장탱크, 주유취급소의 지하 또는 옥내에 매설된 탱크의 신설・교체 또는 철거하는 경우
증설 또는 교체	• 제조소 또는 일반취급소의 위험물 취급탱크의 탱크전용실을 증설 또는 교체하는 경우 • 지하탱크저장소의 탱크전용실을 증설 또는 교체하는 경우
신설・철거 또는 이설	제조소 또는 일반취급소, 옥내저장소의 담 또는 토제를 신설・철거 또는 이설하는 경우
정 비	• 옥외탱크저장소의 기초 또는 지반을 정비하는 경우 • 암반탱크의 내벽을 정비하는 경우
교 체	옥외탱크저장소의 수조, 밑판 또는 옆판, 누액방지판, 해상탱크 정치설비를 교체하는 경우
보 수 (12개)	옥내탱크, 지하탱크, 이동탱크, 간이탱크, 주유취급 옥내+지하매설탱크를 보수(탱크 본체를 절개에 한함)하는 경우
	옥외저장탱크의 애뉼러 판, 애뉼러 판 또는 밑판이 옆판과 접하는 부분(300mm 초과) 겹침보수공사 또는 육성보수공사를 하는 경우, 옆판 또는 밑판의 절개보수공사
	지하탱크 및 주유취급소 특수누설방지구조의 보수, 주유취급소 탱크전용실의 보수
증설 또는 철거	(제조소, 일반취급소 옥내저장소, 옥내탱크, 간이탱크, 주유취급소, 판매취급소) 건축물의 벽・기둥・바닥・보 또는 지붕을 증설 또는 철거하는 경우
추가구획	• 지하저장탱크의 내부에 탱크를 추가로 설치하거나 철판 등을 이용하여 탱크 내부를 구획하는 경우 • 탱크의 내부에 탱크를 추가로 설치하거나 철판 등을 이용하여 탱크 내부를 구획하는 경우

③ 제조소등 설비 또는 장치 등의 변경허가를 받아야 하는 경우(45개 항목)

키워드		변경허가를 받아야 하는 경우
신 설 (23)	장 치	불활성기체 봉입장치, 안전장치, 냉각장치 또는 보냉장치, 개질장치를 신설하는 경우
	설 비	배출설비, 펌프설비, 누설범위 국한 설비, 온도상승에 따른 위험한 반응 방지, 철 이온 등의 혼입에 따른 위험반응 방지설비, 압력계를 신설하는 경우
신설 또는 철거 (13)		자동화재탐지설비, 물분무설비, 살수설비를 설치 또는 철거하는 경우
		• 이동탱크저장소의 주입설비를 신설 또는 철거하는 경우 • 고정주유설비 또는 고정급유설비를 신설 또는 철거하는 경우
신설·교체 또는 철거 (7)		• 옥내소화전, 옥외소화전, 스프링클러, 물분무등소화설비를 신설·교체 또는 철거하는 경우 → 제조소 또는 일반취급소, 이송취급소 • 옥외소화전, 스프링클러, 물분무등소화설비 → 옥내저장소, 옥외저장소 • 물분무등소화설비를 신설·교체 또는 철거 → 옥내탱크, 옥외탱크, 암반탱크 ※ 배관·밸브·압력계·소화전 본체·소화약제탱크·포헤드·포방출구 등의 교체는 제외
변 경		셀프용이 아닌 고정주유설비를 셀프용 고정주유설비로 변경하는 경우
증 설		위험물의 제조설비 또는 취급설비를 증설하는 경우. 다만, 펌프설비 또는 1일 취급량이 지정수량의 5분의 1 미만인 설비를 증설하는 경우에는 제외한다.

④ 판매취급소의 변경허가를 받아야 하는 경우

키워드	변경허가를 받아야 하는 경우
증설 또는 철거	건축물의 벽·기둥·바닥·보 또는 지붕을 증설 또는 철거하는 경우
신설 또는 철거	자동화재탐지설비를 신설 또는 철거하는 경우

⑤ 옥외저장소의 변경허가를 받아야 하는 경우

키워드	변경허가를 받아야 하는 경우
면적변경	면적을 변경하는 경우
신설 또는 철거	살수설비 등을 신설 또는 철거하는 경우
교 체	옥외소화전설비·스프링클러설비·물분무등소화설비를 신설·교체 또는 철거하는 경우(배관·밸브·압력계·소화전 본체·소화약제탱크·포헤드·포방출구 등의 교체는 제외)

⑥ 간이탱크저장소의 변경허가를 받아야 하는 경우

키워드	변경허가를 받아야 하는 경우
위 치	간이저장탱크의 위치를 이전하는 경우
구 조	• 건축물의 벽·기둥·바닥·보 또는 지붕을 증설 또는 철거하는 경우 • 간이저장탱크를 신설·교체 또는 철거하는 경우 • 간이저장탱크를 보수(탱크 본체를 절개하는 경우에 한한다)하는 경우 • 간이저장탱크의 노즐 또는 맨홀을 신설하는 경우 (노즐 또는 맨홀의 지름이 250mm를 초과하는 경우에 한한다)

⑦ 제조소등의 변경허가를 받지 않아도 되는 경우

키워드	변경허가를 받지 않아도 되는 경우
탱크의 노즐 또는 맨홀의 신설	노즐 또는 맨홀의 지름이 250mm 이하를 신설하는 경우
배관의 신설 · 교체 · 철거 또는 보수	300m(지상에 설치하지 아니하는 배관의 경우에는 30m) 이하의 위험물배관
옥외탱크지붕판	표면적 30% 미만을 교체하거나 구조 · 재질 또는 두께를 변경하는 경우
주유취급소 시설과 관계된 공작물	바닥면적 $4m^2$ 미만을 신설 또는 증축하는 경우
옥외탱크저장소	옥외저장탱크의 밑판 또는 옆판의 표면적의 20% 이하를 겹침보수공사 또는 육성보수공사를 하는 경우
	옥외저장탱크의 애뉼러 판 또는 밑판이 옆판과 접하는 용접이음부의 겹침보수공사 또는 육성보수공사를 하는 경우(용접길이가 300mm 이하인 경우)
소화설비 교체	배관 · 밸브 · 압력계 · 소화전 본체 · 소화약제탱크 · 포헤드 · 포방출구 등
탱 크	탱크청소를 하는 경우
건축물	주유취급소 바닥공사, 주입설비를 설치 또는 보수하는 경우, 건축물의 지붕을 보수하는 경우
게시판	교체 또는 정비를 하는 경우
품명변경	주유취급소 등유를 경유로 변경하는 경우
소방시설	자동화재탐지설비를 교체하는 경우
	옥내소화전설비의 배관 · 밸브 · 압력계를 교체하는 경우
배출설비	증설하는 경우
제조설비 또는 취급설비 중	펌프설비의 증설 또는 1일 취급량이 지정수량 1/5 미만인 설비를 증설하는 경우
이동탱크저장소	같은 사업장 또는 울안에서의 상치장소를 이전하는 경우

2 위험물시설의 설치허가와 군용위험물시설의 특례 비교 24년 소방위

구 분	일반대상	군용대상
제조소등의 설치, 변경허가	시・도지사 (소방서장에게 위임)	착공 전 공사의 설계도서와 행정안전부령이 정하는 서류를 시・도지사에게 제출(다만, 국가안보상 중요하거나 국가기밀에 속하는 제조소등을 설치 또는 변경하는 경우에는 당해 공사 설계도서의 제출 생략 가능) → 심사 후 통지 → 허가의제
탱크안전성능검사	시・도지사(소방서장에게 위임), 탱크안전성능시험자, 기술원	자체검사 후 결과서 제출
완공검사	시・도지사 (소방서장에게 위임)	자체실시 후 결과서 제출
임시저장・취급	시・도 조례에서 규정에 따라 관할 소방서장 승인 승인기간 : 90일 이내	시・도 조례에서 규정 (기간 제한 없음)
탱크안전성능검사 및 완공검사를 자체적으로 실시한 군부대의 장은 지체없이 시・도지사에게 통보할 사항		• 제조소등의 완공일 및 사용개시일 • 탱크안전성능검사의 결과(대상이 되는 위험물탱크가 있는 경우에 한한다) • 완공검사의 결과 • 안전관리자 선임계획 • 예방규정(해당하는 제조소등의 경우에 한정한다)

3 탱크안전성능검사(법 제8조)

(1) 탱크안전성능검사를 받아야 할 위험물탱크 및 검사 신청 시기 21년 소방장 22년 소방위

검사 종류	검사 대상	신청 시기
기초・지반검사	옥외탱크저장소의 액체위험물탱크 중 그 용량이 100만 리터 이상인 탱크	위험물탱크의 기초 및 지반에 관한 공사의 개시 전
충수・수압검사	액체위험물을 저장 또는 취급하는 탱크	위험물을 저장 또는 취급하는 탱크에 배관 그 밖의 부속설비를 부착하기 전
용접부 검사	옥외탱크저장소의 액체위험물탱크 중 그 용량이 100만 리터 이상인 탱크	탱크 본체에 관한 공사의 개시 전
암반탱크검사	액체위험물을 저장 또는 취급하는 암반 내의 공간을 이용한 탱크	암반탱크의 본체에 관한 공사의 개시 전

(2) 탱크안전성능검사의 실시 등에 관하여 필요한 사항 : 행정안전부령

(3) 충수・수압검사 제외

① 제조소 또는 일반취급소에 설치된 탱크로서 용량이 지정수량 미만인 것
② 「고압가스안전관리법」에 따른 특정설비에 관한 검사에 합격한 탱크
③ 「산업안전보건법」에 따른 안전인증을 받은 탱크

(4) 시·도지사가 면제할 수 있는 탱크안전성능검사 : 충수·수압검사

(5) 한국소방산업기술원이 실시하는 탱크안전성능검사 대상이 되는 탱크 17년 인천소방장

① 용량이 100만 리터 이상인 액체위험물을 저장하는 탱크

② 암반저장탱크

③ 지하탱크저장소의 위험물저장탱크 중 액체위험물을 저장하는 이중벽 탱크

4 완공검사(법 제9조)

(1) 허가를 받은 자가 제조소등의 설치를 마쳤거나 그 위치·구조 또는 설비의 변경을 마친 때, 해당 제조소등 마다 시·도지사가 행하는 완공검사를 받아 기술기준에 적합하다고 인정받은 후가 아니면 이를 사용해서는 안 된다.

(2) 다만, 제조소등의 위치·구조 또는 설비를 변경함에 있어서 변경허가를 신청하는 때에 화재예방에 관한 조치사항을 기재한 서류를 제출하는 경우에는 해당 변경공사와 관계가 없는 부분은 완공검사를 받기 전에 미리 사용할 수 있다.

(3) 제조소등의 완공검사 신청 시기(시행규칙 제20조) 18년, 19년, 20년 소방위

제조소등의 구분	신청 시기
지하탱크가 있는 제조소등의 경우	해당 지하탱크를 매설하기 전
이동탱크저장소의 경우	이동탱크를 완공하고 상치장소를 확보한 후
이송취급소의 경우	이송배관 공사의 전체 또는 일부를 완료한 후(다만, 지하·하천 등에 매설하는 이송배관의 공사의 경우에는 이송배관을 매설하기 전)
전체공사가 완료된 후에는 완공검사를 실시하기 곤란한 경우	• 위험물설비 또는 배관의 설치가 완료되어 기밀시험 또는 내압시험을 실시하는 시기 • 배관을 지하에 설치하는 경우 소방서장 또는 기술원이 지정하는 부분을 매몰하기 직전 • 기술원이 지정하는 부분의 비파괴시험을 실시하는 시기
위 대상에 해당하지 않는 제조소등의 경우	제조소등의 공사를 완료한 후

(4) 한국소방산업기술원에 완공검사를 신청해야 할 제조소 24년 소방장

① 지정수량의 1,000배 이상의 위험물을 취급하는 제조소 또는 일반취급소의 설치 또는 변경에 따른 완공검사

② 50만 리터 이상 옥외탱크저장소의 설치 또는 변경에 따른 완공검사

③ 암반탱크저장소의 설치 또는 변경에 따른 완공검사

5 제조소등의 지위승계신고 및 용도폐지신고(법 제10조, 제11조) 19년 소방위 20년 소방장

(1) 제조소등의 설치자의 지위를 승계한 자는 승계한 날부터 30일 이내에 시·도지사에게 신고해야 한다.

(2) 제조소등의 용도를 폐지한 때에는 용도를 폐지한 날부터 14일 이내에 시·도지사에게 신고해야 한다.

6 제조소등의 사용 중지 등(법 제11조의2)

(1) 제조소등의 사용 중지에 따른 안전조치 24년 소방위·소방장 기출

제조소등의 관계인은 제조소등의 사용을 중지(경영상 형편, 대규모 공사 등의 사유로 3개월 이상 위험물을 저장하지 아니하거나 취급하지 아니하는 것을 말한다. 이하 같다)하려는 경우에는 위험물의 제거 및 제조소등에의 출입통제 등 행정안전부령(제23조의2)으로 정하는 안전조치를 해야 한다. 다만, 제조소등의 사용을 중지하는 기간에도 위험물안전관리자가 계속하여 직무를 수행하는 경우에는 안전조치를 아니할 수 있다.

(2) 위험물의 제거 및 제조소등의 출입통제 등 안전조치(규칙 제23조의2 제1항)

① 탱크·배관 등 위험물을 저장 또는 취급하는 설비에서 위험물 및 가연성 증기 등의 제거
② 관계인이 아닌 사람에 대한 해당 제조소등에의 출입금지 조치
③ 해당 제조소등의 사용 중지 사실의 게시
④ 그 밖에 위험물의 사고 예방에 필요한 조치

(3) 제조소등의 사용 중지 및 재개신고

제조소등의 관계인은 제조소등의 사용을 중지하거나 중지한 제조소등의 사용을 재개하려는 경우에는 해당 제조소등의 사용을 중지하려는 날 또는 재개하려는 날의 14일 전까지 행정안전부령으로 정하는 바에 따라 제조소등의 사용 중지 또는 재개를 시·도지사에게 신고하여야 한다.

> **국회제출 중(2024.11.26.) : 공포예정**
> 제조소등의 관계인은 제조소등의 사용을 중지하려는 경우에는 **중지하려는 날의 7일 전까지, 중지한 제조소등의 사용을 재개하려는 경우에는 재개하려는 날의 3일 전까지** 행정안전부령으로 정하는 바에 따라 제조소등의 사용 중지 또는 재개를 시·도지사에게 신고하여야 한다.

(4) 안전조치 이행명령

시·도지사는 제조소등의 사용 중지신고를 받으면 제조소등의 관계인이 위험물의 제거 및 제조소등에의 출입통제 등 안전조치를 적합하게 하였는지 또는 위험물안전관리자가 직무를 적합하게 수행하는지를 확인하고 위해 방지를 위하여 필요한 안전조치의 이행을 명할 수 있다.

(5) 안전관리자 선임 면제

제조소등의 관계인은 제조소등 사용 중지신고에 따라 제조소등의 사용을 중지하는 기간 동안에는 위험물안전관리자를 선임하지 아니할 수 있다.

(6) 제조소등의 사용 중지신고 또는 재개신고를 하려는 자 : 해당 제조소등의 완공검사합격확인증을 첨부하여 시·도지사 또는 소방서장에게 제출해야 한다.

7 제조소등 설치허가의 취소와 사용정지 등(법 제12조)

(1) 제조소등의 설치허가의 취소와 사용정지(법 제12조)

시·도지사는 제조소등의 관계인이 다음의 위반행위를 한 경우에 해당하는 때에는 행정안전부령에서 정하는 바에 따라 허가를 취소하거나 6개월 이내의 기간을 정하여 제조소등의 전부 또는 일부의 사용정지를 명할 수 있다.

(2) 제조소등의 행정처분(규칙 제25조)과 벌칙 22년 소방장 14년, 16년, 17년, 22년, 23년, 24년 소방위

제조소등에 대한 허가취소 및 사용정지의 처분기준은 별표 2와 같다.

위반행위	행정처분			벌 칙
	1차	2차	3차	
정기점검을 하지 아니하거나 점검기록을 허위로 작성한 관계인으로서 제조소등 설치허가(허가 면제 또는 협의로서 허가를 받은 경우 포함)를 받은 자	사용정지 10일	사용정지 30일	허가취소	1년 이하의 징역 또는 1천만 원 이하의 벌금
정기검사를 받지 아니한 관계인으로서 제조소등 설치허가를 받은 자	사용정지 10일	사용정지 30일	허가취소	1년 이하의 징역 또는 1천만 원 이하의 벌금
위험물안전관리자 대리자를 지정하지 아니한 관계인으로서 위험물 제조소등 설치허가를 받은 자	사용정지 10일	사용정지 30일	허가취소	1천 500만 원 이하의 벌금
안전관리자를 선임하지 아니한 관계인으로서 위험물 제조소등 설치허가를 받은 자	사용정지 15일	사용정지 60일	허가취소	1천 500만 원 이하의 벌금
위험물 제조소등 변경허가를 받지 아니하고 제조소등을 변경한 자	경고 또는 사용정지 15일	사용정지 60일	허가취소	1천 500만 원 이하의 벌금
제조소등의 완공검사를 받지 아니하고 위험물을 저장·취급한 자	사용정지 15일	사용정지 60일	허가취소	1천 500만 원 이하의 벌금
위험물 저장·취급기준 준수명령 또는 응급조치명령을 위반한 자	사용정지 30일	사용정지 60일	허가취소	1천 500만 원 이하의 벌금
수리·개조 또는 이전의 명령에 따르지 아니한 자	사용정지 30일	사용정지 90일	허가취소	1천 500만 원 이하의 벌금
위험물 제조소등 사용 중지 대상에 대한 안전조치 이행명령을 따르지 아니한 자	경 고	허가취소		1천 500만 원 이하의 벌금

암기 TIP

점검대(10)/안변완(15)/수리,준수,(30)이행명령(경)

8 과징금 처분(법 제13조)

(1) 과징금 처분 및 금액 등 19년 소방위 21년, 24년 소방장

구 분	규정내용
부과권자	시・도지사 : 위임규정에 따라 소방서장에게 위임
처분대상	제조소등의 관계인
부과요건	제조소등에 대한 사용의 정지가 그 이용자에게 심한 불편을 주거나 그 밖에 공익을 해칠 우려가 있는 때
최고금액	2억 원 이하
징수절차	행정안전부령 : 국고금관리법 시행규칙을 준용
체납과징금 징수절차	「지방행정제재・부과금의 징수 등에 관한 법률」에 따라 징수
과징금 산정기준	• 1일 평균 매출액 × 사용정지 일수 × 0.0574 • 저장 또는 취급하는 허가수량(지정수량 배수) × 사용정지 일수 ※ 자가발전, 자가난방, 유사목적 : 1/2 금액
감 경	규정내용 없음

(2) 소방관계법령 과징금 처분 총정리

<table>
<tr><th colspan="5">소방관계법 과징금 처분</th></tr>
<tr><th>처분대상</th><th>요 건</th><th>최고처분금액</th><th>과징금액 산정기준</th><th>감 경</th></tr>
<tr><td>위험물 제조소등 설치자</td><td rowspan="4">영업(사용)정지가 그 이용자에게 심한 불편을 주거나 그 밖에 공익을 해칠 우려 있을 때 영업정지처분을 갈음</td><td>2억 원 이하</td><td>• 1일 평균 매출액 × 사용정지 일수 × 0.0574
• 저장 또는 취급하는 허가수량(지정수량 배수) × 사용정지 일수
※ 자가발전, 자가난방, 유사목적 : 1/2 금액</td><td>없 음</td></tr>
<tr><td>소방시설업자</td><td>3천만 원 이하</td><td>도급(계약)금액</td><td>1/2</td></tr>
<tr><td>소방시설관리업자</td><td>3천만 원 이하</td><td>전년도의 연간 매출금액</td><td>1/2</td></tr>
<tr><td>방염업등록업자</td><td>3천만 원 이하</td><td>전년도 연간 매출금액</td><td>1/2</td></tr>
</table>

제3장 위험물시설의 안전관리

1 위험물시설의 유지 및 관리

(1) 위험물시설의 유지·관리(법 제14조)

구 분	규정내용
의무자	제조소등의 관계인
방 법	해당 제조소등의 위치·구조 및 설비가 기술기준에 적합하도록 유지·관리하여야 한다.
조치명령권	시·도지사, 소방본부장 또는 소방서장
조치명령 시기	위험물시설의 유지·관리의 상황이 제조소등의 위치·구조 및 설비의 기술기준에 부적합하다고 인정하는 때
조치방법	그 기술기준에 적합하도록 제조소등의 위치·구조 및 설비의 수리·개조 또는 이전을 명할 수 있다.
위반 시 벌칙	1천 500만 원 이하의 벌금

(2) 위험물안전관리자(법 제15조) 19년 소방위 23년 소방장

구 분	내 용
선임의무자	제조등의 관계인
선임자격	제조소등마다 대통령령(별표 5)이 정하는 위험물의 취급에 관한 자격이 있는 자를 선임
선임시기	• 신규 : 위험물을 사용하기 전 • 해임 또는 퇴직 시 재선임 : 해임하거나 퇴직한 날부터 30일 이내
선임한 때	제조소의 관계인은 선임한 날부터 14일 이내에 소방본부장 또는 소방서장에게 신고해야 한다.
해임 또는 퇴직 사실 확인	해임 또는 퇴직한 경우 그 관계인 또는 안전관리자는 소방본부장이나 소방서장에게 그 사실을 알려 해임되거나 퇴직한 사실을 확인받을 수 있다.
안전관리자 업무	위험물을 취급하는 작업을 하는 때에는 작업자에게 안전관리에 관한 필요한 지시를 하는 등 행정안전부령(규칙 제55조)으로 정하는 위험물의 취급에 관한 안전관리와 감독을 하여야 한다.
관계인 및 종사자의무	제조소등의 관계인과 그 종사자는 안전관리자의 위험물 안전관리에 관한 의견을 존중하고 그 권고에 따라야 한다.
벌칙 또는 과태료	• 위험물안전관리자를 선임하지 않은 사람 : 1천 500만 원 이하의 벌금 • 위험물안전관리자를 선임 신고를 하지 않은 사람 : 500만 원 이하의 과태료

(3) 위험물취급자격자의 자격(영 제11조 관련 별표 5)

위험물취급자격자의 구분	취급할 수 있는 위험물
「국가기술자격법」에 따라 위험물기능장, 위험물산업기사, 위험물기능사 자격을 취득한 사람	별표 1의 모든 위험물
안전관리자 강습교육을 이수한 자	제4류 위험물
소방공무원경력자(근무경력 3년 이상)	제4류 위험물

(4) 위험물안전관리자의 책무(규칙 제55조)

① 위험물의 취급 작업에 참여하여 저장 또는 취급에 관한 기술기준과 예방규정에 적합하도록 해당 작업자에 대하여 지시 및 감독하는 업무

② 화재 등의 재난이 발생한 경우 응급조치 및 소방관서 등에 대한 연락업무

③ 위험물시설의 안전을 담당하는 자를 따로 두는 제조소등의 경우에는 그 담당자에게 다음 각 목에 따른 업무의 지시, 그 밖의 제조소등의 경우에는 다음 각 목에 따른 업무

㉠ 제조소등의 위치·구조 및 설비를 기술기준에 적합하도록 유지하기 위한 점검과 점검상황의 기록·보존

㉡ 제조소등의 구조 또는 설비의 이상을 발견한 경우 관계자에 대한 연락 및 응급조치

㉢ 화재가 발생하거나 화재발생의 위험성이 현저한 경우 소방관서 등에 대한 연락 및 응급조치

㉣ 제조소등의 계측장치·제어장치 및 안전장치 등의 적정한 유지·관리

㉤ 제조소등의 위치·구조 및 설비에 관한 설계도서 등의 정비·보존 및 제조소등의 구조 및 설비의 안전에 관한 사무의 관리

④ 화재 등의 재해의 방지와 응급조치에 관하여 인접하는 제조소등과 그 밖의 관련되는 시설의 관계자와 협조체제의 유지

⑤ 위험물의 취급에 관한 일지의 작성·기록

⑥ 그 밖에 위험물을 수납한 용기를 차량에 적재하는 작업, 위험물 설비를 보수하는 작업 등 위험물의 취급과 관련된 작업의 안전에 관하여 필요한 감독의 수행

(5) 안전관리자 대리자의 지정 17년 소방위 18년 소방장

구 분	규정내용
지정사유	안전관리자가 여행·질병 그 밖의 사유로 인하여 일시적으로 직무를 수행할 수 없거나, 안전관리자의 해임 또는 퇴직과 동시에 다른 안전관리자를 선임하지 못하는 경우
지정 의무자	제조소등의 관계인은 대리자를 지정하여 그 직무를 대행하게 하여야 한다.
대행하는 기간	이 경우 대리자가 안전관리자의 직무를 대행하는 기간은 30일을 초과할 수 없다.
대리자 자격	• 위험물의 취급에 관한 국가기술 자격취득자 : 위험물기능장, 산업기사, 기능사 • 위험물안전에 관한 기본지식과 경험이 있는 자로서 행정안전부령으로 정하는 자 – 위험물안전관리자 강습교육 과정에서 안전교육을 받은 자 – 위험물 안전관리업무에 있어서 안전관리자를 지휘·감독하는 직위에 있는 자
미지정 시	1천 500만 원 이하의 벌금

(6) 위험물의 취급(법 제15조 제7항)

제조소등에 있어서 위험물취급자격자가 아닌 자는 안전관리자 또는 대리자가 참여한 상태에서 위험물을 취급해야 한다.

(7) 1인의 안전관리자의 중복하여 선임(법 제15조 제8항)

① 다수의 제조소등을 동일인이 설치한 경우에는 제조소등 마다 안전관리자를 선임하여야 함에도 불구하고 관계인은 대통령령(제12조 제1항)이 정하는 바에 따라 1인의 안전관리자를 중복하여 선임할 수 있다.

② 이 경우 대통령령(제12조 제2항)이 정하는 제조소등의 관계인은 대리자의 자격이 있는 자를 각 제조소등별로 지정하여 안전관리자를 보조하게 하여야 한다.

(8) 1인의 안전관리자를 중복하여 선임할 수 있는 경우 등 17년, 19년 소방장 14년, 15년, 19년 소방장

<table>
<tr><th>위치 · 거리</th><th colspan="2">제조소등 구분</th><th>개 수</th><th>인적조건</th></tr>
<tr><td>동일구 내에</td><td>보일러, 버너 등으로서 위험물을 소비하는 장치로 이루어진 7개 이하의 일반취급소</td><td>그 일반취급소에 공급하기 위한 위험물을 저장하는 저장소</td><td>7개 이하</td><td rowspan="2">동일인이 설치한 경우</td></tr>
<tr><td>동일구 내에 (일반취급소간 보행거리 300m 이내)</td><td>위험물을 차량에 고정된 탱크 또는 운반용기에 옮겨 담기 위한 5개 이하의 일반취급소</td><td>그 일반취급소에 공급하기 위한 위험물을 저장하는 저장소</td><td>5개 이하</td></tr>
<tr><td rowspan="7">동일구 내에 있거나 상호 보행거리 100미터 이내의 거리에 있는 저장소로서 저장소의 규모, 저장하는 위험물의 종류 등을 고려하여 행정안전부령(제56조) 이 정하는 저장소</td><td colspan="2">옥외탱크저장소</td><td>30개 이하</td><td rowspan="9">동일인이 설치한 경우</td></tr>
<tr><td colspan="2">옥내저장소</td><td rowspan="2">10개 이하</td></tr>
<tr><td colspan="2">옥외저장소</td></tr>
<tr><td colspan="2">암반탱크저장소</td><td rowspan="4">제한없음</td></tr>
<tr><td colspan="2">지하탱크저장소</td></tr>
<tr><td colspan="2">옥내탱크저장소</td></tr>
<tr><td colspan="2">간이탱크저장소</td></tr>
<tr><td colspan="3">다음 각 목의 기준에 모두 적합한 5개 이하의 제조소등을 동일인이 설치한 경우
• 각 제조소등이 동일구 내에 위치하거나 상호 100미터 이내의 거리에 있을 것
• 각 제조소등에서 저장 또는 취급하는 위험물의 최대수량이 지정수량의 3천배 미만일 것. 다만, 저장소의 경우에는 그러하지 아니하다.</td><td>5개 이하</td></tr>
<tr><td colspan="3">선박주유취급소의 고정주유설비에 공급하기 위한 위험물을 저장하는 저장소와 해당 선박주유취급소</td><td>제한없음</td></tr>
</table>

(9) 1인의 안전관리자를 중복선임한 경우 안전관리자를 보조해야 할 대상 등(영 제12조 제2항)

구 분	규정내용
보조자 지정대상	• 제조소 • 이송취급소 • 일반취급소 **안전관리자를 보조해야 할 대상 중 제외 일반취급소** 인화점이 38도 이상인 제4류 위험물만을 지정수량의 30배 이하로 취급하는 다음의 일반취급소 • 보일러 · 버너 또는 이와 비슷한 것으로서 위험물을 소비하는 장치로 이루어진 일반취급소 • 위험물을 용기에 옮겨 담거나 차량에 고정된 탱크에 주입하는 일반취급소
보조자의 자격 (대리자 자격이 있는 자)	• 위험물의 취급에 관한 국가기술 자격취득자 : 위험물기능장, 산업기사, 기능사 • 위험물안전에 관한 기본지식과 경험이 있는 자로서 행정안전부령으로 정하는 자 – 위험물안전관리자 강습교육 과정에서 안전교육을 받은 자 – 위험물 안전관리업무에 있어서 안전관리자를 지휘 · 감독하는 직위에 있는 자

(10) 제조소등의 종류 및 규모에 따라 선임해야 하는 안전관리자의 자격(영 제13조 관련 별표 6)

① 제조소 및 저장소의 규모에 따라 선임해야 할 안전관리자의 자격 **23년 소방위**

구 분	위험물기능장, 위험물산업기사 또는 2년 이상의 실무경력이 있는 위험물기능사	위험물기능장, 위험물산업기사, 위험물기능사, 안전관리자교육이수자 또는 소방공무원경력자
제조소	• 제4류 위험물만을 취급하는 것 : 5배 초과 • 1류, 2류, 3류, 5류, 6류를 취급하는 것	제4류 위험물만을 취급하는 것 : 5배 이하
옥내저장소	• 특수인화물류, 제1석유류 : 5배 초과 • 알코올 ~ 동식물류 : 40배 초과	• 제4류 위험물만을 저장하는 것 : 5배 이하 • 알코올 ~ 동식물류 : 40배 이하
옥외탱크 옥내탱크	• 특수인화물, 제1석유류, 알코올류 : 5배 초과 • 제2석유류 ~ 동식물류 : 40배 초과	• 제4류 위험물만을 저장하는 것 : 5배 이하 • 제2~4석유류, 동식물류 : 40배 이하
지하탱크 저장소	• 특수인화물류 : 40배 초과 • 제1석유류 ~ 동식물류 : 250배 초과	• 제4류 위험물만을 저장하는 것 : 40배 이하 • 제1석유류 ~ 동식물류 : 250배 이하
간이탱크		제한없음
보일러용도 탱크저장소		제한없음
옥외저장소	제4류 위험물만을 저장하는 것 : 40배 초과	제4류 위험물만을 저장하는 것 : 40배 이하
선박, 항공기, 철도 주유 취급소의 탱크저장소	지정수량의 250배(제1석유류의 경우에는 지정수량의 100배) 초과의 것	지정수량의 250배(제1석유류의 경우에는 지정수량의 100배) 이하의 것
기 타	• 암반탱크저장소 • 위 이외에 1류, 2류, 3류, 5류, 6류를 취급하는 것	

② 취급소의 규모에 따라 선임해야 할 안전관리자의 자격

구 분	위험물기능장, 위험물산업기사 또는 2년 이상의 실무경력이 있는 위험물기능사	위험물기능장, 위험물산업기사, 위험물기능사, 안전관리자교육이수자 또는 소방공무원경력자
주유취급소		제한없음
판매취급소	특수인화물류 : 5배 초과	• 제4류 위험물만을 저장하는 것 : 5배 이하 • 제1석유류 ~ 동식물유류만을 취급하는 것
일반취급소	제1석유류 ~ 동식물유류만을 지정수량 50배 초과하여 취급하는 것 중 다음의 것 • 보일러, 버너 그 밖에 이와 유사한 장치에 의하여 위험물을 소비하는 것 • 위험물을 용기 또는 차량에 고정된 탱크에 주입하는 것	제1석유류 ~ 동식물유류만을 지정수량 50배 이하로 취급하는 것 중 다음의 것 • 보일러, 버너 그 밖에 이와 유사한 장치에 의하여 위험물을 소비하는 것 • 위험물을 용기 또는 차량에 고정된 탱크에 주입하는 것
	특수인화물류, 제1석유류, 알코올류를 취급하는 일반취급소로서 지정수량 10배 초과의 것	제4류 위험물만을 취급하는 일반취급소로서 지정수량 10배 이하의 것
	제2석유류·제3석유류·제4석유류·동식물유류만을 취급하는 일반취급소로서 지정수량 20배 초과의 것	제2석유류·제3석유류·제4석유류·동식물유류만을 취급하는 일반취급소로서 지정수량 20배 이하의 것
		농어촌에 설치된 자가발전시설에 사용되는 위험물을 취급하는 일반취급소
기 타	• 위 이외의 1류, 2류, 3류, 5류, 6류를 취급하는 것 • 이송취급소	

2 탱크안전성능시험자의 등록 등(법 제16조)

(1) **탱크안전성능시험자가 되고자 하는 자** : 기술능력, 시설, 장비를 갖추어 시·도지사에게 등록

(2) **탱크시험자의** 기술능력·시설 및 장비 기준 21년 소방장 24년 소방위

구 분	탱크시험자 등록기준
기술인력	① 필수인력 ㉠ 위험물기능장·위험물산업기사 또는 위험물기능사 중 1명 이상 ㉡ 비파괴검사기술사 1명 이상 또는 초음파비파괴검사·자기비파괴검사 및 침투비파괴검사별로 기사 또는 산업기사 각 1명 이상 ② 필요한 경우에 두는 인력 ㉠ 충·수압시험, 진공시험, 기밀시험 또는 내압시험의 경우 : 누설비파괴검사 기사, 산업기사 또는 기능사 ㉡ 수직·수평도시험의 경우 : 측량 및 지형공간정보 기술사, 기사, 산업기사 또는 측량기능사 ㉢ 방사선투과시험의 경우 : 방사선비파괴검사 기사 또는 산업기사 ㉣ 필수인력의 보조 : 방사선비파괴검사·초음파비파괴검사·자기비파괴검사 또는 침투비파괴검사 기능사

시 설	전용사무실을 갖출 것
장 비	① 필수장비 : 자기탐상시험기, 초음파두께측정기 및 다음 ㉠ 또는 ㉡의 장비를 둘 것 ㉠ 영상초음파시험기 ㉡ 방사선투과시험기 및 초음파시험기 ② 필요한 경우에 두는 장비 ㉠ 충·수압시험, 진공시험, 기밀시험 또는 내압시험의 경우 ⓐ 진공능력 53KPa 이상의 진공누설시험기 ⓑ 기밀시험장치(안전장치가 부착된 것으로서 가압능력 200KPa 이상, 감압의 경우에는 감압능력 10KPa 이상·감도 10Pa 이하의 것으로서 각각의 압력 변화를 스스로 기록할 수 있는 것) ㉡ 수직·수평도 시험의 경우 : 수직·수평도 측정기 ※ 둘 이상의 기능을 함께 가지고 있는 장비를 갖춘 경우에는 각각의 장비를 갖춘 것으로 본다.

(3) 탱크시험자 등록신청서 첨부서류(규칙 제60조)

① 기술능력자 연명부 및 기술자격증

② 안전성능시험장비의 명세서

③ 보유장비 및 시험방법에 대한 기술검토를 기술원으로부터 받은 경우에는 그에 대한 자료

④ 방사성동위원소이동사용허가증 또는 방사선발생장치이동사용허가증의 사본 1부

⑤ 사무실의 확보를 증명할 수 있는 서류

(4) 탱크시험자 등록의 결격사유

① 피성년후견인

② 이 법, 소방관계법령에 따른 금고 이상의 실형의 선고를 받고 그 집행이 종료(집행이 종료된 것으로 보는 경우를 포함한다)되거나 집행이 면제된 날부터 2년이 지나지 아니한 자

③ 이 법, 소방관계법령에 따른 금고 이상의 형의 집행유예 선고를 받고 그 유예기간 중에 있는 자

④ 탱크시험자의 등록이 취소된 날부터 2년이 지나지 아니한 자

⑤ 법인으로서 그 대표자가 ① 내지 ④에 해당하는 경우

⑥ 법인의 임원이 ② 부터 ④까지의 어느 하나에 해당하는 경우 그 법인

※ 소방관계법령 : 위험물안전관리법, 소방기본법, 소방시설법, 화재예방법, 소방시설공사업법

(5) 탱크시험자의 등록증의 교부 : 15일 이내

(6) 탱크시험자의 등록취소 및 업무정지의 기준

① 등록을 취소하거나 6개월 이내의 기간을 정하여 업무의 정지를 명할 수 있는 자 : 시·도지사

② 탱크시험자에 대한 행정처분기준(시행규칙 별표 2) 24년 소방위

<table>
<tr><th rowspan="2">위반사항</th><th colspan="3">행정처분기준</th></tr>
<tr><th>1차</th><th>2차</th><th>3차</th></tr>
<tr><td>허위 그 밖의 부정한 방법으로 등록을 한 경우</td><td>등록취소</td><td></td><td></td></tr>
<tr><td>등록의 결격사유에 해당하게 된 경우</td><td>등록취소</td><td></td><td></td></tr>
<tr><td>등록증을 다른 자에게 빌려준 경우</td><td>등록취소</td><td></td><td></td></tr>
<tr><td>등록기준에 미달하게 된 경우</td><td>업무정지 30일</td><td>업무정지 60일</td><td>등록취소</td></tr>
<tr><td>탱크안전성능시험 또는 점검을 허위로 하거나 이 법에 의한 기준에 맞지 아니하게 탱크안전성능시험 또는 점검을 실시하는 경우 등 탱크시험자로서 적합하지 않다고 인정되는 경우</td><td>업무정지 30일</td><td>업무정지 90일</td><td>등록취소</td></tr>
</table>

③ 시도 공보에 공고사항 : 탱크시험자 등록·등록취소 또는 업무정지

(7) 등록 중요사항 변경 시 신고기한 : 그 날로부터 30일 이내에 시·도지사에게 변경신고

(8) 탱크시험자가 중요사항을 변경할 때 첨부서류

중요사항 변경 구분	첨부서류
① 영업소 소재지의 변경	• 사무소의 사용을 증명하는 서류 • 위험물탱크안전성능시험자 등록증
② 기술능력의 변경	• 변경하는 기술인력의 자격증 • 위험물탱크안전성능시험자등록증
③ 대표자의 변경	위험물탱크안전성능시험자등록증
④ 상호 또는 명칭의 변경	위험물탱크안전성능시험자등록증

3 예방규정(법 제17조) 22년 소방장·소방위

(1) 예방규정을 정하여 제출해야 할 의무자 : 대통령령으로 정하는 제조소등 관계인

(2) 제출시기 : 제조소등의 사용을 시작하기 전에 시·도지사에게 제출(예방규정 변경 시 동일)

(3) 관계인이 예방규정을 정해야 할 제조소등(영 제15조) 17년, 19년, 21년, 22년 소방장

15년, 18년, 20년, 21년 소방위

① 지정수량 10배 이상의 위험물을 취급하는 제조소
② 지정수량 150배 이상의 위험물을 저장하는 옥내저장소
③ 지정수량 100배 이상의 위험물을 저장하는 옥외저장소
④ 지정수량 200배 이상의 위험물을 저장하는 옥외탱크저장소
⑤ 암반탱크저장소
⑥ 이송취급소
⑦ 지정수량 10배 이상의 일반취급소

> 제4류 위험물(특수인화물을 제외한다)만을 지정수량의 50배 이하로 취급하는 일반취급소(제1석유류・알코올류의 취급량이 지정수량의 10배 이하인 경우에 한한다)로서 다음 각 목의 어느 하나에 해당하는 것을 제외한다.
> • 보일러・버너 또는 이와 비슷한 것으로서 위험물을 소비하는 장치로 이루어진 일반취급소
> • 위험물을 용기에 옮겨 담는 일반취급소
> • 차량에 고정된 탱크에 주입하는 일반취급소

(4) 예방규정에 포함되어야 할 사항(시행규칙 제63조)

① 위험물의 안전관리업무를 담당하는 자의 직무 및 조직에 관한 사항
② 안전관리자가 여행・질병 등으로 인하여 그 직무를 수행할 수 없을 경우 그 직무의 대리자에 관한 사항
③ 자체소방대의 편성과 화학소방자동차의 배치에 관한 사항
④ 위험물의 안전에 관계된 작업에 종사하는 자에 대한 안전교육 및 훈련에 관한 사항
⑤ 위험물시설 및 작업장에 대한 안전순찰에 관한 사항
⑥ 위험물시설・소방시설 그 밖의 관련시설에 대한 점검 및 정비에 관한 사항
⑦ 위험물시설의 운전 또는 조작에 관한 사항
⑧ 위험물 취급 작업의 기준에 관한 사항
⑨ 위험물의 안전에 관한 기록에 관한 사항
⑩ 제조소등의 위치・구조 및 설비를 명시한 서류와 도면의 정비에 관한 사항
⑪ 이송취급소에 있어서는 배관공사 현장책임자의 조건 등 배관공사 현장에 대한 감독체제에 관한 사항과 배관주위에 있는 이송취급소 시설 외의 공사를 하는 경우 배관의 안전 확보에 관한 사항
⑫ 재난 그 밖의 비상시의 경우에 취해야 하는 조치에 관한 사항
⑬ 그 밖에 위험물의 안전관리에 관하여 필요한 사항

(5) 제조소등의 관계인과 그 종업원은 예방규정을 충분히 잘 익히고 준수하여야 한다.

(6) 소방청장은 대통령령으로 정하는 제조소등에 대하여 행정안전부령으로 정하는 바에 따라 예방규정의 이행 실태를 정기적으로 평가할 수 있다.

(7) 예방규정 이행 실태 평가 대상(영 제15조 제2항)

제조소등 가운데 저장 또는 취급하는 위험물의 최대수량의 합이 지정수량의 3천배 이상인 제조소등을 말한다.

(8) 예방규정의 이행 실태의 평가(시행규칙 제63조의2)

① 예방규정의 이행 실태 평가는 다음 각 호의 구분에 따라 실시한다.

구 분	평가실시
최초평가	예방규정을 최초로 제출한 날부터 3년이 되는 날이 속하는 연도에 실시
정기평가	최초평가 또는 직전 정기평가를 실시한 날을 기준으로 4년마다 실시. 다만, 수시평가를 실시한 경우에는 수시평가를 실시한 날을 기준으로 4년마다 실시한다.
수시평가	위험물의 누출·화재·폭발 등의 사고가 발생한 경우 소방청장이 제조소등의 관계인 또는 종업원의 예방규정 준수 여부를 평가할 필요가 있다고 인정하는 경우에 실시

② **이행평가방법** : 서면점검 또는 현장검사의 방법으로 실시할 수 있다. 이 경우 현장검사는 소방청장이 정하여 고시하는 고위험군의 제조소등에 대하여만 실시한다.

③ **평가실시일 등 통보** : 평가실시일 30일 전까지(수시평가의 경우에는 7일 전까지를 말한다)

④ **평가항목 또는 평가면제**

㉠ 평가항목 : 예방규정에 포함되어야 할 사항의 세부항목에 대하여 실시한다.

㉡ 평가면제 : 평가실시일부터 직전 1년 동안 「산업안전보건법」에 따른 공정안전보고서의 이행 상태 평가 또는 「화학물질관리법」에 따른 화학사고예방관리계획서의 이행 여부 점검을 받은 경우로서 해당 평가 또는 점검 항목과 중복되는 항목이 있는 경우에는 해당 항목에 대한 평가를 면제할 수 있다.

⑤ **예방규정의 이행 실태 평가의 통보** : 관계인에게 통보, 화재예방 등 필요시 이행권고

4 정기점검

(1) 정기점검(법 제18조)

대통령령(영 제16조)이 정하는 제조소등의 관계인은 그 제조소등에 대하여 행정안전부령(제64조 내지 제69조)이 정하는 바에 따라 제조소등의 위치·구조 및 설비기준에 적합한지의 여부를 정기적으로 점검하고 점검결과를 기록하여 보존하여야 한다.

(2) 정기점검 대상(영 제16조)

① 관계인이 예방규정을 정해야 하는 제조소등 **21년 소방위**

② 지하탱크저장소

③ 이동탱크저장소

④ 위험물을 취급하는 탱크로서 지하에 매설된 탱크가 있는 제조소, 주유취급소, 일반취급소

(3) 정기점검 횟수(규칙 제64조)

제조소등의 관계인은 해당 제조소등에 대하여 연 1회 이상 정기점검을 실시해야 한다.

(4) 특정 · 준특정 옥외탱크저장소의 정기점검(규칙 제65조)

① 옥외탱크저장소 중 저장 또는 취급하는 액체위험물의 최대수량이 50만 리터 이상인 것에 대해서는 연 1회 이상 정기점검 외에 다음 각 호의 어느 하나에 해당하는 기간 이내에 1회 이상 특정 · 준특정 옥외저장탱크의 구조 등에 관한 안전점검을 해야 한다.

구 분	기 간
특정 · 준특정 옥외탱크저장소의 설치허가에 따른 공검사합격확인증을 발급받은 날부터	12년 이내에 1회 이상
최근의 정밀정기검사를 받은 날부터	11년
구조안전점검시기 연장신청을 하여 해당 안전조치가 적정한 것으로 인정받아 1년 연장한 경우 : 최근의 정밀정기검사를 받은 날부터	13년

② 다만, 해당 기간 이내에 특정 · 준특정 옥외저장탱크의 사용중단 등으로 구조안전점검을 실시하기가 곤란한 경우에는 관할소방서장에게 구조안전점검의 실시기간 연장신청을 할 수 있으며, 그 신청을 받은 소방서장은 1년(특정 · 준특정옥외저장탱크의 사용을 중지한 경우에는 사용중지기간)의 범위에서 실시기간을 연장할 수 있다.

(5) 정기점검의 내용 · 점검자 및 기록 · 유지 등

조문 및 제명	규정내용
정기점검의 내용 등 (규칙 제66조)	제조소등의 위치 · 구조 및 설비가 기술기준에 적합한지를 점검하는 데 필요한 정기점검의 내용 · 방법 등에 관한 기술상의 기준과 그 밖의 점검에 관하여 필요한 사항은 소방청장이 정하여 고시한다.
정기점검의 실시자 (규칙 제67조)	• 제조소등의 관계인은 안전관리자 또는 위험물운송자(이동탱크저장소에 한함)로 하여금 실시하도록 하여야 한다. • 구조안전점검을 위험물안전관리자가 직접 실시하는 경우 점검에 필요한 탱크시험자의 인력 및 장비를 갖춘 후 이를 실시하여야 한다. • 제조소등의 관계인은 안전관리대행기관(구조안전점검은 제외) 또는 탱크시험자에게 정기점검을 의뢰하여 실시할 수 있다. ※ 이 경우 해당 제조소등의 안전관리자는 점검현장에 참관
정기점검의 기록 · 유지 (규칙 제68조)	제조소등의 관계인은 정기점검 후 다음 사항을 기록해야 한다. • 점검을 실시한 제조소등의 명칭 • 점검의 방법 및 결과 • 점검연월일 • 점검을 한 안전관리자 또는 점검을 한 탱크시험자와 점검에 참관한 안전관리자의 성명
	정기점검기록은 다음 구분의 기간 동안 이를 보존하여야 한다. • 옥외저장탱크의 구조안전점검에 관한 기록 : 25년 • 특정 옥외저장탱크에 안전조치를 한 후 기술원에 구조안전점검시기를 연장신청하여 구조안전점검에 받은 경우의 점검기록 : 30년 • 정기점검의 기록 : 3년
정기점검의 결과보고 (법 제18조 제2항)	정기점검을 한 제조소등의 관계인은 점검을 한 날부터 30일 이내에 점검결과를 시 · 도지사에게 제출하여야 한다.

5 정기검사

(1) 정기검사

정기점검의 대상이 되는 제조소등 가운데 대통령령으로 정하는 제조소등제17조(정기검사 대상인 제조소등)의 관계인은 행정안전부령(제70조 내지 제72조)으로 정하는 바에 따라 소방본부장 또는 소방서장으로부터 해당 제조소등이 기술기준에 적합하게 유지되고 있는지의 여부에 대하여 정기적으로 검사를 받아야 한다.

(2) 정기검사 대상 : 액체위험물을 저장 또는 취급하는 50만 리터 이상의 옥외탱크저장소

(3) 정기검사의 시기 22년, 23년 소방위

구 분	다음 각 목의 어느 하나에 해당하는 기간 내에 1회
정밀 정기검사	• 특정·준특정 옥외탱크저장소의 설치허가에 따른 완공검사합격확인증을 발급받은 날부터 12년 이내에 1회 • 최근의 정밀정기검사를 받은 날부터 11년 이내에 1회 ※ 정밀정기검사를 받아야 하는 특정·준특정 옥외탱크저장소의 관계인은 위 사항에도 불구하고 정밀정기검사를 구조안전점검을 실시하는 때에 함께 받을 수 있다.
중간 정기검사	• 특정·준특정 옥외탱크저장소의 설치허가에 따른 완공검사합격확인증을 발급받은 날부터 4년 이내에 1회 • 최근의 정밀정기검사 또는 중간정기검사를 받은 날부터 4년 이내에 1회

(4) 정기점검과 정기검사 핵심 총정리 21년, 22년, 23년 소방위

점검구분 (보존기간)		점검대상	점검자의 자격	점검내용	점검시기 또는 횟수
정기점검	정기점검 (3년)	• 예방규정 대상 • 이동탱크저장소 • 지하탱크저장소	• 위험물안전관리자 • 안전관리대행기관, 탱크시험자(안전관리자의 참관) • 위험물운송자(이동탱크)	• 제조소등의 위치·구조 및 설비가 기술기준에 적합한지 여부 • 점검내용·방법 : 소방청장이 고시	연 1회 이상
	구조안전점검 (25년)	50만 리터 이상의 액체위험물을 저장·취급하는 옥외탱크저장소	탱크시험자(안전관리자 참관) ※ 구조안전점검을 위험물안전관리자가 실시하는 경우에는 점검 방법에 대한 지식, 기능 및 인력과 장비를 갖추어야 한다.		• 완공검사합격확인증 교부일로부터 12년 이내에 1회 이상 • 최근 정밀정기검사 받은 날로부터 11년 이내에 1회 이상 (연장 신청 시는 13년) 이내에 1회 이상

<table>
<tr><td rowspan="2">정기검사</td><td>정밀정기검사</td><td rowspan="2">50만 리터 이상의 액체위험물을 저장·취급하는 옥외탱크저장소</td><td rowspan="2">• 소방본부장 또는 소방서장
• 한국소방산업기술원에 위탁</td><td rowspan="2">제조소등 관계인이 위험물시설에 대한 적정 유지·관리 여부를 확인</td><td>• 완공검사합격확인증을 발급받은 날부터 12년 이내에 1회 이상
• 최근의 정밀정기검사를 받은 날부터 11년 이내에 1회 이상</td></tr>
<tr><td>중간정기검사</td><td>• 완공검사합격확인증을 발급받은 날부터 4년 이내에 1회 이상
• 최근의 정밀정기검사 또는 중간정기검사를 받은 날부터 4년 이내에 1회 이상</td></tr>
</table>

6 자체소방대(법 제19조)

(1) 자체소방대를 두어야 하는 제조소등(영 제18조)

① 제조소로서 취급하는 제4류 위험물의 최대수량의 합이 지정수량의 3천배 이상인 것

② 옥외탱크저장소로서 저장하는 제4류 위험물의 최대수량이 지정수량의 50만배 이상인 것

③ 일반취급소로서 취급하는 제4류 위험물의 최대수량의 합이 지정수량의 3천배 이상인 것

지정수량 3천배 이상이더라도 자체소방대 설치가 제외되는 일반취급소(시행규칙 제73조)

① 보일러, 버너 그 밖에 이와 유사한 장치로 위험물을 소비하는 일반취급소

② 이동저장탱크 그 밖에 이와 유사한 것에 위험물을 주입하는 일반취급소

③ 용기에 위험물을 옮겨 담는 일반취급소

④ 유압장치, 윤활유순환장치 그 밖에 이와 유사한 장치로 위험물을 취급하는 일반취급소

⑤ 「광산안전법」의 적용을 받는 일반취급소

(2) 자체소방대 편성기준 18년, 22년 소방위

자체소방대 편성에 필요한 화학소방차 및 인원(영 별표 8)

사업소의 구분	화학 소방자동차	자체소방 대원의 수
1. 제조소 또는 일반취급소에서 취급하는 제4류 위험물의 최대수량의 합이 지정수량의 3천배 이상 12만배 미만인 사업소	1대	5인
2. 제조소 또는 일반취급소에서 취급하는 제4류 위험물의 최대수량의 합이 지정수량의 12만배 이상 24만배 미만인 사업소	2대	10인
3. 제조소 또는 일반취급소에서 취급하는 제4류 위험물의 최대수량의 합이 지정수량의 24만배 이상 48만배 미만인 사업소	3대	15인
4. 제조소 또는 일반취급소에서 취급하는 제4류 위험물의 최대수량의 합이 지정수량의 48만배 이상인 사업소	4대	20인
5. 옥외탱크저장소에 저장하는 제4류 위험물의 최대수량이 지정수량의 50만배 이상인 사업소	2대	10인

※비고

화학소방자동차에는 행정안전부령으로 정하는 소화능력 및 설비를 갖추어야 하고, 소화활동에 필요한 소화약제 및 기구(방열복 등 개인장구를 포함한다)를 비치하여야 한다.

(3) 화학소방차의 기준 등(규칙 제75조) 21년, 23년 소방위

① 화학소방자동차에 갖추어야 하는 소화능력 및 설비의 기준(규칙 별표 23)

화학소방자동차의 구분	소화능력 및 설비의 기준
포수용액 방사차	포수용액의 방사능력이 매분 2,000L 이상일 것
	소화약액탱크 및 소화약액혼합장치를 비치할 것
	10만L 이상의 포수용액을 방사할 수 있는 양의 소화약제를 비치할 것
분말 방사차	분말의 방사능력이 매초 35kg 이상일 것
	분말탱크 및 가압용가스설비를 비치할 것
	1,400kg 이상의 분말을 비치할 것
할로젠화합물 방사차	할로젠화합물의 방사능력이 매초 40kg 이상일 것
	할로젠화합물탱크 및 가압용가스설비를 비치할 것
	1,000kg 이상의 할로젠화합물을 비치할 것
이산화탄소 방사차	이산화탄소의 방사능력이 매초 40kg 이상일 것
	이산화탄소저장용기를 비치할 것
	3,000kg 이상의 이산화탄소를 비치할 것
제독차	가성소다 및 규조토를 각각 50kg 이상 비치할 것

② 화학소방자동차 대수(규칙 제75조 제2항)

이 중에 포수용액을 방사하는 화학소방자동차의 대수는 자체소방대 편성기준에 의한 화학소방자동차의 대수의 3분의 2 이상으로 해야 한다.

7 제조소등에서 흡연금지 등

(1) 제조소등에서 흡연의 금지(법 제19조의2) 〈2024.01.30. 신설, 2024.07.31. 시행〉

① 누구든지 제조소등에서는 지정된 장소가 아닌 곳에서 흡연을 하여서는 아니 된다.

② 제조소등의 관계인은 해당 제조소등이 금연구역임을 알리는 표지를 설치하여야 한다.

③ 소방서장의 권한 위임 : 시・도지사는 제조소등의 관계인이 금연구역임을 알리는 표지를 설치하지 아니하거나 보완이 필요한 경우 일정한 기간을 정하여 그 시정을 명할 수 있다.

④ 지정기준・방법 등은 대통령령(제18조의2(흡연장소의 지정기준 등))으로 정하고, 표지를 설치하는 기준・방법 등은 행정안전부령(규칙 별표 4 Ⅲ)으로 정한다.

(2) 흡연장소의 지정기준 등(영 제18조의2) 〈2024.07.31. 시행〉

① 제조소등의 관계인은 제조소등에서 흡연장소를 지정할 필요가 있다고 인정하는 경우 다음 각 호의 기준에 따라 흡연장소를 지정해야 한다.

㉠ 흡연장소는 폭발위험장소 외의 장소에 지정하는 등 위험물을 저장 · 취급하는 건축물, 공작물 및 기계 · 기구, 그 밖의 설비로부터 안전 확보에 필요한 일정한 거리를 둘 것

㉡ 흡연장소는 옥외로 지정할 것. 다만, 부득이한 경우에는 건축물 내에 지정할 수 있다.

② 제조소등의 관계인은 흡연장소를 지정하는 경우에는 다음 각 호의 방법에 따른 화재예방 조치를 해야 한다.

㉠ 흡연장소는 구획된 실(室)로 하되, 가연성의 증기 또는 미분이 실내에 체류하거나 실내로 유입되는 것을 방지하기 위한 구조 또는 설비를 갖출 것

㉡ 소형수동식소화기(이에 준하는 소화설비를 포함한다)를 1개 이상 비치할 것

③ 위 규정한 사항 외에 흡연장소의 지정기준 · 방법 등에 관한 세부적인 기준은 소방청장이 정하여 고시한다.

(3) 금연구역 표지 및 게시판(규칙 별표 4 Ⅲ)

① 제조소에는 보기 쉬운 곳에 다음 각 목의 기준에 따라 해당 제조소가 금연구역임을 알리는 표지를 설치해야 한다.

㉠ 표지에는 금연을 상징하는 그림 또는 문자, 위반 시 조치사항 등이 포함될 것

㉡ 건축물 또는 시설의 규모나 구조에 따라 표지의 크기를 다르게 할 수 있으며, 바탕색 및 글씨 색상 등은 그 내용이 눈에 잘 띄도록 배색할 것

② 다만, 제조소에 출입하는 사람이 특정인으로 한정되고, 해당 제조소를 포함하는 사업소의 출입구에 해당 사업소 전체가 금연구역임을 알리는 표지를 설치한 경우에는 해당 제조소에 금연구역임을 알리는 표지를 설치한 것으로 본다.

제4장 위험물의 운반 등

1 위험물의 운반

(1) 위험물의 운반(법 제20조)

① 위험물의 운반은 그 용기・적재방법 및 운반방법에 관한 다음 각 호의 중요기준과 세부기준에 따라 행해야 한다.

㉠ 중요기준 : 화재 등 위해의 예방과 응급조치에 있어서 큰 영향을 미치거나 그 기준을 위반하는 경우 직접적으로 화재를 일으킬 가능성이 큰 기준으로서 행정안전부령(별표 19)이 정하는 기준

㉡ 세부기준 : 화재 등 위해의 예방과 응급조치에 있어서 중요기준보다 상대적으로 적은 영향을 미치거나 그 기준을 위반하는 경우 간접적으로 화재를 일으킬 수 있는 기준 및 위험물의 안전관리에 필요한 표시와 서류・기구 등의 비치에 관한 기준으로서 행정안전부령(별표 19)이 정하는 기준

② 위험물의 운반

운반용기에 수납된 위험물을 지정수량 이상으로 차량에 적재하여 운반하는 차량의 운전자(이하 "위험물운반자"라 한다)는 다음 해당하는 어느 하나의 요건을 갖추어야 한다.

㉠ 위험물 분야의 자격을 취득할 것

㉡ 한국소방안전원에서 실시하는 위험물운반자 교육과정을 수료할 것

③ 운반용기의 검사

㉠ 시・도지사는 운반용기를 제작하거나 수입한 자 등의 신청에 따라 운반용기를 검사할 수 있다.

㉡ 다만, 기계에 의하여 하역하는 구조로 된 대형의 운반용기로서 행정안전부령(별표 20에 따른 운반용기)이 정하는 것을 제작하거나 수입한 자 등은 행정안전부령제51조 제2항이 정하는 바에 따라 당해 용기를 사용하거나 유통시키기 전에 시・도지사가 실시하는 운반용기에 대한 검사를 받아야 한다.

2 위험물의 운송

(1) 위험물의 운송

① 이동탱크저장소에 의하여 위험물을 운송하는 자(운송책임자 및 이동탱크저장소운전자를 말하며, 이하 "위험물운송자"라 한다)는 다음에 해당하는 어느 하나에 해당하는 요건을 갖추어야 한다.

㉠ 위험물 분야의 자격을 취득할 것

㉡ 한국소방안전원에서 실시하는 위험물운송자 교육과정을 수료할 것

② 대통령령이 정하는 위험물[제19조(운송책임자의 감독·지원을 받아 운송하여야 하는 위험물)]의 운송에 있어서는 운송책임자의 감독 또는 지원을 받아 이를 운송하여야 한다. 운송책임자의 범위, 감독 또는 지원의 방법 등에 관한 구체적인 기준은 행정안전부령[제52조(위험물의 운송기준)]으로 정한다.

(2) 운송책임자의 감독 또는 지원을 받아 운송해야 하는 위험물 16년 소방위 17년, 23년 소방장

① 알킬알루미늄

② 알킬리튬

③ 알킬알루미늄 또는 알킬리튬의 물질을 함유하는 위험물

(3) 위험물의 운송기준(규칙 제52조)

① 위험물 운송책임자의 자격

㉠ 당해 위험물의 취급에 관한 국가기술자격을 취득하고 관련 업무에 1년 이상 종사한 경력이 있는 자

㉡ 위험물의 운송에 관한 안전교육을 수료하고 관련 업무에 2년 이상 종사한 경력이 있는 자

② 위험물 운송책임자의 감독 또는 지원의 방법과 위험물의 운송 시에 준수하여야 하는 사항은 별표 21과 같다. 18년, 20년 소방장 24년 소방위

3 위험물의 운송 또는 운반과 관련한 법 위반 시 벌칙

위반내용	벌칙 등
주행 중의 이동탱크저장소의 정지지시를 거부하거나 국가기술자격증, 교육수료증·신원확인을 위한 증명서의 제시 요구 또는 신원확인을 위한 질문에 응하지 아니한 사람	1천 500만 원 이하의 벌금
위험물의 저장 또는 취급에 관한 기준에서 이동탱크저장소와 관련한 중요기준을 따르지 아니한 사람	
위험물 운반에 관한 중요기준에 따르지 아니한 사람	1천만 원 이하의 벌금
위험물운반자의 자격요건을 갖추지 아니하고 위험물을 운반한 자	
위험물운송자의 자격요건을 갖추지 아니하고 위험물을 운송한 자	
알킬알루미늄, 알킬리튬, 이들을 함유하는 위험물 운송에 있어서는 운송책임자의 감독 또는 지원을 받아 운송해야 함에도 불구하고 이를 따르지 않은 위험물운송자	
위험물의 운송에 관한 기준을 따르지 아니한 자	500만 원 이하의 과태료
위험물운반자 중 위험물 운반에 관한 세부기준을 따르지 아니한 자	

4 위험물안전관리자 등 자격정리

구 분		자격기준
위험물안전관리자		• 위험물분야의 자격을 취득한 사람 • 위험물안전관리자 강습교육을 수료한 사람 • 소방공무원 경력자
위험물안전관리자 여행 등 일시적 부재 시 대리자 자격		• 위험물분야의 자격을 취득한 사람 • 위험물안전관리자 강습교육을 수료한 사람 • 제조소등의 위험물 안전관리업무에 있어서 안전관리자를 지휘·감독하는 직위에 있는 자
1인 중복선임 시 안전관리자 보조자의 자격 (법 제15조 제8항)		
안전관리대행기관 업무보조자 (시행규칙 제59조 제2항)		• 위험물분야의 자격을 취득한 사람 • 위험물안전관리자 강습교육을 수료한 사람
위험물운송자 (법 제21조 제1항)	위험물 운송책임자	• 해당 위험물의 취급에 관한 국가기술자격을 취득하고 관련 업무에 1년 이상 종사한 경력이 있는 자 • 위험물의 운송에 관한 안전교육을 수료하고 관련 업무에 2년 이상 종사한 경력이 있는 자
	이동탱크저장소 운전자	• 위험물분야의 자격을 취득한 사람 • 위험물운송자 교육과정을 수료한 사람
위험물운반자 (법 제20조 제2항)		• 위험물분야의 자격을 취득한 사람 • 위험물운반자 교육과정을 수료한 사람

제5장 감독 및 조치명령 16년, 18년, 20년, 22년 소방위

1 출입 · 검사

(1) 출입 · 검사 등(법 제22조)

① 출입 · 검사자 및 내용

구 분	자격기준
출입 · 검사권 20년 소방장	소방청장(중앙119구조본부장 및 그 소속 기관의 장을 포함한다. 이하 제22조의2에서 같다), 시 · 도지사, 소방본부장 또는 소방서장
출입 · 검사 요건	위험물의 저장 또는 취급에 따른 화재의 예방 또는 진압대책을 위하여 필요한 때
출입 · 검사 사항	• 위험물을 저장 또는 취급하고 있다고 인정되는 장소의 관계인에 대하여 필요한 보고 또는 자료제출을 명할 수 있음 • 관계공무원으로 하여금 해당 장소에 출입하여 그 장소의 위치 · 구조 · 설비 및 위험물의 저장 · 취급상황에 대하여 검사 및 관계인에게 질문을 명할 수 있음 • 시험에 필요한 최소한의 위험물 또는 위험물로 의심되는 물품 수거를 명할 수 있음
개인의 주거	• 관계인의 승낙을 얻은 경우 • 화재발생의 우려가 커서 긴급한 필요가 있는 경우가 아니면 출입할 수 없음
위반 시	1년 이하의 징역 또는 1천만 원 이하의 벌금

② 위험물운반자 또는 위험물운송자의 검사 등

구 분	자격기준
검사권자	소방공무원 또는 경찰공무원
검사 요건	위험물운반자 또는 위험물운송자의 요건을 확인하기 위하여 필요하다고 인정하는 경우
검사사항	• 주행 중인 위험물 운반 차량 또는 이동탱크저장소를 정지시켜 해당 위험물운반자 또는 위험물운송자에게 그 자격을 증명할 수 있는 국가기술자격증 또는 교육수료증의 제시를 요구할 수 있음 • 이를 제시하지 아니한 경우에는 주민등록증(모바일 주민등록증을 포함한다), 여권, 운전면허증 등 신원확인을 위한 증명서를 제시할 것을 요구하거나 신원확인을 위한 질문을 할 수 있음 • 이 직무를 수행하는 경우에 있어서 소방공무원과 경찰공무원은 긴밀히 협력하여야 함
위반 시	1년 이하의 징역 또는 1천만 원 이하의 벌금

③ 출입·검사 등의 시기

출입·검사 등은 그 장소의 공개시간이나 근무시간내 또는 해가 뜬 후부터 해가 지기 전까지의 시간내에 행하여야 한다. 다만, 건축물 그 밖의 공작물의 관계인의 승낙을 얻은 경우 또는 화재발생의 우려가 커서 긴급한 필요가 있는 경우에는 그러하지 아니하다.

④ 업무방해금지 및 비밀유지

출입·검사 등을 행하는 관계공무원은 관계인의 정당한 업무를 방해하거나 출입·검사 등을 수행하면서 알게 된 비밀을 다른 자에게 누설하여서는 아니된다.

⑤ 탱크시험자에 대한 출입·검사 등

구 분	자격기준
검사권자	시·도지사, 소방본부장 또는 소방서장
검사 요건	위험물운반자 또는 위험물운송자의 요건을 확인하기 위하여 필요하다고 인정하는 경우
출입·검사 사항	• 탱크시험자에게 탱크시험자의 등록 또는 그 업무에 관하여 필요한 보고 또는 자료제출을 명할 수 있음 • 관계공무원으로 하여금 당해 사무소에 출입하여 업무의 상황·시험기구·장부·서류와 그 밖의 물건을 검사하게 할 수 있음 • 관계인에게 질문하게 할 수 있음
위반 시	1천 500만 원 이하의 벌금

⑥ 증표의 제시

출입·검사 등을 하는 관계공무원은 그 권한을 표시하는 증표를 지니고 관계인에게 이를 내보여야 한다.

※ 출입·검사 등을 하는 관계공무원의 의무
① 권한을 표시하는 증표의 제시 의무
② 관계인의 정당한 업무방해금지의 의무
③ 출입·검사 수행 시 업무상 알게 된 비밀누설금지 의무
④ 개인의 주거에 있어서는 승낙을 받아야 할 의무

2 위험물 누출 등 사고 조사(법 제22조의2)

(1) 위험물 누출 등 사고 조사

① 소방청장(중앙119구조본부장 및 그 소속 기관의 장을 포함한다), 소방본부장 또는 소방서장은 위험물의 누출·화재·폭발 등의 사고가 발생한 경우 사고의 원인 및 피해 등을 조사해야 한다.

② 소방청장, 소방본부장 또는 소방서장은 위험물사고조사에 필요한 경우 자문을 하기 위하여 관련 분야에 전문지식이 있는 사람으로 구성된 사고조사위원회를 둘 수 있다.

③ 위험물사고조사위원회의 구성과 운영 등에 필요한 사항은 대통령령(제19조의2)으로 정한다.

(2) 사고조사위원회의 구성 등(영 제19조의2) 16년, 22년 소방위 24년 소방장

구 분		규정 내용
목 적		위험물의 누출·화재·폭발 등의 사고가 발생한 경우 사고의 원인 및 피해 등의 조사를 위함
구성권자		소방청장(중앙119구조본부장 및 그 소속기관의 장을 포함), 소방본부장 또는 소방서장
구 성		위원장 1명을 포함한 7명 이내의 위원
임명 또는 위촉	위원장	위원 중에서 소방청장, 소방본부장 또는 소방서장이 임명 또는 위촉
	위 원	소방청장, 소방본부장 또는 소방서장 임명 또는 위촉
위원의 자격		• 소속 소방공무원 • 기술원의 임직원 중 위험물 안전관리 관련 업무에 5년 이상 종사한 사람 • 한국소방안전원의 임직원 중 위험물 안전관리 관련 업무에 5년 이상 종사한 사람 • 위험물로 인한 사고의 원인·피해 조사 및 위험물 안전관리 관련 업무 등에 관한 학식과 경험이 풍부한 사람
민간위원 임기		2년(단 한차례 연임 가능)
수당, 여비		위원회에 출석한 위원에게는 예산의 범위에서 수당, 여비, 그 밖에 필요한 경비를 지급할 수 있다. 다만, 공무원인 위원이 그 소관 업무와 직접적으로 관련되어 위원회에 출석하는 경우에는 지급하지 않는다.
위 이외의 규정 사항		위원회의 구성 및 운영에 필요한 사항은 소방청장이 정하여 고시할 수 있다.

3 조치명령 내용 및 명령권자(법 제23조 내지 제27조)

명령의 내용	명령권자
출입·검사	소방청장(중앙119구조본부장 및 그 소속 기관의 장을 포함), 시·도지사, 소방본부장 또는 소방서장
위험물 누출 등의 사고 조사	소방청장(중앙119구조본부장 및 그 소속 기관의 장을 포함), 소방본부장 또는 소방서장
탱크시험자에 대한 감독상 명령	시·도지사, 소방본부장 또는 소방서장
무허가장소의 위험물에 대한 조치명령	
제조소등에 대한 긴급 사용정지명령 등	
저장·취급기준 준수명령 등	
응급조치·통보 및 조치명령	소방본부장 또는 소방서장

제6장 보 칙

1 안전교육(법 제28조) 21년, 24년 소방장

(1) 안전교육

① 다음 각 호의 어느 하나에 해당하는 사람으로서 대통령령(제20조)으로 정하는 사람은 해당 업무에 관한 능력의 습득 또는 향상을 위하여 소방청장이 실시하는 교육을 받아야 한다.

㉠ 안전관리자의 자격을 취득하려는 사람

㉡ 위험물운반자·위험물운송자가 되려는 사람

㉢ 위험물의 안전관리와 관련된 업무를 수행하는 사람

② 제조소등의 관계인은 교육대상자에 대하여 필요한 안전교육을 받게 하여야 한다.

③ 안전교육의 과정 및 기간과 그 밖에 교육의 실시에 관하여 필요한 사항은 행정안전부령[제78조 (안전교육)]으로 정한다.

④ 시·도지사, 소방본부장 또는 소방서장은 교육대상자가 교육을 받지 아니한 때에는 그 교육대상자가 교육을 받을 때까지 이 법의 규정에 따라 그 자격으로 행하는 행위를 제한할 수 있다.

(2) 안전교육대상자(영 제20조)

① 안전관리자로 선임된 자

② 탱크시험자 기술인력으로 등록된 자

③ 위험물운반자로 종사하는 자

④ 위험물운송자로 종사하는 자

(3) 안전교육의 구분(시행규칙 제78조 제1항)

구 분	교육대상
강습교육	• 위험물취급자격자의 자격을 갖추려는 사람 • 위험물운반자 또는 위험물운송자의 요건을 갖추려는 사람
실무교육	• 안전관리자로 선임된 자 • 탱크시험자 기술인력으로 등록된 자 • 위험물운반자로 종사하는 자 • 위험물운송자로 종사하는 자

(4) 교육과정 · 교육대상자 · 교육시간 · 교육시기 및 교육기관(별표 24) 21년, 24년 소방장

교육과정	교육대상자	교육시간	교육시기	교육기관
강습교육	안전관리자가 되려는 사람	24시간	최초 선임되기 전	안전원
	위험물운반자가 되려는 사람	8시간	최초 종사하기 전	
	위험물운송자가 되려는 사람	16시간	최초 종사하기 전	
실무교육	안전관리자	8시간	가. 제조소등의 안전관리자로 선임된 날부터 6개월 이내 나. 가목에 따른 교육을 받은 후 2년마다 1회	안전원
	위험물운반자	4시간	가. 위험물운반자로 종사한 날부터 6개월 이내 나. 가목에 따른 교육을 받은 후 3년마다 1회	안전원
	위험물운송자	8시간	가. 위험물운송자로 종사한 날부터 6개월 이내 나. 가목에 따른 교육을 받은 후 3년마다 1회	안전원
	탱크시험자의 기술인력	8시간	가. 탱크시험자의 기술인력으로 등록한 날부터 6개월 이내 나. 가목에 따른 교육을 받은 후 2년마다 1회	기술원

2 청문(법 제29조)

시 · 도지사, 소방본부장 또는 소방서장은 다음 각 호의 어느 하나에 해당하는 처분을 하려는 경우에는 청문을 실시해야 한다.

(1) 제조소등 설치허가의 취소

(2) 탱크시험자의 등록취소

3 위험물 안전관리에 관한 협회

(1) 위험물 안전관리에 관한 협회(법 제29조의2)

① 제조소등의 관계인, 위험물운송자, 탱크시험자 및 안전관리자의 업무를 위탁받아 수행할 수 있는 안전관리대행기관으로 소방청장의 지정을 받은 자는 위험물의 안전관리, 사고 예방을 위한 안전기술 개발, 그 밖에 위험물 안전관리의 건전한 발전을 도모하기 위하여 위험물 안전관리에 관한 협회(이하 “협회”라 한다)를 설립할 수 있다.

② 협회는 법인으로 한다.

③ 협회는 소방청장의 인가를 받아 주된 사무소의 소재지에 설립등기를 함으로써 성립한다.

④ 협회의 설립인가 절차 및 정관의 기재사항 등에 관하여 필요한 사항은 대통령령(제20조의2 및 제20조의3)으로 정한다.

⑤ 협회의 업무는 정관으로 정한다.

(2) 위험물 안전관리에 관한 협회의 설립인가 절차 등(영 제20조의2) 〈시행 2025.02.21.〉

① 위험물 안전관리에 관한 협회(이하 “협회”라 한다)를 설립하려면 다음 각 호의 자 10명 이상이 발기인이 되어 정관을 작성한 후 창립총회의 의결을 거쳐 소방청장에게 인가를 신청해야 한다.

㉠ 제조소등의 관계인

㉡ 위험물운송자

㉢ 탱크시험자

㉣ 안전관리자의 업무를 위탁받아 수행할 수 있는 안전관리대행기관으로 소방청장의 지정을 받은 자

② 소방청장은 협회의 설립인가를 하였을 때에는 그 사실을 공고해야 한다.

(3) 정관의 기재사항(영 제20조의3) 〈시행 2025.02.21.〉

협회의 정관에는 다음 각 호의 사항이 포함되어야 한다.

① 목 적

② 명 칭

③ 주된 사무소의 소재지

④ 업무 및 자산 · 회계에 관한 사항

⑤ 회원의 가입 · 탈퇴 및 회비에 관한 사항

⑥ 임원의 정원 · 임기 및 선출 방법

⑦ 기구와 조직에 관한 사항

⑧ 총회와 이사회에 관한 사항

⑨ 정관의 변경에 관한 사항

⑩ 해산에 관한 사항

4 권한의 위임 위탁(법 제30조)

(1) 시·도지사의 권한은 소방서장에게 위임 23년 소방장

① 제조소등의 설치허가 또는 변경허가

② 위험물의 품명·수량 또는 지정수량의 배수의 변경신고의 수리

③ 군사목적 또는 군부대시설을 위한 제조소등을 설치하거나 그 위치·구조 또는 설비의 변경에 관한 군부대장과의 협의

④ 위험물탱크안전성능검사(한국소방산업기술원에 위탁하는 것은 제외)

⑤ 위험물 제조소등 완공검사(한국소방산업기술원에 위탁하는 것은 제외)

⑥ 제조소등의 설치자의 지위승계신고의 수리

⑦ 제조소등의 용도폐지신고의 수리

⑧ 제조소등의 사용 중지신고 또는 재개신고의 수리

⑨ 제조소등의 사용 중지에 따른 안전조치의 이행명령

⑩ 제조소등의 설치허가의 취소와 사용정지

⑪ 과징금처분

⑫ 예방규정의 수리·반려 및 변경명령

⑬ 정기점검결과의 수리

> 동일한 시·도에 있는 2 이상 소방서장의 관할구역에 걸쳐 설치되는 이송취급소에 관련된 권한을 제외한다.

⑭ 제조소등의 관계인이 금연구역임을 알리는 표지를 설치하지 아니하거나 보완이 필요한 경우 일정한 기간을 정하여 그 시정을 명할 수 있는 권한

(2) 한국소방산업기술원에 업무위탁 15년, 20년, 22년 소방위 24년 소방장

위탁관계	구 분	위탁사무
시·도지사 권한 (기술원)	탱크 성능 검사	• 용량이 100만 리터 이상인 액체위험물을 저장하는 탱크 • 암반저장탱크 • 지하탱크저장소의 액체위험물을 저장하는 탱크 중 이중벽탱크
	완공 검사	• 지정수량의 1천배 이상의 위험물을 취급하는 제조소 또는 일반취급소의 설치 또는 변경(사용 중인 제조소 또는 일반취급소의 보수 또는 부분적인 증설은 제외)에 따른 완공검사 • 저장용량 50만 리터 이상의 옥외탱크저장소의 설치 또는 변경에 따른 완공검사 • 암반탱크저장소의 설치 또는 변경에 따른 완공검사
	기 타	위험물 운반용기 검사
소방본부장 또는 소방서장의 권한 (기술원)		액체위험물을 저장 또는 취급하는 50만 리터 이상의 옥외탱크저장소의 정기검사
소방청장의 권한 (기술원)		탱크시험자의 기술인력으로 종사하는 사람에 대한 안전교육

(3) 한국소방안전원에 위탁 17년 소방장

① 위험물운반자 또는 위험물운송자 요건을 갖추려는 사람에 대한 강습교육

② 위험물취급자격자의 자격을 갖추려는 사람에 대한 강습교육

③ 위험물안전관리자, 위험물운송자 또는 위험물운반자로 종사하는 자의 실무교육

(4) 기술원에 업무의 위탁 중 탱크안전성능검사와 완공검사의 비교

탱크안전성능검사	위험물 제조소등 완공검사 대상
• 용량이 100만 리터 이상인 액체위험물을 저장하는 탱크 • 암반탱크 • 지하탱크저장소의 위험물탱크 중 액체위험물을 저장하는 이중벽 탱크	• 지정수량의 1천배 이상의 위험물을 취급하는 제조소 또는 일반취급소의 설치 또는 변경(사용 중인 제조소 또는 일반취급소의 보수 또는 부분적인 증설은 제외)에 따른 완공검사 • 저장용량 50만 리터 이상의 옥외탱크저장소의 설치 또는 변경에 따른 완공검사 • 암반탱크저장소의 설치 또는 변경에 따른 완공검사

(5) 기술원의 기술검토 대상과 완공검사 대상의 비교

기술원의 기술검토 대상	위험물 제조소등 완공검사 대상
• 지정수량의 1천배 이상의 위험물을 취급하는 제조소 또는 일반취급소 : 구조·설비에 관한 사항 • 저장용량이 50만 리터 이상인 옥외탱크저장소 : 위험물탱크의 기초·지반, 탱크본체 및 소화설비에 관한 사항 • 암반탱크저장소 : 위험물탱크의 기초·지반, 탱크본체 및 소화설비에 관한 사항	• 지정수량의 1천배 이상의 위험물을 취급하는 제조소 또는 일반취급소의 설치 또는 변경(사용 중인 제조소 또는 일반취급소의 보수 또는 부분적인 증설은 제외)에 따른 완공검사 • 저장용량 50만 리터 이상의 옥외탱크저장소의 설치 또는 변경에 따른 완공검사 • 암반탱크저장소의 설치 또는 변경에 따른 완공검사

제7장 벌칙 및 기간정리

1 핵심단어로 보는 벌칙(법 제33조 내지 제37조)

13년, 18년, 22년 소방장 | 14년, 15년, 17년, 18년, 20년, 23년, 24년 소방위

(1) 위험물을 유출·방출 또는 확산시킨 사고 관련 벌칙

위반내용	벌 칙
제조소등 또는 허가를 받지 않고 지정수량 이상의 위험물을 저장 또는 취급하는 장소에서 위험물을 유출·방출 또는 확산시켜 사람의 생명·신체 또는 재산에 대하여 위험을 발생시킨 자	1년 이상 10년 이하의 징역
제조소등 또는 허가를 받지 않고 지정수량 이상의 위험물을 저장 또는 취급하는 장소에서 위험물을 유출·방출 또는 확산시켜 사람을 사망에 이르게 한 때	무기 또는 5년 이상의 징역
제조소등 또는 허가를 받지 않고 지정수량 이상의 위험물을 저장 또는 취급하는 장소에서 위험물을 유출·방출 또는 확산시켜 사람을 상해(傷害)에 이르게 한 때	무기 또는 3년 이상의 징역
업무상 과실로 제소소등 또는 허가를 받지 않고 지정수량 이상의 위험물을 저장 또는 취급하는 장소에서 위험물을 유출·방출 또는 확산시켜 사람을 사상(死傷)에 이르게 한 자	10년 이하의 징역 또는 금고나 1억 원 이하의 벌금
업무상 과실로 제조소등 또는 허가를 받지 않고 지정수량 이상의 위험물을 저장 또는 취급하는 장소에서 위험물을 유출·방출 또는 확산시켜 사람의 생명·신체 또는 재산에 대하여 위험을 발생시킨 자	7년 이하의 금고 또는 7천만 원 이하의 벌금

(2) 허가 또는 등록 등과 관련한 벌칙

위반내용	벌 칙
위험물 제조소등의 설치허가를 받지 아니하고 위험물시설을 설치한 자	5년 이하의 징역 또는 1억 원 이하의 벌금
위험물 제조소등 변경허가를 받지 아니하고 제조소등을 변경한 자	1천 500만 원 이하의 벌금
제조소등의 완공검사를 받지 아니하고 위험물을 저장·취급한 자	1천 500만 원 이하의 벌금
저장소 또는 제조소등이 아닌 장소에서 지정수량 이상의 위험물을 저장 또는 취급한 자	3년 이하의 징역 또는 3천만 원 이하의 벌금
탱크시험자로 등록하지 아니하고 탱크시험자의 업무를 한 자	1년 이하의 징역 또는 1천만 원 이하의 벌금
자체소방대를 두지 아니한 관계인으로서 허가를 받은 자	1년 이하의 징역 또는 1천만 원 이하의 벌금

(3) 점검 또는 검사와 관련한 벌칙

위반내용	벌칙
정기점검을 하지 아니하거나 점검기록을 허위로 작성한 관계인으로서 허가를 받은 자	1년 이하의 징역 또는 1천만 원 이하의 벌금
정기검사를 받지 아니한 관계인으로서 허가를 받은 자	
운반용기에 대한 검사를 받지 아니하고 운반용기를 사용하거나 유통시킨 자	
소방청장, 시·도지사, 소방본부장 또는 소방서장의 출입·검사 또는 위험물 누출 등 사고조사 시 보고 또는 자료제출을 하지 아니하거나 허위로 보고 또는 자료제출을 한 자 또는 관계공무원의 출입·검사 또는 수거를 거부·방해 또는 기피한 자	
제조소등의 완공검사를 받지 아니하고 위험물을 저장·취급한 자	1천 500만 원 이하의 벌금
소방공무원이 위험물 제조소 등 관계인의 정당한 업무를 방해하거나 출입·검사 등을 수행하면서 알게 된 비밀을 누설한 자	1천만 원 이하의 벌금

(4) 「명령」 관련 벌칙

위반내용	벌 칙
제조소등에 대한 긴급 사용정지·제한명령을 위반한 자	1년 이하의 징역 또는 1천만 원 이하의 벌금
• 제조소등 사용 중지 대상에 대한 안전조치 이행 명령을 따르지 아니한 자 • 수리·개조 또는 이전의 명령에 따르지 아니한 자 • 제조소등의 사용정지 명령을 위반한 자 • 탱크안전성능시험자에 대한 업무정지 명령을 위반한 자 • 예방규정을 제출하지 아니하거나 변경 명령을 위반한 관계인으로서 허가를 받은 자 • 무허가장소의 위험물에 대한 조치명령에 따르지 아니한 자 • 위험물의 저장·취급 기준 준수 명령 또는 응급조치 명령을 위반한 자 • 탱크시험자에 대한 감독상 명령에 따르지 아니한 자 • 시·도지사, 소방본부장 또는 소방서장의 탱크시험자에 대한 명령에 위반하여 탱크시험자에게 탱크시험자의 등록 또는 그 업무에 관하여 필요한 보고 또는 자료제출을 명하거나 관계공무원으로 하여금 당해 사무소에 출입하여 업무의 상황·시험기구·장부·서류와 그 밖의 물건을 검사하게 하거나 관계인에게 질문에 따른 보고 또는 자료제출을 하지 아니하거나 허위의 보고 또는 자료제출을 한 자 및 관계공무원의 출입 또는 조사·검사를 거부·방해 또는 기피한 자	1천 500만 원 이하의 벌금

(5) 위험물의 운반 또는 운송 관련 벌칙

위반내용	벌 칙
주행중인 이동탱크저장소의 정지지시를 거부하거나 국가기술자격증, 교육수료증 ・신원확인을 위한 증명서의 제시 요구 또는 신원확인을 위한 질문에 응하지 아니한 사람	1천 500만 원 이하의 벌금
위험물운송자 자격을 갖추지 않은 위험물운송자	1천만 원 이하의 벌금
위험물운반자 자격을 갖추지 않은 위험물운반자	
알킬알루미늄, 알킬리튬, 이들을 함유하는 위험물을 운송하면서 운송책임자의 지도 또는 지원을 받지 않고 위험물을 운송한 자	

(6) 「선임」 및 「지정」 관련 벌칙

위반내용	벌 칙
안전관리자를 선임하지 아니한 관계인으로서 허가를 받은 자	1천 500만 원 이하의 벌금
안전관리자 여행 등 대리자를 지정하지 아니한 관계인으로서 허가를 받은 자	

(7) 「중요기준」 관련 벌칙

위반내용	벌 칙
위험물의 저장 또는 취급에 관한 중요기준에 따르지 아니한 자	1천 500만 원 이하의 벌금
위험물의 운반에 관한 중요기준에 따르지 아니한 자	1천만 원 이하의 벌금

(8) 「탱크시험자」 관련 벌칙

위반내용	벌 칙
탱크시험자로 등록하지 아니하고 탱크시험자의 업무를 한 자	1년 이하의 징역 또는 1천만 원 이하의 벌금
탱크안전성능시험자에 대한 업무정지 명령을 위반한 자	1천 500만 원 이하의 벌금
탱크안전성능시험 또는 점검에 관한 업무를 허위로 하거나 그 결과를 증명하는 서류를 허위로 교부한 자	
시・도지사, 소방본부장 또는 소방서장의 탱크시험자에 대한 명령에 위반하여 탱크시험자에게 탱크시험자의 등록 또는 그 업무에 관하여 필요한 보고 또는 자료제출을 명하거나 관계공무원으로 하여금 당해 사무소에 출입하여 업무의 상황・시험기구・장부・서류와 그 밖의 물건을 검사하게 하거나 관계인에게 질문에 따른 보고 또는 자료제출을 하지 아니하거나 허위의 보고 또는 자료제출을 한 자 및 관계공무원의 출입 또는 조사・검사를 거부・방해 또는 기피한 자	

(9) 기타「안전관리」또는「비밀」관련 벌칙

위반내용	벌 칙
• 위험물의 취급에 관한 안전관리와 감독을 하지 아니한 자 • 안전관리자 또는 그 대리자가 참여하지 아니한 상태에서 위험물을 취급한 자 • 변경한 예방규정을 제출하지 아니한 관계인으로서 위험물 제조소등 설치허가를 받은 자 • 소방공무원이 위험물 제조소 등 관계인의 정당한 업무를 방해하거나 출입·검사 등을 수행하면서 알게 된 비밀을 누설한 자	1천만 원 이하의 벌금

(10) 양벌규정(법 제38조 제1항)

법인의 대표자나 법인 또는 개인의 대리인, 사용인, 그 밖의 종업원이 그 법인 또는 개인의 업무에 관하여 제조소등에서 위험물을 유출·방출 또는 확산시켜 사람의 생명·신체 또는 재산에 대하여 위험을 발생시킨 위반행위를 하면 그 행위자를 벌하는 외에 그 법인 또는 개인을 5천만 원 이하의 벌금에 처하고, 제조소등에서 위험물을 유출·방출 또는 확산시켜 상해(傷害)나 사망에 이르게 하는 위반행위를 하면 그 행위자를 벌하는 외에 그 법인 또는 개인을 1억 원 이하의 벌금에 처한다. 다만, 법인 또는 개인이 그 위반행위를 방지하기 위하여 해당 업무에 관하여 상당한 주의와 감독을 게을리하지 아니한 경우에는 그러하지 아니하다.

〈국회제출 중(2024.11.26.) : 공포예정〉

법인의 대표자나 법인 또는 개인의 대리인, 사용인, 그 밖의 종업원이 그 법인 또는 개인의 업무에 관하여 제조소등에서 위험물을 유출·방출 또는 확산시켜 사람의 생명·신체 또는 재산에 대하여 위험을 발생시킨 위반행위를 하면 그 행위자를 벌하는 외에 그 법인 또는 개인을 **1억 원 이하**의 벌금에 처하고, 제조소등에서 위험물을 유출·방출 또는 확산시켜 상해(傷害)나 사망에 이르게 하는 위반행위를 하면 그 행위자를 벌하는 외에 그 법인 또는 개인을 **3억 원 이하**의 벌금에 처한다. 다만, 법인 또는 개인이 그 위반행위를 방지하기 위하여 해당 업무에 관하여 상당한 주의와 감독을 게을리하지 아니한 경우에는 그러하지 아니하다.

2 과태료부과 개별기준(법 제39조)

(1) 신고기간 초과·허위신고 또는 미신고 23년 소방위

위반행위	과태료 금액			
	30일 이내	31일 이후	허 위	미신고
제조소등의 허가받은 품명·수량·지정수량 배수를 변경신고 변경일로부터 1일 전까지 신고하지 아니하거나 허위로 한 자	250	350	500	500
제조소등을 승계한 자가 소방서장에게 지위승계신고를 30일 이내에 신고하지 아니하거나 허위로 한 자 23년 소방위	250	350	500	500

제조소등 위험물안전관리자의 선임신고를 선임일로부터 14일 이내에 하지 아니하거나 허위로 한 자	250	350	500	500
제조소등의 용도폐지 신고를 14일 이내에 하지 아니하거나 허위로 한 자	250	350	500	500
제조소등의 사용을 중지하려는 경우 사용 중지신고 또는 재개신고를 14일 전까지 하지 아니하거나 거짓으로 한 자	250	350	500	500
탱크안전성능시험자가 등록 변경사항의 30일 이내 변경신고를 하지 아니하거나 허위로 한 자	250	350	500	500

(2) 승인 또는 제출기간 초과 및 미승인 또는 미제출

위반행위	과태료 금액		
	30일 이내	30일 이후	미승인 미제출
시·도조례로 정하는 위험물의 임시저장·취급을 소방서장의 승인을 받지 아니하고 저장 또는 취급한 자	250	400	500
제조소등의 정기점검결과 보고서를 30일 이내에 점검결과를 제출하지 아니한 자	250	400	500

(3) 위반 차시별 구분

위반행위	과태료 금액		
	1차	2차	3차
제조소등에서 준수해야 하는 위험물의 저장 또는 취급에 관한 세부기준을 위반한 자	250	400	500
위험물의 운반에 관한 세부기준을 위반한 자	250	400	500
이동탱크저장소운전자가 위험물의 운송에 관한 기준을 따르지 아니한 자	250	400	500
제조소등의 정기점검 결과를 기록·보존하지 아니한 자	250	400	500
누구든지 제조소등에서 지정된 장소가 아닌 곳에서 흡연을 해서는 안되는데도 불구하고 이를 위반하여 흡연을 한 자	250	400	500
제조소등의 관계인은 해당 제조소등이 금연구역임을 알리는 표지를 설치하지 아니하여 일정기간을 정하여 시정보완명령을 하였음에도 이를 따르지 아니한 자	250	400	500
제조소등의 관계인과 그 종업원이 예방규정을 준수하지 않은 자	250	400	500

3 행정처분기준 22년 소방장 14년, 16년, 17년, 22년, 23년, 24년 소방위

(1) 제조소등에 대한 행정처분기준

위반사항	행정처분기준		
	1차	2차	3차
① 정기점검을 하지 아니한 때	사용정지 10일	사용정지 30일	허가취소
② 정기검사를 받지 아니한 때	사용정지 10일	사용정지 30일	허가취소
③ 대리자를 지정하지 아니한 때	사용정지 10일	사용정지 30일	허가취소
④ 안전관리자를 선임하지 아니한 때	사용정지 15일	사용정지 60일	허가취소
⑤ 변경허가를 받지 아니하고, 제조소등의 위치 · 구조 또는 설비를 변경한 때	경고 또는 사용정지 15일	사용정지 60일	허가취소
⑥ 완공검사를 받지 아니하고 제조소등을 사용한 때	사용정지 15일	사용정지 60일	허가취소
⑦ 저장 · 취급기준 준수명령을 위반한 때	사용정지 30일	사용정지 60일	허가취소
⑧ 수리 · 개조 또는 이전의 명령에 위반한 때	사용정지 30일	사용정지 90일	허가취소
⑨ 안전조치 이행명령을 따르지 아니한 때	경 고	허가취소	

암기 TIP

점검, 검사 대리자(10일)/안전관리자, 변경(경고)허가, 완공(15일)/ 안(경고)수저(30)

(2) 안전관리대행기관에 대한 행정처분기준

위반사항	행정처분기준		
	1차	2차	3차
① 허위 그 밖의 부정한 방법으로 등록을 한 때	지정취소		
② 탱크시험자의 등록 또는 다른 법령에 의한 안전관리업무대행기관의 지정 · 승인 등이 취소된 때	지정취소		
③ 다른 사람에게 지정서를 대여한 때	지정취소		
④ 안전관리대행기관의 지정기준에 미달되는 때	업무정지 30일	업무정지 60일	지정취소
⑤ 소방청장의 지도 · 감독에 정당한 이유 없이 따르지 아니한 때	업무정지 30일	업무정지 60일	지정취소
⑥ 변경 신고를 연간 2회 이상 하지 아니한 때	경고 또는 업무정지 30일	업무정지 90일	지정취소
⑦ 휴업 또는 재개업 신고를 연간 2회 이상 하지 아니한 때	경고 또는 업무정지 30일	업무정지 90일	지정취소
⑧ 안전관리대행기관의 기술인력이 안전관리업무를 성실하게 수행하지 아니한 때	경 고	업무정지 90일	지정취소

(3) 탱크시험자에 대한 행정처분기준

위반사항	행정처분기준		
	1차	2차	3차
① 허위 그 밖의 부정한 방법으로 등록을 한 경우	등록취소		
② 등록의 결격사유에 해당하게 된 경우	등록취소		
③ 다른 자에게 등록증을 빌려준 경우	등록취소		
④ 등록기준에 미달하게 된 경우	업무정지 30일	업무정지 60일	등록취소
⑤ 탱크안전성능시험 또는 점검을 허위로 하거나 이 법에 의한 기준에 맞지 아니하게 탱크안전성능시험 또는 점검을 실시하는 경우 등 탱크시험자로서 적합하지 않다고 인정되는 경우	업무정지 30일	업무정지 90일	등록취소

4 위험물안전관리법의 기간 정리

구 분	내 용	신고기일 등	주체 및 객체
제조소등의 설치허가	설치허가 처리기간(규칙 별지 제1호 서식)(한국소방산업기술원이 발급한 기술검토서를 첨부하는 경우 : 3일)	5일	관계인이 시・도지사에게
	완공검사 처리기간	5일	
	변경허가 처리기간(한국소방산업기술원이 발급한 기술검토서를 첨부하는 경우 : 3일)	4일	
	품명, 수량, 배수 변경신고(처리기간 : 별지 제19호 서식에 따른 1일)	1일 전	
	임시저장기간	90일 이내	소방서장 승인
	용도폐지신고(처리기간 : 별지 제29호 서식에 따라 5일)	14일 이내	
	지위승계신고(처리기간 : 별지 제28호 서식에 따라 즉시)	30일 이내	관계인이 시・도지사에게
	합격확인증분실 재교부 후 다시 찾았을 때 반납	10일 이내	
제조소등의 사용 중지	사용을 중지하려는 경우 중지하려는 날	7일 전 (개정 예정)	시・도지사에게 신고 (처리기간 : 별지 제29호의2 서식에 따라 3일)
	사용을 재개하려는 경우 재개하려는 알	3일 전 (개정 예정)	
정기점검	정기점검 횟수	연 1회 이상	관계인이 자체 또는 의뢰
	정기점검의뢰 시 점검결과 통보	10일 이내	탱크성능시험자가 관계인에게 완료한 날로부터
	정기점검의 기록보존	3년간	
	정기점검결과보고	30일 이내	관계인이 시・도지사에게

구조안전 점검 (50만L 이상 옥외탱크)	점검시기	기간 내에 1회	• 완공검사합격확인증교부 받은 날로부터 12년 이내 • 최근 정밀정기검사를 받은 날로부터 11년 이내 • 최근 정밀정기검사를 받은 날로부터 13년 이내(기술원에 구조안전점검시기 연장신청을 공사에 한 경우)
	구조안전점검 기록 보존	25년	
	기술원에게 연장한 경우	30년	
정기검사 (50만L 이상 옥외탱크)	정밀정기검사시기	• 특정·준특정 옥외탱크저장소의 설치허가에 따른 완공검사합격확인증을 발급받은 날부터 12년에 1회 • 최근의 정밀정기검사를 받은 날부터 11년에 1회	
	중간정기검사시기	• 특정·준특정 옥외탱크저장소의 설치허가에 따른 완공검사합격확인증을 발급받은 날부터 4년에 1회 • 최근의 정밀정기검사 또는 중간정기검사를 받은 날부터 4년 이내에 1회	
	정기검사합격확인증 교부 및 통보	10일 이내	• 교부 : 검사종료일로부터 관계인 • 통보 : 검사종료일로부터 소방서장
	정기검사결과 보존	차기검사 시까지	관계인 및 공사 스스로
위험물 안전 관리자	신규선임	사용 전	
	해임, 퇴직 시 선임시기	30일 이내	관계인
	선임신고	14일 이내	소방서장
	대리자 지정기간	30일 이내	자 체
안전관리 대행기관	지정받은 사항의 변경이 있는 경우 그 변경사유가 있는 날로부터	14일 이내	소방청장에게(처리기간 3일)
	휴업·재개업·폐업을 하려는 경우, 휴업·재개업·폐업하려는 날	1일 전까지	소방청장에게 신고
	제조소등 1인의 기술능력자가 대행할 수 있는 제조소등의 수	25개 이하	
탱크시험자 등록	지정처리기간	15일 이내	시·도지사
	변경신고(처리기간 3일 이내)	30일 이내	시·도지사
기술원이 완공검사한 제조소의 완공검사업무대장 보존기간		10년간	한국소방산업기술원
제조소등의 기준의 특례의 안전성 평가 심의 결과		30일 이내	기술원이 신청인에게
예방규정 제출 및 변경		해당 제조소등을 사용하기 전 시·도지사에게	

제8장 위험물 제조소(별표 4)

1 제조소등의 안전거리

(1) 설정목적

① 위험물의 폭발·화재·유출 등 각종 위해로부터 방호대상물(인접건물) 및 거주자를 보호

② 위험물로 인한 재해로부터 방호대상물의 손실의 경감과 환경적 보호

③ 설치허가 시 안전거리를 법령규정에 따라 엄격히 적용해야 한다.

(2) 안전거리를 두어야하는 위험물 제조소등

구 분	제조소	저장소								취급소			
		옥 내	옥외 탱크	옥내 탱크	지하 탱크	이동 탱크	간이 탱크	암반 탱크	옥 외	주 유	판 매	일 반	이 송
안전거리	○	○	○	×	×	×	×	×	○	×	×	○	○

※ 제6류 위험물을 제조하는 제조소는 안전거리 제외

(3) 대상물별 안전거리 16년 소방위 17년, 23년 소방장

안전거리	해당 대상물
① 50m 이상	지정문화유산 및 천연기념물 등
② 30m 이상	• 학교, 병원급 의료기관 • 공연장, 영화상영관 및 그 밖에 이와 유사한 시설로서 300명 이상의 인원을 수용할 수 있는 것 • 아동복지시설, 노인복지시설, 장애인복지시설, 한부모가족복지시설, 어린이집, 성매매피해자 등을 위한 지원시설, 정신건강증진시설, 가정폭력방지 및 피해자보호시설 및 그 밖에 이와 유사한 시설로서 20명 이상의 인원을 수용할 수 있는 것
③ 20m 이상	• 허가를 받거나 신고를 하여야 하는 고압가스제조시설 또는 고압가스 사용시설로서 1일 30m³ 이상의 용적을 취급하는 시설이 있는 것 • 허가를 받거나 신고를 하여야 하는 고압가스저장시설 • 허가를 받거나 신고를 하여야 하는 액화산소를 소비하는 시설 • 허가를 받거나 신고를 하여야 하는 액화석유가스제조시설 및 액화석유가스저장시설 • 도시가스공급시설
④ 10m 이상	①, ②, ③ 외의 건축물 그 밖의 공작물로서 주거용으로 사용되는 것(제조소가 설치된 부지 내에 있는 것을 제외한다)
⑤ 5m 이상	사용전압 35,000V를 초과하는 특고압가공전선
⑥ 3m 이상	사용전압 7,000V 초과 35,000V 이하의 특고압가공전선

암기 TIP

제조소의 안전거리 기준
- 지정**문**화유산 및 천연기념물 등 : 50m 이상
- **병**원, 공연장, 영화상영관 등 300명 이상 수용시설・아동복지시설 등 20명 이상 수용시설 : 30m 이상
- **가**스의 제조・저장・취급・사용 또는 공급하는 시설 등 : 20m 이상
- **주**거용 건축물 또는 공작물 : 10m 이상
- 특**고**압가공전선
  - 사용전압이 35,000V를 초과 : 5m 이상
  - 사용전압이 7,000V 초과 35,000V 이하 : 3m 이상

※ 사용전압이 7,000V 이하는 안전거리 기준이 없음에 유의

→ 문병가주고

2 제조소의 보유공지

(1) 보유공지 설정목적

① 위험물 제조소등 화재 시 인접시설 연소확대 방지

② 소화활동의 공간제공 및 확보

③ 피난 상 필요한 공간 확보

④ 점검 및 보수 등의 공간 확보

⑤ 방호 및 완충공간 제공

(2) 보유공지 규제대상

구 분	제조소	저장소								취급소			
		옥 내	옥외 탱크	옥내 탱크	지하 탱크	이동 탱크	간이 탱크	암반 탱크	옥 외	주 유	판 매	일 반	이 송
보유 공지	○	○	○	×	×	×	○ (옥외)	×	○	×	×	○	○

※ 옥내에 설치된 간이탱크저장소는 제외

암기 TIP

보유공지 및 안전거리 적용 제조소등
- 안전거리 : 일이 제일 적어 옥내・외, 옥외탱(일이 제일 적어 내・외가 옥외에서 탱탱이)
- 보유공지 : 일이 제일 적어 옥내・외, 옥외탱, 간이(일이 제일 적어 내・외가 옥외에서 간탱이)

(3) 제조소의 보유공지설정 기준 17년 소방장

취급하는 위험물의 최대수량	공지의 너비
지정수량의 10배 이하	3m 이상
지정수량의 10배 초과	5m 이상

※ 단, 다음과 같이 작업공정상 다른 건축물과의 이격이 불가피한 경우 방화상 유효한 격벽 설치 시 면제

- 방화벽은 내화구조로 할 것
- 방화벽에 설치하는 출입구 및 창 등의 개구부는 가능한 최소로 하고, 출입구 및 창에는 자동폐쇄식의 60분+방화문 또는 60분방화문을 설치할 것
- 방화벽의 양단 및 상단이 외벽 또는 지붕으로부터 50cm 이상 돌출하도록 할 것

3 위험물 제조소등의 표지 및 게시판 20년 소방장 16, 18, 20년 소방위

(1) 표지 및 게시판 18, 20년 소방위

표지 등 종류	표지(게시)내용	크 기	바탕 및 글자색상
제조소의 표지판	"위험물 제조소" 라는 명칭 표시	한 변의 길이 0.3m 이상 다른 한 변의 길이가 0.6m 이상인 직사각형	백색바탕/흑색문자
방화에 관하여 필요한 사항을 게시한 게시판	• 유별 및 품명 • 저장(취급)최대수량 • 지정수량 배수 • 안전관리자 성명 또는 직명		
주의사항을 표시한 게시판	• 화기엄금, 화기주의 • 물기엄금	규정사항 없음	• 적색바탕/백색문자 • 청색바탕/백색문자
금연구역임을 알리는 표지	• 표지에는 금연을 상징하는 그림 또는 문자 및 위반 시 조치사항 등을 포함할 것 • 건축물 또는 시설의 규모나 구조에 따라 표지의 크기를 다르게 할 수 있음 • 바탕색 및 글씨색 등은 그 내용이 눈에 잘 띄도록 배색할 것		

※ 설치 위치 : 모든 제조소등의 보기 쉬운 곳에 설치

※ 제조소의 표지·게시판 금연구역임을 알리는 표지 : 모든 제조소등에 준용한다.

(2) 주의사항 16년 소방위 20년 소방장

품 명	주의사항	게시판표시
제1류 위험물(알칼리금속의 과산화물과 이를 함유 포함) 제3류 위험물(금수성물질)	물기엄금	청색바탕에 백색문자
제2류 위험물(인화성고체 제외)	화기주의	적색바탕에 백색문자
제2류 위험물(인화성고체) 제3류 위험물(자연발화성물질) 제4류 위험물 제5류 위험물	화기엄금	적색바탕에 백색문자

4 건축물의 구조 15, 20, 23년 소방위 17, 19, 24년 소방장

위험물을 취급하는 건축물의 구조는 다음 각 호의 기준에 의하여야 한다.

위험물을 취급하는 건축물의 구조	건축재료 및 예외
(1) 지하층이 없도록 해야 한다.	다만, 위험물을 취급하지 아니하는 지하층으로서 위험물의 취급장소에서 새어나온 위험물 또는 가연성의 증기가 흘러 들어갈 우려가 없는 구조로 된 경우에는 그러하지 아니하다.
(2) 벽・기둥・바닥・보・서까래 및 계단	불연재료로 해야 한다.
(3) 연소의 우려가 있는 외벽	• 출입구 외의 개구부가 없는 내화구조의 벽으로 하여야 한다. • 이 경우 제6류 위험물을 취급하는 건축물에 있어서 위험물이 스며들 우려가 있는 부분에 대하여는 아스팔트 그 밖에 부식되지 아니하는 재료로 피복하여야 한다.
(4) 지 붕	폭발력이 위로 방출될 정도의 가벼운 불연재료로 덮어야 한다.
	지붕을 내화구조로 할 수 있는 경우 • 제2류 위험물(분말상태의 것과 인화성고체는 제외) • 제4류 위험물 중 제4석유류, 동식물유류 • 제6류 위험물 • 다음의 기준에 적합한 밀폐형 구조의 건축물인 경우 – 발생할 수 있는 내부의 과압(過壓) 또는 부압(負壓)에 견딜 수 있는 철근콘크리트조일 것 – 외부화재에 90분 이상 견딜 수 있는 구조일 것
(5) 출입구 및 비상구	60분+방화문・60분방화문 또는 30분방화문을 설치
(6) 연소의 우려가 있는 외벽에 설치하는 출입구	수시로 열 수 있는 자동폐쇄식의 60분+방화문 또는 60분방화문을 설치해야 한다.
(7) 창 또는 출입구에 유리를 이용하는 경우	망입유리로 해야 한다.
(8) 바 닥	• 위험물이 스며들지 못하는 재료를 사용해야 한다. • 적당한 경사를 두어 그 최저부에 집유설비를 하여야 한다.

5 위험물을 취급하는 건축물의 채광 · 조명 및 환기설비

(1) 채광 · 조명 및 환기설비 18년 소방장 15년, 22년 소방위

<table>
<tr><th>구 분</th><th colspan="2">설치기준</th></tr>
<tr><td>채광
설비</td><td colspan="2">• 불연재료로 할 것
• 연소의 우려가 없는 장소에 설치하되 채광면적을 최소로 할 것</td></tr>
<tr><td>조명
설비</td><td colspan="2">• 가연성가스 등이 체류할 우려가 있는 장소 : 방폭 등
• 전선 : 내화 · 내열전선
• 점멸스위치는 출입구 바깥 부분에 설치할 것(다만, 스위치의 스파크로 인한 화재 · 폭발의 우려가 없을 경우에는 그렇지 않다)</td></tr>
<tr><td rowspan="7">환기
설비
15년 소방위</td><td colspan="2">• 환기는 자연배기방식으로 할 것
• 급기구는 해당 급기구가 설치된 실의 바닥면적 150m²마다 1개 이상으로 하되, 급기구의 크기는 800cm² 이상으로 할 것(다만 바닥면적 150m² 미만인 경우에는 다음의 크기로 할 것)</td></tr>
<tr><td>바닥면적</td><td>급기구의 면적</td></tr>
<tr><td>60m² 미만</td><td>150cm² 이상</td></tr>
<tr><td>60m² 이상 90m² 미만</td><td>300cm² 이상</td></tr>
<tr><td>90m² 이상 120m² 미만</td><td>450cm² 이상</td></tr>
<tr><td>120m² 이상 150m² 미만</td><td>600cm² 이상</td></tr>
<tr><td colspan="2">• 급기구는 낮은 곳에 설치하고 가는 눈의 구리망 등으로 인화방지망을 설치할 것
• 환기구는 지붕 위 또는 지상 2m 이상의 높이에 회전식 고정벤티레이터 또는 루프팬 방식으로 설치할 것</td></tr>
</table>

(2) 배출설비 16년 소방위 19, 21, 23년 소방장

<table>
<tr><th>구 분</th><th>설비기준</th></tr>
<tr><td>설치
대상</td><td>인화점이 70℃ 미만인 위험물의 저장창고에 있어서는 가연성의 증기 또는 미분이 체류할 우려가 있는 건축물</td></tr>
<tr><td>배출
설비</td><td>• 국소방식이어야 함

전역방식으로 할 수 있는 것
• 위험물취급설비가 배관이음 등으로만 된 경우
• 건축물의 구조 · 작업장소의 분포 등의 조건에 의하여 전역방식이 유효한 경우

• 배풍기 · 배출덕트 · 후드 등을 이용하여 강제적으로 배출하는 것으로 할 것</td></tr>
<tr><td>배출
능력</td><td>• 국소방식 : 1시간당 배출장소용적의 20배 이상인 것으로 해야 함
• 전역방식 : 바닥면적 1m²당 18m³ 이상으로 할 수 있음</td></tr>
<tr><td>급기구</td><td>높은 곳에 설치하고, 가는 눈의 구리망 등으로 인화방지망을 설치할 것</td></tr>
<tr><td>배출구</td><td>• 지상 2m 이상으로서 연소의 우려가 없는 장소에 설치할 것
• 배출덕트가 관통하는 벽 부분의 바로 가까이에 화재 시 자동으로 폐쇄되는 방화댐퍼를 설치할 것</td></tr>
<tr><td>배풍기</td><td>• 강제배기방식으로 해야 할 것
• 옥내덕트의 내압이 대기압 이상이 되지 아니하는 위치에 설치할 것</td></tr>
</table>

6 위험물 제조소의 옥외시설의 바닥

(1) 바닥의 둘레에 높이 0.15m 이상의 턱을 설치하는 등 위험물이 외부로 흘러나가지 아니하도록 해야 한다. **17년 소방위** **22년 소방장**

(2) 바닥은 콘크리트 등 위험물이 스며들지 아니하는 재료로 하고, 턱이 있는 쪽이 낮게 경사지게 해야 한다.

(3) 바닥의 최저부에 집유설비를 해야 한다.

(4) 위험물(온도 20℃의 물 100g에 용해되는 양이 1g 미만인 것에 한한다)을 취급하는 설비에 있어서는 해당 위험물이 직접 배수구에 흘러 들어가지 아니하도록 집유설비에 유분리장치를 설치해야 한다. 유분리장치는 물과 위험물의 비중차이를 이용해서 분리시키는 장치이다.

7 위험물 제조소의 기타설비

(1) 압력계 및 안전장치

① 설치목적

위험물을 가압하는 설비 또는 취급하는 위험물의 반응 등에 의해 압력이 상승할 우려가 있는 설비는 적정한 압력관리를 하지 않으면 위험물의 분출, 설비의 파괴 등에 의해 화재 등의 사고의 원인이 되기 때문에 이러한 설비에는 압력계 및 안전장치를 설치해야 한다.

② 안전장치의 종류

㉠ 안전밸브 : 자동적으로 압력의 상승을 정지시키는 장치
㉡ 감압밸브 : 감압측에 안전밸브를 부착한 감압밸브
㉢ 병용밸브 : 안전밸브를 겸하는 경보장치
㉣ 파괴판(위험물의 성질에 따라 안전밸브의 작동이 곤란한 가압설비에 한한다)

(2) 정전기 제거설비

① 설치목적

㉠ 위험물 취급 시 배관과의 마찰, 유동, 분출, 교반 등의 원인에 의해 정전기가 발생
㉡ 발생된 정전기가 정전유도에 의해 방전불꽃이 발생
㉢ 취급 중이던 위험물에 착화되어 발화 또는 폭발 발생 우려 높음
㉣ 따라서 정전기가 발생할 우려가 있는 설비에 정전기 제거설비를 설치

② 정전기 제거방법

㉠ 접지에 의한 방법
㉡ 공기 중의 상대습도를 70퍼센트 이상으로 하는 방법
㉢ 공기를 이온화하는 방법
㉣ 전도체를 사용하는 방법

(3) 피뢰설비

지정수량의 10배 이상의 위험물을 취급하는 제조소에는 피뢰침을 설치

> **설치제외**
> ① 제6류 위험물을 취급하는 위험물 제조소
> ② 제조소의 주위의 상황에 따라 안전상 지장이 없는 경우

8 위험물 제조소의 취급탱크 17년, 19년 소방위 19년, 22년 소방장

(1) 위험물 제조소의 옥외에 있는 위험물 취급탱크 방유제 용량

① 하나의 취급탱크 주위에 설치하는 방유제의 용량 : 해당 탱크용량의 50퍼센트 이상

② 2 이상의 취급탱크 주위에 하나의 방유제를 설치하는 경우 방유제의 용량 : 해당 탱크 중 용량이 최대인 것의 50퍼센트에 나머지 탱크용량 합계의 10퍼센트를 가산한 양 이상

방유제 설치기준 및 용량산정

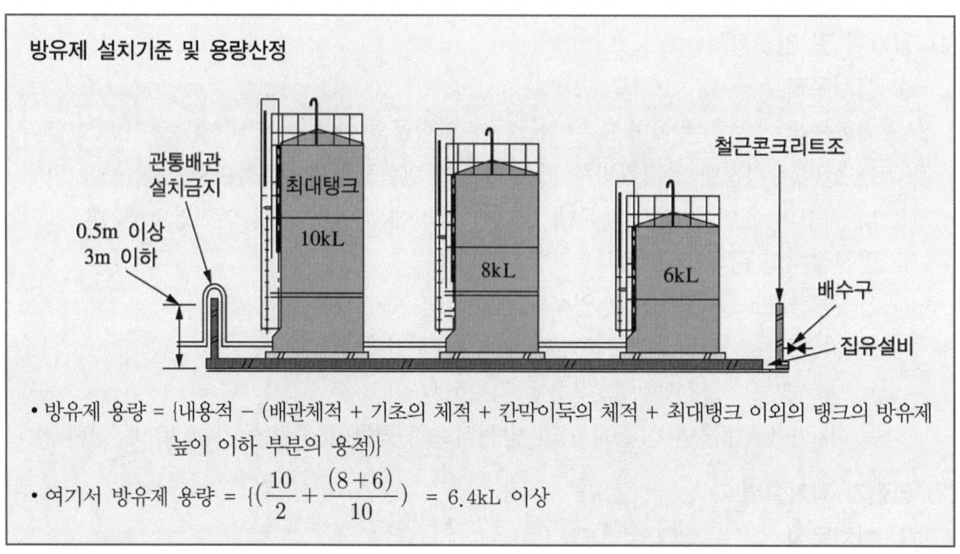

• 방유제 용량 = {내용적 – (배관체적 + 기초의 체적 + 칸막이둑의 체적 + 최대탱크 이외의 탱크의 방유제 높이 이하 부분의 용적)}

• 여기서 방유제 용량 = $\{(\frac{10}{2}+\frac{(8+6)}{10})$ = 6.4kL 이상

(2) 위험물 제조소의 옥내에 있는 위험물 취급탱크 방유턱 용량 17년 소방위

① 하나의 취급탱크의 주위에 설치하는 방유턱의 용량 : 해당 탱크용량 이상

② 2 이상의 취급탱크 주위에 설치하는 방유턱의 용량 : 최대 탱크용량 이상

(3) 지하에 있는 위험물 취급탱크

지하탱크저장소의 위험물을 저장 또는 취급하는 탱크의 위치・구조 및 설비의 일부기준에 준용

암기 TIP

방유제 및 방유턱 용량 암기 Tip

(1) 위험물 제조소의 **옥외에 있는 위험물 취급탱크**의 방유제의 용량
① 1기일 때 : 탱크용량 × 0.5(50%)
② 2기 이상일 때 : 최대탱크용량 × 0.5 + (나머지 탱크 용량합계 × 0.1)

(2) 위험물 제조소의 **옥내에 있는 위험물 취급탱크**의 방유턱의 용량
① 1기일 때 : 탱크용량 이상
② 2기 이상일 때 : 최대 탱크용량 이상
※ 옥내탱크저장소 출입구 문턱 높이도 같음

(3) **위험물 옥외탱크저장소의 방유제의 용량**
① 1기일 때 : 탱크용량 × 1.1(110%)[비인화성 물질 × 100%]
② 2기 이상일 때 : 최대 탱크용량 × 1.1(110%)[비인화성 물질 × 100%]

9 위험물 제조소의 배관

(1) **배관의 재질** : 강관 그 밖에 이와 유사한 금속성으로 해야 한다.
유리섬유강화플라스틱, 고밀도폴리에틸렌, 폴리우레탄 사용 가능

(2) 배관은 다음 각 호의 구분에 따른 압력으로 내압시험을 실시하여 누설 그 밖의 이상이 없는 것으로 해야 한다.
① 불연성 액체를 이용하는 경우에는 최대상용압력의 1.5배 이상
② 불연성 기체를 이용하는 경우에는 최대상용압력의 1.1배 이상

10 위험물의 성질에 따른 제조소 특례 22년, 23년 소방장

(1) 용어의 정의

특례규정 용어의 정의
① **고인화점 위험물 : 인화점**이 **100℃ 이상**인 제4류 위험물
② 알킬알루미늄등 : 제3류 위험물 중 **알킬알루미늄·알킬리튬** 또는 이 중 어느 **하나 이상을 함유**하는 것
③ 아세트알데하이드등 : 제4류 위험물 중 특수인화물의 **아세트알데하이드·산화프로필렌** 또는 이 중 어느 **하나 이상을 함유**하는 것
④ 하이드록실아민등 : 제5류 위험물 중 **하이드록실아민·하이드록실아민염류** 또는 이 중 어느 **하나 이상을 함유**하는 것

(2) 성질별 제조소 위치 · 구조 및 설비 기준

① 알킬알루미늄등을 취급하는 제조소의 특례는 다음 각 목과 같다.

㉠ 설비의 주위에는 누설범위를 국한하기 위한 설비를 갖출 것

㉡ 누설된 위험물을 안전한 장소에 설치된 저장실에 유입시킬 수 있는 설비를 갖출 것

㉢ 불활성기체(다른 원소와 화학 반응을 일으키기 어려운 기체)를 봉입하는 장치를 갖출 것

② 아세트알데하이드등을 취급하는 제조소의 특례는 다음 각 목과 같다.

㉠ 동, 마그네슘, 은, 수은 또는 이들을 성분으로 하는 합금으로 만들지 아니할 것

㉡ 연소성 혼합기체의 생성에 의한 폭발을 방지하기 위한 불활성기체 또는 수증기를 봉입하는 장치를 갖출 것

㉢ 냉각장치 또는 저온을 유지하기 위한 장치(이하 "보냉장치"라 한다)를 설치

㉣ 연소성 혼합기체의 생성에 의한 폭발을 방지하기 위한 불활성기체를 봉입하는 장치를 갖출 것. 다만, 지하에 있는 탱크가 아세트알데하이드등의 온도를 저온으로 유지할 수 있는 구조인 경우에는 냉각장치 및 보냉장치를 갖추지 아니할 수 있다.

㉤ 탱크를 지하에 매설하는 경우에는 해당 탱크를 탱크전용실에 설치할 것

③ 하이드록실아민등을 취급하는 제조소의 특례는 다음 각 목과 같다. 23년 소방장

구 분	제조소의 특례기준
안전거리(D:m)	$D = 51.1\sqrt[3]{N}$ 식에 의한 안전거리를 둘 것(N : 지정수량 배수)
담 또는 토제	• 제조소의 외벽 또는 이에 상당하는 공작물의 외측으로부터 2m 이상 떨어진 장소에 설치할 것 • 담 또는 토제의 높이는 해당 제조소에 있어서 하이드록실아민등을 취급하는 부분의 높이 이상으로 할 것 • 담은 두께 15cm 이상의 철근콘크리트조 · 철골철근콘크리트조 또는 두께 20cm 이상의 보강콘크리트블록조로 할 것 • 토제의 경사면의 경사도는 60도 미만으로 할 것
하이드록실아민등을 취급하는 설비	하이드록실아민등의 온도 및 농도의 상승에 의한 위험한 반응을 방지하기 위한 조치를 강구할 것
	철 이온 등의 혼입에 의한 위험한 반응을 방지하기 위한 조치를 강구할 것

11 방화상 유효한 담의 높이

(1) 안전거리 단축을 위한 방화상 유효한 담의 높이

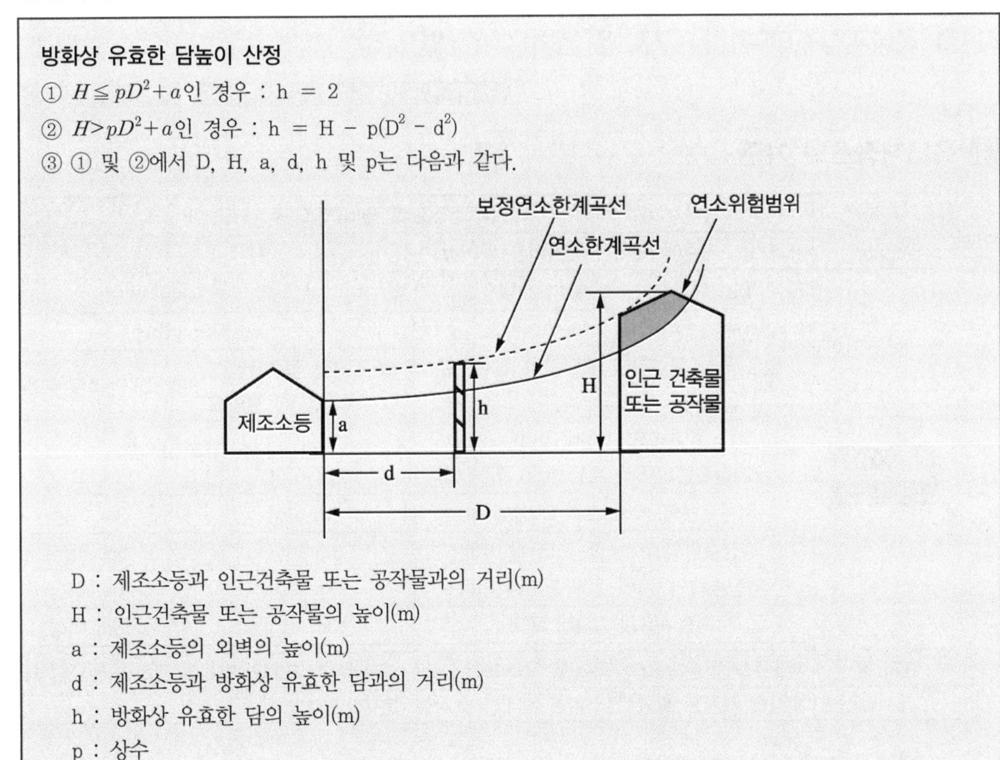

방화상 유효한 담높이 산정

① $H \leq pD^2 + a$인 경우 : h = 2

② $H > pD^2 + a$인 경우 : $h = H - p(D^2 - d^2)$

③ ① 및 ②에서 D, H, a, d, h 및 p는 다음과 같다.

D : 제조소등과 인근건축물 또는 공작물과의 거리(m)
H : 인근건축물 또는 공작물의 높이(m)
a : 제조소등의 외벽의 높이(m)
d : 제조소등과 방화상 유효한 담과의 거리(m)
h : 방화상 유효한 담의 높이(m)
p : 상수

(2) 위에서 산출한 수치가 2 미만일 때에는 담의 높이를 2m로, 4 이상일 때에는 담의 높이를 4m로 하고 다음의 소화설비를 보강해야 한다.

① 해당 제조소등의 소형소화기 설치 대상인 것 : 대형소화기를 1개 이상 증설할 것

② 해당 제조소등의 대형소화기 설치 대상인 것 : 대형소화기 대신 옥내소화전설비, 옥외소화전설비, 스프링클러설비, 물분무소화설비, 포소화설비, 불활성가스소화설비, 할로젠화합물소화설비, 분말소화설비 중 적응 소화설비를 설치할 것

③ 해당 제조소등이 옥내소화전설비, 옥외소화전설비, 스프링클러설비, 물분무소화설비, 포소화설비, 불활성가스소화설비, 할로젠화합물소화설비, 분말소화설비 설치대상인 것 : 반경 30m마다 대형소화기 1개 이상 증설할 것

(3) 방화상 유효한 담의 구조

① 제조소등으로부터 5m 미만의 거리에 설치하는 경우 : 내화구조

② 5m 이상의 거리에 설치하는 경우 : 불연재료

제9장 위험물 저장소

제1절 옥내저장소의 위치 · 구조 및 설비 기준(별표 5)

14년, 16년, 17년, 19년, 20년 소방위 17년, 19년, 23년 소방장

1 옥내저장소의 기준

<table>
<tr><th>구 분</th><th colspan="3">위치 · 구조 및 설비의 기준</th></tr>
<tr><td>안전거리</td><td colspan="3">제조소의 기준에 따라 안전거리를 두어야 한다.</td></tr>
<tr><td rowspan="9">보유공지
14년, 17년, 19년 소방위</td><td colspan="3">저장 또는 취급하는 위험물의 최대수량에 따라 너비의 공지를 보유하여야 한다.</td></tr>
<tr><td rowspan="2">저장 또는 취급하는 위험물의 최대수량</td><td colspan="2">공지의 너비</td></tr>
<tr><td>벽 · 기둥 및 바닥이 내화구조로 된 건축물</td><td>그 밖의 건축물</td></tr>
<tr><td>지정수량의 5배 이하</td><td></td><td>0.5m 이상</td></tr>
<tr><td>지정수량의 5배 초과 10배 이하</td><td>1m 이상</td><td>1.5m 이상</td></tr>
<tr><td>지정수량의 10배 초과 20배 이하</td><td>2m 이상</td><td>3m 이상</td></tr>
<tr><td>지정수량의 20배 초과 50배 이하</td><td>3m 이상</td><td>5m 이상</td></tr>
<tr><td>지정수량의 50배 초과 200배 이하</td><td>5m 이상</td><td>10m 이상</td></tr>
<tr><td>지정수량의 200배 초과</td><td>10m 이상</td><td>15m 이상</td></tr>
<tr><td>표지 및 게시판</td><td colspan="3">제조소의 기준에 따라 “위험물 옥내저장소”라는 표시를 한 표지와 방화에 관하여 필요한 사항을 게시한 게시판 및 금연구역을 알리는 표지를 설치하여야 한다.</td></tr>
</table>

2 옥내저장창고의 구조 등 23년 소방장 16년, 24년 소방위

구 분	위치 · 구조 및 설비의 기준
건축물	저장창고는 위험물의 저장을 전용으로 하는 독립된 건축물로 하여야 한다.
높 이	저장창고는 지면에서 처마까지의 높이(이하 “처마높이”라 한다)가 6m 미만인 단층건물로 하고 그 바닥을 지반면보다 높게 하여야 한다.
벽 · 기둥 및 바닥	내화구조
보와 서까래	불연재료
연소의 우려가 없는 벽 · 기둥 및 바닥을 불연재료로 할 수 있는 경우	• 지정수량의 10배 이하의 위험물의 저장창고 • 제2류 위험물(인화성고체는 제외한다) • 인화점이 70℃ 이상인 제4류의 위험물만의 저장창고
지붕 · 천장	• 폭발력이 위로 방출될 정도의 가벼운 불연재료로 하고, 천장을 만들지 않아야 한다. • 다만, 제2류 위험물(분말상태의 것과 인화성고체를 제외한다)과 제6류 위험물만의 저장창고에 있어서는 지붕을 내화구조로 할 수 있다. • 제5류 위험물만의 저장창고에 있어서는 해당 저장창고 내의 온도를 저온으로 유지하기 위하여 난연재료 또는 불연재료로 된 천장을 설치할 수 있다.

연소우려가 없는 출입구	60분+방화문·60분방화문 또는 30분방화문
연소우려가 있는 출입구	자동폐쇄식의 60분+방화문 또는 60분방화문
창·출입구에 유리 이용 시	망입유리로 하여야 한다.
저장창고의 바닥	다음의 위험물은 물이 스며 나오거나 스며들지 아니하는 구조로 하여야 한다. • 제1류 위험물 중 알칼리금속의 과산화물 또는 이를 함유하는 것 • 제2류 위험물 중 철분·금속분·마그네슘 또는 이중 어느 하나 이상을 함유하는 것 • 제3류 위험물 중 금수성물질 • 제4류 위험물
	액상의 위험물의 저장창고의 바닥은 위험물이 스며들지 아니하는 구조로 하고, 적당하게 경사지게 하여 그 최저부에 집유설비를 하여야 한다.
선반 등의 수납장	• 불연재료로 만들어 견고한 기초 위에 고정할 것 • 해당 수납장 및 그 부속설비의 자중, 저장하는 위험물의 중량 등의 하중에 의하여 생기는 응력(변형력)에 대하여 안전한 것으로 할 것 • 위험물을 수납한 용기가 쉽게 떨어지지 아니하게 하는 조치를 할 것
피뢰설비	지정수량의 10배 이상의 저장창고에는 피뢰침을 설치하여야 하며, 다음의 경우 설치하지 않을 수 있다. • 제6류 위험물의 저장창고 • 주위의 상황에 따라 안전상 지장이 없는 경우

3 옥내저장창고의 면적 17년 소방장 20년 소방위

하나의 저장창고의 바닥면적(2 이상의 구획된 실이 있는 경우에는 각 실의 바닥면의 합계)은 다음 각 목의 구분에 의한 면적 이하로 하여야 한다.

구 분	위험물을 저장하는 창고	기준면적
가	① 제1류 위험물 중 아염소산염류, 과염소산염류, 무기과산화물 그 밖에 지정수량 50kg인 위험물 ② 제3류 위험물 중 칼륨, 나트륨, 알킬알루미늄, 알킬리튬, 그 밖에 지정수량 10kg인 위험물 및 황린 ③ 제4류 위험물 중 특수인화물, 제1석유류, 알코올류 ④ 제5류 위험물 중 지정수량이 10kg인 위험물 ⑤ 제6류 위험물(과염소산, 과산화수소, 질산) ⑥ "가"의 위험물과 "나"의 위험물을 같은 창고에 저장할 때	1,000m^2 이하
나	위 "가"의 위험물 외의 위험물	2,000m^2 이하
다	"가"의 위험물과" 나"의 위험물을 내화구조의 격벽으로 완전구획된 실에 각각 저장하는 창고("가"의 위험물을 저장하는 실의 면적은 500m^{2}를 초과할 수 없다)	1,500m^2 이하
가+나	가목의 위험물과 나목의 위험물을 같은 저장창고에 저장하는 때에는 가목의 위험물을 저장하는 것으로 보아 그에 따른 바닥면적을 적용한다.	1,000m^2 이하

4 기타 옥내저장소의 기준

구 분	위치·구조 및 설비의 기준
채광·조명 및 환기의 설비	• 제조소의 기준에 준용하여 채광·조명 및 환기의 설비 • 인화점이 70℃ 미만인 위험물의 저장창고에 있어서는 내부에 체류한 가연성의 증기를 지붕 위로 배출하는 설비
제5류 위험물 중 셀룰로이드 그 밖에 온도의 상승에 의하여 분해·발화할 우려가 있는 것	• 해당 위험물이 발화하는 온도에 달하지 아니하는 온도를 유지하는 구조 • 다음 각 목의 기준에 적합한 비상전원을 갖춘 통풍장치 또는 냉방장치 등의 설비를 2 이상 설치하여야 한다. – 상용전력원이 고장인 경우에 자동으로 비상전원으로 전환되어 가동되도록 할 것 – 비상전원의 용량은 통풍장치 또는 냉방장치 등의 설비를 유효하게 작동할 수 있는 정도일 것

제2절 옥외탱크저장소의 위치·구조 및 설비 기준(별표 6)

14년, 15년, 17년, 21년, 24년 소방위 | 17년, 19년, 20년, 23년 소방장

1 안전거리

옥외탱크저장소의 안전거리는 제조소의 기준을 준용한다.

2 옥외탱크저장소의 보유공지

옥외저장탱크의 주위에는 그 저장 또는 취급하는 위험물의 최대수량에 따라 옥외저장탱크의 측면으로부터 다음 표에 의한 너비의 공지를 보유하여야 한다.

저장 또는 취급하는 위험물의 최대수량	공지의 너비
지정수량의 500배 이하	3m 이상
지정수량의 500배 초과 1,000배 이하	5m 이상
지정수량의 1,000배 초과 2,000배 이하	9m 이상
지정수량의 2,000배 초과 3,000배 이하	12m 이상
지정수량의 3,000배 초과 4,000배 이하	15m 이상
지정수량의 4,000배 초과	해당 탱크의 수평단면의 최대지름(가로형인 경우에는 긴 변)과 높이 중 큰 것과 같은 거리 이상. 다만, 30m 초과의 경우에는 30m 이상으로 할 수 있고, 15m 미만의 경우에는 15m 이상으로 해야 한다.

3 옥외탱크저장소의 표지 및 게시판

(1) 제조소의 기준을 준용하여 저장소의 표지・방화에 관하여 필요한 사항을 게시한 게시판 및 금연구역임을 알리는 표지를 설치해야 한다.

(2) 탱크의 군에 있어서는 그 의미 전달에 지장이 없는 범위 안에서 보기 쉬운 곳에 일괄 설치할 수 있다.

4 특정 옥외탱크저장소 등 정의

종 류	정 의
특정 옥외저장탱크	액체위험물의 최대수량이 100만 리터 이상의 옥외저장탱크
준특정 옥외저장탱크	액체위험물의 최대수량이 50만 리터 이상 100만 리터 미만의 옥외저장탱크
압력탱크	최대상용압력이 부압 또는 정압 5kPa를 초과하는 탱크

5 옥외탱크저장소의 외부구조 및 설비

(1) 옥외저장탱크

종 류	정 의
특정 옥외저장탱크 또는 준특정 옥외저장탱크	• 소방청장이 정하여 고시하는 규격에 적합한 강철판 • 이와 동등 이상의 기계적 성질 및 용접성이 있는 재료로 틈이 없도록 제작
일반 옥외저장탱크	• 두께 3.2㎜ 이상의 강철판 • 소방청장이 정하여 고시하는 규격에 적합한 재료로 틈이 없도록 제작
비 압력탱크 시험	충수시험에서 새거나 변형되지 아니하여야 함
압력탱크(대기압 초과)시험	최대상용압력의 1.5배의 압력으로 10분간 실시하는 수압시험에서 새거나 변형되지 아니하여야 함

(2) 통기관 21년 소방장

밸브 없는 통기관	대기밸브부착통기관
1) 지름은 30mm 이상일 것 2) 끝부분은 수평면보다 45도 이상 구부려 빗물 등의 침투를 막는 구조로 할 것 3) 인화점이 38℃ 미만인 위험물만을 저장 또는 취급하는 탱크에 설치하는 통기관에는 화염방지장치를 설치하고, 그 외의 탱크에 설치하는 통기관에는 40메쉬(mesh) 이상의 구리망 또는 동등 이상의 성능을 가진 인화방지장치를 설치할 것. 다만, 인화점이 70℃ 이상인 위험물만을 해당 위험물의 인화점 미만의 온도로 저장 또는 취급하는 탱크에 설치하는 통기관에는 인화방지장치를 설치하지 않을 수 있다. 4) 가연성의 증기를 회수하기 위한 밸브를 통기관에 설치하는 경우에 있어서는 당해 통기관의 밸브는 저장탱크에 위험물을 주입하는 경우를 제외하고는 항상 개방되어 있는 구조로 하는 한편, 폐쇄하였을 경우에 있어서는 10kPa 이하의 압력에서 개방되는 구조로 할 것. 이 경우 개방된 부분의 유효단면적은 777.15 mm^2 이상이어야 한다.	1) 5kPa 이하의 압력차이로 작동할 수 있을 것 2) 좌측 4)기준에 적합할 것

(3) 액체위험물 옥외저장탱크의 계량장치

① 기밀부유식 계량장치(위험물의 양을 자동적으로 표시하는 장치)

② 부유식 계량장치(증기가 비산하지 아니하는 구조)

③ 전기압력방식

④ 방사성동위원소를 이용한 자동계량장치

⑤ 유리측정기

(4) 인화점이 21℃ 미만인 위험물의 옥외저장탱크의 주입구 24년 소방위

① 게시판의 크기 : 한 변이 0.3m 이상, 다른 한 변이 0.6m 이상

② 게시판의 기재사항 : 옥외저장탱크 주입구, 위험물의 유별, 품명, 주의사항

③ 게시판의 색상 : 백색바탕에 흑색문자(주의사항은 적색문자)

(5) 옥외저장탱크의 펌프설비

① 펌프설비의 주위에는 너비 3m 이상의 공지를 보유할 것 (제6류 위험물 또는 지정수량의 10배 이하 위험물은 제외)

② 펌프설비로부터 옥외저장탱크까지의 사이에는 해당 옥외저장탱크의 보유공지 너비의 1/3 이상의 거리를 유지할 것

③ 펌프실의 벽, 기둥, 바닥, 보 : 불연재료

④ 펌프실의 지붕 : 폭발력이 위로 방출될 정도의 가벼운 불연재료로 할 것

⑤ 펌프실의 창 및 출입구에는 60분+방화문 · 60분방화문 또는 30분방화문을 설치할 것

⑥ 펌프실의 창 및 출입구에 유리를 이용하는 경우에는 망입유리로 할 것

⑦ 펌프실의 바닥의 주위에는 높이 0.2m 이상의 턱을 만들고 그 최저부에는 집유설비를 설치할 것(펌프실 이외는 0.15m 이상의 턱)

⑧ 인화점이 21℃ 미만인 위험물을 취급하는 펌프설비에는 보기 쉬운 곳에 "옥외저장탱크 펌프설비"라는 표시를 한 게시판과 방화에 관하여 필요한 사항을 게시한 게시판을 설치할 것

(6) 기타 설치기준

① 옥외저장탱크의 배수관 : 탱크의 옆판에 설치

② 피뢰침 설치 : 지정수량의 10배 이상(단, 제6류 위험물은 제외)

③ 이황화탄소의 옥외저장탱크는 벽 및 바닥의 두께가 0.2m 이상이고 철근콘크리트의 수조에 넣어 보관한다.

6 옥외탱크저장소의 방유제 14년, 15년 소방위 17년, 19년, 20년 소방장

시설구분	방유제 설비기준
설치대상	제3류, 제4류 및 제5류 위험물 중 인화성이 있는 액체(이황화탄소를 제외한다)의 옥외탱크저장소의 탱크 주위에는 다음 각 목의 기준에 의하여 방유제를 설치해야 한다.
방유제 용량	• 탱크가 하나일 때 : 탱크 용량의 110% 이상(인화성이 없는 액체위험물은 100%) • 탱크가 2기 이상일 때 : 탱크 중 용량이 최대인 것의 용량의 110% 이상(인화성이 없는 액체위험물은 100%)
방유제 제원	• 높이 : 0.5m 이상 3m 이하 • 두께 : 0.2m 이상 • 지하매설깊이 : 1m 이상
방유제 내의 면적	80,000m^2 이하
방유제 내에 설치하는 옥외저장탱크의 수	• 10 이하 • 방유제 내에 설치하는 모든 옥외저장탱크의 용량이 20만 리터 이하이고, 위험물의 인화점이 70℃ 이상 200℃ 미만인 경우 : 20 **방유제 내에 탱크의 설치 개수** ① **제1석유류, 제2석유류 : 10기 이하** ② **제3석유류(인화점 70℃ 이상 200℃ 미만) : 20기 이하** ③ 제4석유류(인화점이 200℃ 이상) : 제한없음
구내도로	• 방유제 외면의 1/2 이상은 자동차 등이 통행할 수 있는 3m 이상의 노면 폭을 확보한 구내도로에 직접 접하도록 할 것 • 다만, 방유제 내에 설치하는 옥외저장탱크의 용량합계가 20만 리터 이하인 경우에는 소화활동에 지장이 없다고 인정되는 3m 이상의 노면폭을 확보한 도로 또는 공지에 접하는 것으로 할 수 있다.
옆판으로부터 거리	방유제는 옆판으로부터 일정 거리를 유지할 것(인화점이 200℃ 이상인 위험물은 제외) • 지름이 15m 미만인 경우 : 탱크 높이의 1/3 이상 • 지름이 15m 이상인 경우 : 탱크 높이의 1/2 이상
방유제의 재질	• 방유제는 철근콘크리트로 하고, 방유제와 옥외저장탱크 사이의 지표면은 불연성과 불침윤성이 있는 구조(철근콘크리트 등)로 할 것 • 다만, 누출된 위험물을 수용할 수 있는 전용유조(專用油槽) 및 펌프 등의 설비를 갖춘 경우에는 방유제와 옥외저장탱크 사이의 지표면을 흙으로 할 수 있다.

간막이 둑	용량이 1,000만 리터 이상인 옥외저장탱크의 주위에 설치하는 방유제에는 다음의 규정에 따라 당해 탱크마다 간막이 둑을 설치할 것 • 간막이 둑의 높이는 0.3m(방유제 내에 설치되는 옥외저장탱크의 용량의 합계가 2억 리터를 넘는 방유제에 있어서는 1m) 이상으로 하되, 방유제의 높이보다 0.2m 이상 낮게 할 것 • 간막이 둑은 흙 또는 철근콘크리트로 할 것 • 간막이 둑의 용량은 간막이 둑안에 설치된 탱크의 용량의 10% 이상일 것
다른 설비 설치금지	방유제 내에는 배관(소화배관을 포함한다), 조명설비 및 계기시스템과 이들에 부속하는 설비 그 밖의 안전확보에 지장이 없는 부속설비 외에는 다른 설비를 설치하지 아니할 것
관통배관 설치금지	방유제 또는 간막이 둑에는 해당 방유제를 관통하는 배관을 설치하지 아니할 것
배수구	• 내부에 고인 물을 외부로 배출하기 위한 배수구를 설치하고 이를 개폐하는 밸브 등을 방유제의 외부에 설치할 것 • 용량이 100만 리터 이상인 위험물을 저장하는 옥외저장탱크에 있어서는 배수밸브 등에 그 개폐상황을 쉽게 확인할 수 있는 장치를 설치할 것
계단 또는 경사로	높이가 1m를 넘는 방유제 및 간막이 둑의 안팎에는 방유제 내에 출입하기 위한 계단 또는 경사로를 약 50m마다 설치할 것
누출위험물 수용설비	용량이 50만 리터 이상인 옥외탱크저장소가 해안 또는 강변에 설치되어 방유제 외부로 누출된 위험물이 바다 또는 강으로 유입될 우려가 있는 경우에는 해당 옥외탱크저장소가 설치된 부지 내에 전용유조 등 누출위험물 수용설비를 설치할 것

7 특정옥외저장탱크의 구조

(1) 탱크의 주하중과 종하중의 구분 17년 소방위

① 주하중 : 옥외저장탱크 및 부속설비의 자중, 저장하는 위험물의 중량, 탱크와 관련되는 내압, 온도변화, 활하중

② 종하중 : 적설하중, 풍하중(바람으로 인하여 구조물에 발생하는 하중), 지진하중

(2) 특정옥외저장탱크의 용접(겹침보수 및 육성보수와 관련되는 것은 제외)방법 17년 소방위

옆판 (가로 및 세로이음)	옆판과 애뉼러 판 (애뉼러 판이 없는 경우에는 밑판)	애뉼러 판과 애뉼러 판
완전용입 맞대기용접	부분용입 그룹용접 또는 동등 이상 용접강도	뒷면에 재료를 댄 맞대기용접 또는 겹치기용접
• 옆판의 세로이음은 단을 달리하는 옆판의 각각의 세로이음과 동일선상에 위치하지 아니하도록 한다. • 해당 세로이음 간의 간격은 서로 접하는 옆판 중 두꺼운 쪽 옆판의 5배 이상으로 해야 한다.	용접 비드(Bead)는 매끄러운 형상을 가져야 한다.	이 경우에 애뉼러 판과 밑판의 용접부의 강도 및 밑판과 밑판의 용접부의 강도에 유해한 영향을 주는 흠이 있어서는 아니된다.

8 옥외탱크저장소의 용량별 설비기준 등 정리

구 분	설비기준
50만 리터 이상	• 기술원의 허가 시 검토대상 • 기술원의 옥외탱크저장소의 설치 또는 변경에 따른 완공검사 대상 • 옥외탱크저장소 정기검사 대상 • 전용유조 등 누출위험물 수용설비 설치대상
100만 리터 이상	• 용량이 100만 리터 이상인 액체위험물을 저장하는 탱크의 기술원의 탱크안전성능검사 : 기초지반검사, 용접부검사 • 옥외저장탱크저장소의 방유제 내에 배수를 위한 개폐 밸브 등에 개폐상황 확인장치 설치대상
1,000만 리터 이상	• 옥외저장탱크의 방유제 내 간막이둑 대상 • 옥외탱크저장소로서 특수인화물, 제1석유류 및 알코올류를 저장 또는 취급하는 탱크의 용량이 1,000만 리터 이상인 것 : 자동화재탐지설비, 자동화재속보설비

9 위험물의 성질에 따른 옥외탱크저장소의 특례

위험물의 성질	특례기준
알킬알루미늄등의 옥외탱크저장소 (암기Tip : 알누알불)	• 옥외저장탱크의 주위에는 누설범위를 국한하기 위한 설비 및 누설된 알킬알루미늄등을 안전한 장소에 설치된 조에 이끌어 들일 수 있는 설비를 설치할 것 • 옥외저장탱크에는 불활성의 기체를 봉입하는 장치를 설치할 것
아세트알데하이드등의 옥외탱크저장소 (암기Tip : 아동 아냉)	• 옥외저장탱크의 설비는 동·마그네슘·은·수은 또는 이들을 성분으로 하는 합금으로 만들지 아니할 것 • 옥외저장탱크에는 냉각장치 또는 보냉장치, 그리고 연소성 혼합기체의 생성에 의한 폭발을 방지하기 위한 불활성의 기체를 봉입하는 장치를 설치할 것
하이드록실아민등의 옥외탱크저장소 (암기Tip : 은하철(온)도)	• 옥외탱크저장소에는 하이드록실아민등의 온도의 상승에 의한 위험한 반응을 방지하기 위한 조치를 강구할 것 • 옥외탱크저장소에는 철 이온 등의 혼입에 의한 위험한 반응을 방지하기 위한 조치를 강구할 것

제3절 옥내탱크저장소의 위치 · 구조 및 설비의 기준(별표 7)

17년, 18년 소방위 22년 소방장

1 옥내탱크저장소의 구조

(1) 옥내저장탱크의 탱크전용실은 단층 건축물에 설치할 것

(2) 옥내저장탱크와 탱크전용실의 벽과의 사이 및 옥내저장탱크의 상호 간에는 0.5m 이상의 간격을 유지할 것

(3) 옥내저장탱크의 용량(동일한 탱크전용실에 2 이상 설치하는 경우에는 각 탱크의 용량의 합계)은 지정수량의 40배(제4석유류 및 동식물유류 외의 제4류 위험물 : 20,000리터를 초과할 때에는 20,000리터) 이하일 것 22년 소방장

품 명		지정수량	최대배수	최대용량
특수인화물		50L	40배	2,000L
제1석유류	비수용성	200L	40배	8,000L
	수용성	400L	40배	16,000L
제2석유류	비수용성	1,000L	20배	20,000L
	수용성	2,000L	10배	20,000L
제3석유류	비수용성	2,000L	10배	20,000L
	수용성	4,000L	5배	20,000L
제4석유류		6,000L	40배	240,000L
동식물유류		10,000L	40배	400,000L

(4) **옥내저장탱크**

① **압력탱크(최대상용압력이 부압 또는 정압 5kPa를 초과하는 탱크) 외의 탱크** : 밸브 없는 통기관 또는 대기밸브 부착 통기관 설치

② 통기관의 끝부분은 건축물의 창 · 출입구 등의 개구부로부터 1m 이상 떨어진 옥외의 장소에 지면으로부터 4m 이상의 높이로 설치하되, 인화점이 40℃ 미만인 위험물의 탱크에 설치하는 통기관에 있어서는 부지경계선으로부터 1.5m 이상 거리를 둘 것

③ **압력탱크** : 압력계 및 안전장치(안전밸브, 감압밸브, 안전밸브 경보장치, 파괴판) 설치

④ 위험물의 양을 자동적으로 표시하는 자동계량장치 설치할 것

⑤ **주입구** : 옥외저장탱크의 주입구 기준에 준한다.

⑥ **탱크전용실의 채광, 조명, 환기 및 배출설비** : 옥내저장소(제조소)의 기준에 준한다.

⑦ **탱크전용실을 건축물의 1층 또는 지하층에 설치하는 위험물** : 황화인, 적린, 덩어리 황, 황린, 질산, 제4류 위험물 중 인화점이 38℃ 이상인 위험물

⑧ **탱크전용실의 벽, 기둥, 바닥** : 내화구조 / **보, 지붕** : 불연재료

⑨ 탱크전용실의 창 및 출입구에는 60분+방화문·60분방화문 또는 30분방화문을 설치하는 동시에, 연소의 우려가 있는 외벽에 두는 출입구에는 수시로 열 수 있는 자동폐쇄식의 60분+방화문 또는 60분방화문을 설치할 것
⑩ 탱크전용실의 창 또는 출입구에 유리를 이용하는 경우에는 망입유리로 할 것
⑪ 액상의 위험물의 옥내저장탱크를 설치하는 탱크전용실의 바닥은 위험물이 침투하지 아니하는 구조로 하고, 적당한 경사를 두는 한편, 집유설비를 설치할 것

2 옥내탱크저장소의 탱크전용실이 단층 건축물 외에 설치하는 것

(1) 다층 건축물일 때 옥내저장탱크의 설치용량

① 옥내저장탱크의 용량(동일한 탱크전용실에 옥내저장탱크를 2 이상 설치하는 경우에는 각 탱크의 용량의 합계를 말한다)은 1층 이하의 층에 있어서는 지정수량의 40배(제4석유류 및 동식물유류 외의 제4류 위험물에 있어서 해당 수량이 2만 리터를 초과할 때에는 2만 리터) 이하일 것
② 2층 이상의 층에 있어서는 지정수량의 10배(제4석유류 및 동식물유류 외의 제4류 위험물에 있어서 해당 수량이 5천 리터를 초과할 때에는 5천 리터) 이하일 것

[탱크 설치 시 저장 최대용량의 예]

품 명	설치층	저장 최대용량		배 수
제2석유류	1층 이하	비수용성	20,000L	20배
		수용성	20,000L	10배
	2층 이상	비수용성	5,000L	5배
		수용성	5,000L	2.5배
제3석유류	1층 이하	비수용성	20,000L	10배
		수용성	20,000L	5배
	2층 이상	비수용성	5,000L	2.5배
		수용성	5,000L	1.25배
제4석유류	1층 이하	240,000L		40배
	2층 이상	60,000L		10배
동식물유류	1층 이하	400,000L		40배
	2층 이상	100,000L		10배

(2) 옥내저장탱크저장소의 용량 및 층수제한 사항 정리 17년, 18년 소방위

<table>
<tr><th rowspan="2">구 분</th><th rowspan="2">단층 건축물</th><th colspan="5">단층건축물 이외의 옥내저장탱크</th></tr>
<tr><th>제2류</th><th>제3류</th><th>제6류</th><th colspan="2">제4류</th></tr>
<tr><td>저장·취급 할 위험물</td><td>제한 없음</td><td>황화인·적린 덩어리 황</td><td>황 린</td><td>질 산</td><td colspan="2">인화점이 38℃ 이상인 위험물</td></tr>
<tr><td>설치층</td><td>단층으로 해당 없음</td><td colspan="3">1층 또는 지하층</td><td colspan="2">층수 제한 없음</td></tr>
<tr><td rowspan="2">저장용량</td><td rowspan="2">40배 이하</td><td colspan="3" rowspan="2">40배 이하</td><td>1층 이하</td><td>2층 이상</td></tr>
<tr><td>40배 이하</td><td>10배 이하</td></tr>
<tr><td rowspan="2">탱크용량</td><td rowspan="2">제4석유류 및 동식물유류 외의 제4류 위험물에 있어서 해당 수량이 20,000L를 초과할 때에는 20,000L</td><td colspan="3" rowspan="2">탱크의 최대용량 제한 없음</td><td colspan="2">제4석유류 및 동식물 이외 제4류</td></tr>
<tr><td>2만 리터</td><td>5천 리터</td></tr>
</table>

제4절 지하탱크저장소의 위치·구조 및 설비의 기준(별표 8) 19년 소방위

1 지하탱크저장소의 기준

(1) 위험물을 저장 또는 취급하는 지하탱크는 지면하에 설치된 탱크전용실에 설치하여야 한다.

(2) 4류 위험물의 지하저장탱크를 탱크전용실에 설치하지 않을 수 있는 기준

① 해당 탱크를 지하철·지하가 또는 지하터널로부터 수평거리 10m 이내의 장소 또는 지하건축물 내의 장소에 설치하지 아니할 것

② 해당 탱크를 그 수평투영의 세로 및 가로보다 각각 0.6m 이상 크고 두께가 0.3m 이상인 철근콘크리트조의 뚜껑으로 덮을 것

③ 뚜껑에 걸리는 중량이 직접 해당 탱크에 걸리지 아니하는 구조일 것

④ 해당 탱크를 견고한 기초 위에 고정할 것

⑤ 해당 탱크를 지하의 가장 가까운 벽·피트(pit: 인공지하구조물)·가스관 등의 시설물 및 대지경계선으로부터 0.6m 이상 떨어진 곳에 매설할 것

(3) 지하저장탱크전용실의 기준

구 분	위치·구조 및 시설기준
설치 위치	지하의 가장 가까운 벽·피트·가스관 등의 시설물 및 대지경계선으로부터 0.1m 이상 떨어진 곳에 설치해야 한다.
탱크와 벽	지하저장탱크와 탱크전용실의 안쪽과의 사이는 0.1m 이상의 간격을 유지해야 한다.
탱크 주위	마른 모래 또는 습기 등에 의하여 응고되지 아니하는 입자지름 5mm 이하의 마른 자갈분을 채워야 한다.
탱크의 윗부분	탱크 윗부분은 지면으로부터 0.6m 이상 아래에 있어야 한다.

인접탱크 간격	지하저장탱크를 2 이상 인접해 설치하는 경우에는 그 상호간에 1m(해당 2 이상의 지하저장탱크의 용량의 합계가 지정수량의 100배 이하인 때에는 0.5m) 이상의 간격을 유지하여야 한다. 다만, 그 사이에 탱크전용실의 벽이나 두께 20cm 이상의 콘크리트 구조물이 있는 경우에는 그러하지 아니하다.
벽・바닥・뚜껑	벽・바닥 및 뚜껑의 두께는 0.3m 이상이어야 한다.
재 질	철근콘크리트조 또는 이와 동등 이상의 강도가 있는 구조로 설치한다.
철근의 배치	지름 9㎜부터 13㎜까지의 철근을 가로 및 세로로 5cm부터 20cm까지의 간격으로 배치해야 한다.
방수조치	벽・바닥 및 뚜껑의 재료에 수밀콘크리트를 혼입하거나 벽・바닥 및 뚜껑의 중간에 아스팔트층을 만드는 방법으로 적정한 방수조치를 해야 한다.

(4) 지하저장탱크의 재질은 두께 3.2mm 이상의 강철판으로 할 것

(5) **수압시험**

① 압력탱크(**최대상용압력이 46.7kPa 이상인 탱크**) 외의 탱크 : 70kPa의 압력으로 10분간

② 압력탱크 : 최대상용압력의 1.5배의 압력으로 10분간 수압시험을 실시하여 새거나 변형이 없어야 한다.

(6) 지하저장탱크의 배관은 탱크의 윗부분에 설치해야 한다.

> **예외 규정** : 제2석유류(인화점 40℃ 이상), 제3석유류, 제4석유류, 동식물유류로서 그 직근에 유효한 제어밸브를 설치한 경우

(7) 지하저장탱크의 주위에는 해당 탱크로부터의 액체위험물의 누설을 검사하기 위한 관을 다음의 각 목의 기준에 따라 4개소 이상 적당한 위치에 설치해야 한다. **19년 소방위**

① 이중관으로 할 것. 다만, 소공이 없는 상부는 단관으로 할 수 있다.

② 재료는 금속관 또는 경질합성수지관으로 해야 한다.

③ 관은 탱크실 또는 탱크의 기초 위에 닿게 해야 한다.

④ 관의 밑부분으로부터 탱크의 중심 높이까지의 부분에는 소공이 뚫려 있을 것. 다만, 지하수위가 높은 장소에 있어서는 지하수위 높이까지의 부분에 소공이 뚫려 있어야 한다.

⑤ 상부는 물이 침투하지 아니하는 구조로 하고, 뚜껑은 검사 시에 쉽게 열 수 있도록 해야 한다.

(8) 지하저장탱크에는 다음 각 목의 어느 하나에 해당하는 방법으로 과충전방지장치를 설치해야 한다.

① 탱크용량을 초과하는 위험물이 주입될 때 자동으로 그 주입구를 폐쇄하거나 위험물의 공급을 자동으로 차단하는 방법

② 탱크용량의 90퍼센트가 찰 때 경보음을 울리는 방법

(9) 맨홀 설치기준

① 맨홀은 지면까지 올라오지 아니하도록 하되, 가급적 낮게 할 것

② 보호틀을 다음 각 목에 정하는 기준에 따라 설치할 것

㉠ 보호틀을 탱크에 완전히 용접하는 등 보호틀과 탱크를 기밀하게 접합할 것

㉡ 보호틀의 뚜껑에 걸리는 하중이 직접 보호틀에 미치지 아니하도록 설치하고, 빗물 등이 침투하지 아니하도록 할 것

③ 배관이 보호틀을 관통하는 경우에는 해당 부분을 용접하는 등 침수를 방지하는 조치를 할 것

(10) 표지 및 게시판

지하탱크저장소에는 제조소의 기준에 따라 보기 쉬운 곳에 "위험물 지하탱크저장소"라는 표시를 한 표지와 방화에 관하여 필요한 사항을 게시한 게시판 및 지하탱크저장소가 금연구역임을 알리는 표지를 제조소의 기준을 준용하여 설치해야 한다.

제5절 간이탱크저장소의 위치ㆍ구조 및 설비의 기준(별표 9)

1 간이저장탱크의 위치ㆍ구조 및 설비의 기준

구 분	위치ㆍ구조 및 설비의 기준
설치 위치	간이탱크는 옥외에 설치하여야 한다. 다만, 전용실 안에 설치한 경우 그렇지 않다.
설치하는 탱크 수	3 이하(동일한 품질의 위험물의 간이저장탱크를 2 이상 설치하지 아니해야 한다)
표지 및 게시판	"위험물 간이탱크저장소" 표지, 방화에 필요한 사항, 금연구역임을 알리는 표지 및 게시판
탱크의 고정	움직이거나 넘어지지 아니하도록 지면 또는 가설대에 고정시켜야 한다.
보유공지	옥외에 설치하는 경우에는 그 탱크의 주위에 너비 1m 이상의 공지를 둬야 한다.
탱크와 전용실 벽과의 간격	전용실안에 설치하는 경우 0.5m 이상 이상의 간격을 유지해야 한다.
간이저장탱크 용량	600L 이하이어야 한다.
탱크의 재질ㆍ두께 및 시험압력	두께 3.2㎜ 이상의 강판으로 흠이 없도록 제작해야 하고, 10분간 70kPa의 압력의 수압시험 시 새거나 변형되지 아니해야 한다.
간이저장탱크의 외면	녹을 방지하기 위한 도장을 하여야 한다.
고정 주유(급유)설비	주유취급소의 고정주유설비 또는 고정급유설비의 기준에 적합하여야 한다.

2 옥내 전용실에 간이저장탱크를 설치할 수 있는 경우 위치 · 구조 및 설비의 기준

구 분	위치 · 구조 및 설비 기준
전용실의 주요구조	• 벽 · 기둥 및 바닥은 내화구조로 하고, 보는 불연재료로 해야 한다. • 연소의 우려가 있는 외벽은 출입구 외에는 개구부가 없도록 해야 한다. • 다만, 인화점이 70℃ 이상인 제4류 위험물만의 탱크전용실에 있어서는 연소의 우려가 없는 외벽 · 기둥 및 바닥을 불연재료로 할 수 있다. • 지붕의 재료는 불연재료로 하고 천장은 설치하지 아니하여야 한다.
창 및 출입구	• 60분+방화문 · 60분방화문 또는 30분방화문을 설치하여야 한다. • 연소의 우려가 있는 외벽에 두는 출입구에는 수시로 열 수 있는 자동폐쇄식의 60분+방화문 또는 60분방화문을 설치하여야 한다. • 유리를 이용하는 경우에는 망입유리로 해야 한다.
액상 위험물 바닥	• 위험물이 침투하지 아니하는 구조로 하여야 한다. • 적당한 경사를 두는 한편, 집유설비를 설치해야 한다.
채광 · 조명 · 환기 및 배출의 설비	옥내저장소의 채광 · 조명 · 환기 및 배출의 설비의 기준에 적합하여야 한다.

3 간이저장탱크의 통기관 설치기준

밸브 없는 통기관	대기밸브 부착 통기관
• 통기관의 지름은 25㎜ 이상으로 해야 한다. • 통기관의 끝부분은 수평면에 대하여 아래로 45° 이상 구부려 빗물 등이 침투하지 아니하도록 해야 한다. • 통기관은 옥외에 설치하되, 그 끝부분의 높이는 지상 1.5m 이상으로 해야 한다. • 가는 눈의 구리망 등으로 인화방지장치를 할 것. 다만, 인화점 70℃ 이상의 위험물만을 해당 위험물의 인화점 미만의 온도로 저장 또는 취급하는 탱크에 설치하는 통기관에 있어서는 그러하지 아니하다.	• 5㎪ 이하의 압력차이로 작동할 수 있어야 한다. • 통기관은 옥외에 설치하되, 그 끝부분의 높이는 지상 1.5m 이상으로 해야 한다. • 가는 눈의 구리망 등으로 인화방지장치를 할 것. 다만, 인화점 70℃ 이상의 위험물만을 해당 위험물의 인화점 미만의 온도로 저장 또는 취급하는 탱크에 설치하는 통기관에 있어서는 그러하지 아니하다.

제6절 이동탱크저장소 위치 · 구조 및 설비기준(시행규칙 별표 10)

15년, 16년 소방위 17년, 24년 소방위

1 이동탱크저장소의 상시주차장소

(1) 옥외에 있는 상시주차장소는 화기를 취급하는 장소 또는 인근의 건축물로부터 5m 이상(인근의 건축물이 1층인 경우에는 3m 이상)의 거리를 확보해야 한다(단, 하천의 공지나 수면, 내화구조 또는 불연재료의 담 또는 벽 그 밖에 이와 유사한 것에 접하는 경우를 제외).

(2) 옥내에 있는 상시주차장소는 벽 · 바닥 · 보 · 서까래 및 지붕이 내화구조 또는 불연재료로 된 건축물의 1층에 설치해야 한다.

2 이동저장탱크의 구조

구 분	위치 · 구조 및 설비의 기준
탱크의 구조	• 두께 3.2㎜ 이상의 강철판 또는 이와 동등 이상의 강도 · 내식성 및 내열성이 있다고 인정하는 재료 및 구조로 위험물이 새지 아니하게 제작하여야 한다. • 압력탱크 외의 탱크는 70㎪의 압력으로, 압력탱크는 최대상용압력의 1.5배의 압력으로 각각 10분간의 수압시험을 실시하여 새거나 변형되지 아니할 것. 이 경우 수압시험은 용접부에 대한 비파괴시험과 기밀시험으로 대신할 수 있다.
칸막이 24년 소방위	• 그 내부에 4,000L 이하마다 3.2㎜ 이상의 강철판 또는 이와 동등 이상의 강도 · 내열성 및 내식성이 있는 금속성의 것으로 칸막이를 설치하여야 한다. • 다만, 고체인 위험물을 저장하거나 고체인 위험물을 가열하여 액체 상태로 저장하는 경우에는 그러하지 아니하다.
칸막이마다 설치	• 칸막이로 구획된 각 부분마다 맨홀과 다음 각 목의 기준에 의한 안전장치 및 방파판을 설치하여야 한다. • 다만, 칸막이로 구획된 부분의 용량이 2,000L 미만인 부분에는 방파판을 설치하지 아니할 수 있다.
안전장치	• 상용압력이 20㎪ 이하인 탱크 : 20㎪ 이상 24㎪ 이하의 압력 • 상용압력이 20㎪를 초과하는 탱크 : 상용압력의 1.1배 이하의 압력에서 작동하는 것으로 하여야 한다.
방파판	• 두께 1.6㎜ 이상의 강철판 또는 이와 동등 이상의 강도 · 내열성 및 내식성이 있는 금속성의 것으로 할 것 • 하나의 구획부분에 2개 이상의 방파판을 이동탱크저장소의 진행방향과 평행으로 설치하되, 각 방파판은 그 높이 및 칸막이로부터의 거리를 다르게 할 것 • 하나의 구획부분에 설치하는 각 방파판의 면적의 합계는 당해 구획부분의 최대 수직단면적의 50% 이상으로 할 것. 다만, 수직단면이 원형이거나 짧은 지름이 1m 이하의 타원형일 경우에는 40% 이상으로 할 수 있다.
측면틀	맨홀 · 주입구 및 안전장치 등이 탱크의 상부에 돌출되어 있는 탱크에 있어서는 다음 각 목의 기준에 의하여 부속장치의 손상을 방지하기 위한 측면틀 및 방호틀을 설치하여야 한다. • 탱크 뒷부분의 입면도에 있어서 측면틀의 최외측과 탱크의 최외측을 연결하는 직선(이하 "최외측선"이라 한다)의 수평면에 대한 내각이 75도 이상이 되도록 하고, 최대수량의 위험물을 저장한 상태에 있을 때의 당해 탱크중량의 중심점과 측면틀의 최외측을 연결하는 직선과 그 중심점을 지나는 직선중 최외측선과 직각을 이루는 직선과의 내각이 35도 이상이 되도록 하여야 한다. • 외부로부터 하중에 견딜 수 있는 구조로 하여야 한다. • 탱크 상부의 네 모퉁이에 당해 탱크의 전단 또는 후단으로부터 각각 1m 이내의 위치에 설치하여야 한다. • 측면틀에 걸리는 하중에 의하여 탱크가 손상되지 아니하도록 측면틀의 부착부분에 받침판을 설치하여야 한다.
방호틀	• 두께 2.3㎜ 이상의 강철판 또는 이와 동등 이상의 기계적 성질이 있는 재료로써 산모양의 형상으로 하거나 이와 동등 이상의 강도가 있는 형상으로 하여야 한다. • 정상부분은 부속장치보다 50㎜ 이상 높게 하거나 이와 동등 이상의 성능이 있는 것으로 하여야 한다.
탱크의 외면	• 부식방지도장을 하여야 한다. • 다만, 탱크의 재질이 부식의 우려가 없는 스테인레스 강판 등인 경우에는 그러하지 아니하다.

이동탱크저장소의 부속장치 용도

① 방호틀 : 탱크 전복 시 부속장치(주입구, 맨홀, 안전장치) 보호(2.3mm)
② 측면틀 : 탱크 전복 시 탱크 본체 파손 방지(3.2mm)
③ 방파판 : 위험물 운송 중 내부의 위험물의 출렁임, 쏠림 등을 완화하여 차량의 안전 확보(1.6mm)
④ 칸막이 : 탱크 전복 시 탱크의 일부가 파손되더라도 전량의 위험물의 누출 및 출렁임 방지(3.2mm)

이동탱크저장소 관련 용량

칸막이 구획	방파판 생략	알킬알루미늄등 이동저장탱크 용량	항공기주유탱크차 칸막이
4,000L 이하	칸막이 용량 2,000L 미만	1,900L 미만	부피 4,000L마다 또는 1.5m 이하 (칸막이에 지름 40cm 이내 구멍 가능)

이동탱크저장소의 두께기준

구 조	탱크(맨홀 및 주입관의 뚜껑 포함)	칸막이	측면틀	방호틀	방파판
일반이동탱크	3.2mm	3.2mm		2.3mm	1.6mm
컨테이너식	6mm (탱크지름 또는 장축이 1.8m 이하인 탱크 : 5mm 이상)	3.2mm			
알킬알루미늄등	10mm 이상				

3 배출밸브, 폐쇄장치, 결합금속구 등

(1) 이동저장탱크의 아랫부분에 배출구를 설치하는 경우에 해당 탱크의 배출구에 배출밸브를 설치하고 배출밸브를 폐쇄할 수 있는 수동폐쇄장치 또는 자동폐쇄장치를 설치하여야 한다.

(2) 수동폐쇄장치를 설치하는 경우에는 수동폐쇄장치를 작동시킬 수 있는 레버 또는 이와 유사한 기능을 하는 것을 설치하고, 그 바로 옆에 해당 장치의 작동방식을 표시해야 한다. 이 경우 레버를 설치하는 경우에는 다음 각 목의 기준에 따라 설치하여야 한다.
① 손으로 잡아당겨 수동폐쇄장치를 작동시킬 수 있도록 하여야 한다.
② 수동식폐쇄장치에는 길이 15cm 이상의 레버를 설치하여야 한다.

(3) 탱크의 배관의 끝부분에는 개폐밸브를 설치하여야 한다.

(4) 이동탱크저장소에 주입설비를 설치하는 경우 설치기준 15년 소방위 17년 소방장
① 주입설비의 길이는 50m 이내로 하고 그 끝부분에 축척되는 정전기 제거장치를 설치하여야 한다.
② 분당배출량은 200리터 이하로 하여야 한다.

4 이동탱크저장소의 표지 및 게시판

(1) 표 지

이동탱크저장소에는 소방청장이 고시하여 정하는 바에 따라 저장하는 위험물의 위험성을 알리는 표지(위험물 표지, UN번호, 그림문자)를 설치해야 한다.

(2) 도장 및 상치장소 표시

이동탱크저장소의 탱크외부에는 소방청장이 정하여 고시하는 바에 따라 도장 등을 하여 쉽게 식별할 수 있도록 하고, 보기 쉬운 곳에 상시주차장소의 위치를 표시해야 한다.

→ 제1류(회색), 제2류(적색), 제3류(청색), 제5류(황색), 제6류(청색)

(3) 금연구역 표시

이동탱크저장소에는 보기 쉬운 곳에 해당 이동탱크저장소가 금연구역임을 알리는 표지를 설치해야 한다. 이 경우 표지에는 금연을 상징하는 그림 또는 문자가 포함되어야 한다.

5 이동탱크저장소의 펌프설비

(1) **동력원을 이용하여 위험물 이송** : 인화점이 40℃ 이상의 것 또는 비인화성의 것

(2) **진공흡입방식의 펌프를 이용하여 위험물 이송** : 인화점이 70℃ 이상인 폐유 또는 비인화성의 것

- 결합금속구 : 놋쇠
- 펌프설비의 감압장치의 배관 및 배관의 이음 : 금속제

6 이동탱크저장소의 접지도선 16년 소방위

접지도선 설치 : 특수인화물, 제1석유류, 제2석유류

7 알킬알루미늄등을 저장 또는 취급하는 이동탱크저장소

(1) **이동저장탱크의 두께** : 10mm 이상의 강판

(2) **수압시험** : 1MPa 이상의 압력으로 10분간 실시하여 새거나 변형하지 아니하여야 한다.

(3) **이동저장탱크의 용량** : 1,900리터 미만

(4) **안전장치** : 수압시험의 압력의 2/3를 초과하고 4/5를 넘지 아니하는 범위의 압력에서 작동하여야 한다.

(5) **맨홀, 주입구의 뚜껑 두께** : 10mm 이상의 강판

(6) **이동저장탱크** : 불활성기체 봉입장치 설치

8 컨테이너식 이동탱크저장소의 특례

(1) **컨테이너식 이동탱크저장소** : 이동저장탱크를 차량 등에 옮겨 싣는 구조로 된 이동탱크저장소

(2) 컨테이너식 이동탱크저장소에는 이동저장탱크 하중의 4배의 전단하중에 견디는 걸고리체결 금속구 및 모서리체결 금속구를 설치하여야 한다.

> 용량이 6,000L 이하인 이동탱크저장소에는 유(U)자 볼트를 설치할 수 있다.

(3) 이동저장탱크 및 부속장치(맨홀, 주입구, 안전장치)는 강재로 된 상자틀에 수납하여야 한다.

(4) 이동저장탱크, 맨홀, 주입구의 뚜껑은 두께 6mm 이상의 강판으로 하여야 한다.

(5) 이동저장탱크의 칸막이는 두께 3.2mm 이상의 강판으로 하여야 한다.

(6) 이동저장탱크에는 맨홀, 안전장치를 설치하여야 한다.

(7) 부속장치는 상자틀의 최외각과 50mm 이상의 간격을 유지하여야 한다.

(8) **표지판**

표지 기재사항	표시위치	표시색상	표시크기
허가청의 명칭 및 완공검사번호	보기 쉬운 곳	백색바탕 흑색문자	가로 0.4m 이상, 세로 0.15m 이상

제7절 옥외저장소 위치 · 구조 및 설비 기준(시행규칙 별표 11)

1 옥외저장소에 저장할 수 있는 위험물 17년 소방장 17년 소방위

(1) 제2류 위험물 중 황, 인화성고체(인화점이 0℃ 이상인 것에 한함)

(2) 제4류 위험물 중 제1석유류(인화점이 0℃ 이상인 것에 한함), 제2석유류, 제3석유류, 제4석유류, 알코올류, 동식물유류

(3) 제6류 위험물

2 옥외저장소의 위치 · 구조 및 설비의 기술기준 20년 소방위

구 분	위치 · 구조 및 시설기준
안전거리	제조소의 기준에 따라 안전거리를 둘 것
설치장소	습기가 없고 배수가 잘 되는 장소에 설치할 것
저장소 주위	위험물을 저장 또는 취급하는 장소의 주위에는 경계표시(울타리의 기능이 있는 것에 한함)를 하여 명확하게 구분할 것
보유공지	• 경계표시의 주위에는 다음 표에 의한 너비의 공지를 보유할 것 (아래 표 참조) • 다만, 제4류 위험물 중 제4석유류와 제6류 위험물 : 위 표에 따른 공지의 너비의 3분의 1 이상의 너비로 할 수 있음
표지 및 게시판	제조소의 기준에 따라 설치할 것
선반을 설치한 경우의 기준	• 선반은 불연재료로 만들고 견고한 지반면에 고정할 것 • 선반은 당해 선반 및 그 부속설비의 자중 · 저장하는 위험물의 중량 · 풍하중 · 지진의 영향 등에 의하여 생기는 응력에 대하여 안전할 것 • 선반의 높이는 6m를 초과하지 아니할 것 • 선반에는 위험물을 수납한 용기가 쉽게 낙하하지 아니하는 조치를 강구할 것
차광성 천막	과산화수소 또는 과염소산을 저장하는 옥외저장소는 불연성 또는 난연성의 천막 등을 설치하여 햇빛을 가릴 것
캐노피 및 지붕을 설치한 경우	• 눈 · 비 등을 피하거나 차광 등을 위하여 옥외저장소에 캐노피 또는 지붕을 설치하는 경우에는 환기 및 소화활동에 지장을 주지 아니하는 구조로 할 것 • 이 경우 기둥은 내화구조로 하고, 캐노피 또는 지붕을 불연재료로 하며, 벽을 설치하지 아니하여야 함

(보유공지 표)

저장 또는 취급하는 위험물의 최대수량	공지의 너비
지정수량의 10배 이하	3m 이상
지정수량의 10배 초과 20배 이하	5m 이상
지정수량의 20배 초과 50배 이하	9m 이상
지정수량의 50배 초과 200배 이하	12m 이상
지정수량의 200배 초과	15m 이상

3 덩어리 상태의 황만을 저장 또는 취급하는 경우

구 분	위치 · 구조 및 시설기준
용기에 수납하여 저장하는 것 준용	위험물을 용기에 수납하여 저장 또는 취급하는 옥외저장소의 위치 · 구조 및 설비의 기술기준에 따른다.
하나의 면적	하나의 경계표시의 내부의 면적은 100m^2 이하일 것
2 이상의 면적	2 이상의 경계표시를 설치하는 경우에 있어서는 각각의 경계표시 내부의 면적을 합산한 면적은 1,000m^2 이하로 할 것
경계표시와 경계표시와의 간격	• 인접하는 경계표시와 경계표시와의 간격을 위 표의 공지의 너비의 2분의 1 이상으로 할 것 • 다만, 저장 또는 취급하는 위험물의 최대수량이 지정수량의 200배 이상인 경우 : 10m 이상으로 할 것

재료 및 구조	경계표시는 불연재료로 만드는 동시에 황이 새지 아니하는 구조로 할 것
높 이	경계표시의 높이는 1.5m 이하로 할 것
고정장치	경계표시에는 황이 넘치거나 비산하는 것을 방지하기 위한 천막 등을 고정하는 장치를 설치하되, 천막 등을 고정하는 장치는 경계표시의 길이 2m마다 한 개 이상 설치할 것
배수구와 분리장치	황을 저장 또는 취급하는 장소의 주위에는 배수구와 분리장치를 설치할 것

4 인화성고체, 제1석유류, 알코올류의 옥외저장소의 특례

(1) **인화성고체, 제1석유류, 알코올류를 저장 또는 취급하는 장소** : 살수설비 설치

(2) **제1석유류 또는 알코올류를 저장 또는 취급하는 장소의 주위** : 배수구와 집유설비를 설치할 것 이 경우 제1석유류(온도 20℃의 물 100g에 용해되는 양이 1g 미만의 것)를 저장 또는 취급하는 장소에는 집유설비에 유분리장치를 설치할 것

> 유분리장치를 해야 하는 제1석유류 : 벤젠, 톨루엔, 휘발유

제8절 암반탱크저장소 위치·구조 및 설비 기준(시행규칙 별표 12)

1 설치기준

(1) 암반탱크저장소의 암반탱크는 다음 각 목의 기준에 의하여 설치하여야 한다.

① 암반탱크는 암반투수계수가 1초당 10만분의 1m 이하인 천연암반 내에 설치하여야 한다.

② 암반탱크는 저장할 위험물의 증기압을 억제할 수 있는 지하수면 하에 설치하여야 한다.

③ R̂ 벽은 암반균열에 의한 낙반을 방지할 수 있도록 볼트·콘크리트 등으로 보강하여야 한다.

(2) 암반탱크는 다음 각 목의 기준에 적합한 수리조건을 갖추어야 한다.

① 암반탱크 내로 유입되는 지하수의 양은 암반 내의 지하수 충전량보다 적어야 한다.

② 암반탱크의 상부로 물을 주입하여 수압을 유지할 필요가 있는 경우에는 수벽공을 설치하여야 한다.

③ 암반탱크에 가해지는 지하수압은 저장소의 최대운영압보다 항상 크게 유지하여야 한다.

2 지하수위 관측공의 설치

암반탱크저장소 주위에는 지하수위 및 지하수의 흐름 등을 확인·통제할 수 있는 관측공을 설치해야 한다.

3 계량장치

암반탱크저장소에는 위험물의 양과 내부로 유입되는 지하수의 양을 측정할 수 있는 계량구와 자동측정이 가능한 계량장치를 설치해야 한다.

4 배수시설

암반탱크저장소에는 주변 암반으로부터 유입되는 침출수를 자동으로 배출할 수 있는 시설을 설치하고 침출수에 섞인 위험물이 직접 배수구로 흘러 들어가지 아니하도록 유분리장치를 설치해야 한다.

5 펌프설비

암반탱크저장소의 펌프설비(암반탱크 내의 위험물을 출하하거나 침출수를 뽑아내기 위한 용도이다)는 점검 및 보수를 위하여 사람의 출입이 용이한 구조의 전용공동에 설치해야 한다. 다만, 액중펌프(펌프 또는 전동기를 저장탱크 또는 암반탱크 안에 설치하는 것을 말한다. 이하 같다)를 설치한 경우에는 그러하지 아니하다.

6 위험물 제조소 및 옥외탱크저장소에 관한 기준의 준용

(1) 암반탱크저장소에는 보기 쉬운 곳에 "위험물 암반탱크저장소"라는 표시를 한 표지와 방화에 관하여 필요한 사항을 게시한 게시판을 설치해야 한다.

(2) 암반탱크저장소의 압력계・안전장치, 정전기 제거설비, 배관 및 주입구의 설치에 관하여 이를 준용한다.

제10장 위험물 취급소

제1절 주유취급소의 위치 · 구조 및 설비기준(시행규칙 별표 13)

16년, 17년, 18년 소방위 | 17년, 18년, 20년, 23년, 24년 소방장

1 주유공지 및 급유공지

(1) 주유공지

주유취급소의 고정주유설비(현수식 포함)의 주위에는 주유를 받으려는 자동차 등이 출입할 수 있도록 너비 15m 이상, 길이 6m 이상의 콘크리트 등으로 포장한 공지를 보유해야 한다.

(2) 급유공지

고정급유설비를 설치하는 경우에는 고정급유설비의 호스기기의 주위에 필요한 공지를 보유해야 한다.

(3) 공지의 바닥

공지의 바닥은 주위 지면보다 높게 하고, 그 표면을 적당하게 경사지게 하여 새어나온 기름 그 밖의 액체가 공지의 외부로 유출되지 아니하도록 배수구 · 집유설비 및 유분리장치를 해야 한다.

2 주유취급소 표지 및 게시판

(1) 표 지

주유취급소에는 보기 쉬운 곳에 "위험물 주유취급소"라는 표시를 한 표지를 설치

(2) 게시판

주유취급소에는 제조소의 설치기준을 준용하여 다음 게시판 및 표지를 설치해야 한다.

① 방화에 관하여 필요한 사항을 게시한 게시판

② 황색바탕에 흑색문자로 "주유중 엔진정지"라는 표시를 한 게시판

③ 주유취급소가 금연구역임을 알리는 표지

3 탱크설치

탱크구분	탱크용량
전용탱크	• 고정주유설비에 직접 접속 5만L 이하 • 고정급유설비에 직접 접속 5만L 이하 • 보일러 등에 직접 접속하는 전용탱크 : 1만L 이하
폐유탱크 등	폐유탱크 등의 위험물을 저장하는 탱크 : 2,000L 이하
간이탱크	간이탱크 1기의 용량 : 600L 이하
이동탱크	• 5천L 이하 • 상시주차장소를 주유공지 또는 급유공지 외의 장소에 확보 • 해당 주유취급소의 위험물의 저장·취급에 관계된 것에 한함

4 탱크의 설치 위치

탱 크	탱크의 용량	설치 위치
자동차 주유를 위한 고정주유설비에 직접 접속하는 전용탱크	50,000L 이하	옥외의 지하 또는 캐노피(기둥으로 받치거나 매달아 놓은 덮개) 아래 지하에 매설(기둥 하부 제외)
고정급유설비에 직접 접속하는 전용탱크	50,000L 이하	
보일러 등에 직접 접속하는 전용탱크	10,000L 이하 (1,000L 초과 한함)	
자동차 등을 점검·정비하는 작업장 등에서 사용하는 폐유·윤활유 등의 위험물을 저장하는 탱크(폐유탱크 등)	2,000L 이하 (1,000L 초과 한함)	
해당 주유취급소의 위험물의 저장·취급에 관계된 이동탱크저장소	상시주차장소를 주유공지 또는 급유공지 외의 장소에 확보	

5 고정주유설비

(1) 주유취급소에는 자동차 등의 연료탱크에 직접 주유하기 위한 고정주유설비를 설치하여야 한다.

(2) 고정주유설비 또는 고정급유설비는 탱크 중 하나의 탱크만으로부터 위험물을 공급받을 수 있도록 하여야 한다.

(3) 펌프설비의 주유관 끝부분에서의 최대 배출량

유종 구분	배출량
제1석유류	50L/min 이하
등 유	80L/min 이하
경 유	180L/min 이하
이동저장탱크에 주입용 펌프설비의 최대배출량 ※ 분당배출량이 **200L** 이상인 경우 : 배관의 안지름을 **40mm** 이상	300L/min 이하

(4) 이동저장탱크의 상부를 통하여 주입하는 고정급유설비의 주유관에는 해당 탱크의 밑부분에 달하는 주입관을 설치하고, 그 배출량이 분당 80리터를 초과하는 것은 이동저장탱크에 주입하는 용도로만 사용하여야 한다.

(5) 고정주유설비 또는 고정급유설비는 난연성 재료로 만들어진 외장을 설치하여야 한다.

(6) 고정주유설비 또는 고정급유설비의 주유관 길이

① **입식의 경우** : 5m 이내

② **현수식의 경우** : 지면 위 0.5m의 수평면에 수직으로 내려 만나는 점을 중심으로 반경 3m 이내

(7) 고정주유설비 또는 고정급유설비의 설치기준

구 분	도로경계선	부지경계선	담	건축물의 벽	상호 간
고정주유설비	4m 이상	2m 이상	2m 이상	2m 이상	4m 이상
고정급유설비	4m 이상	1m 이상	1m 이상	2m 이상 (개구부 없는 벽 1m)	

(8) 고정주유설비와 고정급유설비의 사이에는 4m 이상의 거리를 유지하여야 한다.

(9) 고정주유설비 또는 고정급유설비의 본체 또는 노즐 손잡이에 주유작업자의 인체에 축적되는 정전기를 유효하게 제거할 수 있는 장치를 설치하여야 한다.

6 주유취급소에 설치할 수 있는 건축물 23년 소방장

(1) 주유 또는 등유·경유를 채우기 위한 작업장

(2) 주유취급소의 업무를 행하기 위한 사무소

(3) 자동차 등의 점검 및 간이정비를 위한 작업장

(4) 자동차 등의 세정을 위한 작업장

(5) 주유취급소에 출입하는 사람을 대상으로 한 점포·휴게음식점 또는 전시장

(6) 주유취급소의 관계자가 거주하는 주거시설

(7) 전기자동차용 충전설비(전기를 동력원으로 하는 자동차에 직접 전기를 공급하는 설비를 말한다. 이하 같다)

(8) 그 밖의 소방청장이 정하여 고시하는 건축물 또는 시설

※ 직원 이외의 자가 출입하는 (2), (3), (5) 용도면적의 합은 1,000m^2 이내로 한다.

7 주유취급소의 건축물 구조 18년 소방위 17년, 18년, 20년, 24년 소방위

(1) 건축물 등은 다음 각 목에 따른 위치 및 구조의 기준에 적합해야 한다.

구 분	건축물의 구조
건축물	벽, 기둥, 바닥, 보 및 지붕 : 내화구조 또는 불연재료로 해야 한다. (사무소+점검 및 간이정비+점포 · 휴게음식점 · 전시장의 면적의 합이 500m^2 초과 : 내화구조)
창 및 출입구	60분+방화문 · 60분방화문, 30분방화문 또는 불연재료로 된 문을 설치해야 한다. ※ 점검 및 간이정비를 위한 작업장 및 세정을 위한 작업장의 자동차 등의 출입구는 제외 ※ 사무소+점검 및 간이정비+점포 · 휴게음식점 · 전시장의 면적의 합이 500m^{2}를 초과하는 주유취급소로서 하나의 구획된 실의 면적이 500m^{2}를 초과 또는 2층 이상의 층에 설치한 경우, 2면 이상의 벽에 각각 출입구를 설치하여야 한다.
주유취급소의 관계자가 거주하는 주거시설	개구부가 없는 내화구조의 바닥 또는 벽으로 당해 건축물의 다른 부분과 구획하고 주유를 위한 작업장 등 위험물취급장소에 면한 쪽의 벽에는 출입구를 설치하지 아니하여야 한다.
유리 사용하는 경우	사무실 등의 창 및 출입구에 유리를 사용하는 경우에는 망입유리 또는 강화유리로 해야 한다. ※ 강화유리 두께 : 창 8mm 이상, 출입구 12mm 이상으로 해야 한다.
건축물 중 사무실 그 밖의 화기를 사용하는 곳(세정+간이정비 제외) 18년 소방장	누설한 가연성의 증기가 그 내부에 유입되지 아니하도록 다음 기준에 적합한 구조로 해야 한다. • 출입구는 건축물의 안에서 밖으로 수시로 개방할 수 있는 자동폐쇄식의 것으로 해야 한다. • 출입구 또는 사이통로의 문턱의 높이를 15cm 이상으로 해야 한다. • 높이 1m 이하의 부분에 있는 창 등은 밀폐시켜야 한다.
자동차 등의 점검 · 정비를 행하는 설비	• 고정식주유설비로부터 4m 이상, 도로경계선으로 부터 2m 이상 떨어지게 해야 한다. ※ 점검 및 간이정비를 위한 작업장 중 바닥 및 벽으로 구획된 옥내의 작업장에 설치하는 경우에는 그렇지 않다. • 위험물을 취급하는 설비는 위험물의 누설 · 넘침 또는 비산을 방지할 수 있는 구조로 해야 한다.
자동차 등 세정을 행하는 설비 – 증기세차기를 설치한 경우	그 주위에 불연재료로 된 높이 1m 이상의 담을 설치하고, 출입구가 고정식주유설비에 면하지 않도록 해야 한다. 이 경우 담은 고정식주유설비에서 4m 이상 떨어지게 해야 한다.
자동차 등 세정을 행하는 설비 – 증기세차기 외의 세차기 경우	고정식주유설비로부터 4m 이상, 도로경계선으로부터 2m 이상 떨어지게 할 것 ※ 세정을 위한 작업장 중 바닥 및 벽으로 구획된 옥내의 작업장에 설치하는 경우에는 그렇지 않다.
주유원 간이 대기실	• 불연재료로 해야 한다. • 바퀴가 부착되지 아니한 고정식이여야 한다. • 차량의 출입 및 주유작업에 장애를 주지 아니하는 위치에 설치해야 한다. • 바닥면적이 2.5m^2 이하일 것. 다만, 주유 및 급유공지 외 장소에 설치하는 경우에는 그렇지 않다.

(2) 간이정비작업장 등의 설치기준

구 분		도로경계선	부지경계선	고정식주유설비
자동차 등의 점검·정비를 행하는 설비		4m 이상	2m 이상	
자동차 등 세정을 행하는 설비	증기세차기를 설치한 경우	출입구가 고정식주유설비에 면하지 않도록 할 것		• 불연재료의 높이 1m 이상의 담을 설치 • 담은 고정식주유설비 4m 이상
	증기세차기 외의 세차기 경우	4m 이상	2m 이상	

8 옥내주유취급소

(1) 건축물 안에 설치하는 주유취급소

(2) 캐노피·처마·차양·부연·발코니 및 루버의 수평투영면적이 주유취급소의 공지면적(주유취급소의 부지면적에서 건축물 중 벽 및 바닥으로 구획된 부분의 수평투영면적을 뺀 면적을 말한다)의 3분의 1을 초과하는 주유취급소

9 주유취급소의 담 또는 벽 16년 소방위 17년 소방장

(1) 주유취급소의 주위에는 자동차 등이 출입하는 쪽 외의 부분에 높이 2m 이상의 내화구조 또는 불연재료의 담 또는 벽을 설치할 것

(2) 담 또는 벽의 일부분에 방화상 유효한 구조의 유리를 부착할 수 있는 기준

① 유리를 부착하는 위치는 주입구, 고정주유설비 및 고정급유설비로부터 4m 이상 거리를 둘 것

② 유리를 부착하는 방법은 다음의 기준에 모두 적합할 것

㉠ 주유취급소 내의 지반면으로부터 70cm를 초과하는 부분에 한하여 유리를 부착할 것

㉡ 하나의 유리판의 가로의 길이는 2m 이내일 것

㉢ 유리판의 테두리를 금속제의 구조물에 견고하게 고정하고 해당 구조물을 담 또는 벽에 견고하게 부착할 것

㉣ 유리의 구조는 접합유리(두 장의 유리를 두께 0.76mm 이상의 폴리바이닐부티랄 필름으로 접합한 구조를 말한다)로 하되, 「유리구획 부분의 내화시험방법(KS F 2845)」에 따라 시험하여 비차열 30분 이상의 방화성능이 인정될 것

③ 유리를 부착하는 범위는 전체의 담 또는 벽의 길이의 10분의 2를 초과하지 아니할 것

10 캐노피의 설치기준

(1) 배관이 캐노피 내부를 통과할 경우에는 1개 이상의 점검구를 설치할 것

(2) 캐노피 외부의 점검이 곤란한 장소에 배관을 설치하는 경우에는 용접이음으로 할 것

(3) 캐노피 외부의 배관이 일광열의 영향을 받을 우려가 있는 경우에는 단열재로 피복할 것

11 펌프실 등의 구조

(1) 바닥은 위험물이 침투하지 아니하는 구조로 하고 적당한 경사를 두어 집유설비를 설치할 것

(2) 펌프실 등에는 위험물을 취급하는 데 필요한 채광・조명 및 환기의 설비를 할 것

(3) 가연성증기가 체류할 우려가 있는 펌프실 등에는 그 증기를 옥외에 배출하는 설비를 설치할 것

(4) 고정주유설비 또는 고정급유설비 중 펌프기기를 호스기기와 분리하여 설치하는 경우에는 펌프실의 출입구를 주유공지 또는 급유공지에 접하도록 하고, 자동폐쇄식의 60분+방화문 또는 60분방화문을 설치할 것

(5) **펌프실 등의 표지 및 게시판**

① "위험물 펌프실", "위험물 취급실"이라는 표지를 설치

㉠ 표지의 크기 : 한 변의 길이 0.3m 이상, 다른 한 변의 길이 0.6m 이상

㉡ 표지의 색상 : 백색바탕에 흑색문자

② 방화에 관하여 필요한 사항을 게시한 게시판 : 제조소와 동일함

(6) 출입구에는 바닥으로부터 0.1m 이상의 턱을 설치할 것

12 고속국도 주유취급소의 특례

고속국도의 도로변에 설치된 주유취급소의 탱크의 용량 : 60,000리터 이하

13 고객이 직접 주유하는 주유취급소의 특례

(1) 셀프용 고정주유설비의 기준은 다음의 각 목과 같다.

① 주유호스의 끝부분에 수동개폐장치를 부착한 주유노즐을 설치할 것. 다만, 수동개폐장치를 개방한 상태로 고정시키는 장치가 부착된 경우에는 다음의 기준에 적합할 것

㉠ 주유작업을 개시함에 있어서 주유노즐의 수동개폐장치가 개방상태에 있는 때에는 해당 수동개폐장치를 일단 폐쇄시켜야만 다시 주유를 개시할 수 있는 구조로 할 것

㉡ 주유노즐이 자동차 등의 주유구로부터 이탈된 경우 주유를 자동적으로 정지시키는 구조일 것

② 주유노즐은 자동차 등의 연료탱크가 가득 찬 경우 자동적으로 정지시키는 구조일 것

③ 주유호스는 200킬로그램 중 이하의 하중에 의하여 깨져 분리되거나 이탈되어야 하고, 깨져 분리되거나 이탈된 부분으로부터의 위험물 누출을 방지할 수 있는 구조일 것

④ 휘발유와 경유 상호 간의 오인에 의한 주유를 방지할 수 있는 구조일 것

⑤ 1회의 연속주유량 및 주유시간의 상한을 미리 설정할 수 있는 구조일 것. 이 경우 주유량 및 주유시간은 다음과 같다.

㉠ 휘발유는 100리터 이하, 4분 이하로 할 것

㉡ 경유는 600리터 이하, 12분 이하로 할 것

(2) 셀프용 고정급유설비의 기준은 다음 각 목과 같다.

① 급유호스의 끝부분에 수동개폐장치를 부착한 급유노즐을 설치할 것

② 급유노즐은 용기가 가득찬 경우에 자동적으로 정지시키는 구조일 것

③ 1회의 연속급유량 및 급유시간의 상한을 미리 설정할 수 있는 구조일 것. 이 경우 급유량의 상한은 100리터 이하, 급유시간의 상한은 6분 이하로 한다.

(3) 셀프용 고정주유설비 또는 셀프용 고정급유설비의 주위에는 다음 각 목에 의하여 표시를 해야 한다.

① 셀프용 고정주유설비 또는 셀프용 고정급유설비의 주위의 보기 쉬운 곳에 고객이 직접 주유할 수 있다는 의미의 표시를 하고 자동차의 정차위치 또는 용기를 놓는 위치를 표시할 것

② 주유호스 등의 직근에 호스기기 등의 사용방법 및 위험물의 품목을 표시할 것

③ 셀프용 고정주유설비 또는 셀프용 고정급유설비와 셀프용이 아닌 고정주유설비 또는 고정급유설비를 함께 설치하는 경우에는 셀프용이 아닌 것의 주위에 고객이 직접 사용할 수 없다는 의미의 표시를 할 것

(4) 고객에 의한 주유작업을 감시・제어하고 고객에 대한 필요한 지시를 하기 위한 감시대와 필요한 설비를 다음 각 목의 기준에 의하여 설치해야 한다.

① 감시대는 모든 셀프용 고정주유설비 또는 셀프용 고정급유설비에서의 고객의 취급작업을 직접 볼 수 있는 위치에 설치할 것

② 주유 중인 자동차 등에 의하여 고객의 취급작업을 직접 볼 수 없는 부분이 있는 경우에는 해당 부분의 감시를 위한 카메라를 설치할 것

③ 감시대에는 모든 셀프용 고정주유설비 또는 셀프용 고정급유설비로의 위험물 공급을 정지시킬 수 있는 제어장치를 설치할 것

④ 감시대에는 고객에게 필요한 지시를 할 수 있는 방송설비를 설치할 것

14 자가용 주유취급소의 특례 17년 소방위

주유취급소의 관계인이 소유・관리 또는 점유한 자동차 등에 대하여만 주유하기 위하여 설치하는 자가용 주유취급소에 대하여는 주유공지 및 급유공지의 규정을 적용하지 아니한다.

15 제조소등의 설비별 배출량・주유량 및 주유시간

구 분		고정주유설비	고정급유설비
주유취급소 펌프기기의 배출량	제1석유류	50L/분 이하	–
	등 유	80L/분 이하	–
	경 유	180L/분 이하	–
	이동탱크저장소에 주입하는 고정급유설비	–	300L/분 이하 (200L/분 이상, 배관 안지름 40mm 이상)
셀프주유 취급소 펌프기기	1회의 연속주유량 상한 및 주유시간 상한	휘발유 100L 이하, 4분 이하 경유 600L 이하, 12분 이하	–
	1회의 연속급유량 상한 및 급유시간 상한	–	100L 이하, 6분 이하
이동탱크저장소 주입설비 배출량		200L/분 이하	
옥외탱크저장소 물분무 설비 방수량		탱크 원주길이 1m에 대하여 37L/분 이상	

제2절 판매취급소 위치・구조・설비기준(시행규칙 별표 14) 18년 소방장 19년 소방위

구 분	제1종 판매취급소	제2종 판매취급소
분류기준	저장・취급수량이 지정수량 20배 이하	저장・취급수량이 지정수량 20배 초과 40배 이하
설치 위치	건축물의 1층	
표지・게시판	제조소의 기준에 따라 명칭, 방화에 필요한 사항, 금연구역임을 알리는 표지를 제조소의 기준을 준용하여 설치해야 한다.	

<table>
<tr><td rowspan="9">건축물구조</td><td>벽, 기둥</td><td colspan="2">불연재료 또는 내화구조</td><td colspan="2">내화구조</td></tr>
<tr><td>바 닥</td><td colspan="2">내화구조</td><td colspan="2">내화구조</td></tr>
<tr><td>격 벽</td><td colspan="2">내화구조</td><td colspan="2">내화구조</td></tr>
<tr><td>보</td><td colspan="2">불연재료</td><td colspan="2">내화구조</td></tr>
<tr><td rowspan="2">지 붕</td><td>상층이 있는 경우</td><td>상층이 없는 경우</td><td>상층이 있는 경우</td><td>상층이 없는 경우</td></tr>
<tr><td>상층의 바닥을 내화구조</td><td>불연재료 또는 내화구조</td><td>상층의 바닥을 내화구조</td><td>내화구조</td></tr>
<tr><td>천 장</td><td colspan="2">불연재료</td><td colspan="2">불연재료</td></tr>
<tr><td>창</td><td colspan="2" rowspan="2">• 창 및 출입구에는 60분+방화문 · 60분방화문 또는 30분방화문을 설치할 것
• 창 및 출입구에는 유리를 이용하는 경우에는 망입유리로 할 것</td><td colspan="2">• 연소의 우려가 없는 부분에 한하여 창을 설치할 것
• 해당 창에는 60분+방화문 · 60분방화문 또는 30분방화문을 설치할 것</td></tr>
<tr><td>출입구</td><td colspan="2">• 출입구에는 60분+방화문 · 60분방화문 또는 30분방화문을 설치할 것
• 다만, 해당 부분 중 연소의 우려가 있는 벽에 설치하는 출입구에는 수시로 열 수 있는 자동폐쇄식의 60분+방화문 또는 60분방화문을 설치할 것</td></tr>
<tr><td>배합실 기준</td><td colspan="5">• 바닥면적은 6m² 이상 15m² 이하로 할 것
• 내화구조 또는 불연재료로 된 벽으로 구획할 것
• 바닥은 위험물이 침투하지 아니하는 구조로 하여 적당한 경사를 두고 집유설비를 할 것
• 출입구에는 수시로 열 수 있는 자동폐쇄식의 60분+방화문 또는 60분방화문을 설치할 것
• 출입구 문턱의 높이는 바닥면으로부터 0.1m 이상으로 할 것
• 내부에 체류한 가연성의 증기 또는 가연성의 미분을 지붕 위로 방출하는 설비를 할 것</td></tr>
<tr><td>취급기준</td><td colspan="5">• 판매취급소에서는 도료류, 제1류 위험물 중 염소산염류 및 염소산염류만을 함유한 것, 황 또는 인화점이 38℃ 이상인 제4류 위험물을 배합실에서 배합하는 경우 외에는 위험물을 배합하거나 옮겨 담는 작업을 하지 아니할 것
• 위험물은 위험물의 운반에 관한 기준에 따른 운반용기에 수납한 채로 판매할 것
• 판매취급소에서 위험물을 판매할 때에는 위험물이 넘치거나 비산하는 계량기(액용되를 포함한다)를 사용하지 아니할 것</td></tr>
</table>

제3절 이송취급소 위치 · 구조 및 설비기준(시행규칙 별표 15) 15년 소방위 24년 소방장

1 설치장소 24년 소방장

구분	설치장소
설치할 수 없는 장소	• 철도 및 도로의 터널 안 • 고속국도 및 자동차전용도로의 차도 · 갓길 및 중앙분리대 • 호수 · 저수지 등으로서 수리의 수원이 되는 곳 • 급경사지역으로서 붕괴의 위험이 있는 지역
설치할 수 있는 장소	• 설치할 수 없는 장소 이외의 장소 • 설치할 수 없는 장소라도 지형상황 등 부득이한 사유가 있고 안전에 필요한 조치를 하는 경우 • 고속국도 및 자동차전용도로에 횡단하여 설치하는 경우 • 호수 · 저수지 등으로서 수리의 수원이 되는 곳에 횡단하여 설치하는 경우

2 배관설치의 기준

(1) 지하매설

① 다음의 안전거리를 둘 것

안전거리 확보 대상	안전거리
건축물	1.5m 이상
지하가 및 터널(누설확산방지조치를 한 경우 1/2)	10m 이상
수도시설(누설확산방지조치를 한 경우 1/2)	300m 이상

② 배관은 그 외면으로부터 다른 공작물에 대하여 0.3m 이상의 거리를 보유할 것. 다만, 공작물의 보전을 위하여 필요한 조치를 하는 경우 예외

③ 배관의 외면과 지표면과의 거리는 산이나 들에 있어서는 0.9m 이상, 그 밖의 지역에 있어서는 1.2m 이상으로 할 것. 다만, 방호구조물 안에 설치한 경우 예외

④ 배관의 하부에는 사질토 또는 모래로 20cm(자동차 등의 하중이 없는 경우에는 10cm)이상, 배관의 상부에는 사질토 또는 모래로 30cm(자동차 등의 하중에 없는 경우에는 20cm) 이상 채울 것

(2) 지상설치

① 배관(이송기지의 구내에 설치되어진 것을 제외)은 다음의 기준에 의한 안전거리를 둘 것

안전거리 확보 대상	안전거리
철도 또는 도로의 경계선	25m 이상
주택 또는 철도 또는 도로의 경계선, 수도시설과 유사한 시설 중 다수의 사람이 출입하거나 근무하는 곳	
고압가스, 액화석유가스, 도시가스를 저장 또는 취급하는 시설	35m 이상

학교·병원급 의료기관	45m 이상
공연장·영화상영관 및 유사시설로 300명 이상 수용 가능한 시설	
아동복지시설, 노인복지시설, 장애인복지시설, 한부모가족복지시설, 어린이집, 성매매피해자 등을 위한 지원시설, 정신건강증진시설, 그 밖에 이와 유사한 시설로서 20명 이상의 인원을 수용할 수 있는 것	
국토계획법의 공공공지, 도시공원법의 도시공원	
판매시설, 숙박시설, 위락시설 등 불특정 다수인을 수용하는 시설 중 연면적 1,000m^2 이상인 것	
1일 평균 20,000명 이상 이용하는 기차역, 버스터미널	
지정문화유산 및 천연기념물 등	65m 이상
수도시설 중 위험물이 유입될 가능성이 있는 것	300m 이상

암기 TIP

제조소의 안전거리 기준 + 15

② 배관(이송기지의 구내에 설치된 것을 제외)의 양측면으로부터 해당 배관의 최대상용압력에 따라 다음 표에 의한 너비의 공지를 보유할 것

배관의 최대상용압력	공지의 너비
0.3MPa 미만	5m 이상
0.3MPa 이상 1MPa 미만	9m 이상
1MPa 이상	15m 이상

③ 철근콘크리트조 또는 이와 동등 이상의 내화성이 있는 지지물에 의하여 지지되도록 할 것

④ 자동차·선박 등의 충돌에 의하여 배관 또는 그 지지물이 손상을 받을 우려가 있는 경우에는 견고하고 내구성이 있는 보호설비를 설치할 것. 이 경우 보호설비는 소방청장이 정하여 고시하는 계산방법에 따른 충격강도로부터 손상을 받을 우려가 없어야 한다.

3 기타 설비 등

(1) 긴급차단밸브 설치기준 15년 소방장

① 배관에는 다음의 기준에 의하여 긴급차단밸브를 설치할 것

밸브 설치장소	설치 위치
시가지에 설치하는 경우	약 4km의 간격
산림지역에 설치하는 경우	약 10km의 간격
해상 또는 해저를 통과하여 설치하는 경우	통과하는 부분의 양 끝
하천·호소 등을 횡단하여 설치하는 경우	횡단하는 부분의 양 끝
도로 또는 철도를 횡단하여 설치하는 경우	횡단하는 부분의 양 끝

② 긴급차단밸브는 다음의 기능이 있을 것
  ㉠ 원격조작 및 현지조작에 의하여 폐쇄되는 기능
  ㉡ 누설검지장치에 의하여 이상이 검지된 경우에 자동으로 폐쇄되는 기능
③ 긴급차단밸브는 그 개폐상태가 해당 긴급차단밸브의 설치장소에서 용이하게 확인될 수 있을 것
④ 긴급차단밸브를 지하에 설치하는 경우에는 긴급차단밸브를 점검상자 안에 유지할 것
⑤ 해당 긴급차단밸브의 관리에 관계하지 않는 자가 수동으로 개폐할 수 없도록 할 것

(2) 경보설비

① 이송기지에는 비상벨장치 및 확성장치를 설치할 것
② 가연성증기가 발생하는 위험물을 취급하는 펌프실 등에는 가연성증기 경보설비를 설치할 것

(3) 순찰차의 배치 및 기자재 창고 설치기준

구 분	설치기준
순찰차	• 배관계의 안전관리상 필요한 장소에 둘 것 • 평면도・종횡단면도 그 밖에 배관 등의 설치상황을 표시한 도면, 가스탐지기, 통신장비, 휴대용조명기구, 응급누설방지기구, 확성기, 방화복(또는 방열복), 소화기, 경계로프, 삽, 곡괭이 등 점검・정비에 필요한 기자재를 비치할 것
기자재 창고	• 이송기지, 배관경로(5km 이하인 것을 제외한다)의 5km 이내마다 방재상 유효한 장소 및 주요한 하천・호소・해상・해저를 횡단하는 장소의 근처에 각각 설치할 것. 다만, 특정이송취급소 외의 이송취급소에 있어서 배관경로에는 설치하지 아니할 수 있다. • 기자재창고에는 다음의 기자재를 비치할 것 – 3%로 희석하여 사용하는 포소화약제 400L 이상, 방화복(또는 방열복) 5벌 이상, 삽 및 곡괭이 각 5개 이상 – 유출한 위험물을 처리하기 위한 기자재 및 응급조치를 위한 기자재

제4절 일반취급소 위치 · 구조 및 설비기준(시행규칙 별표 16)

1 일반취급소 특례기준 정리

일반취급소 특례	용도(건축물에 설치한 것에 한함)	취급 위험물	지정수량 배수
분무도장작업 등의 일반취급소	도장, 인쇄, 도포	제2류, 제4류(특수인화물류 제외)	30배 미만
세정작업의 일반취급소	세 정	40℃ 이상의 제4류	30배 미만
열처리작업 등의 일반취급소	열처리작업 또는 방전가공	70℃ 이상의 제4류	30배 미만
보일러 등으로 위험물을 소비하는 일반취급소	보일러, 버너 등으로 소비	38℃ 이상의 제4류	30배 미만
충전하는 일반취급소	이동저장탱크에 액체위험물을 주입(액체위험물을 용기에 옮겨 담는 취급소 포함)	액체위험물 (알킬알루미늄등, 아세트알데하이드등, 하이드록실아민등 제외)	제한 없음
옮겨 담는 일반취급소	고정급유설비로 위험물을 용기에 옮겨 담거나 4,000L 이하의 이동탱크에 주입	38℃ 이상의 제4류	40배 미만
유압장치 등을 설치하는 일반취급소	위험물을 이용한 유압장치 또는 윤활유 순환	고인화점 위험물만을 100℃ 미만의 온도로 취급하는 것에 한함	50배 미만
절삭장치 등을 설치하는 일반취급소	절삭유 위험물을 이용한 절삭, 연삭 등	고인화점 위험물만을 100℃ 미만의 온도로 취급하는 것에 한함	30배 미만
열매체유 순환장치를 설치하는 일반취급소	위험물 외의 물건을 가열	고인화점 위험물에 한함	30배 미만
화학실험의 일반취급소	화학실험을 위하여 위험물 취급		30배 미만
반도체 제조공정의 일반취급소	반도체 소자나 집적 회로 등을 제조하기 위하여 위험물을 취급		
이차전지 제조공정의 일반취급소	방전 후에도 충전하여 재사용이 가능한 전지(電池)를 제조하기 위하여 위험물을 취급		
고인화점 위험물만을 취급하는 일반취급소	인화점이 100℃ 이상인 제4류 위험물만을 100℃ 미만의 온도로 취급하는 일반취급소		
위험물의 성질에 따른 일반취급소	• 알킬알루미늄등을 취급하는 일반취급소 • 아세트알데하이드등을 취급하는 일반취급소 • 하이드록실아민등을 취급하는 일반취급소		

암기 TIP

분세열이 유절열에게 보충 옮은 화학실험, 반도체, 이차전지 제조공정의 일반취급소에서 이루어진다.

제11장 소화설비, 경보설비 및 피난설비의 기준시설규칙(별표 17)

15년, 19년, 20년, 22년 소방위 18년, 19년, 20년, 23년, 24년 소방장

제1절 소화설비, 경보설비 및 피난설비의 기준

1 소화설비

(1) 소화난이도등급 18년 소방장 24년 소방위

<table>
<tr><th>제조소등 구분</th><th>소화난이도 I등급</th><th>소화난이도 II등급</th><th>소화난이도 III등급</th></tr>
<tr><td>제조소
일반취급소</td><td>① 연면적 1,000m² 이상
② 지정수량 100배 이상
③ 처마의 높이가 6m 이상
④ 일반취급소로 사용되는 부분 이외의 부분을 가진 건축물에 설치된 것</td><td>① 연면적 600m² 이상
② 지정수량 10배 이상 100배 미만
③ 분, 세, 열, 보, 유, 절, 열·화의 일반취급소로서 I등급에 해당하지 않은 것</td><td rowspan="2">① 염소산염류·과염소산염류·질산염류·황·철분·금속분·마그네슘·질산에스터류·나이트로화합물 중 화약류에 해당하는 위험물을 저장하는 것
② 화약류의 위험물 외의 것을 취급하는 것으로 소화난이도 I, II등급 이외의 것</td></tr>
<tr><td>옥내저장소</td><td>① 연면적 150m² 초과
② 지정수량 150배 이상
③ 처마의 높이가 6m 이상인 단층건물
④ 옥내저장소로 사용되는 부분 이외의 부분을 가진 건축물에 설치된 것</td><td>① 단층건물 이외의 것
② 다층 및 소규모 옥내저장소
③ 지정수량 10배 이상 150배 미만
④ 연면적 150m² 초과인 것
⑤ 복합용도 옥내저장소로서 소화난이도 I등급 외의 제조소등인 것</td></tr>
<tr><td>옥외저장소</td><td>① 100m² 이상(덩어리의 황을 저장하는 경계표시 내부면적)
② 인화점이 21도 미만인 인화성고체, 제1석유류, 알코올류를 저장하는 것으로 지정수량 100배 이상</td><td>① 경계표시 내부면적 5~100m² (황)
② 인화점이 21도 미만인 인화성고체, 제1석유류, 알코올류를 저장하는 것으로 지정수량 10배 이상 ~ 100배 미만
③ 지정수량 100배 이상(나머지)</td><td>① 황을 저장하는 경계표시 내부면적 5m² 미만
② 옥내주유취급소 외의 것으로서 소화난이도 I, II등급 이외의 것</td></tr>
<tr><td>옥외탱크
저장소</td><td>① 지중탱크, 해상탱크로서 지정수량 100배 이상
② 고체위험물을 저장하는 것으로 지정수량 100배 이상
③ 탱크상단까지 높이 6m 이상
④ 액표면적 40m² 이상</td><td rowspan="2">소화난이도 I등급 외의 제조소(고인화점위험물을 100℃ 미만으로 저장하는 것 및 6류 위험물만 저장하는 것은 제외)</td><td rowspan="2">–</td></tr>
<tr><td>옥내탱크
저장소</td><td>① 탱크상단까지 높이 6m 이상
② 액표면적 40m² 이상
③ 탱크전용실이 단층건물 외의 건축물에 있는 것으로서 인화점이 38℃ 이상 70℃ 미만을 지정수량 5배 이상 저장하는 것</td></tr>
</table>

암반탱크 저장소	① 액표면적 40m² 이상 ② 고체위험물을 저장하는 것으로 지정수량 100배 이상	–	–
이송취급소	모든 대상	–	–
주유취급소	주유취급소의 업무를 행하기 위한 사무소, 자동차 등의 점검 및 간이정비를 위한 작업장 및 주유취급소에 출입하는 사람을 대상으로 한 점포·휴게음식점 또는 전시장의 면적의 합이 500m²를 초과하는 것	옥내주유취급소로서 소화난이도 Ⅰ등급의 제조소등에 해당하지 아니하는 것	옥내주유취급소 외의 것으로서 소화난이도 Ⅰ등급의 제조소등에 해당하지 아니하는 것
판매취급소	–	제2종 판매취급소	제1종 판매취급소
지하, 이동, 간이	–	–	모든 대상

- 소화난이도 Ⅰ등급 중 지정수량 100배 이상 : 제조소, 일반취급소, 옥외저장소, 옥외탱크저장소, 암반탱크저장소(옥내저장소 – 지정수량 150배 이상)
- 높이 6m 이상 : 제조소, 옥내저장소, 옥내탱크저장소, 옥외탱크저장소
- 알킬알루미늄을 저장, 취급하는 이동탱크저장소는 자동차용 소화기를 설치하는 것 외에 마른 모래나 팽창질석 또는 팽창진주암을 추가로 설치한다.

(2) 소화난이도 Ⅰ등급의 제조소등에 설치하는 소화설비

제조소등의 구분		소화설비
제조소, 일반취급소, 옥외저장소, 이송취급소		옥내소화전설비, 옥외소화전설비, 스프링클러설비 또는 물분무등소화설비(이동식 이외)
옥내 저장소	처마높이가 6m 이상인 단층 또는 복합용도의 옥내저장소	스프링클러설비 또는 물분무등소화설비(이동식 이외)
	그 밖의 것	옥외소화전설비, 스프링클러설비, 이동식 외의 물분무등소화설비 또는 이동식 포소화설비
옥외탱크 저장소, 암반탱크 저장소	황만을 저장 취급하는 것	물분무소화설비
	인화점 70℃ 이상의 제4류 위험물만을 저장 취급하는 것	고정식 포소화설비, 물분무소화설비
	그 밖의 것	고정식 포소화설비(적응성 없는 경우 분말소화설비)
옥내탱크 저장소	황만을 저장 취급하는 것	물분무소화설비
	인화점 70℃ 이상의 제4류 위험물	고정식 포소화설비, 물분무소화설비, 이동식 이외의 불활성가스소화설비, 분말소화설비, 할로젠화합물소화설비
	그 밖의 것	고정식 포소화설비, 이동식 이외의 불활성가스소화설비, 분말소화설비, 할로젠화합물소화설비
옥외탱크 저장소	지중탱크	고정식 포소화설비, 이동식 이외의 불활성가스소화설비, 할로젠화합물소화설비
	해상탱크	고정식 포소화설비, 물분무소화설비, 이동식 이외의 불활성가스소화설비, 할로젠화합물소화설비
주유취급소		스프링클러설비(건축물에 한정), 소형수동식소화기 등

(3) 소화난이도 II등급의 제조소등에 설치하는 소화설비 23년 소방장

제조소등의 구분	소화설비
제조소 옥내저장소 옥외저장소 주유취급소 판매취급소 일반취급소	방사능력범위 내에 해당 건축물, 그 밖의 공작물 및 위험물이 포함되도록 대형수동식소화기를 설치하고, 해당 위험물의 소요단위의 1/5 이상에 해당되는 능력단위의 소형수동식소화기 등을 설치할 것
옥외탱크저장소 옥내탱크저장소	대형수동식소화기 및 소형수동식소화기 등을 각각 1개 이상 설치할 것

(4) 소화난이도 III등급의 제조소등에 설치하는 소화설비

제조소등의 구분	소화설비	설치기준	
지하탱크저장소	소형수동식소화기 등	능력단위의 수치가 3 이상	2개 이상
이동탱크저장소	자동차용 소화기	무상의 강화액 8L 이상	2개 이상
		이산화탄소 3.2kg 이상	
		브로모클로로디플루오로메탄(CF_2ClBr) 2L 이상	
		브로모트라이플루오로메탄(CF_3Br) 2L 이상	
		디브로모테트라플루오로에탄($C_2F_4Br_2$) 1L 이상	
		소화분말 3.3kg 이상	
	마른 모래 및 팽창질석 또는 팽창진주암	마른 모래 150L 이상(1.5단위)	
		팽창질석 또는 팽창진주암 640L 이상(4단위)	
그 밖의 제조소등	소형수동식소화기 등	능력단위의 수치가 건축물 그 밖의 공작물 및 위험물의 소요단위의 수치에 이르도록 설치할 것. 다만, 옥내소화전설비, 옥외소화전설비, 스프링클러설비, 물분무등소화설비 또는 대형수동식소화기를 설치한 경우에는 해당 소화설비의 방사능력범위 내의 부분에 대하여는 수동식소화기 등을 그 능력단위의 수치가 해당 소요단위의 수치의 1/5 이상이 되도록 하는 것으로 족하다.	

(5) 소화설비의 적응성 23년 소방장

소화설비의 구분			건축물·그 밖의 공작물	제1류 그 밖의 것	제6류 위험물	제2류 그 밖의 것	전기설비	제4류 위험물	제1류 알칼리금속과산화물 등	제2류 철분·금속분·마그네슘 등	제3류 금수성물품	제2류 인화성고체	제3류 그 밖의 것	제5류 위험물
옥내소화전설비 또는 옥외소화전설비			○	○	○	○						○	○	○
스프링클러설비			○	○	○	○		△				○	○	○
물분무 등 소화설비	물분무소화설비		○	○	○	○	○	○				○	○	○
물분무 등 소화설비	포소화설비		○	○	○	○		○				○	○	○
물분무 등 소화설비	불활성가스소화설비						○	○				○		
물분무 등 소화설비	할로젠화합물소화설비						○	○				○		
물분무 등 소화설비	분말소화설비	인산염류 등	○	○	○	○	○	○				○		
물분무 등 소화설비	분말소화설비	탄산수소염류 등					○	○	○	○	○	○		
물분무 등 소화설비	분말소화설비	그 밖의 것							○	○	○			
대형·소형 수동식 소화기	봉상수(棒狀水)소화기		○	○	○	○						○	○	○
대형·소형 수동식 소화기	무상수(霧狀水)소화기		○	○	○	○	○					○	○	○
대형·소형 수동식 소화기	봉상강화액소화기		○	○	○	○						○	○	○
대형·소형 수동식 소화기	무상강화액소화기		○	○	○	○	○	○				○	○	○
대형·소형 수동식 소화기	포소화기		○	○	○	○		○				○	○	○
대형·소형 수동식 소화기	이산화탄소소화기				△		○	○				○		
대형·소형 수동식 소화기	할로젠화합물소화기						○	○				○		
대형·소형 수동식 소화기	분말소화기	인산염류소화기	○	○	○	○	○	○				○		
대형·소형 수동식 소화기	분말소화기	탄산수소염류소화기					○	○	○	○	○	○		
대형·소형 수동식 소화기	분말소화기	그 밖의 것							○	○	○			
기 타	물통 또는 수조		○	○	○	○						○	○	○
기 타	건조사			○	○	○		○	○	○	○	○	○	○
기 타	팽창질석 또는 팽창진주암			○	○	○		○	○	○	○	○	○	○

(6) 소화설비 설치기준

① 제조소등에 설치된 전기설비(배선, 조명기구 제외) : 면적 $100m^2$당 소형수동식소화기를 1개 이상 설치

② 소요단위 및 능력단위

㉠ 소요단위 : 소화설비 설치 대상이 되는 건축물 그 밖의 공작물의 규모 또는 위험물 양의 기준단위

㉡ 능력단위 : ㉠ 소요단위에 대응하는 소화설비의 소화능력의 기준 단위

③ 소요단위의 계산방법 **20년, 22년, 24년 소방장** **19년, 20년 소방위**

구 분	제조소등	건축물의 구조	소요단위
건축물의 규모기준	제조소 또는 취급소의 건축물	외벽이 내화구조 (제조소등의 용도로 사용되는 부분 외의 부분이 있는 건축물은 제조소등에 사용되는 부분의 바닥면적의 합계를 말함)	$100m^2$
		외벽이 내화구조가 아닌 것	$50m^2$
	저장소의 건축물	외벽이 내화구조	$150m^2$
		외벽이 내화구조가 아닌 것	$75m^2$
	옥외에 설치된 공작물	내화구조로 간주 (공작물의 최대수평투영면적을 연면적으로 간주)	제조소·일반취급소 : $100m^2$ 저장소 : $150m^2$
위험물 기준	지정수량 10배마다 1단위		

④ 소화설비의 능력단위 **22년 소방위**

㉠ 수동식소화기의 능력단위는 수동식소화기의 형식승인 및 검정기술기준에 의하여 형식승인 받은 수치로 할 것

㉡ 기타 소화설비의 능력단위는 다음의 표에 의할 것

소화설비	용 량	능력단위
소화전용(轉用)물통	8L	0.3
수조(소화전용물통 3개 포함)	80L	1.5
수조(소화전용물통 6개 포함)	190L	2.5
마른 모래(삽 1개 포함)	50L	0.5
팽창질석 또는 팽창진주암(삽 1개 포함)	160L	1.0

⑤ 옥내소화전 설치기준 15년 소방위

내 용	제조소등 설치기준	특정 소방대상물 설치기준
설치 위치, 설치개수	• 수평거리 25m 이하 • 각 층의 출입구 부근에 1개 이상 설치	수평거리 25m 이하
수원량	• Q = N(가장 많이 설치된 층의 설치개수 : 최대 5개) × 7.8m^3 • 최대 = 260L/min × 30분 × 5 = 39m^3	• Q = N(가장 많이 설치된 층의 설치개수 : 최대 2개) × 2.6m^3 • 최대 = 130L/min × 20분 × 5 = 13m^3
방수압력	350kPa 이상	0.17MPa 이상
방수량	260L/min	130L/min
비상전원	• 용량 : 45분 이상 • 자가발전설비 또는 축전지설비	• 용량 : 20분 이상 • 설치대상 – 지하층을 제외한 7층 이상으로서 연면적 2,000m^2 이상 – 지하층의 바닥면적의 합계가 3,000m^2 이상

※ 옥내소화설비 세부기준은 위험물 안전관리에 관한 세부기준 제129조 참조

⑥ 옥외소화전 설치기준 정리 19년 소방장 22년 소방위

내 용	제조소등 설치기준	특정 소방대상물 설치기준
설치 위치, 설치개수	• 수평거리 40m 이하마다 설치 • 설치개수가 1개인 경우 2개 설치	수평거리 40m 이하
수원량	• Q = N(설치개수 : 최대 4개) × 13.5m^3 • 최대 = 450L/min × 30분 × 4 = 54m^3	• Q = N(설치개수 : 최대 2개) × 7m^3 • 최대 = 350L/min × 20분 × 2 = 14m^3
방수압력	350kPa 이상	0.25MPa 이상
방수량	450L/min	350L/min
비상전원	용량 : 45분 이상	용량 : 20분 이상

⑦ 스프링클러설비 설치기준

내 용	제조소등 설치기준	특정 소방대상물 설치기준
설치 위치, 설치개수	• 천장 또는 건축물의 최상부 부근 • 수평거리 1.7m 이하 (살수밀도 기준 충족 : 2.6m 이하)	• 무대부, 특수가연물 : 1.7m 이하 • 랙크식창고 : 2.5m 이하 • 공동주택 : 3.2m 이하 • 이외 : 2.1m 이하(내화구조 : 2.3m 이하)
수원량	• 폐쇄형 Q = 30(30개 미만 : 설치개수) × 2.4m^3 • 최대 = 80L/min × 30분 × 30 = 72m^3	• Q = N(설치개수 : 최대30개) × 1.6m^3 • 최대 = 80L/min × 20분 × 30 = 48m^3
방수압력	100kPa 이상	0.1MPa 이상
방수량	80L/min	80L/min
비상전원	용량 : 45분 이상	용량 : 20분 이상

※ 스프링클러설비 세부기준은 위험물 안전관리에 관한 세부기준 제131조 참조

⑧ 물분무소화설비 설치기준

설치헤드의 개수・배치	• 방호대상물의 모든 표면을 유효하게 소화할 수 있도록 설치할 것 • 방호대상물의 표면적 $1m^2$에 1분당 20L의 비율 비율로 계산한 수량을 표준방사량으로 방사할 수 있도록 설치할 것
방사구역	$150m^2$ 이상(방호대상물의 표면적이 $150m^2$ 미만의 경우 해당 표면적)
수원량	헤드개수가 가장 많은 구역에 동시 사용할 경우 해당 방사구역의 표면적 $1m^2$당 20L/min 이상으로 30분 이상 방사가능한 양으로 설치할 것
방수압력 방수량	350kPa 이상으로 표준방사량을 방사할 수 있는 성능이 되도록 할 것
비상전원	비상전원설치(용량은 45분 이상)

※ 물분무소화설비 세부기준은 위험물 안전관리에 관한 세부기준 제132조 참조

⑨ 포소화설비의 설치기준

고정식포 방출구 등	방호대상물의 형상, 구조, 성질, 수량 및 취급방법에 따라 표준방사량으로 화재를 유효하게 소화에 필요한 개수를 적당한 위치에 설치
이동포소화전	• 옥내포소화전 : 수평거리 25m 이하 • 옥외포소화전 : 수평거리 40m 이하 • 설치 위치 : 화재발생 시 연기가 충만될 우려가 없는 장소 등 화재초기에 접근이 용이하고, 재해의 피해를 받을 우려가 없는 장소
수원의 수량 포소화약제량	• 방호대상물의 유효하게 소화할 수 있는 양 이상의 양으로 할 것 • 옥외공작물 및 옥외에 저장・취급 위험물을 방호하는 것
비상전원	용량 45분 이상

※ 포소화설비 세부기준은 위험물 안전관리에 관한 세부기준 제133조 참조

⑩ 불활성가스소화설비의 설치기준

해드의 개수・배치	• 전역방출방식 : 표준방사량으로 화재를 유효하게 소화에 필요한 개수를 적당한 위치에 설치 • 국소방출방식 : 방호대상물의 형상, 구조, 성질, 수량 및 취급방법에 따라 표준방사량으로 화재를 유효하게 소화에 필요한 개수를 적당한 위치에 설치
이동식의 호스접속구	• 수평거리 : 15m 이내 • 화재발생 시 연기가 충만될 우려가 없는 장소 등 화재초기에 접근이 용이하고, 재해의 피해를 받을 우려가 없는 장소
소화약제량	방호대상물의 화재를 유효하게 소화 가능한 양
예비동력원	전역・국소방출방식의 경우 비상전원 설치

※ 불활성가스소화설비 세부기준은 위험물 안전관리에 관한 세부기준 제134조 참조

⑪ 할로젠화합물 소화설비의 설치기준 : 불활성가스소화설비 기준 준용

※ 세부 설치기준은 위험물 안전관리에 관한 세부기준 제135조 참조

⑫ 분말소화설비의 설치기준 : 불활성가스소화설비 기준 준용

※ 세부 설치기준은 위험물 안전관리에 관한 세부기준 제136조 참조

⑬ 수동식소화기 설치기준

대형 수동식 소화기	• 보행거리 30m 이하 • 옥내·외소화전, s/p, 물분무등소화설비와 함께 설치하는 경우에는 그렇지 않다.
소형 수동식 소화기	• 지하·간이·이동탱크저장소, 주유·판매취급소 : 유효하게 소화 가능한 위치에 설치 • 그 밖의 제조소등 : 보행거리 20m 이하 • 옥내·외소화전, s/p, 물분무등, 대형수동식소화기와 함께 설치하는 경우에는 그렇지 않다.

(7) 경보설비 설치기준 22년 소방장

① 제조소등별로 설치해야 하는 경보설비의 종류

제조소등의 구분	규모·저장 또는 취급하는 위험물의 종류 최대 수량 등	경보설비 종류
1. 제조소 일반취급소	• 연면적 $500m^2$ 이상인 것 • 옥내에서 지정수량 100배 이상을 취급하는 것 • 일반취급소 사용되는 부분 이외의 건축물에 설치된 일반취급소(복합용도 건축물의 취급소) : 내화구조로 구획된 것 제외	자동화재탐지설비
2. 옥내저장소	• 저장창고의 연면적 $150m^2$ 초과하는 것 • 지정수량 100배 이상(고인화점만은 제외) • 처마의 높이가 6m 이상의 단층건물의 것 • 복합용도 건축물의 옥내저장소	
3. 옥내탱크저장소	단층건물 이외의 건축물에 설치된 옥내탱크저장소로서 소화난이도 I 등급에 해당되는 것	
4. 주유취급소	옥내주유취급소	
5. 옥외탱크저장소	특수인화물, 제1석유류 및 알코올류를 저장 또는 취급하는 탱크의 용량이 1,000만 리터 이상인 것	• 자동화재탐지설비 • 자동화재속보설비
1~5. 이외의 대상	지정수량 10배 이상 저장·취급하는 것	자동화재탐지설비, 비상경보비, 확성장치 또는 비상방송설비 중 1종 이상

② 자동화재탐지설비의 설치기준 22년 소방장

㉠ 자동화재탐지설비의 경계구역은 건축물 그 밖의 공작물의 2 이상의 층에 걸치지 아니하도록 할 것

㉡ 하나의 경계구역의 면적은 $600m^2$ 이하로 하고 그 한 변의 길이는 50m(광전식분리형 감지기를 설치할 경우에는 100m) 이하로 할 것

㉢ 자동화재탐지설비의 감지기(옥외탱크저장소에 설치하는 자동화재탐지설비의 감지기는 제외한다)는 지붕(상층이 있는 경우에는 상층의 바닥) 또는 벽의 옥내에 면한 부분(천장이 있는 경우에는 천장 또는 벽의 옥내에 면한 부분 및 천장의 뒷 부분)에 유효하게 화재의 발생을 감지할 수 있도록 설치할 것

㉣ 옥외탱크저장소에 설치하는 자동화재탐지설비의 감지기 설치기준

- 불꽃감지기를 설치할 것. 다만, 불꽃을 감지하는 기능이 있는 지능형 폐쇄회로텔레비전(CCTV)을 설치한 경우 불꽃감지기를 설치한 것으로 본다.

- 옥외저장탱크 외측과 시행규칙 별표 6 Ⅱ에 따른 보유공지 내에서 발생하는 화재를 유효하게 감지할 수 있는 위치에 설치할 것
- 지지대를 설치하고 그곳에 감지기를 설치하는 경우 지지대는 벼락에 영향을 받지 않도록 설치할 것

ⓜ 자동화재탐지설비에는 비상전원을 설치할 것

ⓗ 옥외탱크저장소가 다음의 어느 하나에 해당하는 경우에는 자동화재탐지설비를 설치하지 않을 수 있다.

- 옥외탱크저장소의 방유제(防油堤)와 옥외저장탱크 사이의 지표면을 불연성 및 불침윤성(수분에 젖지 않는 성질)이 있는 철근콘크리트 구조 등으로 한 경우
- 「화학물질관리법 시행규칙」 시행규칙 별표 5 제6호의 화학물질안전원장이 정하는 고시에 따라 가스감지기를 설치한 경우

③ 옥외탱크저장소가 다음 각 목의 어느 하나에 해당하는 경우에는 자동화재속보설비를 설치하지 않을 수 있다.

ⓐ 옥외탱크저장소의 방유제(防油堤)와 옥외저장탱크 사이의 지표면을 불연성 및 불침윤성(수분에 젖지 않는 성질)이 있는 철근콘크리트 구조 등으로 한 경우

ⓑ 「화학물질관리법 시행규칙」 별표 5 제6호의 화학물질안전원장이 정하는 고시에 따라 가스감지기를 설치한 경우

ⓒ 자체소방대를 설치한 경우

ⓓ 안전관리자가 해당 사업소에 24시간 상주하는 경우

(8) 피난설비 설치기준

① 주유취급소 중 건축물의 2층 이상의 부분을 점포·휴게음식점 또는 전시장의 용도로 사용하는 것

② 옥내주유취급소

제12장 위험물의 저장 · 취급 및 운반기준

제1절 제조소등에서의 위험물의 저장 및 취급에 관한 기준(시행규칙 별표 18)

1 위험물의 유별 저장 · 취급의 공통기준(중요기준) 등 총정리

유 별	품 명	유별 저장 · 취급 공통기준(별표 18)	운반용기 주의사항(별표 19)	제조소등 주의사항(별표 4)
제1류	알칼리금속의 과산화물	물과의 접촉 금지	화기 · 충격주의, 가연물접촉주의 및 물기엄금	물기엄금
	그 밖의 것	가연물과 접촉, 혼합이나 분해를 촉진하는 물품과의 접근 금지, 과열 · 충격 · 마찰 금지	화기 · 충격주의, 가연물접촉주의	
제2류	철분, 금속분, 마그네슘	물이나 산과의 접촉 금지	화기주의 및 물기엄금	화기주의
	인화성고체	함부로 증기의 발생 금지	화기엄금	화기엄금
	그 밖의 것	산화제와의 접촉 · 혼합 금지, 불티 · 불꽃 · 고온체와의 접근 또는 과열 금지	화기주의	화기주의
제3류	자연발화성 물질	불티 · 불꽃 · 고온체와의 접근 또는 과열 금지, 공기와의 접촉 금지	화기엄금 및 공기접촉엄금	화기엄금
	금수성물질	물과의 접촉 금지	물기엄금	물기엄금
제4류	모든 품명	불티 · 불꽃 · 고온체와의 접근 또는 과열 금지, 함부로 증기의 발생 금지	화기엄금	화기엄금
제5류	모든 품명	불티 · 불꽃 · 고온체와의 접근 금지, 과열 · 충격 · 마찰 금지	화기엄금 및 충격주의	화기엄금
제6류	모든 품명	가연물과 접촉, 혼합이나 분해를 촉진하는 물품과의 접근 또는 과열 금지	가연물접촉주의	

- 물과의 접촉 금지 : 123 알철금
- 충격 · 마찰 금지 : 15충마
- 함부로 증기 발생 금지 : 2인고 4인액
- 공기와의 접촉 금지 : 공자
- 산과의 접촉 금지 : 2류 철금마
- 산화제와의 접촉 · 혼합 금지 : 2류 황화인, 적린, 황, 이들을 함유한 것
- 불티 · 불꽃 · 고온체와의 접근 또는 과열 금지 : 2그 3자는 45
- 가연물과 접촉, 혼합이나 분해를 촉진하는 물품과의 접근 또는 과열 금지 : 1류 6류

2 위험물 저장기준

(1) 옥내 · 외저장소에서 위험물과 비위험물 저장기준

① 조건 : 위험물과 위험물이 아닌 물품은 각각 모아서 저장하고 상호 간에는 1m 이상의 간격을 두어야 한다.

위험물	비위험물
모든 위험물 (인화성고체, 제4류 위험물 제외)	해당 위험물이 속하는 품명란에 정한 물품을 주성분으로 함유한 것으로서 비위험물(영 별표 1 행정안전부령이 정하는 위험물은 제외)
인화성고체	• 위험물에 해당하지 않은 고체 또는 액체로서 인화점을 갖는 것 또는 합성수지류 • 이들 중 어느 하나 이상을 주성분으로 함유한 것으로서 비위험물
제4류 위험물	• 합성수지류 등 • 제4류의 품명란에 정한 물품을 주성분으로 함유한 것으로서 비위험물
제4류 위험물 중 유기과산화물 또는 이를 함유한 것	유기과산화물 또는 유기과산화물만을 함유한 것으로서 비위험물
위험물에 해당하는 화약류	비위험물에 해당되는 화약류
모든 위험물	위험물에 해당하지 아니하는 불연성의 물품(위험한 반응없는 물품에 한함)

② 옥외탱크저장소 등에서 위험물과 비위험물 저장기준

저장소	위험물	비위험물
옥외탱크저장소 옥내탱크저장소 지하탱크저장소 이동탱크저장소	제4류 위험물	• 합성수지류 등 • 제4류의 품명란에 정한 물품을 주성분으로 함유한 것으로서 비위험물 • 위험물에 해당하지 아니하는 불연성 물품
	제6류 위험물	• 제6류의 품명란에 정한 물품을 주성분으로 함유한 것으로서 비위험물 • 위험물에 해당하지 아니하는 불연성 물품

(2) 옥내저장소 또는 옥외저장소에서 유별을 달리하는 위험물을 혼재할 수 있는 저장기준

① 조건 : 유별을 달리하는 위험물은 동일한 저장소(2 이상 있는 저장소에 있어서는 동일한 실)에 저장하지 아니해야 한다. 위험물을 유별로 정리하여 저장하는 한편, 서로 1m 이상의 간격을 두는 다음의 경우에는 그렇지 않다.

제1류 위험물 (알칼리금속의 과산화물 또는 이를 함유한 것을 제외)	제5류 위험물
제1류 위험물	제6류 위험물
제1류 위험물	제3류 위험물 중 황린 또는 이를 함유한 물품
제2류 중 인화성고체	제4류 위험물
제3류 위험물 중 알킬알루미늄등	제4류 위험물 중 알킬알루미늄 또는 알킬리튬을 함유한 물품
제4류 위험물 중 유기과산화물 또는 이를 함유하는 것	제5류 위험물 중 유기과산화물 또는 이를 함유한 것

(3) 옥내저장소에서 위험물을 저장하는 경우에는 다음 [표] 높이를 초과하여 용기를 겹쳐 쌓지 아니 해야 한다.

수납용기의 종류	높 이
기계에 의하여 하역하는 구조로 된 용기만을 겹쳐 쌓는 경우	6m
제3석유류, 제4석유류 및 동식물유류를 수납하는 용기만을 겹쳐 쌓는 경우	4m
그 밖의 용기를 겹쳐 쌓는 경우	3m

3 알킬알루미늄등 · 아세트알데하이드등 및 다이에틸에터등 저장기준(별표 18 Ⅲ 21호)

<table>
<tr><th colspan="2">저장탱크</th><th colspan="2">저장기준</th></tr>
<tr><td rowspan="2">옥외저장탱크 또는 옥내저장탱크 중</td><td>압력탱크
(최대상용압력이 대기압을 초과하는 탱크)</td><td colspan="2">알킬알루미늄등의 취출에 의하여 해당 탱크 내의 압력이 상용압력 이하로 저하하지 아니하도록 할 것</td></tr>
<tr><td>압력탱크 외 탱크에 있어서는</td><td colspan="2">알킬알루미늄등의 취출이나 온도의 저하에 의한 공기의 혼입을 방지할 수 있도록 불활성 기체를 봉입할 것</td></tr>
<tr><td rowspan="2">옥외저장탱크 · 옥내저장탱크 또는 지하저장탱크 중</td><td>압력탱크에 있어서는</td><td colspan="2">아세트알데하이드등의 취출에 의하여 해당 탱크 내의 압력이 상용압력 이하로 저하하지 아니하도록 할 것</td></tr>
<tr><td>압력탱크 외 탱크에 있어서는</td><td colspan="2">아세트알데하이드등의 취출이나 온도의 저하에 의한 공기의 혼입을 방지할 수 있도록 불활성 기체를 봉입할 것</td></tr>
<tr><td colspan="2">옥외저장탱크 · 옥내저장탱크 또는 이동저장탱크에 새롭게 알킬알루미늄등을 주입하는 때에는</td><td colspan="2">미리 당해 탱크안의 공기를 불활성기체와 치환하여 둘 것</td></tr>
<tr><td colspan="2">이동저장탱크에 알킬알루미늄등을 저장하는 경우</td><td colspan="2">20kPa 이하의 압력으로 불활성 기체를 봉입하여 둘 것</td></tr>
<tr><td colspan="2">이동저장탱크에 아세트알데하이드등을 저장하는 경우</td><td colspan="2">항상 불활성 기체를 봉입하여 둘 것</td></tr>
<tr><td rowspan="3">옥내저장탱크 · 옥외저장탱크 · 지하저장탱크 중</td><td>압력탱크에 저장하는</td><td>아세트알데하이드등,
다이에틸에터등의 온도</td><td>40℃ 이하</td></tr>
<tr><td rowspan="2">압력탱크 외에 저장하는</td><td>산화프로필렌과 이를 함유한 것 또는
다이에틸에터등의 온도</td><td>30℃ 이하</td></tr>
<tr><td>아세트알데하이드 또는 이를 함유한 것</td><td>15℃ 이하</td></tr>
<tr><td colspan="2">보냉장치가 있는 이동저장탱크에 저장하는</td><td rowspan="2">아세트알데하이드등,
다이에틸에터등의 온도</td><td>비점 이하</td></tr>
<tr><td colspan="2">보냉장치가 없는 이동저장탱크에 저장하는</td><td>40℃ 이하</td></tr>
</table>

4 위험물 취급기준

(1) 위험물의 용기 및 수납 종류별 표시사항

운반용기 종류			표시사항
기계에 의하여 하역하는 구조 이외의 용기			① 위험물의 품명, 위험등급, 화학명 및 수용성(제4류 수용성에 한함) ② 위험물 수량 ③ 위험물에 따른 주의사항
기계에 의하여 하역하는 구조의 운반용기			① 위험물의 품명, 위험등급, 화학명 및 수용성(일반운반용기) ② 위험물 수량(일반운반용기) ③ 위험물에 따른 주의사항(일반용기) ④ 제조년월 및 제조자의 명칭 ⑤ 겹쳐쌓기시험하중 ⑥ 운반용기의 종류에 따른 중량 ㉠ 플렉서블 외의 용기 : 최대총중량 ㉡ 플렉서블 운반용기 : 최대수용중량
제1류, 제2류 및 제4류		1L 이하	• 위험물 품명 : 통칭명 • 주의사항 : 해당 주의사항과 동일한 의미가 있는 다른 표시 가능(위험등급 I 제외)
제4류 위험물 중	화장품	150mL 이하	품명과 주의사항을 표시하지 않을 수 있음
		150mL 초과 300mL 이하	• 위험물 품명 : 불표시가능 • 주의사항 : 해당 주의사항과 동일한 의미가 있는 다른 표시 가능
	에어졸	300mL 이하	• 위험물 품명 : 불표시가능 • 주의사항 : 해당 주의사항과 동일한 의미가 있는 다른 표시 가능
	동식물유류	3L 이하	• 위험물 품명 : 통칭명 • 주의사항 : 해당 주의사항과 동일한 의미가 있는 다른 표시 가능

5 이동저장탱크 등에서의 위험물 저장 · 취급 및 운반 기준(별표 18 Ⅳ 6호)

성질에 따른 위험물	저장 또는 취급기준	
아세트알데하이드등	새롭게 주입하는 경우	미리 탱크안의 공기를 불활성기체로 치환해 둘 것
	저장하는 경우	항상 불활성기체를 봉입해 둘 것
	꺼낼 때	동시에 100kPa 이하의 압력으로 불활성의 기체를 봉입할 것
알킬알루미늄등	저장하는 경우	20Kpa 이하의 압력으로 항상 불활성기체를 봉입하여 둘 것
	꺼낼 때	동시에 200kPa 이하의 압력으로 불활성의 기체를 봉입할 것
기계에 의하여 하역하는 구조로 된 운반용기에 액체위험물을 수납하는 경우		55℃의 온도에서의 증기압이 130kPa 이하가 되도록 수납할 것

6 제조소 또는 일반취급소의 취급기준(별표 18 Ⅳ 6호)

품명	봉입기체
알킬알루미늄등의 제조소 또는 일반취급소에서 취급하는 설비	알킬알루미늄등을 취급하는 설비에는 불활성의 기체를 봉입할 것
아세트알데하이드등의 제조소 또는 일반취급소에서 취급하는 설비	• 연소성 혼합기체의 생성에 의한 폭발의 위험이 생겼을 경우에 불활성의 기체 또는 수증기를 봉입할 것 • 아세트알데하이드등을 취급하는 탱크에 있어서는 불활성의 기체를 봉입할 것 • 이 경우 옥외에 있는 탱크 또는 옥내에 있는 탱크로서 그 용량이 지정수량의 5분의 1 미만의 것을 제외한다.

7 위험물 저장 · 취급방법

물질명	저장 · 취급방법	이 유
황린(P_4)	PH 9 정도 물속 저장	PH3(포스핀)의 생성을 방지
칼륨, 나트륨(K, Na)	석유, 등유, 유동파라핀	공기 중 수분과의 반응을 통해 수소가 발생하여 자연발화
과산화수소(H_2O_2)	구멍뚫린 마개가 있는 갈색유리병 안정제 : 인산(H_3PO_4), 요산($C_5H_4N_4O_3$)	직사일광 및 상온에서 서서히 분해하여 산소 발생하여 폭발의 위험이 있어 통기하기 위하여
이황화탄소(CS_2)	수조속에 저장	물보다 무겁고 물에 불용가연성증기 발생방지
질산(HNO_3)	갈색병(냉암소)	직사일광에 분해되어 NO_2 발생 $4HNO_3 \rightarrow 4NO_2 + 2H_2O + O_2$
다이에틸에터 ($C_2H_5OC_2H_5$)	2%의 공간용적으로 갈색병 저장	공기와 장시간 접촉 시 과산화물 생성
아세트알데하이드 (CH_3CHO) 산화프로필렌 (CH_3CHCH_2O)	은, 수은, 구리, 마그네슘 이들 함유물 접촉금지 불연성가스 봉입 보냉장치가 있는 것은 비점 이하로 보관	은, 수은, 구리, 마그네슘에 반응하여 아세틸레이트 생성 과산화물 생성 및 중합반응
나이트로셀룰로오스	물이나 알코올에 습윤하여 저장통상 이소프로필알코올 30%에 습윤	열분해하여 자연발화 방지
아세틸렌	다공성 물질에 아세톤을 희석시켜 저장	
알킬알루미늄	안정제 : 벤젠, 헥산	

제2절 위험물의 운반에 관한 기준(시행규칙 별표 19)

14년, 15년, 19년, 21년 소방위 | 17년, 18년, 20년, 23년, 24년 소방장

1 운반용기의 재질

(1) **재질** : 강판, 알루미늄판, 양철판, 유리, 금속판, 종이, 플라스틱, 섬유판, 고무류, 합성섬유, 삼, 짚, 나무

(2) 운반용기는 견고하여 쉽게 파손될 우려가 없고, 그 입구로부터 수납된 위험물이 샐 우려가 없도록 해야 한다.

2 운반용기의 적재방법 14년 소방위 | 20년 소방장

(1) 위험물은 운반용기에 일반적 기준에 따라 수납하여 적재해야 한다(중요기준).

(2) 기계에 의하여 하역하는 구조로 된 운반용기에 대한 수납은 일반적인 수납적재 기준을 준용하는 외에 시행규칙 별표 19 Ⅱ 제2호 기준에 따라야 한다(중요기준).

(3) 위험물은 해당 위험물이 용기 밖으로 쏟아지거나 위험물을 수납한 운반용기가 전도・낙하 또는 파손되지 아니하도록 적재해야 한다(중요기준).

(4) 운반용기는 수납구를 위로 향하게 하여 적재해야 한다(중요기준).

(5) 적재하는 위험물의 성질에 따라 일광의 직사 또는 빗물의 침투를 방지하기 위하여 유효하게 피복하는 등 시행규칙 별표 19 Ⅱ 제5호 기준에 따른 조치를 해야 한다(중요기준).

(6) 위험물은 혼재가 금지되고 있는 위험물 또는 고압가스와 종류를 달리하는 그 밖의 위험물 또는 재해를 발생시킬 우려가 있는 물품과 함께 적재하지 아니해야 한다(중요기준).

(7) 위험물을 수납한 운반용기를 겹쳐 쌓는 경우에는 그 높이를 3m 이하로 하고, 용기의 상부에 걸리는 하중은 해당 용기 위에 해당 용기와 동종의 용기를 겹쳐 쌓아 3m의 높이로 하였을 때에 걸리는 하중 이하로 해야 한다(중요기준).

(8) 위험물은 그 운반용기의 외부에는 위험물의 품명, 수량 등을 표시하여 적재해야 한다.

3 적재방법 중 위험물 운반용기의 일반 수납기준

(1) 위험물 운반용기의 다음기준에 따라 수납하여 적재해야 한다(중요기준).

적용제외

- 덩어리 상태의 황을 운반하기 위하여 적재하는 경우
- 위험물을 동일구내에 있는 제조소등의 상호 간에 운반하기 위하여 적재하는 경우

① 위험물이 온도변화 등에 의하여 누설되지 아니하도록 운반용기를 밀봉하여 수납할 것

② 수납하는 위험물과 위험한 반응을 일으키지 아니하는 등 해당 위험물의 성질에 적합한 재질의 운반용기에 수납할 것

③ 고체위험물은 운반용기 내용적의 95퍼센트 이하의 수납률로 수납할 것

④ 액체위험물은 운반용기 내용적의 98퍼센트 이하의 수납률로 수납하되, 55도의 온도에서 누설되지 아니하도록 충분한 공간용적을 유지하도록 할 것

⑤ 하나의 외장용기에는 다른 종류의 위험물을 수납하지 아니할 것

⑥ 제3류 위험물은 다음의 기준에 따라 운반용기에 수납할 것

㉠ 자연발화성물질에 있어서는 불활성 기체를 봉입하여 밀봉하는 등 공기와 접하지 아니하도록 할 것

㉡ 자연발화성물질 외의 물품에 있어서는 파라핀 · 경유 · 등유 등의 보호액으로 채워 밀봉하거나 불활성 기체를 봉입하여 밀봉하는 등 수분과 접하지 아니하도록 할 것

㉢ ④의 규정에도 불구하고 자연발화성물질 중 알킬알루미늄등은 운반용기의 내용적의 90퍼센트 이하의 수납율로 수납하되, 50℃의 온도에서 5퍼센트 이상의 공간용적을 유지하도록 할 것

4 적재하는 위험물의 성질에 따라 재해방지 조치

(1) 차광성 피복 : 제1류 위험물, 제3류 위험물 중 자연발화성물품, 제4류 위험물 중 특수인화물, 제5류 위험물, 제6류 위험물

(2) 방수성 피복 : 제1류 위험물 중 알칼리금속의 과산화물, 제2류 위험물 중 철분, 금속분, 마그네슘, 제3류 위험물 중 금수성물질(이들 함유한 모든 물질 포함)

(3) 보냉 컨테이너에 수납 또는 적정한 온도관리

제5류 위험물 중 55℃ 이하에서 분해될 우려가 있는 것

5 유별을 달리하는 위험물의 혼재기준 24년 소방장

위험물의 구분	제1류	제2류	제3류	제4류	제5류	제6류
제1류		×	×	×	×	○
제2류	×		×	○	○	×
제3류	×	×		○	×	×
제4류	×	○	○		○	×
제5류	×	○	×	○		×
제6류	○	×	×	×	×	

비고

1. "×"표시는 혼재할 수 없음을 표시한다.
2. "○"표시는 혼재할 수 있음을 표시한다.
3. 이 표는 지정수량의 $\frac{1}{10}$ 이하의 위험물에 대하여는 적용하지 아니한다.

암기 TIP

오이사의 오이가 삼사 육하나

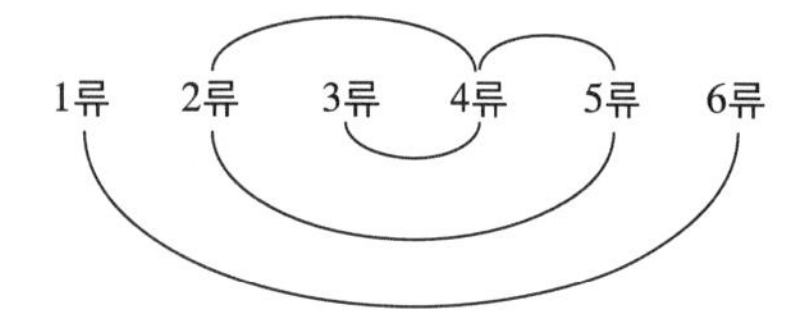

6 운반용기의 외부 표시사항 17년, 18년, 23년 소방장 15년, 19년, 21년 소방장

① 위험물의 품명, 위험등급, 화학명 및 수용성(제4류 수용성에 한함)

② 위험물 수량

③ 수납하는 위험물에 따라 다음 규정에 따른 주의사항

유 별	품 명	운반용기 주의사항(시행규칙 별표 19)
제1류	알칼리금속의 과산화물	화기·충격주의, 가연물접촉주의 및 물기엄금
	그 밖의 것	화기·충격주의, 가연물접촉주의
제2류	철분, 금속분, 마그네슘(함유 포함)	화기주의 및 물기엄금
	인화성고체	화기엄금
	그 밖의 것	화기주의
제3류	자연발화성물질	화기엄금 및 공기접촉엄금
	금수성물질	물기엄금
제4류	모든 품명	화기엄금
제5류	모든 품명	화기엄금 및 충격주의
제6류	모든 품명	가연물접촉주의

7 위험물 등급 18년, 20년 소방장 21년 소방위

등급 / 유별	I	II	III
제1류	아염소산염류, 염소산염류, 과염소산염류, 무기과산화물, 그 밖에 지정수량이 50kg인 위험물	브로민산염류, 질산염류, 아이오딘산염류, 그 밖에 지정수량이 300kg인 위험물	과망가니즈산염류, 다이크로뮴산염류
제2류		황화인, 적린, 황, 그 밖에 지정수량이 100kg인 위험물	철분, 금속분, 마그네슘, 인화성고체
제3류	칼륨, 나트륨, 알킬알루미늄, 알킬리튬, 황린, 그 밖에 지정수량이 10kg 또는 20kg인 위험물	알칼리금속(K 및 Na 제외) 및 알칼리토금속, 유기금속화합물 (알킬알루미늄 및 알킬리튬은 제외), 그 밖에 지정수량이 50kg인 위험물	금속의 수소화물, 금속의 인화물, 칼슘 또는 알루미늄탄화물
제4류	특수인화물	제1석유류 및 알코올류	제2석유류, 제3석유류 제4석유류, 동식물유류
제5류	지정수량이 10kg인 위험물	지정수량이 10kg인 위험물이외의 것	
제6류	전부 (과산화수소, 과염소산, 질산)		

※ 위험 I 등급 내지 위험 III 등급까지 모두 있는 유별 : 제1류, 제3류, 제4류
위험 I 등급만 있는 유별 : 제6류
위험 I 등급이 없는 유별 : 제2류
위험 III 등급이 없는 유별 : 제5류

제13장 혼돈하기 쉬운 내용 학습정리

1 예방규정 제출 등 각종 대상 총정리

구 분	대상이 되는 제조소등	해당 없는 대상
예방규정 대상	• 지정수량의 10배 이상의 위험물을 취급하는 제조소 또는 일반취급소 • 지정수량의 100배 이상의 위험물을 저장하는 옥외저장소 • 지정수량의 150배 이상의 위험물을 저장하는 옥내저장소 • 지정수량의 200배 이상의 위험물을 저장하는 옥외탱크저장소 • 암반탱크저장소 • 이송취급소	지하탱크저장소 옥내탱크저장소 간이탱크저장소 이동탱크저장소 주유취급소 판매취급소
정기점검 대상	• 예방규정 제출 대상 • 지하탱크저장소, 이동탱크저장소 • 위험물을 취급하는 탱크로서 지하에 매설된 탱크가 있는 제조소・주유취급소 또는 일반취급소	옥내탱크저장소 간이탱크저장소 판매취급소
정기검사대상	액체위험물을 저장 또는 취급하는 50만 리터 이상의 옥외탱크저장소	
자체소방대 조직대상	• 취급하는 제4류 위험물의 최대수량의 합이 지정수량의 3천배 이상의 제조소 • 저장하는 제4류 위험물의 최대수량이 지정수량의 50만배 이상의 옥외탱크저장소 • 취급하는 제4류 위험물의 최대수량의 합이 지정수량의 3천배 이상의 일반취급소	
중복선임 시 안전관리 보조자 대상	• 제조소 • 일반취급소 • 이송취급소	

2 일반취급소 제외 학습정리

대상구분	제외대상
10배 이상 일반취급소 예방규정 제출제외	• 보일러・버너 또는 이와 비슷한 것으로서 제4류 위험물만(특수인화물 제외)을 지정수량 50배 이하로 위험물을 소비하는 장치로 이루어진 일반취급소 • 제4류 위험물만(특수인화물 제외)을 지정수량 50배 이하로 위험물을 용기에 옮겨 담는 일반취급소 • 제4류 위험물만(특수인화물 제외)을 지정수량 50배 이하로 차량에 고정된 탱크에 주입하는 일반취급소 ※ 제1석유류 알코올류는 10배 이하에 한함
10배 이상 일반취급소 정기점검 대상제외	예방규정 제출제외 대상과 같음

<table>
<tr><td>3천배 이상
자체소방대
제외대상</td><td>• 보일러, 버너 그 밖에 이와 유사한 장치로 위험물을 소비하는 일반취급소
• 이동저장탱크 그 밖에 이와 유사한 것에 위험물을 주입하는 일반취급소
• 용기에 위험물을 옮겨 담는 일반취급소
• 유압장치, 윤활유 순환장치 그 밖에 이와 유사한 장치로 위험물을 취급하는 일반취급소
• 「광산안전법」의 적용을 받는 일반취급소</td></tr>
<tr><td>중복선임 시
보조자 제외</td><td>인화점이 38도 이상인 제4류 위험물만을 지정수량의 30배 이하로 취급하는 다음의 일반취급소
• 보일러·버너 또는 이와 비슷한 것으로서 위험물을 소비하는 장치로 이루어진 일반취급소
• 위험물을 용기에 옮겨 담거나 차량에 고정된 탱크에 주입하는 일반취급소</td></tr>
</table>

3 제조소등의 표지·게시판에 관한 기준

<table>
<tr><th>구 분</th><th>바탕색</th><th>글자색</th><th>규 격</th></tr>
<tr><td>물기엄금</td><td>청 색</td><td>백 색</td><td rowspan="8">한 변의 길이가
0.3m 이상,
다른 한 변의 길이가
0.6m 이상</td></tr>
<tr><td>화기엄금, 화기주의</td><td>적 색</td><td>백 색</td></tr>
<tr><td>주유중 엔진정지</td><td>황 색</td><td>흑 색</td></tr>
<tr><td>이동탱크저장소 위험물 표지</td><td>흑 색</td><td>황 색</td></tr>
<tr><td>인화점이 21℃ 미만인 위험물을 취급하는 옥외저장탱크의 주입구 및 펌프설비의 주의사항</td><td>백 색</td><td>적 색</td></tr>
<tr><td>위험물제조 등을 표시한 표지</td><td>백 색</td><td>흑 색</td></tr>
<tr><td>방화에 관하여 필요한 사항을 게시한 게시판</td><td>백 색</td><td>흑 색</td></tr>
<tr><td>인화점이 21℃ 미만인 위험물을 취급하는 옥외저장탱크의 주입구 및 펌프설비의 게시판</td><td>백 색</td><td>흑 색</td></tr>
<tr><td>컨테이너 이동탱크저장소의 허가청의 명칭 및 완공검사번호 표기</td><td>백 색</td><td>흑 색</td><td>가로 0.4m 이상,
세로 0.15m 이상</td></tr>
<tr><td>알킬알루미늄등을 저장 또는 취급하는 이동저장탱크</td><td>적 색</td><td>백 색</td><td>–</td></tr>
<tr><td>해당 제조소등이 금연구역임을 알리는 표지</td><td colspan="2">눈에 잘 띄게</td><td>그림 또는 문자</td></tr>
</table>

※ 알킬알루미늄등을 저장 또는 취급하는 이동저장탱크 그 외면을 적색으로 도장하는 한편, 백색문자로서 동판(胴板 : 몸통판)의 양측면 및 경판(鏡板 : 측판)에 "물기엄금 및 자연발화성 물질" 주의사항을 표시할 것

4 안전관리대행기관과 탱크시험자 비교

구 분	탱크시험자 등록 (법 제16조)	안전관리대행기관 지정 (시행규칙 57조)
권한자	시·도지사	소방청장
주요업무	이 법이 정하는 검사 또는 검사의 일부를 실시	안전관리자의 업무를 위탁받아 수행
등록기준	기술능력, 시설 및 장비를 갖출 것	• 탱크시험자로 등록한 법인 • 다른 법령에 의하여 안전관리업무를 대행하는 기관으로 지정·승인 등을 받은 법인[기술인력 4명, 시설(사무실), 장비(절연저항계등 9종)]

변경신고	30일 이내		• 지정변경신고 : 14일 이내(사후) • 휴업·재개업·폐업 : 1일 전		
행정처분 등	• 정기점검 가능, 다만 특정, 준특정 옥외탱크 불가 • 업무정지 30일 2개, 등록취소 3개 총 5개항 규정 • 등록취소 : 이에 갈음하는 과징금에 대한 규정 없음 • 등록취소 : 청문대상, 등록증 회수 • 등록취소 : 감경(가) 일부(×) • 등록변경 신고 의무위반 : 500만 원 이하의 과태료 • 등록 또는 업무정지를 한 때 : 공보에 공고		• 정기점검 가능, 다만 특정, 준특정 옥외탱크 불가 • 1차 경고·정지 30일, 2차 정지 90일, 3차 지정취소 – 변경신고를 연간 2회 이상하지 않은 경우 – 휴업·재개업 신고를 연간 2회 이상 하지 않은 경우 • 업무정지 : 이에 갈음하는 과징금에 대한 규정 없음 • 지정취소 : 청문대상(×), 등록증 회수 • 변경신고 의무위반 : 과태료기준(×) • 지정, 업무정지, 지정취소를 한때 : 관보에 공고		
처리기간	신규지정 15일	변경지정 3일	신규등록 10일	등록변경 3일	휴업 등 1일

5 안전관리대행기관의 지정기준과 탱크시험자 등록기준의 비교

구 분	안전관리대행기관 지정기준	탱크시험자 등록기준
기술인력	① 위험물기능장 또는 위험물산업기사 1인 이상 ② 위험물산업기사 또는 위험물기능사 2인 이상 ③ 기계분야 및 전기분야의 소방설비기사 1인 이상 ※ 비고 : 기술인력란의 각 호에 정한 2 이상의 기술인력을 동일인이 겸할 수 없다.	① 필수인력 ㉠ 위험물기능장·위험물산업기사 또는 위험물기능사 중 1명 이상 ㉡ 비파괴검사기술사 1명 이상 또는 초음파비파괴검사·자기비파괴검사 및 침투비파괴검사별로 기사 또는 산업기사 각 1명 이상 ② 필요한 경우에 두는 인력 ㉠ 충·수압시험, 진공시험, 기밀시험 또는 내압시험의 경우 : 누설비파괴검사 기사, 산업기사 또는 기능사 ㉡ 수직·수평도시험의 경우 : 측량 및 지형공간정보 기술사, 기사, 산업기사 또는 측량기능사 ㉢ 방사선투과시험의 경우 : 방사선비파괴검사 기사 또는 산업기사 ㉣ 필수 인력의 보조 : 방사선비파괴검사·초음파비파괴검사·자기비파괴검사 또는 침투비파괴검사 기능사
시 설	전용사무실을 갖출 것	전용사무실을 갖출 것

<table>
<tr><td>장 비</td><td>① 절연저항계(절연저항측정기)
② 접지저항측정기(최소눈금 0.1Ω 이하)
③ 가스농도측정기(탄화수소계 가스의 농도측정이 가능할 것)
④ 정전기 전위측정기
⑤ 토크렌치
⑥ 진동시험기
⑦ 표면온도계(−10℃~300℃)
⑧ 두께측정기(1.5mm~99.9mm)
⑨ 안전용구(안전모, 안전화, 손전등, 안전로프 등)
⑩ 소화설비점검기구(소화전밸브압력계, 방수압력측정계, 포콜렉터, 헤드렌치, 포콘테이너)</td><td>① 필수장비 : 자기탐상시험기, 초음파두께측정기 및 다음 ㉠ 또는 ㉡의 장비를 둘 것
㉠ 영상초음파시험기
㉡ 방사선투과시험기 및 초음파시험기
② 필요한 경우에 두는 장비
㉠ 충·수압시험, 진공시험, 기밀시험 또는 내압시험의 경우
ⓐ 진공능력 53KPa 이상의 진공누설시험기
ⓑ 기밀시험장치(안전장치가 부착된 것으로서 가압능력 200KPa 이상, 감압의 경우에는 감압능력 10KPa 이상·감도 10Pa 이하의 것으로서 각각의 압력 변화를 스스로 기록할 수 있는 것)
㉡ 수직·수평도 시험의 경우 : 수직·수평도 측정기
※ 둘 이상의 기능을 함께 가지고 있는 장비를 갖춘 경우에는 각각의 장비를 갖춘 것으로 본다.</td></tr>
</table>

6 혼동하기 쉬운 제4류 위험물에 대한 설치기준

대상별	제4류 위험물의 종류
옥내저장 창고의 면적을 1,000m^2 이하로 해야 할 제4류 위험물	특수인화물, 제1석유류, 알코올류
옥외탱크의 용량이 1,000만 리터 이상으로 자동화재탐지설비, 자동화재속보설비를 설치해야 할 제4류 위험물	특수인화물, 제1석유류, 알코올류
이동탱크저장소에서 접지도선을 설치해야 할 제4류 위험물	특수인화물, 제1석유류 또는 제2석유류
이동탱크저장소에서 위험물안전카드를 휴대해야 할 제4류 위험물	특수인화물 및 제1석유류
옥내저장소에서 운반용기 쌓는 높이를 3m 초과할 수 없는 제4류 위험물	특수인화물, 제1석유류, 알코올류, 제2석유류
옥내저장소에서 운반용기 쌓는 높이를 4m 초과할 수 없는 제4류 위험물	제3석유류, 제4석유류, 동식물유류

7 제조소등 설비별 각종 턱 높이

<table>
<tr><th>제조소</th><th colspan="2">옥외탱크저장소</th><th colspan="4">옥내탱크저장소</th><th colspan="2">주유취급소</th><th>판매취급소</th></tr>
<tr><td rowspan="2">옥외 설비 바닥 둘레의 턱 높이</td><td rowspan="2">펌프실 바닥 주위의 턱 높이</td><td rowspan="2">펌프실 외의 장소에 설치하는 펌프설비 주위의 턱 높이</td><td colspan="2">전용실이 있는 건축물 외에 펌프설비 설치</td><td colspan="2">전용실이 있는 건축물에 펌프설비 설치한 경우</td><td rowspan="2">사무실 그 밖의 화기를 사용하는 곳의 출입구 또는 사이 통로 문턱 높이</td><td rowspan="2">펌프실 출입구의 턱 높이</td><td rowspan="2">배합실 문턱의 높이</td></tr>
<tr><td>펌프실 바닥의 주위 턱</td><td>펌프실 외의 설치하는 펌프설비</td><td>전용실 외 펌프실 바닥주위의 턱</td><td>전용실에 설치하는 펌프설비 주위의 턱</td></tr>
<tr><td>0.15m 이상</td><td>0.2m 이상</td><td>0.15m 이상</td><td>0.2m 이상</td><td>0.15m 이상</td><td>0.2m 이상</td><td>문턱 높이 이상</td><td>0.15m 이상</td><td>0.1m 이상</td><td>0.1m 이상</td></tr>
</table>

8 위험물 저장탱크의 충수 · 수압시험 기준

(1) 100만 리터 이상의 액체위험물탱크의 경우

탱크의 구분	시험방법
압력탱크 (최대상용압력이 46.7kPa 이상인 탱크)	최대상용압력의 1.5배의 압력으로 10분간 수압시험에서 새거나 변형하지 아니하는 것일 것
압력탱크 외 (최대상용압력 대기압을 초과하는 탱크)	충수시험

(2) 100만 리터 미만의 액체위험물탱크의 경우

<table>
<tr><th>저장소 구분</th><th>탱크구분</th><th>시험방법</th><th>두께 · 재질</th></tr>
<tr><td rowspan="2">제조소
(위험물 취급탱크)
옥외탱크저장소
옥내탱크저장소</td><td>압력탱크 외</td><td>충수시험</td><td rowspan="2">3.2mm 이상
또는 소방청
고시규격</td></tr>
<tr><td>압력탱크</td><td>최대상용압력의 1.5배의 압력으로 10분간 수압시험에서 새거나 변형하지 아니하는 것일 것</td></tr>
<tr><td rowspan="2">지하탱크저장소
이동탱크저장소</td><td>압력탱크 외</td><td>70kPa의 압력으로 10분간 수압시험에서 새거나 변형하지 아니하는 것일 것
※ 압력탱크 : 최대상용압력이 46.7㎪ 이상인 탱크</td><td rowspan="2">3.2mm 이상
지하탱크는
용량에 따라
두께 다름</td></tr>
<tr><td>압력탱크</td><td>최대상용압력의 1.5배의 압력으로 10분간 수압시험에서 새거나 변형하지 아니하는 것일 것
(수압시험은 기밀시험과 비파괴시험을 동시에 실시하는 방법으로 대신 할 수 있다)</td></tr>
<tr><td>이동탱크저장소</td><td>알킬알루미늄 등</td><td>1MPa 이상의 압력으로 10분간 실시하는 수압시험에서 새거나 변형하지 아니하는 것일 것</td><td>10mm 이상의 강판
또는 동등 이상</td></tr>
<tr><td>간이탱크저장소</td><td></td><td>70kPa의 압력으로 10분간 수압시험에서 새거나 변형하지 아니하는 것일 것</td><td>3.2mm 이상</td></tr>
</table>

※ 주유취급소 또는 일반취급소의 취급탱크는 위 표의 기준과 동일하다.

① 압력탱크외 충수시험 : 제조소 취급탱크, 옥외탱크, 옥내탱크(취권 내외)
② 압력탱크외 70kPa의 압력으로 10분간 수압시험 : 이동탱크, 간이탱크, 지하탱크(70킬로로 이간질)
③ 최대상용압력의 1.5배의 압력으로 10분간 수압시험 : 알킬알루미늄등 저장 · 취급하는 이동탱크 외 모든 압력탱크
④ 1MPa 이상의 압력으로 10분간 실시하는 수압시험 : 알킬알루미늄등 저장 · 취급하는 이동탱크

9 저장소별 압력탱크 이외의 제4류 위험물 탱크의 통기관 설치기준

구 분	밸브 없는 통기관	대기밸브부착 통기관
옥외탱크 저장소	1) 지름은 30mm 이상일 것 2) 끝부분은 수평면보다 45도 이상 구부려 빗물 등의 침투를 막는 구조로 할 것 3) 가연성의 증기를 회수하기 위한 밸브를 통기관에 설치하는 경우에 있어서는 해당 통기관의 밸브는 저장탱크에 위험물을 주입하는 경우를 제외하고는 항상 개방되어 있는 구조로 하는 한편, 폐쇄하였을 경우에 있어서는 10kPa 이하의 압력에서 개방되는 구조로 할 것. 이 경우 개방된 부분의 유효단면적은 777.15mm^2 이상이어야 한다. 4) 인화점이 38℃ 미만인 위험물만을 저장 또는 취급하는 탱크에 설치하는 통기관에는 화염방지장치를 설치하고, 그 외의 탱크에 설치하는 통기관에는 40메쉬(mesh) 이상의 구리망 또는 동등 이상의 성능을 가진 인화방지장치를 설치할 것. 다만, 인화점이 70℃ 이상인 위험물만을 해당 위험물의 인화점 미만의 온도로 저장 또는 취급하는 탱크에 설치하는 통기관에는 인화방지장치를 설치하지 않을 수 있다.	1) 5kPa 이하의 압력차이로 작동할 수 있을 것 2) 좌측 4)기준에 적합할 것
옥내탱크 저장소	1) 옥외탱크저장소 1) 내지 4)의 기준에 적합할 것 2) 통기관의 끝부분은 건축물의 창·출입구 등의 개구부로부터 1m 이상 떨어진 옥외의 장소에 지면으로부터 4m 이상의 높이로 설치하되, 인화점이 40℃ 미만인 위험물의 탱크에 설치하는 통기관에 있어서는 부지경계선으로부터 1.5m 이상 거리를 둘 것. 다만, 고인화점 위험물만을 100℃ 미만의 온도로 저장 또는 취급하는 탱크에 설치하는 통기관은 그 끝부분을 탱크전용실 내에 설치할 수 있다. 3) 통기관은 가스 등이 체류할 우려가 있는 굴곡이 없도록 할 것	1) 5kPa 이하의 압력차이로 작동할 수 있을 것 2) 좌측 2) 3)의 기준에 적합할 것
지하탱크 저장소	1) 옥내탱크저장소의 1) 내지 3) 기준에 적합할 것 2) 통기관은 지하저장탱크의 윗부분에 연결할 것 3) 통기관 중 지하의 부분은 그 상부의 지면에 걸리는 중량이 직접 해당 부분에 미치지 아니하도록 보호하고, 해당 통기관의 접합부분(용접, 그 밖의 위험물 누설의 우려가 없다고 인정되는 방법에 의하여 접합된 것은 제외한다)에 대하여는 해당 접합부분의 손상유무를 점검할 수 있는 조치를 할 것	1) 5kPa 이하의 압력차이로 작동할 수 있을 것. 다만, 제4류, 제1석유류를 저장하는 탱크는 다음의 압력 차이에서 작동해야 한다. 가) 정압 : 0.6kPa 이상 1.5kPa 이하 나) 부압 : 1.5kPa 이상 3kPa 이하 2) 좌측 2) 3) 및 옥내탱크저장소 2) 3)의 기준에 적합할 것
간이탱크 저장소	1) 통기관의 지름은 25mm 이상으로 할 것 2) 통기관의 끝부분은 수평면에 대하여 아래로 45° 이상 구부려 빗물 등이 침투하지 아니하도록 할 것 3) 통기관은 옥외에 설치하되, 그 끝부분의 높이는 지상 1.5m 이상으로 할 것 4) 가는 눈의 구리망 등으로 인화방지장치를 할 것. 다만, 인화점 70℃ 이상의 위험물만을 해당 위험물의 인화점 미만의 온도로 저장 또는 취급하는 탱크에 설치하는 통기관에 있어서는 그러하지 아니하다.	1) 5kPa 이하의 압력차이로 작동할 수 있을 것 2) 좌 3) 및 4)의 기준에 적합할 것

10 위험물안전관리법령상 계산식

(1) 제조소의 방화상 유효한 담의 높이

가. $H \leqq pD^2 + \alpha$인 경우 : h = 2
나. $H > pD^2 + \alpha$인 경우 : $h = H - p(D^2 - d^2)$
다. 가목 및 나목에서 D, H, a, d, h 및 p는 다음과 같다.

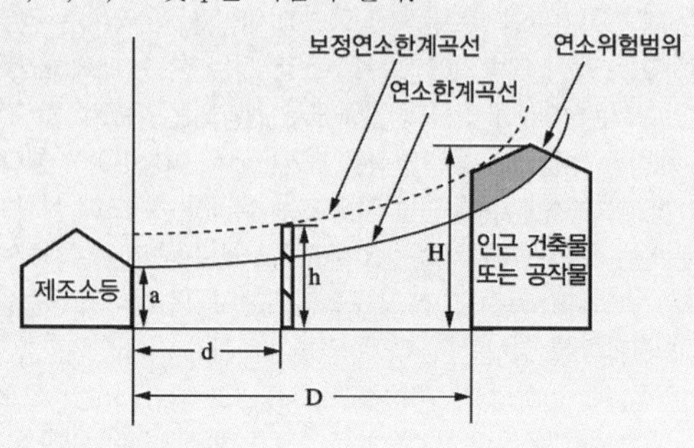

D : 제조소등과 인근 건축물 또는 공작물과의 거리(m)
H : 인근 건축물 또는 공작물의 높이(m)
a : 제조소등의 외벽의 높이(m)
d : 제조소등과 방화상 유효한 담과의 거리(m)
h : 방화상 유효한 담의 높이(m)
p : 상수

(2) 하이드록실아민등을 취급하는 제조소의 안전거리

$$D = 51.1\sqrt[3]{N}$$

(D : 거리(m), N : 해당 제조소에서 취급하는 하이드록실아민등의 지정수량의 배수)

(3) 옥외저장탱크의 필렛용접의 사이즈 구하는 계산식

$$t_1 \geqq S \geqq \sqrt{2t_2}\ (단,\ S \geqq 4.5)$$

t_1 : 얇은 쪽의 강판의 두께(mm), t_2 : 두꺼운 쪽의 강판의 두께(mm), S : 사이즈(mm)

(4) 수상에 설치하는 선박주유취급소 유처리제, 유흡착제 또는 유겔화제 계산식

$$20X + 50Y + 15Z = 10,000$$

여기서 X : 유처리제의 양(L), Y : 유흡착제의 양(kg), Z : 유겔화제의 양[액상(L), 분말(kg)]

11 위험물 저장 시 및 제조소등 설비의 온도

규정내용	온도(℃)
옥외저장탱크 · 옥내저장탱크 또는 지하저장탱크 중 압력탱크 외의 탱크에 저장하는 아세트알데하이드 또는 이를 함유한 것에 있어서는 15℃ 이하로 유지할 것	15℃ 이하
인화점이 21℃ 미만인 위험물의 옥외저장탱크의 주입구에는 보기 쉬운 곳에 이 법이 정하는 게시판을 설치할 것	21℃ 미만
인화점이 21℃ 미만인 위험물을 취급하는 펌프설비에는 보기 쉬운 곳에 제9호 마목의 규정에 준하여 "옥외저장탱크 펌프설비"라는 표시를 한 게시판과 방화에 관하여 필요한 사항을 게시한 게시판을 설치할 것	
옥외저장탱크 · 옥내저장탱크 또는 지하저장탱크 중 압력탱크 외의 탱크에 저장하는 다이에틸에터등 또는 아세트알데하이드등의 온도는 산화프로필렌과 이를 함유한 것 또는 다이에틸에터등에 있어서는 30℃ 이하로 각각 유지할 것	30℃ 이하
인화점이 38℃ 미만인 위험물만을 저장 또는 취급하는 옥외탱크에 설치하는 통기관에는 화염방지장치를 설치할 것	38℃ 미만
인화점이 38도 이상인 제4류 위험물만을 지정수량의 30배 이하로 취급하는 보일러 · 충천하는 · 옮겨담는 일반취급소는 안전관리자의 보조자 선임 제외대상	38℃ 이상
제2류 위험물 중 황화인 · 적린 및 덩어리 황, 제3류 위험물 중 황린, 제6류 위험물 중 질산 및 제4류 위험물 중 인화점이 38℃ 이상인 위험물만을 저장 또는 취급하는 것에 한한다.	
보일러 등으로 위험물을 소비하는 일반취급소의 기준 → 보일러, 버너 그 밖의 이와 유사한 장치로 위험물(인화점이 38℃ 이상인 제4류 위험물에 한한다)을 소비하는 일반취급소로서 지정수량의 30배 미만의 것	
옮겨 담는 일반취급소의 기준 → 고정급유설비에 의하여 위험물(인화점이 38℃ 이상인 제4류 위험물에 한한다)을 용기에 옮겨 담거나 4,000리터 이하의 이동저장탱크(용량이 2,000리터를 넘는 탱크에 있어서는 그 내부를 2,000리터 이하마다 구획한 것에 한한다)에 주입하는 일반취급소로서 지정수량의 40배 미만인 것	
옥내탱크저장소 중 소화난이도등급 Ⅰ 의 기준 → 탱크전용실이 단층건물 외의 건축물에 있는 것으로서 인화점 38℃ 이상 70℃ 미만의 위험물을 지정수량의 5배 이상 저장하는 것(내화구조로 개구부없이 구획된 것은 제외한다)	
판매취급소에서는 도료류, 제1류 위험물 중 염소산염류 및 염소산염류만을 함유한 것, 황 또는 인화점이 38℃ 이상인 제4류 위험물을 배합실에서 배합하는 경우 외에는 위험물을 배합하거나 옮겨 담는 작업을 하지 아니할 것	
인화점이 40℃ 미만인 위험물의 옥내탱크에 설치하는 통기관에 있어서는 부지경계선으로부터 1.5m 이상 거리를 둘 것	40℃ 미만
주유취급소에서 자동차 등에 인화점 40℃ 미만의 위험물을 주유할 때에는 자동차 등의 원동기를 정지시킬 것	
이동저장탱크로부터 위험물을 저장 또는 취급하는 탱크에 인화점이 40℃ 미만인 위험물을 주입할 때에는 이동탱크저장소의 원동기를 정지시킬 것	

<table>
<tr><td>옥외저장탱크 · 옥내저장탱크 또는 지하저장탱크 중 압력탱크에 저장하는 아세트알데하이드등 또는 다이에틸에터등의 온도는 40℃ 이하로 유지할 것</td><td rowspan="2">40℃ 이하</td></tr>
<tr><td>보냉장치가 없는 이동저장탱크에 저장하는 아세트알데하이드등 또는 다이에틸에터등의 온도는 40℃ 이하로 유지할 것</td></tr>
<tr><td>지하저장탱크의 배관은 해당 탱크의 윗부분에 설치하여야 한다. 다만, 제4류 위험물 중 제2석유류(인화점이 40℃ 이상인 것에 한한다), 제3석유류, 제4석유류 및 동식물유류의 탱크에 있어서 그 직근에 유효한 제어밸브를 설치한 경우에는 그러하지 아니하다.</td><td rowspan="5">40℃ 이상</td></tr>
<tr><td>세정작업의 일반취급소 기준 → 세정을 위하여 위험물(인화점이 40℃ 이상인 제4류 위험물에 한한다)을 취급하는 일반취급소로서 지정수량의 30배 미만의 것</td></tr>
<tr><td>이동저장탱크로부터 액체위험물을 용기에 옮겨 담지 아니할 것. 다만, 주입호스의 끝부분에 수동개폐장치를 한 주입노즐을 사용하여 운반용기에 인화점 40℃ 이상의 제4류 위험물을 옮겨 담는 경우에는 그러하지 아니하다.</td></tr>
<tr><td>공사현장에서 건설기계나 재난현장에서 재난출동차량에 이동탱크저장소에서 위험물을 주입할 수 있는 위험물의 인화점 40℃ 이상에 한한다.</td></tr>
<tr><td>선박의 연료탱크에 주입하는 경우 이동탱크저장소의 주입설비를 접지할 것. 다만, 인화점 40℃ 이상의 위험물을 주입하는 경우에는 그러하지 아니하다.</td></tr>
<tr><td>자연발화성물질 중 알킬알루미늄등은 운반용기의 내용적의 90% 이하의 수납율로 수납하되, 50℃의 온도에서 5% 이상의 공간용적을 유지하도록 할 것</td><td>50℃</td></tr>
<tr><td>옥내저장소에서는 용기에 수납하여 저장하는 위험물의 온도가 55℃를 넘지 아니하도록 필요한 조치를 강구하여야 한다.</td><td rowspan="4">55℃</td></tr>
<tr><td>액체위험물은 운반용기 내용적의 98% 이하의 수납율로 수납하되, 55도의 온도에서 누설되지 아니하도록 충분한 공간용적을 유지하도록 할 것</td></tr>
<tr><td>기계에 의하여 하역하는 구조의 운반용에 액체위험물을 수납하는 경우에는 55℃의 온도에서의 증기압이 130㎪ 이하가 되도록 수납할 것</td></tr>
<tr><td>제5류 위험물 중 55℃ 이하의 온도에서 분해될 우려가 있는 것은 보냉 컨테이너에 수납하는 등 적정한 온도관리를 할 것</td></tr>
<tr><td>“제2석유류”라 함은 등유, 경유 그 밖에 1기압에서 인화점이 섭씨 21도 이상 70도 미만인 것을 말한다.</td><td rowspan="3">70℃ 미만</td></tr>
<tr><td>인화점이 70℃ 미만인 위험물의 저장창고에 있어서는 내부에 체류한 가연성의 증기를 지붕 위로 배출하는 설비를 갖추어야 한다.</td></tr>
<tr><td>제4류의 위험물(인화점이 70℃ 미만인 것은 제외한다)만의 저장창고에 있어서는 연소의 우려가 없는 벽 · 기둥 및 바닥은 불연재료로 할 수 있다.</td></tr>
<tr><td>다만, 인화점이 70℃ 이상인 위험물만을 해당 위험물의 인화점 미만의 온도로 저장 또는 취급하는 탱크에 설치하는 통기관에는 인화방지장치를 설치하지 않을 수 있다.</td><td rowspan="3">70℃ 이상</td></tr>
<tr><td>다만, 인화점이 70℃ 이상인 제4류 위험물만의 옥내저장탱크를 설치하는 탱크전용실에 있어서는 연소의 우려가 없는 외벽 · 기둥 및 바닥을 불연재료로 할 수 있다.</td></tr>
<tr><td>열처리작업 등의 일반취급소의 기준 → 열처리작업 또는 방전가공을 위하여 위험물(인화점이 70℃ 이상인 제4류 위험물에 한한다)을 취급하는 일반취급소로서 지정수량의 30배 미만의 것</td></tr>
<tr><td>고인화점위험물 → 인화점이 100℃ 이상인 제4류 위험물</td><td>100℃ 이상</td></tr>
</table>

방유제 내의 설치하는 옥외저장탱크의 수는 10(방유제 내에 설치하는 모든 옥외저장탱크의 용량이 20만L 이하이고, 해당 옥외저장탱크에 저장 또는 취급하는 위험물의 인화점이 70℃ 이상 200℃ 미만인 경우에는 20) 이하로 할 것. 다만, 인화점이 200℃ 이상인 위험물을 저장 또는 취급하는 옥외저장탱크에 있어서는 그러하지 아니하다.	200℃ 이상
방유제는 옥외저장탱크의 지름에 따라 그 탱크의 옆판으로부터 다음에 정하는 거리를 유지할 것. 다만, 인화점이 200℃ 이상인 위험물을 저장 또는 취급하는 것에 있어서는 그러하지 아니하다.	
"제4석유류"라 함은 기어유, 실린더유 그 밖에 1기압에서 인화점이 섭씨 200도 이상 섭씨 250도 미만의 것을 말한다.	250℃ 미만
"동식물유류"라 함은 동물의 지육(枝肉 : 머리, 내장, 다리를 잘라 내고 아직 부위별로 나누지 않은 고기를 말한다) 등 또는 식물의 종자나 과육으로부터 추출한 것으로서 1기압에서 인화점이 섭씨 250도 미만인 것을 말한다.	

12 제조소등에 적용되는 길이 등

길 이	규정내용
0.1m 이상	• 주유취급소의 펌프실 그 밖의 위험물을 취급하는 실의 출입구에는 바닥으로부터 0.1m 이상의 턱을 설치할 것 • 판매취급소 배합실의 출입구 문턱의 높이는 바닥면으로부터 0.1m 이상으로 할 것
0.15m 이상	• 위험물 제조소에서 옥외에서 액체위험물을 취급하는 설비의 바닥둘레에 높이 0.15m 이상의 턱을 설치하는 등 위험물이 외부로 흘러나가지 아니하도록 하여야 한다. • 옥외저장탱크의 펌프실 외의 장소에 설치하는 펌프설비에는 그 직하의 지반면의 주위에 높이 0.15m 이상의 턱을 만들고 해당 지반면은 콘크리트 등 위험물이 스며들지 아니하는 재료로 적당히 경사지게 하여 그 최저부에는 집유설비를 할 것 • 이동탱크저장소의 수동폐쇄장치를 작동시킬 수 있는 레버의 길이는 15cm 이상으로 할 것
0.2m 이상	• 옥외저장탱크의 펌프실의 바닥의 주위에는 높이 0.2m 이상의 턱을 만들고 바닥은 콘크리트 등 위험물이 스며들지 아니하는 재료로 적당히 경사지게 하여 그 최저부에는 집유설비를 설치할 것 • 이황화탄소의 옥외저장탱크는 벽 및 바닥의 두께가 0.2m 이상이고 누수가 되지 아니하는 철근콘크리트의 수조에 넣어 보관하여야 한다. • 옥외저장탱크 방유제는 두께 0.2m 이상으로 할 것
0.5m 이상 3m 이하	옥외저장탱크 방유제는 높이 0.5m 이상 3m 이하로 할 것
0.5m 이상	• 옥내저장탱크와 탱크전용실의 벽과의 사이 및 옥내저장탱크의 상호간에는 0.5m 이상의 간격을 유지할 것 • 간이저장탱크를 전용실안에 설치하는 경우에는 탱크와 전용실의 벽과의 사이에 0.5m 이상의 간격을 유지하여야 한다. • 이송배관을 포장된 차도에 매설하는 경우에는 포장부분의 토대의 밑에 매설하고, 배관의 외면과 토대의 최하부와의 거리는 0.5m 이상으로 할 것
0.6m 이상	• 제조소등 게시판은 한 변이 0.3m 이상, 다른 한 변이 0.6m 이상인 직사각형으로 할 것 • 지하저장탱크의 윗부분은 지면으로부터 0.6m 이상 아래에 있어야 한다.
1m 이내	탱크상부의 네 모퉁이에 해당 탱크의 전단 또는 후단으로부터 각각 1m 이내의 위치에 설치할 것
1.5m 이하	옥외저장소에서 덩어리 황을 저장·취급하는 경계표시의 높이는 1.5m 이하로 할 것

가로 2m 이내	주유취급소의 담 또는 벽을 유리를 설치한 경우 하나의 유리판 길이
2m 이상	• 주유취급소의 주위에는 자동차 등이 출입하는 쪽외의 부분에 높이 2m 이상의 내화구조 또는 불연재료의 담 또는 벽을 설치할 것 • 환기구는 지붕 위 또는 지상 2m 이상의 높이에 회전식 고정벤티레이터 또는 루프팬 방식으로 설치할 것
4m 이상	고정주유설비와 고정급유설비의 사이에는 4m 이상의 거리를 유지할 것
5m 이내	고정주유설비 또는 고정급유설비의 주유관의 길이(끝부분의 개폐밸브를 포함한다)는 5m(현수식의 경우에는 지면위 0.5m의 수평면에 수직으로 내려 만나는 점을 중심으로 반경 3m) 이내로 하고 그 끝부분에는 축적된 정전기를 유효하게 제거할 수 있는 장치를 설치하여야 한다.
6m 초과	옥외저장소에 선반을 설치하는 경우 선반의 높이는 6m를 초과하지 아니할 것
50m 이내	이동탱크저장소의 주입설비의 길이는 50m 이내로 하고, 그 끝부분에 축적되는 정전기를 유효하게 제거할 수 있는 장치를 할 것
50m 이하	자동화재탐지설비 하나의 경계구역의 길이는 그 한 변의 길이는 50m(광전식분리형 감지기를 설치할 경우에는 100m)이하로 할 것
60m 이상	수상에 설치하는 선박주유취급소의 오일펜스 : 수면 위로 20cm 이상 30cm 미만으로 노출되고, 수면 아래로 30cm 이상 40cm 미만으로 잠기는 것으로서, 60m 이상의 길이일 것
너비 15m 이상, 길이 6m 이상	주유취급소의 고정주유설비의 주위에는 주유를 받으려는 자동차 등이 출입할 수 있도록 너비 15m 이상, 길이 6m 이상의 주유공지를 보유해야 한다.

기 출

최신 기출복원문제

(공개문제 / 소방위 기출유사 / 소방장 기출유사)

남에게 이기는 방법의 하나는 예의범절로 이기는 것이다.

– 조쉬 빌링스 –

01 공개문제

▶ 본 공개문제는 2024년 11월 2일에 시행한 소방장 승진시험 과목 중 제2과목 소방법령 Ⅲ에서 위험물안전관리법령에 관한 문제만 수록하였습니다.

01 **「위험물안전관리법」 및 같은 법 시행령과 시행규칙상 위험물의 운반 및 운송에 관한 내용으로 옳지 않은 것은?**

① 위험물(제4류 위험물에 있어서는 특수인화물, 제1석유류 및 알코올류에 한한다)을 운송하게 하는 자는 별지 제48호 서식의 위험물안전카드를 위험물운송자로 하여금 휴대하게 해야 한다.

② 알킬알루미늄, 알킬리튬 운송에 있어서는 운송책임자(위험물 운송의 감독 또는 지원을 하는 자를 말한다)의 감독 또는 지원을 받아 이를 운송하여야 한다.

③ 기계에 의하여 하역하는 구조로 된 대형의 운반용기로서 행정안전부령이 정하는 것을 제작하거나 수입한 자 등은 행정안전부령이 정하는 바에 따라 당해 용기를 사용하거나 유통시키기 전에 시・도지사가 실시하는 운반용기에 대한 검사를 받아야 한다.

④ 중요기준이란 화재 등 위해의 예방과 응급조치에 있어서 큰 영향을 미치거나 그 기준을 위반하는 경우 직접적으로 화재를 일으킬 가능성이 큰 기준으로서 행정안전부령이 정하는 기준이다.

해설 위험물 운송책임자의 감독 또는 지원의 방법과 위험물의 운송 시에 준수하여야 하는 사항(위험물안전관리법 시행규칙 별표 21)
위험물(제4류 위험물에 있어서는 **특수인화물 및 제1석유류**에 한한다)을 운송하게 하는 자는 별지 제48호 서식의 위험물안전카드를 위험물운송자로 하여금 휴대하게 해야 한다.

정답 01 ①

02 「위험물안전관리법 시행규칙」상 유별을 달리하는 위험물 운반 시 혼재기준으로 옳은 것은?

① 지정수량 20배의 무기과산화물과 지정수량 15배의 특수인화물은 혼재할 수 있다.
② 지정수량 20배의 황화인과 지정수량 15배의 나트륨은 혼재할 수 있다.
③ 지정수량 15배의 경유와 지정수량 20배의 유기과산화물은 혼재할 수 없다.
④ 지정수량 15배의 과산화수소와 지정수량 20배의 염소산염류는 혼재할 수 있다.

해설 유별을 달리하는 위험물의 혼재기준(시행규칙 별표 19 부표 2)

위험물의 구분	제1류	제2류	제3류	제4류	제5류	제6류
제1류		×	×	×	×	○
제2류	×		×	○	○	×
제3류	×	×		○	×	×
제4류	×	○	○		○	×
제5류	×	○	×	○		×
제6류	○	×	×	×	×	

• "×"표시는 혼재할 수 없음을 표시한다.
• "○"표시는 혼재할 수 있음을 표시한다.
• 이 표는 지정수량의 $\frac{1}{10}$ 이하의 위험물에 대하여는 적용하지 아니한다.

03 「위험물안전관리법 시행규칙」상 이동탱크저장소의 이동 저장탱크에 맨홀을 설치하도록 규정하고 있다. 제4류 인화성액체만을 저장하는 이동탱크저장소의 최대용량이 12,000리터인 이동저장탱크에 설치되어야 하는 맨홀의 최소 개수로 옳은 것은? (단, 컨테이너식 이동탱크저장소, 주유탱크차는 제외)

① 1
② 2
③ 3
④ 4

해설 이동탱크저장소의 구조

구 분	위치 · 구조 및 설비의 기준
칸막이	• 내부에 4,000L 이하마다 3.2㎜ 이상의 강철판 또는 이와 동등 이상의 강도 · 내열성 및 내식성이 있는 금속성의 것으로 칸막이를 설치하여야 한다. • 다만, 고체인 위험물을 저장하거나 고체인 위험물을 가열하여 액체 상태로 저장하는 경우에는 그러하지 아니하다.
칸막이마다 설치	• 칸막이로 구획된 각 부분마다 맨홀과 다음 각 목의 기준에 의한 안전장치 및 방파판을 설치해야 한다. • 다만, 칸막이로 구획된 부분의 용량이 2,000L 미만인 부분에는 방파판을 설치하지 아니할 수 있다.

따라서 12,000L의 이동탱크저장소는 4,000L마다 칸막이로 구획된 실을 만들어야 하므로 칸막이는 2개, 구획된 실은 3개의 구조로 제작하여야 하며, 구획된 실마다 맨홀과 안전장치 및 방파판을 설치해야 하므로 맨홀을 3개 설치해야 한다.

02 ④ 03 ③ 정답

04 「위험물안전관리법」 및 같은 법 시행규칙상 안전교육에 관한 내용으로 옳지 않은 것은?

① 안전관리자의 실무교육 시간은 8시간이다.

② 안전관리자가 되려는 사람의 강습교육 시간은 12시간이다.

③ 안전관리자 및 위험물운송자의 실무교육시간 중 일부(4시간 이내)를 사이버교육의 방법으로 실시할 수 있다.

④ 소방본부장은 매년 10월 말까지 관할구역 안의 실무교육 대상자 현황을 한국소방안전원에 통보하고 관할구역 안에서 한국소방안전원이 실시하는 안전교육에 관하여 지도・감독하여야 한다.

해설 교육과정・교육대상자・교육시간・교육시기 및 교육기관(시행규칙 별표 24)

교육과정	교육대상자	교육시간	교육시기	교육 기관
강습 교육	안전관리자가 되려는 사람	24시간	최초 선임되기 전	안전원
	위험물운반자가 되려는 사람	8시간	최초 종사하기 전	
	위험물운송자가 되려는 사람	16시간	최초 종사하기 전	
실무교육	안전관리자	8시간	가. 제조소등의 안전관리자로 선임된 날부터 6개월 이내 나. 가목에 따른 교육을 받은 후 2년마다 1회	안전원
	위험물운반자	4시간	가. 위험물운반자로 종사한 날부터 6개월 이내 나. 가목에 따른 교육을 받은 후 3년마다 1회	안전원
	위험물운송자	8시간	가. 위험물운송자로 종사한 날부터 6개월 이내 나. 가목에 따른 교육을 받은 후 3년마다 1회	안전원
	탱크시험자의 기술인력	8시간	가. 탱크시험자의 기술인력으로 등록한 날부터 6개월 이내 나. 가목에 따른 교육을 받은 후 2년마다 1회	기술원

비고 3. 안전관리자 및 위험물운송자의 실무교육 시간 중 일부(4시간 이내)를 사이버교육의 방법으로 실시할 수 있다. 다만, 교육대상자가 사이버교육의 방법으로 수강하는 것에 동의하는 경우에 한정한다.

정답 04 ②

05 「위험물안전관리법」 및 같은 법 시행령상 사고조사위원회의 구성과 운영 등에 관한 내용으로 옳지 않은 것은?

① 사고조사위원회의 민간위원의 임기는 3년으로 하며, 두 차례만 연임할 수 있다.

② 사고조사위원회는 위원장 1명을 포함하여 7명 이내의 위원으로 구성한다.

③ 소방청장, 소방본부장 또는 소방서장은 위험물의 누출・화재・폭발 등의 사고가 발생한 경우 사고의 원인 및 피해 등을 조사하여야 한다.

④ 「소방기본법」 제40조에 따른 한국소방안전원의 임직원 중 위험물 안전관리 관련 업무에 5년 이상 종사한 사람을 위원으로 임명하거나 위촉할 수 있다.

해설 사고조사위원회의 구성 등

구 분		규정 내용
목 적		위험물의 누출・화재・폭발 등의 사고가 발생한 경우 사고의 원인 및 피해 등의 조사를 위함
구성권자		소방청장(중앙119구조본부장 및 그 소속 기관의 장을 포함), 소방본부장 또는 소방서장
구 성		위원장 1명을 포함하여 7명 이내의 위원(위원장을 제외)
임명 또는 위촉	위원장	위원 중에서 소방청장, 소방본부장 또는 소방서장이 임명 또는 위촉
	위 원	소방청장, 소방본부장 또는 소방서장이 임명 또는 위촉
위원의 자격		1) 소속 소방공무원 2) 기술원의 임직원 중 위험물 안전관리 관련 업무에 5년 이상 종사한 사람 3) 한국소방안전원의 임직원 중 위험물 안전관리 관련 업무에 5년 이상 종사한 사람 4) 위험물로 인한 사고의 원인・피해 조사 및 위험물 안전관리 관련 업무 등에 관한 학식과 경험이 풍부한 사람
임 기		2년, 단 한차례 연임 가능
수당, 여비		위원회에 출석한 위원에게는 예산의 범위에서 수당, 여비, 그 밖에 필요한 경비를 지급할 수 있다. 다만, 공무원인 위원이 그 소관 업무와 직접적으로 관련되어 위원회에 출석하는 경우에는 지급하지 않는다.

05 ① **정답**

06 「위험물안전관리법 시행규칙」상 이송취급소를 설치할 수 있는 경우로 옳은 것은? (단, 지형상황 등 부득이한 사유가 있고 안전에 필요한 조치를 하는 경우는 제외)

① 철도 및 도로의 터널 안에 설치하는 경우
② 급경사지역으로서 붕괴의 위험이 있는 지역에 설치하는 경우
③ 호수·저수지 등으로서 수리의 수원이 되는 곳을 횡단하여 설치하는 경우
④ 고속국도 및 자동차전용도로(도로법에 따라 지정된 도로)의 차도·갓길 및 중앙분리대에 설치하는 경우

해설 이송취급소의 위치·구조 및 설비의 기준 중 설치장소

구 분	설치장소
설치할 수 없는 장소	• 철도 및 도로의 터널 안 • 고속국도 및 자동차전용도로의 차도·갓길 및 중앙분리대 • 호수·저수지 등으로서 수리의 수원이 되는 곳 • 급경사지역으로서 붕괴의 위험이 있는 지역
설치할 수 있는 장소	• 설치할 수 없는 장소 이외의 장소 • 설치할 수 없는 장소라도 지형상황 등 부득이한 사유가 있고 안전에 필요한 조치를 하는 경우 • 고속국도 및 자동차전용도로를 횡단하는 경우 • 호수·저수지 등으로서 수리의 수원이 되는 곳을 횡단하는 경우

07 「위험물안전관리법 시행규칙」상 주유취급소의 위치·구조 및 설비의 기준에 관한 내용으로 옳지 않은 것은?

① 주유원 간이대기실은 바퀴가 부착되지 아니한 고정식으로 한다.
② 주유취급소에는 흑색바탕에 황색문자로 "주유중 엔진정지"라는 표시를 한 게시판을 설치해야 한다.
③ 주유취급소의 고정주유설비 또는 고정급유설비의 펌프기기는 주유관 끝부분에서의 최대배출량이 제1석유류의 경우에는 분당 50리터 이하인 것으로 한다.
④ 고정주유설비는 고정주유설비의 중심선을 기점으로 하여 도로경계선까지 4m 이상, 부지경계선·담 및 건축물의 벽까지 2m(개구부가 없는 벽까지는 1m) 이상의 거리를 유지해야 한다.

해설 표지 및 게시판
주유취급소에는 보기 쉬운 곳에 "위험물 주유취급소"라는 표시를 한 표지, 방화에 관하여 필요한 사항을 게시한 게시판 및 황색바탕에 흑색문자로 "주유중 엔진정지"라는 표시를 한 게시판 및 금연구역임을 알리는 표지를 설치하여야 한다.

정답 06 ③ 07 ②

08 「위험물안전관리법 시행규칙」상 소화설비 설치기준에서 소요단위 계산 방법에 대한 설명으로 옳지 않은 것은?

① 위험물은 지정수량의 10배를 1소요단위로 한다.

② 제조소 또는 취급소의 건축물은 외벽이 내화구조가 아닌 것은 연면적 $150m^2$를 소요단위로 한다.

③ 저장소의 건축물은 외벽이 내화구조가 아닌 것은 연 면적 $75m^2$를 1소요단위로 한다.

④ 제조소 또는 취급소의 건축물은 외벽이 내화구조인 것은 연면적 $100m^2$를 1소요단위로 한다.

해설 소화시설의 설치대상이 되는 건축물 등 소요단위의 계산방법

구 분	제조소등	건축물의 구조	1소요단위
건축물 그 밖의 공작물의 규모 또는 위험물의 소요단위 계산방법 기준단위	제조소 또는 취급소의 건축물	외벽이 내화구조인 것 (제조소등의 용도로 사용되는 부분 외의 부분이 있는 건축물은 제조소등에 사용되는 부분의 바닥면적의 합계를 말함)	연면적 $100m^2$
		외벽이 내화구조가 아닌 것	연면적 $50m^2$
	저장소의 건축물	외벽이 내화구조인 것	연면적 $150m^2$
		외벽이 내화구조가 아닌 것	연면적 $75m^2$
	제조소등의 옥외에 설치된 공작물	외벽을 내화구조로 간주 (공작물의 최대수평투영면적을 연면적으로 간주)	• 제조소 · 일반취급소 : $100m^2$ • 저장소 : $150m^2$
	위험물		지정수량 10배

08 ② **정답**

09 둘 이상의 제4류 위험물을 같은 장소에 동시에 저장하려 할 때, 위험물 제조소등으로 허가받아야 하는 경우로 옳은 것은?

① 제1석유류 비수용성액체 100리터, 제2석유류 비수용성액체 400리터
② 특수인화물 25리터, 제1석유류 비수용성액체 100리터
③ 제3석유류 수용성액체 2,000리터, 제4석유류 2,000리터
④ 제1석유류 수용성액체 150리터, 알코올류 200리터

해설 제4류 위험물

성 질	등 급	품 명		지정수량
인화성 액체	I	1. 특수인화물(다이에틸에터, 이황화탄소, 아세트알데하이드)		50리터
	II	2. 제1석유류(아세톤, 휘발유 등)	비수용성액체	200리터
			수용성액체	400리터
		3. 알코올류(탄소원자의 수가 1~3개)		400리터
	III	4. 제2석유류(등유, 경유 등)	비수용성액체	1,000리터
			수용성액체	2,000리터
		5. 제3석유류(중유, 크레오소트유 등)	비수용성액체	2,000리터
			수용성액체	4,000리터
		6. 제4석유류(기어유, 실린더유 등)		6,000리터
		7. 동식물류		10,000리터

따라서 허가수량 $= \frac{\text{A품명 저장수량}}{\text{A품명 지정수량}} + \frac{\text{B품명 저장수량}}{\text{B품명 지정수량}} = 1$ 이상 일때

① 제1석유류 비수용성액체 100리터, 제2석유류 비수용성액체 400리터 ⇒ $\frac{100\ell}{200\ell}+\frac{400\ell}{2000\ell}=0.75$

② 특수인화물 25리터, 제1석유류 비수용성액체 100리터 ⇒ $\frac{25\ell}{50\ell}+\frac{100\ell}{200\ell}=1$

③ 제3석유류 수용성액체 2,000리터, 제4석유류 2,000리터 ⇒ $\frac{2000\ell}{4000\ell}+\frac{2000\ell}{6000\ell}=0.83$

④ 제1석유류 수용성액체 150리터, 알코올류 200리터 ⇒ $\frac{150\ell}{400\ell}+\frac{200\ell}{400\ell}=0.875$

10 「위험물안전관리법 시행령」상 한국소방산업기술원의 기술검토 및 완공검사를 받아야 하는 제조소 또는 일반취급소의 지정수량의 배수기준으로 각각 옳은 것은? (단, 해당 지정수량은 위험물을 취급하는 수량의 지정수량임)

① 기술검토는 1천배 이상, 완공검사는 1천배 이상
② 기술검토는 1천배 이상, 완공검사는 3천배 이상
③ 기술검토는 3천배 이상, 완공검사는 1천배 이상
④ 기술검토는 3천배 이상, 완공검사는 3천배 이상

정답 09 ② 10 ①

해설 한국소방산업기술원의 업무

해당업무	대 상
탱크안전 성능검사 대상	• 100만 리터 이상인 액체위험물을 저장하는 탱크 • 암반탱크 • 지하탱크저장소의 위험물탱크 중 이중벽탱크
허가신청 시 기술검토 대상	• 지정수량의 1천배 이상의 위험물을 취급하는 제조소 또는 일반취급소 : 구조・설비에 관한 사항 • 50만 리터 이상인 옥외탱크저장소 : 위험물탱크의 기초・지반, 탱크본체 및 소화설비에 관한 사항 • 암반탱크저장소 : 위험물탱크의 기초・지반, 탱크본체 및 소화설비에 관한 사항
제조소등의 완공검사	• 지정수량의 1천배 이상의 위험물을 취급하는 제조소 또는 일반취급소의 설치 또는 변경에 따른 완공검사 • 50만 리터 이상인 옥외탱크저장소의 설치 또는 변경에 따른 완공검사 • 암반탱크저장소의 설치 또는 변경에 따른 완공검사

11 「위험물안전관리법」의 규정 내용 중에서 ㉠~㉢에 들어갈 숫자를 모두 합한 값으로 옳은 것은?

(가) 제조소등의 위치・구조 또는 설비의 변경없이 당해 제조소등에서 저장하거나 취급하는 위험물의 품명・수량 또는 지정수량의 배수를 변경하고자 하는 자는 변경하고자 하는 날의 (㉠)일 전까지 행정안전부령이 정하는 바에 따라 시・도지사에게 신고하여야 한다.
(나) 제조소등의 관계인은 제조소등의 사용을 중지(경영상 형편, 대규모 공사 등의 사유로 (㉡)월 이상 위험물을 저장하지 아니하거나 취급하지 아니하는 것을 말한다)하려는 경우에는 위험물의 제거 및 제조소등의 출입통제 등 행정안전부령으로 정하는 안전조치를 하여야 한다.
(다) 시・도지사는 제12조 각 호의 어느 하나에 해당하는 경우로서 제조소등에 대한 사용의 정지가 그 이용자에게 심한 불편을 주거나 그 밖에 공익을 해칠 우려가 있는 때에는 사용정지처분에 갈음하여 (㉢)억 원 이하의 과징금을 부과할 수 있다.

① 4　　② 5
③ 6　　④ 7

해설 ㉠ : 1일 전까지 신고
㉡ : 3개월 이상
㉢ : 2억 원 이하
∴ 1+3+2 = 6

11 ③ 정답

12 「위험물안전관리법 시행규칙」상 제조소에 설치되는 위험물을 취급하는 배관은 내압시험을 실시하도록 규정하고 있다, 이때 불연성 기체를 이용하는 내압시험의 압력기준으로 옳은 것은?

① 최대상용압력의 1.1배 미만
② 최대상용압력의 1.1배 이상
③ 최대상용압력의 1.5배 미만
④ 최대상용압력의 1.5배 이상

해설 **위험물 제조소의 위치 · 구조 및 설비의 기준**
위험물 제조소 내의 위험물을 취급하는 배관은 다음 각 호의 구분에 따른 압력으로 내압시험을 실시하여 누설 그 밖의 이상이 없는 것으로 해야 한다.
가. 불연성 액체를 이용하는 경우에는 최대상용압력의 1.5배 이상
나. 불연성 기체를 이용하는 경우에는 최대상용압력의 1.1배 이상

13 「위험물안전관리법 시행령」상 위험물 및 지정수량 중에서 제1종 : 10킬로그램과 제2종 : 100킬로그램으로 구분하는 위험물의 품명으로 옳지 않은 것은?

① 질산염류
② 질산에스터류
③ 나이트로화합물
④ 하이드록실아민

해설 **제5류 위험물**

성 질	등 급	품 명	지정수량
자기 반응성 물질	제1종 : I 제2종 : II	1. 유기과산화물, 2. 질산에스터류	제1종 : 10kg 제2종 : 100kg
		3. 나이트로화합물, 4. 나이트로소화합물, 5. 아조화합물, 6. 다이아조화합물, 7. 하이드라진유도체	
		8. 하이드록실아민, 9. 하이드록실아민염류	
		10. 그 밖의 행정안전부령이 정하는 것 – 금속의 아지화합물 – 질산구아니딘 11. 제1호 ~ 제10호의 1에 해당하는 어느 하나 이상을 함유한 것	

정답 12 ② 13 ①

02 공개문제

▶ 본 공개문제는 2023년 11월 2일에 시행한 소방위 승진시험 과목 중 제2과목 소방법령 Ⅳ에서 위험물안전관리법령에 관한 문제만 수록하였습니다.

01 「위험물안전관리법 시행령」상 위험물 및 지정수량 기준에 관한 내용으로 옳지 않은 것은?

① 제1류 위험물인 "산화성고체"라 함은 고체[액체(1기 압 및 섭씨 20도에서 액상인 것 또는 섭씨 20도 초과 섭씨 40도 이하에서 액상인 것)또는 기체(1기압 및 섭씨 20도에서 기상인 것)외의 것을 말한다]로서 산 화력의 잠재적인 위험성 또는 충격에 대한 민감성을 판단하기 위하여 소방청장이 정하여 고시하는 시험에서 고시로 정하는 성질과 상태를 나타내는 것이다.

② 제3류 위험물인 "자연발화성 및 금수성물질"이라 함은 고체 또는 액체로서 공기 중에서 발화의 위험이 있거나 물과 접촉하여 발화하거나 가연성가스를 발생하는 위험성이 있는 것을 말한다.

③ 제4류 위험물인 "인화성액체"라 함은 액체(제4석유류 및 동식물유류의 경우 1기압과 섭씨 25도에서 액체인 것만 해당한다)로서 인화의 위험성이 있는 것을 말한다.

④ 제5류 위험물인 "자기반응성물질"이란 고체 또는 액체로서 폭발의 위험성 또는 가열분해의 격렬함을 판단하기 위하여 고시로 정하는 시험에서 고시로 정하는 성질과 상태를 나타내는 것을 말하며, 위험성 유무와 등급에 따라 제1종 또는 제2종으로 분류한다.

해설 위험물 유별의 성질과 상태

성질 및 상태	판정의 기준
산화성 고체	고체[액체(1기압 및 섭씨 20도에서 액상인 것 또는 섭씨 20도 초과 섭씨 40도 이하에서 액상인 것을 말한다. 이하 같다)또는 기체(1기압 및 섭씨 20도에서 기상인 것을 말한다)로서 산화력의 잠재적인 위험성 또는 충격에 대한 민감성을 판단하기 위하여 소방청장이 정하여 고시하는 시험에서 고시로 정하는 성질과 상태를 나타내는 것. 이 경우 "액상"이라 함은 수직으로 된 시험관(안지름 30밀리미터, 높이 120밀리미터의 원통형유리관을 말한다)에 시료를 55밀리미터까지 채운 다음 당해 시험관을 수평으로 하였을 때 시료액면의 선단이 30밀리미터를 이동하는 데 걸리는 시간이 90초 이내에 있는 것을 말한다.
가연성 고체	고체로서 화염에 의한 발화의 위험성 또는 인화의 위험성을 판단하기 위하여 고시로 정하는 시험에서 고시로 정하는 성질과 상태를 나타내는 것

01 ③ 정답

자연 발화성 및 금수성물질	고체 또는 액체로서 공기 중에서 발화의 위험성이 있거나 물과 접촉하여 발화하거나 가연성가스를 발생하는 위험성이 있는 것 • 칼륨 · 나트륨 · 알킬알루미늄 · 알킬리튬 ⇒ 금수성물질 • 황린 ⇒ 자연발화성물질
인화성액체	액체(제3석유류, 제4석유류 및 동식물유류의 경우 1기압과 섭씨 20도에서 액체인 것만 해당한다)로서 인화의 위험성이 있는 것
자기 반응성 물질	고체 또는 액체로서 폭발의 위험성 또는 가열분해의 격렬함을 판단하기 위하여 고시로 정하는 시험에서 고시로 정하는 성질과 상태를 나타내는 것을 말하며, 위험성 유무와 등급에 따라 제1종 또는 제2종으로 분류한다.
산화성 액체	액체로서 산화력의 잠재적인 위험성을 판단하기 위하여 고시로 정하는 시험에서 고시로 정하는 성질과 상태를 나타내는 것

02 「위험물안전관리법 시행령」상 제5류 위험물 중 유기과산화물을 함유하는 것 중에서 불활성고체를 함유하는 것으로 위험물에서 제외되는 기준에 대한 내용으로 옳지 않은 것은?

① 과산화벤조일의 함유량이 35.5중량퍼센트 미만인 것으로서 전분가루, 황산칼슘2수화물 또는 인산수소칼슘2수화물과의 혼합물

② 비스(4-클로로벤조일)퍼옥사이드의 함유량이 30중량퍼센트 미만인 것으로서 불활성고체와의 혼합물

③ 과산화다이쿠밀의 함유량이 40중량퍼센트 미만인 것으로서 불활성고체와의 혼합물

④ 사이클로헥산온퍼옥사이드의 함유량이 40중량퍼센트 미만인 것으로서 불활성고체와의 혼합물

해설 제5류 유기과산화물을 함유하는 것 중에서 불활성고체를 함유하는 것으로서 다음 각 목의 1에 해당하는 것은 제외한다.

- 과산화벤조일의 함유량이 35.5중량퍼센트 미만인 것으로서 전분가루, 황산칼슘2수화물 또는 인산수소칼슘2수화물과의 혼합물
- 비스(4-클로로벤조일)퍼옥사이드의 함유량이 30중량퍼센트 미만인 것으로서 불활성고체와의 혼합물
- 과산화다이쿠밀의 함유량이 40중량퍼센트 미만인 것으로서 불활성고체와의 혼합물
- 1 · 4비스(2-터셔리부틸퍼옥시아이소프로필)벤젠의 함유량이 40중량퍼센트 미만인 것으로서 불활성고체와의 혼합물
- 사이클로헥산온퍼옥사이드의 함유량이 30중량퍼센트 미만인 것으로서 불활성고체와의 혼합물

정답 02 ④

03 「위험물안전관리법 시행규칙」상 제조소등의 변경허가를 받아야 하는 경우로 옳지 않은 것은?

① 제조소 또는 일반취급소, 옥내저장소에 배출설비를 신설하는 경우
② 옥내탱크저장소의 옥내저장탱크(탱크본체를 절개하는 경우 제외)를 보수하는 경우
③ 옥외탱크저장소에 불활성기체의 봉입장치를 신설하는 경우
④ 주유취급소의 경우 300m(지상에 설치하지 않는 배관의 경우에는 30m)를 초과하는 위험물의 배관을 신설하는 경우

해설 옥내탱크저장소의 옥내저장탱크(탱크본체를 절개하는 경우에 한한다)를 보수하는 경우

04 「위험물안전관리법 시행규칙」상 행정처분기준에 대한 내용으로 옳은 것은?

① 일반기준으로 제조소등에 대한 사용정지의 처분기간이 완료될 때까지 위반행위가 계속되는 경우에는 1차 행정처분으로 허가취소한다.
② 개별기준으로 완공검사를 받지 않고 제조소등을 사용하는 경우 1차 행정처분으로 허가취소한다.
③ 개별기준으로 안전관리대행기관의 지정기준에 미달되는 때 1차 행정처분으로 지정취소한다.
④ 개별기준으로 탱크시험자가 다른 자에게 등록증을 빌려준 경우 1차 행정처분으로 등록취소한다.

해설 ① 일반기준으로 사용정지 또는 업무정지의 처분기간이 완료될 때까지 위반행위가 계속되는 경우에는 **사용정지 또는 업무정지의 행정처분을 다시 한다.**
② 개별기준으로 완공검사를 받지 않고 제조소등을 사용하는 경우 1차 행정처분으로 **사용정지 15일**로 한다.
③ 개별기준으로 안전관리대행기관의 지정기준에 미달되는 때 1차 행정처분으로 **업무정지 30일**로 한다.

03 ② 04 ④ **정답**

05 「위험물안전관리법 시행규칙」상 제조소의 위치 · 구조 및 설비의 기준에 대한 내용으로 옳지 않은 것은?

① 옥외에 있는 위험물취급탱크(용량이 지정수량의 5분의 1 미만인 것 제외)로서 액체위험물(이황화탄소 제외)을 취급하는 것 주위에는 방유제를 설치해야 하며, 하나의 취급탱크 주위에 설치하는 방유제의 용량은 당해 탱크용량의 50퍼센트 이상으로 한다.

② 연소의 우려가 있는 외벽에 설치하는 출입구에는 수시로 열 수 있는 자동폐쇄식의 60분+방화문 또는 60분방화문을 설치하여야 한다.

③ 제1류 위험물(알칼리금속의 과산화물 제외)은 "화기 · 충격주의", "물기엄금" 및 "가연물접촉주의"의 주의사항을 표시한 게시판을 설치해야 한다.

④ 배출설비는 국소방식으로 하여야 한다. 다만, 위험물 취급설비가 배관이음 등으로만 된 경우 전역방식으로 할 수 있다.

해설 ③ 제1류 위험물 중 알칼리금속의 과산화물 또는 이를 함유한 것에 있어서는 "화기 · 충격주의", "물기엄금" 및 "가연물접촉주의", 그 밖의 것에 있어서는 "화기 · 충격주의" 및 "가연물접촉주의" 주의사항을 표시한 게시판을 설치해야 한다.

06 「위험물안전관리법 시행규칙」상 옥내저장소의 위치 · 구조 및 설비의 기준에 대한 내용으로 옳은 것은?

① 저장창고는 지면에서 처마까지의 높이가 6m 미만인 단층건물로 하고 그 바닥을 지반면보다 높게 하여야 한다. 다만, 제2류 또는 제4류 위험물만을 저장하는 창고로서 일정기준에 적합한 경우 지면에서 처마까지의 높이를 20m 이하로 할 수 있다.

② 제3석유류, 제4석유류 또는 동식물유류의 위험물을 저장 또는 취급하는 옥내저장소로서 그 최대수량이 지정수량의 20배 미만인 경우 안전거리를 두지 아니할 수 있다.

③ 저장창고의 벽 · 기둥 · 바닥 · 보 · 서까래 및 계단을 불연재료로 하고, 연소(延燒)의 우려가 있는 외벽(소방청장이 정하여 고시하는 것에 한한다)은 출입구 외의 개구부가 없는 내화구조의 벽으로 하여야 한다.

④ 적린을 저장하는 다층건물 옥내저장소의 하나의 저장창고의 바닥면적 합계는 2,000m^2 이하로 해야 한다.

해설 ② 제4석유류 또는 동식물유류의 위험물을 저장 또는 취급하는 옥내저장소로서 그 최대수량이 지정수량의 20배 미만인 경우 안전거리를 두지 아니할 수 있다.

③ 저장창고의 벽 · 기둥 및 바닥은 내화구조로 하고, 보와 서까래는 불연재료로 하여야 한다. 다만, 지정수량의 10배 이하의 위험물의 저장창고 또는 제2류 위험물(인화성고체는 제외한다)과 제4류의 위험물(인화점이 70℃ 미만인 것은 제외한다)만의 저장창고에 있어서는 연소의 우려가 없는 벽 · 기둥 및 바닥은 불연재료로 할 수 있다.

④ 적린을 저장하는 다층건물 옥내저장소의 하나의 저장창고의 바닥면적 합계는 1,000m^2 이하로 해야 한다.

정답 05 ③ 06 ①

옥내저장소별의 기준비교

구 분	단층 건축물	다층건물	복합 용도의 건축물
면 적	1,000/2,000m^2 이하	1,000m^2 이하	75m^2 이하
지정수량 배수			20배 이하
층 고	6m 미만	6m 미만	6m 미만
설치층	독립된 건축물 단층	2층 이상	1층 또는 2층
벽 · 기둥 및 바닥	**내화구조**	내화구조	내화구조
보	**불연재료**	내화구조	내화구조
지 붕	가벼운 불연재료		내화구조
계 단		불연재료	
서까래	불연재료		
천 장	설치(×)	설치(×)	
창			설치(×)
창 및 출입구	60분+방화문 · 60분방화문 또는 30분방화문		60분+방화문 또는 60분방화문
연소우려 외벽의 출입구	자동폐쇄식 60분+방화문 또는 60분방화문	출입구 외 설치(×)	좌 동
유 리	망입유리	망입유리	출입구 외 설치(×)
경사 및 집유설비	o	o	o
바닥재	불침윤 재료	불침윤 재료	불침윤 재료

07 「위험물안전관리법」 및 같은 법 시행령과 시행규칙상 위험물시설의 설치 및 변경에 관한 사항으로 옳은 것은?

① 지정수량의 100배 이상의 위험물을 취급하는 제조소의 구조 · 설비에 관한 사항은 한국소방산업기술원의 기술검토를 받고 그 결과가 행정안전부령으로 정하는 기준에 적합한 것으로 인정되어야 한다.

② 제조소등의 관계인은 제조소등의 사용을 중지(경영상 형편, 대규모 공사 등의 사유로 2개월 이상 위험물을 저장하지 아니하거나 취급하지 아니하는 것을 말한다)하려는 경우에는 위험물의 제거 및 제조소등에의 출입통제 등 행정안전부령으로 정하는 안전조치를 하여야 한다.

③ 제조소등의 설치자의 지위승계를 신고하려는 자는 신고서에 제조소등의 완공검사합격확인증과 지위승계를 증명하는 서류를 첨부하여 시 · 도지사 또는 소방서장에게 제출해야 한다.

④ 제조소등에 대한 완공검사합격확인증을 훼손 또는 파손하여 재신청을 하는 경우에는 신청서에 해당 완공검사합격확인증을 첨부하지 않아도 된다.

해설 ① 지정수량의 **1,000배 이상**의 위험물을 취급하는 제조소의 구조 · 설비에 관한 사항은 한국소방산업기술원의 기술검토를 받고 그 결과가 행정안전부령으로 정하는 기준에 적합한 것으로 인정되어야 한다.

② 제조소등의 관계인은 제조소등의 사용을 중지(경영상 형편, 대규모 공사 등의 사유로 **3개월 이상** 위험물을 저장하지 아니하거나 취급하지 아니하는 것을 말한다)하려는 경우에는 위험물의 제거 및 제조소등에의 출입통제 등 행정안전부령으로 정하는 안전조치를 하여야 한다.

④ 완공검사합격확인증을 훼손 또는 파손하여 완공검사합격확인증을 재교부 신청을 하는 경우에는 신청서에 해당 **완공검사합격확인증을 첨부하여 제출**해야 한다.

07 ③ 정답

08 위험물안전관리법 시행규칙」상 제조소등의 소화난이도등급에 관한 내용 중 옳은 것은? (단, 제시한 조건 외의 것은 고려하지 않는다)

① 옥외탱크저장소 중 소화난이도등급Ⅱ에 해당하는 경우에는 소형수동식소화기 2개 이상을 설치해야 한다.

② 연면적 150m²를 초과하는 옥내저장소로서 150m² 이내마다 불연재료 또는 준불연재료로 개구부 없이 구획된 것은 소화난이도등급Ⅰ에서 제외한다.

③ 지정수량의 100배 이상의 위험물을 취급하는 제조소로서 고인화점위험물만을 100℃ 미만의 온도에서 취급하는 것은 소화난이도등급Ⅰ에 포함된다.

④ 옥내탱크저장소 중 탱크전용실이 단층건물 외의 건축물에 있는 것으로서 인화점 38℃ 이상 70℃ 미만의 위험물을 지정수량의 5배 이상 저장하는 것(내화구조로 개구부없이 구획된 것은 제외한다)은 소화난이도등급Ⅰ에 포함된다.

해설 ① 옥외탱크저장소 중 소화난이도등급Ⅱ에 해당하는 경우에는 대형수동식소화기 및 소형수동식소화기 등을 각각 1개 이상 설치할 것.

② 연면적 150m²를 초과하는 것으로서 150m² 이내마다 불연재료로 개구부 없이 구획된 것 및 인화성고체 외의 제2류 위험물 또는 인화점 70℃ 이상의 제4류 위험물만을 저장하는 것은 소화난이도등급Ⅰ에서 제외한다.

③ 지정수량의 100배 이상의 위험물을 취급하는 제조소로서 고인화점위험물만을 100℃ 미만의 온도에서 취급하는 것 및 제48조의 위험물을 취급하는 것은 소화난이도등급Ⅰ에서 제외한다.

09 「위험물안전관리법 시행령」상 위험물의 지정수량과 같은 법 시행규칙상 위험물 운반에 관한 기준에서 정하는 위험등급에 관하여 ㉠~㉢에 들어갈 내용으로 옳은 것은?

품 명	지정수량(킬로그램)	위험등급
황 린	20	(㉠)
황화인	(㉡)	Ⅱ
알킬리튬	10	(㉢)

① ㉠ : Ⅰ ㉡ : 20 ㉢ : Ⅱ

② ㉠ : Ⅱ ㉡ : 20 ㉢ : Ⅱ

③ ㉠ : Ⅰ ㉡ : 100 ㉢ : Ⅰ

④ ㉠ : Ⅱ ㉡ : 100 ㉢ : Ⅰ

해설

품 명	지정수량(킬로그램)	위험등급
황 린	20	(Ⅰ)
황화인	(100)	Ⅱ
알킬리튬	10	(Ⅰ)

정답 08 ④ 09 ③

10 「위험물안전관리법 시행규칙」상 위험물 운송책임자의 감독 또는 지원의 방법과 위험물의 운송 시에 준수하여야 하는 사항에 대한 내용으로 옳지 않은 것은?

① 제3류 위험물 중 알루미늄의 탄화물을 장거리 운반하는 경우 2명 이상의 운전자로 하여야 한다.

② 위험물 운송 시 장거리란 고속국도에 있어서는 340km 이상, 그 밖의 도로에 있어서는 200km 이상을 말한다.

③ 특수인화물 및 제1석유류를 운송하게 하는 자는 위험물안전카드를 위험물운송자로 하여금 휴대하게 하여야 한다.

④ 위험물운송자는 운송의 개시 전에 이동저장탱크의 배출밸브 등의 밸브와 폐쇄장치, 맨홀 및 주입구의 뚜껑, 소화기 등의 점검을 충분히 실시하여야 한다.

해설 **위험물 운송책임자의 감독 또는 지원의 방법과 위험물의 운송 시에 준수하여야 하는 사항(시행규칙 별표 21)**
위험물운송자는 장거리(고속국도에 있어서는 340km 이상, 그 밖의 도로에 있어서는 200km 이상을 말한다)에 걸치는 운송을 하는 때에는 2명 이상의 운전자로 할 것. 다만, 다음의 1에 해당하는 경우에는 그러하지 아니하다.

1) 제1호 가목의 규정에 의하여 운송책임자를 동승시킨 경우
2) 운송하는 위험물이 제2류 위험물·제3류 위험물(칼슘 또는 알루미늄의 탄화물과 이것만을 함유한 것에 한한다)또는 제4류 위험물(특수인화물을 제외한다)인 경우
3) 운송 도중에 2시간 이내마다 20분 이상씩 휴식하는 경우

11 「위험물안전관리법 시행령」상 탱크시험자의 기술능력 중 필요한 경우에 두는 인력으로 옳지 않은 것은?

① 충·수압시험, 진공시험, 기밀시험 또는 내압시험의 경우 : 누설비파괴검사 기사, 산업기사 또는 기능사

② 수직·수평도시험의 경우 : 측량 및 지형공간정보 기술사, 기사, 산업기사 또는 측량기능사

③ 방사선투과시험의 경우 : 방사선비파괴검사·초음파비파괴검사 기사 또는 산업기사

④ 필수 인력의 보조 : 방사선비파괴검사·초음파비파괴검사·자기비파괴검사 또는 침투비파괴검사 기능사

10 ① 11 ③ **정답**

해설 **탱크시험자의 기술능력**

기술능력

• 필수인력

– 위험물기능장 · 위험물산업기사 또는 위험물기능사 중 1명 이상

– 비파괴검사기술사 1명 이상 또는 초음파비파괴검사 · 자기비파괴검사 및 침투비파괴검사별로 기사 또는 산업기사 각 1명 이상

• 필요한 경우에 두는 인력

– 충 · 수압시험, 진공시험, 기밀시험 또는 내압시험의 경우 : 누설비파괴검사 기사, 산업기사 또는 기능사

– 수직 · 수평도시험의 경우 : 측량 및 지형공간정보 기술사, 기사, 산업기사 또는 측량기능사

– **방사선투과시험의 경우 : 방사선비파괴검사 기사 또는 산업기사**

– 필수인력의 보조 : 방사선비파괴검사 · 초음파비파괴검사 · 자기비파괴검사 또는 침투비파괴검사 기능사

12 **「위험물안전관리법 시행규칙」상 옥외탱크저장소의 위치 · 구조 및 설비의 기준에 관한 내용이다. 액체위험물의 옥외저장탱크 중 인화점이 21℃ 미만인 위험물의 옥외저장탱크의 주입구에 설치하는 게시판에 관한 내용으로 옳은 것은?**

① 게시판은 한 변의 길이가 0.6m 이상인 정사각형으로 하여야 한다.

② 게시판에는 "옥외저장탱크 주입구"라고 표시하는 것 외에 취급하는 위험물의 유별, 품명을 표시할 필요는 없다.

③ 시 · 도지사가 화재예방상 당해 게시판을 설치할 필요가 없다고 인정하는 경우에는 게시판을 설치하지 아니할 수 있다.

④ 게시판은 백색바탕에 흑색문자(주의사항은 적색문자)로 하여야 한다.

해설 **인화점이 21℃ 미만인 위험물의 옥외저장탱크의 주입구의 기준**

인화점이 21℃ 미만인 위험물의 옥외저장탱크의 주입구에는 보기 쉬운 곳에 다음의 기준에 의한 게시판을 설치할 것. 다만, 소방본부장 또는 소방서장이 화재예방상 당해 게시판을 설치할 필요가 없다고 인정하는 경우에는 그러하지 아니하다.

1) 게시판은 한 변이 0.3m 이상, 다른 한 변이 0.6m 이상인 직사각형으로 할 것
2) 게시판에는 "옥외저장탱크 주입구"라고 표시하는 것외에 취급하는 위험물의 유별, 품명 및 주의사항을 표시할 것
3) 게시판은 백색바탕에 흑색문자(주의사항은 적색문자)로 할 것

정답 12 ④

13 「위험물안전관리법」상 벌칙규정의 법정형이 같은 것만을 (가)~(라)에서 있는 대로 모두 고른 것은?

> (가) 규정에 따른 제조소등의 사용정지 명령을 위반한 자
> (나) 규정에 따른 무허가장소의 위험물에 대한 조치 명령에 따르지 아니한 자
> (다) 규정에 따른 위험물의 저장 또는 취급에 관한 중요기준에 따르지 아니한 자
> (라) 규정에 따른 제조소등에 대한 긴급 사용정지·제한 명령을 위반한 자

① (가), (나), (다), (라)
② (가), (나), (다)
③ (가), (나)
④ (다), (라)

해설 벌칙의 양형 비교

위반내용	양형기준
제조소등에 대한 긴급 사용정지·제한 명령을 따르지 아니한 자	1년 이하의 징역 또는 1천만 원 이하의 벌금
제조소등의 사용정지 **명령**을 따르지 아니한 자	1천 5백만 원 이하의 벌금
수리·개조 또는 이전의 **명령**에 따르지 아니한 자	
탱크안전성능시험자에대한 업무정지 **명령**을 위반한 자	
예방규정을 제출하지 아니하거나 변경 **명령**을 위반한 자	
시·도지사, 소방본부장 또는 소방서장의 **탱크시험자에 대한 명령**에 위반하여 보고 또는 자료제출을 하지 아니하거나 허위의 보고 또는 자료제출을 한 자 및 관계공무원의 출입 또는 조사·검사를 거부·방해또는 기피한 자	
탱크안전성능시험자에 대한 감독상 **명령**에 따르지 아니한 자	
무허가장소의 위험물에 대한 조치 **명령**에 따르지 아니한 자	
위험물 저장·취급기준 준수명령 또는 응급조치 **명령**을 따르지 아니한 자	
위험물 제조소등 사용 중지 대상에 대한 안전조치 **명령**을 따르지 아니한 자	

13 ② **정답**

03 공개문제

▶ 본 공개문제는 2023년 11월 4일에 시행한 소방장 승진시험 과목 중 제2과목 소방법령 Ⅲ에서 위험물안전관리법령에 관한 문제만 수록하였습니다.

01 위험물안전관리법령상 옥내저장소의 기준에 관한 설명으로 옳지 않은 것은? (다층건물, 복합용도 건축물의 기준은 제외한다)

① 저장창고의 벽·기둥 및 바닥은 내화구조로 하여야 한다.

② 제4류 위험물(인화점이 70도 미만인 것은 제외한다)만의 저장창고에 있어서는 연소의 우려가 있는 벽·기둥 및 바닥은 불연재료로 할 수 있다.

③ 지붕은 폭발력이 위로 방출될 정도의 가벼운 불연재료로 하고 천장을 만들지 않아야 한다.

④ 제5류 위험물만을 저장하는 창고에 있어서는 해당 저장창고 내의 온도를 저온으로 유지하기 위하여 난연재료 또는 불연재료로 된 천장을 설치할 수 있다.

해설 제4류의 위험물(인화점이 70℃ 미만인 것은 제외한다)만의 저장창고에 있어서는 **연소의 우려가 없는** 벽·기둥 및 바닥은 불연재료로 할 수 있다.

02 안전관리자교육이수자를 안전관리자로 선임할 수 있는 제조소등의 종류 및 규모로 옳은 것은?

① 제4류 위험물 중 제1석유류·알코올류·제2석유류·제3석유류·제4석유류·동식물유류만을 저장하는 옥내저장소로서 지정수량 40배 이하의 것

② 제4류 위험물 중 제1석유류·알코올류·제2석유류·제3석유류·제4석유류·동식물유류을 저장하는 옥외탱크저장소로서 지정수량 40배 이하의 것

③ 제4류 위험물 중 제1석유류·알코올류·제2석유류·제3석유류·제4석유류·동식물유류을 저장하는 지하탱크저장소로서 지정수량 250배 이하의 것

④ 제4류 위험물 중 제1석유류·알코올류·제2석유류·제3석유류·제4석유류·동식물유류을 취급하는 일반취급소로서 지정수량 20배 이하의 것

정답 01 ② 02 ③

해설 ① 제4류 위험물 중 알코올류・제2석유류・제3석유류・제4석유류・동식물유류만을 저장하는 옥내저장소로서 지정수량 40배 이하의 것
② 제4류 위험물 중 제2석유류・제3석유류・제4석유류・동식물유류만을 저장하는 옥외탱크저장소로서 지정수량 40배 이하의 것
④ 제4류 위험물 중 제2석유류・제3석유류・제4석유류・동식물유류만을 취급하는 일반취급소로서 지정수량 20배 이하의 것

03 위험물안전관리법령상 대상물과 적응성 있는 소화설비의 연결로 옳은 것은?

① 전기설비 - 물분무소화설비
② 제3류 위험물 - 불활성가스소화설비
③ 제4류 위험물 - 옥내소화전설비
④ 제5류 위험물 - 할로젠화합물소화설비

해설 소화설비의 적응성

소화설비의 구분			건축물・그 밖의 공작물	제1류 그 밖의 것	제6류 위험물	제2류 그 밖의 것	전기설비	제4류 위험물	제1류 알칼리금속과산화물 등	제2류 철분・금속분・마그네슘 등	제3류 금수성물품	제2류 인화성고체	제3류 그 밖의 것	제5류 위험물
옥내소화전설비 또는 옥외소화전설비			○	○	○	○						○	○	○
스프링클러설비			○	○	○	○		△				○	○	○
물분무 등 소화설비	물분무소화설비		○	○	○	○	○	○				○	○	○
	포소화설비		○	○	○	○		○				○	○	○
	불활성가스소화설비						○	○				○		
	할로젠화합물소화설비						○	○				○		
	분말소화설비	인산염류 등	○	○	○	○	○	○				○		
		탄산수소염류 등					○	○	○	○	○	○		
		그 밖의 것							○	○	○			

03 ① **정답**

04 **위험물안전관리법령상 제조소등의 변경허가를 받아야 하는 경우로 옳지 않은 것은?**

① 제조소 : 위험물취급탱크의 방유제 내의 면적을 변경하는 경우
② 옥외탱크저장소 : 주입구의 위치를 이전하는 경우
③ 이동탱크저장소 : 상치장소의 위치를 같은 사업장 안에서 이전하는 경우
④ 주유취급소 : 유리를 부착하기 위하여 담의 일부를 철거하는 경우

해설 이동탱크저장소 : 상치장소의 위치를 이전하는 경우(같은 사업장 또는 같은 울 안 이전은 제외)

05 **위험물안전관리법령상 시·도지사의 권한 중 소방서장에게 위임한 사항으로 옳지 않은 것은?**

① 제조소등의 설치허가 또는 변경허가
② 예방규정의 수리·반려 및 변경명령
③ 군사목적을 위한 제조소등의 설치에 관한 군부대의 장과의 협의
④ 저장용량이 50만 리터 이상인 옥외탱크저장소의 변경에 따른 완공검사

해설 ④ 옥외탱크저장소(저장용량이 50만 리터 이상인 것만 해당한다) 또는 암반탱크저장소의 설치 또는 변경에 따른 완공검사 ⇒ 기술원 위탁

06 **위험물안전관리법령상 주유취급소에 설치할 수 있는 건축물로 옳지 않은 것은?**

① 주유취급소의 업무를 행하기 위한 사무소
② 자동차 등의 점검 및 간이정비를 위한 작업장
③ 주유취급소의 관계자가 거주하는 주거시설
④ 주유취급소에 출입하는 사람을 대상으로 한 점포·일반음식점 또는 전시장

해설 주유취급소에 건축할 수 있는 건축물 또는 시설
- 주유 또는 등유·경유를 옮겨 담기 위한 작업장
- 주유취급소의 업무를 행하기 위한 사무소
- 자동차 등의 점검 및 간이정비를 위한 작업장
- 자동차 등의 세정을 위한 작업장
- 주유취급소에 출입하는 사람을 대상으로 한 점포·휴게음식점 또는 전시장
- 주유취급소의 관계자가 거주하는 주거시설
- 전기자동차용 충전설비(전기를 동력원으로 하는 자동차에 직접 전기를 공급하는 설비를 말한다. 이하 같다)
- 그 밖의 소방청장이 정하여 고시하는 건축물 또는 시설

정답 04 ③ 05 ④ 06 ④

07 **제조소등의 정기점검에 대한 설명으로 옳지 않은 것은?**

① 정기점검 대상인 제조소등의 관계인은 해당 제조소등에 대하여 연 1회 이상 정기점검을 실시하여야 한다.

② 정기점검 대상인 제조소등의 관계인은 해당 제조소등의 정기점검을 안전관리자 또는 위험물 운송자(이동탱크저장소의 경우에 한한다)로 하여금 실시하도록 하여야 한다.

③ 정기점검을 한 제조소등의 관계인은 점검을 한 날부터 30일 이내에 점검결과를 시・도지사에게 제출해야 한다.

④ 등유 150,000리터를 저장하는 옥외탱크저장소는 정기점검 대상이다.

해설 옥외탱크저장소의 경우 정기점검 대상은 지정수량의 200배 이상의 위험물을 저장하는 옥외탱크저장소가 해당한다. 따라서 지문에서 지정수량 배수는 $\frac{150{,}000\ell}{1{,}000\ell}$ = 150배로 해당하지 않는다.

08 **위험물안전관리법령상 위험물의 품명과 지정수량의 연결이 옳은 것은?**

	품 명	지정수량(킬로그램)
①	나트륨, 황린, 적린	10
②	브로민산염류, 다이크로뮴산염류, 철분	500
③	질산염류, 금속의 인화물, 과산화수소	300
④	무기과산화물, 유기금속화합물, 황화인	50

해설

	품명(지정수량)
①	나트륨(10), 황린(20), 적린(100)
②	브로민산염류(300), 다이크로뮴산염류(1,000), 철분(500)
③	질산염류(300), 금속의 인화물(300), 과산화수소(300)
④	무기과산화물(50), 유기금속화합물(50), 황화인(100)

07 ④ 08 ③ **정답**

09 **위험물안전관리법령상 위험물의 운반용기 외부에 표시하는 주의사항으로 옳은 것은?**

① 제1류 위험물 중 알칼리금속의 과산화물 또는 이를 함유한 것 : "화기 · 충격주의", "물기엄금" 및 "가연물접촉주의"

② 제2류 위험물 중 철분 · 금속분 · 마그네슘 또는 이들 중 어느 하나 이상을 함유한 것 : "화기주의" 및 "충격주의"

③ 제3류 위험물 중 자연발화성물질 : "화기주의" 및 "공기접촉엄금"

④ 제5류 위험물 : "화기엄금", "충격주의" 및 "물기엄금"

해설 운반용기 주의사항

② 제2류 위험물 중 철분 · 금속분 · 마그네슘 또는 이들 중 어느 하나 이상을 함유한 것에 있어서는 "화기주의" 및 "물기엄금", 인화성고체에 있어서는 "화기엄금", 그 밖의 것에 있어서는 "화기주의"

③ 제3류 위험물 중 자연발화성물질에 있어서는 "화기엄금" 및 "공기접촉엄금", 금수성물질에 있어서는 "물기엄금"

④ 제5류 위험물에 있어서는 "화기엄금" 및 "충격주의"

10 **위험물안전관리법령상 위험물의 운송 시 운송책임자의 감독 · 지원을 받아 운송하여야 하는 것으로 옳은 것은?**

① 과염소산, 질산

② 적린, 마그네슘

③ 염소산염류, 질산염류

④ 알킬알루미늄, 알킬리튬

해설 운송책임자의 감독 · 지원을 받아 운송해야 할 위험물

- 알킬알루미늄
- 알킬리튬
- 알킬알루미늄 또는 알킬리튬을 함유하는 위험물

정답 09 ① 10 ④

11 **위험물안전관리법령상 위험물의 품명 및 성질에 관한 설명으로 옳은 것은?**

① “제3석유류”라 함은 중유, 크레오소트유 그 밖에 1기압에서 인화점이 섭씨 70도 이상 섭씨 200도 미만인 것을 말한다. 다만, 도료류 그 밖의 물품은 가연성 액체량이 40중량퍼센트 이하인 것은 제외한다.

② “금속분”이라 함은 알칼리금속・알칼리토류금속・철 및 마그네슘 외의 금속의 분말을 말하고, 아연분・주석분 및 53마이크로미터의 체를 통과하는 것이 50중량퍼센트 미만인 것은 제외한다.

③ “산화성액체”라 함은 액체로서 산화력의 잠재적인 위험성이 있는 것으로 과산화수소는 그 농도가 36중량퍼센트 이상, 질산은 그 비중이 1.49 미만인 것을 말한다.

④ “동식물유류”라 함은 동물의 지육 등 또는 식물의 종자나 과육으로부터 추출한 것으로서 1기압에서 인화점이 섭씨 300도 미만인 것을 말한다.

해설 ② “금속분”이라 함은 알칼리금속・알칼리토류금속・철 및 마그네슘 외의 금속의 분말을 말하고, 구리분・니켈분 및 150마이크로미터의 체를 통과하는 것이 50중량퍼센트 미만인 것은 제외한다.

③ “산화성액체”라 함은 액체로서 산화력의 잠재적인 위험성을 있는 것으로 과산화수소는 그 농도가 36중량퍼센트 이상, 질산은 그 비중이 1.49 이상인 것을 말한다.

④ “동식물유류”라 함은 동물의 지육 등 또는 식물의 종자나 과육으로부터 추출한 것으로서 1기압에서 인화점이 섭씨 250도 미만인 것을 말한다.

11 ① **정답**

12 위험물안전관리법령상 소화난이도등급Ⅱ의 제조소등에 설치하여야 하는 소화설비에 관한 내용이다. 빈칸에 들어갈 내용으로 옳은 것은? (단, 예외 조항은 고려하지 않는다)

제조소등의 구분	소화설비
제조소 옥내저장소 일반취급소	방사능력범위 내에 해당 건축물, 그 밖의 공작물 및 위험물이 포함되도록 (ㄱ)를 설치하고, 해당 위험물의 소요단위의 (ㄴ)에 해당되는 능력단위의 소형수동식소화기 등을 설치할 것
옥외탱크저장소 옥내탱크저장소	대형수동식소화기 및 소형수동식소화기 등을 각각 (ㄷ) 이상 설치할 것

	ㄱ	ㄴ	ㄷ
①	옥내소화전설비	1/2	1
②	옥내소화전설비	1/5	2
③	대형수동식소화기	1/2	2
④	대형수동식소화기	1/5	1

해설 소화난이도등급Ⅱ의 제조소등에 설치하여야 하는 소화설비

제조소등의 구분	소화설비
제조소 옥내저장소 옥외저장소 주유취급소 판매취급소 일반취급소	방사능력범위 내에 해당 건축물, 그 밖의 공작물 및 위험물이 포함되도록 **대형수동식소화기**를 설치하고, 해당 위험물의 소요단위의 **1/5 이상**에 해당되는 능력단위의 소형수동식소화기 등을 설치할 것
옥외탱크저장소 옥내탱크저장소	대형수동식소화기 및 소형수동식소화기 등을 **각각 1개 이상** 설치할 것

정답 12 ④

13 **위험물안전관리법령상 위험물의 성질에 따른 제조소의 특례에 관한 내용으로 옳은 것은?**

① 하이드록실아민등을 취급하는 설비에는 하이드록실아민등의 온도 및 농도의 상승에 의한 위험한 반응을 방지하기 위한 조치를 강구할 것

② 하이드록실아민등을 취급하는 설비는 은·수은·동·마그네슘 또는 이들을 성분으로 하는 합금으로 만들지 아니할 것

③ 아세트알데하이드등을 취급하는 설비에는 철 이온 등의 혼입에 의한 위험한 반응을 방지하기 위한 조치를 강구할 것

④ 알킬알루미늄등을 취급하는 설비에는 연소성 혼합 기체의 생성에 의한 폭발을 방지하기 위한 불활성기체 또는 수증기를 봉입하는 장치를 갖출 것

해설 ② 아세트알데하이드등을 취급하는 설비는 은·수은·동·마그네슘 또는 이들을 성분으로 하는 합금으로 만들지 아니할 것

③ 하이드록실아민등을 취급하는 설비에는 철 이온 등의 혼입에 의한 위험한 반응을 방지하기 위한 조치를 강구할 것

④ 아세트알데하이드등을 취급하는 설비에는 연소성 혼합 기체의 생성에 의한 폭발을 방지하기 위한 불활성기체 또는 수증기를 봉입하는 장치를 갖출 것

13 ① **정답**

04 공개문제

▶ 본 공개문제는 2023년 11월 4일에 시행한 소방위 승진시험 과목 중 제2과목 소방법령 Ⅳ에서 위험물안전관리법령에 관한 문제만 수록하였습니다.

01 「위험물안전관리법 시행규칙」상 제조소등의 설치허가를 받고자 하는 자가 특별시장, 광역시장 또는 도지사나 소방서장에게 제출하는 설치허가 신청서의 첨부서류로 옳지 않은 것은?

① 50만 리터 이상의 옥내탱크저장소 : 기초 · 지반 및 탱크 본체의 설계도서

② 암반탱크저장소 : 탱크본체 · 갱도 및 배관 그 밖의 설비의 설계도서

③ 지중탱크인 옥외탱크저장소 : 지중탱크의 지반 및 탱크 본체의 설계도서

④ 해상탱크인 옥외탱크저장소 : 공사계획서 및 공사공정표

해설 50만 리터 이상의 **옥외탱크저장소**의 경우에는 해당 옥외탱크저장소의 탱크의 기초 · 지반 및 탱크본체의 설계도서, 공사계획서, 공사공정표, 지질조사자료 등 기초 · 지반에 관하여 필요한 자료와 용접부에 관한 설명서 등 탱크에 관한 자료

02 「위험물안전관리법 시행규칙」상 제조소 또는 일반취급소의 위치 · 구조 또는 설비의 변경허가를 받아야 하는 경우로 옳지 않은 것은?

① 위험물취급탱크의 노즐 또는 맨홀을 신설하는 경우 노즐 또는 맨홀의 지름이 200mm를 초과하는 경우에 한한다)

② 불활성기체의 봉입장치를 신설하는 경우

③ 위험물취급탱크의 방유제 높이를 변경하는 경우

④ 300m를 초과하는 위험물 배관을 신설 · 교체 · 철거 또는 보수(배관을 절개하는 경우에 한한다)하는 경우

해설 위험물취급탱크의 노즐 또는 맨홀을 신설하는 경우(노즐 또는 맨홀의 지름이 **250mm를 초과**하는 경우에 한한다)

정답 01 ① 02 ①

03 위험물안전관리법령상 완공검사를 받지 않고 제조소등을 사용한 경우 행정처분 기준으로 옳은 것은?

	1차	2차	3차
①	사용정지 10일	사용정지 30일	허가취소
②	사용정지 10일	사용정지 60일	허가취소
③	사용정지 15일	사용정지 30일	허가취소
④	사용정지 15일	사용정지 60일	허가취소

해설 제조소등의 행정처분 및 벌칙

위반행위	행정처분			벌 칙
	1차	2차	3차	
제조소등의 완공검사를 받지 아니하고 위험물을 저장·취급한 자	사용정지 15일	사용정지 60일	허가취소	1천 500만 원 이하의 벌금

04 「위험물안전관리법 시행규칙」상 특정·준특정 옥외탱크저장소의 정기검사 시기로 옳지 않은 것은?

① 완공검사합격확인증을 발급받은 날부터 12년 이내에 1회 정밀정기검사를 받아야 한다.
② 최근의 정밀정기검사를 받은 날부터 11년 이내에 1회 정밀정기검사를 받아야 한다.
③ 완공검사합격확인증을 발급받은 날부터 10년 이내에 1회 중간정기검사를 받아야 한다.
④ 최근의 정밀정기검사를 받은 날부터 4년 이내에 1회 중간정기검사를 받아야 한다.

해설 특정·준특정 옥외탱크저장소의 설치허가에 따른 완공검사합격확인증을 발급받은 날부터 **4년에 1회 중간검사**를 받아야 한다.

05 「위험물안전관리법 시행규칙」상 자체소방대에 두는 화학소방자동차에 갖추어야 하는 소화능력 및 설비의 기준으로 옳지 않은 것은?

① 포수용액 방사차 : 포수용액의 방사능력이 매분 2,000리터 이상일 것
② 포수용액 방사차 : 10만 리터 이상의 포수용액을 방사할 수 있는 양의 소화약제를 비치할 것
③ 분말 방사차 : 분말의 방사능력이 매초 35킬로그램 이상일 것
④ 분말 방사차 : 1,200킬로그램 이상의 분말을 비치할 것

03 ④ 04 ③ 05 ④ 정답

해설 화학소방차의 기준

화학소방자동차의 구분	소화능력 및 설비의 기준
포수용액 방사차	포수용액의 방사능력이 **매분 2,000리터 이상**일 것
	소화약액탱크 및 소화약액혼합장치를 비치할 것
	10만 리터 이상의 포수용액을 방사할 수 있는 양의 소화약제를 비치할 것
분말 방사차	분말의 방사능력이 **매초 35킬로그램 이상**일 것
	분말탱크 및 가압용가스설비를 비치할 것
	1,400킬로그램 이상의 분말을 비치할 것
할로젠화합물 방사차	할로젠화합물의 방사능력이 **매초 40킬로그램 이상**일 것
	할로젠화합물탱크 및 가압용가스설비를 비치할 것
	1,000킬로그램 이상의 할로젠화합물을 비치할 것
이산화탄소 방사차	이산화탄소의 방사능력이 **매초 40킬로그램 이상**일 것
	이산화탄소저장용기를 비치할 것
	3,000킬로그램 이상의 이산화탄소를 비치할 것
제독차	**가성소다 및 규조토**를 각각 **50킬로그램 이상** 비치할 것

06 위험물안전관리법령상 사고조사위원회의 위원으로 임명 또는 위촉할 수 있는 대상자로 옳지 않은 것은?

① 소속 소방공무원

② 「소방기본법」 제40조에 따른 한국소방안전원의 임직원 중 위험물 안전관리 관련 업무에 5년 이상 종사한 사람

③ 기술원의 임직원 중 위험물 안전관리 관련 업무에 2년 이상 종사한 사람

④ 위험물로 인한 사고의 원인·피해조사 및 위험물 안전관리 관련 업무 등에 관한 학식과 경험이 풍부한 사람

해설 **사고조사위원회 위원의 자격**

- 소속 소방공무원
- 기술원의 임직원 중 위험물 안전관리 관련 업무에 **5년 이상** 종사한 사람
- 「소방기본법」 제40조에 따른 한국소방안전원(이하 "안전원"이라 한다)의 임직원 중 위험물 안전관리 관련 업무에 **5년 이상** 종사한 사람
- 위험물로 인한 사고의 원인·피해 조사 및 위험물 안전관리 관련 업무 등에 관한 학식과 경험이 풍부한 사람

정답 06 ③

07 **위험물안전관리법령상 벌칙규정으로 옳지 않은 것은?**

① 제조소등에서 위험물을 유출·방출 또는 확산시켜 사람의 생명, 신체 또는 재산에 대하여 위험을 발생시킨 자는 1년 이상 10년 이하의 징역에 처한다.

② 제조소등에서 위험물을 유출·방출 또는 확산시켜 사람을 상해에 이르게 한 때에는 무기 또는 3년 이상의 징역에 처한다.

③ 저장소 또는 제조소등이 아닌 장소에서 지정수량 이상의 위험물을 저장 또는 취급한 자는 3년 이하의 징역 또는 5천만 원 이하의 벌금에 처한다.

④ 탱크시험자로 등록하지 아니하고 탱크시험자의 업무를 한 자는 1년 이하의 징역 또는 1천만 원 이하의 벌금에 처한다.

해설 저장소 또는 제조소등이 아닌 장소에서 지정수량 이상의 위험물을 저장 또는 취급한 자는 **3년 이하의 징역 또는 3천만 원 이하의 벌금**에 처한다.

08 **위험물안전관리법령상 군용 위험물시설의 설치 및 변경에 관한 내용으로 옳지 않은 것은?**

① 군사목적을 위한 제조소등을 설치하고자 하는 군부대의 장은 해당 제조소등의 설치공사를 착수한 후 그 공사의 설계도서 등 관계서류를 시·도지사에게 제출해야 한다.

② 국가안보상 국가기밀에 속하는 제조소등을 설치하는 경우에는 해당 공사의 설계도서의 제출을 생략할 수 있다.

③ 군부대의 장이 설치하려는 제조소등의 소재지를 관할하는 시·도지사와 협의한 경우에는 제조소등에 대한 설치허가를 받은 것으로 본다.

④ 군부대의 장은 시·도지사와 협의한 제조소등에 대하여 탱크안전성능검사와 완공검사를 자체적으로 실시할 수 있다.

해설 군부대의 장은 법 제7조 제1항에 따라 군사목적 또는 군부대시설을 위한 제조소등을 설치하거나 그 위치·구조 또는 설비를 변경하고자 하는 경우에는 해당 제조소등의 **설치공사 또는 변경공사를 착수하기 전**에 그 공사의 설계도서와 행정안전부령이 정하는 서류를 시·도지사에게 제출하여야 한다. 다만, 국가안보상 중요하거나 국가기밀에 속하는 제조소등을 설치 또는 변경하는 경우에는 해당 공사의 설계도서의 제출을 생략할 수 있다.

07 ③ 08 ① **정답**

09 「위험물안전관리법 시행령」상 제조소등 설치자의 지위승계신고를 기간 이내에 하지 않거나 허위로 한 경우 과태료 부과 기준으로 옳지 않은 것은?

① 신고기한의 다음날을 기산일로 하여 30일 이내에 신고한 경우 : 250만 원
② 신고기한의 다음날을 기산일로 하여 31일 이후에 신고한 경우 : 300만 원
③ 신고를 하지 않은 경우 : 400만 원
④ 허위로 신고한 경우 : 500만 원

해설 과태료의 부과 개별기준

라. 지위승계신고를 기간 이내에 하지 않거나 허위로 한 경우	
1) 신고기한(지위승계일의 다음날을 기산일로 하여 30일이 되는 날)의 다음날을 기산일로 하여 30일 이내에 신고한 경우	250
2) 신고기한(지위승계일의 다음날을 기산일로 하여 30일이 되는 날)의 다음날을 기산일로 하여 31일 이후에 신고한 경우	350
3) 허위로 신고한 경우	500
4) 신고를 하지 않은 경우	500

10 위험물안전관리법령상 위험물안전관리자(이하 "안전관리자"라 한다)에 관한 내용으로 옳지 않은 것은?

① 「위험물안전관리법」에는 다른 법률에 의하여 안전관리 업무를 하는 자로 선임된 자 가운데 대통령령이 정하는 자를 안전관리자로 선임할 수 있음이 명시되어 있다.
② 제조소등의 관계인이 안전관리자를 선임 또는 해임하거나 안전관리자가 퇴직한 때에는 해당 사유가 발생한 날부터 14일 이내에 행정안전부령으로 정하는 바에 따라 소방본부장 또는 소방서장에게 신고해야 한다.
③ 안전관리자를 선임한 제조소등의 관계인은 안전관리자가 퇴직한 때에는 퇴직한 날부터 30일 이내에 다시 안전 관리자를 선임해야 하고, 안전관리자의 퇴직과 동시에 다른 안전관리자를 선임하지 못하는 경우에는 행정안전부령이 정하는 자를 대리자로 지정하여 그 직무를 대행하게 하여야 한다. 이 경우 대리자가 안전관리자의 직무를 대행하는 기간은 30일을 초과할 수 없다.
④ 제조소등에 있어서 위험물취급자격자가 아닌 자는 안전관리자 또는 그 대리자가 참여한 상태에서 위험물을 취급하여야 한다.

해설 위험물안전관리자(법 제15조 제3항 및 제4항)

③ 제조소등의 관계인은 신규 및 퇴직 후 30일 이내에 안전관리자를 선임한 경우에는 **선임한 날부터 14일 이내**에 행정안전부령으로 정하는 바에 따라 소방본부장 또는 소방서장에게 신고하여야 한다.
④ 제조소등의 관계인이 안전관리자를 해임하거나 안전관리자가 퇴직한 경우 그 관계인 또는 안전관리자는 소방본부장이나 소방서장에게 그 사실을 알려 해임되거나 퇴직한 사실을 확인받을 수 있다.

정답 09 ②·③ 10 ②

11 「위험물안전관리법 시행규칙」상 제조소등의 안전거리 또는 보유공지에 관한 내용으로 옳지 않은 것은?

① 제조소는 안전거리를 두어야 하나, 제6류 위험물을 취급하는 경우에는 안전거리를 두지 않을 수 있다.

② 취급하는 위험물의 최대수량이 지정수량의 10배인 제조소가 보유해야 하는 공지의 너비는 5미터 이상이다.

③ 주유취급소 및 판매취급소에는 안전거리를 두지 않을 수 있다.

④ 옥외탱크저장소의 보유공지는 옥외저장탱크의 측면으로부터 보유공지의 너비를 기산한다.

해설 취급하는 위험물의 최대수량이 지정수량의 10배인 제조소가 보유해야 하는 공지의 너비는 3m 이상 5m 미만이다.

12 「위험물안전관리 시행규칙」상 제조소등의 위치 · 구조 및 설비기준에 관한 내용으로 옳은 것은?

① 위험물을 취급하는 건축물의 창에 유리를 이용하는 경우에는 망입유리 또는 방화유리로 하여야 한다.

② 배출설비의 급기구는 낮은 곳에 설치하고, 가는 눈의 구리망 등으로 인화방지망을 설치해야 한다.

③ 제조소의 위험물취급탱크는 지하에 설치할 수 없다.

④ 복합용도 건축물의 옥내저장소는 벽 · 기둥 · 바닥 및 보가 내화구조인 건축물의 1층 또는 2층의 어느 하나의 층에 설치해야 한다.

해설 ① 망입유리, ② 높은 곳, ③ 제조소의 취급탱크는 지하에도 설치할 수 있다(옥내와 옥외로만 구분됨).

11 ② 12 ④ **정답**

05 공개문제

▶ 본 공개문제는 2022년 9월 3일에 시행한 소방장 승진시험 과목 중 제2과목 소방법령 Ⅲ에서 위험물안전관리법령에 관한 문제만 수록하였습니다.

01 **위험물안전관리법령상 지정수량의 위험물 20배를 취급하고 있는 위험물 판매취급소의 연면적이 80m^{2}인 경우, 소화설비의 설치기준에 의한 위험물 및 건축물의 소요단위의 합으로 옳은 것은? (단, 취급소의 외벽은 내화구조이다)**

① 1
② 2
③ 3
④ 4

해설 소요단위의 계산방법

구 분	제조소등	건축물의 구조	소요단위
건축물의 규모기준	제조소 또는 취급소의 건축물	외벽이 내화구조 (제조소등의 용도로 사용되는 부분 외의 부분이 있는 건축물은 제조소등에 사용되는 부분의 바닥면적의 합계를 말함)	100m^2
		외벽이 내화구조가 아닌 것	50m^2
	저장소의 건축물	외벽이 내화구조	150m^2
		외벽이 내화구조가 아닌 것	75m^2
	옥외에 설치된 공작물	내화구조로 간주 (공작물의 최대수평투영면적을 연면적으로 간주)	제조소・일반취급소 : 100m^2 저장소 : 150m^2
위험물 기준	지정수량 10배마다 1단위		

따라서 위험물 지정수량 기준 20배 : 2단위
위험물 판매취급소 건축물(내화구조) 80m^2 : 0.8단위
소요단위의 합은 2.8로 정답은 ③

정답 01 ③

02 **위험물안전관리법령상 위험물안전관리자의 업무를 위탁받아 수행하는 안전관리대행기관에 관한 설명으로 옳은 것은?**

① 위험물탱크시험자로 등록된 법인은 안전관리대행기관이 될 수 없다.
② 전용사무실은 일정 면적기준을 충족하여야 한다.
③ 지정기준을 갖추어 소방청장에게 지정을 받아야 한다.
④ 기술인력은 최소 5인 이상이어야 한다.

해설 안전관리대행기관의 지정 등
① 위험물탱크시험자로 등록된 법인은 안전관리대행기관의 지정기준을 갖추어 소방청장의 지정을 받으면 대행기관이 될 수 있다.
② 전용사무실을 갖추면 되는 것이지 면적기준을 충족할 필요는 없다.
④ 기술인력은 최소 4인 이상이어야 한다.
- 위험물기능장 또는 위험물산업기사 1인 이상
- 위험물산업기사 또는 위험물기능사 2인 이상
- 기계분야 및 전기분야의 소방설비기사 1인 이상

03 **위험물안전관리법령상 위험물 제조소등의 위치・구조 및 설비의 기준 중 각종 턱 높이에 관한 기준으로 옳지 않은 것은?**

① 제조소에서 옥외에 액체위험물을 취급하는 설비의 바닥 둘레에는 15cm 이상의 턱을 설치하여야 한다.
② 판매취급소의 배합실 출입구에는 15cm 이상의 문턱을 설치하여야 한다.
③ 주유취급소에 설치하는 건축물 중 사무실의 출입구 또는 사이통로에는 15cm 이상의 문턱을 설치하여야 한다.
④ 옥외저장탱크의 펌프실 바닥의 주위에는 20cm 이상의 턱을 만들어야 한다.

해설 제조소등별 턱 높이 총정리

<table>
<tr><th>제조소</th><th colspan="2">옥외탱크저장소</th><th colspan="4">옥내탱크저장소</th><th colspan="2">주유취급소</th><th>판매취급소</th></tr>
<tr><td rowspan="2">옥외 설비 바닥 둘레의 턱 높이</td><td rowspan="2">펌프실 바닥 주위의 턱 높이</td><td rowspan="2">펌프실 외의 장소에 설치하는 펌프설비 주위의 턱 높이</td><td colspan="2">전용실이 있는 건축물 외에 펌프설비 설치</td><td colspan="2">전용실이 있는 건축물에 펌프설비 설치한 경우</td><td rowspan="2">사무실 그 밖의 화기를 사용하는 곳의 출입구 또는 사이 통로 문턱 높이</td><td rowspan="2">펌프실 출입구의 턱 높이</td><td rowspan="2">배합실 문턱의 높이</td></tr>
<tr><td>펌프실 바닥의 주위 턱</td><td>펌프실 외의 설치하는 펌프설비</td><td>전용실 외 펌프실 바닥 주위의 턱</td><td>전용실에 설치하는 펌프설비 주위의 턱</td></tr>
<tr><td>0.15m 이상</td><td>0.2m 이상</td><td>0.15m 이상</td><td>0.2m 이상</td><td>0.15m 이상</td><td>0.2m 이상</td><td>문턱 높이 이상</td><td>0.15m 이상</td><td>0.1m 이상</td><td>0.1m 이상</td></tr>
</table>

02 ③ 03 ② 정답

04 **위험물안전관리법령상 화재예방과 화재 등 재해발생 시 비상조치를 위하여 예방규정을 해당 제조소등의 사용을 시작하기 전에 시・도지사에게 제출하여야 하는 제조소등에 해당하지 않는 것은?**

① 암반탱크저장소
② 지하탱크저장소
③ 지정수량의 100배 이상의 위험물을 저장하는 옥외저장소
④ 지정수량의 150배 이상의 위험물을 저장하는 옥내저장소

해설 예방규정을 정해야 할 제조소등
① 지정수량의 10배 이상의 위험물을 취급하는 제조소
② 지정수량의 100배 이상의 위험물을 저장하는 옥외저장소
③ 지정수량의 150배 이상의 위험물을 저장하는 옥내저장소
④ 지정수량의 200배 이상의 위험물을 저장하는 옥외탱크저장소
⑤ 암반탱크저장소
⑥ 이송취급소
⑦ 지정수량의 10배 이상의 위험물을 취급하는 일반취급소

> 제4류 위험물(특수인화물을 제외한다)만을 지정수량의 50배 이하로 취급하는 일반취급소(제1석유류・알코올류의 취급량이 지정수량의 10배 이하인 경우에 한한다)로서 다음 각 목의 어느 하나에 해당하는 것을 제외한다.
> ㉠ 보일러・버너 또는 이와 비슷한 것으로서 위험물을 소비하는 장치로 이루어진 일반취급소
> ㉡ 위험물을 용기에 옮겨 담거나 차량에 고정된 탱크에 주입하는 일반취급소

05 **위험물안전관리법령상 다량의 위험물을 저장・취급하는 제조소등으로서 대통령령이 정하는 수량 이상의 위험물을 저장 또는 취급하는 경우, 자체소방대 설치대상이다. (　　) 안에 들어갈 수치로 옳은 것은?**

> 가. 제조소 또는 일반취급소(일부 제외)에서 취급하는 제4류 위험물의 최대수량의 합이 지정수량의 (㉠)배 이상
> 나. 옥외탱크저장소에 저장하는 제4류 위험물의 최대수량이 지정수량의 (㉡)만배 이상

	㉠	㉡
①	2,000	25
②	2,000	50
③	3,000	25
④	3,000	50

정답 04 ② 05 ④

해설 자체소방대를 설치하여야 하는 사업소(시행령 제18조)

① 제조소 또는 일반취급소(일부 제외)에서 취급하는 제4류 위험물의 최대수량의 합이 지정수량의 3천배 이상

② 옥외탱크저장소에 저장하는 제4류 위험물의 최대수량이 지정수량의 50만배 이상

> **지정수량 3천배 이상이더라도 자체소방대 설치 제외 일반취급소**
> ① 보일러, 버너 그 밖에 이와 유사한 장치로 위험물을 소비하는 일반취급소
> ② 이동저장탱크 그 밖에 이와 유사한 것에 위험물을 주입하는 일반취급소
> ③ 용기에 위험물을 옮겨 담는 일반취급소
> ④ 유압장치, 윤활유순환장치 그 밖에 이와 유사한 장치로 위험물을 취급하는 일반취급소
> ⑤ 「광산안전법」의 적용을 받는 일반취급소

06 위험물안전관리법령상 경보설비에 관한 설명이다. ( ) 안에 들어갈 내용으로 옳은 것은?

> 이동탱크저장소를 제외한 지정수량 (㉠)배 이상의 위험물을 저장 또는 취급하는 제조소등에는 화재발생 시 이를 알릴 수 있는 경보설비를 설치하여야 하며, 그 종류에는 자동화재탐지설비, (㉡), 비상경보설비, (㉢), 비상방송설비가 있다.

	㉠	㉡	㉢
①	5	자동화재속보설비	통합감시시설
②	5	자동식사이렌	확성장치
③	10	자동화재속보설비	확성장치
④	10	단독경보형감지기	통합감시시설

해설 경보설비의 기준(시행규칙 제42조)

- 지정수량의 10배 이상의 위험물을 저장 또는 취급하는 제조소등(이동탱크저장소를 제외한다)에는 화재 발생 시 이를 알릴 수 있는 경보설비를 설치하여야 한다.
- 경보설비는 자동화재탐지설비・자동화재속보설비・비상경보설비(비상벨장치 또는 경종을 포함한다)・확성장치(휴대용확성기를 포함한다) 및 비상방송설비로 구분한다.

06 ③ **정답**

07 하이드록실아민등을 취급하는 제조소의 안전거리를 구하는 공식은? (D : 거리(m), N : 해당 제조소에서 취급하는 하이드록실아민등의 지정수량의 배수)

① $D=\dfrac{51.1 \cdot N}{3}$

② $D=51.1\sqrt[3]{N}$

③ $D=\dfrac{51.1 \cdot \sqrt{N}}{3}$

④ $D=51.1\sqrt{N}$

해설 지정수량 이상의 하이드록실아민등을 취급하는 제조소의 위치는 건축물의 벽 또는 이에 상당하는 공작물의 외측으로부터 해당 제조소의 외벽 또는 이에 상당하는 공작물의 외측까지의 사이에 다음 식에 의하여 요구되는 거리 이상의 안전거리를 둘 것

$D=51.1\sqrt[3]{N}$

D : 거리(m)

N : 해당 제조소에서 취급하는 하이드록실아민등 지정수량의 배수

08 위험물안전관리법령상 "지정수량"에 관한 설명으로 옳지 않은 것은?

① 대통령령으로 정하는 수량이다.

② 위험물의 품명별로 위험성을 고려하여 정하고 있다.

③ 제조소등의 설치허가 등에 있어서 최저의 기준이 되는 수량이다.

④ 지정수량의 단위는 액체는 리터(L), 고체는 킬로그램(kg)이다.

해설 지정수량

- 위험물의 종류별로 위험성을 고려하여 위험물안전관리법 시행령 별표 1이 정하는 수량
- 제조소등의 설치허가 등에 있어서 최저의 기준이 되는 수량
  - 지정수량 이상 : 위험물안전관리법에 따라 규제
  - 지정수량 미만 : 시·도 위험물안전관리조례의 기준으로 규제
- 지정수량의 표시
  - 고체는 "kg"로 표시한다.
  - 액체에 대하여는 용량으로 하여 "L"로 나타내고 있다. 액체는 직접 그 질량을 측정하기가 곤란하고 통상 용기에 수납하므로 실용상 편의에 따라 용량으로 표시한 것이다.
  - 제6류 위험물은 액체인데도 "kg"로 표시하고 있음은 비중을 고려, 엄격히 규제하려는 하는 의미가 있기 때문이다.

  즉, 지정수량의 단위는 액체이더라도 제4류 위험물만 리터(L), 나머지는 킬로그램(kg)이다.

정답 07 ② 08 ④

09 위험물안전관리법령상 위험물 제조소 옥외취급탱크에 벤젠 $10m^3$와 톨루엔 $1m^3$가 있다. 이를 하나의 방유제 내에 설치하고자 할 때 방유제 용량의 최소 기준으로 옳은 것은? (단, 비중은 1로 한다)

① $1.5m^3$　　② $2.1m^3$
③ $3.1m^3$　　④ $5.1m^3$

해설 위험물 제조소의 옥외에 있는 위험물 취급탱크 방유제 용량
① 하나의 취급탱크 주위에 설치하는 방유제의 용량 : 해당 탱크용량의 50퍼센트 이상
② 2 이상의 취급탱크 주위에 하나의 방유제를 설치하는 경우 방유제의 용량 : 해당 탱크 중 용량이 최대인 것의 50퍼센트에 나머지 탱크용량 합계의 10퍼센트를 가산한 양 이상

따라서 방유제 용량 = $\frac{10m^3}{2} + \frac{1m^3}{10} = 5.1m^3$

10 위험물안전관리법령상 옥내탱크저장소의 탱크전용실에 하나의 탱크를 설치하고 제2석유류(경유)를 저장하려고 할 때 (　) 안에 들어갈 내용으로 옳은 것은?

> 가. 저장할 수 있는 최대용량은 (㉠)이다.
> 나. 지정수량의 (㉡)배까지 저장 가능하다.

	㉠	㉡
①	20,000리터	20
②	20,000리터	40
③	40,000리터	20
④	40,000리터	40

해설 옥내저장탱크의 용량(동일한 탱크전용실에 옥내저장탱크를 2 이상 설치하는 경우에는 각 탱크의 용량의 합계를 말한다)은 지정수량의 40배(**제4석유류 및 동식물유류 외의 제4류 위험물에 있어서 해당 수량이 20,000리터를 초과할 때에는 20,000리터**) 이하일 것

09 ④ 10 ① **정답**

11 위험물주유취급소의 위치 · 구조 또는 설비 중 변경허가를 받아야 하는 경우에 해당하는 것은?

① 셀프용이 아닌 고정주유설비를 셀프용 고정주유설비로 변경하는 경우

② 셀프용인 고정주유설비를 셀프용이 아닌 고정주유설비로 변경하는 경우

③ 셀프용인 고정급유설비를 셀프용이 아닌 고정급유설비로 변경하는 경우

④ 셀프용이 아닌 고정급유설비를 셀프용 고정급유설비로 변경하는 경우

해설 주유취급소의 주유설비 변경허가를 받아야 하는 경우
- 고정주유설비 또는 고정급유설비를 신설 또는 철거하는 경우
- 고정주유설비 또는 고정급유설비의 위치를 이전하는 경우
- 셀프용이 아닌 고정주유설비를 셀프용 고정주유설비로 변경하는 경우

12 위험물안전관리법령상 규정하는 벌칙의 금액이 나머지 셋과 다른 것은?

① 위험물의 운반에 관한 중요기준에 따르지 아니한 자

② 위험물 운반의 자격요건을 갖추지 아니한 위험물운반자

③ 위험물의 취급에 관한 안전관리와 감독을 하지 아니한 자

④ 위험물의 저장 또는 취급에 관한 중요기준에 따르지 아니한 자

해설 ①, ②, ③의 경우 : 1천만 원 이하의 벌금에 해당
④의 경우 : 1천 500만 원 이하의 벌금에 해당

정답 11 ① 12 ④

13 위험물안전관리법령상 제조소등에 대한 행정처분기준(1차)으로 옳은 것은?

① 위험물안전관리자를 선임하지 않은 경우 사용정지 15일

② 저장 · 취급기준 준수명령을 위반한 경우 사용정지 15일

③ 변경허가 없이 제조소의 위치를 이전한 경우 사용정지 10일

④ 완공검사를 받지 않고 제조소등을 사용한 경우 사용정지 10일

해설 위반행위별 벌칙과 행정처분

위반행위	행정처분		
	1차	2차	3차
정기점검을 하지 아니하거나 점검기록을 허위로 작성한 관계인으로서 제조소등 설치허가(허가 면제 또는 협의로서 허가를 받은 경우 포함)를 받은 자	사용정지 10일	사용정지 30일	허가취소
정기검사를 받지 아니한 관계인으로서 제조소등 설치허가를 받은 자	사용정지 10일	사용정지 30일	허가취소
위험물안전관리자 대리자를 지정하지 아니한 관계인으로서 위험물 제조소등 설치허가를 받은 자	사용정지 10일	사용정지 30일	허가취소
안전관리자를 선임하지 아니한 관계인으로서 위험물 제조소등 설치허가를 받은 자	사용정지 15일	사용정지 60일	허가취소
위험물 제조소등 변경허가를 받지 아니하고 제조소등을 변경한 자	경고 또는 사용정지 15일	사용정지 60일	허가취소
제조소등의 완공검사를 받지 아니하고 위험물을 저장 · 취급한 자	사용정지 15일	사용정지 60일	허가취소
위험물 저장 · 취급기준 준수명령 또는 응급조치명령을 위반한 자	사용정지 30일	사용정지 60일	허가취소
수리 · 개조 또는 이전의 명령에 따르지 아니한 자	사용정지 30일	사용정지 90일	허가취소
위험물 제조소등 사용 중지 대상에 대한 안전조치 이행명령을 따르지 아니한 자	경 고	허가취소	

13 ① **정답**

06 공개문제

▶ 본 공개문제는 2022년 9월 3일에 시행한 소방위 승진시험 과목 중 제2과목 소방법령 Ⅳ에서 위험물안전관리법령에 관한 문제만 수록하였습니다.

01 위험물안전관리법령상 제조소등의 화재예방과 화재 등 재해 발생 시의 비상조치를 위하여 이송취급소의 관계인이 정하는 예방규정에 관한 내용으로 옳지 않은 것은?

① 「산업안전보건법」 제25조에 따른 안전보건관리규정과 통합하여 예방규정을 작성할 수 있다.

② 이송취급소의 관계인과 종업원은 예방규정을 충분히 잘 익히고 준수하여야 한다.

③ 이송취급소의 관계인은 예방규정을 제정하거나 변경한 경우에는 제정 또는 변경한 예방규정 1부를 예방규정제출서에 첨부하여 소방본부장 또는 소방서장에게 제출하여야 한다.

④ 이송취급소의 예방규정에는 배관공사 현장책임자의 조건 등 배관공사 현장의 감독 체계에 관한 사항과 배관 주위에 있는 이송취급소 시설 외의 공사를 하는 경우 배관의 안전확보에 관한 사항이 포함되어야 한다.

해설 ③ 이송취급소의 관계인은 예방규정을 제정하거나 변경한 경우에는 제정 또는 변경한 예방규정 1부를 예방규정제출서에 첨부하여 시・도지사 또는 소방서장에게 제출하여야 한다.

① 「산업안전보건법」 제25조에 따른 안전보건관리규정과 제44조의 공정안전보고서 또는 「화학물질관리법」 제23조에 따른 화학사고예방관리계획서와 통합하여 작성할 수 있다.

② 이송취급소의 관계인과 종업원은 예방규정을 충분히 잘 익히고 준수하여야 한다.

④ 이송취급소의 예방규정에는 배관공사 현장책임자의 조건 등 배관공사 현장의 감독 체계에 관한 사항과 배관 주위에 있는 이송취급소 시설 외의 공사를 하는 경우 배관의 안전확보에 관한 사항이 포함되어야 한다.

정답 01 ③

02 「위험물안전관리법 시행령」상 한국소방산업기술원에 위탁할 수 있는 시·도지사의 업무로 옳지 않은 것은?

① 용량이 100만 리터 이상인 액체위험물을 저장하는 탱크에 대한 탱크안전성능검사
② 운반용기를 제작하거나 수입한 자 등의 신청에 따른 운반용기검사
③ 탱크시험자의 기술인력으로 종사하는 자에 대한 안전교육
④ 저장용량이 50만 리터 이상인 옥외탱크저장소의 설치 또는 변경에 따른 완공검사

해설 권한의 위탁

구 분	위임 또는 위탁 업무
시·도지사 ⇒ 기술원	1. 탱크안전성능검사 중 다음 각 목의 탱크에 대한 탱크안전성능검사 가. 용량이 100만 리터 이상인 액체위험물을 저장하는 탱크 나. 암반탱크 다. 지하탱크저장소의 위험물탱크 중 행정안전부령으로 정하는 액체위험물 탱크 2. 완공검사 중 다음 각 목의 완공검사 가. 지정수량의 1천배 이상의 위험물을 취급하는 제조소 또는 일반취급소의 설치 또는 변경에 따른 완공검사 나. 저장 용량이 50만 리터 이상의 옥외탱크저장소의 설치 또는 변경에 따른 완공검사 다. 암반탱크저장소의 설치 또는 변경에 따른 완공검사 3. 운반용기검사
소방본부장 또는 서장 ⇒ 기술원	50만 리터 이상의 옥외탱크저장소의 정기검사
소방청장 ⇒ 안전원	① 위험물운반자 또는 위험물운송자 요건을 갖추려는 사람에 대한 안전교육 ② 위험물취급자격자의 자격을 갖추려는 사람에 대한 안전교육 ③ 위험물안전관리자, 위험물운송자 또는 위험물운반자로 종사하는 사람의 안전교육
소방청장 ⇒ 기술원	탱크시험자의 기술 인력으로 종사하는 자에 대한 안전교육

02 ③ **정답**

03 다음은 「위험물안전관리법 시행규칙」상 특정·준특정 옥외탱크저장소의 관계인이 소방본부장 또는 소방서장으로부터 받아야 하는 정밀정기검사 및 중간정기검사 시기이다. (　) 안에 들어갈 수치로 옳은 것은?

> 1. 정밀정기검사는 다음의 어느 하나에 해당하는 기간 내에 1회
>   가. 특정·준특정 옥외탱크저장소의 설치허가에 따른 완공검사필증을 발급받은 날부터 (㉠)년
>   나. 최근의 정밀정기검사를 받은 날부터 (㉡)년
> 2. 중간정기검사는 다음의 어느 하나에 해당하는 기간 내에 1회
>   가. 특정·준특정 옥외탱크저장소의 설치허가에 따른 완공검사필증을 발급받은 날부터 (㉢)년
>   나. 최근의 정밀정기검사 또는 중간정기검사를 받은 날부터 (㉣)

	㉠	㉡	㉢	㉣
①	13	11	6	4
②	13	10	5	5
③	12	10	6	5
④	12	11	4	4

해설 정기검사 핵심정리

점검구분	검사대상	점검자의 자격	점검내용	횟수 등
정밀정기검사	액체위험물을 저장 또는 취급하는 50만 리터 이상의 옥외탱크저장소	소방본부장 또는 소방서장 → 한국소방산업기술원에 위탁	제조소등 관계인이 위험물시설에 대한 적정 유지·관리 여부를 확인	• 완공검사합격확인증을 발급받은 날부터 12년 이내에 1회 이상 • 최근의 정밀정기검사를 받은 날부터 11년 이내에 1회 이상
중간정기검사				• 완공검사합격확인증을 발급받은 날부터 4년 이내에 1회 이상 • 최근의 정밀정기검사 또는 중간정기검사를 받은 날부터 4년 이내에 1회 이상

정답 03 ④

04 위험물안전관리법령상 소화설비 중 옥외소화전설비에 관한 내용으로 옳은 것은?

① 옥외소화전설비에는 비상전원을 설치하여야 한다.

② 수원의 수량은 옥외소화전이 4개 설치된 경우 13.5m^3 이상이 되도록 한다.

③ 옥외소화전의 방수압력은 250kPa 이상이고 방수량은 1분당 350리터 이상으로 한다.

④ 옥외소화전은 방호대상물의 각 부분에서 하나의 호스접속구까지의 수평거리가 75m 이하가 되도록 하여야 한다.

해설 옥외소화전 설치기준

내 용	제조소등 설치기준
설치위치 설치개수	• 수평거리 40m 이하마다 설치 • 설치개수가 1개인 경우 2개 설치
수원량	• Q = N(설치개수 : 최대 4개) × 13.5m^3 • 최대 = 450L/min × 30분 × 4 = 54m^3
방수압력	350kPa 이상
방수량	450L/min
비상전원	용량은 45분 이상

05 「위험물안전관리법」상 감독 및 조치명령에 관한 내용으로 옳지 않은 것은?

① 시・도지사, 소방본부장 또는 소방서장은 제조소등의 관계인이 해당 제조소등에서 위험물의 유출 그 밖의 사고가 발생한 때 즉시 그리고 지속적으로 위험물의 유출 및 확산의 방지, 유출된 위험물의 제거 그 밖에 재해의 발생방지를 위한 응급조치를 강구하지 아니하였다고 인정하는 때에는 응급조치를 강구하도록 명할 수 있다.

② 시・도지사, 소방본부장 또는 소방서장은 탱크시험자가 해당 업무를 적정하게 실시하는 데 필요하다고 인정하는 때에는 감독상 필요한 명령을 할 수 있다.

③ 시・도지사, 소방본부장 또는 소방서장은 위험물에 의한 재해를 방지하기 위하여 허가를 받지 아니하고 지정수량 이상의 위험물을 저장 또는 취급하는 자에 대하여 그 위험물 및 시설의 제거 등 필요한 조치를 명할 수 있다.

④ 시・도지사, 소방본부장 또는 소방서장은 공공의 안전을 유지하거나 재해의 발생을 방지하기 위하여 긴급하다고 인정하는 때에는 제조소등의 관계인에 대하여 해당 제조소등의 사용을 일시정지하거나 제한할 것을 명할 수 있다.

04 ① 05 ① **정답**

해설 1. 소방본부장 또는 소방서장은 제조소등의 관계인이 해당 제조소등에서 위험물의 유출 그 밖의 사고가 발생한 때 즉시 그리고 지속적으로 위험물의 유출 및 확산의 방지, 유출된 위험물의 제거 그 밖에 재해의 발생방지를 위한 응급조치를 강구하지 아니하였다고 인정하는 때에는 응급조치를 강구하도록 명할 수 있다.

2. 명령의 내용 및 명령권자

명령의 내용	명령권자
출입·검사권자	소방청장(중앙119구조본부장 및 그 소속 기관의 장을 포함), 시·도지사, 소방본부장 또는 소방서장
위험물 누출 등의 사고 조사	소방청장(중앙119구조본부장 및 그 소속 기관의 장을 포함), 소방본부장 또는 소방서장
탱크시험자에 대한 명령	시·도지사, 소방본부장 또는 소방서장
무허가장소의 위험물에 대한 조치명령	
제조소등에 대한 긴급 사용정지명령 등	
저장·취급기준 준수명령 등	
응급조치·통보 및 조치명령	소방본부장 또는 소방서장

06 위험물안전관리법령상 위험물을 취급하는 데 필요한 채광·조명 및 환기설비에 관한 내용으로 옳지 않은 것은?

① 가연성가스 등이 체류할 우려가 있는 장소의 조명등은 방폭등으로 하여야 한다.

② 채광설비는 불연재료로 하고, 연소할 우려가 없는 장소에 설치하되 채광면적을 최대로 하여야 한다.

③ 환기설비의 급기구는 낮은 곳에 설치하고 가는 눈의 구리망 등으로 인화방지망을 설치하여야 한다.

④ 환기는 자연배기방식으로 하고, 급기구는 1개 이상으로 하되, 바닥면적 $60m^2$ 미만일 경우 급기구의 크기는 $150cm^2$ 이상으로 하여야 한다.

해설 ② 채광설비는 불연재료로 하고, 연소할 우려가 없는 장소에 설치하되 채광면적을 최소로 하여야 한다.

정답 06 ②

07 위험물안전관리법령상 소화설비의 능력단위로 옳은 것은?

	소화설비	용 량	능력단위
①	소화전용물통	8리터	0.5
②	수조(소화전용물통 3개 포함)	80리터	1.5
③	수조(소화전용물통 6개 포함)	190리터	2.0
④	마른 모래(삽 1개 포함)	50리터	1.0

해설 기타 소화설비의 능력단위

소화설비	용 량	능력단위
소화전용(轉用)물통	8리터	0.3
수조(소화전용물통 3개 포함)	80리터	1.5
수조(소화전용물통 6개 포함)	190리터	2.5
마른 모래(삽 1개 포함)	50리터	0.5
팽창질석 또는 팽창진주암(삽 1개 포함)	160리터	1.0

08 위험물안전관리법령상 제조소등의 예방규정에 관한 내용으로 옳은 것은?

① 제조소등의 관계인 또는 그 종업원이 예방규정을 준수하지 않았을 때에는 1,500만 원 이하의 벌금에 처한다.

② 암반탱크저장소는 그 저장량이 지정수량의 200배 이상인 경우에 한해 예방규정을 제출해야 하는 대상에 해당한다.

③ 「위험물안전관리법」상 소방청장은 제조소등 관계인에 대하여 예방규정 이행 실태를 정기적으로 평가할 수 있음을 명시하고 있다.

④ 제4류 위험물(특수인화물을 제외한다)만을 지정수량의 50배 이하로 취급하는 일반취급소(제1석유류·알코올류의 취급량이 지정수량의 10배 이하인 경우에 한한다)로서 위험물을 차량에 고정된 탱크에 주입하는 일반취급소는 예방규정의 작성 및 제출 대상에 해당하지 않는다.

해설 ① 제조소등의 관계인 또는 그 종업원이 예방규정을 준수하지 않았을 때에는 1차 250만 원, 2차 400만 원, 3차 500만 원의 과태료를 부과한다.

② 암반탱크저장소는 지정수량과 관계없이 예방규정을 제출해야 하는 대상에 해당한다.

③ 「위험물안전관리법」은 시·도지사는 제조소등 관계인의 예방규정 이행 실태를 정기적으로 평가할 수 있음을 명시하고 있다.

07 ② 08 ④ **정답**

09 위험물안전관리법령상 제조소등의 변경허가를 받아야 하는 경우로 옳은 것은?

① 간이탱크저장소 건축물의 벽・기둥・바닥・보 또는 지붕을 증설하는 경우

② 옥외저장소의 위치를 이전하는 경우

③ 옥외탱크저장소의 방유제의 높이, 방유제 내의 면적, 방유제의 매설 깊이 등을 변경하는 경우

④ 암반탱크저장소의 내용적을 변경하고 외벽을 정비하는 경우

해설 ② 옥외저장소의 면적을 변경하는 경우
③ 옥외탱크저장소의 방유제의 높이, 방유제 내의 면적 등을 변경하는 경우
④ 암반탱크저장소의 내용적을 변경하고 내벽을 정비하는 경우

10 위험물안전관리법령상 자체소방대에 관한 내용으로 옳은 것은?

① 보일러로 제4류 위험물을 소비하는 일반취급소가 있는 사업소의 관계인은 해당 사업소에 자체소방대를 설치해야 한다.

② 제4류 위험물의 최대수량이 지정수량의 50만배 이상인 옥외탱크저장소가 설치된 동일한 사업소의 관계인은 자체소방대를 설치해야 하고, 해당 자체소방대에는 화학소방자동차 2대, 자체소방대원 10인을 두어야 한다.

③ 제조소에서 취급하는 제4류 위험물의 최대수량의 합이 지정수량의 30만배인 경우 해당 사업소의 관계인은 자체소방대에 화학소방자동차 4대, 자체소방대원 20인을 두어야 한다.

④ 화학소방자동차 중 포수용액 방사차에는 100만 리터 이상의 포수용액을 방사할 수 있는 양의 소화약제를 비치해야 한다.

해설 자체소방대 설치기준
① 보일러로 위험물을 소비하는 일반취급소 등 행정안전부령으로 정하는 일반취급소는 제외한다.
③ 제조소에서 취급하는 제4류 위험물의 최대수량의 합이 지정수량의 30만배인 경우 해당 사업소의 관계인은 자체소방대에 화학소방자동차 3대, 자체소방대원 15인을 두어야 한다.
④ 화학소방자동차 중 포수용액 방사차에는 10만 리터 이상의 포수용액을 방사할 수 있는 양의 소화약제를 비치해야 한다.

정답 09 ① 10 ②

11 **위험물안전관리법령상 제조소등의 완공검사 신청 등에 관한 내용으로 옳지 않은 것은?**

① 제조소등에 대한 완공검사를 받고자 하는 자는 시・도지사에게 신청하여야 한다.

② 지정수량의 3천배 이하의 위험물을 취급하는 제조소등의 설치에 따른 완공검사는 한국소방산업기술원에 위탁한다.

③ 저장용량이 50만 리터 이상인 옥외탱크저장소의 설치 또는 변경에 따른 완공검사는 한국소방산업기술원에 위탁한다.

④ 한국소방산업기술원은 완공검사를 실시한 경우에는 완공검사결과서를 소방서장에게 송부하고, 완공검사업무대장을 작성하여 10년간 보관하여야 한다.

해설 ② 지정수량의 1천배 이상의 위험물을 취급하는 제조소등의 설치에 따른 완공검사는 한국소방산업기술원에 위탁한다.

12 **위험물안전관리법령상 제조소등 설치허가의 취소와 사용정지 등에 관한 내용으로 옳은 것은?**

① 「위험물안전관리법」 제18조 제1항에 따른 정기점검을 하지 아니한 때에는 경고 처분을 할 수 있다.

② 「위험물안전관리법」 제6조 제1항 후단에 따른 변경허가를 받지 아니하고 제조소등의 위치・구조 및 설비를 변경하여 형사처벌을 받거나 그 절차가 진행 중인 경우에는 사용정지를 명할 수 없다.

③ 「위험물안전관리법」상 사용을 중지하려는 제조소등의 관계인이 실시한 안전조치에 대해 관계공무원이 확인하고 위해 방지를 위하여 필요한 안전조치를 명했으나, 이를 따르지 않는 경우에는 경고 처분을 할 수 있다.

④ 다수의 제조소등을 동일인이 설치하여 1인의 위험물안전관리자를 중복하여 선임하는 경우에는 제조소등마다 해당 위험물안전관리자를 보조하는 자를 지정해야 하는데, 이를 지정하지 않은 경우에는 사용정지를 명할 수 있다.

11 ② 12 ③ **정답**

해설 제조소등에 대한 행정처분기준 및 벌칙

위반행위	행정처분		
	1차	2차	3차
정기점검을 하지 아니하거나 점검기록을 허위로 작성한 관계인으로서 제조소등 설치허가(허가 면제 또는 협의로서 허가를 받은 경우 포함)를 받은 자	사용정지 10일	사용정지 30일	허가취소
정기검사를 받지 아니한 관계인으로서 제조소등 설치허가를 받은 자	사용정지 10일	사용정지 30일	허가취소
위험물안전관리자 대리자를 지정하지 아니한 관계인으로서 위험물 제조소등 설치허가를 받은 자	사용정지 10일	사용정지 30일	허가취소
안전관리자를 선임하지 아니한 관계인으로서 위험물 제조소등 설치허가를 받은 자	사용정지 15일	사용정지 60일	허가취소
위험물 제조소등 변경허가를 받지 아니하고 제조소등을 변경한 자	경고 또는 사용정지 15일	사용정지 60일	허가취소
제조소등의 완공검사를 받지 아니하고 위험물을 저장·취급한 자	사용정지 15일	사용정지 60일	허가취소
위험물 저장·취급기준 준수명령 또는 응급조치명령을 위반한 자	사용정지 30일	사용정지 60일	허가취소
수리·개조 또는 이전의 명령에 따르지 아니한 자	사용정지 30일	사용정지 90일	허가취소
위험물 제조소등 사용 중지 대상에 대한 안전조치 이행명령을 따르지 아니한 자	경 고	허가취소	

13 「위험물안전관리법」이 정하는 사항에 관한 내용으로 옳지 않은 것은?

① 항공기로 위험물을 운반하는 경우에는 「위험물안전관리법」이 적용되지 않는다.

② 지정수량이란 제조소등의 설치허가 등에서 최저기준이 되는 수량을 말한다.

③ 「위험물안전관리법」에는 위험물의 저장, 취급 및 운반에 따른 안전관리에 관한 사항을 규정함으로써 위험물로 인한 위해를 방지하여 공공의 안전을 확보함을 목적으로 한다고 명시되어 있다.

④ 옥내저장소의 위치·구조 또는 설비의 변경 없이 해당 옥내저장소에 저장하는 위험물의 수량을 변경하고자 하는 자는 변경하고자 하는 날의 1일 전까지 소방서장에게 신고해야 한다.

해설 ④ 옥내저장소의 위치·구조 또는 설비의 변경 없이 해당 옥내저장소에 저장하는 위험물의 수량을 변경하고자 하는 자는 변경하고자 하는 날의 1일 전까지 시·도지사에게 신고해야 한다.

정답 13 ④

07 기출유사문제

▶ 본 기출유사문제는 수험자의 기억에 의하여 복원된 것으로 그림, 내용, 출제지문 등이 다를 수 있으니 참고하시기 바랍니다.

01 위험물안전관리법령상 제2류 위험물에 관한 설명으로 옳지 않은 것은?

① 황은 순도가 60중량퍼센트 이상인 것을 말하며 지정수량은 100킬로그램이다.

② 마그네슘은 지름 1밀리미터 이상의 막대 모양의 것을 말하며 지정수량은 100킬로그램이다.

③ 인화성고체라 함은 고형알코올, 그 밖에 1기압에서 인화점이 섭씨 40도 미만인 고체를 말하며 지정수량은 1,000킬로그램이다.

④ 철분이라 함은 철의 분말로서 53마이크로미터의 표준체를 통과하는 것이 50중량퍼센트 이상이어야 하며 지정수량은 500킬로그램이다.

해설 ② 위험물 품명에서 마그네슘 및 마그네슘을 함유한 것이란 2밀리미터의 체를 통과하는 것과 지름 2밀리미터 미만의 막대 모양의 것을 말한다.

02 다음 중 예방규정을 정하여 제출해야 할 대상에 해당하는 제조소등은 어느 것인가?

① 휘발유 1,000리터를 취급하는 제조소

② 질산 3만 킬로그램을 저장하는 옥내저장소

③ 질산염류 5만 킬로그램을 저장하는 옥내저장소

④ 경유 15만 리터를 저장하는 옥외탱크저장소

해설 **관계인이 예방규정을 정해야 하는 제조소 구분**

구 분	휘발유	질 산	질산염류	경 유
유 별	제1석유류	제6류	제1류	제2석유류
저장수량	1,000L	30,000kg	50,000kg	150,000L
지정수량	200L	300kg	300kg	1,000L
지정수량 배수	5배	100배	166.7배	150배
제조소등 구분	제조소	옥내저장소	옥내저장소	옥외탱크저장소
예방규정 기준	10배	150배	150배	200배
예방규정 제출 대상 여부	×	×	○	×

01 ② 02 ③ 정답

03 위험물안전관리법령상 제조소등의 정기점검 대상에 해당하지 않는 것은?

① 알코올을 10배 이상을 제조하는 제조소

② 등유 3,000리터를 저장하는 지하탱크저장소

③ 마그네슘을 지정수량 80배를 저장하는 옥내저장소

④ 등유 220,000리터를 저장하는 옥외탱크저장소

해설 ③ 마그네슘을 150배 이상 저장하는 옥내저장소가 예방규정 인가 및 정기점검 대상에 해당한다.

정기점검의 대상인 제조소등(영 제16조)

- 예방규정을 정하는 제조소등
  - 지정수량의 10배 이상의 위험물을 취급하는 제조소
  - 지정수량의 100배 이상의 위험물을 저장하는 옥외저장소
  - 지정수량의 150배 이상의 위험물을 저장하는 옥내저장소
  - 지정수량의 200배 이상의 위험물을 저장하는 옥외탱크저장소
  - 암반탱크저장소
  - 이송취급소
  - 지정수량의 10배 이상의 위험물을 취급하는 일반취급소

> 제4류 위험물(특수인화물을 제외한다)만을 지정수량의 50배 이하로 취급하는 일반취급소(제1석유류 · 알코올류의 취급량이 지정수량의 10배 이하인 경우에 한한다)로서 다음의 어느 하나에 해당하는 것을 제외한다.
> - 보일러 · 버너 또는 이와 비슷한 것으로서 위험물을 소비하는 장치로 이루어진 일반취급소
> - 위험물을 용기에 옮겨 담거나 차량에 고정된 탱크에 주입하는 일반취급소

- 지하탱크저장소
- 이동탱크저장소
- 위험물을 취급하는 탱크로서 지하에 매설된 탱크가 있는 제조소 · 주유취급소 또는 일반취급소

04 위험물안전관리법령상 제조소 또는 일반취급소의 설비 중 변경허가를 받을 필요가 없는 경우는?

① 배출설비를 증설하는 경우

② 건축물의 지붕을 증설하는 경우

③ 위험물 취급탱크를 교체 · 철거 또는 보수(탱크의 본체를 절개하는 경우에 한한다)하는 경우

④ 방화상 유효한 담을 이설하는 경우

해설 ① 제조소 또는 일반취급소에서 배출설비를 신설하는 경우에 변경허가를 받아야 한다.

정답 03 ③ 04 ①

05 위험물의 지정수량이 적은 것부터 큰 순서로 나열한 것은?

① 철분 - 아염소산염류 - 나트륨
② 알킬리튬 - 탄화칼슘 - 유기금속화합물
③ 황린 - 질산 - 황
④ 칼륨 - 질산염류 - 마그네슘

해설 ④ 칼륨(10킬로그램) - 질산염류(300킬로그램) - 마그네슘(500킬로그램)
① 나트륨(10킬로그램) - 아염소산염류(50킬로그램) - 철분(300킬로그램)
② 알킬리튬(10킬로그램) - 유기금속화합물(50킬로그램) - 탄화칼슘(300킬로그램)
③ 황린(20킬로그램) - 황(100킬로그램) - 질산(300킬로그램)

06 화학소방자동차에 갖추어야 하는 소화능력 및 설비의 기준으로 옳지 않은 것은?

① 포수용액 방사차 - 10만 리터 이상의 포수용액을 방사할 수 있는 양의 소화약제를 비치할 것
② 분말 방사차 - 1,400킬로그램 이상의 분말을 비치할 것
③ 할로젠화합물 방사차 - 1,000킬로그램 이상의 할로젠화합물을 비치할 것
④ 이산화탄소 방사차 - 2,000킬로그램 이상의 이산화탄소를 비치할 것

해설 ④ 이산화탄소 방사차 - 3,000킬로그램 이상의 이산화탄소를 비치할 것

05 ④ 06 ④ **정답**

07 **위험물안전관리법에 따른 수납하는 위험물에 따른 주의사항으로 옳지 않은 것은?**

① 제3류 위험물 중 자연발화성물질 : 화기엄금 및 공기접촉엄금

② 제2류 위험물 중 금속분 : 화기주의 및 물기엄금

③ 제5류 위험물 : 화기엄금 및 충격주의

④ 제2류 위험물 중 인화성고체 : 화기주의

해설 수납하는 위험물에 따른 주의사항

유 별	품 명	운반용기 주의사항(별표 19)
제1류	알칼리금속의 과산화물	화기·충격주의, 가연물접촉주의 및 물기엄금
	그 밖의 것	화기·충격주의, 가연물접촉주의
제2류	철분, 금속분, 마그네슘(함유 포함)	화기주의 및 물기엄금
	인화성고체	화기엄금
	그 밖의 것	화기주의
제3류	자연발화성물질	화기엄금 및 공기접촉엄금
	금수성물질	물기엄금
제4류	모든 품명	화기엄금
제5류	모든 품명	화기엄금 및 충격주의
제6류	모든 품명	가연물접촉주의

08 **위험물안전교육의 과정·기간과 그 밖의 교육의 실시에 관한 사항에 관한 내용으로 틀린 것은?**

① 안전관리자 및 위험물운송자의 실무교육 시간 중 4시간 이내를 사이버교육의 방법으로 실시할 수 있다.

② 위험물운송자가 되고자 하는 자의 교육시간은 8시간이다.

③ 위험물운송자는 신규 종사 후 3년마다 1회 8시간의 안전원에서 실시하는 실무교육을 받아야 한다.

④ 안전관리자는 신규 종사 후 2년마다 1회 8시간의 안전원에서 실시하는 실무교육을 받아야 한다.

해설 ② 위험물운송자가 되고자 하는 자의 교육시간은 16시간이다(시행규칙 별표 24).

정답 07 ④ 08 ②

09 위험물로서 "특수인화물"에 속하는 것은?

① 아세톤
② 휘발유
③ 등 유
④ 다이에틸에터

해설 "특수인화물"이라 함은 이황화탄소, 다이에틸에터 그 밖에 1기압에서 발화점이 섭씨 100도 이하인 것 또는 인화점이 섭씨 영하 20도 이하이고 비점이 섭씨 40도 이하인 것을 말한다.

10 다음 중 위험물 운반에 관한 기준에서 위험물 등급이 다른 것은?

① 과염소산염류
② 알코올류
③ 특수인화물류
④ 과산화수소

해설 ①·③·④는 위험물 등급 I, ② 알코올류는 위험물 등급 II에 해당한다.

11 탱크저부가 지반면 아래에 있고 상부가 지반면 이상에 있으며 탱크 내 위험물의 최고액면이 지반면 아래에 있는 원통세로형의 위험물 탱크를 무엇이라 하는가?

① 특정옥외탱크
② 지하탱크
③ 지중탱크
④ 암반탱크

해설 위험물 저장탱크의 구분
① 특정옥외탱크 : 액체위험물을 최대수량이 100만 리터 이상을 저장하기 위하여 옥외에 설치한 탱크
② 지하탱크 : 위험물을 저장하기 위하여 지하에 매설한 탱크
④ 암반탱크 : 액체의 위험물을 저장하기 위하여 암반 내의 공간을 이용한 탱크

09 ④ 10 ② 11 ③ 정답

08 기출유사문제

▸ 본 기출유사문제는 수험자의 기억에 의하여 복원된 것으로 그림, 내용, 출제지문 등이 다를 수 있으니 참고하시기 바랍니다. 〈서울, 인천, 부산, 경기, 경남, 경북, 대구, 전북, 충남, 강원〉

01 위험물안전관리법령상 이동탱크저장소의 변경허가를 받아야 할 경우로 옳은 것은?

① 상치장소의 위치를 같은 사업장 안에서 이전하는 경우

② 주입설비를 설치 또는 보수하는 경우

③ 이동저장탱크의 내용적을 변경하기 위하여 구조를 변경하는 경우

④ 펌프설비를 증설하는 경우

해설 이동탱크저장소 변경허가를 받아야 하는 사항

- 상치장소의 위치를 이전하는 경우(같은 사업장 또는 같은 울 안에서 이전하는 경우는 제외한다)
- 이동저장탱크를 보수(탱크 본체를 절개하는 경우에 한한다)하는 경우
- 이동저장탱크의 노즐 또는 맨홀을 신설하는 경우(노즐 또는 맨홀의 지름이 250mm를 초과하는 경우에 한한다)
- 이동저장탱크의 내용적을 변경하기 위하여 구조를 변경하는 경우
- 주입설비를 설치 또는 철거하는 경우
- 펌프설비를 신설하는 경우

02 위험물의 지정수량 합이 가장 적은 것은?

① 유기금속화합물, 적린, 과염소산

② 무기과산화물, 칼륨, 황

③ 알킬알루미늄, 나트륨, 황린

④ 알킬리튬, 질산염류, 황화인

해설 ③ 알킬알루미늄(10킬로그램) + 나트륨(10킬로그램) + 황린(20킬로그램) = 40킬로그램
① 유기금속화합물(50킬로그램) + 적린(100킬로그램) + 과염소산(300킬로그램) = 450킬로그램
② 무기과산화물(50킬로그램) + 칼륨(10킬로그램) + 황(100킬로그램) = 160킬로그램
④ 알킬리튬(10킬로그램) + 질산염류(300킬로그램) + 황화인(100킬로그램) = 410킬로그램

정답 01 ③ 02 ③

03 **위험물안전관리법상 과징금 처분대상에 해당하지 않는 위반내용으로 옳은 것은?**

① 위험물 제조소등 변경허가를 받지 아니하고 제조소등의 위치・구조 또는 설비를 변경한 때

② 위험물 제조소등 완공검사를 받지 않고 제조소등을 사용한 경우

③ 위험물 제조소등 용도폐지신고를 허위로 한 때

④ 위험물 제조소등 정기점검을 하지 아니한 때

해설 위험물 제조소등 용도폐지신고를 태만히 한 경우는 행정처분기준에 해당하지 않아 과징금 부과처분 대상에 해당하지 않는다.

04 **다음 중 예방규정 작성 대상이 아닌 제조소등은 어느 것인가?**

① 지정수량 150배의 위험물을 저장하는 옥외탱크저장소

② 지정수량 150배의 위험물을 저장하는 옥내저장소

③ 지정수량 150배의 위험물을 저장하는 옥외저장소

④ 지정수량 150배인 암반탱크저장소

해설 관계인이 예방규정을 정해야 하는 제조소등

- 지정수량의 10배 이상의 위험물을 취급하는 제조소
- 지정수량의 100배 이상의 위험물을 저장하는 옥외저장소
- 지정수량의 150배 이상의 위험물을 저장하는 옥내저장소
- 지정수량의 200배 이상의 위험물을 저장하는 옥외탱크저장소
- 암반탱크저장소
- 이송취급소
- 지정수량의 10배 이상의 위험물을 취급하는 일반취급소

> 제4류 위험물(특수인화물을 제외한다)만을 지정수량의 50배 이하로 취급하는 일반취급소(제1석유류・알코올류의 취급량이 지정수량의 10배 이하인 경우에 한한다)로서 다음의 어느 하나에 해당하는 것을 제외한다.
> - 보일러・버너 또는 이와 비슷한 것으로서 위험물을 소비하는 장치로 이루어진 일반취급소
> - 위험물을 용기에 옮겨 담거나 차량에 고정된 탱크에 주입하는 일반취급소

03 ③ 04 ① **정답**

05 위험물 제조소의 배출설비의 설치기준으로 옳은 것은?

① 위험물취급설비가 배관이음 등으로만 된 경우에는 국소방식으로 할 수 있다.
② 급기구는 낮은 곳에 설치하고 가는 눈의 구리망 등으로 인화방지망을 설치해야 한다.
③ 배풍기는 자연배기 방식으로 하고, 옥내덕트의 내압이 대기압 이하가 되지 아니하는 위치에 설치해야 한다.
④ 배출구는 지상 2m 이상으로서 연소의 우려가 없는 장소에 설치하고, 배출덕트가 관통하는 벽부분의 바로 가까이에 화재 시 자동으로 폐쇄되는 방화댐퍼(화재 시 연기 등을 차단하는 장치)를 설치해야 한다.

해설 ① 위험물취급설비가 배관이음 등으로만 된 경우에는 전역방식으로 할 수 있다.
② 급기구는 높은 곳에 설치하고 가는 눈의 구리망 등으로 인화방지망을 설치해야 한다.
③ 배풍기는 강제배기 방식으로 하고, 옥내덕트의 내압이 대기압 이상이 되지 아니하는 위치에 설치해야 한다.

06 제5류 위험물로서 자기반응성물질에 해당되는 것은?

① 유기과산화물, 질산에스터류, 나이트로화합물
② 하이드라진, 아조화합물, 하이드록실아민
③ 유기금속화합물, 나이트로소화합물, 다이아조화합물
④ 금속의 아지화합물, 질산구아니딘, 염소화규소화합물

해설 제5류 위험물 : 자기반응성물질

유 별	성 질	등 급	품 명	지정수량
제5류 위험물	자기 반응성 물질	1종 : I	1. 유기과산화물, 2. 질산에스터류	1종 : 10kg 2종 : 100kg
		2종 : II	3. 나이트로화합물 4. 나이트로소화합물, 5. 아조화합물, 6. 다이아조화합물, 7. 하이드라진유도체	
			8. 하이드록실아민, 9. 하이드록실아민염류	
			10. 그 밖의 행정안전부령이 정하는 것 : 금속의 아지화합물, 질산구아니딘 11. 제1호 내지 제10호의1에 해당하는 어느 하나 이상을 함유한 것	

정답 05 ④ 06 ①

07 **다음 중 위험물안전관리법에 따른 알코올류가 위험물이 되기 위하여 갖추어야 할 조건에서 알코올류에 해당하지 않는 것은?**

① 메틸알코올(CH_3OH)의 함유량이 65중량퍼센트 이상인 것
② 에탄올(C_2H_5OH)의 함유량이 60중량퍼센트 이상인 것
③ 프로필알코올(C_3H_7OH)의 함유량이 70중량퍼센트 이상인 것
④ 부탄올(C_4H_9OH)의 함유량이 90중량퍼센트 이상인 것

해설 알코올류
1분자를 구성하는 탄소원자의 수가 1개부터 3개(메틸알코올, 에틸알코올, 프로필알코올)까지인 포화1가 알코올(변성알코올을 포함한다)을 말하며, 부탄올은 탄소원자가 4개로 알코올류에 해당하지 않는다.

08 **위험물 옥외저장탱크의 밸브 없는 통기관의 설치기준으로 옳은 것은?**

① 밸브 없는 통기관의 지름은 25mm 이상으로 한다.
② 인화점이 38℃ 미만인 위험물만을 저장 또는 취급하는 탱크에 설치하는 통기관에는 화염방지장치를 설치한다.
③ 밸브 없는 통기관의 끝부분은 수평면보다 45도 이상 구부려 빗물 등의 침투 구조로 한다.
④ 가연성의 증기를 회수하기 위한 밸브를 통기관에 설치하는 경우에 있어서는 해당 통기관의 밸브는 저장탱크에 위험물을 주입하는 경우를 제외하고는 항상 폐쇄되어있는 구조로 할 것

해설 옥외탱크저장소의 밸브 없는 통기관 설치기준
- 지름은 30mm 이상일 것
- 끝부분은 수평면보다 45도 이상 구부려 빗물 등의 침투를 막는 구조로 할 것
- 인화점이 38℃ 미만인 위험물만을 저장 또는 취급하는 탱크에 설치하는 통기관에는 화염방지장치를 설치하고, 그 외의 탱크에 설치하는 통기관에는 40메쉬(mesh) 이상의 구리망 또는 동등 이상의 성능을 가진 인화방지장치를 설치할 것. 다만, 인화점이 70℃ 이상인 위험물만을 해당 위험물의 인화점 미만의 온도로 저장 또는 취급하는 탱크에 설치하는 통기관에는 인화방지장치를 설치하지 않을 수 있다.
- 가연성의 증기를 회수하기 위한 밸브를 통기관에 설치하는 경우에 있어서는 해당 통기관의 밸브는 저장탱크에 위험물을 주입하는 경우를 제외하고는 항상 개방되어있는 구조로 하는 한편, 폐쇄하였을 경우에 있어서는 10kPa 이하의 압력에서 개방되는 구조로 할 것. 이 경우 개방된 부분의 유효단면적은 777.15mm^2 이상이어야 한다.

07 ④ 08 ② **정답**

09 위험물탱크시험자의 등록기준에서 필수장비에 해당하지 않는 것은?

① 진공누설시험기

② 자기탐상시험기

③ 초음파두께측정기

④ 영상초음파시험기

해설 탱크시험자가 갖추어야 할 필수장비

구 분	탱크시험자 등록기준
장 비	① 필수장비 : 자기탐상시험기, 초음파두께측정기 및 다음 ㉠ 또는 ㉡의 장비를 둘 것 ㉠ 영상초음파시험기 ㉡ 방사선투과시험기 및 초음파시험기 ② 필요한 경우에 두는 장비 ㉠ 충·수압시험, 진공시험, 기밀시험 또는 내압시험의 경우 ⓐ 진공능력 53KPa 이상의 진공누설시험기 ⓑ 기밀시험장치(안전장치가 부착된 것으로서 가압능력 200KPa 이상, 감압의 경우에는 감압능력 10KPa 이상·감도 10Pa 이하의 것으로서 각각의 압력 변화를 스스로 기록할 수 있는 것) ㉡ 수직·수평도 시험의 경우 : 수직·수평도 측정기 ※ 둘 이상의 기능을 함께 가지고 있는 장비를 갖춘 경우에는 각각의 장비를 갖춘 것으로 본다.

10 위험물안전관리법령상 제조소의 설비 중 변경허가를 받아야 할 사항으로 옳은 것은?

① 제조소 또는 일반취급소의 위치를 이전하는 경우

② 건축물의 지붕을 보수하는 경우

③ 200m를 초과하는 위험물배관을 신설·교체·철거하는 경우

④ 지름이 200mm를 초과하는 노즐을 신설하는 경우

해설 ② 건축물의 지붕을 증설 또는 철거하는 경우

③ 300m(지상에 설치하지 아니하는 배관의 경우에는 30m)를 초과하는 위험물배관을 신설·교체·철거 또는 보수(배관을 절개하는 경우에 한한다)하는 경우

④ 위험물 취급탱크의 노즐 또는 맨홀을 신설하는 경우(노즐 또는 맨홀의 지름이 250mm를 초과하는 경우에 한한다)

정답 09 ① 10 ①

11 다음 중 위험물안전관리법령상 규정하고 있는 인적통제 대상으로 옳지 않은 것은?

① 위험물운송자가 준수해야 할 사항

② 위험물 제조소등 설치 또는 변경허가

③ 위험물의 운반에 관한 기준

④ 위험물의 저장·취급 기준

해설 위험물의 규제방식 중 ②번은 물적규제에 해당한다.

12 위험물안전관리법에서 정하는 위험물질에 대한 설명으로 옳은 것은?

① 인화성고체라 함은 고형알코올 그 밖에 1기압에서 인화점이 40도 미만인 고체를 말한다.

② 과산화수소는 그 농도가 36중량퍼센트 초과한 것에 한한다.

③ 구리분·니켈분은 금속분에 해당한다.

④ 철분이라 함은 철의 분말로서 53마이크로미터의 표준체를 통과하는 것이 60중량퍼센트 미만인 것은 말한다.

해설 ② 과산화수소는 그 농도가 36중량퍼센트 이상인 것에 한한다.
③ 구리분·니켈분 및 150마이크로미터의 체를 통과하는 것이 50중량퍼센트 미만인 것은 금속분에서 제외한다.
④ 철분이라 함은 철의 분말로서 53마이크로미터의 표준체를 통과하는 것이 50중량퍼센트 미만인 것은 제외한다.

13 다음 중 위험물탱크안전성능검사의 검사종류에 해당하지 않는 것은?

① 기초검사

② 지반검사

③ 비파괴검사

④ 용접부검사

해설 탱크안전성능검사의 종류 : 기초·지반검사, 충수·수압검사, 용접부검사, 암반탱크검사

11 ② 12 ① 13 ③ **정답**

09 기출유사문제

▶ 본 기출유사문제는 수험자의 기억에 의하여 복원된 것으로 그림, 내용, 출제지문 등이 다를 수 있으니 참고하시기 바랍니다.

01 하나의 옥내저장창고의 바닥면적을 1,000m^2 이하로 해야 할 위험물에 해당하지 않는 것은?

① 무기과산화물

② 알코올

③ 나이트로소화합물

④ 과염소산

해설 옥내저장창고의 기준면적

구 분	위험물을 저장하는 창고	기준면적
가	① 제1류 위험물 중 아염소산염류, 과염소산염류, 무기과산화물 그 밖에 지정수량 50킬로그램인 위험물 ② 제3류 위험물 중 칼륨, 나트륨, 알킬알루미늄, 알킬리튬, 그 밖에 지정수량 10킬로그램인 위험물 및 황린 ③ 제4류 위험물 중 특수인화물, 제1석유류, 알코올류 ④ 제5류 위험물 중 지정수량이 10킬로그램인 위험물 ⑤ 제6류 위험물(과염소산, 과산화수소, 질산) ⑥ "가"의 위험물과 "나"의 위험물을 같은 창고에 저장할 때	1,000m^2 이하
나	위 "가"의 위험물 외의 위험물	2,000m^2 이하
다	"가"의 위험물과 "나"의 위험물을 내화구조의 격벽으로 완전구획된 실에 각각 저장하는 창고("가"의 위험물을 저장하는 실의 면적은 500m^2를 초과할 수 없다)	1,500m^2 이하

정답 01 ③

02 자체소방대에 대한 설명으로 옳은 것은?

① 지정수량의 3천배 이상인 제4류 위험물을 취급하는 제조소는 자체소방대 설치 대상이다.
② 포수용액을 방사하는 화학소방자동차의 대수는 화학소방자동차 대수의 3분의 1 이상으로 해야 한다.
③ 일반취급소에서 취급하는 제4류 위험물의 합이 지정수량의 50만배인 사업소에는 최소 15인의 자체소방대원이 필요하다.
④ 화학소방자동차의 일종인 제독차는 가성소다 및 규조토를 40킬로그램 이상 비치해야 한다.

해설 ② 포수용액을 방사하는 화학소방자동차의 대수는 자체소방대 편성기준에 의한 화학소방자동차의 대수의 3분의 2 이상으로 해야 한다.
③ 일반취급소에서 취급하는 제4류 위험물의 합이 지정수량의 48만배 이상인 사업소에는 최소 20인의 자체소방대원이 필요하다.
④ 화학소방자동차의 일종인 제독차는 가성소다 및 규조토를 50킬로그램 이상 비치해야 한다.

03 위험물 제조소 허가를 득한 장소에서 이황화탄소 100리터, 기어유 6,000리터, 경유 2,000리터를 취급하고 있으면 지정수량의 배수는?

① 4　　② 5
③ 6　　④ 7

해설 지정수량 배수

$$지정수량\ 배수 = \frac{저장량}{지정수량} = \frac{100리터}{50리터} + \frac{6{,}000리터}{6{,}000리터} + \frac{2{,}000리터}{1{,}000리터} = 5$$

04 위험물 제조소의 위치 · 구조 및 설비의 기준에 있어서 위험물을 취급하는 건축물의 구조로 옳지 않은 것은?

① 벽 · 기둥 · 바닥 · 보 · 서까래 및 계단을 불연재료로 한다.
② 지붕은 폭발력이 위로 방출될 정도의 가벼운 준불연재료로 덮어야 한다.
③ 지하층이 없도록 해야 한다.
④ 액체의 위험물을 취급하는 건축물의 바닥은 위험물이 스며들지 못하는 재료를 사용하고, 적당한 경사를 두어 그 최저부에 집유설비를 해야 한다.

해설 제조소의 건축물 구조

위험물을 취급하는 건축물의 구조	건축재료 및 예외
(1) 지하층이 없도록 해야 한다.	다만, 위험물을 취급하지 아니하는 지하층으로서 위험물의 취급장소에서 새어나온 위험물 또는 가연성의 증기가 흘러 들어갈 우려가 없는 구조로 된 경우에는 그러하지 아니하다.

02 ① 03 ② 04 ② **정답**

(2) 벽・기둥・바닥・보・서까래 및 계단	불연재료로 해야 한다.
(3) 연소의 우려가 있는 외벽	• 출입구 외의 개구부가 없는 내화구조의 벽으로 하여야 한다. • 이 경우 제6류 위험물을 취급하는 건축물에 있어서 위험물이 스며들 우려가 있는 부분에 대하여는 아스팔트 그 밖에 부식되지 아니하는 재료로 피복하여야 한다.
(4) 지 붕	폭발력이 위로 방출될 정도의 가벼운 불연재료로 덮어야 한다. **지붕을 내화구조로 할 수 있는 경우** ① 제2류 위험물(분말상태의 것과 인화성고체는 제외) ② 제4류 위험물 중 제4석유류, 동식물유류 ③ 제6류 위험물 ④ 다음의 기준에 적합한 밀폐형 구조의 건축물인 경우 • 발생할 수 있는 내부의 과압(過壓) 또는 부압(負壓)에 견딜 수 있는 철근콘크리트조일 것 • 외부화재에 90분 이상 견딜 수 있는 구조일 것
(5) 출입구 및 비상구	60분+방화문・60분방화문 또는 30분방화문을 설치
(6) 연소의 우려가 있는 외벽에 설치하는 출입구	수시로 열 수 있는 자동폐쇄식의 60분+방화문 또는 60분방화문을 설치해야 한다.
(7) 창 또는 출입구에 유리를 이용하는 경우	망입유리로 해야 한다.
(8) 바 닥	위험물이 스며들지 못하는 재료를 사용하고, 적당한 경사를 두어 그 최저부에 집유설비를 하여야 한다.

05 「위험물안전관리법 시행규칙」상 제조소등의 완공검사 신청 시기로 옳지 않은 것은?

① 이동탱크저장소에 대한 완공검사는 이동저장탱크를 완공하고 상치장소를 확보한 후
② 지하탱크가 있는 제조소등의 경우 해당 지하탱크를 매설하기 전
③ 배관을 지하에 설치하는 경우 소방서장 또는 기술원이 지정하는 부분을 매몰한 후
④ 제조소등의 경우 제조소등의 공사를 완료한 후

해설 **제조소등의 완공검사 신청 시기**

• 지하탱크가 있는 제조소등의 경우 : 해당 지하탱크를 매설하기 전
• 이동탱크저장소의 경우 : 이동탱크를 완공하고 상치장소를 확보한 후
• 이송취급소의 경우 : 이송배관 공사의 전체 또는 일부를 완료한 후(다만, 지하・하천 등에 매설하는 이송배관의 공사의 경우에는 이송배관을 매설하기 전)
• 전체공사가 완료된 후 완공검사를 실시하기 곤란한 경우
  – 위험물설비 또는 배관의 설치가 완료되어 기밀시험 또는 내압시험을 실시하는 시기
  – 배관을 지하에 설치하는 경우 소방서장 또는 기술원이 지정하는 부분을 매몰하기 직전
  – 기술원이 지정하는 부분의 비파괴시험을 실시하는 시기
• 제조소등의 경우 : 제조소등의 공사를 완료한 후

정답 05 ③

06 **제조소등에 대한 완공검사를 받으려는 자가 시·도지사 또는 소방서장에 제출해야 하는 첨부 서류에 해당하지 않는 것은?**

① 배관에 관한 내압시험에 합격하였음을 증명하는 서류

② 소방서장, 기술원 또는 탱크시험자가 교부한 탱크검사합격확인증 또는 탱크시험합격확인증 (소방서장 또는 기술원이 그 위험물탱크의 탱크안전성능검사를 실시한 경우는 제외)

③ 재료의 성능을 증명하는 서류(옥외탱크에 한한다)

④ 비파괴시험 등에 합격하였음을 증명하는 서류

해설 위험물 제조소등 완공검사 신청서에 첨부할 서류

- 배관에 관한 내압시험, 비파괴시험 등에 합격하였음을 증명하는 서류(내압시험 등을 해야 하는 배관이 있는 경우에 한한다)
- 소방서장, 기술원 또는 탱크시험자가 교부한 탱크검사합격확인증 또는 탱크시험합격확인증(해당 위험물탱크의 완공검사를 실시하는 소방서장 또는 기술원이 그 위험물탱크의 탱크안전성능검사를 실시한 경우는 제외한다)
- 재료의 성능을 증명하는 서류(이중벽탱크에 한한다)

07 **다음 중 예방규정 작성 대상이 아닌 제조소등은 어느 것인가?**

① 휘발유 3,000리터를 취급하는 제조소

② 질산 3만 킬로그램을 저장하는 옥내저장소

③ 과염소산 3만 킬로그램을 저장하는 옥외저장소

④ 경유 30만 리터를 저장하는 옥외탱크저장소

해설 관계인이 예방규정을 정해야 하는 제조소 구분

구 분	휘발유	질 산	과염소산	경 유
유 별	제1석유류	제6류	제6류	제2석유류
저장수량	3,000리터	30,000킬로그램	30,000킬로그램	300,000리터
지정수량	200리터	300킬로그램	300킬로그램	1,000리터
지정수량 배수	15배	100배	100배	300배
제조소등 구분	제조소	옥내저장소	옥외저장소	옥외탱크저장소
예방규정 기준	10배	150배	100배	200배
예방규정 대상여부	○	×	○	○

06 ③ 07 ② **정답**

08 **제조소등에서의 위험물의 저장 및 취급에 관한 기준 중 중요기준에 대한 내용으로 옳지 않은 것은?**

① 옥내저장소에서 동일 품명의 위험물이더라도 자연발화할 우려가 있는 위험물 또는 재해가 현저하게 증대할 우려가 있는 위험물을 다량 저장하는 경우에는 지정수량의 20배 이하마다 구분하여 상호 간 0.3m 이상의 간격을 두어 저장해야 한다.

② 컨테이너식 이동탱크저장소 외의 이동탱크저장소에 있어서는 위험물을 저장한 상태로 이동저장탱크를 옮겨 싣지 아니해야 한다.

③ 옥내저장소에서는 용기에 수납하여 저장하는 위험물의 온도가 55℃를 넘지 아니하도록 필요한 조치를 강구해야 한다.

④ 제3류 위험물 중 황린 그 밖에 물속에 저장하는 물품과 금수성물질은 동일한 저장소에서 저장하지 아니해야 한다.

해설 ① 옥내저장소에서 동일 품명의 위험물이더라도 자연발화할 우려가 있는 위험물 또는 재해가 현저하게 증대할 우려가 있는 위험물을 다량 저장하는 경우에는 지정수량의 10배 이하마다 구분하여 상호 간 0.3m 이상의 간격을 두어 저장해야 한다.

09 **위험물안전관리법 위반사항에 관한 벌칙규정 중 벌금이 다른 것은?**

① 제조소등에 대한 긴급 사용정지·제한명령을 위반한 사람

② 제조소등의 사용정지명령을 위반한 사람

③ 제조소등 수리·개조 또는 이전의 명령에 따르지 아니한 사람

④ 무허가장소의 위험물에 대한 조치명령에 따르지 아니한 사람

해설 ① 1년 이하의 징역 또는 1천만 원 이하의 벌금
②·③·④ 1천 500만 원 이하의 벌금

정답 08 ① 09 ①

10 제조소에는 보기 쉬운 곳에 방화에 관하여 필요한 사항을 게시한 게시판을 설치해야 한다. 다음 중 기재사항에 해당하지 않는 것은?

① 지정수량의 배수
② 저장최소수량 및 취급최소수량
③ 유별 및 품명
④ 안전관리자의 성명

해설 위험물 제조소등 표지 및 게시판에서 방화에 관하여 필요한 사항

게시판 종류	표지(게시)내용	크 기	색 상
방화에 관하여 필요한 사항 게시판	• 유별 및 품명 • 저장(취급)최대수량 • 지정수량 배수 • 안전관리자 성명 또는 직명	한 변의 길이가 0.3m 이상, 다른 한 변의 길이가 0.6m 이상인 직사각형	백색바탕/흑색문자

11 위험물안전관리법상 한국소방산업기술원에 업무를 위탁하는 내용이다. (   )에 알맞은 것은?

> 가. 용량이 (ㄱ) 리터 이상인 액체위험물을 저장하는 탱크에 대한 탱크안전성능검사를 기술원에 위탁한다.
> 나. 저장용량 (ㄴ) 리터 이상인 옥외탱크저장소 또는 암반탱크저장소의 설치허가 및 변경허가를 받으려는 자는 위험물탱크의 기초·지반, 탱크본체 및 소화설비에 관한 사항에 대하여 기술원의 기술검토를 받고 그 결과가 행정안전부령으로 정하는 기준에 적합한 것으로 인정되는 서류를 첨부해야 한다.

	(ㄱ)	(ㄴ)
①	50만	100만
②	100만	50만
③	100만	100만
④	50만	50만

10 ② 11 ② **정답**

12 위험물안전관리법령상 위험물안전관리자를 선임해야 하는 대상 유형으로 옳지 않은 것은?

① 제조소, 옥내저장소, 지하탱크저장소
② 세정하는 일반취급소, 간이탱크저장소, 옥내탱크저장소
③ 충전하는 일반취급소, 이동탱크저장소, 옥외저장소
④ 주유취급소, 옥내탱크저장소, 옥외저장소

해설 위험물안전관리자 자격
제조소등의 관계인은 위험물의 안전관리에 관한 직무를 수행하게 하기 위하여 제조소등(이동탱크저장소는 제외한다)마다 위험물취급자격자를 위험물안전관리자로 선임해야 한다.

13 「위험물안전관리법 시행규칙」상 소화설비의 설치 대상이 되는 건축물 그 밖의 공작물 또는 위험물의 소요단위의 계산방법으로 옳은 것은?

① 제조소의 건축물은 외벽이 내화구조인 것은 연면적 $50m^2$를 1소요단위로 한다.
② 저장소의 건축물은 외벽이 내화구조가 아닌 것은 연면적 $75m^2$를 1소요단위로 한다.
③ 취급소의 건축물은 외벽이 내화구조가 아닌 것은 연면적 $150m^2$를 1소요단위로 한다.
④ 위험물은 지정수량의 5배를 1소요단위로 한다.

해설 소화시설의 설치 대상이 되는 건축물 등 소요단위의 계산방법

구 분	제조소등	건축물의 구조	소요단위
건축물의 규모기준	제조소 또는 취급소의 건축물	외벽이 내화구조 (제조소등의 용도로 사용되는 부분 외의 부분이 있는 건축물은 제조소등에 사용되는 부분의 바닥면적의 합계를 말함)	$100m^2$
		외벽이 내화구조가 아닌 것	$50m^2$
	저장소의 건축물	외벽이 내화구조	$150m^2$
		외벽이 내화구조가 아닌 것	$75m^2$
	옥외에 설치된 공작물	내화구조로 간주 (공작물의 최대수평투영면적을 연면적으로 간주)	제조소・일반취급소 : $100m^2$ 저장소 : $150m^2$
위험물 기준	지정수량 **10배**마다 1단위		

정답 12 ③ 13 ②

10 기출유사문제

▸ 본 기출유사문제는 수험자의 기억에 의하여 복원된 것으로 그림, 내용, 출제지문 등이 다를 수 있으니 참고하시기 바랍니다. 〈서울, 인천, 부산, 경기, 경남, 경북, 대구, 전북, 충남, 강원〉

01 **다음에서 옥외저장소 위치·구조 및 설비의 기준에 대하여 옳은 것을 모두 고르시오.**

가. 덩어리상태의 황을 저장하는 경우 경계표시 높이는 1.5m 이상으로 할 것
나. 선반의 높이는 6m를 초과하지 아니할 것
다. 지정수량 25배의 보유공지는 5m 이상으로 할 것(감소규정 없는 경우에 한함)
라. 과산화수소 또는 질산을 저장하는 옥외저장소에는 난연성 천막 등을 설치하여 햇빛을 가릴 것

① 가, 다
② 나
③ 가, 나, 라
④ 상기 다 맞다.

해설 옥외저장소 기준(시행규칙 별표 11 Ⅰ)
- 덩어리 상태의 황을 저장하는 경우 경계표시 높이는 1.5m 이하로 할 것
- 선반의 높이는 6m를 초과하지 아니할 것
- 지정수량 25배의 보유공지는 9m 이상으로 할 것(감소규정 없는 경우에 한함)
- 과산화수소 또는 과염소산을 저장하는 옥외저장소에는 불연성 또는 난연성의 천막 등을 설치하여 햇빛을 가릴 것

02 **위험물 운반에 관한 기준에서 위험물 등급 Ⅰ~Ⅲ의 위험물로 옳은 것은?**

	위험물 등급Ⅰ	위험물 등급Ⅱ	위험물 등급Ⅲ
①	아염소산염류	브로민산염류	질산염류
②	황화인	적 린	유 황
③	황 린	알칼리토금속	금속의 인화물
④	특수인화물	제1석유류	알코올류

해설 ① 아염소산염류 : 위험물 등급Ⅰ, 브로민산염류 및 질산염류 : 위험물 등급Ⅱ
② 황화인·적린·황 : 위험물 등급Ⅱ
④ 특수인화물류 : 위험물 등급Ⅰ, 제1석유류 및 알코올류 : 위험물 등급Ⅱ

01 ② 02 ③ 정답

03 화학소방자동차에 갖추어야 하는 소화능력 및 설비의 기준으로 옳은 것은?

① 포수용액 방사차 – 포수용액의 방사능력이 매초 2,000리터 이상
② 분말 방사차 – 분말의 방사능력이 매분 35킬로그램 이상
③ 할로젠화합물 방사차 – 할로젠화합물의 방사능력이 매초 30킬로그램 이상
④ 이산화탄소 방사차 – 이산화탄소의 방사능력이 매초 40킬로그램 이상

해설 ① 포수용액 방사차 – 포수용액의 방사능력이 매분 2,000리터 이상
② 분말 방사차 – 분말의 방사능력이 매초 35킬로그램 이상
③ 할로젠화합물 방사차 – 할로젠화합물의 방사능력이 매초 40킬로그램 이상

04 제조소등에 대한 설명이다. 빈칸에 들어갈 것을 모두 합하시오.

> 가. 제조소등의 위치·구조 또는 설비의 변경 없이 해당 제조소등에서 저장하거나 취급하는 위험물의 품명·수량 또는 지정수량의 배수를 변경하려는 자는 변경하려는 날의 (㉠)일 전까지 행정안전부령이 정하는 바에 따라 시·도지사에게 신고해야 한다.
> 나. 제조소등의 설치자의 지위를 승계한 자는 행정안전부령이 정하는 바에 따라 승계한 날부터 (㉡)일 이내에 시·도지사에게 그 사실을 신고해야 한다.
> 다. 제조소등의 관계인은 해당 제조소등의 용도를 폐지한 때에는 행정안전부령이 정하는 바에 따라 제조소등의 용도를 폐지한 날부터 (㉢)일 이내에 시·도지사에게 신고해야 한다.

① 51일
② 61일
③ 29일
④ 45일

해설 ㉠ : 1, ㉡ : 30, ㉢ : 14
∴ 1 + 30 + 14 = 45

05 바닥면적이 750제곱미터인 내화구조의 옥내저장소에 지정수량 20배인 위험물을 취급하고자 할 때 건축물 및 위험물의 소요단위는 얼마인가?

① 5
② 7
③ 10
④ 15

해설 • 옥외저장소의 건축물은 외벽이 내화구조인 것은 연면적 $150m^2$를 1소요단위. 따라서 $750m^2/150m^2$ = 5소요단위
• 위험물은 지정수량의 10배를 1소요단위. 따라서 20배/10배 = 2소요단위

정답 03 ④ 04 ④ 05 ②

06 탱크안전성능검사의 신청시기로 옳은 것은?

① 기초 · 지반검사 : 위험물탱크의 기초 및 지반에 관한 공사의 개시 전
② 충수 · 수압검사 : 위험물을 저장 또는 취급하는 탱크에 배관 그 밖의 부속설비를 부착 후
③ 용접부검사 : 탱크본체에 관한 공사 완료 후
④ 암반탱크검사 : 암반탱크의 주변에 관한 공사의 개시 전

해설 탱크안전성능검사의 신청시기
- 기초 · 지반검사 : 위험물탱크의 기초 및 지반에 관한 공사의 개시 전
- 충수 · 수압검사 : 위험물을 저장 또는 취급하는 탱크에 배관 그 밖의 부속설비를 부착 전
- 용접부검사 : 탱크본체에 관한 공사의 개시 전
- 암반탱크검사 : 암반탱크의 본체에 관한 공사의 개시 전

07 위험물운송책임자의 감독 또는 지원의 방법과 위험물의 운송 시에 준수해야 하는 사항으로 옳지 않은 것은?

① 제4류 위험물 중 제2석유류를 운송하는 사람은 위험물안전카드를 위험물운송자로 하여금 휴대하게 해야 한다.
② 위험물운송자는 장거리(고속국도 340km, 그 밖의 도로 200km)에 걸치는 운송을 할 때에는 2명 이상의 운전자로 해야 한다.
③ 위험물운송자는 운송의 개시 전에 이동저장탱크의 배출밸브 등의 밸브와 폐쇄장치, 맨홀 및 주입구의 뚜껑, 소화기 등의 점검을 충분히 실시해야 한다.
④ 위험물을 운송 도중에 2시간 이내마다 20분 이상씩 휴식하는 경우에는 장거리 운송 시에도 1명의 운전자로 할 수 있다.

해설 ① 제4류 위험물 중 특수인화물류 및 제1석유류를 운송하는 사람은 위험물안전카드를 위험물운송자로 하여금 휴대하게 해야 한다.

08 「위험물안전관리법 시행령」상 위험물의 성질, 품명, 지정수량으로 옳은 것은?

	유 별	성 질	품 명	지정수량
①	1류	산화성고체	아염소산염류	300킬로그램
②	2류	가연성고체	금속분	100킬로그램
③	3류	자연발화성 및 금수성물질	황 린	10킬로그램
④	5류	자기반응성물질	아조화합물	200킬로그램

해설

	유 별	성 질	품 명	지정수량
①	1류	산화성고체	아염소산염류	50킬로그램
②	2류	가연성고체	금속분	500킬로그램
③	3류	자연발화성 및 금수성물질	황 린	20킬로그램

06 ① 07 ① 08 ④ **정답**

09 위험물 제조소의 표지 및 게시판에 기준에 관한 설명으로 옳지 않은 것은?

① 위험물 제조소에 제1류 위험물 중 알칼리금속의 과산화물 또는 이를 함유한 것에 있어서는 "화기·충격주의", "물기엄금" 및 "가연물접촉주의"의 주의사항 게시판을 설치해야 한다.

② "위험물 제조소" 표지는 한 변의 길이가 0.3m 이상, 다른 한 변의 길이가 0.6m 이상인 직사각형으로 해야 한다.

③ "화기엄금"을 표시하는 주의사항 게시판은 적색바탕에 백색문자로 해야 한다.

④ 제2류 위험물 중 인화성고체의 주의사항 게시판은 제3류 위험물 중 자연발화성물질과 같다.

해설 위험물 운반용기에 수납하는 위험물 중 제1류 위험물 중 알칼리금속의 과산화물 또는 이를 함유한 것에 있어서는 "화기·충격주의", "물기엄금" 및 "가연물접촉주의", 그 밖의 것에 있어서는 "화기·충격주의" 및 "가연물접촉주의"를 표시하여 적재해야 하는 기준은 위험물 운반용기의 적재방법에 관한 기준에 해당한다.

10 위험물주유취급소의 위치·구조 및 설비의 기준에 대한 설명으로 옳은 것은?

① 고정주유설비의 주위에는 주유를 받으려는 자동차 등이 출입할 수 있도록 너비 15m 이상, 길이 5m 이상의 콘크리트 등으로 포장한 주유공지를 보유해야 한다.

② "주유중 엔진정지"라는 표시를 한 게시판은 흑색바탕에 황색문자로 설치해야 한다.

③ 사무실 등의 창 및 출입구에 유리를 사용하는 경우에는 망입유리 또는 강화유리로 할 것. 이 경우 강화유리의 두께는 창에는 8mm 이상, 출입구에는 12mm 이상으로 해야 한다.

④ 고정주유설비와 고정급유설비의 사이에는 3m 이상의 거리를 유지해야 한다.

해설 ① 고정주유설비의 주위에는 주유를 받으려는 자동차 등이 출입할 수 있도록 너비 15m 이상, 길이 6m 이상의 콘크리트 등으로 포장한 주유공지를 보유해야 한다.
② "주유중 엔진정지"라는 표시를 한 게시판은 황색바탕에 흑색문자로 설치해야 한다.
④ 고정주유설비와 고정급유설비의 사이에는 4m 이상의 거리를 유지해야 한다.

11 위험물 옥외탱크저장소의 방유제 설치기준에 관한 설명으로 옳은 것은?

① 인화성이 없는 위험물을 저장하는 옥외저장탱크의 방유제 용량은 방유제 안에 설치된 탱크가 하나인 때에는 그 탱크용량의 100퍼센트로 한다.

② 방유제 내의 면적은 10만m^2 이하로 한다.

③ 방유제는 높이 0.3m 이상 5m 이하, 두께 0.2m 이상, 지하매설깊이 1m 이상으로 한다.

④ 방유제는 흙담 또는 철근콘크리트로 하고, 방유제와 옥외저장탱크 사이의 지표면은 난연성과 불침윤성이 있는 구조(철근콘크리트 등)로 한다.

정답 09 ① 10 ③ 11 ①

해설 ② 방유제 내의 면적은 8만m^2 이하로 할 것
③ 방유제는 높이 0.5m 이상 3m 이하, 두께 0.2m 이상, 지하매설깊이 1m 이상으로 할 것
④ 방유제는 철근콘크리트로 하고, 방유제와 옥외저장탱크 사이의 지표면은 불연성과 불침윤성이 있는 구조(철근콘크리트 등)로 할 것

12 위험물의 저장 또는 취급에 따른 화재의 예방 또는 진압대책을 위하여 필요한 때에는 위험물을 저장 또는 취급하고 있다고 인정되는 장소의 관계인에 대하여 필요한 보고 또는 자료제출을 명할 수 없는 사람은 누구인가?

① 행정안전부 장관
② 중앙119구조본부장
③ 시・도지사
④ 소방서장

해설 출입・검사 등(법 제22조)
소방청장(중앙119구조본부장 및 그 소속 기관의 장을 포함한다), 시・도지사, 소방본부장 또는 소방서장은 위험물의 저장 또는 취급에 따른 화재의 예방 또는 진압대책을 위하여 필요한 때에는 위험물을 저장 또는 취급하고 있다고 인정되는 장소의 관계인에 대하여 필요한 보고 또는 자료제출을 명할 수 있으며, 관계공무원으로 하여금 해당 장소에 출입하여 그 장소의 위치・구조・설비 및 위험물의 저장・취급상황에 대하여 검사하게 하거나 관계인에게 질문하게 하고 시험에 필요한 최소한의 위험물 또는 위험물로 의심되는 물품을 수거하게 할 수 있다. 다만, 개인의 주거는 관계인의 승낙을 얻은 경우 또는 화재발생의 우려가 커서 긴급한 필요가 있는 경우가 아니면 출입할 수 없다.

13 다음 중 위험물의 저장・취급 및 운반용기에 관한 기준에 관한 설명으로 옳은 것은?

① 고체위험물은 운반용기 내용적의 95% 이하의 수납율로 수납할 것
② 옥내저장소에서는 용기에 수납하여 저장하는 위험물의 온도가 50℃를 넘지 아니하도록 필요한 조치를 강구해야 할 것
③ 제5류 위험물 중 50℃ 이하의 온도에서 분해될 우려가 있는 것은 보냉 컨테이너에 수납하는 등 적정한 온도관리를 할 것
④ 기계에 의하여 하역하는 구조의 금속제의 운반용기에 액체위험물을 수납하는 경우에는 50℃의 온도에서의 증기압이 130kPa 이하가 되도록 수납할 것

해설 ② 옥내저장소에서는 용기에 수납하여 저장하는 위험물의 온도가 55℃를 넘지 아니하도록 필요한 조치를 강구해야 한다.
③ 제5류 위험물 중 55℃ 이하의 온도에서 분해될 우려가 있는 것은 보냉 컨테이너에 수납하는 등 적정한 온도관리를 해야 한다.
④ 기계에 의하여 하역하는 구조의 금속제의 운반용기에 액체위험물을 수납하는 경우에는 55℃의 온도에서의 증기압이 130kPa 이하가 되도록 수납해야 한다.

12 ① 13 ① **정답**

CHAPTER 2019년 소방위 법령Ⅳ

11 기출유사문제

▸ 본 기출유사문제는 수험자의 기억에 의하여 복원된 것으로 그림, 내용, 출제지문 등이 다를 수 있으니 참고하시기 바랍니다.

01 다수의 제조소등을 설치한 자가 1인의 위험물안전관리자를 중복하여 선임할 수 있는 경우로 옳은 것은? (단, 동일구 내에 있거나 상호 100미터 이내의 거리에 있는 저장소로서 저장소의 규모, 저장하는 위험물의 종류 등을 고려하여 다음에 해당하는 저장소를 동일인이 설치한 경우)

① 보일러・버너 또는 이와 비슷한 것으로서 위험물을 소비하는 장치로 이루어진 7개 이하의 일반취급소와 그 일반취급소에 공급하기 위한 위험물을 저장하는 저장소를 동일인이 설치한 경우

② 31개 옥외탱크저장소

③ 11개 옥내저장소

④ 21개 옥외저장소

해설 1인의 안전관리자를 중복하여 선임할 수 있는 경우

위치・거리	제조소등 구분		개 수	인적조건
동일구 내에	보일러, 버너 등으로서 위험물을 소비하는 장치로 이루어진 7개 이하의 일반취급소	그 일반취급소에 공급하기 위한 위험물을 저장하는 저장소	7개 이하	동일인이 설치한 경우
동일구 내에 (일반취급소간 보행거리 300m 이내)	위험물을 차량에 고정된 탱크 또는 운반용기에 옮겨 담기 위한 5개 이하의 일반취급소	그 일반취급소에 공급하기 위한 위험물을 저장하는 저장소	5개 이하	
동일구 내에 있거나 상호 보행거리 100미터 이내의 거리에 있는 저장소로서 저장소의 규모, 저장하는 위험물의 종류 등을 고려하여 행정안전부령이 정하는 저장소	옥외탱크저장소		30개 이하	동일인이 설치한 경우
	옥내저장소		10개 이하	
	옥외저장소			
	암반탱크저장소		제한없음	
	지하탱크저장소			
	옥내탱크저장소			
	간이탱크저장소			

정답 01 ①

02 「위험물안전관리법 시행규칙」상 위험물 운반용기에 표시하는 주의사항으로 옳지 않은 것은?

① 마그네슘 : 화기주의 및 물기엄금

② 황린 : 화기주의 및 공기접촉주의

③ 할로젠간화합물 : 가연물접촉주의

④ 탄화칼슘 : 물기엄금

해설 위험물 운반용기의 수납하는 위험물에 따른 주의사항

품 명	마그네슘	황 린	할로젠간화합물	탄화칼슘
유 별	제2류	제3류 자연발화성	제6류	제3류 금수성
주의사항	화기주의 및 물기엄금	화기엄금 및 공기접촉엄금	가연물접촉주의	물기엄금

03 「위험물안전관리법 시행규칙」상 판매취급소 위치 · 구조 및 설비의 기준에 대한 설명으로 옳은 것은?

① 제1종 판매취급소는 저장 또는 취급하는 위험물의 수량이 지정수량의 20배 초과 40배 이하인 경우를 말한다.

② 제1종 판매취급소의 용도로 사용하는 부분의 창 또는 출입구에 유리를 이용하는 경우에는 강화유리로 할 것

③ 제1종 판매취급소의 용도로 사용하는 건축물의 부분은 보를 불연재료로 하고, 천장을 설치하는 경우에는 천장을 난연재료로 할 것

④ 제1종 판매취급소의 용도로 사용되는 건축물의 부분은 내화구조 또는 불연재료로 하고, 판매취급소로 사용되는 부분과 다른 부분과의 격벽은 내화구조로 할 것

해설 ① 제2종 판매취급소는 저장 또는 취급하는 위험물의 수량이 지정수량의 20배 초과 40배 이하인 경우를 말한다.

② 제1종 판매취급소의 용도로 사용하는 부분의 창 또는 출입구에 유리를 이용하는 경우에는 망입유리로 할 것

③ 제1종 판매취급소의 용도로 사용하는 건축물의 부분은 보를 불연재료로 하고, 천장을 설치하는 경우에는 천장을 불연재료로 할 것

02 ② 03 ④ **정답**

04 「위험물안전관리법」 및 같은 법 시행규칙상 건축물의 벽·기둥·보가 내화구조인 옥내저장소에서 위험물을 저장하는 경우 보유공지를 두지 않아도 되는 위험물로 옳은 것은?

① 글리세린 15,000리터
② 아세톤 4,000리터
③ 아세트산 15,000리터
④ 클로로벤젠 10,000리터

해설 옥내저장소에서 벽·기둥 및 바닥이 내화구조로 된 건축물에서 보유공지를 두지 않을 수 있는 경우는 저장 또는 취급하는 위험물의 지정수량의 5배 이하인 경우이다.

품 명	글리세린	아세톤	아세트산	클로로벤젠
유 별	제3석유류	제1석유류	제2석유류	제2석유류
수용성	수용성	수용성	수용성	비수용성
지정수량	4,000리터	400리터	2,000리터	1,000리터
최대수량	15,000리터	4,000리터	15,000리터	10,000리터
지정수량 배수	3.75배	10배	7.5배	10배

05 「위험물안전관리법」에 따른 내용이다. 다음 (　　)에 들어갈 내용으로 옳은 것은?

가. 제조소등의 관계인은 해당 제조소등의 용도를 폐지한 때에는 행정안전부령이 정하는 바에 따라 제조소등의 용도를 폐지한 날부터 (㉠)일 이내에 시·도지사에게 신고해야 한다.
나. 시·도지사는 제조소등에 대한 사용의 정지가 그 이용자에게 심한 불편을 주거나 그 밖에 공익을 해칠 우려가 있는 때에는 사용정지처분에 갈음하여 (㉡)억 원 이하의 과징금을 부과할 수 있다.
다. 제조소등의 관계인은 위험물안전관리자를 선임한 경우에는 선임한 날로부터 (㉢) 이내에 행정안전부령이 정하는 바에 따라 소방본부장 또는 소방서장에게 신고해야 한다.

	㉠	㉡	㉢
①	14	2	14
②	30	1	14
③	14	1	30
④	30	2	14

정답 04 ① 05 ①

06 「위험물안전관리법 시행규칙」상 제조소등의 완공검사 신청시기로 옳은 것은?

① 지하탱크가 있는 제조소등의 경우 해당 지하탱크를 매설한 후에 신청한다.

② 이동탱크저장소에 대한 완공검사는 이동저장탱크를 완공하고 상치장소를 확보하기 전에 신청한다.

③ 이송취급소에서 지하・하천 등에 매설하는 이송배관의 공사의 경우에는 이송배관을 매설한 후에 신청한다.

④ 전체공사가 완료된 후에 검사를 실시하기 곤란할 경우에 있어서, 기술원이 지정하는 부분의 비파괴시험을 실시하는 시기

해설 제조소등의 완공검사 신청시기

- 지하탱크가 있는 제조소등의 경우 : 해당 지하탱크를 매설하기 전
- 이동탱크저장소의 경우 : 이동탱크를 완공하고 상치장소를 확보한 후
- 이송취급소의 경우 : 이송배관 공사의 전체 또는 일부를 완료한 후(다만, 지하・하천 등에 매설하는 이송배관의 공사의 경우에는 이송배관을 매설하기 전)
- 전체공사가 완료된 후 완공검사를 실시하기 곤란한 경우
  - 위험물설비 또는 배관의 설치가 완료되어 기밀시험 또는 내압시험을 실시하는 시기
  - 배관을 지하에 설치하는 경우 소방서장 또는 기술원이 지정하는 부분을 매몰하기 직전
  - 기술원이 지정하는 부분의 비파괴시험을 실시하는 시기
- 제조소등의 경우 : 제조소등의 공사를 완료한 후

07 위험물 제조소의 옥외에 위험물 취급탱크(3개)를 다음과 같이 설치하고, 하나의 방유제를 설치할 경우 방유제 용량으로 옳은 것은?

- A탱크 : 60,000리터
- B탱크 : 20,000리터
- C탱크 : 10,000리터

① 66,000리터　② 33,000리터

③ 60,000리터　④ 30,000리터

해설 제조소의 방유제 및 방유턱의 용량

(1) 위험물 제조소의 옥외에 있는 위험물 취급탱크의 방유제의 용량

① 1기일 때 : 탱크용량 × 0.5(50%)

② 2기 이상일 때 : 최대탱크용량 × 0.5 + (나머지 탱크용량합계 × 0.1)

(2) 위험물 제조소의 옥내에 있는 위험물 취급탱크의 방유턱의 용량

① 1기일 때 : 탱크용량 이상

② 2기 이상일 때 : 최대 탱크용량 이상

※ 따라서, 방유제 용량 = (60,000리터 × 0.5) + (20,000리터 × 0.1) + (10,000리터 × 0.1)
= 33,000리터

06 ④ 07 ② **정답**

08 「위험물안전관리법 시행규칙」상 옥내저장소에서 위험물을 저장하는 경우 수납기준으로 옳지 않은 것은?

① 기계에 의하여 하역하는 구조로 된 용기만을 겹쳐 쌓는 경우에는 6m 이하로 해야 한다.
② 제4류 위험물 중 동식물유류를 수납하는 용기만을 겹쳐 쌓는 경우에는 4m 이하로 해야 한다.
③ 제4류 위험물 중 제2석유류를 수납하는 용기만을 겹쳐 쌓는 경우에는 4m 이하로 해야 한다.
④ 그 밖의 용기를 겹쳐 쌓는 경우에는 3m 이하로 해야 한다.

해설 옥내저장소에서 위험물을 저장하는 경우에는 다음 [표] 높이를 초과하여 용기를 겹쳐 쌓지 아니해야 한다.

수납용기의 종류	높 이
기계에 의하여 하역하는 구조로된 용기만을 겹쳐 쌓는 경우	6m
제3석유류, 제4석유류 및 동식물유류를 수납하는 용기만을 겹쳐 쌓는 경우	4m
그 밖의 용기를 겹쳐 쌓는 경우	3m

09 「위험물안전관리법 시행령」상 위험물 품명의 연결이 옳은 것은?

① 산화성고체 : 염소화규소화합물
② 인화성액체 : 과산화수소
③ 자기반응성물질 : 질산구아니딘, 아조화합물
④ 산화성액체 : 과염소산염류

해설 ① 제3류 금수성물질 : 염소화규소화합물
② 제6류 산화성액체 : 과산화수소
④ 제1류 산화성고체 : 과염소산염류

10 위험물안전관리법령상 소방청장이 실시하는 안전교육을 이수해야 할 대상을 모두 고르시오.

가. 안전관리자로 선임된 자
나. 탱크시험자의 기술인력으로 종사하는 자
다. 위험물운반자로 종사하는 자
라. 위험물운송자로 종사하는 자
마. 위험물안전관리대리자

① 가, 나, 다
② 나, 다, 라, 마
③ 가, 나, 다, 라
④ 나, 다, 라

해설 안전교육을 이수해야 할 대상자
가. 안전관리자로 선임된 자
나. 탱크시험자의 기술인력으로 종사하는 자
다. 위험물운반자로 종사하는 자
라. 위험물운송자로 종사하는 자

정답 08 ③ 09 ③ 10 ③

11 「위험물안전관리법 시행규칙」상 소화설비의 설치대상이 되는 건축물 그 밖의 공작물 또는 위험물의 소요단위의 계산방법으로 옳은 것은?

① 제조소의 건축물은 외벽이 내화구조인 것은 연면적 150m^{2}를 1소요단위로 한다

② 저장소의 건축물은 외벽이 내화구조인 것은 연면적 150m^{2}를 1소요단위로 한다.

③ 취급소의 건축물은 외벽이 내화구조가 아닌 것은 연면적 75m^{2}를 1소요단위로 한다.

④ 위험물은 지정수량의 100배를 1소요단위로 한다.

해설 소화시설의 설치대상이 되는 건축물 등 소요단위의 계산방법

구 분	제조소등	건축물의 구조	소요단위
건축물의 규모기준	제조소 또는 취급소의 건축물	외벽이 내화구조 (제조소등의 용도로 사용되는 부분 외의 부분이 있는 건축물은 제조소등에 사용되는 부분의 바닥면적의 합계를 말함)	100m^2
		외벽이 내화구조가 아닌 것	50m^2
	저장소의 건축물	외벽이 내화구조	150m^2
		외벽이 내화구조가 아닌 것	75m^2
	옥외에 설치된 공작물	내화구조로 간주 (공작물의 최대수평투영면적을 연면적으로 간주)	제조소・일반취급소 : 100m^2 저장소 : 150m^2
위험물 기준	지정수량 10배마다 1단위		

12 「위험물안전관리법」상 제조소등의 설치허가 및 변경허가에 대한 설명으로 옳은 것은?

① 축산용으로 필요한 난방시설을 위한 지정수량 20배 이하의 취급소에서는 시・도지사의 허가를 받지 아니하고 해당 시설의 위치・구조 또는 설비를 변경할 수 있다.

② 공동주택 중앙난방시설을 위한 저장소 또는 취급소를 설치하거나 그 위치・구조 또는 설비를 변경하는 경우 시・도지사의 허가를 받아야 한다.

③ 군사목적 또는 군부대시설을 위한 제조소등을 설치하거나 그 위치・구조 또는 설비를 변경하려는 군부대의 장은 대통령령이 정하는 바에 따라 미리 제조소등의 소재지를 관할하는 시・도지사에게 신고해야 한다.

④ 수산용으로 필요한 난방시설 또는 건조시설을 위한 지정수량 20배 이하의 저장소를 설치한 경우에는 시・도지사의 허가를 받아야 한다.

해설 ① 축산용으로 필요한 난방시설을 위한 지정수량 20배 이하의 저장소에서는 허가를 받지 아니하고 해당 시설의 위치・구조 또는 설비를 변경할 수 있다.

③ 군사목적 또는 군부대시설을 위한 제조소등을 설치하거나 그 위치・구조 또는 설비를 변경하려는 군부대의 장은 대통령령이 정하는 바에 따라 미리 제조소등의 소재지를 관할하는 시・도지사와 협의해야 한다.

④ 수산용으로 필요한 난방시설 또는 건조시설을 위한 지정수량 20배 이하의 저장소를 설치한 경우에는 시・도지사 허가를 받지 아니하고 해당 시설의 위치・구조 또는 설비를 변경할 수 있다.

11 ② 12 ② **정답**

12 기출유사문제

▸ 본 기출유사문제는 수험자의 기억에 의하여 복원된 것으로 그림, 내용, 출제지문 등이 다를 수 있으니 참고하시기 바랍니다.

01 「위험물안전관리법 시행규칙」상 제1류 위험물로 옳지 않은 것은?

① 과아이오딘산염류
② 염소화규소화합물
③ 염소화아이소사이아누르산
④ 아질산염류

해설 염소화규소화합물 : 제3류 금수성물질

02 「위험물안전관리법 시행규칙」상 제조소의 건축물 구조에 관한 내용으로 옳지 않은 것은?

① 지하층은 지하 2층 이하로 해야 하고, 벽 · 기둥 · 바닥 · 보 · 서까래 및 계단은 난연재료, 출입구에 유리를 이용하는 경우에는 강화유리로 한다.
② 액체의 위험물을 취급하는 건축물의 바닥은 위험물이 스며들지 못하는 재료를 사용하고, 적당한 경사를 두어 그 최저부에 집유설비를 설치할 것
③ 지붕(작업공정상 제조기계시설 등이 2층 이상에 연결되어 설치된 경우에는 최상층의 지붕)은 폭발력이 위로 방출될 정도의 가벼운 불연재료로 덮어야 한다.
④ 연소의 우려가 있는 외벽에 설치하는 출입구에는 수시로 열 수 있는 자동폐쇄식의 60분+방화문 또는 60분방화문을 설치해야 한다.

해설 ① 지하층이 없도록 해야 하고, 벽 · 기둥 · 바닥 · 보 · 서까래 및 계단은 불연재료, 출입구에 유리를 이용하는 경우에는 망입유리로 한다.

03 일반취급소에 옥외소화전설비가 5개 설치되어 있는 경우 수원의 수량으로 옳은 것은?

① $13m^3$ 이상
② $27m^3$ 이상
③ $52m^3$ 이상
④ $54m^3$ 이상

해설 수원의 수량은 옥외소화전의 설치개수(설치개수가 4개 이상인 경우는 4개의 옥외소화전)에 $13.5m^3$(450L × 30분)를 곱한 양 이상이 되도록 설치해야 하므로 $4 \times 13.5m^3 = 54m^3$의 수원을 확보해야 한다.

정답 01 ② 02 ① 03 ④

04 **지정과산화물을 저장 또는 취급하는 옥내저장소에 대한 강화기준으로 옳지 않은 것은?**

① 저장창고의 외벽은 두께 15cm 이상의 철근콘크리트조나 철골철근콘크리트조 또는 두께 30cm 이상의 보강콘크리트블록조로 할 것
② 저장창고 지붕의 중도리 또는 서까래의 간격은 30cm 이하로 할 것
③ 저장창고 지붕의 아래쪽 면에 철망을 쳐서 불연재료의 도리·보 또는 서까래에 단단히 결합할 것
④ 저장창고의 지붕은 두께 5cm 이상, 너비 30cm 이상의 목재로 만든 받침대를 설치할 것

해설 ① 저장창고의 외벽은 두께 20cm 이상의 철근콘크리트조나 철골철근콘크리트조 또는 두께 30cm 이상의 보강콘크리트블록조로 할 것

05 **지하저장탱크의 주위에 해당 탱크로부터의 액체위험물의 누설을 검사하기 위한 누유검사관을 설치하는 기준으로 옳지 않은 것은?**

① 이중관으로 할 것. 다만, 소공이 없는 상부는 단관으로 할 수 있다.
② 재료는 금속관 또는 경질합성수지관으로 할 것
③ 관은 탱크전용실의 바닥 또는 탱크의 기초까지 닿게 할 것
④ 상부는 물이 쉽게 침투되는 구조로 하고, 뚜껑은 검사 시에 쉽게 열 수 있도록 할 것

해설 ①, ②, ③ 설치기준 이외에 누유검사관 설치기준
- 상부는 물이 침투하지 아니하는 구조로 하고, 뚜껑은 검사 시에 쉽게 열 수 있도록 할 것, 그리고 관의 밑부분으로부터 탱크의 중심 높이까지의 부분에는 소공이 뚫려 있을 것. 다만, 지하수위가 높은 장소에 있어서는 지하수위 높이까지의 부분에 소공이 뚫려 있어야 한다.
- 4개소 이상 적당한 위치에 설치한다.

06 **다수의 제조소등을 동일인이 설치한 경우 1인의 안전관리자를 중복하여 선임할 수 있는 경우로 옳지 않은 것은?**

① 위험물을 차량에 고정된 탱크 또는 운반용기에 옮겨 담기 위한 7개 이하의 일반취급소(일반취급소 간 보행거리 100m 이내인 경우에 한한다)와 그 일반취급소에 공급하기 위한 위험물을 저장하는 저장소를 동일인이 설치한 경우
② 보일러·버너 또는 이와 비슷한 것으로서 위험물을 소비하는 장치로 이루어진 5개 이하의 일반취급소와 그 일반취급소에 공급하기 위한 위험물을 저장하는 저장소(일반취급소 및 저장소가 모두 같은 건물 안 또는 같은 울 안에 있는 경우에 한한다)를 동일인이 설치한 경우
③ 동일구 내에 있거나 상호 100미터 이내의 거리에 있는 저장소로서 저장소의 규모, 저장하는 위험물의 종류 등을 고려하여 9개의 옥외저장소를 동일인이 설치한 경우
④ 동일구 내에 위치하거나 상호 100미터 이내의 거리에 있고 저장 또는 취급하는 위험물의 최대수량이 지정수량의 3천배 미만인 4개의 제조소를 동일인이 설치한 경우

04 ① 05 ④ 06 ① **정답**

해설 ① 위험물을 차량에 고정된 탱크 또는 운반용기에 옮겨 담기 위한 5개 이하의 일반취급소(일반취급소 간 보행거리 100m 이내인 경우에 한한다)와 그 일반취급소에 공급하기 위한 위험물을 저장하는 저장소를 동일인이 설치한 경우

07 **위험물안전관리법상 위험물의 설치 및 변경허가에 대한 설명으로 옳지 않은 것은?**

① 제조소등을 설치하려는 자는 대통령령이 정하는 바에 따라 그 설치 장소를 관할하는 시・도지사의 허가를 받아야 한다.

② 제조소등의 위치・구조・설비의 변경없이 해당 제조소등에서 저장하거나 취급하는 위험물의 품명・수량 또는 지정수량의 배수를 변경하려는 자는 변경하려는 날부터 3일 전까지 시・도지사의 허가를 받아야 한다.

③ 농예용으로 필요한 난방시설을 위해 지정수량 10배의 저장소는 허가를 받지 않고 설치할 수 있다.

④ 주택의 난방시설(공동주택 중앙난방시설은 제외)을 위한 허가를 받지 아니하고 위치・구조 또는 설비를 변경할 수 있다.

해설 ② 제조소등의 위치・구조・설비의 변경없이 해당 제조소등에서 저장하거나 취급하는 위험물의 품명・수량 또는 지정수량의 배수를 변경하려는 자는 변경하려는 날부터 1일 전까지 시・도지사에게 신고해야 한다.

08 **가연성의 증기 또는 미분이 체류할 우려가 있는 건축물에 그 증기 또는 미분을 옥외의 높은 곳으로 배출하는 설비를 설치하는 기준으로 옳지 않은 것은?**

① 전역방식의 경우 배출능력은 바닥면적 $1m^2$당 $18m^3$ 이상으로 할 수 있다.

② 배풍기・배출덕트・후드 등을 이용하여 강제적으로 배출해야 한다.

③ 급기구는 낮은 곳에 설치하고, 가는 눈의 구리망 등으로 인화방지망을 설치한다.

④ 강제배기방식으로 하고, 옥내덕트의 내압이 대기압 이상이 되지 아니하는 위치에 설치해야 한다.

해설 ③ 급기구는 높은 곳에 설치하고, 가는 눈의 구리망 등으로 인화방지망을 설치할 것

09 **인화점이 200℃ 미만인 위험물을 저장 또는 취급하는 옥외탱크저장소의 옆판으로부터 방유제와 유지해야 하는 최소 거리는 얼마인가? (단, 탱크의 지름은 10m이고, 높이는 3m)**

① 1m ② 2m
③ 3m ④ 4m

정답 07 ② 08 ③ 09 ①

해설 방유제는 옥외저장탱크의 지름에 따라 그 탱크의 옆판으로부터 다음에 정하는 거리를 유지할 것. 다만, 인화점이 200℃ 이상인 위험물을 저장 또는 취급하는 것에 있어서는 그러하지 아니하다.

- 지름이 15m 미만인 경우에는 탱크 높이의 3분의 1 이상
- 지름이 15m 이상인 경우에는 탱크 높이의 2분의 1 이상

$\therefore 3m \times \frac{1}{3} = 1m$

10 위험물탱크를 설치하는 경우 기술기준 적합여부를 확인하기 위하여 실시하는 탱크안전성능검사에 대한 내용으로 옳지 않은 것은?

① 옥외탱크저장소의 액체위험물탱크 중 용량이 100만 리터 이상인 탱크는 용접부 검사를 받아야 한다.

② 일반취급소에 설치된 액체위험물을 저장하는 탱크로서 용량이 지정수량 미만인 경우에는 충수·수압검사를 받지 않아도 된다.

③ 암반탱크검사는 암반탱크의 본체에 관한 공사 완료 후 탱크안전성능검사를 한국소방산업기술원에 신청해야 한다.

④ 시·도지사는 한국소방산업기술원으로부터 탱크안전성능시험을 받은 경우에는 충수·수압검사를 면제할 수 있다.

해설 ③ 암반탱크검사는 암반탱크의 본체에 관한 공사 개시 전에 탱크안전성능검사를 한국소방산업기술원에 신청해야 한다.

11 위험물 제조소의 옥외에 위험물 취급탱크(4개)를 다음과 같이 설치하고, 하나의 방유제를 설치할 경우 방유제 용량으로 옳은 것은?

- A탱크 : 20,000리터
- B탱크 : 30,000리터
- C탱크 : 50,000리터
- D탱크 : 100,000리터

① 60,000리터 이상
② 50,000리터 이상
③ 40,000리터 이상
④ 30,000리터 이상

해설 제조소의 방유제 및 방유턱의 용량

(1) 위험물 제조소의 옥외에 있는 위험물 취급탱크의 방유제의 용량
  ① 1기일 때 : 탱크용량 × 0.5(50%)
  ② 2기 이상일 때 : 최대탱크용량 × 0.5 + (나머지 탱크용량합계 × 0.1)

(2) 위험물 제조소의 옥내에 있는 위험물 취급탱크의 방유턱의 용량
  ① 1기일 때 : 탱크용량 이상
  ② 2기 이상일 때 : 최대탱크용량 이상

∴ 방유제 용량 = (100,000리터 × 0.5) + (20,000리터 × 0.1) + (30,000리터 × 0.1) + (50,000리터 × 0.1) = 60,000리터

10 ③ 11 ① **정답**

12 「위험물안전관리법 시행령」상 관계인이 예방규정을 정해야 할 제조소등으로 옳지 않은 것은?

① 지정수량의 150배 이상의 위험물을 저장하는 옥외저장소
② 지정수량의 20배 이상의 위험물을 취급하는 제조소
③ 지정수량의 300배 이상의 위험물을 저장하는 옥내저장소
④ 지정수량의 200배 이상의 위험물을 저장하는 옥내탱크저장소

해설 관계인이 예방규정을 정해야 하는 제조소등

- 지정수량의 10배 이상의 위험물을 취급하는 제조소
- 지정수량의 100배 이상의 위험물을 저장하는 옥외저장소
- 지정수량의 150배 이상의 위험물을 저장하는 옥내저장소
- 지정수량의 200배 이상의 위험물을 저장하는 옥외탱크저장소
- 암반탱크저장소
- 이송취급소
- 지정수량의 10배 이상의 위험물을 취급하는 일반취급소

> 제4류 위험물(특수인화물을 제외한다)만을 지정수량의 50배 이하로 취급하는 일반취급소(제1석유류・알코올류의 취급량이 지정수량의 10배 이하인 경우에 한한다)로서 다음의 어느 하나에 해당하는 것을 제외한다.
> - 보일러・버너 또는 이와 비슷한 것으로서 위험물을 소비하는 장치로 이루어진 일반취급소
> - 위험물을 용기에 옮겨 담거나 차량에 고정된 탱크에 주입하는 일반취급소

13 「위험물안전관리법 시행령」상 위험물의 성질, 품명, 지정수량으로 옳은 것은?

	성 질	품 명	지정수량
①	가연성고체	철 분	100킬로그램
②	가연성고체	적 린	100킬로그램
③	가연성고체	과염소산	300킬로그램
④	산화성액체	질 산	1,000킬로그램

해설 위험물의 성질, 품명, 지정수량

	성 질	품 명	지정수량
①	가연성고체	철 분	300킬로그램
③	산화성액체	과염소산	300킬로그램
④	산화성액체	질 산	300킬로그램

정답 12 ④ 13 ②

13 기출유사문제

▸ 본 기출유사문제는 수험자의 기억에 의하여 복원된 것으로 그림, 내용, 출제지문 등이 다를 수 있으니 참고하시기 바랍니다.

01 다음 빈칸에 들어갈 단어 또는 숫자가 바르게 연결된 것은?

(㉠) 또는 (㉡)에서 취급하는 제4류 위험물의 최대수량의 합이 지정수량의 (㉢)만배 이상 (㉣)만배 미만인 사업소에는 화학소방자동차 3대, 자체소방대원 15인을 두어야 한다.

	㉠	㉡	㉢	㉣
①	제조소	일반취급소	24	48
②	제조소	일반취급소	12	24
③	저장소	일반취급소	24	48
④	저장소	일반취급소	12	24

해설 자체소방대를 두어야 하는 제조소등
- 제조소 : 제4류 위험물을 지정수량 3천배 이상 취급하는 제조소
- 일반취급소 : 제4류 위험물을 지정수량 3천배 이상 취급하는 일반취급소(일부 제외)
- 저장하는 제4류 위험물의 최대수량이 지정수량의 50만배 이상의 옥외탱크저장소

자체소방대 편성에 필요한 화학소방차 및 인원

사업소의 구분	화학소방 자동차	자체 소방대원의 수
1. 제조소 또는 일반취급소에서 취급하는 제4류 위험물의 최대수량의 합이 지정수량의 3천배 이상 12만배 미만인 사업소	1대	5인
2. 제조소 또는 일반취급소에서 취급하는 제4류 위험물의 최대수량의 합이 지정수량의 12만배 이상 24만배 미만인 사업소	2대	10인
3. 제조소 또는 일반취급소에서 취급하는 제4류 위험물의 최대수량의 합이 지정수량의 24만배 이상 48만배 미만인 사업소	3대	15인
4. 제조소 또는 일반취급소에서 취급하는 제4류 위험물의 최대수량의 합이 지정수량의 48만배 이상인 사업소	4대	20인
5. 옥외탱크저장소에 저장하는 제4류 위험물의 최대수량이 지정수량의 50만배 이상인 사업소	2대	10인

01 ① 정답

02 **위험물안전관리법상 제조소 또는 일반취급소에서 변경허가를 두어야 하는 경우가 아닌 것은?**

① 위험물 취급탱크의 방유제의 높이 또는 방유제 내의 면적을 변경하는 경우

② 위험물 취급탱크의 탱크전용실을 교체하는 경우

③ 방화상 유효한 담을 신설·철거 또는 이설하는 경우

④ 자동화재탐지설비를 교체하는 경우

해설 자동화재탐지설비를 신설 또는 철거하는 경우에 변경허가 사항이며, 교체는 변경허가 사항에 해당하지 않는다.

03 **위험물안전관리법 제6조(위험물 제조소 시설의 설치 및 변경 등) 제2항이다. 빈칸에 들어갈 내용이 바르게 연결된 것은?**

> 제조소등의 위치·구조 또는 설비의 변경 없이 해당 제조소등에서 저장하거나 취급하는 위험물의 품명·수량 또는 지정수량의 배수를 변경하려는 자는 변경하려는 날의 (㉠) 전까지 (㉡)이 정하는 바에 따라 (㉢)에게 신고해야 한다.

	㉠	㉡	㉢
①	1일	행정안전부령	시·도지사
②	7일	대통령령	소방서장
③	1일	대통령령	소방서장
④	7일	행정안전부령	시·도지사

해설 제조소등의 위치·구조 또는 설비의 변경 없이 해당 제조소등에서 저장하거나 취급하는 위험물의 품명·수량 또는 지정수량 배수를 변경하려는 자는 변경하려는 1일 전까지 행정안전부령이 정하는 바에 따라 시·도지사에게 신고해야 한다.

04 **위험물 제조소 허가를 득한 장소에서 아세톤 400리터, 실린더유 12,000리터, 경유 20,000리터를 취급하고 있으면 지정수량의 배수는?**

① 13　　② 14

③ 23　　④ 24

해설 $지정수량\ 배수 = \frac{저장량}{지정수량} = \frac{400리터}{400리터} + \frac{12,000리터}{6,000리터} + \frac{20,000리터}{1,000리터} = 23배$

정답 02 ④ 03 ① 04 ③

05 **옥내탱크저장소에서 탱크전용실을 단층 건물 외의 건축물 1층 또는 지하층에 설치해야 할 위험물에 해당하지 않는 것은?**

① 제2류 위험물 중 덩어리 황

② 제4류 위험물 중 경유

③ 제3류 위험물 중 황린

④ 제6류 위험물 중 질산

해설 **탱크전용실을 건축물의 1층 또는 지하층에 설치하는 위험물**

- 제2류 위험물 중 황화인, 적린, 덩어리 황
- 제3류 위험물 중 황린
- 제6류 위험물 중 질산

06 **제조소등의 설치허가를 받지 아니하고 제조소등을 설치한 자가 받아야 하는 벌칙으로 옳은 것은?**

① 1천만 원 이하의 벌금

② 1천 500만 원 이하의 벌금

③ 5년 이하의 징역 또는 1억 원 이하 벌금

④ 3년 이하의 징역 또는 3천만 원 이하의 벌금

해설 **5년 이하의 징역 또는 1억 원 이하의 벌금**

제조소등의 설치허가를 받지 아니하고 제조소등을 설치한 자

07 **다음 중 관계인이 예방규정을 정하지 않아도 되는 제조소등은 어느 것인가?**

① 지정수량 150배 이상의 위험물을 저장하는 옥내저장소

② 암반탱크저장소

③ 이송취급소

④ 지하탱크저장소

해설 **예방규정을 정해야 할 제조소등**

- 지정수량의 10배 이상의 위험물을 취급하는 제조소
- 지정수량의 100배 이상의 위험물을 저장하는 옥외저장소
- 지정수량의 150배 이상의 위험물을 저장하는 옥내저장소
- 지정수량의 200배 이상의 위험물을 저장하는 옥외탱크저장소
- 암반탱크저장소
- 이송취급소
- 지정수량의 10배 이상의 위험물을 취급하는 일반취급소

05 ② 06 ③ 07 ④ **정답**

제4류 위험물(특수인화물을 제외한다)만을 지정수량의 50배 이하로 취급하는 일반취급소(제1석유류·알코올류의 취급량이 지정수량의 10배 이하인 경우에 한한다)로서 다음 각 목의 어느 하나에 해당하는 것을 제외한다.
• 보일러·버너 또는 이와 비슷한 것으로서 위험물을 소비하는 장치로 이루어진 일반취급소
• 위험물을 용기에 옮겨 담거나 차량에 고정된 탱크에 주입하는 일반취급소

08 위험물안전관리법에서 정하는 위험물 종류이다. 유별을 달리하는 하나는 어느 것인가?

① 아질산염류
② 염소화아이소사이아누르산
③ 할로젠간화합물
④ 크로뮴, 납 또는 아이오딘의 산화물

해설 ①, ②, ④는 제1류 위험물이고, ③은 제6류 위험물에 해당한다.

09 다음 중 주유취급소의 사무실 구조로 적합하지 않은 것은?

① 높이 1m 이하의 부분에 있는 창 등은 밀폐시킬 것
② 출입구 또는 사이통로의 문턱의 높이를 15cm 이상으로 할 것
③ 누설한 가연성 증기가 그 내부에 유입되지 아니하도록 할 것
④ 출입구는 건축물의 밖에서 안으로 수시로 개방할 수 있는 자동폐쇄식으로 할 것

해설 ④ 출입구는 건축물의 안에서 밖으로 수시로 개방할 수 있는 자동폐쇄식의 것으로 할 것

10 다음은 위험물안전관리법에 규정된 감독 및 조치명령권 중 일부인데 이 중에서 소방청장이 행사할 수 있는 것은?

① 위험물 누출 등의 사고 조사
② 탱크시험자에 대한 명령
③ 무허가장소의 위험물에 대한 조치명령
④ 제조소등에 대한 긴급 사용정지명령

해설 **위험물사고 조사**
소방청장(중앙119구조본부장 및 그 소속 기관의 장을 포함한다), 소방본부장 또는 소방서장은 위험물의 누출·화재·폭발 등의 사고가 발생한 경우 사고의 원인 및 피해 등을 조사해야 한다.

정답 08 ③ 09 ④ 10 ①

11 제조소에는 보기 쉬운 곳에 방화에 관하여 필요한 사항을 게시한 게시판을 설치해야 한다. 다음 중 기재사항에 해당하지 않는 것은?

① 저장최대수량
② 취급최대수량
③ 지정수량의 배수
④ 위험물의 성분 · 함량

해설 위험물 제조소등 표지 및 게시판에서 방화에 관하여 필요한 사항

구 분	항 목	표지(게시)내용	크 기	색 상
표지판	제조소등	"위험물 제조소등" 명칭 표시	한 변의 길이가 0.3m 이상, 다른 한 변의 길이가 0.6m 이상인 직사각형	백색바탕/흑색문자
게시판	방화에 관하여 필요한 사항	• 유별 및 품명 • 저장(취급)최대수량 • 지정수량 배수 • 안전관리자 성명 또는 직명		
	주의사항	• 화기엄금, 화기주의 • 물기엄금		• 적색바탕/백색문자 • 청색바탕/백색글자

12 제조소등의 완공검사 신청시기로 맞지 않는 경우는?

① 지하탱크가 있는 제조소등의 경우 해당 지하탱크를 매설하기 전
② 이동탱크저장소에 대한 완공검사는 이동저장탱크를 완공하고 상치장소를 확보하기 전
③ 이송취급소에 대한 완공검사는 이송배관공사의 전체 또는 일부를 완료한 후. 다만, 지하 · 하천 등에 매설하는 이송배관의 공사의 경우에는 이송배관을 매설하기 전
④ 전체공사가 완료된 후에 검사를 실시하기 곤란할 경우에 있어서 기술원이 지정하는 부분의 비파괴 시험을 실시하는 시기

해설 제조소등의 완공검사 신청시기

- 지하탱크가 있는 제조소등의 경우 : 해당 지하탱크를 매설하기 전
- 이동탱크저장소의 경우 : 이동탱크를 완공하고 상치장소를 확보한 후
- 이송취급소의 경우 : 이송배관 공사의 전체 또는 일부를 완료한 후(다만, 지하 · 하천 등에 매설하는 이송배관의 공사의 경우에는 이송배관을 매설하기 전)
- 전체공사가 완료된 후 완공검사를 실시하기 곤란한 경우
  - 위험물설비 또는 배관의 설치가 완료되어 기밀시험 또는 내압시험을 실시하는 시기
  - 배관을 지하에 설치하는 경우 소방서장 또는 공사가 지정하는 부분을 매몰하기 직전
  - 기술원이 지정하는 부분의 비파괴시험을 실시하는 시기
- 제조소등의 경우 : 제조소등의 공사를 완료한 후

11 ④ 12 ② 정답

14 기출유사문제

▸ 본 기출유사문제는 수험자의 기억에 의하여 복원된 것으로 그림, 내용, 출제지문 등이 다를 수 있으니 참고하시기 바랍니다. 〈서울, 인천, 부산, 경기, 경남, 경북, 대구, 전북, 충남, 강원〉

01 위험물시설로서 존재할 필요성이 없는 경우 장래에 대하여 그 기능을 완전히 상실시키는 제조소등의 폐지에 관한 설명으로 옳지 않은 것은?

① 제조소등의 관계인은 제조소등의 용도를 폐지한 날로부터 14일 이내에 시・도지사에게 신고해야 한다.

② 용도폐지를 신고하려는 사람은 용도폐지신고서에 제조소등의 완공검사합격확인증을 첨부하여 시・도지사에게 제출해야 한다.

③ 용도폐지신고서를 제출받은 시・도지사 또는 소방서장은 10일 이내에 처리해야 한다.

④ 제조소등의 용도폐지신고를 기간 이내에 하지 아니하거나 허위로 신고한 경우에는 500만 원 이하의 과태료에 처한다.

해설 ③ 용도폐지신고서를 제출받은 시・도지사 또는 소방서장은 5일 이내에 처리해야 한다.

02 위험물을 취급하는 건축물에 설치하는 채광・조명・환기설비에 대한 설명으로 옳지 않은 것은?

① 조명설비에 설치하는 전선은 내화・내열전선으로 한다.

② 환기설비는 강제배기방식으로 설치하며 국소방식으로 해야 한다.

③ 채광설비는 불연재료로 하고 연소 우려가 없는 장소에 설치하되 채광면적을 최소로 해야 한다.

④ 조명설비가 설치되어 유효하게 조도(밝기)가 확보되는 건축물에는 채광설비를 하지 아니할 수 있다.

해설 ② 환기설비는 자연배기방식으로 설치한다.

정답 01 ③ 02 ②

03 **주유취급소의 위치 · 구조 · 설비의 기준에 대한 설명으로 옳지 않은 것은?**

① 고정주유설비 펌프기기는 주유관 끝부분에서의 최대 배출량이 제1석유류의 경우에는 분당 50리터 이하, 등유의 경우에는 분당 80리터 이하인 것으로 해야 한다.

② 너비 15m 이상, 길이 6m 이상의 콘크리트 등으로 포장한 공지를 보유해야 한다.

③ 주유취급소의 업무를 행하기 위한 사무소, 주유취급소에 출입하는 사람을 대상으로 한 점포 · 휴게음식점 또는 전시장, 자동차 등의 세정을 위한 작업장의 면적의 합은 1,000m^2를 초과할 수 없다.

④ 주유원 간이대기실은 불연재료로 해야 하고 차량의 출입 및 주유작업에 지장을 주지 아니하는 장소에 설치해야 한다.

해설 ③ 주유취급소의 업무를 행하기 위한 사무소, 주유취급소에 출입하는 사람을 대상으로 한 점포 · 휴게음식점 또는 전시장, 자동차 등의 점검 및 간이정비를 위한 작업장의 면적의 합은 1,000m^2를 초과할 수 없다.

04 **제1종 판매취급소의 위치 · 구조 · 설비의 기준에 대한 설명으로 옳지 않은 것은?**

① 보기 쉬운 곳에 바탕색은 백색으로 문자는 흑색으로 "위험물판매취급소(제1종)"라는 표지를 설치한다.

② 방화에 관하여 필요한 사항을 게시한 게시판은 한 변의 길이가 0.3m 이상, 다른 한 변의 길이가 0.6m 이상인 직사각형으로 한다.

③ 제1종 판매취급소의 용도로 사용되는 건축물의 부분과 다른 부분과의 격벽은 불연재료로 한다.

④ 제1종 판매취급소의 용도로 사용되는 부분의 창 및 출입구는 60분+방화문 · 60분방화문 또는 30분방화문을 설치한다.

해설 ③ 제1종 판매취급소의 용도로 사용되는 건축물의 부분과 다른 부분과의 격벽은 내화구조로 한다.

05 **위험물 운반용기의 외부에 표시해야 할 내용으로 옳지 않은 것은?**

① 위험물의 품명 · 위험등급 · 화학명 및 수용성("수용성" 표시는 제4류 위험물로서 수용성인 것에 한한다)을 표시해야 한다.

② 지정수량 배수를 표시해야 한다.

③ 위험물의 수량을 표시해야 한다.

④ 운반하려는 위험물이 제6류 위험물인 경우 운반용기에 "가연물접촉주의"를 표시해야 한다.

03 ③ 04 ③ 05 ② **정답**

해설 운반용기의 외부 표시사항
- 위험물의 품명, 위험등급, 화학명 및 수용성(제4류 수용성에 한함)
- 위험물 수량
- 수납하는 위험물에 따라 다음 규정에 따른 주의사항 제6류 위험물의 경우 "가연물접촉주의"

06 위험물안전관리법상 징역형에 처할 수 있는 위법행위로 볼 수 없는 것은?

① 저장소 또는 제조소등이 아닌 장소에서 지정수량 이상의 위험물을 저장 또는 취급하였다.

② 위험물의 저장 또는 취급에 관한 중요기준에 따르지 아니하였다.

③ 제조소등의 설치허가를 받지 아니하고 제조소등을 설치하였다.

④ 운반용기에 대한 검사를 받지 아니하고 운반용기를 사용하였다.

해설 ② 위험물의 저장 또는 취급에 관한 중요기준에 따르지 아니한 자 : 1천 500만 원 이하의 벌금
① 저장소 또는 제조소등이 아닌 장소에서 지정수량 이상의 위험물을 저장 또는 취급한 자 : 3년 이하의 징역 또는 3천만 원 이하의 벌금
③ 제조소등의 설치허가를 받지 아니하고 제조소등을 설치한 자 : 5년 이하의 징역 또는 1억 원 이하의 벌금
④ 운반용기에 대한 검사를 받지 아니하고 운반용기를 사용하거나 유통시킨 자 : 1년 이하의 징역 또는 1천만 원 이하의 벌금

07 위험물 등급 I 인 위험물 품명의 지정수량 합으로 옳은 것은?

- 과염소산염류
- 금속의 인화합물
- 황화인
- 칼 륨
- 과산화수소

① 350킬로그램　　② 360킬로그램

③ 370킬로그램　　④ 380킬로그램

해설 위험물 등급 및 지정수량
- 과염소산염류 : 위험등급 I , 50킬로그램
- 금속의 인화합물 : 위험등급 III, 300킬로그램
- 황화인 : 위험등급 II, 100킬로그램
- 칼륨 : 위험등급 I , 10킬로그램
- 과산화수소 : 위험등급 I , 300킬로그램

따라서 50 + 10 + 300 = 360킬로그램

정답 06 ② 07 ②

08 위험물안전관리법 시행규칙상 소화설비 기준에 관한 설명으로 옳지 않은 것은?

① 옥내저장소는 규모・저장 또는 취급하는 위험물의 품명 및 최대수량 등에 따라 소화난이도등급 I 에 해당될 수 있다.

② 연면적 1,500m^2인 일반취급소는 소화난이도등급 I 에 해당한다.

③ 제1종 판매취급소는 소화난이도등급 II 에 해당되고 제2종 판매취급소는 소화난이도등급 III 에 해당한다.

④ 이동탱크저장소는 규모・저장 또는 취급하는 위험물의 품명 및 최대수량 등과 무관하게 모든 대상이 소화난이도등급 III 에 해당한다.

해설 ③ 제1종 판매취급소는 소화난이도등급 III 에 해당되고 제2종 판매취급소는 소화난이도등급 II 에 해당한다.

09 자체소방대에 대한 설명으로 옳지 않은 것은?

① 지정수량의 3천배 이상인 제4류 위험물을 취급하는 제조소는 자체소방대 설치대상이다.

② 포수용액을 방사하는 화학소방자동차 대수의 3분의 1 이상으로 해야 한다.

③ 일반취급소에서 취급하는 제4류 위험물의 합이 지정수량의 48만배 이상인 사업소에는 최소 20인의 자체소방대원이 필요하다.

④ 화학소방자동차의 일종인 제독차는 가성소다 및 규조토를 50킬로그램 이상 비치해야 한다.

해설 ② 포수용액을 방사하는 화학소방자동차의 대수는 자체소방대 편성기준에 의한 화학소방자동차의 대수의 3분의 2 이상으로 해야 한다.

10 제조소등에서의 위험물의 저장 및 취급에 관한 기준으로 옳지 않은 것은?

① 보냉장치가 없는 이동저장탱크에 저장하는 아세트알데하이드등 또는 다이에틸에터등의 온도는 해당 위험물을 비점 이하로 유지할 것

② 옥외저장소에서 위험물을 수납한 용기를 선반에 저장하는 경우에는 6m를 초과하여 저장하지 아니할 것

③ 이동저장탱크에 알킬알루미늄등을 저장하는 경우에는 20kPa 이하의 압력으로 불활성의 기체를 봉입하여 둘 것

④ 옥내저장소에서는 용기에 수납하여 저장하는 위험물이 55℃를 넘지 아니하도록 필요한 조치를 강구할 것

해설 알킬알루미늄등, 아세트알데하이드등 및 다이에틸에터등 저장기준

저장탱크	저장온도
옥내저장탱크・옥외저장탱크・지하저장탱크 중 압력탱크에 아세트알데하이드등, 다이에틸에터등을 저장하는 경우	40℃ 이하

08 ③ 09 ② 10 ① 정답

옥내저장탱크·옥외저장탱크·지하저장탱크 중 압력탱크 외에 저장하는 경우	산화프로필렌과 이를 함유한 것, 다이에틸에터등	30℃ 이하
	아세트알데하이드 또는 이를 함유한 것	15℃ 이하
보냉장치가 있는 이동저장탱크에 아세트알데하이드등, 다이에틸에터등을 저장하는 경우		비점 이하
보냉장치가 없는 이동저장탱크에 아세트알데하이드등, 다이에틸에터등을 저장하는 경우		40℃ 이하

11 위험물 제조소등에 대한 정기점검 대상으로 옳지 않은 것은?

① 암반탱크저장소

② 지정수량 20배인 위험물을 취급하는 제조소

③ 위험물을 취급하는 탱크로서 지하에 매설된 탱크가 있는 주유취급소

④ 지정수량 150배 이상의 탱크로서 위험물을 취급하는 옥내탱크저장소

해설 정기점검 대상
- 예방규정을 정해야 하는 제조소등
- 지하탱크저장소
- 이동탱크저장소
- 위험물을 취급하는 탱크로서 지하에 매설된 탱크가 있는 제조소, 주유취급소, 일반취급소

12 위험물운송자가 위험물안전관리카드를 휴대해야 하는 위험물질명 또는 품명으로 옳은 것은?

① 황화인, 나트륨, 다이에틸에터
② 철분, 경유, 과산화수소
③ 적린, 중유, 칼륨
④ 황린, 기어유, 질산

해설 1~6류 위험물(제4류 위험물에 있어서는 특수인화물 및 제1석유류에 한한다)을 운송하게 하는 자는 위험물안전카드를 위험물운송자로 하여금 휴대하게 할 것

13 위험물안전관리자 대리자 자격으로 옳지 않은 것은?

① 위험물기능장 자격취득자

② 의용소방대원으로 근무한 경력이 5년 이상인 자

③ 위험물안전에 관한 기본지식과 경험이 있는 자로서 위험물안전관리자를 지휘·감독하는 직위에 있는 자

④ 위험물안전에 관한 기본지식과 경험이 있는 자로 소방청장이 실시하는 안전교육을 받은 자

해설 안전관리자의 대리자 자격
- 국가기술자격법에 따른 위험물의 취급에 관한 자격취득자
- 소방청장이 실시하는 안전교육을 받은 자
- 제조소등의 위험물 안전관리업무에 있어서 안전관리자를 지휘·감독하는 직위에 있는 자

정답 11 ④ 12 ① 13 ②

15 기출유사문제

▸ 본 기출 유사문제는 수험자의 기억에 의하여 복원된 것으로 그림, 내용, 출제지문 등이 다를 수 있으니 참고하시기 바랍니다(복원에 협조해 주신 분 : 황정순, 이병철, 조성진, 오진수, 허선집, 신상범, 황은경 등).

01 옥내탱크저장소 중 탱크전용실을 단층건물 외의 건축물에 설치하는 경우에 저장할 수 없는 위험물은 무엇인가?

① 황화인 ② 황 린
③ 질 산 ④ 아세톤

해설 옥내탱크저장소 중 탱크전용실을 단층건물 외의 건축물에 설치하는 것
- 제2류 위험물 중 황화인·적린 및 덩어리 황
- 제3류 위험물 중 황린
- 제6류 위험물 중 질산
- 제4류 위험물 중 인화점이 38℃ 이상인 위험물만을 저장 또는 취급하는 것에 한한다.

따라서 아세톤은 인화점이 21℃ 미만인 제1석유류 수용성에 해당되므로 저장할 수 없다.

02 다음 중 위험물 제조소등의 허가취소 또는 사용정지 사유로 맞는 것은?

① 정기점검대상인 제조소등의 정기점검기록을 허위로 작성한 때
② 위험물의 저장·취급에 관한 중요기준을 위반한 때
③ 위험물안전관리자의 대리자를 지정하지 아니한 때
④ 위험물안전관리자를 선임신고 하지 아니한 때

해설 **제조소등 설치허가의 취소와 사용정지 등(법 제12조)**
시·도지사는 제조소등의 관계인이 다음의 어느 하나에 해당하는 때에는 행정안전부령이 정하는 바에 따라 제6조 제1항에 따른 허가를 취소하거나 6월 이내의 기간을 정하여 제조소등의 전부 또는 일부의 사용정지를 명할 수 있다.
- 위험물 제조소등 변경허가를 받지 아니하고 제조소등의 위치·구조 또는 설비를 변경한 때
- 위험물 제조소등 완공검사를 받지 아니하고 제조소등을 사용한 때
- 제조소등에의 사용 중지 대상에 대한 안전조치 이행명령을 따르지 아니한 때
- 소방본부장·소방서장의 수리·개조 또는 이전의 명령을 위반한 때
- 위험물안전관리자를 선임하지 아니한 때
- 위험물안전관리 대리자를 지정하지 아니한 때
- 위험물 제조소등 정기점검을 하지 아니한 때
- 정기검사를 받지 아니한 때
- 저장·취급기준 준수명령을 위반한 때

01 ④ 02 ③ 정답

03 옥내저장소에 위험물을 유별로 정리하여 저장하는 한편, 서로 1m 이상의 간격을 두는 경우 다음 〈보기〉의 위험물 중 함께 저장할 수 있는 위험물을 모두 고른 것은?

> ㉠ 질산염류 ㉡ 고형알코올
> ㉢ 제1석유류 ㉣ 칼슘의 탄화물류
> ㉤ 특수인화물류

① ㉠, ㉡, ㉢ ② ㉡, ㉢, ㉣
③ ㉢, ㉣, ㉤ ④ ㉡, ㉢, ㉤

해설 영 별표 1의 유별을 달리하는 위험물은 동일한 저장소(내화구조의 격벽으로 완전히 구획된 실이 2 이상 있는 저장소에 있어서는 동일한 실. 이하 제3호에서 같다)에 저장하지 아니해야 한다. 다만, 옥내저장소 또는 옥외저장소에 있어서 다음에 따른 위험물을 저장하는 경우로서 위험물을 유별로 정리하여 저장하는 한편, 서로 1m 이상의 간격을 두는 경우에는 그러하지 아니하다(중요기준).

- 제1류 위험물(알칼리금속의 과산화물 또는 이를 함유한 것을 제외한다)과 제5류 위험물을 저장하는 경우
- 제1류 위험물과 제6류 위험물을 저장하는 경우
- 제1류 위험물과 제3류 위험물 중 자연발화성물질(황린 또는 이를 함유한 것에 한한다)을 저장하는 경우
- 제2류 위험물 중 인화성고체와 제4류 위험물을 저장하는 경우
- 제3류 위험물 중 알킬알루미늄등과 제4류 위험물(알킬알루미늄 또는 알킬리튬을 함유한 것에 한한다)을 저장하는 경우
- 제4류 위험물 중 유기과산화물 또는 이를 함유하는 것과 제5류 위험물 중 유기과산화물 또는 이를 함유한 것을 저장하는 경우

04 주유취급소의 관계인이 소유·관리 또는 점유한 자동차 등에 대하여만 주유하기 위하여 설치하는 자가용 주유취급소의 특례로 옳은 것은?

① 안전거리와 보유공지 ② 건축물의 구조
③ 주유공지와 급유공지 ④ 담 또는 벽

해설 **자가용 주유취급소의 특례**
주유취급소의 관계인이 소유·관리 또는 점유한 자동차 등에 대하여만 주유하기 위하여 설치하는 자가용 주유취급소에 대하여는 Ⅰ 제1호(주유공지 및 급유공지)의 규정을 적용하지 아니한다.

정답 03 ④ 04 ③

05 다음의 위험물안전관리법에 따른 벌칙규정 중 양형기준이 다른 하나로 옳은 것은?

> ㉠ 위험물의 운반에 관한 중요기준에 따르지 아니한 자
> ㉡ 위험물의 취급에 관한 안전관리와 감독을 하지 아니한 자
> ㉢ 위험물 저장・취급장소에 대한 출입・검사 등을 수행하면서 알게 된 비밀을 누설한 자
> ㉣ 탱크시험자에 대한 감독상 명령에 따르지 아니한 자

① ㉠ ② ㉡
③ ㉢ ④ ㉣

해설 ㉠・㉡・㉢은 위반 시 1천만 원 이하의 벌금에 처하고 ㉣은 위반 시 1천 500만 원의 벌금에 처한다.
벌칙(법 제37조)
다음의 어느 하나에 해당하는 자는 1천만 원 이하의 벌금에 처한다.
- 위험물의 취급에 관한 안전관리와 감독을 하지 아니한 자
- 안전관리자 또는 그 대리자가 참여하지 아니한 상태에서 위험물을 취급한 자
- 변경한 예방규정을 제출하지 아니한 관계인으로서 제6조 제1항에 따른 허가를 받은 자
- 위험물의 운반에 관한 중요기준에 따르지 아니한 자
- 이동탱크저장소에 의하여 위험물을 운송하는 자로서 해당 위험물을 취급할 수 있는 국가기술자격증이 없거나 안전교육을 받지 않고 위험물을 운송한 자
- 알킬알루미늄, 알킬리튬, 이들을 함유한 위험물의 운송에 있어서는 운송책임자의 감독 또는 지원을 받지 않고 운송한 자
- 관계인의 정당한 업무를 방해하거나 출입・검사 등을 수행하면서 알게 된 비밀을 누설한 자

06 위험물 제조소의 변경허가를 받아야 하는 것으로 맞는 것은?

① 위험물 취급탱크의 지름 150mm를 초과하는 노즐 또는 맨홀을 신설하는 경우
② 위험물의 제조설비 또는 취급설비 중 펌프설비를 증설하는 경우
③ 30m를 초과하는 지하에 매설된 위험물배관을 보수(배관을 절개하는 경우)하는 경우
④ 옥내소화전설비의 배관・밸브・압력계를 교체하는 경우

해설 제조소 또는 일반취급소의 변경허가를 받아야 하는 경우
- 제조소 또는 일반취급소의 위치를 이전하는 경우
- 건축물의 벽・기둥・바닥・보 또는 지붕을 증설 또는 철거하는 경우
- 배출설비를 신설하는 경우
- 위험물 취급탱크를 신설・교체・철거 또는 보수(탱크의 본체를 절개하는 경우에 한한다)하는 경우
- 위험물 취급탱크의 노즐 또는 맨홀을 신설하는 경우(노즐 또는 맨홀의 지름이 250mm를 초과하는 경우에 한한다)
- 위험물 취급탱크의 방유제의 높이 또는 방유제 내의 면적을 변경하는 경우
- 위험물 취급탱크의 탱크전용실을 증설 또는 교체하는 경우
- 300m(지상에 설치하지 아니하는 배관의 경우에는 30m)를 초과하는 위험물배관을 신설・교체・철거 또는 보수(배관을 절개하는 경우에 한한다)하는 경우
- 불활성기체의 봉입장치를 신설하는 경우
- 별표 4 XII 제2호 가목에 따른 누설범위를 국한하기 위한 설비를 신설하는 경우

05 ④ 06 ③ **정답**

- 별표 4 XII 제3호 다목에 따른 냉각장치 또는 보냉장치를 신설하는 경우
- 별표 4 XII 제3호 마목에 따른 탱크전용실을 증설 또는 교체하는 경우
- 별표 4 XII 제4호 나목에 따른 담 또는 토제를 신설·철거 또는 이설하는 경우
- 별표 4 XII 제4호 다목에 따른 온도 및 농도의 상승에 의한 위험한 반응을 방지하기 위한 설비를 신설하는 경우
- 별표 4 XII 제4호 라목에 따른 철 이온 등의 혼입에 의한 위험한 반응을 방지하기 위한 설비를 신설하는 경우
- 방화상 유효한 담을 신설·철거 또는 이설하는 경우
- 위험물의 제조설비 또는 취급설비(펌프설비를 제외한다)를 증설하는 경우
- 옥내소화전설비·옥외소화전설비·스프링클러설비·물분무 등 소화설비를 신설·교체(배관·밸브·압력계·소화전 본체·소화약제탱크·포헤드·포방출구 등의 교체는 제외한다) 또는 철거하는 경우
- 자동화재탐지설비를 신설 또는 철거하는 경우

07 위험물안전관리자의 대리자에 대한 설명으로 옳은 것은?

① 위험물취급자격자라 하더라도 위험물안전관리자 또는 대리자 참여 없이는 위험물을 취급하여서는 아니 된다.

② 대리자를 지정하지 아니한 경우와 위험물안전관리자를 선임하지 않은 경우는 벌칙 및 행정처분 기준이 같다.

③ 다수의 제조소등에 1인의 안전관리자를 중복 선임한 경우에 두는 보조자의 자격이 있는 자는 대리자가 될 수 있다.

④ 소방공무원으로 근무한 경력이 3년 이상인 사람은 대리자가 될 수 있는 자격이 있다.

해설 ③ 다수의 제조소등을 동일인이 설치한 경우에는 관계인은 대통령령이 정하는 바에 따라 1인의 안전관리자를 중복하여 선임할 수 있다. 이 경우 대통령령이 정하는 제조소등의 관계인은 대리자의 자격이 있는 자를 각 제조소등별로 지정하여 안전관리자를 보조하게 해야 한다(법 제15조 제8항).

① 제조소등에 있어서 위험물취급자격자가 아닌 자는 안전관리자 또는 대리자가 참여한 상태에서 위험물을 취급해야 한다는 규정에 따라 위험물산업기사 등 위험물취급자격자는 위험물 취급이 가능하다(법 제15조 제7항).

② 대리자를 지정하지 아니한 경우와 위험물안전관리자를 선임하지 않은 경우 벌칙규정은 1천 500만 원 이하의 벌금으로 같으나 행정처분기준은 다음과 같이 일치하지 않는다.

위반사항	행정처분기준		
	1차	2차	3차
위험물안전관리자를 선임하지 아니한 때	사용정지 15일	사용정지 60일	허가취소
대리자를 지정하지 아니한 때	사용정지 10일	사용정지 30일	허가취소

④ 대리자의 자격은 다음과 같으므로 소방공무원으로 근무하였더라도 아래의 자격이 있어야 한다.

㉠ 위험물취급자격자

㉡ 법 제28조 제1항에 따라 안전관리자·탱크시험자·위험물운반자·위험물운송자 등 위험물의 안전관리와 관련된 업무를 수행하는 자로서 대통령령(안전관리자로 선임된 자, 탱크시험자의 기술인력으로 종사하는 자, 위험물운송자로 종사하는 자)이 정하는 자는 해당 업무에 관한 능력의 습득 또는 향상을 위하여 소방청장이 실시하는 교육을 받은 자

㉢ 제조소등의 위험물 안전관리업무에 있어서 안전관리자를 지휘·감독하는 직위에 있는 자

정답 07 ③

08 **위험물 제조소등의 위치 · 구조 · 설비기준 중 위험물의 유출을 방지하기 위한 턱과 문턱 높이 기준을 맞게 설명하고 있는 것은?**

① 제조소에서 옥외에 액체위험물을 취급하는 설비의 바닥 둘레에는 0.15m 이상의 턱을 설치해야 한다.

② 판매취급소 배합실의 출입구에는 0.15m 이상의 문턱을 설치해야 한다.

③ 옥외저장탱크의 펌프실 바닥주위에는 0.15m 이상의 턱을 만들어야 한다.

④ 주유취급소에 설치하는 건축물 중 사무실 출입구에는 0.2m 이상의 문턱을 설치해야 한다.

해설 ① 제조소의 옥외에서 액체위험물을 취급하는 설비의 바닥의 둘레에 높이 0.15m 이상의 턱을 설치하는 등 위험물이 외부로 흘러나가지 아니하도록 해야 한다.
② 옥외저장탱크의 펌프실 바닥주위에는 0.2m 이상의 턱을 만들어야 한다.
③ 주유취급소에 설치하는 건축물 중 사무실 출입구에는 15cm 이상의 문턱을 설치해야 한다.
④ 판매취급소 배합실의 출입구에는 0.1m 이상의 문턱을 설치해야 한다.

09 **위험물안전관리법령에서 규정하고 있는 준특정 옥외저장탱크와 특정 옥외저장탱크의 주하중과 종하중의 구분에 있어서 주하중에 해당하는 것은?**

① 지진의 영향　　② 적설하중

③ 풍하중　　④ 온도의 변화

해설 **특정 옥외저장탱크의 주하중과 종하중 구분**
위험물안전관리법 시행규칙 별표 6 Ⅶ. 특정 옥외저장탱크의 구조
• 주하중 : 탱크하중, 탱크와 관련되는 내압, 온도변화의 영향 등
• 종하중 : 적설하중, 풍하중, 지진의 영향 등

08 ① 09 ④ **정답**

10 특정 옥외저장탱크의 용접(겹침보수 및 육성보수와 관련된 것은 제외)방법 중 옆판과 애뉼러 판(애뉼러 판이 없는 경우에는 밑판)과의 용접방법으로 옳은 것은?

① 겹치기용접

② 부분용입 그룹용접

③ 뒷면에 재료를 댄 맞대기용접

④ 완전용입 맞대기용접

해설 특정 옥외저장탱크의 용접(겹침보수 및 육성보수와 관련되는 것은 제외)방법
시행규칙 별표 6 Ⅶ. 특정 옥외저장탱크의 구조 3호 나목

옆판 (가로 및 세로이음)	옆판과 애뉼러 판 (애뉼러 판이 없는 경우에는 밑판)	애뉼러 판과 애뉼러 판	애뉼러 판과 밑판 및 밑판과 밑판
완전용입 맞대기용접	• 부분용입 그룹용접 • 동등 이상 용접강도	뒷면에 재료를 댄 맞대기용접	뒷면에 재료를 댄 맞대기용접 또는 겹치기용접
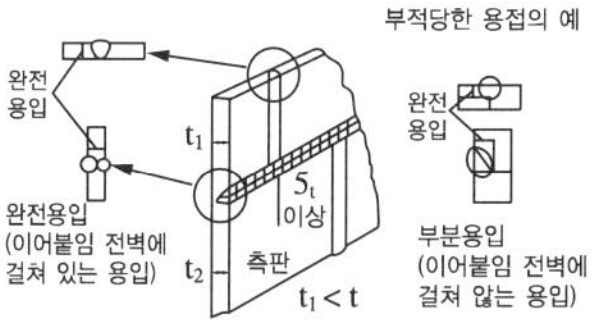	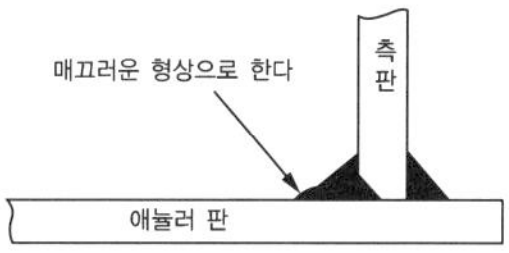	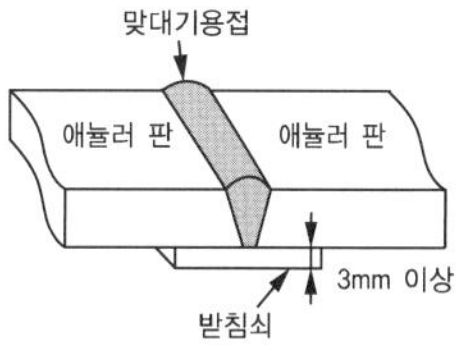 맞대기 이어붙임의 예 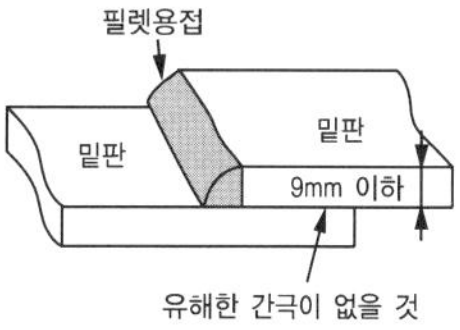 겹치기 이어붙임의 예	
• 옆판의 세로이음은 단을 달리하는 옆판의 각각의 세로이음과 동일선상에 위치하지 아니하도록 할 것 • 해당 세로이음 간의 간격은 서로 접하는 옆판 중 두꺼운 쪽 옆판의 5배 이상으로 해야 한다.	용접 비드(Bead)는 매끄러운 형상을 가져야 한다.	이 경우에 애뉼러 판과 밑판의 용접부의 강도 및 밑판과 밑판의 용접부의 강도에 유해한 영향을 주는 흠이 있어서는 아니 된다.	

11 **위험물 제조소의 취급탱크 주변에 설치하는 방유제 및 방유턱에 대한 설명으로 옳은 것은? (용량이 지정수량 1/5 미만인 것은 제외)**

① 옥내에 취급하는 탱크가 하나인 경우에는 그 취급탱크의 용량을 전부 수용할 수 있어야 한다.

② 옥내에 취급하는 탱크가 여러 개 있는 경우 모든 취급탱크의 용량을 합한 양을 전부 수용할 수 있어야 한다.

③ 옥외 또는 옥내에 있는 취급탱크에 설치하는 방유제를 둘다 방유턱이라 한다.

④ 옥외탱크저장소와 제조소의 옥내에 있는 취급탱크의 방유제 용량 계산식은 같다.

해설 방유제 및 방유턱 용량

(1) 위험물 제조소의 옥외에 있는 위험물 취급탱크의 방유제의 용량
① 1기일 때 : 탱크용량 × 0.5(50%)
② 2기 이상일 때 : 최대탱크용량 × 0.5 + (나머지 탱크용량합계 × 0.1)

(2) 위험물 제조소의 옥내에 있는 위험물 취급탱크의 방유턱의 용량
① 1기일 때 : 탱크용량 이상
② 2기 이상일 때 : 최대탱크용량 이상
※ 옥내탱크저장소 출입구 문턱 높이도 같음

(3) 위험물 옥외탱크저장소의 방유제의 용량
① 1기일 때 : 탱크용량 × 1.1(110%)[비인화성 물질 × 100%]
② 2기 이상일 때 : 최대탱크용량 × 1.1(110%)[비인화성 물질 × 100%]

12 **제3류 위험물인 황린을 옥내저장소에 저장하면서 주위에 보유공지로 3m를 확보하였다. 이 옥내저장소(단, 옥내저장소의 구조는 벽ㆍ기둥 및 바닥이 내화구조로 된 건축물임)에 저장할 수 있는 황린의 최대수량은 얼마인가?**

① 4,000킬로그램
② 1,000킬로그램
③ 400킬로그램
④ 200킬로그램

해설 옥내저장소의 최대수량에 따른 보유공지

저장 또는 취급하는 위험물의 최대수량	공지의 너비	
	벽ㆍ기둥 및 바닥이 내화구조로 된 건축물	그 밖의 건축물
지정수량의 5배 이하		0.5m 이상
지정수량의 5배 초과 10배 이하	1m 이상	1.5m 이상
지정수량의 10배 초과 20배 이하	2m 이상	3m 이상
지정수량의 20배 초과 50배 이하	3m 이상	5m 이상
지정수량의 50배 초과 200배 이하	5m 이상	10m 이상
지정수량의 200배 초과	10m 이상	15m 이상

황린의 지정수량은 20킬로그램이며 벽ㆍ기둥 및 바닥이 내화구조로 된 옥내저장소 건축물에 보유공지를 3m를 확보한 경우 위 표에서 저장위험물의 최대수량은 지정수량 50배이므로 20킬로그램 × 50배 = 1,000킬로그램

11 ① 12 ② **정답**

13 다음 중 지정수량 이상의 위험물을 옥외저장소에 저장할 수 있는 위험물로 옳은 것은?

㉠ 황	㉡ 알칼리토금속
㉢ 알코올류	㉣ 제2석유류
㉤ 질산염류	㉥ 나이트로화합물

① ㉠, ㉢, ㉣　　② ㉠, ㉣, ㉤

③ ㉢, ㉤, ㉥　　④ ㉡, ㉢, ㉤

해설 위험물안전관리법 시행령 별표 2 저장소의 구분에서 옥외저장소에 저장할 수 있는 위험물

- 제2류 위험물 중 황 또는 인화성고체(인화점이 섭씨 0도 이상인 것에 한한다)
- 제4류 위험물 중 제1석유류(인화점이 섭씨 0도 이상인 것에 한한다)・알코올류・제2석유류・제3석유류・제4석유류 및 동식물유류
- 제6류 위험물
- 보세구역 안에 저장하는 제2류 위험물 및 제4류 위험물 중 특별시・광역시 또는 도의 조례에서 정하는 위험물
- 「국제해상위험물규칙」(IMDG Code)에 적합한 용기에 수납된 위험물

정답 13 ①

16 기출유사문제

▸ 본 기출유사문제는 수험자의 기억에 의하여 복원된 것으로 그림, 내용, 출제지문 등이 다를 수 있으니 참고하시기 바랍니다(복원에 협조해 주신 분 : 정수민, 문기석, 나진석, 박상현 등).

01 위험물안전관리법상 위험물의 성질과 상태를 설명한 내용이다. 다음 〈보기〉의 (　　) 안에 들어갈 말로 옳은 것은?

> "자기반응성물질"이라 함은 고체 또는 액체로서 (㉠) 또는 (㉡)을 판단하기 위하여 고시로 정하는 시험에서 고시로 정하는 성질과 상태를 나타내는 것을 말하며, 위험성 유무와 등급에 따라 제1종 또는 제2종으로 분류한다.

① ㉠ 폭발의 위험성, ㉡ 발화의 위험성
② ㉠ 발화의 위험성, ㉡ 폭발의 위험성
③ ㉠ 폭발의 위험성, ㉡ 가열분해의 격렬함
④ ㉠ 폭발의 위험성, ㉡ 충격에 대한 민감성

해설 위험물의 성질과 상태

- "산화성고체"라 함은 고체로서 산화력의 잠재적인 위험성 또는 충격에 대한 민감성을 판단하기 위하여 소방청장이 정하여 고시(이하 "고시"라 한다)하는 시험에서 고시로 정하는 성질과 상태를 나타내는 것을 말한다.
- "가연성고체"라 함은 고체로서 화염에 의한 발화의 위험성 또는 인화의 위험성을 판단하기 위하여 고시로 정하는 시험에서 고시로 정하는 성질과 상태를 나타내는 것을 말한다.
- "자연발화성물질 및 금수성물질"이라 함은 고체 또는 액체로서 공기 중에서 발화의 위험성이 있거나 물과 접촉하여 발화하거나 가연성가스를 발생하는 위험성이 있는 것을 말한다.
- "인화성액체"라 함은 액체로서 인화의 위험성이 있는 것을 말한다.
- "자기반응성물질"이라 함은 고체 또는 액체로서 폭발의 위험성 또는 가열분해의 격렬함을 판단하기 위하여 고시로 정하는 시험에서 고시로 정하는 성질과 상태를 나타내는 것을 말하며, 위험성 유무와 등급에 따라 제1종 또는 제2종으로 분류한다.
- "산화성액체"라 함은 액체로서 산화력의 잠재적인 위험성을 판단하기 위하여 고시로 정하는 시험에서 고시로 정하는 성질과 상태를 나타내는 것을 말한다.

01 ③ 정답

02 위험물안전관리법령상 옥외저장소에 저장 가능한 위험물로 옳지 않은 것은?

① 인화점이 섭씨 10도 이상인 인화성고체

② 위험물에 해당하는 질산염류

③ 위험물에 해당하는 과염소산

④ 인화점이 섭씨 5도 이상인 제1석유류

해설 위험물안전관리법 시행령 별표 2 저장소의 구분에서 옥외저장소에 저장할 수 있는 위험물

- 제2류 위험물 중 황 또는 인화성고체(인화점이 섭씨 0도 이상인 것에 한한다)
- 제4류 위험물 중 제1석유류(인화점이 섭씨 0도 이상인 것에 한한다) · 알코올류 · 제2석유류 · 제3석유류 · 제4석유류 및 동식물유류
- 제6류 위험물
- 보세구역 안에 저장하는 제2류 위험물 및 제4류 위험물 중 특별시 · 광역시 또는 도의 조례에서 정하는 위험물
- 「국제해상위험물규칙」(IMDG Code)에 적합한 용기에 수납된 위험물

03 다음 〈보기〉에 있는 위험물의 지정수량배수를 계산한 합은 얼마인가?

- 알루미늄의 탄화물류 900킬로그램
- 무기과산화물 400킬로그램
- 황 500킬로그램
- 알코올류 2,000리터
- 질산 600킬로그램
- 적린 1,000킬로그램

① 33배 ② 34배

③ 35배 ④ 36배

해설 2품목 이상의 지정수량의 배수 산정

$$\text{계산값} = \frac{\text{A품명의 수량}}{\text{A품명의 지정수량}} + \frac{\text{B품명의 수량}}{\text{B품명의 지정수량}} + \frac{\text{C품명의 수량}}{\text{C품명의 지정수량}} + \cdots$$

종 류	알루미늄 탄화물류	알코올	무기 과산화물	질 산	황	적 린
지정수량	300킬로그램	400리터	50킬로그램	300킬로그램	100킬로그램	100킬로그램

$$\therefore \text{지정수량의 배수} = \frac{900kg}{300kg} + \frac{2,000L}{400L} + \frac{400kg}{50kg} + \frac{600kg}{300kg} + \frac{500kg}{100kg} + \frac{1,000kg}{100kg} = 33\text{배}$$

정답 02 ② 03 ①

04 **제조소등에서의 위험물의 저장 및 취급에 관한 기준 중 중요기준에 해당하지 않는 것은?**

① 이동저장탱크에 아세트알데하이드등을 저장하는 경우에는 항상 불활성의 기체를 봉입하여 두어야 한다.

② 옥내저장소에서는 용기에 수납하여 저장하는 위험물의 온도가 55℃를 넘지 아니하도록 필요한 조치를 강구해야 한다.

③ 옥외저장소에서 위험물을 수납한 용기를 선반에 저장하는 경우에는 6m를 초과하여 저장하지 아니해야 한다.

④ 컨테이너식 이동탱크저장소 외의 이동탱크저장소에 있어서는 위험물을 저장한 상태로 이동저장탱크를 옮겨 싣지 아니해야 한다.

해설 ③은 위험물안전관리법 시행규칙 별표 18 Ⅲ 저장기준에 따른 세부기준에 해당한다.

05 **다음 중 위험물탱크안전성능검사의 대상이 되는 탱크에 대한 설명으로 옳은 것은?**

① 용접부 검사 : 용량이 50만 리터 이상인 옥외탱크저장소

② 기초・지반검사 : 옥외탱크저장소의 액체위험물탱크 중 용량이 100만 리터 이상인 탱크

③ 충수・수압검사 : 액체 또는 고체위험물을 저장 또는 취급하는 탱크

④ 암반탱크검사 : 액체 또는 고체위험물을 저장 또는 취급하는 암반 내의 공간을 이용한 탱크

해설 **탱크안전성능검사의 대상 및 검사 신청 시기**

검사 종류	검사 대상
기초・지반검사	100만 리터 이상인 액체위험물을 저장하는 옥외탱크저장소
충수・수압검사	액체위험물을 저장 또는 취급하는 탱크
용접부 검사	100만 리터 이상인 액체위험물을 저장하는 옥외탱크저장소
암반탱크검사	액체위험물을 저장 또는 취급하는 암반 내의 공간을 이용한 탱크

06 **예방규정을 정해야 하는 위험물 제조소등으로 옳지 않은 것은?**

① 지정수량의 140배인 옥내저장소

② 지정수량의 150배인 옥외저장소

③ 지정수량의 210배인 옥외탱크저장소

④ 지정수량의 15배인 제조소

해설 **예방규정을 정해야 하는 제조소**

- 지정수량의 10배 이상의 위험물을 취급하는 제조소
- 지정수량의 10배 이상의 위험물을 취급하는 일반취급소

04 ③ 05 ② 06 ① **정답**

• 지정수량의 100배 이상의 위험물을 저장하는 옥외저장소
• 지정수량의 150배 이상의 위험물을 저장하는 옥내저장소
• 지정수량의 200배 이상의 위험물을 저장하는 옥외탱크저장소
• 암반탱크저장소
• 이송취급소

07 **자체소방대를 두어야 하는 일반취급소 중에서 제외되는 일정용도의 대상으로 맞지 않는 것은?**

① 이동저장탱크 그 밖에 이와 유사한 것에 위험물을 주입하는 일반취급소
② 용기에 위험물을 옮겨 담는 일반취급소
③ 유압장치, 윤활유순환장치 그 밖에 이와 유사한 장치로 위험물을 취급하는 일반취급소
④ 분무도장 작업 등의 일반취급소

해설 지정수량 3천배 이상이더라도 자체소방대 설치 제외 일반취급소
• 보일러, 버너 그 밖에 이와 유사한 장치로 위험물을 소비하는 일반취급소
• 이동저장탱크 그 밖에 이와 유사한 것에 위험물을 주입하는 일반취급소
• 용기에 위험물을 옮겨 담는 일반취급소
• 유압장치, 윤활유순환장치 그 밖에 이와 유사한 장치로 위험물을 취급하는 일반취급소
• 「광산안전법」의 적용을 받는 일반취급소

08 **다음 중 위험물 제조소의 안전거리를 설정하기 위한 기준요소로 맞지 않는 것은?**

① 위험물의 종류
② 위험물 제조소에 설치된 소방시설
③ 위험물 제조소의 위험도
④ 방호대상물의 위험도

해설 • 설정목적
- 위험물의 폭발・화재・유출 등 각종 위해로부터 방호대상물(인접건물) 및 거주자를 보호
- 위험물로 인한 재해로부터 방호대상물의 손실의 경감과 환경적 보호
- 설치 허가 시 안전거리를 법령에 따라 엄격히 적용해야 한다.

• 설정기준 요소
- 방호대상물의 위험도
- 저장・취급하는 위험물의 종류와 양 등 위험물 제조소의 위험도
- 각 요소들의 총합이 크면 안전거리는 길어지고 작으면 그 반대이다.

정답 07 ④ 08 ②

09 **위험물 제조소등의 보유공지에 대한 설명으로 옳지 않은 것은? (단, 벽 · 기둥 및 바닥이 있는 구조의 것은 내화구조의 건축물로 본다)**

① 주유취급소에 지정수량의 20배를 저장할 경우 보유공지는 3m 이상 확보해야 한다.
② 옥외탱크저장소에서 지정수량의 3,500배를 저장할 경우 보유공지는 15m 이상 확보해야 한다.
③ 옥내저장소의 경우 지정수량의 25배를 저장할 경우 보유공지는 3m 이상 확보해야 한다.
④ 옥외저장소 지정수량의 15배를 저장할 경우 보유공지는 5m 이상 확보해야 한다.

해설 위험물 제조소등의 보유공지

<table>
<tr><th colspan="3">저장, 취급하는 최대수량</th><th colspan="4">공지의 너비</th></tr>
<tr><th rowspan="2">옥내저장소</th><th rowspan="2">옥외저장소</th><th rowspan="2">옥외탱크 저장소</th><th colspan="2">옥내저장소</th><th rowspan="2">옥외 저장소</th><th rowspan="2">옥외탱크 저장소</th></tr>
<tr><th>벽, 기둥, 바닥이 내화구조</th><th>그 밖의 건축물</th></tr>
<tr><td>5배 이하</td><td>10배 이하</td><td>500배 이하</td><td></td><td>0.5m 이상</td><td>3m 이상</td><td>3m 이상</td></tr>
<tr><td>5~10배 이하</td><td>10~20배 이하</td><td>500~1,000배 이하</td><td>1m 이상</td><td>1.5m 이상</td><td>5m 이상</td><td>5m 이상</td></tr>
<tr><td>10~20배 이하</td><td>20~50배 이하</td><td>1,000~2,000배 이하</td><td>2m 이상</td><td>3m 이상</td><td>9m 이상</td><td>9m 이상</td></tr>
<tr><td>20~50배 이하</td><td>50~200배 이하</td><td>2,000~3,000배 이하</td><td>3m 이상</td><td>5m 이상</td><td>12m 이상</td><td>12m 이상</td></tr>
<tr><td>50~200배 이하</td><td>200배 초과</td><td>3,000~4,000배 이하</td><td>5m 이상</td><td>10m 이상</td><td>15m 이상</td><td>15m 이상</td></tr>
<tr><td>200배 초과</td><td></td><td>4,000배 초과</td><td>10m 이상</td><td>15m 이상</td><td></td><td>• 탱크의 수평단면의 최대 지름과 높이 중 큰 것과 같은 거리 이상
• 30m 초과 시 30m 이상 가능
• 15m 미만의 경우 15m 이상</td></tr>
</table>

09 ① **정답**

10 **위험물주유취급소의 담 또는 벽의 일부분에 방화상 유효한 유리로 부착할 수 있는데, 부착기준에 대한 설명으로 옳지 않은 것은?**

① 유리를 부착하는 범위는 전체의 담 또는 벽의 길이의 10분의 2를 초과할 수 없다.

② 유리를 부착하는 위치는 주입구, 고정주유설비 및 고정급유설비로부터 4m 이상 이격되어야 한다.

③ 주유취급소 내의 지반면으로부터 70cm를 초과하는 부분에 한하여 유리를 부착해야 한다.

④ 유리의 구조는 접합유리로 하되, 유리구획부분의 내화시험방법에 따라 시험하여 비차열 1시간 이상의 방화성능이 인정되어야 한다.

해설 주유취급소의 담 또는 벽의 기준

(1) 주유취급소의 주위에는 자동차 등이 출입하는 쪽 외의 부분에 높이 2m 이상의 내화구조 또는 불연재료의 담 또는 벽을 설치하되, 주유취급소의 인근에 연소의 우려가 있는 건축물이 있는 경우에는 소방청장이 정하여 고시하는 바에 따라 방화상 유효한 높이로 해야 한다.

(2) (1)에도 불구하고 다음의 기준에 모두 적합한 경우에는 담 또는 벽의 일부분에 방화상 유효한 구조의 유리를 부착할 수 있다.

① 유리를 부착하는 위치는 주입구, 고정주유설비 및 고정급유설비로부터 4m 이상 거리를 둘 것

② 유리를 부착하는 방법은 다음의 기준에 모두 적합할 것

㉠ 주유취급소 내의 지반면으로부터 70cm를 초과하는 부분에 한하여 유리를 부착할 것

㉡ 하나의 유리판의 가로의 길이는 2m 이내일 것

㉢ 유리판의 테두리를 금속제의 구조물에 견고하게 고정하고 해당 구조물을 담 또는 벽에 견고하게 부착할 것

㉣ 유리의 구조는 접합유리(두 장의 유리를 두께 0.76mm 이상의 폴리비닐부티랄 필름으로 접합한 구조를 말한다)로 하되, 「유리구획 부분의 내화시험방법(KS F 2845)」에 따라 시험하여 비차열 30분 이상의 방화성능이 인정될 것

③ 유리를 부착하는 범위는 전체의 담 또는 벽의 길이의 10분의 2를 초과하지 아니할 것

정답 10 ④

11 **위험물안전관리법에 따른 수납하는 위험물에 따른 주의사항으로 옳은 것은?**

① 제3류 위험물 중 자연발화성물질 : 화기엄금 및 물기엄금

② 제2류 위험물 중 금속분 : 화기주의 및 물기엄금

③ 제5류 위험물 : 화기 · 충격주의

④ 제2류 위험물 중 인화성고체 : 화기주의

해설 수납하는 위험물에 따른 주의사항

유 별	품 명	운반용기 주의사항(별표 19)
제1류	알칼리금속의 과산화물	화기 · 충격주의, 가연물접촉주의 및 물기엄금
	그 밖의 것	화기 · 충격주의, 가연물접촉주의
제2류	철분, 금속분, 마그네슘(함유 포함)	화기주의 및 물기엄금
	인화성고체	화기엄금
	그 밖의 것	화기주의
제3류	자연발화성물질	화기엄금 및 공기접촉엄금
	금수성물질	물기엄금
제4류	모든 품명	화기엄금
제5류	모든 품명	화기엄금 및 충격주의
제6류	모든 품명	가연물접촉주의

12 **위험물 제조소의 위치 · 구조 설비의 기준에 있어서 위험물을 취급하는 건축물의 구조로 옳지 않은 것은?**

① 연소의 우려가 있는 외벽에 설치하는 출입구에는 수시로 열 수 있는 자동폐쇄식의 60분+방화문 또는 60분방화문을 설치해야 한다.

② 벽 · 기둥 · 바닥 · 보 · 서까래 및 계단을 내화구조로 한다.

③ 지하층이 없도록 해야 한다.

④ 지붕은 폭발력이 위로 방출될 정도의 가벼운 불연재료로 덮어야 한다.

해설 **제조소의 건축물 구조**

- 지하층이 없도록 해야 한다.
- 벽 · 기둥 · 바닥 · 보 · 서까래 및 계단 : 불연재료(연소 우려가 있는 외벽은 개구부가 없는 내화구조의 벽으로 할 것)
- 지붕은 폭발력이 위로 방출될 정도의 가벼운 불연재료로 덮어야 한다.
- 입구와 비상구에는 60분+방화문 · 60분방화문 또는 30분방화문을 설치해야 한다.
  ※ 연소우려가 있는 외벽의 출입구 : 수시로 열 수 있는 자동폐쇄식의 60분+방화문 또는 60분방화문을 설치
- 건축물의 창 및 출입구의 유리를 사용하는 경우 : 망입유리
- 액체의 위험물을 취급하는 건축물의 바닥 : 적당한 경사를 두고 그 최저부에 집유설비를 할 것

11 ② 12 ② **정답**

13 위험물안전관리법령상 한국소방산업기술원에 위탁할 수 있는 시·도지사 업무의 내용으로 옳지 않은 것은?

① 저장용량이 50만 리터 이상인 옥외탱크저장소의 완공검사

② 지정수량의 1천배 이상의 위험물을 취급하는 제조소 또는 일반취급소의 설치 또는 변경(사용 중인 제조소 또는 일반취급소의 보수 또는 부분적인 증설을 제외한다)에 따른 완공검사

③ 암반탱크저장소의 설치 또는 변경에 따른 완공검사

④ 지하탱크저장소의 위험물탱크 중 이중벽탱크의 완공검사

해설 시·도지사의 권한을 한국소방산업기술원에 위탁

- 탱크안전성능검사
  - 용량이 100만 리터 이상인 액체위험물을 저장하는 탱크
  - 암반탱크
  - 지하탱크저장소의 위험물탱크 중 이중벽탱크
- 완공검사
  - 지정수량의 1천배 이상의 위험물을 취급하는 제조소 또는 일반취급소의 설치 또는 변경(사용 중인 제조소 또는 일반취급소의 보수 또는 부분적인 증설을 제외한다)에 따른 완공검사
  - 옥외탱크저장소(저장용량이 50만 리터 이상인 것만 해당한다) 또는 암반탱크저장소의 설치 또는 변경에 따른 완공검사
- 소방본부장 또는 소방서장의 정기검사
- 시·도지사의 운반용기검사
- 소방청장의 안전교육에 관한 권한 중 탱크안전성능시험자에 대한 안전교육

14 위험물안전관리법령상 특수인화물에 대한 설명으로 옳은 것은?

① 인화점이 섭씨 영하 40도 이하이고 비점이 섭씨 20도 이하인 것

② 1기압 섭씨 20도에서 발화점이 섭씨 40도 이하인 것이다.

③ 비점이 섭씨 20도 이하이고 인화점이 섭씨 40도 이하인 것

④ 이황화탄소, 다이에틸에터가 해당된다.

해설 "특수인화물"이라 함은 이황화탄소, 다이에틸에터 그 밖에 1기압에서 발화점이 섭씨 100도 이하인 것 또는 인화점이 섭씨 영하 20도 이하이고 비점이 섭씨 40도 이하인 것

정답 13 ④ 14 ④

17 기출유사문제

▸본 기출유사문제는 수험자의 기억에 의하여 복원된 것으로 그림, 내용, 출제지문 등이 다를 수 있으니 참고하시기 바랍니다. 〈서울, 경기, 경남, 경북, 대구, 전북, 충남, 강원〉

01 이동탱크저장소의 주입설비 설치기준에 따른 주입설비의 길이와 분당 배출량으로 옳은 것은?

① 50m 이내, 200리터

② 5m 이내, 300리터

③ 50m 이내, 300리터

④ 5m 이내, 200리터

해설 이동탱크저장소에 주입설비(주입호스의 끝부분에 개폐밸브를 설치한 것을 말한다) 설치기준

- 위험물이 샐 우려가 없고 화재예방상 안전한 구조로 할 것
- 주입설비의 길이는 50m 이내로 하고, 그 끝부분에 축적되는 정전기를 유효하게 제거할 수 있는 장치를 할 것
- 분당 배출량은 200리터 이하로 할 것

02 다음 〈보기〉 중에서 위험물 제조소의 건축물 구조에 관한 설명으로 옳은 것을 모두 고르시오.

ㄱ. 지붕은 폭발력이 위로 방출될 정도의 가벼운 불연재료로 덮어야 한다.
ㄴ. 출입구 및 비상구는 60분+방화문·60분방화문 또는 30분방화문으로 설치해야 한다.
ㄷ. 창에 유리를 사용하는 경우 강화유리를 사용해야 한다.
ㄹ. 밀폐형 구조의 건축물인 경우의 지붕은 내부의 과압 또는 부압에 견딜 수 있는 철근콘크리트조이고, 외부화재에 90분 이상 견딜 수 있는 구조일 때에는 내화구조로 할 수 있다.

① ㄱ, ㄴ
② ㄱ, ㄷ, ㄹ
③ ㄱ, ㄴ, ㄹ
④ ㄴ, ㄷ, ㄹ

해설 위험물을 취급하는 건축물의 창 및 출입구에 유리를 이용하는 경우에는 망입유리로 해야 한다.

01 ① 02 ③ 정답

03 벽・기둥 및 바닥은 내화구조이고 보와 서까래가 불연재료인 옥내저장소의 저장창고 2층에 적린을 저장한 경우 저장창고의 바닥면적의 기준으로 옳은 것은?

① 1,000m^2
② 2,000m^2
③ 1,500m^2
④ 500m^2

해설 다층건물의 옥내저장소의 기준에서 하나의 저장창고의 바닥면적 합계는 1,000m^2 이하로 해야 한다.

04 위험물안전관리법에 따른 제4류 위험물에 대한 설명 중 옳지 않은 것은?

① "동식물유류"라 함은 동물의 지육 등 또는 식물의 종자나 과육으로부터 추출한 것으로서 1기압에서 인화점이 섭씨 200도 미만인 것을 말한다.
② "제2석유류"라 함은 등유, 경유 그 밖에 1기압에서 인화점이 섭씨 21도 이상 70도 미만인 것을 말한다.
③ "제3석유류"라 함은 중유, 크레오소트유 그 밖에 1기압에서 인화점이 섭씨 70도 이상 섭씨 200도 미만인 것을 말한다.
④ "인화성액체"라 함은 액체(제3석유류, 제4석유류 및 동식물유류에 있어서는 1기압과 섭씨 20도에서 액상인 것에 한한다)로서 인화의 위험성이 있는 것을 말한다.

해설 ① "동식물유류"라 함은 동물의 지육 등 또는 식물의 종자나 과육으로부터 추출한 것으로서 1기압에서 인화점이 섭씨 250도 미만인 것을 말한다.

05 다음 중 위험물안전관리법에 따른 제1류 위험물이 아닌 것은?

① 과염소산
② 염소화아이소사이아누르산
③ 염소화규소화합물
④ 퍼옥소이황산염류

해설 제1류 위험물의 품명・등급 및 지정수량

유별(성질)	등 급	품 명	지정수량
제1류 위험물 (산화성고체)	I	1. 아염소산염류, 2. 염소산염류, 3. 과염소산염류, 4. 무기과산화물	50킬로그램
	II	5. 브로민산염류, 6. 질산염류, 7. 아이오딘산염류	300 킬로그램
	III	8. 과망가니즈산염류, 9. 다이크로뮴산염류	1,000 킬로그램
		10. 그 밖의 행정안전부령이 정하는 것 ① 과아이오딘산염류, ② 과아이오딘산, ③ 크로뮴, 납 또는 아이오딘의 산화물, ④ 아질산염류, ⑤ 차아염소산염류, ⑥ 염소화아이소사이아누르산, ⑦ 퍼옥소이황산염류, ⑧ 퍼옥소붕산염류	50킬로그램, 300 킬로그램 또는 1,000 킬로그램
		11. 제1호 내지 제10호의1에 해당하는 어느 하나 이상을 함유한 것	

정답 03 ① 04 ① 05 ③

06 **다음 중 1인의 안전관리자를 중복하여 선임할 수 있는 저장소 중 탱크 기수가 한정된 저장소로 옳은 것은?**

① 암반탱크저장소
② 간이탱크저장소
③ 지하탱크저장소
④ 옥내탱크저장소

해설 동일구 내에 있거나 상호 100미터 이내의 거리에 있는 저장소로서 저장소의 규모, 저장하는 위험물의 종류 등을 고려하여 다음에 해당하는 저장소를 동일인이 설치한 경우에 1인의 안전관리자를 중복하여 선임할 수 있다.

- 30개 이하의 옥외탱크저장소
- 10개 이하의 옥내저장소
- 지하탱크저장소
- 간이탱크저장소
- 10개 이하의 옥외저장소
- 10개 이하의 암반탱크저장소
- 옥내탱크저장소

07 **위험물안전관리 대행기관 지정기준 중 갖추어야 할 장비로 옳지 않은 것은?**

① 저항계
② 영상초음파시험기
③ 접지저항측정기
④ 정전기 전위측정기

해설 안전관리대행기관의 지정기준

구분	기준
기술인력	• 위험물기능장 또는 위험물산업기사 1인 이상 • 위험물산업기사 또는 위험물기능사 2인 이상 • 기계분야 및 전기분야의 소방설비기사 1인 이상
시 설	전용사무실을 갖출 것
장 비	• 저항계(절연저항측정기) • 접지저항측정기(최소눈금 0.1Ω 이하) • 가스농도측정기 • 정전기 전위측정기 • 진동시험기 • 안전밸브시험기 • 표면온도계(−10℃~300℃) • 두께측정기(1.5mm~99.9mm) • 토크렌치(Torque Wrench : 볼트와 너트를 규정된 회전력에 맞춰 조이는데 사용하는 도구) • 유량계, 압력계 • 안전용구(안전모, 안전화, 손전등, 안전로프 등) • 소화설비점검기구(소화전밸브압력계, 방수압력측정계, 포콜렉터, 헤드렌치, 포콘테이너)
비고 : 기술인력란의 각 호에 정한 2 이상의 기술인력을 동일인이 겸할 수 없다.	

※ 영상초음파시험기는 탱크성능시험자 등록기준에서 필수장비에 해당된다.

06 ① 07 ② **정답**

08 위험물이동탱크저장소에서의 위험물 취급기준에 대한 설명으로 옳은 것은?

① 건설공사를 하는 장소에서 인화점 40℃ 이상의 위험물을 주입설비를 부착한 이동탱크저장소로부터 콘크리트믹서트럭에 직접 연료탱크에 주입할 수 있다.

② 중유를 주입할 때에는 이동탱크저장소의 원동기를 정지해야 한다.

③ 이동저장탱크로부터 액체위험물을 용기에 절대로 옮겨 담을 수 없다.

④ 이동저장탱크의 상부로부터 위험물을 주입할 때에는 위험물의 액표면이 주입관의 정상부분을 넘는 높이가 될 때까지 그 주입배관 내의 유속을 초당 2m 이하로 할 것

해설 위험물이동탱크저장소에서의 위험물 취급기준

- 이동저장탱크로부터 직접 위험물을 자동차 및 덤프트럭 및 콘크리트믹서트럭의 연료탱크에 주입하지 말 것. 다만, 건설공사를 하는 장소에서 주입설비를 부착한 이동탱크저장소로부터 해당 건설공사와 관련된 덤프트럭과 콘크리트믹서트럭의 연료탱크에 인화점 40℃ 이상의 위험물을 주입하는 경우에는 그러하지 아니하다.
- 이동저장탱크로부터 위험물을 저장 또는 취급하는 탱크에 인화점이 40℃ 미만인 위험물을 주입할 때에는 이동탱크저장소의 원동기를 정지시킬 것
- 이동저장탱크로부터 액체위험물을 용기에 옮겨 담지 아니할 것. 다만, 주입호스의 끝부분에 수동개폐장치를 한 주입노즐(수동개폐장치를 개방상태로 고정하는 장치를 한 것을 제외한다)을 사용하여 운반용기 규정에 적합한 운반용기에 인화점 40℃ 이상의 제4류 위험물을 옮겨 담는 경우에는 그러하지 아니하다.
- 휘발유를 저장하던 이동저장탱크에 등유나 경유를 주입할 때 또는 등유나 경유를 저장하던 이동저장탱크에 휘발유를 주입할 때에는 다음의 기준에 따라 정전기 등에 의한 재해를 방지하기 위한 조치를 할 것
  - 이동저장탱크의 상부로부터 위험물을 주입할 때에는 위험물의 액표면이 주입관의 끝부분을 넘는 높이가 될 때까지 그 주입관 내의 유속을 초당 1m 이하로 할 것
  - 이동저장탱크의 밑부분으로부터 위험물을 주입할 때에는 위험물의 액표면이 주입관의 정상부분을 넘는 높이가 될 때까지 그 주입배관 내의 유속을 초당 1m 이하로 할 것
  - 그 밖의 방법에 의한 위험물의 주입은 이동저장탱크에 가연성증기가 잔류하지 아니하도록 조치하고 안전한 상태로 있음을 확인한 후에 할 것

09 다음 〈보기〉 중에서 허가수량을 제한하는 위험물 저장소로 옳은 것은?

ㄱ. 옥내저장소	ㄴ. 옥내탱크저장소
ㄷ. 판매취급소	ㄹ. 간이탱크저장소

① ㄱ, ㄷ ② ㄷ, ㄹ

③ ㄱ, ㄷ, ㄹ ④ ㄴ, ㄷ, ㄹ

해설
- 옥내탱크저장소 : 용량은 지정수량 40배 이하일 것
- 판매취급소 : 점포에서 위험물을 용기에 담아 판매하기 위하여 지정수량의 40배 이하의 위험물을 취급하는 장소
- 간이탱크저장소 : 1기의 탱크용량은 600리터 이하

정답 08 ① 09 ④

10 인화성 액체위험물을 저장하는 옥외탱크저장소에 있는 방유제 구조 및 설비기준으로 옳지 않은 것은?

① 방유제 내의 면적은 8만m^2 이하로 해야 한다.
② 방유제의 높이는 0.5m 이상 3m 이하, 두께 0.2m 이상, 지하매설깊이 1m 이상으로 해야 한다.
③ 용량이 100만 리터 이상인 옥외저장탱크의 주위에는 해당 탱크마다 간막이 둑을 설치해야 한다.
④ 방유제는 철근콘크리트로 해야 한다.

해설 옥외탱크저장소 주위의 방유제 설치기준에서 용량이 1,000만 리터 이상인 옥외저장탱크의 주위에 설치하는 방유제에는 다음에 따라 해당 탱크마다 간막이 둑을 설치할 것

- 간막이 둑의 높이는 0.3m(방유제 내에 설치되는 옥외저장탱크의 용량의 합계가 2억 리터를 넘는 방유제에 있어서는 1m) 이상으로 하되, 방유제의 높이보다 0.2m 이상 낮게 할 것
- 간막이 둑은 흙 또는 철근콘크리트로 할 것
- 간막이 둑의 용량은 간막이 둑 안에 설치된 탱크이 용량의 10퍼센트 이상일 것

11 주유취급소의 위치 · 구조 및 설비기준에 대한 설명으로 옳지 않은 것은?

① 주유 및 급유공지의 바닥은 주위 지면보다 낮게 하고, 그 표면을 적당하게 경사지게 하여 새어나온 기름 그 밖의 액체가 공지의 외부로 유출되지 아니하도록 배수구 · 집유설비 및 유분리장치를 해야 한다.
② 주유취급소의 고정주유설비의 주위에는 주유를 받으려는 자동차 등이 출입할 수 있도록 너비 15m 이상, 길이 6m 이상의 콘크리트 등으로 포장한 공지를 보유해야 한다.
③ 황색바탕에 흑색문자로 "주유중 엔진정지"라는 표시를 한 게시판을 설치해야 한다.
④ 고정주유설비 또는 고정급유설비의 본체 또는 노즐 손잡이에 주유작업자의 인체에 축적되는 정전기를 유효하게 제거할 수 있는 장치를 설치할 것

해설 ① 주유 및 급유공지의 바닥은 주위 지면보다 높게 하고, 그 표면을 적당하게 경사지게 하여 새어나온 기름 그 밖의 액체가 공지의 외부로 유출되지 아니하도록 배수구 · 집유설비 및 유분리장치를 해야 한다.

12 휘발유, 등유, 중유를 같은 장소에 저장할 경우 지정수량 이상인 것은?

① 휘발유 100리터, 경유 300리터, 중유 200리터
② 휘발유 100리터, 경유 200리터, 등유 300리터
③ 휘발유 50리터, 경유 400리터, 등유 200리터
④ 휘발유 70리터, 경유 200리터, 중유 400리터

해설 지정수량 이상을 저장 · 취급할 경우에 관할 소방서장의 허가를 득해야 한다. 따라서 여러 가지의 품목을 저장할 경우 저장 · 취급량을 품목별 지정수량으로 나누어 그 합계가 정수 1이 넘은 경우 허가수량에 해당된다.

구 분	휘발유	경 유	등 유	중 유
품 명	제1석유류	제2석유류	제2석유류	제3석유류
지정수량	200리터	1,000리터	1,00리터	2,000리터

②번의 지정수량 배수 = $\frac{100L}{200L}+\frac{200L}{1,000L}+\frac{300L}{1,000L}=1$로 허가수량에 해당된다.

10 ③ 11 ① 12 ② 정답

13 소방공무원으로 근무한 경력이 3년 이상이거나 안전관리자 교육이수자 자격이 있는 사람을 안전관리자로 선임할 수 있는 제조소등의 종류 및 규모로 옳지 않은 것은?

① 제4류 위험물 중 제1석유류 · 알코올류 · 제2석유류 · 제3석유류 · 제4석유류 · 동식물유류만을 지정수량 40배 이하로 취급하는 일반취급소(제1석유류 · 알코올류의 취급량이 지정수량의 10배 이하인 경우에 한한다)로서 위험물을 용기에 옮겨담는 것

② 제4류 위험물만을 저장하는 지하탱크저장소로서 지정수량 40배 이하의 것

③ 선박주유취급소의 고정주유설비에 공급하기 위한 위험물을 저장하는 탱크저장소로서 지정수량의 250배(제1석유류의 경우에는 지정수량의 100배) 이하의 것

④ 제4류 위험물만을 저장하는 옥내저장소로서로서 지정수량 5배 이하의 것

해설 제조소등의 종류 및 규모에 따라 선임해야 하는 안전관리자의 자격
제4류 위험물 중 제1석유류 · 알코올류 · 제2석유류 · 제3석유류 · 제4석유류 · 동식물유류만을 지정수량 50배 이하로 취급하는 일반취급소(제1석유류 · 알코올류의 취급량이 지정수량의 10배 이하인 경우에 한한다)로서 다음의 어느 하나에 해당하는 것
- 보일러, 버너 그 밖에 이와 유사한 장치에 의하여 위험물을 소비하는 것
- 위험물을 용기 또는 차량에 고정된 탱크에 주입하는 것

14 다음 중 위험물안전관리법에 따른 교육주체가 다른 하나는 무엇인가?

① 위험물운반자 또는 위험물운송자 요건을 갖추려는 사람에 대한 안전교육

② 위험물취급자격자의 자격을 갖추려는 사람에 대한 안전교육

③ 안전관리자로 선임된 자에 대한 실무교육

④ 탱크시험자의 기술인력으로 종사하는 사람에 대한 안전교육

해설 ④ 탱크시험자의 기술인력으로 종사하는 사람에 대한 안전교육(소방청장이 한국소방산업기술원에 위탁하는 교육)
①, ②, ③ 소방청장의 안전교육을 한국소방안전원에 위탁하는 교육

15 위험물안전관리법령상 운송책임자의 감독 · 지원을 받아 운송해야 하는 위험물은?

① 특수인화물　　② 알킬리튬
③ 질산구아니딘　　④ 하이드라진 유도체

해설 운송책임자의 감독 · 지원을 받아 운송하여야 하는 위험물(시행령 제19조)
㉠ 알킬알루미늄
㉡ 알킬리튬
㉢ ㉠ 또는 ㉡의 물질을 함유하는 위험물

정답 13 ① 14 ④ 15 ②

18 기출유사문제

▸ 본 기출유사문제는 수험자의 기억에 의해 복원된 것으로 내용과 그림, 출제지문 등이 다를 수 있음을 참고하시기 바랍니다.

01 다음 중 이동저장탱크에 접지도선을 설치해야 하는 위험물이 아닌 것은?

① 메탄올 ② 경 유

③ 산화프로필렌 ④ 등 유

해설 접지도선을 설치해야 하는 위험물 : 특수인화물, 제1석유류, 제2석유류

02 위험물 제조소등 설치허가 및 변경 등에 대한 설명으로 맞지 않은 것은?

① 제조소등의 위치・구조 또는 설비의 변경없이 해당 제조소등에서 저장하거나 취급하는 위험물의 품명・수량 또는 지정수량의 배수를 변경하려는 자는 변경하고자 하는 날의 7일 전까지 행정안전부령이 정하는 바에 따라 시・도지사에게 신고해야 한다.

② 공동주택 중앙난방시설을 위한 저장소 또는 취급소를 설치하거나 그 위치・구조 또는 설비를 변경하는 경우 허가를 받아야 한다.

③ 주택의 난방시설을 위한 저장소 또는 취급소를 설치하고자 하는 경우 시・도지사의 허가를 받지 않아도 된다.

④ 농예용으로 필요한 난방시설을 위한 지정수량 20배 이하의 저장소를 설치하고자 하는 경우 허가를 받거나 신고하지 않아도 된다.

해설 위험물시설의 설치 및 변경 등(법 제6조)

① 제조소등을 설치하고자 하는 자는 대통령령이 정하는 바에 따라 그 설치장소를 관할하는 특별시장・광역시장・특별자치시장・도지사 또는 특별자치도지사(이하 "시・도지사"라 한다)의 허가를 받아야 한다. 제조소등의 위치・구조 또는 설비 가운데 행정안전부령이 정하는 사항을 변경하고자 하는 때에도 또한 같다.

② 제조소등의 위치・구조 또는 설비의 변경없이 해당 제조소등에서 저장하거나 취급하는 위험물의 품명・수량 또는 지정수량의 배수를 변경하고자 하려는 **변경하고자 하는 날의 1일 전**까지 행정안전부령이 정하는 바에 따라 시・도지사에게 신고해야 한다.

01 ① 02 ① 정답

③ 제1항 및 제2항의 규정에 불구하고 다음의 어느 하나에 해당하는 제조소등의 경우에는 허가를 받지 아니하고 해당 제조소등을 설치하거나 그 위치・구조 또는 설비를 변경할 수 있으며, 신고를 하지 아니하고 위험물의 품명・수량 또는 지정수량의 배수를 변경할 수 있다.

1. **주택의 난방시설(공동주택의 중앙난방시설을 제외한다)을 위한 저장소 또는 취급소**
2. **농예용・축산용 또는 수산용으로 필요한 난방시설 또는 건조시설을 위한 지정수량 20배 이하의 저장소**

03 위험물안전관리자 선임 및 해임에 대한 설명으로 옳지 않은 것은?

① 위험물안전관리자를 선임한 제조소등의 관계인은 그 위험물안전관리자를 해임하거나 퇴직하게 한 때에는 해임 또는 퇴직한 날부터 30일 이내에 다시 위험물관리자를 선임해야 한다.

② 제조소등의 관계인은 위험물안전관리자를 선임한 때에는 선임한 날부터 14일 이내에 행정안전부령이 정하는 바에 따라 소방본부장이나 소방서장에게 신고해야 한다.

③ 위험물안전관리자를 해임하거나 퇴임한 때에는 해임하거나 퇴직한 날부터 14일 이내에 소방본부장이나 소방서장에게 신고해야 한다.

④ 위험물안전관리자 대리자 지정기간은 30일을 초과할 수 없다.

해설 ③ 제조소등의 관계인이 안전관리자를 해임하거나 안전관리자가 퇴직한 경우 그 관계인 또는 안전관리자는 소방본부장이나 소방서장에게 그 사실을 알려 **해임되거나 퇴직한 사실을 확인**받을 수 있다.

① 안전관리자를 선임한 제조소등의 관계인은 그 안전관리자를 해임하거나 안전관리자가 퇴직한 때에는 해임하거나 퇴직한 날부터 **30일 이내**에 다시 안전관리자를 선임해야 한다.

② 제조소등의 관계인은 안전관리자를 선임한 경우에는 선임한 날부터 **14일 이내**에 행정안전부령으로 정하는 바에 따라 소방본부장 또는 소방서장에게 신고해야 한다.

④ 안전관리자를 선임한 제조소등의 관계인은 안전관리자가 여행・질병 그 밖의 사유로 인하여 일시적으로 직무를 수행할 수 없거나 안전관리자의 해임 또는 퇴직과 동시에 다른 안전관리자를 선임하지 못하는 경우에는 국가기술자격법에 따른 위험물의 취급에 관한 자격취득자 또는 위험물안전에 관한 기본지식과 경험이 있는 자로서 행정안전부령이 정하는 자를 대리자(代理者)로 지정하여 그 직무를 대행하게 해야 한다. 이 경우 대리자가 안전관리자의 직무를 대행하는 기간은 **30일을 초과**할 수 없다.

04 위험물 누출 등의 사고 조사 권한이 있지 않은 사람은 누구인가?

① 소방청장　　② 시・도지사

③ 소방본부장　　④ 소방서장

해설 **위험물 누출 등의 사고 조사(법 제22조의2)**

소방청장, 소방본부장 또는 소방서장은 위험물의 누출・화재・폭발 등의 사고가 발생한 경우 사고의 원인 및 피해 등을 조사해야 한다.

정답 03 ③ 04 ②

05 **위험물안전관리법령상 운송책임자의 감독 · 지원을 받아 운송해야 하는 위험물은?**

① 특수인화물 ② 알킬리튬

③ 질산구아니딘 ④ 하이드라진 유도체

해설 운송책임자의 감독 · 지원을 받아 운송하여야 하는 위험물(시행령 제19조)
㉠ 알킬알루미늄
㉡ 알킬리튬
㉢ ㉠ 또는 ㉡의 물질을 함유하는 위험물

06 **위험물안전관리법상 위험물에 대한 감독 및 명령에 대한 설명으로 옳지 않은 것은?**

① 시 · 도지사는 제조소등의 관계인이 응급조치를 강구하지 아니하였다고 인정하는 때에는 응급조치를 강구하도록 명할 수 있다.

② 시 · 도지사는 공공의 안전을 유지하거나 재해의 발생을 방지하기 위하여 긴급한 필요가 있다고 인정하는 경우에는 제조소등의 관계인에 대하여 해당 제조소등의 사용을 일시정지하거나 그 사용을 제한할 것을 명할 수 있다.

③ 시 · 도지사, 소방본부장 또는 소방서장은 위험물에 의한 재해를 방지하기 위하여 허가를 받지 아니하고 지정수량 이상의 위험물을 저장 또는 취급하는 자에 대하여 그 위험물 및 시설의 제거 등 필요한 조치를 명할 수 있다.

④ 시 · 도지사는 제조소등에서의 위험물의 저장 또는 취급이 기준에 위반되는 경우 필요한 조치를 명할 수 있다.

해설 ① **응급조치 · 통보 및 조치명령(법 제27조)** 제조소등의 관계인은 해당 제조소등에서 위험물의 유출 그 밖의 사고가 발생한 때에는 즉시 그리고 지속적으로 위험물의 유출 및 확산의 방지, 유출된 위험물의 제거 그 밖에 재해의 발생방지를 위한 응급조치를 강구해야 한다. 소방본부장 또는 소방서장은 제조소등의 관계인이 제1항의 응급조치를 강구하지 아니하였다고 인정하는 때에는 응급조치를 강구하도록 명할 수 있다.
② **제조소등에 대한 긴급 사용정지명령 등(법 제25조)** 시 · 도지사, 소방본부장 또는 소방서장은 공공의 안전을 유지하거나 재해의 발생을 방지하기 위하여 긴급한 필요가 있다고 인정하는 때에는 제조소등의 관계인에 대하여 해당 제조소등의 사용을 일시정지하거나 그 사용을 제한할 것을 명할 수 있다.
③ **무허가장소의 위험물에 대한 조치명령(법 제24조)** 시 · 도지사, 소방본부장 또는 소방서장은 위험물에 의한 재해를 방지하기 위하여 허가를 받지 아니하고 지정수량 이상의 위험물을 저장 또는 취급하는 자에 대하여 그 위험물 및 시설의 제거 등 필요한 조치를 명할 수 있다.
④ **저장 · 취급기준 준수명령 등(법 제26조)** 시 · 도지사, 소방본부장 또는 소방서장은 제조소등에서의 위험물의 저장 또는 취급이 제5조 제3항의 규정에 위반된다고 인정하는 때에는 해당 제조소등의 관계인에 대하여 동항의 기준에 따라 위험물을 저장 또는 취급하도록 명할 수 있다.

05 ② 06 ① **정답**

07 안전거리를 확보할 필요가 없는 제조소등은?

① 옥내저장소　　② 옥외저장소
③ 주유취급소　　④ 일반취급소

해설 안전거리, 보유공지 확보 제외대상 : 지하탱크저장소, 옥내탱크저장소, 암반탱크저장소, 이동탱크저장소, 주유취급소, 판매취급소

08 위험물안전관리법에 따른 2차 행정처분기준이 다른 하나는?

① 위험물 제조소등의 변경허가를 받지 아니하고 제조소등의 위치·구조 또는 설비를 변경한 때
② 위험물 제조소등의 완공검사를 받지 않고 제조소등을 사용한 경우
③ 위험물안전관리자를 선임하지 아니한 때
④ 위험물 제조소등의 정기검사를 받지 아니한 때

해설 제조소등에 대한 행정처분기준

위반사항	행정처분기준		
	1차	2차	3차
법 제6조 제1항의 후단에 따른 변경허가를 받지 아니하고, 제조소등의 위치·구조 또는 설비를 변경한 때	경고 또는 사용정지 15일	사용정지 60일	허가취소
법 제9조에 따른 완공검사를 받지 아니하고 제조소등을 사용한 때	사용정지 15일	사용정지 60일	허가취소
법 제11조의2 제3항에 따른 안전조치 이행명령을 따르지 아니한 때	경 고	허가취소	
법 제14조 제2항에 따른 수리·개조 또는 이전의 명령에 위반한 때	사용정지 30일	사용정지 90일	허가취소
법 제15조 제1항 및 제2항에 따른 위험물안전관리자를 선임하지 아니한 때	사용정지 15일	사용정지 60일	허가취소
법 제15조 제5항을 위반하여 대리자를 지정하지 아니한 때	사용정지 10일	사용정지 30일	허가취소
법 제18조 제1항에 따른 정기점검을 하지 아니한 때	사용정지 10일	사용정지 30일	허가취소
법 제18조 제2항에 따른 정기검사를 받지 아니한 때	사용정지 10일	사용정지 30일	허가취소
법 제26조에 따른 저장·취급기준 준수명령을 위반한 때	사용정지 30일	사용정지 60일	허가취소

정답 07 ③ 08 ④

09 위험물 제조소의 배출설비의 설치기준으로 맞는 것은?

① 전역방식으로 하는 경우 배출능력은 1시간당 배출장소 용적의 20배 이상으로 해야 한다.
② 배출설비는 배풍기, 배출덕트, 후드 등을 이용하여 강제로 배출하는 것으로 해야 한다.
③ 배풍기는 강제배기 방식으로 하고, 옥내덕트의 내압이 대기압 이하가 되지 아니하는 위치에 설치해야 한다.
④ 급기구는 낮은 곳에 설치하고 가는 눈의 구리망 등으로 인화방지망을 설치해야 한다.

해설 배출설비

- 설치장소 : 가연성 증기 또는 미분이 체류할 우려가 있는 건축물
- 배출설비 : **국소방식**

[전역방출방식으로 할 수 있는 경우]
• 위험물취급설비가 배관이음 등으로만 된 경우
• 건축물의 구조·작업장소의 분포 등의 조건에 의하여 전역방식이 유효한 경우

- 배출설비는 배풍기, 배출덕트, 후드 등을 이용하여 강제적으로 배출하는 것으로 할 것
- 배출능력은 1시간당 **배출장소 용적의 20배 이상인 것으로 할 것(전역방출방식 : 바닥면적 $1m^2$당 $18m^3$ 이상)**
- 급기구는 **높은 곳**에 설치하고 가는 눈의 구리망으로 인화방지망을 설치할 것
- 배출구는 **지상 2m 이상**으로서 연소 우려가 없는 장소에 설치하고 화재 시 자동으로 폐쇄되는 방화댐퍼를 설치할 것
- 배풍기 : 강제배기방식으로 하고 옥내덕트의 내압이 **대기압 이상**이 되지 아니하는 위치에 설치해야 한다.

10 위험물안전관리법상 옥내저장소의 지붕 또는 천정에 관한 설명으로 옳지 않은 것은?

① 고형알코올을 저장하는 창고의 지붕은 내화구조로 할 수 있다.
② 과산화수소를 저장하는 창고의 지붕은 불연재료로 할 수 있다.
③ 질산메틸을 저장하는 창고의 천정은 난연재료로 할 수 있다.
④ 셀룰로이드를 저장하는 창고의 지붕은 불연재료로 할 수 있다.

해설 저장창고는 지붕을 폭발력이 위로 방출될 정도의 가벼운 불연재료로 하고, 천장을 만들지 아니해야 한다. 다만, 제2류 위험물(분말상태의 것과 인화성고체를 제외한다)과 제6류 위험물만의 저장창고에 있어서는 지붕을 내화구조로 할 수 있고, 제5류 위험물만의 저장창고에 있어서는 해당 저장창고 내의 온도를 저온으로 유지하기 위하여 난연재료 또는 불연재료로 된 천장을 설치할 수 있다.

종 류	고형알코올	과산화수소	질산메틸	셀룰로이드
유 별	제2류 인화성고체	제6류 위험물	제5류 위험물	제5류 위험물

09 ② 10 ① 정답

11 주유취급소의 담 또는 벽에 유리부착방법에 관한 기준으로 맞는 것은?

① 주유취급소 내의 지반면으로부터 70cm를 초과하는 부분에 한하여 유리를 부착할 것
② 유리를 부착하는 위치는 주입구, 고정주유설비 및 고정급유설비로부터 2m 이상 거리를 둘 것
③ 유리를 부착하는 범위는 전체 담 또는 벽의 면적의 10분의 2를 초과하지 아니해야 한다.
④ 하나의 유리판의 세로의 길이는 2m 이내일 것

해설 주유취급소의 담 또는 벽의 기준

(1) 주유취급소의 주위에는 자동차 등이 출입하는 쪽 외의 부분에 **높이 2m 이상**의 내화구조 또는 불연재료의 담 또는 벽을 설치하되, 주유취급소의 인근에 연소의 우려가 있는 건축물이 있는 경우에는 소방청장이 정하여 고시하는 바에 따라 방화상 유효한 높이로 해야 한다.

(2) (1)에도 불구하고 다음의 기준에 모두 적합한 경우에는 담 또는 벽의 일부분에 방화상 유효한 구조의 유리를 부착할 수 있다.

① 유리를 부착하는 위치는 주입구, 고정주유설비 및 고정급유설비로부터 **4m 이상** 거리를 둘 것
② 유리를 부착하는 방법은 다음의 기준에 모두 적합할 것
㉠ 주유취급소 내의 **지반면으로부터 70cm를 초과**하는 부분에 한하여 유리를 부착할 것
㉡ 하나의 유리판의 **가로의 길이는 2m 이내**일 것
㉢ 유리판의 테두리를 금속제의 구조물에 견고하게 고정하고 해당 구조물을 담 또는 벽에 견고하게 부착할 것
㉣ 유리의 구조는 **접합유리**(두 장의 유리를 두께 0.76mm 이상의 폴리바이닐부티랄 필름으로 접합한 구조를 말한다)로 하되, 「유리구획 부분의 내화시험방법(KS F 2845)」에 따라 시험하여 **비차열 30분 이상**의 방화성능이 인정될 것
③ 유리를 부착하는 범위는 전체의 **담 또는 벽의 길이의 10분의 2**를 초과하지 아니할 것

12 위험물 제조소등의 표지 및 게시판에 대한 설명으로 옳지 않은 것은?

① 제2류 위험물 중 인화성고체 : 화기주의
② 제5류 위험물 : 화기엄금
③ 제1류 위험물 중 알칼리금속 과산화물 : 물기엄금
④ 제4류 위험물 : 화기엄금

해설 제조소의 주의사항

품 명	주의사항	게시판표시
제1류 위험물(알칼리금속의 과산화물과 이를 함유 포함) 제3류 위험물(금수성물질)	물기엄금	청색바탕에 백색문자
제2류 위험물(인화성고체 제외)	화기주의	적색바탕에 백색문자
제2류 위험물(인화성고체) 제3류 위험물(자연발화성물질) 제4류 위험물 제5류 위험물	화기엄금	적색바탕에 백색문자

정답 11 ① 12 ①

13 위험물 제조소등의 용도폐지신고에 관한 설명이다. 다음 보기 중 (　　)에 알맞은 것은?

> 제조소등의 관계인은 해당 제조소등의 용도를 폐지한 때에는 (㉠)이 정하는 바에 따라 제조소등의 용도를 폐지한 날부터 (㉡) 이내에 (㉢)에게 신고해야 한다.

	㉠	㉡	㉢
①	행정안전부령	14일	시 · 도지사
②	대통령령	14일	소방서장
③	행정안전부령	30일	시 · 도지사
④	대통령령	30일	소방서장

해설 제조소등의 관계인(소유자 · 점유자 또는 관리자를 말한다. 이하 같다)은 해당 제조소등의 용도를 폐지(장래에 대하여 위험물시설로서의 기능을 완전히 상실시키는 것을 말한다)한 때에는 행정안전부령이 정하는 바에 따라 제조소등의 용도를 폐지한 날부터 14일 이내에 시 · 도지사에게 신고해야 한다.

13 ① **정답**

19 기출유사문제

▸ 본 기출유사문제는 수험자의 기억에 의해 복원된 것으로 내용과 그림, 출제지문 등이 다를 수 있음을 참고하시기 바랍니다.

01 이동탱크저장소에 설치하는 주입설비의 분당 최대 배출량은 얼마인가?

① 80리터 이하
② 150리터 이하
③ 200리터 이하
④ 250리터 이하

해설 이동탱크저장소 주입설비
- 위험물이 샐 우려가 없고 화재예방상 안전한 구조로 할 것
- 주입설비의 길이는 50m 이내로 하고, 그 끝부분에 축적되는 정전기를 유효하게 제거할 수 있는 장치를 할 것
- 분당 배출량은 200리터 이하로 할 것

02 소방청장, 시・도지사, 소방본부장 또는 소방서장이 한국소방산업기술원에 위탁할 수 있는 업무에 해당하지 않는 것은?

① 위험물안전관리자로 선임된 자, 위험물운송자로 종사하는 자에 대한 안전교육
② 암반탱크저장소의 설치 또는 변경에 따른 완공검사
③ 위험물 운반용기 검사
④ 용량이 100만 리터 이상인 액체위험물을 저장하는 탱크의 탱크안전성능검사

해설 한국소방산업기술원에 업무위탁
- 법 제8조 제1항에 따른 시・도지사의 탱크안전성능검사 중 다음에 해당하는 탱크에 대한 탱크안전성능검사
  - 용량이 100만 리터 이상인 액체위험물을 저장하는 탱크
  - 암반탱크
  - 지하탱크저장소의 위험물탱크 중 이중벽탱크
- 법 제9조 제1항에 따른 시・도지사의 완공검사에 관한 권한
  - 지정수량의 1천배 이상의 위험물을 취급하는 제조소 또는 일반취급소의 설치 또는 변경의 완공검사(사용 중인 제조소 또는 일반취급소의 보수 또는 부분증설 제외)
  - 50만 리터 이상의 옥외탱크저장소의 설치 또는 변경에 따른 완공검사
  - 암반탱크저장소의 설치 또는 변경에 따른 완공검사
  - 법 제20조 제3항에 따른 운반용기 검사

※ 위험물안전관리자, 위험물운송자로 종사하는 자에 대한 안전교육 : 한국소방안전원

정답 01 ③ 02 ①

03 **위험물 제조소등에 설치해야 하는 소화설비 중 옥내소화전설비의 설치기준에 관한 설명으로 옳지 않은 것은?**

① 옥내소화전은 제조소등의 건축물의 층마다 해당 층의 각 부분에서 하단의 호스 접속구까지의 수평거리 25m 이하가 되도록 설치할 것. 이 경우 옥내소화전은 각 층의 출입구 부근에 1개 이상 설치할 것

② 수원의 수량은 옥내소화전이 가장 많이 설치된 층의 옥내소화전 설치개수(설치개수가 5개 이상인 경우는 5개)에 5.2m^2를 곱한 양 이상이 되도록 설치할 것

③ 옥내소화전설비는 각 층을 기준으로 하여 해당 층의 모든 옥내소화전(설치개수가 5개 이상인 경우는 5개)를 동시에 사용할 경우에 각 노즐끝부분의 방수 압력이 350kPa 이상이고 방수량이 1분당 260리터 이상의 성능이 되도록 할 것

④ 옥내소화전설비에는 비상전원을 설치할 것

해설 ② 수원의 수량은 옥내소화전이 가장 많이 설치된 층의 옥내소화전 설치개수(설치개수가 5개 이상인 경우는 5개)에 7.8m^3를 곱한 양 이상이 되도록 설치할 것

※ 옥내소화전 설치기준 핵심요약

내 용	제조소등 설치기준	특정 소방대상물 설치기준
설치위치 설치개수	• 수평거리 25m 이하 • 각 층의 출입구 부근에 1개 이상 설치	수평거리 25m 이하
수원량	• Q = N(가장 많이 설치된 층의 설치개수 : 최대 5개) × 7.8m^3 • 최대 = 260L/min × 30분 × 5 = 39m^3	• Q = N(가장 많이 설치된 층의 설치개수 : 최대 2개) × 2.6m^3 • 최대 = 130L/min × 20분 × 5 = 13m^3
방수압력	350kPa 이상	0.17MPa 이상
방수량	260L/min	130L/min
비상전원	• 용량 : 45분 이상 • 자가발전설비 또는 축전지설비	• 용량 : 20분 이상 • 설치대상 – 지하층을 제외한 7층 이상으로서 연면적 2,000m^2 이상 – 지하층의 바닥면적의 합계가 3,000m^2 이상

※ 옥내소화설비 세부기준은 위험물 안전관리에 관한 세부기준 제129조 참조

03 ② 정답

04 **다음 중 예방규정 작성 대상이 아닌 제조소등은 어느 것인가?**

① 지정수량 150배의 위험물을 저장하는 옥외탱크저장소

② 지정수량 150배 이상의 위험물을 저장하는 옥내저장소

③ 지정수량 100배 이상의 위험물을 저장하는 옥외저장소

④ 지정수량 10배 이상의 위험물을 취급하는 제조소

해설 관계인이 예방규정을 정해야 하는 제조소등

- 지정수량의 10배 이상의 위험물을 취급하는 제조소
- 지정수량의 100배 이상의 위험물을 저장하는 옥외저장소
- 지정수량의 150배 이상의 위험물을 저장하는 옥내저장소
- 지정수량의 200배 이상의 위험물을 저장하는 옥외탱크저장소
- 암반탱크저장소
- 이송취급소
- 지정수량의 10배 이상의 위험물을 취급하는 일반취급소

> 제4류 위험물(특수인화물을 제외한다)만을 **지정수량의 50배 이하**로 취급하는 일반취급소(제1석유류 · 알코올류의 취급량이 지정수량의 10배 이하인 경우에 한한다)로서 다음의 어느 하나에 해당하는 것을 제외한다.
> - 보일러 · 버너 또는 이와 비슷한 것으로서 위험물을 소비하는 장치로 이루어진 일반취급소
> - 위험물을 용기에 옮겨 담거나 차량에 고정된 탱크에 주입하는 일반취급소

05 **인화성액체위험물을 저장하는 옥외탱크저장소에 설치하는 방유제 설치기준에 관한 설명으로 옳지 않은 것은?**

① 높이가 1m를 넘는 방유제 및 간막이 둑의 안팎에는 방유제 안에 출입하기 위한 계단 또는 경사로를 약 50m마다 설치할 것

② 옥외저장탱크의 방유제의 용량은 방유제 안에 설치된 탱크가 하나인 때에는 그 탱크용량의 110% 이상, 2기 이상인 때에는 그 탱크 중 용량이 최대인 것의 용량의 110% 이상으로 한다.

③ 옥외저장탱크의 지름이 15m 이하인 경우 그 탱크의 옆판으로부터 탱크 높이의 $\frac{1}{3}$ 이상의 거리를 유지해야 한다.

④ 방유제 내 설치하는 옥외저장탱크의 수는 10(방유제 내에 설치하는 모든 옥외저장탱크의 용량이 20만 리터 이하이고, 해당 옥외저장탱크에 저장 또는 취급하는 위험물의 인화점이 70℃ 이상 200℃ 미만인 경우 20) 이하로 한다.

해설 방유제는 옥외저장탱크의 지름에 따라 그 탱크의 옆판으로부터 다음에 정하는 거리를 유지할 것. 다만, 인화점이 200℃ 이상인 위험물을 저장 또는 취급하는 것에 있어서는 그러하지 아니하다.

- 지름이 15m 미만인 경우에는 탱크 높이의 3분의 1 이상
- 지름이 15m 이상인 경우에는 탱크 높이의 2분의 1 이상

정답 04 ① 05 ③

06 위험물안전관리법 위반사항에 관한 벌칙규정 중 벌금액이 다른 것은?

① 위험물의 운반에 관한 중요기준에 따르지 아니한 자

② 제조소등의 변경허가를 받지 아니하고 제조소등을 변경한 자

③ 제조소등의 완공검사를 받지 아니하고 위험물을 저장・취급한 자

④ 탱크안전성능시험 또는 점검에 대한 업무를 허위로 하거나 그 결과를 증명하는 서류를 허위로 교부한 자

해설
- 위험물의 운반에 관한 중요기준에 따르지 아니한 자 : 1천만 원 이하의 벌금
- 제조소등의 변경허가를 받지 아니하고 제조소등을 변경한 자 : 1천 500만 원 이하의 벌금
- 제조소등의 완공검사를 받지 아니하고 위험물을 저장・취급한 자 : 1천 500만 원 이하의 벌금
- 탱크안전성능시험 또는 점검에 대한 업무를 허위로 하거나 그 결과를 증명하는 서류를 허위로 교부한 자 : 1천 500만 원 이하의 벌금

07 다음 위험물의 지정수량이 다른 것은?

① 알칼리토금속

② 황 린

③ 아염소산염류

④ 무기과산화물

해설 지정수량

품 목	알칼리토금속	황 린	아염소산염류	무기과산화물
품 명	제3류	제3류	제1류	제1류
지정수량	50킬로그램	20킬로그램	50킬로그램	50킬로그램

06 ① 07 ② **정답**

08 위험물 제조소의 건축물 구조에 관한 설명으로 옳지 않은 것은?

① 지붕은 폭발력이 위로 방출될 정도의 가벼운 불연재료로 덮어야 한다.
② 출입구 및 비상구는 60분+방화문 · 60분방화문 또는 30분방화문으로 설치해야 한다.
③ 창 및 출입구에 유리를 사용하는 경우 망입유리를 사용해야 한다.
④ 밀폐형 구조의 건축물인 경우의 지붕은 내부의 과압 또는 부압에 견딜 수 있는 철근콘크리트조이고, 외부화재에 60분 이상 견딜 수 있는 구조일 때에는 내화구조로 할 수 있다.

해설 위험물 제조소의 건축물 구조

위험물을 취급하는 건축물의 구조	건축재료 및 예외
(1) 지하층이 없도록 해야 한다.	다만, 위험물을 취급하지 아니하는 지하층으로서 위험물의 취급장소에서 새어나온 위험물 또는 가연성의 증기가 흘러 들어갈 우려가 없는 구조로 된 경우에는 그러하지 아니하다.
(2) 벽 · 기둥 · 바닥 · 보 · 서까래 및 계단	불연재료로 해야 한다.
(3) 연소의 우려가 있는 외벽	• 출입구 외의 개구부가 없는 내화구조의 벽으로 하여야 한다. • 이 경우 제6류 위험물을 취급하는 건축물에 있어서 위험물이 스며들 우려가 있는 부분에 대하여는 아스팔트 그 밖에 부식되지 아니하는 재료로 피복하여야 한다.
(4) 지 붕	폭발력이 위로 방출될 정도의 가벼운 불연재료로 덮어야 한다.
	지붕을 내화구조로 할 수 있는 경우 ① 제2류 위험물(분말상태의 것과 인화성고체는 제외) ② 제4류 위험물 중 제4석유류, 동식물유류 ③ 제6류 위험물 ④ 다음의 기준에 적합한 밀폐형 구조의 건축물인 경우 • 발생할 수 있는 내부의 과압(過壓) 또는 부압(負壓)에 견딜 수 있는 철근콘크리트조일 것 • 외부화재에 90분 이상 견딜 수 있는 구조일 것
(5) 출입구 및 비상구	60분+방화문 · 60분방화문 또는 30분방화문을 설치
(6) 연소의 우려가 있는 외벽에 설치하는 출입구	수시로 열 수 있는 자동폐쇄식의 60분+방화문 또는 60분방화문을 설치해야 한다.
(7) 창 또는 출입구에 유리를 이용하는 경우	망입유리로 해야 한다.
(8) 바 닥	위험물이 스며들지 못하는 재료를 사용하고, 적당한 경사를 두어 그 최저부에 집유설비를 하여야 한다.

정답 08 ④

09 다수의 제조소등을 설치한 자가 1인의 위험물안전관리자를 중복하여 선임할 수 있는 경우가 아닌 것은?

① 보일러·버너 또는 이와 비슷한 것으로서 위험물을 소비하는 장치로 이루어진 7개 이하의 일반취급소와 그 일반취급소에 공급하기 위한 위험물을 저장하는 저장소(일반취급소 및 저장소의 모두 같은 건물 안 또는 같은 울 안에 있는 경우에 한한다)를 동일인이 설치한 경우

② 동일구내에 있거나 상호 100m 이내의 거리에 있는 저장소로서 저장소의 규모, 저장하는 위험물의 종류 등을 고려하여 10개 이하의 옥내저장소를 동일인이 설치한 경우

③ 위험물을 차량에 고정된 탱크 또는 운반용기에 옮겨 담기 위한 상호 150미터 이내의 거리에 있는 5개 이하의 제조소

④ 300미터 이내에 있는 옮겨 담는 일반취급소 5개 이하를 설치하는 경우

해설 1인의 안전관리자를 중복하여 선임할 수 있는 경우 등(시행령 제12조)

<table>
<tr><th>위치 · 거리</th><th colspan="2">제조소등 구분</th><th>개 수</th><th>인적조건</th></tr>
<tr><td>동일구 내에</td><td>보일러, 버너 등으로서 위험물을 소비하는 장치로 이루어진 7개 이하의 일반취급소</td><td>그 일반취급소에 공급하기 위한 위험물을 저장하는 저장소</td><td>7개 이하</td><td rowspan="2">동일인이 설치한 경우</td></tr>
<tr><td>동일구 내에 (일반취급소간 보행거리 300m 이내)</td><td>위험물을 차량에 고정된 탱크 또는 운반용기에 옮겨 담기 위한 5개 이하의 일반취급소</td><td>그 일반취급소에 공급하기 위한 위험물을 저장하는 저장소</td><td>5개 이하</td></tr>
<tr><td rowspan="7">동일구 내에 있거나 상호 보행거리 100미터 이내의 거리에 있는 저장소로서 저장소의 규모, 저장하는 위험물의 종류 등을 고려하여 행정안전부령이 정하는 저장소</td><td colspan="2">옥외탱크저장소</td><td>30개 이하</td><td rowspan="7">동일인이 설치한 경우</td></tr>
<tr><td colspan="2">옥내저장소</td><td rowspan="2">10개 이하</td></tr>
<tr><td colspan="2">옥외저장소</td></tr>
<tr><td colspan="2">암반탱크저장소</td><td rowspan="4">제한없음</td></tr>
<tr><td colspan="2">지하탱크저장소</td></tr>
<tr><td colspan="2">옥내탱크저장소</td></tr>
<tr><td colspan="2">간이탱크저장소</td></tr>
<tr><td colspan="3">다음 각 목의 기준에 모두 적합한 5개 이하의 제조소등을 동일인이 설치한 경우
• 각 제조소등이 동일구 내에 위치하거나 상호 100미터 이내의 거리에 있을 것
• 각 제조소등에서 저장 또는 취급하는 위험물의 최대수량이 지정수량의 3천배 미만일 것. 다만, 저장소의 경우에는 그러하지 아니하다.</td><td colspan="2">5개 이하</td></tr>
<tr><td colspan="3">선박주유취급소의 고정주유설비에 공급하기 위한 위험물을 저장하는 저장소와 해당 선박주유취급소</td><td colspan="2">제한없음</td></tr>
</table>

09 ③ 정답

10 위험물이송취급소의 배관에 설치하는 긴급차단밸브에 관한 설명으로 옳지 않은 것은?

① 산림지역에 설치하는 경우에는 약 10km의 간격으로 긴급차단밸브를 설치해야 하나 방호구조물을 설치하여 안전상 필요한 조치를 한 경우는 설치하지 아니할 수 있다.

② 긴급차단밸브는 그 개폐상태가 해당 긴급차단밸브의 설치장소에서 용이하게 확인할 수 있어야 한다.

③ 하천, 호수 등을 횡단하여 설치하는 경우에는 횡단하는 부분의 양 끝에 설치해야 한다.

④ 시가지에 배관을 설치하는 경우 약 8km 간격으로 긴급차단밸브를 설치해야 한다.

해설 긴급차단밸브 설치기준

① 배관에는 다음의 기준에 의하여 긴급차단밸브를 설치할 것. 다만, ㉡ 또는 ㉢에 해당하는 경우로서 해당 지역을 횡단하는 부분의 양단의 높이 차이로 인하여 하류측으로부터 상류측으로 역류될 우려가 없는 때에는 하류측에는 설치하지 아니할 수 있으며, ㉣ 또는 ㉤에 해당하는 경우로서 방호구조물을 설치하는 등 안전상 필요한 조치를 하는 경우에는 설치하지 아니할 수 있다.
　㉠ 시가지에 설치하는 경우에는 약 4km의 간격
　㉡ 하천·호수 등을 횡단하여 설치하는 경우에는 횡단하는 부분의 양 끝
　㉢ 해상 또는 해저를 통과하여 설치하는 경우에는 통과하는 부분의 양 끝
　㉣ 산림지역에 설치하는 경우에는 약 10km의 간격
　㉤ 도로 또는 철도를 횡단하여 설치하는 경우에는 횡단하는 부분의 양 끝

② 긴급차단밸브는 다음의 기능이 있을 것
　㉠ 원격조작 및 현지조작에 의하여 폐쇄되는 기능(특정이송취급소에만 적용)
　㉡ 누설검지장치에 의하여 이상이 검지된 경우에 자동으로 폐쇄되는 기능

③ 긴급차단밸브는 그 개폐상태가 해당 긴급차단밸브의 설치장소에서 용이하게 확인될 수 있을 것

④ 긴급차단밸브를 지하에 설치하는 경우에는 긴급차단밸브를 점검상자 안에 유지할 것. 다만, 긴급차단밸브를 도로 외의 장소에 설치하고 해당 긴급차단밸브의 점검이 가능하도록 조치하는 경우에는 그러하지 아니하다.

⑤ 긴급차단밸브는 해당 긴급차단밸브의 관리에 관계하는 자 외의 자가 수동으로 개폐할 수 없도록 할 것

11 이동탱크저장소의 위치, 구조 또는 설비의 변경허가를 받아야 하는 경우가 아닌 것은?

① 이동탱크저장소의 본체를 절개하여 보수하는 경우

② 이동탱크저장소의 펌프설비를 신설하는 경우

③ 상치장소의 위치를 이전하는 경우(단, 같은 사업장 또는 같은 울 안에서 이전하는 경우를 포함)

④ 이동탱크저장소의 내용적을 변경하기 위하여 구조를 변경하는 경우

해설 이동탱크저장소 변경허가를 받아야 할 사항

- 상치장소의 위치를 이전하는 경우(같은 사업장 또는 같은 울 안에서 이전하는 경우는 제외한다)
- 이동저장탱크를 보수(탱크 본체를 절개하는 경우에 한한다)하는 경우
- 이동저장탱크의 노즐 또는 맨홀을 신설하는 경우(노즐 또는 맨홀의 지름이 250mm를 초과하는 경우에 한한다)
- 이동저장탱크의 내용적을 변경하기 위하여 구조를 변경하는 경우
- 별표 10 Ⅳ 제3호에 따른 주입설비를 설치 또는 철거하는 경우
- 펌프설비를 신설하는 경우

정답 10 ④ 11 ③

12 제조소의 바닥면적과 급기구의 면적이 잘못 짝지어진 것은?

① 바닥면적이 $60m^2$ 미만일 때 급기구 면적 $100cm^2$ 이상
② 바닥면적이 $60m^2$ 이상 $90m^2$ 미만일 때 급기구 면적 $300cm^2$ 이상
③ 바닥면적이 $90m^2$ 이상 $120m^2$ 미만일 때 급기구 면적 $450cm^2$ 이상
④ 바닥면적이 $120m^2$ 이상 $150m^2$ 미만일 때 급기구 면적 $600cm^2$ 이상

해설 제조소의 환기설비의 급기구
- 설치수 : 해당 급기구가 설치된 실의 바닥면적 $150m^2$마다 1개 이상 설치
- 크기 : $800cm^2$ 이상으로 할 것. 다만 바닥면적이 $150m^2$ 미만인 경우에는 다음의 크기로 해야 한다.

바닥면적	급기구의 면적
$60m^2$ 미만	$150cm^2$ 이상
$60m^2$ 이상 $90m^2$ 미만	$300cm^2$ 이상
$90m^2$ 이상 $120m^2$ 미만	$450cm^2$ 이상
$120m^2$ 이상 $150m^2$ 미만	$600cm^2$ 이상

13 위험물안전관리법령상 제1류 위험물 중 알칼리금속의 과산화물 운반용기 외부에 표시해야 할 주의사항으로 옳지 않은 것은? (단, UN의 위험물 운송에 관한 권고(RTDG)에서 정한 기준 또는 소방청장이 정하여 고시하는 기준에 적합한 표시를 한 경우는 제외한다)

① 물기엄금
② 화기・충격주의
③ 공기접촉엄금
④ 가연물접촉주의

해설 수납하는 위험물에 따라 규정에 따른 주의사항
- 제1류 위험물 중 알칼리금속의 과산화물 또는 이를 함유한 것에 있어서는 "화기・충격주의", "물기엄금" 및 "가연물접촉주의", 그 밖의 것에 있어서는 "화기・충격주의" 및 "가연물접촉주의"
- 제2류 위험물 중 철분・금속분・마그네슘 또는 이들 중 어느 하나 이상을 함유한 것에 있어서는 "화기주의" 및 "물기엄금", 인화성고체에 있어서는 "화기엄금", 그 밖의 것에 있어서는 "화기주의"
- 제3류 위험물 중 자연발화성물질에 있어서는 "화기엄금" 및 "공기접촉엄금", 금수성물질에 있어서는 "물기엄금"
- 제4류 위험물에 있어서는 "화기엄금"
- 제5류 위험물에 있어서는 "화기엄금" 및 "충격주의"
- 제6류 위험물에 있어서는 "가연물접촉주의"

12 ① 13 ③ 정답

모의고사

최종모의고사

(제1회 ~ 제25회 최종모의고사)

아이들이 답이 있는 질문을 하기 시작하면 그들이 성장하고 있음을 알 수 있다.

– 존 J. 플롬프 –

01 최종모의고사

01 위험물안전관리법령상 한국소방산업기술원에 위탁할 수 있는 시·도지사 업무의 내용으로 옳지 않은 것은? 15년 소방위 17년 인천소방장

① 용량이 100만 리터 이상인 액체위험물을 저장하는 탱크안전성능검사
② 지정수량의 1천배 이상의 위험물을 취급하는 제조소 또는 일반취급소의 설치 또는 변경(사용 중인 제조소 또는 일반취급소의 보수 또는 부분적인 증설을 제외한다)에 따른 완공검사
③ 암반탱크저장소의 설치 또는 변경에 따른 완공검사
④ 지하탱크저장소의 위험물탱크 중 이중벽탱크의 완공검사

02 위험물안전관리법령상 제조소 또는 일반취급소의 설비 중 변경허가를 받을 필요가 없는 경우는? 14년, 17년, 18년, 21년 소방위 21년 소방장

① 배출설비를 신설하는 경우
② 불활성기체의 봉입장치를 신설하는 경우
③ 위험물취급탱크의 탱크전용실을 증설하는 경우
④ 펌프설비를 증설하는 경우

03 건축물 외벽이 내화구조이며 연면적 300m^{2}인 위험물 옥내저장소의 건축물에 대하여 소화설비의 소화능력단위는 최소한 몇 단위 이상이 되어야 하는가? 20년 소방장

① 1단위 ② 2단위
③ 3단위 ④ 4단위

04 제조소의 옥외에 모두 3기의 휘발유 취급탱크를 설치하고 그 주위에 방유제를 설치하고자 한다. 방유제 안에 설치하는 각 취급탱크의 용량이 5만 리터, 3만 리터, 2만 리터일 때, 필요한 방유제의 용량은 몇 리터 이상인가? 19년 소방위 19년 통합소방장

① 66,000 ② 60,000
③ 33,000 ④ 30,000

05 위험물안전관리법령상 위험물의 운반에 관한 기준에 따르면 지정수량 얼마 이하의 위험물에 대하여는 "유별을 달리하는 위험물의 혼재기준"을 적용하지 아니하여도 되는가?

① 1/2 ② 1/3
③ 1/5 ④ 1/10

06 위험물 옥외저장탱크의 통기관에 관한 사항으로 옳지 않은 것은? 21년 소방장

① 밸브 없는 통기관의 지름은 30mm 이상으로 한다.
② 대기밸브부착 통기관은 항시 열려 있어야 한다.
③ 밸브 없는 통기관의 선단은 수평면보다 45도 이상 구부려 빗물 등의 침투를 막는 구조로 한다.
④ 대기밸브부착 통기관은 5kPa 이하의 압력차이로 작동할 수 있어야 한다.

07 위험물안전관리법령상의 규제에 관한 설명 중 틀린 것은?

① 지정수량 미만인 위험물의 저장·취급 및 운반은 시·도 조례에 의하여 규제한다.
② 항공기에 의한 위험물의 저장·취급 및 운반은 위험물안전관리법의 규제대상이 아니다.
③ 궤도에 의한 위험물의 저장·취급 및 운반은 위험물안전관리법의 규제대상이 아니다.
④ 선박법의 선박에 의한 위험물의 저장·취급 및 운반은 위험물안전관리법의 규제대상이 아니다.

08 위험물 제조소에 옥외소화전이 5개가 설치되어 있다. 이 경우 확보해야 하는 수원의 법정 최소량은 몇 m^3인가? 15년 소방위 19년 통합소방장

① 28 ② 35
③ 54 ④ 67.5

09 위험물안전관리법령상 간이탱크저장소의 위치·구조 및 설비의 기준에 관한 조문의 일부이다. (　　)에 들어갈 숫자가 바르게 나열된 것은?

> 간이저장탱크는 두께 (㉠)mm 이상 강판으로 흠이 없도록 제작해야 하며, (㉡)kPa의 압력으로 10분간의 수압시험을 실시하여 새거나 변형되지 아니해야 하며. 탱크의 용량은 (㉢) 이하이어야 한다.

① ㉠ : 2.3, ㉡ : 100, ㉢ : 600리터 ② ㉠ : 2.3, ㉡ : 70, ㉢ : 300리터
③ ㉠ : 3.2, ㉡ : 100, ㉢ : 300리터 ④ ㉠ : 3.2, ㉡ : 70, ㉢ : 600리터

10 다음 중 위험물안전관리법령에 따른 지정수량이 나머지 셋과 다른 하나는?

① 황 린 ② 칼 륨

③ 나트륨 ④ 알킬리튬

11 위험물안전관리법상 수납하는 위험물에 따른 주의사항으로 옳은 것은?

17년 인천소방장 15년, 19년, 21년 소방위

① 제3류 위험물 중 자연발화성물질 : 화기엄금 및 물기엄금

② 제2류 위험물 중 금속분 : 화기주의 및 물기엄금

③ 제5류 위험물 중 나이트로화합물 : 화기주의 및 충격주의

④ 제2류 위험물 중 인화성고체 : 화기주의

12 다음은 위험물안전관리법령상 제조소등의 사용 중지 등의 규정 내용이다. 옳지 않은 것은?

① 제조소등의 관계인은 제조소등의 사용을 중지(경영상 형편, 대규모 공사 등의 사유로 6개월 이상 위험물을 저장하지 아니하거나 취급하지 아니하는 것을 말한다. 이하 같다)하려는 경우에는 위험물의 제거 및 제조소등에의 출입통제 등 행정안전부령으로 정하는 안전조치를 하여야 한다.

② 제조소등의 관계인은 제조소등의 사용을 중지하거나 중지한 제조소등의 사용을 재개하려는 경우에는 이 법이 정하는 기한까지 행정안전부령으로 정하는 바에 따라 제조소등의 사용 중지 또는 재개를 시・도지사에게 신고하여야 한다.

③ 제조소등의 사용을 중지하는 기간에도 위험물안전관리자가 계속하여 직무를 수행하는 경우에는 안전조치를 아니할 수 있다.

④ 제조소등의 관계인은 사용 중지신고에 따라 제조소등의 사용을 중지하는 기간 동안에는 위험물안전관리자를 선임하지 아니할 수 있다.

13 다음 품명에 따른 지정수량으로 잘못된 것은? 15년 소방위

① 적린 : 100킬로그램

② 황린 : 50킬로그램

③ 알칼리금속 : 50킬로그램

④ 알킬리튬 : 10킬로그램

14 위험물안전관리법상 정기점검에 대한 설명으로 옳지 않은 것은?

① 매년 위험물시설에 대해 시설별로 정기점검을 실시하고 30일 이내에 시・도지사에게 제출하여야 한다.

② 제조소등의 관계인은 정기점검 후 기록을 2년간 보관하여야 한다.

③ 제조소등의 위치・구조 및 설비가 기술기준에 적합한지를 점검하는데 필요한 정기점검의 내용・방법 등에 관한 기술상의 기준과 그 밖의 점검에 관하여 필요한 사항은 소방청장이 정하여 고시한다.

④ 제조소등의 관계인은 정기점검을 탱크시험자에게 실시하게 하는 경우에는 정기점검의뢰서를 탱크시험자에게 제출하여야 한다.

15 다음과 같은 소화난이도등급 I 의 저장소에 물분무소화설비를 설치하는 것으로 위험물안전관리법에 의한 소화설비의 설치기준에 적합하지 않은 것은?

① 옥외탱크저장소(지상의 일반형태) – 지정수량의 120배의 황만을 저장・취급하는 것

② 옥내탱크저장소 – 바닥면으로부터 탱크 옆판의 상단까지 높이가 8m인 탱크에 황만을 저장・취급하는 것

③ 암반탱크저장소 – 지정수량의 150배의 제2석유류 위험물을 저장・취급하는 것

④ 해상탱크 – 지정수량의 110배인 경유를 저장・취급하는 것

16 위험물안전관리법상 위험물 안전관리에 관한 협회의 설립목적에 해당하지 않는 것은?

① 소방기술과 안전관리에 관한 교육 및 조사・연구

② 사고 예방을 위한 안전기술 개발

③ 위험물 안전관리의 건전한 발전을 도모

④ 위험물의 안전관리

17 위험물안전관리법상 위험물 제조소등 설치허가 취소사유에 해당되지 않는 것은?

14년, 16년 소방위

① 위험물 제조소의 바닥을 교체하는 공사를 하는데 변경허가를 득하지 아니한 때

② 법정기준을 위반한 위험물 제조소에 발한 수리・개조 명령을 위반한 때

③ 예방규정을 제출하지 아니한 때

④ 위험물안전관리자가 장기해외여행을 갔음에도 그 대리자를 지정하지 아니한 때

18 다음 A, B와 같은 작업공정을 가진 경우 위험물안전관리법상 허가를 받아야 하는 제조소등의 종류를 옳게 짝지은 것은? (단, 지정수량 이상을 취급하는 경우이다)

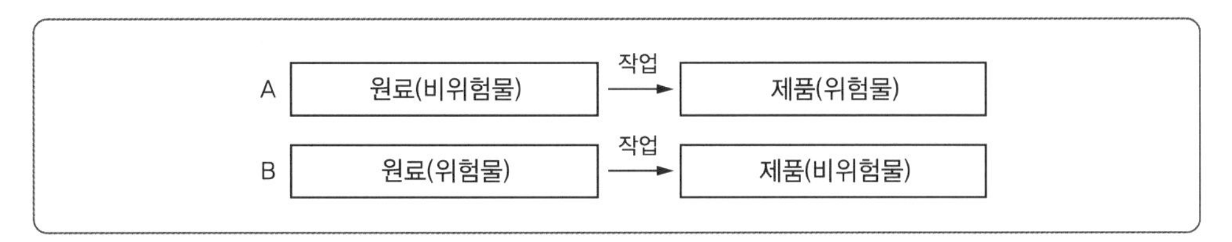

① A : 위험물 제조소 B : 위험물 제조소
② A : 위험물 제조소 B : 위험물취급소
③ A : 위험물취급소 B : 위험물 제조소
④ A : 위험물취급소 B : 위험물취급소

19 위험물안전관리법에서 정하는 과징금에 대한 설명이다. 다음 〈보기〉의 빈칸에 들어갈 알맞은 단어는? 19년 소방위

( )은/는 제조소등에 대한 사용의 정지가 그 이용자에게 심한 불편을 주거나 그 밖에 공익을 해칠 우려가 있는 때에는 사용정지처분에 갈음하여 ( ) 이하의 과징금을 부과할 수 있다.

① 소방청장, 1억 원
② 소방본부장 또는 소방서장, 2억 원
③ 시·도지사, 2억 원
④ 소방청장, 2억 원

20 위험물안전관리법 구성으로 맞는 것은?

① 제8장 제53조 및 부칙 ② 제7장 제39조 및 부칙
③ 제8장 제35조 및 부칙 ④ 제6장 제26조 및 부칙

21 저장 또는 취급하는 위험물의 품명·수량 또는 지정수량의 배수에 관한 변경신고를 하고자 하는 자가 위험물 제조소등 품명, 수량 또는 지정수량 배수의 변경신고서에 첨부해야 할 서류는 무엇인가?

① 제조소등의 완공검사합격확인증
② 제조소등 구조설비명세서
③ 위험물허가를 받은 자의 사업자등록증
④ 물질안전보건자료

22 위험물 제조소등 설치허가에 대한 설명 중 틀린 것은?

① 실무상 설치허가권자는 소방서장이다.

② 품명 · 수량 · 배수 변경신고는 변경하고자 하는 자는 변경하고자 하는 날의 1일 전까지 한다.

③ 제조소등 설치허가 민원처리기간은 5일이다.

④ 제조소등 완공검사 민원처리기간은 4일이다.

23 수상구조물에 설치하는 선박주유취급소에서 유흡착제의 양을 구하는 계산식으로 옳지 않은 것은? (다음에서 X : 유처리제의 양(L), Y : 유흡착제의 양(kg), Z : 유겔화제의 양[액상(L), 분말(kg)])

① 20X + 50Y + 15Z = 10,000

② 50X + 20Y + 15Z = 10,000

③ $Y(kg) = \frac{[10,000 - (20X) - (15Z)]}{50}$

④ $X(kg) = \frac{[10,000 - (50Y) - (15Z)]}{20}$

24 저장소 또는 제조소등이 아닌 장소에서 지정수량 이상의 위험물을 저장 또는 취급한 자에 대한 벌칙으로 맞는 것은?

① 1천만 원 이하의 벌금

② 1천 500만 원 이하의 벌금

③ 3년 이하의 징역 또는 3천만 원 이하의 벌금

④ 1년 이하의 징역 또는 1천만 원 이하의 벌금

25 간이탱크저장소의 탱크에 설치하는 통기관 기준에 대한 설명으로 옳은 것은?

① 통기관의 지름은 20mm 이상으로 한다.

② 통기관은 옥내에 설치하고 선단의 높이는 지상 1.5m 이상으로 한다.

③ 가는 눈의 구리망 등으로 인화방지장치를 한다.

④ 통기관의 선단은 수평면에 대하여 아래로 35도 이상 구부려 빗물 등이 들어가지 않도록 한다.

02 최종모의고사

01 위험물안전관리법령상 제조소등의 관계인이 예방규정을 정해야 하는 제조소등의 기준에 해당하지 않는 것은? 17년 인천소방장 19년 통합소방장 20년, 21년 소방장 15년, 21년 소방위

① 지정수량의 15배 이상의 위험물을 취급하는 제조소
② 지정수량의 120배 이상의 위험물을 저장하는 옥외저장소
③ 지정수량의 140배 이상의 위험물을 저장하는 옥내저장소
④ 지정수량의 210배 이상의 위험물을 저장하는 옥외탱크저장소

02 제5류 위험물에 관한 설명으로 옳지 않은 것은? 13년 소방위

① 불티·불꽃·고온체와의 접근이나 과열·충격 또는 마찰을 피해야 한다.
② 제조소의 게시판에 표시하는 주의사항은 "충격주의"이며 적색바탕에 백색문자로 기재한다.
③ 운반용기의 외부에 표시하는 주의사항은 "화기엄금 및 충격주의"이다.
④ 유기과산화물, 나이트로화합물과 같은 자기반응성물질은 제5류 위험물에 해당된다.

03 위험물을 유별로 정리하여 상호 1m 이상의 간격을 유지하는 경우에도 동일한 옥내저장소에 저장할 수 없는 것은?

① 제1류 위험물(알칼리금속의 과산화물 또는 이를 함유한 것을 제외한다)과 제5류 위험물
② 제1류 위험물과 제6류 위험물
③ 제1류 위험물과 제3류 위험물 중 황린
④ 인화성고체를 제외한 제2류 위험물과 제4류 위험물

04 지정수량의 10배 이상의 위험물을 취급하는 제조소에는 피뢰침을 설치해야 하지만 제 몇 류 위험물을 취급하는 경우에는 이를 제외할 수 있는가?

① 제2류 위험물
② 제4류 위험물
③ 제5류 위험물
④ 제6류 위험물

05 다음 중 제4류 위험물로만 나열된 것은?

① 특수인화물, 황산, 질산
② 알코올, 황린, 나이트로화합물
③ 동·식물유류, 질산, 무기과산화물
④ 제1석유류, 알코올류, 특수인화물

06 소화난이도등급 I 인 옥외탱크저장소에 있어서 제4류 위험물 중 인화점이 섭씨 70도 이상인 것을 저장·취급하는 경우 어느 소화설비를 설치해야 하는가? (단, 지중탱크 또는 해상탱크 외의 것이다)

① 스프링클러소화설비
② 물분무소화설비
③ 불활성가스소화설비
④ 분말소화설비

07 위험물안전관리법령에 따른 위험물의 적재방법에 대한 설명으로 옳지 않은 것은?

① 원칙적으로는 운반용기를 밀봉하여 수납할 것
② 고체위험물은 용기 내용적의 95% 이하의 수납률로 수납할 것
③ 액체위험물은 용기 내용적의 99% 이상의 수납률로 수납할 것
④ 하나의 외장용기에는 다른 종류의 위험물을 수납하지 않을 것

08 제조소등 설치허가의 취소와 사용정지의 행정처분기준 1차에 사용정지 일수가 15일인 경우는?

① 대리자를 지정하지 아니한 때
② 위험물안전관리자를 선임하지 아니한 때
③ 정기점검을 하지 아니한 때
④ 정기검사를 하지 아니한 때

09 **탱크안전성능검사에 관한 설명으로 옳은 것은?**

① 검사자로는 소방서장, 한국소방산업기술원 또는 탱크안전성능시험자가 있다.
② 이중벽탱크에 대한 수압검사는 탱크의 제작지를 관할하는 소방서장도 할 수 있다.
③ 탱크의 종류에 따라 기초·지반검사, 충수·수압검사, 용접부검사 또는 암반탱크검사 중에서 어느 하나의 검사를 실시한다.
④ 한국소방산업기술원은 엔지니어링사업자, 탱크안전성능시험자 등이 실시하는 시험의 과정 및 결과를 확인하는 방법으로도 실시할 수 있다.

10 **위험물안전관리법령에서 규정하고 있는 준옥외저장탱크와 특정 옥외저장탱크의 주하중과 종하중의 구분에 있어서 종하중에 해당하는 것은?** 17년 소방위 19년 통합소방장

① 내 압
② 탱크하중
③ 풍하중
④ 온도의 변화

11 **위험물 제조소등 허가신청 시 한국소방산업기술원의 기술검토를 받아야 할 대상으로 옳지 않은 것은?**

① 지정수량의 1천배 이상의 위험물을 취급하는 제조소
② 암반탱크저장소
③ 50만 리터 이상의 옥외탱크저장소
④ 지정수량의 3천배 이상의 위험물을 취급하는 이송취급소

12 **위험물을 운반용기에 수납하여 적재할 때 차광성이 있는 피복으로 가려야 하는 위험물이 아닌 것은?**

① 제1류 위험물
② 제2류 위험물
③ 제5류 위험물
④ 제6류 위험물

13 **위험물 운반용기의 검사에 관한 업무의 처리절차와 방법을 정하여 운용할 수 있는 규정은 누가 정하는가?**

① 소방청장
② 소방본부장 · 소방서장
③ 기술원장
④ 행정안전부장관

14 **위험물을 수납한 운반용기 외부에 표시할 사항에 대한 설명으로 틀린 것은?** 18년 통합소방장

① 위험물의 수용성 표시는 제4류 위험물로서 수용성인 것에 한하여 표시한다.
② 용적 200ml인 운반용기로 제4류 위험물에 해당하는 에어졸을 운반할 경우 그 용기의 외부에는 품명 · 위험등급 · 화학명 · 수용성을 표시하지 아니할 수 있다.
③ 기계에 의하여 하역하는 구조로 된 운반용기가 아닐 경우 용기 외부에는 운반용기 제조자의 명칭을 표시해야 한다.
④ 제5류 위험물에 있어서는 “화기엄금” 및 “충격주의”를 표시해야 한다.

15 **제조소등에서 위험물의 저장기준에 관한 설명 중 틀린 것은?** 20년 소방위

① 옥내저장소에서 제4류 위험물 중 제3석유류, 제4석유류, 동식물유류를 수납하는 용기만을 겹쳐 쌓는 경우 4m를 초과하여 쌓지 아니해야 한다(기계에 의하여 하역하는 구조로 된 용기 외의 경우임).
② 옥외저장소에서 위험물을 수납한 용기를 선반에 저장하는 경우에는 6m를 초과하여 저장하지 아니해야 한다.
③ 이동저장탱크에는 해당 탱크에 저장 또는 취급하는 위험물의 유별, 품명, 최대수량 및 적재중량을 표시하고 잘 보일 수 있도록 관리해야 한다.
④ 이동저장탱크에 알킬알루미늄등을 저장하는 경우에는 20kPa 이하의 압력으로 비활성의 기체를 봉입한다.

16 단층건축물에 옥내탱크저장소를 설치하고자 한다. 하나의 탱크전용실에 2개의 옥내저장탱크를 설치하여 에틸렌글리콜과 기어유를 저장하고자 한다면 저장 가능한 지정수량의 최대배수를 옳게 나타낸 것은?

품 명	저장 가능한 지정수량의 최대배수
에틸렌글리콜	(A)
기어유	(B)

① (A) 40배 (B) 40배
② (A) 20배 (B) 20배
③ (A) 10배 (B) 30배
④ (A) 5배 (B) 35배

17 접지도선을 설치하지 않는 이동탱크저장소에 의하여도 저장 · 취급할 수 있는 위험물은?

13년 부산소방장 16년 소방위

① 알코올류
② 제1석유류
③ 제2석유류
④ 특수인화물

18 다음 중 이동탱크저장소에 의하여 위험물 장거리 운송 시 위험물운송자를 2명 이상의 운전자로 해야 하는 경우는?

① 운송책임자를 동승시킨 경우
② 운송 위험물이 휘발유인 경우
③ 운송 위험물이 과염소산인 경우
④ 운송 중 2시간 이내마다 20분 이상씩 휴식하는 경우

19 다음에서 설명하는 위험물의 지정수량으로 예상할 수 있는 것은?

- 옥외저장소에서 저장 · 취급할 수 있다.
- 운반용기에 수납하여 운반할 경우 내용적의 98% 이하로 수납해야 한다.
- 위험등급 I 에 해당하는 위험물이다.

① 10킬로그램
② 300킬로그램
③ 400리터
④ 4,000리터

20 「위험물안전관리법 시행규칙」상 탱크의 용적 산정기준에 관한 내용이다. (　)의 빈칸에 알맞은 내용은?

> 위험물을 저장 또는 취급하는 탱크의 용량은 해당 (㉠)으로 한다. 이 경우 위험물을 저장 또는 취급하는 영 별표 2 제6호에 따른 차량에 고정된 탱크(이하 "이동저장탱크"라 한다)의 용량은 「자동차 및 자동차부품의 성능과 기준에 관한 규칙」에 따른 (㉡)(으)로 하여야 한다.

	㉠	㉡
①	탱크의 공간용적에서 내용적을 더한 용적	최소적재량 이상
②	탱크의 내용적에서 공간용적을 뺀 용적	최소적재량 이하
③	탱크의 내용적에서 공간용적을 뺀 용적	최대적재량 이하
④	탱크의 공간용적에서 내용적을 더한 용적	최대적재량 이상

21 제조소등의 사용 중지에 관한 설명으로 옳지 않은 것은?

① 제조소등의 사용 중지는 경영상 형편, 대규모 공사 등의 사유로 3개월 이상 위험물을 저장하지 아니하거나 취급하지 아니하는 것을 말한다.
② 제조소등의 사용을 중지하는 기간에도 위험물안전관리자가 계속하여 직무를 수행하는 경우에도 안전조치를 해야 한다.
③ 시·도지사는 제조소등의 사용 중지 대상에 대하여 안전조치의 이행을 명할 수 있다.
④ 제조소등의 관계인은 제조소등의 사용을 중지하거나 중지한 제조소등의 사용을 재개하려는 경우 시·도지사에게 신고해야 한다.

22 위험물 제조소에서 지정수량의 10배를 취급할 때 위험물안전관리자를 선임해야 한다. 위험물안전관리자로 선임될 수 없는 사람은?

① 위험물기능장
② 위험물산업기사
③ 2년 이상 실무경력이 있는 위험물기능사
④ 소방공무원경력자

23 제조소등이 아닌 장소에서 지정수량 이상의 위험물의 임시저장 · 취급기준에 대한 설명으로 틀린 것은?

12년 소방위

① 시 · 도의 조례로 정하는 바에 따라 소방서장의 승인 후 사용이 가능하다.
② 임시저장 · 취급승인 기간은 180일 이내가 원칙이다.
③ 임시저장 취급에 관한 위치 · 구조 및 설비기준은 시 · 도의 조례로 정한다.
④ 군용은 허가 없이도 사용이 가능하다.

24 위험물안전관리법의 위반과 벌금의 연결이 잘못된 것은?

13년 소방위

① 제조소등 또는 허가를 받지 않고 지정수량 이상의 위험물을 저장 또는 취급하는 장소에서 위험물을 유출 · 방출 또는 확산시켜 사람의 생명 · 신체 또는 재산에 대하여 위험을 발생시킨 자 : 1년 이상 10년 이하의 징역
② 제조소등 또는 허가를 받지 않고 지정수량 이상의 위험물을 저장 또는 취급하는 장소에서 위험물을 유출 · 방출 또는 확산시켜 사람을 상해(傷害)에 이르게 한 자 : 무기 또는 3년 이상의 징역
③ 업무상 과실로 제조소등 또는 허가를 받지 않고 지정수량 이상의 위험물을 저장 또는 취급하는 장소에서 위험물을 유출 · 방출 또는 확산시켜 사람을 사상(死傷)에 이르게 한 자 : 10년 이하의 징역 또는 금고나 1억 원 이하의 벌금
④ 업무상 과실로 제조소등 또는 허가를 받지 않고 지정수량 이상의 위험물을 저장 또는 취급하는 장소에서 위험물을 유출 · 방출 또는 확산시켜 사람의 생명 · 신체 또는 재산에 대하여 위험을 발생시킨 자의 양벌규정 : 1억 원 이하의 벌금

25 소화난이도등급 I 의 제조소에 설치하는 소화설비의 방사압력의 연결이 잘못된 것은?

13년 소방위

① 옥내소화전 – 0.35MPa 이상
② 옥외소화전 – 0.35MPa 이상
③ 스프링클러 – 0.35MPa 이상
④ 물분무소화설비 – 0.35MPa 이상

03 최종모의고사

01 아염소산염류 500킬로그램과 질산염류 3,000킬로그램을 저장하는 경우 위험물의 소요단위는 얼마인가?

① 2 ② 4
③ 6 ④ 8

02 위험물안전관리법령상 산화성고체에 해당하는 것은?

① 유기과산화물
② 과염소산
③ 다이크로뮴산염류
④ 하이드록실아민염류

03 위험물안전관리법령에 따른 제6류 위험물에 관한 설명으로 옳은 것은?

① 옥내저장소의 저장창고의 바닥면적은 2,000m^2까지 할 수 있다.
② 과산화수소는 비중이 1.49 이상인 것에 한하여 위험물로 규제한다.
③ 지정수량의 5배 이상을 취급하는 제조소에는 피뢰침을 설치해야 한다.
④ 제조소 건축물의 창 및 출입구에 유리를 이용하는 경우에는 망입유리로 해야 한다.

04 위험물안전관리법령에 따라 다음과 같이 예방조치를 해야 하는 위험물은?

- 운반용기의 외부에 "화기엄금 및 충격주의"를 표시한다.
- 적재하는 경우 차광성 있는 피복으로 가린다.
- 55℃ 이하에서 분해될 우려가 있는 경우는 보냉 컨테이너에 수납하여 적정한 온도관리를 한다.

① 제1류 ② 제2류
③ 제3류 ④ 제5류

05 이동탱크저장소에 의한 위험물의 운송 시 준수해야 하는 기준 중 위험물운송자는 제4류 위험물 중 어떤 위험물을 운송할 때 위험물안전카드를 휴대해야 하는가? 18년 소방장

① 특수인화물 및 제1석유류
② 알코올류 및 제2석유류
③ 제3석유류 및 동·식물유류
④ 제4석유류

06 위험물안전관리법상 제조소등에서 흡연 금지 등에 관한 내용으로 옳지 않은 것은?

① 누구든지 제조소등에서는 지정된 장소가 아닌 곳에서 흡연을 하여서는 아니 된다.
② 소방본부장 또는 소방서장은 제조소등의 관계인이 금연구역임을 알리는 표지를 설치하지 아니하거나 보완이 필요한 경우 일정한 기간을 정하여 그 시정을 명할 수 있다.
③ 제조소등의 관계인은 해당 제조소등이 금연구역임을 알리는 표지를 설치하여야 한다.
④ 흡연장소의 지정 기준·방법 등은 대통령령으로 정하고, 금연구역임을 알리는 표지를 설치하는 기준·방법 등은 행정안전부령으로 정한다.

07 위험물안전관리법령에 따른 이동저장탱크의 구조의 기준에 대한 설명으로 틀린 것은?

① 압력탱크는 최대 상용압력의 1.5배의 압력으로 10분간 수압시험을 하여 새지 말 것
② 상용압력이 20kPa을 초과하는 탱크의 안전장치는 상용압력의 1.5배 이하의 압력에서 작동할 것
③ 방파판은 두께 1.6mm 이상의 강철판 또는 이와 동등 이상의 강도, 내식성 및 내열성이 있는 금속성의 것으로 할 것
④ 탱크는 두께 3.2mm 이상의 강철판 또는 이와 동등 이상의 강도, 내식성 및 내열성을 갖는 재질로 할 것

08 특정 옥외탱크저장소의 필렛용접의 사이즈 구하는 계산식으로 맞는 것은? (단, 사이즈 ≧ 4.5)

① 얇은 쪽의 강판의 두께(mm) ≧ 사이즈(mm) ≧ $\sqrt{2\text{두꺼운 쪽의 강판의 두께}}$ (mm)
② 얇은 쪽의 강판의 두께(mm) ≦ 사이즈(mm) ≦ $\sqrt{2\text{두꺼운 쪽의 강판의 두께}}$ (mm)
③ 얇은 쪽의 강판의 두께(mm) ≧ 사이즈(mm) ≧ $\sqrt{\text{두꺼운 쪽의 강판의 두께}}$ (mm)
④ 얇은 쪽의 강판의 두께(mm) ≦ 사이즈(mm) ≦ $\sqrt{\text{두꺼운 쪽의 강판의 두께}}$ (mm)

09 **위험물안전관리법상 주유취급소의 소화설비 기준과 관련한 설명 중 틀린 것은?** 18년 통합소방장

① 주유취급소는 소화난이도등급Ⅰ, 소화난이도등급Ⅱ 또는 소화난이도등급Ⅲ로 구분한다.

② 소화난이도등급Ⅱ에 해당하는 주유취급소에는 대형수동식소화기 및 소형수동식소화기 등을 설치해야 한다.

③ 소화난이도등급Ⅲ에 해당하는 주유취급소에는 소형수동식소화기 등을 설치해야 하며, 위험물의 소요단위 산정은 지하탱크저장소의 기준을 준용한다.

④ 모든 주유취급소의 소화설비 설치를 위해서는 위험물의 소요단위를 산출해야 한다.

10 **마그네슘을 저장 및 취급하는 장소에 설치해야 할 소화기는?**

① 포소화기

② 이산화탄소소화기

③ 할로젠화합물소화기

④ 탄산수소염류분말소화기

11 **옥외저장소에 저장하는 위험물 중에서 위험물을 적당한 온도로 유지하기 위한 살수설비를 설치해야 하는 위험물이 아닌 것은?**

① 인화성고체(인화점 5℃)

② 등 유

③ 아세톤

④ 에탄올

12 **다음 중 위험물탱크안전성능검사의 대상이 되는 탱크에 대한 설명으로 옳은 것은?** 17년 인천소방장 21년 소방장

① 용접부 검사 : 용량이 50만 리터 이상인 액체위험물을 저장하는 옥외탱크저장소

② 기초·지반검사 : 옥외탱크저장소의 액체위험물탱크 중 용량이 100만 리터 이상인 탱크

③ 충수·수압검사 : 액체 또는 고체위험물을 저장 또는 취급하는 탱크

④ 암반탱크검사 : 액체 또는 고체위험물을 저장 또는 취급하는 암반 내의 공간을 이용한 탱크

13 위험물안전관리법령에 따라 제조소등의 관계인이 화재예방과 재해발생 시 비상조치를 위하여 작성하는 예방규정에 관한 설명으로 틀린 것은?

① 제조소의 관계인은 해당 제조소에서 지정수량의 10배의 위험물을 취급하는 경우 예방규정을 작성하여 제출해야 한다.

② 지정수량의 100배 이상의 위험물을 저장하는 옥내저장소의 관계인은 예방규정을 작성하여 제출해야 한다.

③ 위험물시설의 운전 또는 조작에 관한 사항, 위험물 취급작업의 기준에 관한 사항은 예방규정에 포함되어야 한다.

④ 예방규정은 「산업안전보건법」에 따른 안전보건관리규정과 제공정안전보고서 또는 「화학물질관리법」에 따른 화학사고예방관리계획서와 통합하여 작성할 수 있다.

14 옥외탱크저장소에 자동화재속보설비 설치를 제외할 수 있는 경우를 모두 고르시오.

가. 옥외탱크저장소의 방유제(防油堤)와 옥외저장탱크 사이의 지표면을 불연성 및 침윤성이 있는 철근콘크리트 구조 등으로 한 경우
나. 화학물질안전원장이 정하는 고시에 따라 가스감지기를 설치한 경우
다. 자위소방대를 설치한 경우
라. 소방안전관리자가 해당 사업소에 24시간 상주하는 경우

① 가, 다 ② 가, 다, 라
③ 나 ④ 상기 다 맞다.

15 다음 그림은 옥외저장탱크의 방유제를 나타낸 것이다. 탱크의 지름이 10m이고, 높이가 15m라고 할 때 방유제는 탱크의 옆판으로부터 몇 m 이상의 거리를 유지해야 하는가? (단, 인화점이 200℃ 미만의 위험물을 저장한다) 13년 경기소방장 15년 소방위 19년 통합소방장

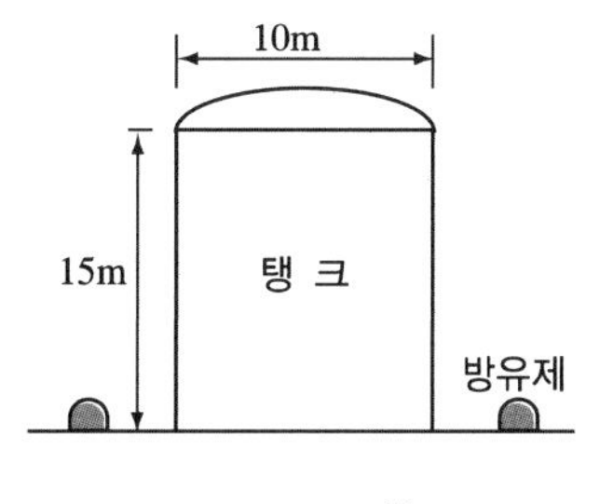

① 2 ② 3
③ 4 ④ 5

16 위험물 저장소 중 안전거리의 규제를 받지 않는 곳은? 16년 소방위

① 옥외탱크저장소
② 옥내저장소
③ 지하탱크저장소
④ 옥외저장소

17 〈보기〉의 물질 중 제1류 위험물에 해당되는 것은 모두 몇 개인가? 17년 소방위

아염소산나트륨, 염소산나트륨, 차아염소산칼슘, 과염소산칼륨

① 4개 ② 3개
③ 2개 ④ 1개

18 위험물안전관리법령상 제1종 판매취급소의 위치 · 구조 및 설비의 기준에 관한 설명으로 옳지 않은 것은? 18년 통합소방장 19년 소방위

① 상층이 없는 경우 지붕은 내화구조 또는 불연재료로 한다.
② 취급하는 위험물은 지정수량 20배 이하로 한다.
③ 상층이 있는 경우 상층의 바닥을 내화구조로 한다.
④ 저장하는 위험물은 지정수량 40배 이하로 한다.

19 위험물 제조소등 설치장소에서 제작하지 아니하는 위험물탱크에 대한 충수 · 수압검사를 받으려는 자는 누구에게 위험물탱크에 대한 탱크안전성능검사를 신청할 수 있는가?

① 위험물 제조소등 설치허가자를 관할하는 소방서장
② 위험물탱크의 설치장소를 관할하는 소방서장
③ 위험물탱크의 제작지를 관할하는 소방서장
④ 위험물탱크의 제작업자를 관할하는 소방서장

20 위험물 제조소등 위치 · 구조 및 설비기준에 관한 설명으로 옳은 것은?

① 주유취급소 간이대기실은 준불연재료로 해야 한다.

② 간이저장탱크의 용량은 600리터 이상이어야 한다.

③ 지하탱크저장소는 탱크용량의 95%가 찰 때 경보음을 울리는 방법으로 과충전을 방지하는 장치를 설치해야 한다.

④ 이동저장탱크는 그 내부에 4,000리터 이하마다 3.2mm 강철판 또는 이와 동등 이상의 강도 · 내열성 및 내식성 있는 금속성의 것으로 칸막이를 설치한다.

21 위험물 운반용기에 대한 검사신청에 관한 설명이다. 틀린 내용은 무엇인가?

① 신청자는 운반용기 검사를 받으려는 자이다.

② 운반용기가 운반용기에 관한 기준에 적합하고 위험물의 운반상 지장이 없다고 인정되는 때에는 용기검사합격확인증을 교부해야 한다.

③ 위험물 운반용기 검사신청은 소방청장에게 제출한다.

④ 용기검사신청서에 용기의 설계도면 및 재료에 관한 설명서를 첨부한다.

22 다음 중 위험물안전관리법에 따라 옥내저장소에 위험물을 저장하려 할 때 제한 높이가 가장 낮은 것은? 19년 소방위

① 아세톤을 수납하는 용기만을 겹쳐 쌓는 경우

② 기계에 의하여 하역하는 구조로 된 용기만을 겹쳐 쌓는 경우

③ 제3석유류를 수납하는 용기만을 겹쳐 쌓는 경우

④ 아마인유를 수납하는 용기만을 겹쳐 쌓는 경우

23 지정수량의 10분의 1을 초과하는 위험물 운반 시 제3류 위험물과 혼재가 가능한 위험물은 무엇인가? 12년 소방위

① 제1류 위험물
② 제2류 위험물
③ 제3류 위험물
④ 제4류 위험물

24 위험물시설에 대한 출입 또는 검사와 관련한 설명 중 틀린 것은? 13년 소방위

① 출입검사는 해당 장소의 공개 또는 근무시간 내에 해야 한다.
② 개인주거에 있어서 원칙적으로 제한하고 있으나, 허락한 경우만 출입·검사를 할 수 있다.
③ 위험물 또는 위험물로 의심되는 물품에 대하여 시험에 필요한 최소량을 수거할 수 있도록 규정하고 있다.
④ 출입·검사자의 의무를 규정을 두고 있다.

25 위험물의 정의 중 불연재료가 아닌 것은? 13년 경남소방장

① 콘크리트
② 석 재
③ 알루미늄
④ 유 리

04 최종모의고사

01 위험물안전관리법령상 시·도지사의 권한을 소방서장에 위임하는 업무에 해당하는 것이 아닌 것은? 13년 부산소방장

① 제조소등의 설치허가 또는 변경허가
② 군사목적인 제조소등의 설치에 관한 군부대의 장과의 협의
③ 위험물의 품명·수량 또는 지정수량 배수의 변경신고의 수리
④ 위험물 운반용기 검사

02 위험물안전관리법령상 제조소의 안전거리 규정에 관한 설명으로 옳지 않은 것은?

① 고등교육법에서 정하는 학교는 수용인원에 관계없이 30m 이상 이격해야 한다.
② 영유아교육법에 의한 어린이집이 20명의 인원을 수용하는 경우는 30m 이상 이격해야 한다.
③ 공연법에 의한 공연장이 300명의 인원을 수용하는 경우 10m 이상 이격해야 한다.
④ 노인복지법에 의한 노인복지시설이 20명의 인원을 수용하는 경우 30m 이상 이격해야 한다.

03 위험물 제조소등에 경보설비를 설치해야 하는 경우가 아닌 것은? (지정수량 10배 이상)

① 이동탱크저장소
② 단층건물로 처마높이가 6m인 옥내저장소
③ 단층건물 외의 건축물에 설치된 옥내탱크저장소로서 소화난이도등급Ⅰ에 해당하는 것
④ 옥내주유취급소

04 다음은 위험물안전관리법령에서 정의한 동식물유류에 관한 내용이다. 괄호 안에 알맞은 수치는?

> 가. 동물의 지육 등 또는 식물의 종자나 과육으로부터 추출한 것으로서 1기압에서 인화점이 섭씨 ( )도 미만인 것을 말한다.
> 나. "제4석유류"라 함은 기어유, 실린더유 그 밖에 1기압에서 인화점이 섭씨 200도 이상 섭씨 ( )도 미만의 것을 말한다. 다만, 도료류 그 밖의 물품은 가연성 액체량이 40중량퍼센트 이하인 것은 제외한다.

① 70 ② 200
③ 250 ④ 300

05 위험물안전관리법령에 따른 위험물의 유별 구분이 나머지 셋과 다른 하나는?

① 사에틸납 ② 백금분
③ 주석분 ④ 고형알코올

06 위험물의 성질에 따라 강화된 기준을 적용하는 지정과산화물을 저장하는 옥내저장소에서 지정과산화물에 대한 설명으로 옳은 것은?

① 지정과산화물이란 제5류 위험물 중 유기과산화물 또는 이를 함유한 것으로서 지정수량이 10킬로그램인 것을 말한다.
② 지정과산화물에는 제4류 위험물에 해당하는 것도 포함된다.
③ 지정과산화물이란 유기과산화물과 알킬알루미늄을 말한다.
④ 지정과산화물이란 유기과산화물 중 소방청 고시로 지정한 물질을 말한다.

07 일반취급소의 형태가 옥외의 공작물로 되어 있는 경우에 있어서 그 최대수평 투영면적이 500m^{2}일 때 설치해야 하는 소화설비의 소요단위는 몇 단위인가?

① 5단위 ② 10단위
③ 15단위 ④ 20단위

08 이송취급소에 설치하는 경보설비의 기준에 따라 이송기지에 설치해야 하는 경보설비로만 이루어진 것은?

① 확성장치, 비상벨장치 ② 비상방송설비, 비상경보설비
③ 확성장치, 비상방송설비 ④ 비상방송설비, 자동화재탐지설비

09 다음 보기 중에서 위험물안전관리법상 위험물 및 지정수량에서 중량퍼센트(Wt%)로 위험물을 구분하는 것에 해당하지 않는 것은?

철분, 금속분, 알코올류, 과산화수소, 질산, 황, 과염소산

① 금속분, 질산, 과염소산
② 질산, 과염소산
③ 과산화수소, 질산, 황, 과염소산
④ 알코올류, 과산화수소, 질산, 과염소산

10 옥외저장소에서 지정수량 200배 초과의 위험물을 저장할 경우 보유공지의 너비는 몇 m 이상으로 해야 하는가? (단, 제4류 위험물과 제6류 위험물은 제외한다) 14년 소방위

① 0.5
② 2.5
③ 10
④ 15

11 주유취급소에 설치할 수 있는 위험물탱크로 맞는 것은?

① 고정주유설비에 직접 접속하는 5기 이하의 간이탱크
② 보일러 등에 직접 접속하는 전용탱크로서 10,000리터 이하의 것
③ 고정주유설비에 직접 접속하는 전용탱크로서 70,000리터 이하의 것
④ 폐유, 윤활유 등의 위험물을 저장하는 탱크로서 4,000리터 이하의 것

12 지중탱크 누액방지판의 구조에 관한 기준으로 틀린 것은?

① 두께는 4.5mm 이상의 강판으로 할 것
② 용접은 맞대기용접으로 할 것
③ 침하 등에 의한 지중탱크본체의 변위영향을 흡수하지 아니할 것
④ 일사 등에 의한 열의 영향 등에 대하여 안전할 것

13 옥외저장탱크의 펌프설비 설치기준으로 틀린 것은?

① 펌프실의 지붕은 폭발력이 위로 방출될 정도의 가벼운 불연재료로 할 것
② 펌프실의 창 및 출입구에는 60분+방화문·60분방화문 또는 30분방화문을 설치할 것
③ 펌프실 바닥의 주위에는 높이 0.2m 이상의 턱을 만들 것
④ 펌프설비의 주위에는 너비 1m 이상의 공지를 보유할 것

14 위험물 제조소등 사용 중지신고에 관한 설명이다. 다음 보기 중 (   )에 알맞은 것은?

> 제조소등의 관계인은 제조소등의 사용을 중지하려는 경우에는 중지하려는 날의 (㉠) 전까지 제조소등의 사용을 재개하려는 경우에는 재개하려는 날의 (㉡) 전까지 (㉢)으로 정하는 바에 따라 제조소등의 사용을 중지 또는 재개를 (㉣)에게 신고해야 한다.

	㉠	㉡	㉢	㉣
①	3일	7일	행정안전부령	소방서장
②	7일	3일	행정안전부령	시・도지사
③	3일	7일	대통령령	시・도지사
④	7일	3일	대통령령	소방서장

15 위험물의 운반방법에 대한 설명 중 틀린 것은?

① 지정수량 이상의 위험물을 차량으로 운반하는 경우에는 한 변의 길이가 0.3m 이상, 다른 한 변의 길이가 0.6m 이상인 직사각형의 판으로 된 "위험물"이라는 표지를 설치해야 한다.

② 지정수량 이상의 위험물을 차량으로 운반하는 경우에는 바탕은 백색으로 하고, 황색의 반사도료 그 밖의 반사성이 있는 재료로 "위험물"이라고 표시한 표지를 설치해야 한다.

③ 지정수량 이상의 위험물을 차량으로 운반하는 경우에는 표지를 차량의 전면 및 후면의 보기 쉬운 곳에 내걸어야 한다.

④ 위험물 또는 위험물을 수납한 운반용기가 현저하게 마찰 또는 동요를 일으키지 아니하도록 운반해야 한다.

16 위험물의 저장기준으로 틀린 것은?

18년 통합소방장

① 옥내저장소에 저장하는 위험물은 용기에 수납하여 저장해야 한다(덩어리 상태의 황 제외).

② 같은 유별에 속하는 위험물은 모두 동일한 저장소에 함께 저장할 수 있다.

③ 자연발화할 위험이 있는 위험물을 옥내저장소에 저장하는 경우 동일 품명의 위험물이더라도 지정수량의 10배 이하마다 구분하여 상호간 0.3m 이상의 간격을 두어 저장해야 한다.

④ 용기에 수납하여 옥내저장소에 저장하는 위험물의 경우 온도가 55℃를 넘지 않도록 조치해야 한다.

17 제1류 위험물 중 무기과산화물과 제5류 위험물 중 유기과산화물의 소화방법으로 옳은 것은?

	무기과산화물	유기과산화물
①	CO_2에 의한 질식소화	CO_2에 의한 냉각소화
②	건조사에 의한 피복소화	분말에 의한 질식소화
③	포에 의한 질식소화	분말에 의한 질식소화
④	건조사에 의한 피복소화	물에 의한 냉각소화

18 위험물안전관리법령상 위험물시설의 안전관리에 관한 설명으로 옳지 않은 것은?

① 위험물안전관리자를 선임해야 하는 제조소등의 경우, 안전관리자를 선임한 제조소등의 관계인은 그 안전관리자를 해임하거나 안전관리자가 퇴직한 때에는 해임하거나 퇴직한 날부터 30일 이내에 다시 안전관리자를 선임해야 한다.

② 암반탱크저장소는 관계인이 예방규정을 정해야 하는 제조소등에 포함된다.

③ 정기검사의 대상인 제조소등이라 함은 액체위험물을 저장 또는 취급하는 50만 리터 이상의 옥외탱크저장소를 말한다.

④ 탱크안전성능시험자가 되고자 하는 자는 대통령령이 정하는 기술능력·시설 및 장비를 갖추어 소방청장에게 등록해야 한다.

19 다음 중 위험물 유별 성질로서 옳지 않은 것은?

20년 소방장

① 제1류 위험물 : 산화성고체

② 제2류 위험물 : 가연성고체

③ 제4류 위험물 : 인화성액체

④ 제3류 위험물 : 자연발화성 및 물과 반응성물질

20 탱크안전성능검사의 일부를 면제 받기 위해 탱크안전성능시험을 받으려는 자는 신청서에 어떤 서류를 첨부하여 기술원 또는 탱크성능시험자에게 신청할 수 있는가?

① 위험물 제조소등 허가서류 1부

② 해당 위험물탱크의 구조명세서 1부

③ 옥내저장소 구조명세서 1부

④ 위험물 제조소등 완공검사 합격확인증

21 **위험물시설의 설치 및 변경, 안전관리에 대한 설명으로 옳지 않은 것은?** 16년, 19년 소방위

① 제조소등의 설치자의 지위를 승계한 자는 승계한 날로부터 30일 이내에 시·도지사에게 신고해야 한다.

② 제조소등의 용도를 폐지한 때에는 폐지한 날부터 30일 이내에 시·도지사에게 신고해야 한다.

③ 위험물안전관리자가 퇴직한 때에는 퇴직한 날부터 30일 이내에 다시 위험물관리자를 선임해야 한다.

④ 위험물안전관리자를 선임한 때에는 선임한 날부터 14일 이내에 소방본부장이나 소방서장에게 신고해야 한다.

22 **위험물 이동탱크저장소 운전자가 지켜야 할 사항이다. 이를 위반 시 처벌규정에 대한 설명 중 틀린 것은?**

① 주행 중의 이동탱크저장소 정지지시를 거부하거나 국가기술자격증 또는 교육수료증의 제시를 거부 또는 기피한 자는 500만 원 이하의 과태료에 처한다.

② 이동탱크저장소 위험물을 운송하는 자는 국가기술자격 또는 안전교육을 받은 자이여야 하나 이를 위반한 위험물운송자는 1천만 원 이하의 벌금에 처한다.

③ 알킬알루미늄, 알킬리튬, 이들을 함유하는 위험물 운송에 있어서는 운송책임자의 감독 또는 지원을 받아 운송해야 하나 이를 위반한 위험물운송자는 1천만 원 이하의 벌금에 처한다.

④ 이동탱크저장소 운송자가 위험물의 운송에 관한 기준을 따르지 아니한 자는 500만 원 이하의 과태료를 부과한다.

23 **주유취급소의 위치·구조 및 설비 중 변경허가 사항이 아닌 것은?** 12년 소방위

① 고정주유설비 또는 고정급유설비를 보수하는 경우

② 고정주유설비 또는 고정급유설비의 위치를 이전하는 경우

③ 건축물의 벽·기둥·바닥·보 또는 지붕을 증설 또는 철거하는 경우

④ 유리를 부착하기 위하여 담의 일부를 철거하는 경우

24 다음의 위험물안전관리법에 따른 벌칙규정 중 양형기준이 다른 하나로 옳은 것은?

> ㉠ 제조소등 사용 중지신고 또는 재개신고를 기간 이내에 하지 아니하거나 거짓으로 한 자
> ㉡ 제조소등 정기점검을 실시하고 기간 이내에 점검결과를 제출하지 아니한 자
> ㉢ 위험물의 운송에 관한 기준을 따르지 아니한 자
> ㉣ 위험물 운반 시 위험물운반자 요건을 갖추지 아니한 위험물운반자

① ㉠
② ㉡
③ ㉢
④ ㉣

25 위험물안전관리법에서 규정한 내용에 대한 설명으로 올바른 것은?

① "위험물"이라 함은 인화성 또는 발화성 등의 성질을 가지는 것으로서 행정안전부령이 정하는 물품을 말한다.
② "지정수량"이라 함은 위험물의 종류별로 위험성을 고려하여 대통령령이 정하는 수량으로서 제조소등의 설치허가 등에 있어서 최저의 기준이 되는 수량을 말한다.
③ 건축법 시행령에서 규정한 불연재료에서 유리를 포함하여 주유취급소에서 유리벽을 설치할 수 있다.
④ 지정수량 미만인 위험물의 저장·취급 기준은 시·도 규칙으로 정한다.

05 최종모의고사

01 인화점이 21℃ 미만인 액체위험물의 옥외저장탱크 주입구에 설치하는 옥외저장탱크 주입구라고 표시한 게시판의 바탕 및 문자색을 옳게 나타낸 것은?

① 백색바탕 - 적색문자 ② 적색바탕 - 백색문자
③ 백색바탕 - 흑색문자 ④ 흑색바탕 - 백색문자

02 보유공지를 두지 않아도 되는 위험물 제조소등은? 13년 경남소방장

① 옥내저장소 ② 옥내탱크저장소
③ 옥외저장소 ④ 일반취급소

03 다음 〈보기〉에 있는 위험물의 지정수량 배수를 계산한 합은 얼마인가? 17년 인천소방장

- 알루미늄의 탄화물류 900킬로그램
- 알코올류 2,000리터
- 무기과산화물 400킬로그램
- 질산 600킬로그램
- 황 500킬로그램
- 적린 1,000킬로그램

① 33배 ② 34배
③ 35배 ④ 36배

04 다음 위험물에 대한 유별 구분이 잘못 연결된 것은? 19년 소방위

① 브로민산염류 - 제1류 위험물
② 무기과산화물 - 제5류 위험물
③ 황 - 제2류 위험물
④ 금속의 인화물 - 제3류 위험물

05 **제5류 위험물 중 유기과산화물을 함유한 것으로서 위험물에서 제외되는 기준으로 틀린 것은?**

① 과산화벤조일의 함유량이 35.5중량퍼센트 미만인 것으로서 전분가루, 황산칼슘2수화물 또는 인산수소칼륨2수화물과의 혼합물

② 1.4비스(2-터셔리부틸퍼옥시아이소프로필)벤젠의 함유량이 40중량퍼센트 미만인 것으로서 불활성 고체와의 혼합물

③ 사이클로헥사온퍼옥사이드의 함유량이 40중량퍼센트 미만인 것으로서 불활성고체와의 혼합물

④ 비스(4-클로로벤조일)퍼옥사이드의 함유량이 30중량퍼센트 미만인 것으로서 불활성고체와의 혼합물

06 **위험물 제조소의 위치 · 구조 및 설비의 기준에 있어서 위험물을 취급하는 건축물의 구조로 적당하지 않은 것은?** 17년 인천소방장 15년, 18년, 20년 소방위 19년 통합소방장

① 지하층이 없도록 해야 한다.

② 연소의 우려가 있는 외벽은 내화구조의 벽으로 해야 한다.

③ 출입구는 연소의 우려가 있는 외벽에 설치하는 경우 30분방화문을 설치해야 한다.

④ 지붕은 폭발력이 위로 방출될 정도의 가벼운 불연재료로 덮는다.

07 **지하탱크저장소 탱크전용실의 안쪽과 지하저장탱크와의 사이는 몇 m 이상의 간격을 유지해야 하는가?**

① 0.3 ② 0.2

③ 0.1 ④ 0.5

08 **위험물안전관리법령에 의한 위험물 운송에 관한 규정으로 틀린 것은?**

① 이동탱크저장소에 의하여 위험물을 운송하는 자는 해당 위험물을 취급할 수 있는 국가기술자격자 또는 안전교육을 받은 자이어야 한다.

② 안전관리자, 탱크시험자, 위험물운송자 등 위험물의 안전관리와 관련된 업무를 수행하는 사람은 시 · 도지사가 실시하는 안전교육을 받아야 한다.

③ 운송책임자의 범위 · 감독 또는 지원의 방법 등에 관한 구체적인 기준은 행정안전부령으로 정한다.

④ 위험물운송자는 행정안전부령이 정하는 기준을 준수하는 등 해당 위험물의 안전 확보를 위해 세심한 주의를 기울여야 한다.

09 다음 〈보기〉는 위험물안전관리법령에 따른 제3류, 제4류 및 제5류 위험물 중 인화성이 있는 액체(이황화탄소는 제외)의 옥외탱크저장소에 설치하는 방유제 설치기준에 관한 설명이다. (   ) 안에 옳은 기준은? 19년 통합소방장

> 방유제는 옥외저장탱크의 지름에 따라 그 탱크의 옆판으로부터 다음에 정하는 거리를 유지할 것. 다만, 인화점이 (㉠) ℃ 이상인 위험물을 저장 또는 취급하는 것에 있어서는 그러하지 아니하다.
> ① 지름이 (㉡)m 미만인 경우에는 탱크 높이의 (㉢) 이상
> ② 지름이 (㉡)m 이상인 경우에는 탱크 높이의 (㉣) 이상

① ㉠ : 100, ㉡ : 15, ㉢ : 1/3, ㉣ : 1/2
② ㉠ : 100, ㉡ : 12, ㉢ : 1/3, ㉣ : 1/2
③ ㉠ : 200, ㉡ : 15, ㉢ : 1/3, ㉣: 1/2
④ ㉠ : 200, ㉡ : 12, ㉢ : 1/2, ㉣: 1/3

10 다음은 위험물안전관리법령에 따른 이동저장탱크의 구조에 관한 기준이다. 괄호 안에 알맞은 수치는?

> "이동저장탱크는 그 내부에 (   )리터 이하마다 (   )mm 이상의 강도, 내열성 및 내식성이 있는 금속성의 것으로 칸막이를 설치해야 한다. 다만, 고체인 위험물을 저장하거나 고체인 위험물을 가열하여 액체 상태로 저장하는 경우에는 그러하지 아니하다."

① 2,000, 1.6
② 2,000, 3.2
③ 4,000, 1.6
④ 4,000, 3.2

11 위험물을 취급함에 있어서 정전기를 유효하게 제거하기 위한 설비를 설치하고자 한다. 공기 중의 상대 습도를 몇 % 이상 되게 해야 하는가?

① 50
② 60
③ 70
④ 80

12 위험물저장소에 다음과 같이 2가지 위험물을 저장하고 있다. 지정수량 이상에 해당하는 것은? 17년 통합소방장

① 브로민산칼륨 80킬로그램, 염소산칼륨 40킬로그램
② 질산 100킬로그램, 과산화수소 150킬로그램
③ 질산칼륨 120킬로그램, 다이크로뮴산나트륨 500킬로그램
④ 휘발유 20리터, 윤활유 2,000리터

13 위험물의 저장 또는 취급하는 방법을 설명한 것 중 옳지 않은 것은?

① 칼륨 - 경유 속에 저장한다.
② 이황화탄소 - 용기나 탱크에 저장 시 물로 덮어서 보관한다.
③ 산화프로필렌 - 저장 시 은으로 제작된 용기에 질소가스와 같은 불연성가스를 충전하여 보관한다.
④ 황린 - 물속에 저장한다.

14 옥내탱크저장소 중 탱크전용실을 단층건물 외의 건축물에 설치하는 경우 옥내저장탱크를 설치한 탱크전용실을 건축물의 1층 또는 지하층에 설치해야 하는 위험물의 종류가 아닌 것은?

17년, 18년 소방위

① 황화인 ② 황 린
③ 과염소산 ④ 질 산

15 위험물 제조소에 전기설비가 설치된 경우에 해당 장소의 면적이 500m^2라면 몇 개 이상의 소형수동식소화기를 설치해야 하는가?

07년 인천소방위

① 1 ② 2
③ 5 ④ 10

16 위험물안전관리법령에 따라 명시된 예방규정 작성 시 포함되어야 하는 사항이 아닌 것은?

① 위험물의 안전관리업무를 담당하는 자의 직무 및 조직에 관한 사항
② 위험물 취급 작업의 기준에 관한 사항
③ 위험물시설 및 작업장에 대한 안전순찰에 관한 사항
④ 재난 그 밖의 비상시의 경우에 소방서장의 출입검사 지원에 관한 사항

17 군사목적 또는 군부대시설을 위한 제조소등을 설치하거나 그 위치 · 구조 또는 설비를 변경하고자 하는 군부대의 장이 완공검사를 자체적으로 실시한 후 지체없이 시 · 도지사에게 통보해야하는 사항으로 옳지 않은 것은?

① 제소소등의 완공일 및 사용개시일
② 탱크안전성능검사의 결과(탱크안전성능검사의 대상이 되는 위험물탱크가 있는 경우에 한한다)
③ 정기검사 결과
④ 안전관리자 선임계획

18 **제1류 위험물 중 행정안전부령이 정하는 것이 아닌 것은?** 13년 소방위 17년, 19년 통합소방장

① 과아이오딘산염류
② 크로뮴, 납 또는 아이오딘의 산화물
③ 염소화아이소사이아누르산
④ 질산구아니딘

19 **위험물 제조소등 완공검사에 관한 규정 설명으로 틀린 내용은?**

① 완공검사에 합격한 경우가 아니면 위험물시설 등을 사용할 수 없다.
② 변경허가 신청 후 가사용승인을 받은 경우 완공검사 전에 전부를 사용할 수 있다.
③ 부분완공검사를 인정하고 있다.
④ 완공검사 신청 후 민원처리기간은 5일이다.

20 **위험물안전관리대행기관의 지정기준에 대한 설명으로 틀린 내용은 무엇인가?** 17년 통합소방장

① 안전관리대행기관의 지정기준으로 기술인력, 시설, 장비를 갖추어야 한다.
② 기술인력은 위험물기능장 또는 위험물산업기사 1인 이상
③ 시설로는 전용사무실을 갖추어야 한다.
④ 전용사무실은 $33m^2$ 이상이어야 한다.

21 **위험물 운송책임자의 감독 또는 지원의 방법으로 운송의 감독 또는 지원을 위하여 마련한 별도의 사무실에 운송책임자가 대기하면서 이행하는 사항에 해당하지 않는 것은?** 20년 소방장

① 운송 후에 운송경로를 파악하여 관할 경찰관서에 신고하는 것
② 이동탱크저장소의 운전자에 대하여 수시로 안전 확보 상황을 확인하는 것
③ 비상시의 응급처치에 관하여 조언을 하는 것
④ 위험물의 운송 중 안전 확보에 관하여 필요한 정보를 제공하고 감독 또는 지원하는 것

22 위험물안전관리자를 선임하지 아니한 관계인에 대한 벌칙은?

① 1천만 원 이하의 벌금
② 1천 500만 원 이하의 벌금
③ 500만 원 이하의 벌금
④ 300만 원 이하의 벌금

23 다음 제4류 인화성액체 위험물 중 인화점으로 위험물을 정의하는 것이 아닌 것은?

13년 경남소방장 17년 인천소방장 19년 소방위

① 특수인화물
② 알코올류
③ 제1석유류
④ 제4석유류

24 암반탱크저장소의 위치 · 구조 및 설비의 기준으로 옳은 것은?

① 암반탱크 내로 유입되는 지하수의 양은 암반 내의 지하수 충전량보다 클 것
② 암반탱크에 가해지는 지하수압은 저장소의 최대 운영압보다 항상 크게 유지할 것
③ 암반탱크는 저장할 위험물의 증기압을 억제할 수 있는 지하수면 위에 설치할 것
④ 암반투수계수가 분당 10만분의 1m 이하인 천연암반 내에 설치할 것

25 옥내탱크저장소의 위치 · 구조 및 설비의 기준이 틀린 것은?

13년 경남소방장

① 옥내저장탱크는 단층건축물에 설치된 탱크전용실에 설치할 것
② 옥내저장탱크의 상호간에는 0.5m 이상의 간격을 유지할 것
③ 채광설비는 불연재료로 하고, 연소의 우려가 없는 장소에 설치하되 채광면적을 최대로 할 것
④ 지붕은 불연재료로 하고, 천장을 설치하지 아니할 것

06 최종모의고사

01 제2류 위험물인 금속분에 해당되는 것은? (단, 150마이크로미터의 체를 통과하는 것이 50중량퍼센트 미만인 것은 제외)

① 세슘분(Cs)　② 구리분(Cu)
③ 철분(Fe)　④ 은분(Ag)

02 다음 중 위험물안전관리법에서 규정하고 있는 내용으로 옳지 않은 것은?

① 민사집행법에 의한 경매・국세징수법 또는 지방세법에 의한 압류재산의 매각절차에 따라 제조소등의 시설의 전부를 인수한 자는 그 설치자의 지위를 승계한다.
② 피성년후견인, 허위로 등록하여 탱크시험자의 등록이 취소된 날로부터 2년이 지나지 아니한 자는 탱크시험자로 등록하거나 탱크시험자의 업무에 종사할 수 없다.
③ 농예용, 축산용으로 필요한 난방시설 또는 건조시설을 위한 지정수량 20배 이하의 취급소는 신고를 하지 아니하고 위험물의 품명 수량을 변경할 수 있다.
④ 법정의 완공검사를 받지 아니하고 제조소등을 사용한 때 시・도지사는 허가를 취소하거나 6월 이내의 기간을 정하여 사용정지를 명할 수 있다.

03 위험물안전관리법에 따른 이산화탄소소화기에 적응성 있는 위험물은?

① 제1류 위험물　② 제3류 위험물
③ 제5류 위험물　④ 제4류 위험물

04 위험물안전관리법상 설치허가 및 완공검사절차에 관한 설명으로 틀린 것은?

① 지정수량의 1천배 이상의 위험물을 취급하는 제조소는 한국소방산업기술원으로부터 해당 제조소의 구조・설비에 관한 기술검토를 받아야 한다.
② 50만 리터 이상인 옥외탱크저장소는 한국소방산업기술원으로부터 해당 탱크의 기초・지반 및 탱크본체에 관한 기술검토를 받아야 한다.
③ 지정수량의 1천배 이상의 제4류 위험물을 취급하는 일반 취급소의 부분적 증설에 대한 완공검사는 한국소방산업기술원이 실시한다.
④ 50만 리터 이상인 옥외탱크저장소의 완공검사는 한국소방산업기술원이 실시한다.

05 위험물 제조소에서 지정수량 이상의 위험물을 취급하는 건축물(시설)에는 원칙상 최소 몇 m 이상의 보유공지를 확보해야 하는가? (단, 최대수량은 지정수량의 10배이다)

① 1m 이상 ② 3m 이상
③ 5m 이상 ④ 7m 이상

06 위험물안전관리법에 따른 위험물에 대한 설명으로 옳은 것은?

① 위험물의 각 유별 성질에 따라 제I등급부터 제V등급까지 분류하고 있다.
② 제1류 위험물은 산화성액체의 성질을 가지고 있다.
③ 제3류 위험물은 자기반응성 및 금수성의 성질을 가지고 있다.
④ 제2류 위험물은 가연성고체로서 인화성고체가 해당되는 위험물 품명이다.

07 위험물안전관리법에 따른 감독 및 조치명령에 해당되는 것은?

① 관계인의 소방활동 종사명령
② 위험시설 등에 대한 긴급조치
③ 강제처분 등
④ 응급조치·통보 및 조치명령

08 위험물안전관리법상 이동저장탱크로부터 직접 위험물을 자동차의 연료탱크에 주입하지 말아야 함에도 불구하고 그렇지 않을 수 있는 저장·취급기준으로 옳지 않은 것은?

① 건설공사를 하는 장소에서 주입설비를 부착한 이동탱크저장소로부터 해당 건설공사와 관련된 건설기계 중 덤프트럭과 콘크리트믹서트럭의 연료탱크에 인화점 40℃ 이상의 위험물을 주입하는 경우
② 재난이 발생한 장소에서 주입설비를 부착한 이동탱크저장소로부터 「소방장비관리법」 제8조에 따른 소방자동차의 연료탱크에 인화점 40℃ 이상의 위험물을 주입하는 경우
③ 재난이 발생한 장소에서 주입설비를 부착한 이동탱크저장소로부터 긴급구조지원기관 소속의 자동차의 연료탱크에 인화점 40℃ 이상의 위험물을 주입하는 경우
④ 그 밖에 재난에 긴급히 대응할 필요가 있는 경우로서 소방본부장 또는 소방서장이 지정하는 자동차

09 이동탱크저장소에 있어서 구조물 등의 시설을 변경할 때 변경허가를 받아야 하는 경우는?

15년 소방위 21년 소방장

① 펌프설비를 신설 또는 보수하는 경우
② 같은 사업장 내에서 상치장소의 위치를 이전하는 경우
③ 지름이 200mm 이상의 노즐 또는 맨홀을 신설하는 경우
④ 탱크본체를 절개하여 탱크를 보수하는 경우

10 위험물안전관리자를 선임한 제조소등의 관계인은 그 안전관리자를 해임하거나 안전관리자가 퇴직한 때에는 해임하거나 퇴직한 날부터 며칠 이내에 다시 안전관리자를 선임해야 하는가?

① 10일 ② 20일
③ 30일 ④ 40일

11 제6류 위험물의 위험등급에 관한 설명으로 옳은 것은?

① 제6류 위험물 중 질산은 위험등급Ⅰ이며, 그 외의 것은 위험등급Ⅱ이다.
② 제6류 위험물 중 과염소산은 위험등급Ⅰ이며, 그 외의 것은 위험등급Ⅱ이다.
③ 제6류 위험물은 모두 위험등급Ⅰ이다.
④ 제6류 위험물은 모두 위험등급Ⅱ이다.

12 위험물안전관리법령상의 '자연발화성물질 및 금수성물질'에 해당하는 것은?

① 염소화규소화합물 ② 금속의 아지화합물
③ 황과 적린의 화합물 ④ 할로젠화합물

13 위험물안전관리법상 제6류 위험물에 대한 설명으로 옳은 것은?

① "산화성액체"라 함은 액체로서 산화력의 잠재적인 위험성을 판단하기 위하여 행정안전부령으로 정하는 시험에서 대통령령이 정하는 성질과 상태를 나타내는 것을 말한다.
② 과산화수소는 그 농도가 36부피퍼센트 이상인 것에 한하며, 제6류 위험물에 해당한다.
③ 산화성액체의 성질과 상태가 있는 질산은 그 비중이 1.39 이상인 것이 제6류 위험물에 해당한다.
④ 산화성액체의 성질과 상태가 있는 과염소산은 비중과 상관없이 제6류 위험물에 해당한다.

14 위험물 제조소에 옥내소화전 1개와 옥외소화전 1개를 설치하는 경우 수원의 수량을 얼마 이상으로 확보해야 하는가? (단, 위험물 제조소는 단층 건축물이다)

① 5.4m^3
② 10.5m^3
③ 21.3m^3
④ 29.1m^3

15 지정수량의 단위가 나머지 셋과 다른 하나는?

① 황 린
② 과염소산
③ 나트륨
④ 이황화탄소

16 다음 〈보기〉에서 명령권자가 다른 하나를 고르시오.

> 가. 탱크시험자에 대한 감독상 명령
> 나. 무허가 장소의 위험물에 대한 조치명령
> 다. 위험물 저장 · 취급 기준 준수명령 등
> 라. 제조소등에 대한 긴급 사용정지명령 등
> 마. 응급조치 · 통보 및 조치명령

① 가
② 마
③ 라
④ 다

17 제조소등 완공검사의 신청 등에서 완공검사를 한국소방산업기술원에 위탁하는 제조소등으로 옳지 않은 것은?

① 지정수량의 1천배 이상의 암반탱크저장소의 설치 또는 변경에 따른 완공검사
② 지정수량의 1천배 이상의 위험물을 취급하는 제조소의 설치 또는 변경에 따른 완공검사
③ 저장용량이 50만 리터 이상의 옥외탱크저장소의 설치 또는 변경에 따른 완공검사
④ 지정수량의 1천배 이상의 위험물을 취급하는 일반취급소의 부분 증설에 따른 완공검사

18 형상은 다르지만 모두 “산화성”인 것은?

① 제2류 위험물과 제4류 위험물
② 제3류 위험물과 제5류 위험물
③ 제1류 위험물과 제6류 위험물
④ 제2류 위험물과 제5류 위험물

19 **제조소등의 위치·구조 또는 설비를 변경함에 있어서 변경허가를 신청하는 때에 화재예방에 관한 조치사항을 기재한 서류를 제출하는 경우에는 해당 변경공사와 관계가 없는 부분은 완공검사를 받기 전에 미리 사용할 수 있도록 규정된 제도를 무엇이라 하는가?**

① 부분 사용검사

② 부분 사용승인

③ 가사용 승인

④ 가사용 검사

20 **다음 위험물의 취급 시 기준으로 틀린 것은?**

① 추출공정에 있어서는 추출관의 내부압력이 정상으로 상승하지 아니하도록 할 것

② 위험물을 용기에 옮겨 담는 경우에는 위험물의 용기 및 수납기준에 따라 수납해야 한다.

③ 고정주유설비 또는 고정급유설비에는 해당 설비에 접속한 전용탱크 또는 간이탱크의 배관 외의 것을 통하여서는 위험물을 공급하지 아니할 것

④ 이동저장탱크에 급유할 때에는 고정급유설비를 사용하여 직접 급유할 것

21 **탱크저부가 지반면 아래에 있고 상부가 지반면 이상에 있으며 탱크 내 위험물의 최고액면이 지반면 아래에 있는 원통세로형식의 위험물탱크를 무엇이라 하는가?** 21년 소방위

① 특정 옥외탱크

② 지하탱크

③ 지중탱크

④ 암반탱크

22 **다음 중 가연성 물질로만 나열한 것은?**

① 질산칼륨, 황린, 다이에틸에터

② 나이트로글리세린, 과염소산, 탄화알루미늄

③ 과산화수소, 탄화알루미늄, 아세트알데하이드

④ 탄화알루미늄, 고형알코올, 아세톤

23 위험물 제조소에서 저장 · 취급하는 위험물의 운반용기 주의사항 표기가 옳은 것은?

19년 소방위

① 황화인 - 화기엄금
② 과산화나트륨 - 물기엄금
③ 알킬알루미늄 - 공기접촉엄금
④ 나이트로글리세린 - 화기주의

24 다음 중 위험물안전관리법상 위험물의 저장 · 취급 기준을 정확히 알고 있는 사람으로 옳은 것은?

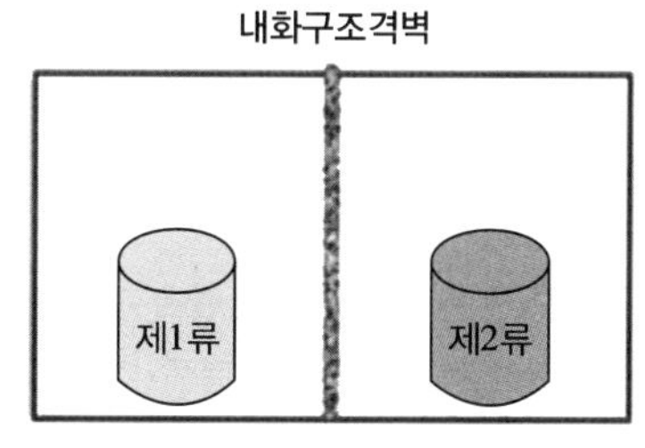

〈A씨 옥내저장소〉

① A씨 : 옥내저장소에 과염소산 위험물을 추가로 저장해야 할 것 같은데 유별이 다른 위험물을 저장할 수 없다고 해서 큰일이네요.
② B씨 : 정말, 유별을 달리하는 위험물은 어떠한 경우라도 동일한 저장소 저장할 수 없는데 큰일이네요.
③ C씨 : 제가 알기론 서로 1m 이상의 간격을 두는 경우, 옥내저장소에 제1류와 제6류 위험물은 동일한 저장소에 저장할 수 있어요.
④ D씨 : A씨 옥내저장소는 내화구조의 격벽으로 구획된 실이 2 이상 있으니 제2류 위험물과 동일한 실에 저장하면 되겠네요.

25 다층건물의 옥내저장소에 저장 · 취급할 수 있는 위험물이 아닌 것은?

13년 소방위 · 경남소방장

① 인화성고체
② 크레오소트류
③ 기어유
④ 금속분

07 최종모의고사

01 허가량이 100만 리터인 위험물 옥외저장탱크의 바닥판 전면 교체 시 법적 절차 순서로 옳은 것은?

14년 소방위

① 변경허가 - 기술검토 - 안전성능검사 - 완공검사
② 기술검토 - 변경허가 - 안전성능검사 - 완공검사
③ 변경허가 - 안전성능검사 - 기술검토 - 완공검사
④ 안전성능검사 - 변경허가 - 기술검토 - 완공검사

02 제4류 위험물의 인화점에 따른 구분과 종류를 연결한 것 중 옳지 않은 것은? 17년 통합소방장

① 인화점 영하 10℃ 이하 - 특수인화물 - 메탄올
② 인화점 200℃ 이상 250℃ 미만 - 제4석유류 - 기어유
③ 인화점 21℃ 이상 70℃ 미만 - 제2석유류 - 경유
④ 인화점 21℃ 미만 - 제1석유류 - 휘발유

03 위험물안전관리법령상 제조소의 환기설비 시설기준에 관한 설명으로 옳지 않은 것은?

15년 소방위

① 급기구는 해당 급기구가 설치된 실의 바닥면적 150m^{2}마다 1개 이상으로 해야 한다.
② 환기구는 지붕 위 또는 지상 1m 이상의 높이에 설치해야 한다.
③ 바닥면적이 120m^{2}인 경우 급기구의 크기를 600cm^2 이상으로 해야 한다.
④ 급기구는 낮은 곳에 설치하고 가는 눈의 구리망 등으로 인화방지망을 설치해야 한다.

04 위험물안전관리자의 책무에 해당하지 않는 것은? 13년 경기소방장

① 화재 등의 재난이 발생한 경우 소방관서 등에 대한 연락업무
② 화재 등의 재난이 발생한 경우 응급조치
③ 위험물의 취급에 관한 일지의 작성·기록
④ 위험물안전관리자의 선임·신고

05 제조소의 게시판 사항 중 위험물의 종류에 따른 주의사항이 옳게 연결된 것은? 16년 소방위

① 제2류 위험물(인화성고체 제외) - 화기엄금
② 제3류 위험물 중 금수성물질 - 물기엄금
③ 제4류 위험물 - 화기주의
④ 제5류 위험물 - 물기엄금

06 위험물안전관리법령에 따른 자동화재탐지설비의 설치기준에서 하나의 경계구역의 면적은 얼마 이하로 해야 하는가?

① $500m^2$
② $600m^2$
③ $800m^2$
④ $1,000m^2$

07 위험물 제조소등의 정기점검 및 정기검사에 대한 설명으로 옳지 않은 것은?

① 액체위험물을 저장·취급하는 50만 리터 이상의 옥외탱크저장소는 정기점검·구조안전점검·정밀정기검사 및 중간정기검사를 받아야 한다.
② 정기점검을 한 제조소등의 관계인은 점검을 한 날부터 30일 이내에 점검결과를 시·도지사에게 제출해야 한다.
③ 정기점검 대상과 정기검사 대상은 같다.
④ 정밀정기검사 사항에는 특정·준특정 옥외저장탱크의 구조·설비의 외관에 관한 사항이 포함되어 있다.

08 위험물안전관리법령상 위험물 옥외저장소에 저장할 수 있는 품명은? (단, 국제해상위험물규칙에 적합한 용기에 수납하는 경우를 제외한다) 17년 소방위·인천소방장

① 특수인화물
② 무기과산화물
③ 알코올류
④ 칼 륨

09 다음 보기는 위험물안전관리법 시행규칙 제57조(안전관리대행기관 지정 등) 제5항 및 제6항이다. ( )에 들어갈 내용이 바르게 연결된 것은?

> 가. 안전관리대행기관은 지정받은 사항의 변경이 있는 경우에는 그 사유가 있는 날부터 (㉠)이내에 위험물안전관리대행기관 변경신고서에 행정안전부령으로 정하는 서류를 첨부하여 (㉡)에게 제출해야 한다.
> 나. 안전관리대행기관은 휴업·재개업 또는 폐업을 하려는 경우에는 휴업·재개업 또는 폐업하려는 날 (㉢)전까지 위험물안전관리대행기관 휴업·재개업·폐업 신고서에 위험물안전관리대행기관지정서를 첨부하여 (㉡)에게 제출해야 한다.

	㉠	㉡	㉢
①	1일	시·도지사	14일
②	14일	시·도지사	1일
③	1일	소방청장	14일
④	14일	소방청장	1일

10 아염소산염류의 운반용기 중 적응성이 있는 내장용기의 종류와 최대 용적이나 중량을 옳게 나타낸 것은? (단, 외장용기의 종류는 나무상자 또는 플라스틱상자이고, 외장용기의 최대중량은 125킬로그램으로 한다)

① 금속제용기 : 20리터
② 종이포대 : 55킬로그램
③ 플라스틱 필름포대 : 60킬로그램
④ 유리용기 : 10리터

11 소화난이도등급II에 해당하는 위험물 제조소는 연면적이 몇 m^2 이상인 것인가? (단, 면적 외의 조건은 무시한다)

① 400
② 1,000
③ 800
④ 600

12 위험물 제조소에 관한 다음 설명 중 옳은 것은? (단, 원칙적인 경우에 한한다)

① 위험물시설의 설치 후 사용시기는 완공검사신청서를 제출했을 때부터 사용이 가능하다.
② 위험물시설의 설치 후 사용시기는 완공검사를 받은 날로부터 사용이 가능하다.
③ 위험물시설의 설치 후 사용시기는 설치허가를 받았을 때부터 사용이 가능하다.
④ 위험물시설의 설치 후 사용시기는 완공검사를 받고 완공검사합격확인증을 교부받았을 때부터 사용이 가능하다.

13 위험물안전관리법령상 제2류 위험물에 관한 설명으로 옳지 않은 것은? 21년 소방위

① 황은 순도가 60중량퍼센트 이상인 것을 말하며 지정수량은 100킬로그램이다.
② 마그네슘은 지름 2mm 이상의 막대 모양의 것을 말하며 지정수량은 100킬로그램이다.
③ 인화성고체라 함은 고형알코올 그 밖에 1기압에서 인화점이 섭씨 40도 미만인 고체를 말하며 지정수량은 1,000킬로그램이다.
④ 철분이라 함은 철의 분말로서 53마이크로미터의 표준체를 통과하는 것이 50중량퍼센트 이상이어야 하며 지정수량은 500킬로그램이다.

14 특정 옥외탱크저장소의 간막이 둑에 대한 설명으로 옳지 않은 것은? 20년 소방장

① 용량이 1,000만 리터 이상인 옥외저장탱크의 주위에 설치하는 방유제에 설치한다.
② 간막이 둑의 높이는 0.3m 이상으로 하되, 방유제의 높이보다 0.2m 이상 낮게 할 것
③ 방유제 내에 설치되는 옥외저장탱크의 용량의 합계가 2억 리터를 넘는 방유제에 있어서는 높이를 2m 이상으로 할 것
④ 간막이 둑의 용량은 간막이 둑 안에 설치된 탱크의 용량의 10퍼센트 이상일 것

15 다음 중 제6류 위험물이 아닌 것은?

① 농도가 36중량퍼센트인 과산화수소
② 할로젠간화합물 : 오불화아이오딘(IF_5)
③ 비중 1.49인 질산
④ 비중 1.76인 과염소산염류

16 위험물안전관리법령에서 정의하는 산화성고체에 대해 다음 괄호 안에 알맞는 용어를 차례대로 나타낸 것은?

> "산화성고체"라 함은 고체로서 (　　)의 잠재적인 위험성 또는 (　　)에 대한 민감성을 판단하기 위하여 소방청장이 정하여 고시하는 시험에서 고시로 정하는 성질과 상태를 나타내는 것을 말한다.

① 발화, 충격　　② 폭발, 가열분해
③ 인화, 발화　　④ 산화력, 충격

17 다음 위험물 중 지정수량이 가장 큰 것은?

① 부틸리튬 ② 마그네슘
③ 인화칼슘 ④ 황 린

18 정기점검 대상인 위험물 제조소등의 관계인은 점검을 한 날부터 며칠 이내에 점검결과를 시·도지사에게 제출해야 하는가?

① 14일 ② 10일
③ 20일 ④ 30일

19 위험물안전관리법령상 제4류 위험물에 속하는 것으로 나열된 것은?

① 특수인화물, 질산염류, 황린
② 알코올, 황화인, 나이트로화합물
③ 동식물유류, 알코올류, 특수인화물
④ 알킬알루미늄, 질산, 과산화수소

20 위험물 제조소등 완공검사 신청서 제출 시 재료의 성능을 증명하는 서류를 첨부해야 할 탱크는 무엇인가?

① 이중벽탱크 ② 옥외저장탱크
③ 해상탱크 ④ 지중탱크

21 위험물안전관리대행기관으로 신청할 수 있는 기관으로 맞는 것은?

① 탱크시험자로 등록된 법인
② 중앙소방학교
③ 한국소방안전원
④ 한국소방산업기술원

22 인화점이 0도 이상인 제1석유류(비수용성)를 옥외저장소에 저장할 경우 설치해야 할 설비가 아닌 것은?

① 살수설비 ② 유분리장치
③ 배수구 및 집유설비 ④ 경계표시

23 과염소산을 저장하는 옥외저장탱크 2기가 있을 때 방유제 용량을 구하는 방법으로 옳은 것은?

13년 소방위·경남소방장

① 최대탱크용량의 110% 이상으로 할 것
② 2기 탱크를 합한 용량으로 할 것
③ 최대탱크용량 × 0.5 + (나머지 탱크 용량합계 × 0.1)로 할 것
④ 최대탱크용량의 100% 이상으로 할 것

24 위험물안전관리법에서 규정한 내용에 대한 설명으로 옳은 것은?

① 시·도의 조례가 정하는 바에 따라 관할소방서장의 승인을 받아 지정수량 이상의 위험물을 180일 이내의 기간동안 임시로 저장 또는 취급하는 경우에는 제조소등이 아닌 장소에서 저장·취급할 수 있다.
② 옥외에 있는 이동탱크저장소의 상치장소는 화기를 취급하는 장소 또는 인근 공작물로부터 3m 이상의 거리를 확보해야 한다.
③ 항공기·선박(선박법 제1조의2 제1항에 따른 선박을 말한다)·철도 및 궤도에 의한 위험물의 저장·취급 및 운반에 있어서는 이 법을 적용하지 아니한다.
④ "제조소등"이라 함은 제조소·저장취급소를 말한다.

25 다음 그림과 같이 위험물 운반용기에 대한 설명으로 옳은 것은?

〈 가 〉

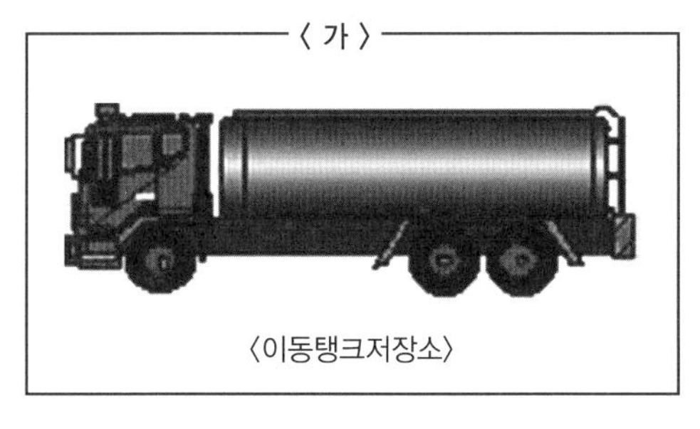

〈이동탱크저장소〉

〈 나 〉

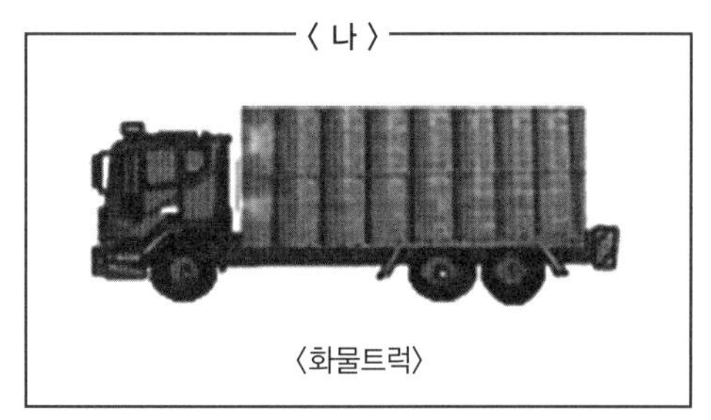

〈화물트럭〉

① 운반용기는 견고하여 쉽게 파손될 우려가 없고, 그 입구로부터 수납된 위험물이 샐 우려가 없도록 해야 한다.
② 화물차량에 위험물 용기를 싣고 다른 장소로 옮기는 것을 〈가〉와 같이 운송이라 한다.
③ 〈가〉와 같이 이동탱크저장소에 의하여 위험물을 다른 장소로 옮기는 것을 운반이라 한다.
④ 운반용기의 재질은 강판·알루미늄판·양철판·유리·종이·스티로폼 등이다.

08 최종모의고사

01 제5류 위험물의 종류와 성질 및 취급에 관한 설명으로 옳지 않은 것은?

① 위험성 유무와 등급에 따라 제1종 또는 제2종으로 분류한다.
② 질산에스터류는 외부로부터 산소의 공급이 없어도 자기연소하며 연소속도가 빠르다.
③ 나이트로글리세린, 알킬리튬, 알킬알루미늄등이 있다.
④ 위험물 제조소에는 적색바탕에 백색문자로 "화기엄금"이라는 주의사항을 표시한 게시판을 설치해야 한다.

02 위험물안전관리법령상 팽창진주암(삽 1개 포함)의 1.0 능력단위에 해당하는 용량으로 옳은 것은?

① 50리터　② 80리터
③ 100리터　④ 160리터

03 위험물안전관리법령에서 정한 경보설비의 종류가 아닌 것은? 13년 경남소방장

① 확성장치
② 누전경보설비
③ 비상경보설비(비상벨장치 또는 경종을 포함)
④ 비상방송설비

04 제3류 위험물을 취급하는 제조소는 300명 이상을 수용할 수 있는 영화상영관으로부터 몇 m 이상의 안전거리를 유지해야 하는가? 12년 소방위

① 5m　② 10m
③ 30m　④ 70m

05 위험물안전관리법령상 전기설비에 대하여 적응성이 없는 소화설비는?

① 물분무소화설비
② 불활성가스소화설비
③ 포소화설비
④ 할로젠화합물소화설비

06 금속분에 대한 설명으로 적합하지 않은 것은 무엇인가?

① 알칼리금속 · 알칼리토류금속류의 분말은 금속분에 포함되지 않는다.
② 철 및 마그네슘 금속의 분말은 금속분에 포함되지 않는다.
③ 구리분 · 니켈분은 금속분에 포함된다.
④ 150마이크로미터의 체를 통과하는 것이 50중량퍼센트 미만인 것은 제외한다.

07 위험물안전관리법령에 따른 위험물의 운반에 관한 기준에서 차광성과 방수성이 모두 있는 피복으로 가려주어야 하는 것은?

① 과산화칼륨
② 철 분
③ 황 린
④ 특수인화물류

08 액체위험물을 저장 · 취급하는 50만 리터 이상의 옥외탱크저장소의 정기검사에 대한 설명으로 옳지 않은 것은?

① 정기점검대상에 해당한다.
② 기술원은 정기검사를 실시한 결과를 검사종료일부터 15일 이내에 정기검사합격확인증을 관계인에게 발급하고, 그 결과보고서를 작성하여 소방서장에게 제출해야 한다.
③ 비상사태의 발생시는 소방서장의 직권 또는 관계인의 신청에 따라 소방서장이 따로 지정하는 시기에 정기검사를 받을 수 있다.
④ 최근의 정밀정기검사 또는 중간정기검사를 받은 날부터 4년 이내에 1회 이상 중간검사를 받아야 한다.

09 **지정과산화물을 저장하는 옥내저장소의 저장창고를 일정 면적마다 구획하는 격벽의 설치기준에 해당하지 않는 것은?** 19년 통합소방장

① 저장창고 상부의 지붕으로부터 50cm 이상 돌출하게 해야 한다.
② 저장창고 양측의 외벽으로부터 1m 이상 돌출하게 해야 한다.
③ 철근콘크리트조의 경우 두께가 30cm 이상이어야 한다.
④ 바닥면적 250m^2 이내마다 완전하게 구획해야 한다.

10 **「위험물안전관리법 시행규칙」상 제조소 또는 일반취급소의 위치·구조 또는 설비의 변경허가를 받아야 하는 경우로 옳지 않은 것은?**

① 위험물취급탱크의 노즐 또는 맨홀을 신설하는 경우(노즐 또는 맨홀의 지름이 200mm를 초과하는 경우에 한한다)
② 철 이온 등의 혼입에 의한 위험한 반응을 방지하기 위한 설비를 신설하는 경우
③ 펌프설비 또는 1일 취급량이 지정수량의 5분의 1 미만인 설비를 증설하는 경우
④ 제조소 또는 일반취급소의 위치를 이전하는 경우

11 **위험물안전관리법령상 자기반응성물질에 해당하지 않는 것은?** 21년 소방장

① 무기과산화물
② 유기과산화물
③ 하이드라진유도체
④ 다이아조화합물

12 스프링클러소화설비가 전체적으로 적응성이 있는 위험물은?

① 제1류 위험물
② 제2류 위험물
③ 제4류 위험물
④ 제5류 위험물

13 위험물안전관리대행기관이 갖추어야 하는 장비로 옳은 것은?

① 방사선투과시험기
② 방수압력측정계
③ 초음파시험기
④ 수직, 수평도 측정기(필요한 경우에 한한다)

14 옥외탱크저장소에 저장하는 제4류 위험물의 최대수량의 합이 지정수량의 50만배 이상인 사업소에 자체소방대로 두어야 하는 화학소방차의 대수 및 자체소방대원의 수는? (단, 해당 사업소는 다른 사업소 등과 상호응원에 관한 협정을 체결하고 있지 아니하다) 18년 소방위

① 2대, 10인　② 3대, 15인
③ 4대, 20인　④ 1대, 5인

15 위험물안전관리자에 대한 설명으로 틀린 것은?

① 암반탱크저장소에는 위험물안전관리자를 선임해야 한다.
② 위험물안전관리자와 위험물운송자로 종사하는 자는 신규종사 후 2년마다 1회 실무교육을 받아야 한다.
③ 위험물안전관리자가 일시적으로 직무를 수행할 수 없는 경우 대리자를 지정하여 그 직무를 대행하게 해야 한다.
④ 다수의 제조소등을 동일인이 설치한 경우 일정한 요건에 따라 1인의 안전관리자를 중복하여 선임할 수 있다.

16 위험물안전관리법상 위험물의 성질과 상태를 설명한 내용이다. 다음의 (　　) 안에 들어갈 말로 옳은 것은? **17년 인천소방장**

> "자기반응성물질"이라 함은 고체 또는 액체로서 (㉠) 또는 (㉡)을 판단하기 위하여 고시로 정하는 성질과 상태를 나타내는 것을 말하며, 위험성 유무와 등급에 따라 제1종 또는 제2종으로 분류한다.

① ㉠ : 폭발의 위험성　　㉡ : 발화의 위험성
② ㉠ : 발화의 위험성　　㉡ : 폭발의 위험성
③ ㉠ : 폭발의 위험성　　㉡ : 가열분해의 격렬함
④ ㉠ : 폭발의 위험성　　㉡ : 충격에 대한 민감성

17 위험물 제조소등 완공검사 신청서 제출 시 첨부서류로 맞지 않은 것은?

① 배관에 관한 내압시험, 비파괴시험 등에 합격하였음을 증명하는 서류(있는 경우에 한함)
② 소방서장, 기술원 또는 탱크시험자가 교부한 탱크검사합격확인증 또는 탱크시험합격확인증
③ 이중벽탱크의 경우 재료의 성능을 증명하는 서류
④ 해당 위험물탱크의 완공검사를 실시하는 소방서장 또는 기술원이 그 위험물탱크의 탱크안전성능검사를 실시하여 교부한 탱크검사합격확인증

18 위험물안전관리대행기관으로 지정을 받으려는 자의 구비서류가 아닌 것은?

① 위험물안전관리대행기관 지정신청서
② 기술인력 연명부 및 기술자격증
③ 사무실의 확보를 증명할 수 있는 서류
④ 최근 90일 이내에 작성한 자산평가액 또는 기업진단 보고서

19 **탱크시험자의 등록취소 처분을 하고자 하는 경우에 청문실시권자가 아닌 것은?**

① 시・도지사 ② 소방서장
③ 소방본부장 ④ 소방청장

20 **위험물 제조소의 건축물의 지붕을 내화구조로 할 수 있는 경우로 옳은 것은?**

① 제3석유류를 취급하는 건축물
② 제2류 위험물 중 덩어리 황을 취급하는 건축물
③ 제2류 위험물 중 금속분을 취급하는 건축물
④ 제2류 위험물 중 고형알코올을 취급하는 건축물

21 **옥내탱크저장소의 탱크전용실 관련 설명으로 틀린 것은?** 13년 경남소방장

① 지붕은 불연재료로 하고, 천장을 설치하지 아니할 것
② 탱크전용실의 창 및 출입구에는 60분+방화문・60분방화문 또는 30분방화문을 설치하는 동시에, 연소의 우려가 있는 외벽에 두는 출입구에는 수시로 열 수 있는 자동폐쇄식의 60분+방화문 또는 60분방화문을 설치할 것
③ 탱크전용실의 창 또는 출입구에 유리를 이용하는 경우에는 강화유리로 할 것
④ 바닥은 위험물이 침투하지 아니하는 구조로 하고, 적당한 경사를 두는 한편, 집유설비를 설치할 것

22 **복합용도의 옥내저장소의 위치・구조 및 설비기준에 관한 설명으로 옳지 않은 것은?**

① 옥내저장소 외의 용도로 사용하는 부분이 있는 건축물에 설치하는 것을 말한다.
② 층고・면적 및 저장용량의 제한 없이 설치할 수 있다.
③ 옥내저장소는 벽・기둥・바닥 및 보가 내화구조인 건축물의 1층 또는 2층의 어느 하나의 층에 설치해야 한다.
④ 안전거리 및 보유공지의 적용이 배제된다.

23 다음 〈보기〉는 이동저장탱크의 저장 · 취급 기준에 대한 설명이다. (　　)에 들어갈 숫자의 합은?

- 이동저장탱크에 알킬알루미늄등을 저장하는 경우에는 (　　)kPa 이하의 압력으로 불활성의 기체를 봉입하여 둘 것
- 알킬알루미늄등의 이동탱크저장소에 있어서 이동저장탱크로부터 알킬알루미늄등을 꺼낼 때에는 동시에 (　　)kPa 이하의 압력으로 불활성의 기체를 봉입할 것
- 아세트알데하이드등의 이동탱크저장소에 있어서 이동저장탱크로부터 아세트알데하이드등을 꺼낼 때에는 동시에 (　　)kPa 이하의 압력으로 불활성의 기체를 봉입할 것

① 500　　② 430

③ 320　　④ 330

24 위험물안전관리법에서 규정한 내용에 대한 설명으로 올바르지 않은 것은?

① 옥내저장소의 저장창고는 폭발력이 위로 방출할 수 있을 정도의 가벼운 불연재료로 하고 가연성 증기 발생방지를 위하여 천장을 설치해야 한다.

② “제조소”라 함은 위험물을 제조할 목적으로 지정수량 이상의 위험물을 취급하기 위하여 관할 소방서장의 위험물 제조소등 허가를 받은 장소를 말한다.

③ 복합용도 건축물의 옥내저장소는 옥내저장소의 용도에 사용되는 부분의 바닥면적은 $75m^2$ 이하로 해야 한다.

④ 주유취급소에 설치하는 주유원간이대기실은 불연재료로 하고 바닥면적이 $2.5m^2$ 이하일 것

25 이동저장탱크의 위험물안전관리카드에 대한 설명으로 틀린 것은? 18년 통합소방장

① 모든 제1류 위험물 운송 시 휴대해야 한다.

② 모든 제2류 위험물 운송 시 휴대해야 한다.

③ 모든 제4류 위험물 운송 시 휴대해야 한다.

④ 모든 제3류 위험물 운송 시 휴대해야 한다.

09 최종모의고사

01 제6류 위험물에 해당되는 것은?

① 질산구아니딘
② 염소화규소화합물
③ 할로젠간화합물
④ 과아이오딘산

02 위험물안전관리법령상 제조소등의 시설 중 각종 턱에 관한 기준으로 옳지 않은 것은?

17년 소방위

① 액체위험물을 취급하는 제조소의 옥외설비는 바닥의 둘레에 높이 0.15m 이상의 턱을 설치해야 한다.
② 판매취급소에서 위험물을 배합하는 실의 출입구 문턱의 높이는 바닥면으로부터 0.2m 이상이어야 한다.
③ 옥외탱크저장소에서 펌프실의 바닥 주위에는 높이 0.2m 이상의 턱을 만들어야 한다.
④ 주유취급소의 펌프실 출입구에는 바닥으로부터 0.1m 이상의 턱을 설치해야 한다.

03 위험물안전관리법령상 제조소의 위치 · 구조 및 설비의 기준에 따르면 가연성 증기가 체류할 우려가 있는 건축물은 배출장소의 용적이 500m^3일 때 시간당 배출능력(국소방식)을 얼마 이상인 것으로 해야 하는가?

① 5,000m^3
② 10,000m^3
③ 20,000m^3
④ 40,000m^3

04 제5류 위험물에 관한 설명으로 옳지 않은 것은?

① 하이드라진은 제4류 위험물이지만 하이드라진 유도체는 제5류 위험물에 해당한다.
② 고체인 물질도 있고 액체인 물질도 있다.
③ 유기과산화물은 산소를 포함하고 있어서 다량으로 연소할 경우 소화에 어려움이 있다.
④ 질산구아니딘의 위험등급은 Ⅲ등급에 해당한다.

05 **다음은 위험물안전관리법 시행규칙에 따른 예방규정의 이행 실태 평가에 대한 내용이다. 빈칸에 들어갈 숫자 또는 단어가 바르게 연결된 것은?**

> 예방규정의 이행 실태 평가는 다음 각 호의 구분에 따라 실시한다.
> 1. 최초평가 : 예방규정을 최초로 제출한 날부터 (㉠)이 되는 날이 속하는 연도에 실시
> 2. 정기평가 : 최초평가 또는 직전 정기평가를 실시한 날을 기준으로 (㉡)마다 실시.
> 다만, 수시평가를 실시한 경우에는 수시평가를 실시한 날을 기준으로 (㉢)마다 실시한다.
> 3. 수시평가 : 위험물의 누출・화재・폭발 등의 사고가 발생한 경우 소방청장이 제조소등의 (㉣)의 예방규정 준수 여부를 평가할 필요가 있다고 인정하는 경우에 실시

	㉠	㉡	㉢	㉣
①	4년	4년	4년	안전관리자 또는 종업원
②	3년	3년	3년	안전관리자 또는 종업원
③	3년	4년	4년	관계인 또는 종업원
④	4년	3년	3년	관계인 또는 종업원

06 **위험물 제조소의 위치・구조 및 설비의 기준에 대한 설명 중 틀린 것은?**

① 벽・기둥・바닥・보・서까래는 내화구조로 해야 한다.

② 부과권자는 고의 또는 중과실이 없는 위반행위자가 소상공인에 해당하고, 과태료를 체납하고 있지 않은 경우에는 개별기준에 따른 과태료의 100분의 70 범위에서 그 금액을 줄여 부과할 수 있다.

③ "화기엄금"을 표시하는 게시판은 적색바탕에 백색문자로 한다.

④ 지정수량의 10배를 초과한 위험물을 취급하는 제조소는 보유공지의 너비가 5m 이상이어야 한다.

07 **위험물안전관리법상 과태료 부과기준에 관한 설명으로 맞는 것은?**

① 미성년자는 부과를 면제한다.

② 일정 조건하에 과태료 금액의 2분의 1까지 그 금액을 줄일 수 있다.

③ 질서위반행위 규제법상 감경기준은 없다.

④ 위반행위가 사소한 부주의나 오류 등 과실로 인한 것으로 인정되는 경우에는 20%를 감경할 수 있다.

08 위험물안전관리법령상 수소충전설비를 설치한 주유취급소의 충전설비 설치기준으로 옳지 않은 것은?

① 자동차 등의 충돌을 방지하는 조치를 마련할 것
② 충전호스는 200킬로그램 중 이하의 하중에 의하여 파단 또는 이탈되어야 할 것
③ 급유공지 또는 주유공지에 설치할 것
④ 충전호스는 자동차 등의 가스충전구와 정상적으로 접속하지 않는 경우에는 가스가 공급되지 않는 구조로 할 것

09 위험물 제조소등의 지위승계에 관한 설명으로 옳은 것은?

① 양도는 승계사유이지만 상속이나 법인의 합병은 승계사유에 해당하지 않는다.
② 지위승계의 사유가 있는 날로부터 14일 이내에 승계신고를 해야 한다.
③ 시・도지사에게 신고해야 하나 실무상으로는 소방서장에게 신고해야 한다.
④ 민사집행법에 의한 경매절차에 따라 제조소등을 인수한 경우에는 지위승계신고를 한 것으로 간주한다.

10 소화설비의 설치기준으로 옳은 것은?

① 제4류 위험물을 저장 또는 취급하는 소화난이도등급Ⅰ인 옥외탱크저장소에는 대형수동식소화기 및 소형수동식소화기 등을 각각 1개 이상 설치할 것
② 소화난이도등급Ⅱ인 옥내탱크저장소는 소형수동식소화기 등을 2개 이상 설치할 것
③ 소화난이도등급Ⅲ인 지하탱크저장소는 능력단위의 수치가 2 이상인 소형수동식소화기 등을 2개 이상 설치할 것
④ 제조소등에 전기설비(전기배선, 조명기구 등은 제외한다)가 설치된 경우에는 해당 장소의 면적 $100m^2$마다 소형수동식소화기를 1개 이상 설치할 것

11 50℃에서 유지해야 할 알킬알루미늄 운반용기의 공간용적기준으로 옳은 것은?

① 5% 이상
② 10% 이상
③ 15% 이상
④ 20% 이상

12 제조소등의 소화난이도등급을 결정하는 요소가 아닌 것은?

① 위험물 제조소 : 위험물 취급설비가 있는 높이, 연면적
② 옥내저장소 : 지정수량의 배수, 연면적
③ 옥외탱크저장소 : 액표면적, 지반면으로부터 탱크 옆판 상단까지 높이
④ 주유취급소 : 연면적, 지정수량

13 이송취급소의 배관설치 기준 중 배관을 지하에 매설하는 경우의 안전거리 또는 매설 깊이로 옳지 않은 것은?

① 건축물(지하가 내의 건축물을 제외) : 1.5m 이상
② 지하가 및 터널 : 10m 이상
③ 산이나 들에 매설하는 배관의 외면과 지표면과의 거리 : 0.3m 이상
④ 수도법에 의한 수도시설(위험물의 유입 우려가 있는 것) : 300m 이상

14 제3류, 제4류 및 제5류 위험물 중 인화성이 있는 액체(이황화탄소를 제외한다) 옥외탱크저장소의 주위에 설치하는 방유제에 관한 내용으로 틀린 것은? 15년 소방위 17년 통합소방장

① 방유제의 높이는 0.5m 이상, 3m 이하로 하고 면적은 8만m^2 이하로 한다.
② 2 이상의 탱크가 있는 경우 방유제의 용량은 그 탱크 중 용량이 최대인 것의 용량의 110% 이상으로 한다.
③ 용량이 1,000만 리터 이상인 옥외저장탱크의 주위에는 탱크마다 간막이 둑을 흙 또는 철근콘크리트로 설치한다.
④ 간막이 둑을 설치하는 경우 간막이 둑의 용량은 간막이 둑 안에 설치된 탱크의 용량의 110% 이상이어야 한다.

15 위험물을 이송하기 위한 배관연장이 15km 초과하거나 위험물을 이송하기 위한 배관에 관계된 최대상용압력이 950kPa이고 위험물을 이송하기 위한 배관연장이 7km 이상인 것이 이송취급소를 "특정이송취급소"라 한다. 특정이송취급소 이외의 이송취급소에 특례기준에 따라 적용제외의 설비가 있다. 다음 중 적용제외 설비를 모두 고르시오.

ㄱ. 운전상태 감시장치	ㄴ. 감진장치
ㄷ. 안전제어장치	ㄹ. 누설검지장치
ㅁ. 긴급차단밸브	

① ㄱ, ㄴ
② ㄱ, ㄹ, ㅁ
③ ㄱ, ㄴ, ㄷ, ㄹ
④ ㄱ, ㄴ, ㄷ, ㅁ

16 위험물안전관리법령상 기계에 의하여 하역하는 구조로 된 운반용기 외부에 표시해야 하는 사항이 아닌 것은? (단, 원칙적인 경우에 한하며, UN의 위험물 운송에 관한 권고(RTDG)에서 정한 기준을 표시한 경우에는 제외한다)

① 위험물의 인화점
② 위험물의 화학명
③ 위험물의 위험등급
④ 겹쳐쌓기시험하중

17 제5류 위험물로서 자기반응성물질에 해당되는 것은? 13년 소방위 21년 소방장

① 유기과산화물
② 과염소산염류
③ 금속리튬
④ 알코올류

18 한국소방산업기술원에 완공검사를 신청해야 할 제조소등에 해당되지 않은 것은?

① 지정수량의 1,000배 이상의 위험물을 취급하는 제조소 또는 일반취급소
② 50만 리터 이상 옥외탱크저장소
③ 암반탱크저장소
④ 이중벽탱크를 설치한 지하탱크저장소

19 위험물안전관리법상 옥내저장소에서 위험물 저장에 대한 기준으로 옳지 않은 것은?

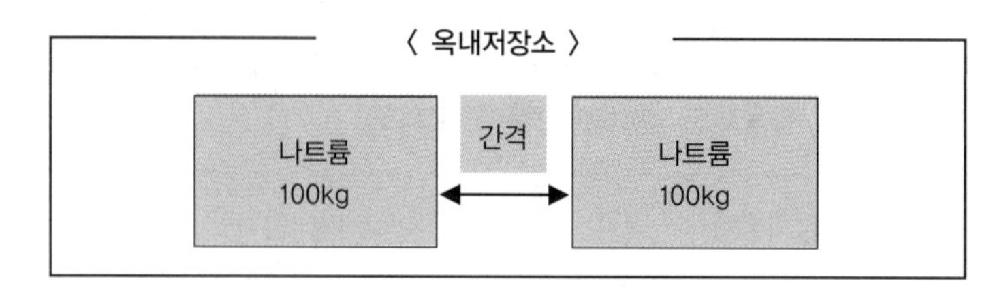

① 제3류 위험물 중 황린, 그 밖에 물속에 저장하는 물품과 금수성물질은 동일한 저장소에 저장하지 않아야 한다.

② 위 그림의 옥내저장소에 저장한 위험물은 지정수량 20배이다.

③ 지정수량의 10배 이하마다 구분하여 위험물 상호간의 간격은 0.5m 미만으로 한다.

④ 용기를 겹쳐 쌓는 경우에는 3m를 초과하지 않아야 한다.

20 위험물안전관리법령상 용어의 해설에 대한 설명으로 틀린 것은?

① 이중벽탱크란 지하저장탱크의 외면에 누설을 감지할 수 있는 틈(감지층)이 생기도록 강판 또는 강화플라스틱 등으로 피복한 것을 말한다.

② 주유탱크차란 항공기주유취급소에 있어서 항공기의 연료탱크에 직접 주유하기 위한 주유설비를 갖춘 이동탱크저장소를 말한다.

③ 이중벽탱크란 지하저장탱크를 위험물의 누설을 방지할 수 있도록 두께 15cm(측방 및 하부에 있어서는 30cm) 이상의 콘크리트로 피복하는 구조로 하여 지면 하에 설치하는 것을 말한다.

④ 옥외탱크저장소 중 그 저장 또는 취급하는 액체위험물의 최대수량이 100만 리터 이상의 것을 특정옥외탱크저장소라 한다.

21 위험물안전관리대행기관은 지정받은 사항을 변경하고자 할 때 사유발생일로부터 며칠 이내에 누구에게 신고해야 하는가?

12년 소방위

① 14일, 소방청장

② 7일, 소방서장

③ 14일, 시・도지사

④ 30일, 소방청장

22 위험물안전관리법에서 규정한 다음 내용에서 바르게 설명한 것은?

① 특정 옥외탱크저장소는 옥외탱크저장소 중 그 저장 또는 취급하는 액체위험물의 최대수량 100만 리터 이상의 것을 말한다.

② 제조소등을 설치하고자 하는 자는 관할하는 소방청장의 허가를 받아야 한다.

③ 과징금 처분을 받은 자가 이를 납부하지 않은 경우 지방세 체납처분에 따른다.

④ 용량이 100만 리터 이상인 옥외저장탱크의 주위에 설치하는 방유제에는 해당 탱크마다 간막이 둑을 설치해야 한다.

23 다음 위험물 중 품명 및 지정수량이 틀리게 짝지어진 것은?

① 차아염소산 - 50킬로그램

② 다이크로뮴산염류 - 1,000킬로그램

③ 황린 - 10킬로그램

④ 제4석유류 - 6,000리터

24 자체소방대를 두어야 하는 제조소등에 해당되는 대상은?

① 경유 300만 리터를 취급하는 옥외탱크 저장소

② 휘발유를 지정수량의 50만배 이상의 옥외탱크저장소

③ 과염소산을 지정수량의 50만배 이상의 옥외탱크저장소

④ 질산 90만 리터를 취급하는 일반취급소

25 다음 중 위험물안전관리법에 대한 설명으로 틀린 것은?

① 위험물사고를 예방하기 위하여 물적 통제, 인적 통제, 관리적 통제를 사용하고 있다.

② 지정수량 이상의 위험물을 저장소가 아닌 장소에서 저장하거나 제조소등이 아닌 장소에서 취급하여서는 아니 된다.

③ 위험물은 위험할수록 지정수량이 많다.

④ 위험물시설은 위험물 제조소등이라 하며 총 13종이다.

10 최종모의고사

01 다음 〈보기〉 중 위험물 제조소와 같은 안전거리를 두어야 할 건축물 또는 공작물을 맞게 연결한 것은?

> 학교, 공연장, 고압가스 취급시설, 종합병원, 지정문화유산 및 천연기념물 등, 주거용도, 사용전압 35,000V 초과의 특고압 가공전선, 영화상영관

① 학교, 공연장, 종합병원, 지정문화유산 및 천연기념물 등
② 학교, 공연장, 고압가스 취급시설, 종합병원
③ 주거용도, 사용전압 35,000V 초과의 특고압 가공전선, 영화상영관
④ 학교, 공연장, 종합병원, 영화상영관

02 위험물안전관리법령상 제조소 내의 위험물을 취급하는 배관의 재질을 강관 그 밖의 이와 유사한 금속성 이외의 재질로 할 수 있는 규정 내용으로 옳지 않은 것은?

① 배관은 파이프 피트에 설치할 것
② 배관의 재질은 한국산업규격의 유리섬유강화플라스틱·고밀도폴리에틸렌 또는 폴리우레탄으로 할 것
③ 배관의 구조는 내관 및 외관의 이중으로 하고, 내관과 외관의 사이에는 틈새공간을 두어 누설여부를 외부에서 쉽게 확인할 수 있도록 할 것
④ 국내 또는 국외의 관련 공인시험기관으로부터 안전성에 대한 시험 또는 인증을 받을 것

03 위험물안전관리법 시행규칙에 따른 피난설비의 기준에서 다음 괄호 안에 알맞은 대상은?

> 가. 주유취급소 중 건축물의 2층 이상의 부분을 (㉠) 및 (㉡)의 용도로 사용하는 것에 있어서는 해당 건축물의 2층 이상으로부터 직접 주유취급소의 부지 밖으로 통하는 출입구와 해당 출입구로 통하는 통로·계단 및 출입구에 유도등을 설치하여야 한다.
> 나. (㉢)에 있어서는 해당 사무소 등의 출입구 및 피난구와 해당 피난구로 통하는 통로·계단 및 출입구에 유도등을 설치하여야 한다.

	㉠	㉡	㉢
①	간이정비 작업장	세정을 위한 작업장	업무를 행하기 위한 사무소
②	점포·휴게음식점	전시장	업무를 행하기 위한 사무소
③	점포·휴게음식점	전시장	옥내주유취급소
④	전시장	점포·휴게음식점	관계자가 거주하는 주거시설

04 위험물안전관리법상 특수인화물의 정의에 대해 다음 괄호 안에 알맞은 수치를 차례대로 옳게 나열한 것은? 17년 인천소방장 21년 소방위

> "특수인화물"이라 함은 이황화탄소, 다이에틸에터 그 밖에 1기압에서 발화점이 섭씨 (   )도 이하인 것 또는 인화점이 섭씨 영하 (   )도 이하이고, 비점이 섭씨 (   )도 이하인 것을 말한다.

① 100, 20, 40
② 80, 20, 40
③ 100, 0, 20
④ 80, 40, 20

05 소화난이도등급 I 에 해당하는 옥내저장소의 규모, 저장 또는 취급하는 위험물의 품명 및 최대수량 등으로 옳지 않은 것은? (단, 각호의 단서 규정은 제외한다)

① 연면적 100㎡를 초과하는 것
② 지정수량의 150배 이상인 것
③ 처마높이가 6m 이상인 단층 건물의 것
④ 옥내저장소로 사용되는 부분 외의 부분이 있는 건축물에 설치된 것

06 이동탱크저장소에 의한 위험물의 운송 시에 준수해야 하는 기준 내용 중 옳지 않은 것은?

① 위험물운송자는 운송의 개시 전에 이동저장탱크의 배출밸브 등의 밸브와 폐쇄장치 등의 점검을 충분히 실시해야 한다.
② 위험물운송자는 장거리(고속국도에 있어서는 340km 이상, 그 밖의 도로에 있어서는 200km 이상)에 걸치는 운송을 하는 때에는 2명 이상의 운전자로 해야 한다.
③ 칼슘·알루미늄탄화물과 휘발유를 위험물안전관리법상 장거리 운송 시에는 1명의 운전자로도 가능하다.
④ 특수인화물 및 제1석유류를 운송하게 하는 자는 물질안전보건자료(MSDS)를 위험물운송자로 하여금 휴대하게 할 것

07 제조소등에 전기설비(전기배선, 조명기구 등은 제외)가 설치된 경우에는 면적 몇 m^2마다 소형수동식소화기를 1개 이상 설치해야 하는가?

① 50
② 100
③ 150
④ 200

08 다음 중 위험물의 분류가 옳은 것은?

① 유기과산화물 - 제1류 위험물
② 황화인 - 제2류 위험물
③ 금속분 - 제3류 위험물
④ 무기과산화물 - 제5류 위험물

09 제조소의 작업공정이 다른 작업장의 작업공정과 연속되어 있어, 제조소의 건축물 그 밖의 공작물의 주위에 공지를 두게 되면 그 제조소의 작업에 현저한 지장이 생길 우려가 있다. 해당 제조소와 다른 작업장 사이에 방화상 유효한 격벽을 설치한 경우 보유공지를 설치하지 아니할 수 있는 기준으로 옳은 것은?

① 방화벽의 양단은 외벽으로부터 1m 이상 돌출하도록 설치하여 화재확산을 방지해야 한다.
② 방화벽은 불연재료 이상으로 해야 한다. 다만 취급하는 위험물이 제6류 위험물인 경우에는 난연재료로 할 수 있다.
③ 방화벽에 설치하는 출입구 및 창 등의 개구부는 가능한 한 최소로 하고, 출입구 및 창에는 60분+방화문·60분방화문 또는 30분방화문을 설치해야 한다.
④ 방화벽의 상단이 지붕으로부터 50cm 이상 돌출하도록 축조해야 한다.

10 소화설비의 기준에서 용량이 150리터인 마른 모래의 능력단위를 계산한 것은? 22년 소방위

① 0.5
② 1.0
③ 1.5
④ 2.5

11 옥내저장소에 위험물을 수납한 용기를 겹쳐 쌓는 경우 높이의 상한에 관한 설명 중 틀린 것은? 19년 소방위

① 기계에 의하여 하역하는 구조로 된 용기만 겹쳐 쌓는 경우는 6미터
② 제3석유류를 수납한 소형 용기만 겹쳐 쌓는 경우는 4미터
③ 제2석유류를 수납한 소형 용기만 겹쳐 쌓는 경우는 4미터
④ 제1석유류를 수납한 소형 용기만 겹쳐 쌓는 경우는 3미터

12 위험물안전관리법령상 제조소등에서 흡연 금지 등에 관한 내용으로 옳은 것은?

① 금연구역임을 알리는 표지를 설치하는 기준·방법 등은 대통령령으로 정하고, 흡연장소의 지정 기준·방법 등은 행정안전부령으로 정한다.
② 금연구역임을 알리는 표지에는 금연을 상징하는 그림 또는 문자 및 위반 시 조치사항 등을 포함할 것
③ 소방본부장 또는 소방서장은 제조소등의 관계인이 금연구역임을 알리는 표지를 설치하지 아니하거나 보완이 필요한 경우 일정한 기간을 정하여 그 시정을 명할 수 있다.
④ 금연구역임을 알리는 표지는 한 변의 길이 0.3m 이상 다른 한 변의 길이가 0.6m 이상인 직사각형으로 하고, 바탕색 및 글씨색은 그 내용이 눈에 잘 띄도록 배색할 것

13 운반용기 적재방법에서 내용적의 95% 이하의 수납률로 수납해야 하는 위험물은?

① 아염소산염류
② 과염소산
③ 산화프로필렌
④ 아세톤

14 위험물의 저장·취급 및 운반에 있어서 위험물 관련 법규정에 적용되는 것은?

① 위험물 운반 트럭
② 위험물을 적재한 항공기
③ 위험물 이송 선박
④ 위험물 운반 철도차량

15 옥내저장소의 특징에 대한 설명으로 옳지 않은 것은?

① 위험물을 반드시 용기에 수납하여 저장·취급해야 한다.
② 옥내저장창고의 층수, 면적, 처마높이를 제한하고 있다.
③ 위험물을 저장하는 건축물의 형태는 단층독립건물, 다층독립건물, 복합용도 건축물이 있다.
④ 저장창고의 벽·기둥·바닥 및 보는 내화구조로 하고, 서까래는 불연재료로 해야 한다.

16 제조소등의 완공검사를 받지 아니하고 위험물을 저장·취급한 자의 벌칙으로 옳은 것은?

① 300만 원 이하의 벌금
② 1천 500만 원 이하의 벌금
③ 500만 원 이하의 과태료
④ 1천만 원 이하의 벌금

17 다음과 같이 위험물을 저장할 경우, 제조소등으로 허가를 받아야 할 장소와 중요기준 위반 시 벌칙으로 옳은 것은?

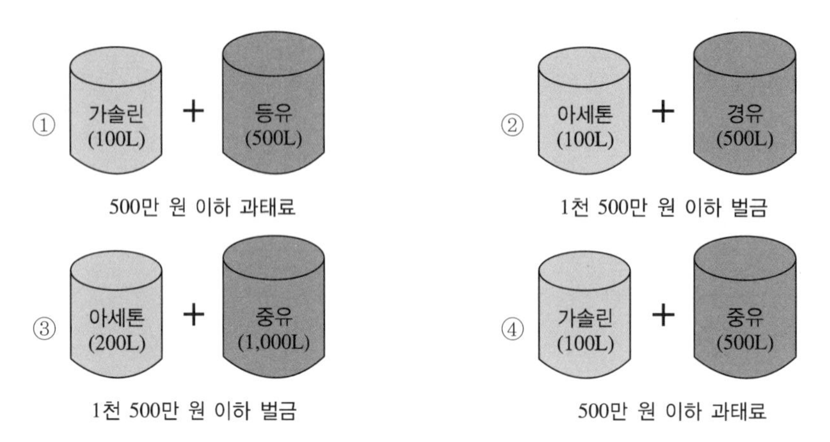

18 응급조치 · 통보 및 조치명령에 대한 설명으로 가장 적절하지 않은 것은?

① 제조소등의 관계인은 해당 제조소등에서 위험물의 유출 그 밖의 사고가 발생한 때에는 즉시 그리고 지속적으로 위험물의 유출 및 확산의 방지, 유출된 위험물의 제거, 그 밖에 재해의 발생방지를 위한 응급조치를 강구해야 한다.

② 해당 제조소등에서 위험물의 유출 그 밖의 사고 발생사태를 발견한 자는 즉시 그 사실을 소방서, 경찰서 또는 그 밖의 관계기관에 통보해야 한다.

③ 소방본부장 또는 소방서장은 제조소등의 관계인이 누출된 위험물에 대한 응급조치를 강구하지 아니하였다고 인정하는 때에는 응급조치를 강구하도록 명할 수 있다.

④ 타 지역에서 허가 받은 이동탱크가 관할하는 구역에서 위험물이 누출될 경우 허가청에 응급조치를 하도록 신속히 통보해야 한다.

19 제조소등 사용 중지신고 또는 재개신고를 기간 이내에 하지 아니하거나 거짓으로 한 자의 벌칙은?

① 200만 원 이하의 벌금

② 500만 원 이하의 과태료

③ 200만 원 이하의 과태료

④ 100만 원 이하의 벌금

20 위험물취급자격자의 자격에 관한 설명으로 틀린 것은?

12년 소방위 17년 통합소방장

① 위험물 기능장 : 모든 위험물
② 위험물산업기사 : 모든 위험물
③ 소방공무원으로 근무한 경력이 3년 이상인 자 : 제4류 위험물
④ 위험물기능사의 자격을 취득한 자 : 해당 유별 위험물

21 위험물안전관리법에 따른 위험물 및 지정수량의 성질란에 규정된 성질과 상태가 2가지 이상 포함하는 물품이 속하는 품명에 대한 구별로 옳지 않은 것은?

① 복수성상물품이 산화성고체의 성질과 상태 및 가연성고체의 성질과 상태를 가지는 경우 : 제1류 제11호에 따른 품명
② 복수성상물품이 산화성고체의 성질과 상태 및 자기반응성물질의 성질과 상태를 가지는 경우 : 제5류 제11호에 따른 품명
③ 복수성상물품이 가연성고체의 성질과 상태가 자연발화성물질의 성질과 상태 또는 금수성물질의 성질과 상태를 가지는 경우 : 제3류 제12호에 따른 품명
④ 복수성상물품이 자연발화성물질의 성질과 상태, 금수성물질의 성질과 상태 및 인화성액체의 성질과 상태를 가지는 경우 : 제3류 제12호에 따른 품명

22 위험물안전관리법에서 규정한 내용에 대한 설명으로 올바르지 않은 것은?

16년, 18년 소방위

① 제조소등의 위치·구조 또는 설비의 변경 없이 해당 제조소등에서 저장하거나 취급하는 위험물의 품명·수량 또는 지정수량의 배수를 변경하고자 하는 자는 변경하고자 하는 날의 1일 전까지 행정안전부령이 정하는 바에 따라 시·도지사에게 신고해야 한다.
② 주택의 난방시설(공동주택의 중앙난방시설을 제외한다)을 위한 저장소 또는 취급소의 경우 허가받지 아니하고 해당 제조소등을 설치하거나 그 위치·구조 또는 설비를 변경할 수 있다.
③ 농예용·축산용 또는 수산용으로 필요한 난방시설 또는 건조시설을 위한 지정수량 20배 이하의 저장소는 신고를 하지 아니하고 위험물의 품명·수량 또는 지정수량의 배수를 변경할 수 있다.
④ 군사목적 또는 군부대시설을 위한 제조소등을 설치하거나 그 위치·구조 또는 설비를 변경하고자 하는 군부대의 장은 미리 제조소등의 소재지를 관할하는 시·도지사의 허가를 받아야 한다.

23 위험물안전관리법상 위험물 제조소등의 완공검사 처리기관으로 옳지 않은 것은?

① 시 · 도지사

② 관할 소방서장

③ 한국소방산업기술원

④ 탱크안전성능시험자

24 위험물안전관리법에 따른 위험물을 운반용기에 수납하여야 하는 저장 및 취급 제조소등을 모두 고르시오.

ㄱ. 옥내저장소	ㄴ. 위험물 제조소
ㄷ. 일반취급소	ㄹ. 옥외저장소
ㅁ. 제1종 판매취급소	ㅂ. 제2종 판매취급소

① ㄱ, ㄴ, ㄷ, ㄹ, ㅁ, ㅂ

② ㄱ, ㄴ, ㄹ, ㅁ, ㅂ

③ ㄴ, ㄷ

④ ㄱ, ㄹ, ㅁ, ㅂ

25 위험물안전관리법령상 용어의 정의에 대한 설명으로 틀린 것은?

① 인화점이 100℃ 이상인 제4류 위험물을 고인화점 위험물이라 한다.

② 제4류 위험물 중 특수인화물의 아세트알데하이드 · 이황화탄소 또는 이중 어느 하나 이상을 함유하는 것(이하 “아세트알데하이드등”이라 한다)

③ 제5류 위험물 중 유기과산화물 또는 이를 함유하는 것으로서 지정수량이 10킬로그램인 것을 지정과산화물이라 한다.

④ 옥외탱크저장소 중 그 저장 또는 취급하는 액체위험물의 최대수량이 50만 리터 이상 100만 리터 미만의 것을 준특정 옥외탱크저장소라 한다.

11 최종모의고사

01 위험물안전관리법령상 위험물 제조소의 설비기준으로 옳은 것은?

13년, 16년 소방위 | 18년 통합소방장

① 조명설비의 전선은 내화・내열전선으로 할 것
② 채광설비는 연소의 우려가 없는 장소에 설치하되 채광면적을 최대로 할 것
③ 환기설비의 급기구는 높은 곳에 설치하고 구리망 등으로 인화방지망을 설치할 것
④ 배출설비의 배풍기는 자연배기방식으로 할 것

02 위험물안전관리법령상 제조소 옥외설비 바닥의 집유설비에 유분리장치를 설치해야 하는 액체 위험물의 용해도 기준으로 옳은 것은?

① 15℃의 물 100g에 용해되는 양이 0.1g 미만인 것
② 15℃의 물 100g에 용해되는 양이 1g 미만인 것
③ 20℃의 물 100g에 용해되는 양이 0.1g 미만인 것
④ 20℃의 물 100g에 용해되는 양이 1g 미만인 것

03 이동탱크저장소에서의 위험물의 저장 또는 취급 시 중요기준 또는 세부기준을 위반하였을 때 허가관청에 통보사항으로 옳지 않은 것은?

① 명령을 받은 자의 성명・명칭 및 주소
② 명령을 받은 시・도지사, 소방본부장 또는 소방서장
③ 위반내용
④ 명령의 내용 및 그 이행사항

04 위험물안전관리법령상 운송책임자의 감독, 지원을 받아 운송해야 하는 위험물에 해당되지 않은 것은?

16년 소방위 | 17년 통합소방장

① 부틸리튬
② 인화 알루미늄
③ 알킬알루미늄
④ 트라이에틸 알루미늄

05 **위험물안전관리법령상 예방규정을 정해야 하는 제조소등의 관계인은 위험물 제조소등에 대하여 기술기준에 적합한지의 여부를 정기적으로 점검을 해야 한다. 법적 최소 점검주기에 해당하는 것은? (단, 50만 리터 이상의 옥외탱크저장소는 제외한다)**

① 주 1회 이상 ② 월 1회 이상
③ 6개월 1회 이상 ④ 연 1회 이상

06 **이송취급소의 위치·구조 및 설비의 기준에 대한 설명 중 옳지 않은 것은?**

① 이송취급소는 철도 및 도로의 터널 안에 설치하여서는 안된다.
② 배관을 지하에 매설하는 경우 배관의 외면과 지표면과의 거리는 산이나 들에 있어서는 0.9m 이상, 그 밖의 지역에 있어서는 1.2m 이상으로 해야 한다.
③ 가연성 증기를 발생하는 위험물을 취급하는 펌프실 등에는 가연성 증기 경보설비를 설치해야 한다.
④ 배관에는 서로 인접하는 2개의 긴급차단밸브 사이의 구간마다 해당 배관 안의 위험물을 안전하게 수증기 또는 불연성기체로 치환할 수 있는 조치를 해야 한다.

07 **위험물안전관리법에 따른 다음의 내용은 무엇에 대한 설명인가?**

> 시·도지사, 소방본부장 또는 소방서장은 공공의 안전을 유지하거나 재해의 발생을 방지하기 위하여 긴급한 필요가 있다고 인정하는 때에는 제조소등의 관계인에 대하여 해당 제조소등의 사용을 일시정지하거나 그 사용을 제한할 것을 명할 수 있다.

① 제조소등에 대한 긴급 사용정지명령 등
② 위험시설 등에 대한 긴급조치
③ 응급조치·통보 및 조치명령
④ 위험물에 대한 조치명령

08 **위험물안전관리법령상 위험물의 품명별 지정수량의 단위에 관한 설명으로 옳은 것은?**

① 액체인 위험물은 지정수량의 단위를 리터로 하고, 고체인 위험물은 지정수량의 단위를 킬로그램으로 한다.
② 액체만 포함된 유별은 리터로 하고, 고체만 포함된 유별은 킬로그램으로 하며 액체와 고체가 포함된 유별은 리터로 한다.
③ 산화성인 위험물은 킬로그램으로 하고, 가연성인 위험물은 리터로 한다.
④ 자기반응성물질과 산화성물질은 액체와 고체의 구분에 관계없이 킬로그램으로 한다.

09 위험물안전관리법의 규정상 운반차량에 혼재해서 적재할 수 없는 것은? (단, 지정수량의 10배인 경우이다)

① 염소화규소화합물 - 특수인화물
② 고형알코올 - 나이트로화합물
③ 염소산염류 - 질산
④ 질산구아니딘 - 황린

10 다음 중 위험물 판매취급소의 배합실에서 배합하여서는 안 되는 위험물은?

① 도료류
② 염소산칼륨
③ 과산화수소
④ 황

11 다음의 위험물을 옥내저장소에 저장하는 경우 옥내저장소의 구조가 벽 · 기둥 및 바닥이 내화구조로 된 건축물이라면 위험물안전관리법에서 규정하는 보유공지를 확보하지 않아도 되는 것은?

19년 소방위

① 제2석유류 - 아세트산(수용성) 30,000리터
② 제1석유류 - 아세톤(수용성) 5,000리터
③ 제2석유류 - 클로로벤젠(비수용성) 10,000리터
④ 제3석유류 - 글리세린(수용성) 15,000리터

12 다음은 제조소의 위치 · 구조 및 설비 중 배관에 관한 기준이다. (   ) 안에 들어갈 내용이 순서대로 알맞게 짝지어진 것은?

24년 소방장

> 위험물 제조소 내의 위험물을 취급하는 배관은 다음 각 호의 구분에 따른 압력으로 (㉠)을 실시하여 누설 그 밖의 이상이 없는 것으로 해야 한다.
> 가. 불연성 액체를 이용하는 경우에는 최대상용압력의 (㉡) 이상
> 나. 불연성 기체를 이용하는 경우에는 최대상용압력의 (㉢) 이상

	㉠	㉡	㉢
①	내압시험	1.5배	1.1배
②	내압시험	1.1배	1.5배
③	수압시험	1.1배	1.5배
④	수압시험	1.5배	1.1배

13 위험물안전관리법령에서 정한 소화설비의 적응성 기준에서 불활성가스 소화설비가 적응성이 없는 대상은?

① 전기설비　② 인화성고체
③ 제4류 위험물　④ 제6류 위험물

14 〈보기〉의 요건을 모두 충족하는 위험물 중 지정수량이 가장 큰 것은?

- 위험등급 II에 해당하는 위험물이다.
- 제6류 위험물과 혼재하여 운반할 수 있다.
- 황린과 동일한 옥내저장소에는 1m 이상 간격을 유지한다면 저장이 가능하다.

① 염소산염류　② 무기과산화물
③ 질산염류　④ 과망가니즈산염류

15 위험물 이동탱크저장소에서의 위험물 취급기준에 대한 설명으로 옳은 것은? **17년 통합소방장**

① 건설공사를 하는 장소에서 주입설비를 부착한 이동탱크저장소로부터 해당 건설공사와 관련된 자동차(건설기계 중 덤프트럭과 콘크리트믹서트럭으로 한정한다)의 연료탱크에 인화점 40도 이상의 위험물을 직접 연료탱크에 주입할 수 있다.
② 위험물을 주입할 때에는 무조건 이동탱크저장소의 원동기를 항상 정지시켜야 한다.
③ 이동저장탱크로부터 액체위험물을 용기에 절대로 옮겨 담을 수 없다.
④ 원거리 운행 등으로 상치장소에 주차할 수 없는 경우에는 위험물을 완전히 빈 상태에서 도로에 주차할 수 있다.

16 제4류 위험물을 수납하는 내장용기가 금속제 용기인 경우 최대용적은 몇 리터인가?

① 5　② 18
③ 20　④ 30

17 다음은 기계에 의하여 하역하는 구조로 된 운반용기에 대한 수납 기준에 대한 설명이다. (　　)에 들어갈 옳은 설명은?

> 기계에 의하여 하역하는 구조로 된 경질플라스틱제의 운반용기 또는 플라스틱내용기 부착의 운반용기에 액체위험물을 수납하는 경우에는 해당 운반용기는 제조된 때로부터 (　　) 이내에 것으로 할 것

① 2년 6개월　　② 3년
③ 2년　　④ 5년

18 주유취급소 건축물 중 주유취급소의 직원 외의 자가 출입하는 다음 〈보기〉 중에서 사무소 용도로 제공하기 위해 건축할 수 있는 최대면적은 얼마인가?

> 가. 주유취급소의 업무를 행하기 위한 사무소 : (　　)
> 나. 자동차 등의 점검 및 간이정비를 위한 작업장 : $250m^2$
> 다. 자동차 등의 세정을 위한 작업장 : $250m^2$
> 라. 주유취급소에 출입하는 사람을 대상으로 한 휴게음식점 : $250m^2$

① $250m^2$　　② $500m^2$
③ $1,000m^2$　　④ 제한 없음

19 위험물안전관리대행기관은 지정받은 사항의 변경이 있는 경우와 휴업·재개업 또는 폐업을 하려는 경우 위험물안전관리대행기관 신고서를 제출할 경우에 첨부하는 서류로 틀리게 짝지어진 것은?

① 영업소의 소재지 : 위험물안전관리대행기관지정서
② 법인명칭 또는 대표자를 변경하는 경우 : 위험물안전관리대행기관지정서
③ 기술인력을 변경하는 경우 : 기술인력자의 연명부, 변경된 기술인력자의 기술자격증
④ 휴업·재개업 또는 폐업을 하려는 경우 : 휴폐업증명서, 위험물안전관리대행기관지정서

20 다음 중 시·도지사, 소방본부장 또는 소방서장의 명령위반 시 벌칙의 양형이 다른 것은?

15년 소방위 18년 통합소방장

① 제조소등에 대한 긴급 사용정지·제한명령을 위반한 자
② 응급조치명령을 위반한 자
③ 저장·취급기준 준수명령을 위반한 자
④ 무허가 위험물 제거명령을 위반한 자

21 위험물안전관리법에 규정된 내용에 대한 설명으로 틀린 것은?

① 위험물 제조소등 임시저장승인 기간은 90일 이내이다.
② 제조소등 1인의 기술능력자가 대행할 수 있는 제조소등의 수는 15개를 초과할 수 없다.
③ 위험물안전관리 대리자 지정기간은 30일 이하이다.
④ 기술원이 완공검사한 제조소의 완공검사업무대장 보존기간은 10년이다.

22 이동탱크저장소에 의한 위험물을 장거리고속국도에 있어서는 340km 이상, 그 밖의 도로에 있어서는 200km 이상 운송 시 2명 이상이 운전해야 하나 다음 중 그렇지 않아도 되는 위험물은?

① 탄화알루미늄
② 황 린
③ 과산화수소
④ 인화칼슘

23 위험물안전관리법 상 제조소등의 관계인이 해당 제조소등이 금연구역임을 알리는 표지를 설치하지 아니하여 일정기간을 정하여 시정보완명령을 하였음에도 이를 따르지 아니한 경우 실효성확보 수단으로 옳은 것은?

① 500만 원 이하의 과태료
② 1천 5백만 원의 벌금
③ 1천만 원 이하의 벌금
④ 2차 350만 원의 과태료

24 위험물안전관리법령상 허가를 받고 설치해야 하는 제조소등을 모두 고른 것은? 19년 소방위

> ㄱ. 공동주택의 중앙난방시설을 위한 취급소
> ㄴ. 농예용으로 필요한 건조시설을 위한 지정수량 20배 이하의 저장소
> ㄷ. 축산용으로 필요한 난방시설을 위한 지정수량 20배 이하의 취급소

① ㄱ, ㄴ
② ㄱ, ㄷ
③ ㄴ, ㄷ
④ ㄱ, ㄴ, ㄷ

25 위험물 제조소 및 옥외탱크저장소의 방유제에 관통배관을 설치할 수 있는 기준이다. (　　) 안에 적합한 내용을 나열하시오.

> 위험물을 이송하는 배관의 경우에는 배관이 관통하는 지점의 좌우방향으로 각 (㉠) 이상까지의 방유제의 외면에 두께 (㉡) 이상, 지하매설깊이 (㉢) 이상의 구조물을 설치하여 방유제를 이중구조로 하고, 그 사이에 (㉣)을/를 채운 후, 관통하는 부분을 완충재 등으로 마감하는 방식으로 설치할 수 있다.

① ㉠ : 1.0m, ㉡ : 0.2m, ㉢ : 0.1m, ㉣ : 자갈
② ㉠ : 0.5m, ㉡ : 0.2m, ㉢ : 1.0m, ㉣ : 마른 모래
③ ㉠ : 1.0m, ㉡ : 0.1m, ㉢ : 0.1m, ㉣ : 토사
④ ㉠ : 0.5m, ㉡ : 0.2m, ㉢ : 0.1m, ㉣ : 모래

12 최종모의고사

01 위험물 제조소의 하나의 방유제 안에 톨루엔 200m^{3}와 경유 100m^{3}를 저장한 옥외취급탱크가 각 1기씩 있다. 위험물안전관리법령상 탱크 주위에 설치해야 할 방유제 용량은 최소 몇 m^3 이상이 되어야 하는가? 13년 경남소방장 13, 19년 소방위

① 100
② 110
③ 220
④ 330

02 위험물안전관리법령상 위험물의 운송 및 운반에 관한 설명으로 옳지 않은 것은?

① 지정수량 이상을 운송하는 차량은 운행 전 관할소방서에 신고해야 한다.
② 알킬리튬은 운송책임자의 감독 또는 지원을 받아 운송해야 한다.
③ 제3류 위험물 중 금수성물질은 적재 시 방수성이 있는 피복으로 덮어야 한다.
④ 위험물은 운반용기의 외부에 위험물의 품명, 수량, 주의사항 등을 표시하여 적재해야 한다.

03 위험물 운반에 관한 기준에서 위험등급이 나머지 셋과 다른 것은? 13년 경기소방장

① 알칼리토금속
② 아염소산염류
③ 칼 륨
④ 제6류 위험물

04 위험물의 유별에 따른 성질과 해당 품명의 예가 잘못 연결된 것은?

① 제1류 위험물 : 산화성고체 - 아이오딘산염류
② 제2류 위험물 : 가연성고체 - 금속분
③ 제3류 위험물 : 자연발화성물질 및 금수성물질 - 무기과산화물
④ 제5류 위험물 : 자기반응성물질 - 하이드록실아민염류

05 위험물안전관리법령에서 제3류 위험물에 해당하지 않는 것은?

① 알칼리금속　　② 칼 륨
③ 유기과산화물　　④ 황 린

06 위험물시설에 설치하는 소화설비와 관련한 소요단위의 산출방법에 관한 설명 중 옳은 것은?

19년 소방위

① 제조소등의 옥외에 설치된 공작물은 외벽이 내화구조인 것으로 간주한다.
② 위험물은 지정수량의 20배를 1소요단위로 한다.
③ 취급소의 건축물은 외벽이 내화구조인 것은 연면적 $75m^2$를 1소요단위로 한다.
④ 제조소의 건축물은 외벽이 내화구조인 것은 연면적 $150m^2$를 1소요단위로 한다.

07 다음 제4류 위험물 중 품명이 나머지 셋과 다른 하나는?

① 아세트알데하이드　　② 다이에틸에터
③ 나이트로벤젠　　④ 이황화탄소

08 위험물안전관리법에서 정한 위험물의 운반에 관한 내용 중 다음의 괄호 안에 들어갈 용어가 아닌 것은?

> 위험물의 운반은 (　　), (　　) 및 (　　)에 관한 법에서 정한 중요기준과 세부기준에 따라 행해야 한다.

① 용 기　　② 적재방법
③ 운반방법　　④ 검사방법

09 위험물안전관리법령상 소방청장이 실시하는 안전교육을 이수해야 할 대상을 모두 고르시오.

> 가. 안전관리자로 선임된 자
> 나. 탱크시험자의 기술인력으로 종사하는 자
> 다. 위험물운반자로 종사하는 자
> 라. 위험물운송자로 종사하는 자
> 마. 안전관리자의 대리자

① 가, 나, 다　　② 가, 나, 다, 라
③ 나, 다, 라　　④ 나, 다, 라, 마

10 다음 중 산화성고체 위험물이 아닌 것은?

① 염소산나트륨($NaClO_3$)　　② 질산은($AgNO_3$)
③ 브로민산칼륨($KBrO_3$)　　④ 과염소산($HClO_4$)

11 액체위험물을 저장하는 용량 10,000리터의 이동저장탱크는 최소 몇 개 이상의 실로 구획해야 하는가?

① 1개　　② 2개
③ 3개　　④ 4개

12 유기과산화물을 함유하는 것 중에서 불활성고체를 함유하는 것으로 다음에 해당하는 물질은 제5류 위험물에서 제외한다. 괄호 안에 알맞은 수치는?

> 과산화벤조일의 함유량이 (　　　)중량퍼센트 미만인 것으로서 전분가루, 황산칼슘2수화물 또는 인산수소칼슘2수화물과의 혼합물

① 25.5　　② 35.5
③ 45.5　　④ 55.5

13 인화성고체 1,500킬로그램, 크로뮴분 1,000킬로그램, 53μm의 표준체를 통과한 것이 40중량퍼센트인 철분 500킬로그램을 저장하려 한다. 위험물에 해당하는 물질에 대한 지정수량의 배수의 총 합은 얼마인가?

① 2.0배　　② 2.5배
③ 3.0배　　④ 3.5배

14 소화난이도등급 I 에 해당하는 제조소등의 종류, 규모 등 설치 가능한 소화설비에 대해 짝지은 것 중 틀린 것은?

① 제조소 – 연면적 1,000m^2 이상인 것 – 옥내소화전설비
② 옥내저장소 – 처마높이가 6m 이상인 단층건물 – 이동식 분말소화설비
③ 옥외탱크저장소(지중탱크) – 지정수량의 100배 이상인 것(제6류 위험물을 저장하는 것 및 고인화점 위험물만을 100℃ 미만의 온도에서 저장하는 것은 제외) – 고정식 불활성가스 소화설비
④ 옥외저장소 – 제1석유류를 저장하는 것으로서 지정수량의 100배 이상인 것 – 물분무등소화설비(화재 발생 시 연기가 충만할 우려가 있는 장소에는 스프링클러설비 또는 이동식 이외의 물분무등소화설비에 한한다)

15 제4류 위험물을 수납하는 운반용기의 내장용기가 플라스틱인 경우 최대용적은 몇 리터인가? (단, 외장용기에 위험물을 직접 수납하지 않고 별도의 외장용기가 있는 경우이다)

① 5 ② 10
③ 20 ④ 30

16 위험물 분류에서 제1석유류에 대한 설명으로 옳은 것은?

① 아세톤, 휘발유 그 밖에 1기압에서 인화점이 섭씨 21도 미만인 것
② 등유, 경유 그 밖의 액체로서 인화점이 섭씨 21도 이상 70도 미만의 것
③ 중유, 도료류로서 인화점이 섭씨 70도 이상 200도 미만의 것
④ 기계유, 실린더유 그 밖의 액체로서 인화점이 섭씨 200도 이상 250도 미만인 것

17 제1종 판매취급소로 위치 · 구조 및 설비의 기준에서 다음 중 불연재료로 할 수 있는 건축물 구조부가 아닌 것은?

① 판매취급소로 사용되는 부분과 다른 부분과의 격벽
② 판매취급소의 용도로 사용되는 건축물
③ 보 및 천장
④ 판매취급소에 상층이 없는 경우 지붕

18 위험물 제조소등의 표지 및 게시판 설치에 관한 사항으로 옳은 것은?

① 제조소에는 정면에 "위험물 제조소"라는 표시를 한 표지를 설치할 것
② 표지의 바탕은 흑색으로, 문자는 백색으로 할 것
③ 게시판에는 저장 또는 취급하는 위험물의 유별 · 품명 및 저장최소수량 또는 취급최대수량, 지정수량의 배수 및 안전관리자의 성명 또는 직명을 기재할 것
④ 제2류 위험물 중 인화성고체, 제3류 위험물 중 자연발화성물질, 제4류 위험물 또는 제5류 위험물에 있어서는 "화기엄금" 표시할 것

19 화재의 예방 및 진압대책상 필요한 경우 위험물 제조소등에 출입검사할 수 있다. 이때 조사자의 의무사항으로 틀린 것은?

① 권한을 표시하는 증표의 제시 의무
② 개인의 주거에 있어서 전화통보 의무
③ 출입검사 수행 시 업무상 알게 된 비밀누설금지 의무
④ 관계인의 정당한 업무방해금지의 의무

20 제조소의 안전거리에 관한 설명이다. 옳지 않은 설명은?

① 위험물시설에서의 폭발·화재·유출 등 각종 위해로부터 방호대상물(인접건물) 및 거주자를 보호하는 데 그 목적이 있다.
② 불연재료로 된 방화상 유효한 담 또는 벽을 설치한 경우에는 안전거리를 단축할 수 있다.
③ 해당 제조소의 외벽으로부터 방호대상 건축물의 외벽까지의 수평거리를 말한다.
④ 위험물 제조소등 설치허가 시 가스관련 법령 등 다른 법령에 안전거리가 규정되어 있는 경우에는 해당 법령에 의한 안전거리는 고려의 대상이 아니다.

21 제조소 옥내소화전 규격으로 맞는 것은?

02년, 15년 소방위 | 13년 부산소방장

① 해당 층의 각 부분에서 하나의 호스 접속구까지의 수평거리가 25m 이하가 되도록 설치할 것
② 방수량이 1분당 130리터 이상의 성능이 되도록 할 것
③ 각 노즐선단의 방수압력이 170kPa 이상일 것
④ 각층의 출입구 부근에 2개 이상 설치해야 한다.

22 위험물안전관리법에서 규정한 다음 내용에서 바르게 설명한 것은?

① 해당 제조소등의 용도를 폐지한 때에는 제조소등의 용도를 폐지한 날부터 7일 이내에 시·도지사에게 신고해야 한다.
② 시·도지사는 제조소등에 대한 사용의 정지가 그 이용자에게 심한 불편을 주거나 그 밖에 공익을 해칠 우려가 있는 때에는 사용정지처분에 갈음하여 3천만 원 이하의 과징금을 부과할 수 있다.
③ 과징금 처분을 받은 자가 이를 납부하지 않은 경우 지방세 체납처분 예에 따른다.
④ 제조소등의 설치자의 지위를 승계한 자는 승계한 날부터 30일 이내에 시·도지사에게 그 사실을 신고해야 한다.

23 고객이 직접 주유하는 주유취급소의 셀프용 고정주유설비기준에 대한 설명으로 옳은 것은?

① 급유호스의 선단부에 자동개폐장치를 부착한 급유노즐을 설치할 것
② 휘발유와 등유 상호간의 오인에 의한 주유를 방지할 수 있는 구조일 것
③ 1회의 연속주유량 및 주유시간의 상한을 미리 설정할 수 있는 구조일 것. 휘발유의 경우 주유량의 상한은 100리터 이하, 주유시간의 상한은 6분 이하로 한다.
④ 주유호스는 200킬로그램 중 이하의 하중에 의하여 파단(破斷) 또는 이탈되어야 하고, 파단 또는 이탈된 부분으로부터의 위험물 누출을 방지할 수 있는 구조일 것

24 옥외탱크저장소의 펌프설비 설치기준으로 옳지 않은 것은?

① 펌프실의 지붕은 위험물에 따라 가벼운 불연재료로 덮어야 한다.
② 펌프실의 출입구는 60분+방화문 · 60분방화문 또는 30분방화문을 사용한다.
③ 펌프설비의 주위에는 3m 이상의 공지를 보유해야 한다.
④ 옥외저장탱크의 펌프실은 지정수량 20배 이하의 경우는 주위에 공지를 보유하지 않아도 된다.

25 위험물안전관리법에서 규정한 사항을 틀리게 설명한 것은?

① 위험물 임시 · 저장 취급기간은 90일 이내이다.
② 철도 및 도로의 터널 안에는 이송취급소를 설치할 수 있다.
③ 제2종 판매취급소로 사용되는 부분과 다른 부분과의 격벽은 내화구조로 해야 한다.
④ 주유취급소의 점포는 주유취급소에 출입하는 대상으로 한다.

13 최종모의고사

01 위험물안전관리법령상 위험물의 성질에 따른 제조소의 특례에 관한 내용으로 옳지 않은 것은?

① 산화프로필렌을 취급하는 설비는 은·수은·동·마그네슘 또는 이들을 성분으로 하는 합금으로 만들지 아니할 것
② 알킬리튬을 취급하는 설비에는 불활성기체를 봉입하는 장치를 갖출 것
③ 다이에틸에터를 취급하는 설비에는 온도 및 농도의 상승에 의한 위험한 반응을 방지하기 위한 조치를 강구할 것
④ 하이드록실아민등을 취급하는 설비에는 철 이온 등의 혼입에 의한 위험한 반응을 방지하기 위한 조치를 강구할 것

02 위험물안전관리법령상 옥내탱크저장소의 탱크전용실을 단층건물 외의 건축물에 설치할 수 없는 위험물은? 13년 소방위

① 적 린　② 칼 륨
③ 경 유　④ 질 산

03 옥내저장소에 관한 위험물안전관리법령의 내용으로 옳지 않은 것은?

① 지정과산화물을 저장하는 옥내저장소의 경우 바닥면적 150m^2 이내마다 격벽으로 구획을 해야 한다.
② 옥내저장소에는 원칙상 안전거리를 두어야 하나, 제6류 위험물을 저장하는 경우에는 안전거리를 두지 않을 수 있다.
③ 아세톤을 처마높이 6m 미만인 단층건물에 저장하는 경우 저장창고의 바닥면적은 1,000m^2 이하로 해야 한다.
④ 복합용도의 건축물에 설치하는 옥내저장소는 해당 용도로 사용하는 부분의 바닥면적을 100m^2 이하로 해야 한다.

04 위험물안전관리법상 제조소등에 대한 긴급 사용정지 명령에 관한 설명으로 옳은 것은?

① 시·도지사는 명령을 할 수 없다.
② 제조소등의 관계인뿐 아니라 해당시설을 사용하는 자에게도 명령할 수 있다.
③ 제조소등의 관계자에게 위법사유가 없는 경우에도 명령할 수 있다.
④ 제조소등의 위험물취급설비의 중대한 결함이 발견되거나 사고우려가 인정되는 경우에만 명령할 수 있다.

05 다음 중 판매취급소의 건축물 구조에 대한 기준으로 옳은 것은? 19년 소방위

① 제2종 판매취급소의 용도로 사용하는 부분 중 연소의 우려가 없는 부분에 한하여 창을 두되, 해당 창에는 60분+방화문 또는 60분방화문을 설치해야 한다.

② 제2종 판매취급소의 용도로 사용하는 부분에 상층이 있는 경우에 있어서는 상층의 바닥을 불연재료로 하고 상층으로의 연소를 방지하기 위한 조치를 강구해야 한다.

③ 제1, 2종 판매취급소의 출입구에는 60분+방화문 · 60분방화문 또는 30분방화문을 설치해야 한다.

④ 제1, 2종 판매취급소의 창은 연소의 우려가 없는 장소에 설치해야 한다.

06 소화난이도등급 I 에 해당하지 않는 제조소등은? 13년 경남소방장

① 제1석유류 위험물을 제조하는 제조소로서 연면적 1,000m^2 이상인 것

② 제1석유류 위험물을 저장하는 옥외탱크저장소로서 액표면적이 40m^2 이상인 것

③ 모든 이송취급소

④ 제6류 위험물을 저장하는 암반탱크저장소

07 위험물의 지하저장탱크 중 압력탱크 외의 탱크에 대해 수압시험을 실시할 때 몇 kPa의 압력으로 해야 하는가? (단, 소방청장이 정하여 고시하는 기밀시험과 비파괴시험을 동시에 실시하는 방법으로 대신하는 경우는 제외한다)

① 40

② 50

③ 60

④ 70

08 위험물 누출 등 사고조사 및 위원회에 관한 설명으로 옳은 것은?

① 소방청장(중앙119구조본부장 및 그 소속 기관의 장 포함), 시 · 도지사, 소방본부장 또는 소방서장은 위험물의 누출 · 화재 · 폭발 등의 사고가 발생한 경우 사고의 원인 및 피해 등을 조사할 수 있다.

② 위원회의 위원장은 위원 중에서 소방청장, 소방본부장 또는 소방서장이 임명하거나 위촉한다.

③ 위원회는 위원장 1명을 포함하여 9명 이내의 위원으로 구성한다.

④ 위원으로 위촉되는 민간위원의 임기는 3년으로 하며, 한 차례만 연임할 수 있다.

09 옥외탱크저장소에 저장하는 제4류 위험물의 최대수량이 지정수량의 50만배 이상인 사업소에 편성된 자체소방대에 필요한 화학소방차 및 인원으로 옳은 것은?

① 4대, 20인
② 1대, 5인
③ 3대, 15인
④ 2대, 10인

10 위험물안전관리법 시행규칙 상 하이드록실아민등을 취급하는 제조소의 특례에서 담 또는 토제에 대한 강화된 기준으로 옳지 않은 것은?

① 토제의 경사면의 경사도는 60도 미만으로 할 것
② 담은 두께 15cm 이상의 철근콘크리트조 · 철골철근콘크리트조 또는 두께 20cm 이상의 보강콘크리트블록조로 할 것.
③ 담 또는 토제의 높이는 해당 제조소에 있어서 하이드록실아민등을 취급하는 부분의 높이 이하로 할 것
④ 제조소의 외벽 또는 이에 상당하는 공작물의 외측으로부터 2m 이상 떨어진 장소에 설치할 것

11 한 변의 길이는 12m, 다른 한 변의 길이는 60m인 옥내저장소에 자동화재탐지설비를 설치하는 경우 경계구역은 원칙적으로 최소한 몇 개로 해야 하는가? (단, 차동식 스포트형 감지기를 설치한다)

① 1
② 2
③ 3
④ 4

12 제4류 위험물 중 〈보기〉의 요건에 모두 해당하는 위험물은 무엇인가?

- 옥내저장소에 저장 · 취급하는 경우 하나의 저장창고 바닥면적은 1,000m^2 이하여야 한다.
- 위험등급은 II에 해당한다.
- 이동탱크저장소에 저장 · 취급할 때에는 법정의 접지도선을 설치해야 한다.

① 다이에틸에터(특수인화물)
② 피리딘(제1석유류)
③ 크레오소트유(제3석유류)
④ 고형알코올

13 위험물 제조소에 설치하는 표지 및 게시판의 기준으로 옳은 것은?

① 위험물 제조소 표지와 방화에 관하여 필요한 사항을 게시한 게시판의 크기와 모양기준은 같다.
② 제3류 위험물 중 자연발화성인 황린을 취급하는 제조소의 경우 "공기접촉엄금"의 주의사항을 표시한 표지를 설치해야 한다.
③ 주의사항을 표시한 게시판과 방화에 관하여 필요한 사항을 게시한 게시판의 규격은 같다.
④ 방화에 관하여 필요한 사항을 게시한 게시판에는 위험물의 유별·품명 및 저장최대수량 또는 취급최대수량, 지정수량의 배수 및 소유자의 성명 또는 직명을 표시한다.

14 다음은 셀프용 고정주유설비의 기준에 대한 내용에서 ( )에 들어갈 내용의 합은 얼마인가?

> 1회의 연속주유량 및 주유시간의 상한을 미리 설정할 수 있는 구조일 것. 이 경우 연속주유량 및 주유시간의 상한은 다음과 같다.
> • 휘발유는 ( )리터 이하, 4분 이하로 할 것
> • 경유는 ( )리터 이하, ( )분 이하로 할 것

① 706
② 306
③ 236
④ 712

15 위험물 탱크안전성능시험자가 되고자 하는 자는 어떻게 해야 하는가?

① 행정안전부장관의 지정을 받아야 한다.
② 시·도지사에게 등록해야 한다.
③ 시·도 소방본부장의 지정을 받아야 한다.
④ 소방서장에게 등록해야 한다.

16 소방청장, 시·도지사, 소방본부장 또는 소방서장의 탱크시험자에 대한 명령에 위반하여 보고 또는 자료제출을 하지 아니하거나 허위의 보고 또는 자료제출을 한 자 및 관계공무원의 출입 또는 조사·검사를 거부·방해 또는 기피한 자에게 조치할 수 있는 방법은?

① 1년 이하의 징역 또는 1천만 원 이하의 벌금
② 1천 500만 원 이하의 벌금
③ 1천만 원 이하의 벌금
④ 100만 원 이하의 벌금

17 제조소등의 안전거리 기산점에 대한 설명으로 옳은 것은?

① 해당 제조소의 외벽으로부터 방호대상 건축물의 외벽까지의 수평거리
② 공작물의 외측으로부터 방호대상 건축물의 외벽까지의 직선거리
③ 해당 제조소의 외벽으로부터 방호대상 건축물의 외벽까지의 보행거리
④ 건축물에 상당하는 공작물의 외측으로부터 방호공작물의 외측까지의 최단거리

18 옥외탱크저장소의 위치 · 구조 · 설비 기준에서 이황화탄소 옥외저장탱크에서 생략할 수 있는 것에 해당되지 않는 것은? 13년 부산소방장

① 통기관 ② 자동계량장치
③ 보유공지 ④ 안전거리

19 1일 평균 매출액이 5,000원인 위험물 제조소 설치자가 변경허가를 받지 아니하고, 제조소의 위치 · 구조 또는 설비를 변경하여 소방서장으로부터 사용정지 15일을 받았다면 과징금 금액은 얼마인가?

① 5,000원 ② 4,305원
③ 75,000원 ④ 7,500원

20 위험물 제조소에서 저장 또는 취급하는 위험물의 품명 · 수량 또는 지정수량의 배수를 변경하고자 할 때 변경신고서에 첨부해야 할 서류는?

① 위치, 구조 설비도면
② 위험물 제조소의 기술능력
③ 제조소등의 완공검사합격확인증
④ 구조설비명세표

21 위험물안전관리법에 따른 옥내저장소 창고의 바닥을 물이 스며들지 않는 구조로 해야 하는 위험물에 해당하지 않는 것은?

① 제1류 위험물 중 알칼리금속 과산화물
② 제2류 위험물 중 철분, 금속분, 마그네슘
③ 제6류 위험물
④ 제3류 위험물 중 금수성물질

22 제1종과 제2종 판매취급소의 위치·구조 및 설비의 기준에 대한 설명으로 맞지 않는 것은?

① 모두 건축물의 1층에 설치해야 한다.

② 보기 쉬운 곳에 "위험물 판매취급소(제1종 또는 제2종)" 표시를 한 표지를 설치해야 한다.

③ 천장을 설치한 경우 제1종 판매취급소의 천장은 불연재료로 하고 제2종 판매취급소의 천장은 내화구조로 해야 한다.

④ 배합실의 설치기준은 제1종 판매취급소와 제2종 판매취급소는 같다.

23 위험물안전관리법령상 위험물시설의 설치 및 변경에 관한 설명으로 옳지 않은 것은? (단, 권한의 위임 등 기타 사항은 고려하지 않음)

19년 통합소방장

① 제조소등을 설치하고자 하는 자는 그 설치장소를 관할하는 시·도지사의 허가를 받아야 한다.

② 제조소등의 위치·구조 등의 변경 없이 해당 제조소등에서 저장하는 위험물의 품명·수량 등을 변경하고자 하는 자는 변경하고자 하는 날까지 시·도지사의 허가를 받아야 한다.

③ 군사목적으로 제조소등을 설치하고자 하는 군부대의 장이 제조소등의 소재지를 관할하는 시·도지사와 협의한 경우에는 허가를 받은 것으로 본다.

④ 군부대의 장은 국가기밀에 속하는 제조소등의 설비를 변경하고자 하는 경우에는 해당 제조소등의 변경공사를 착수하기 전에 그 공사의 설계도서와 서류제출을 생략할 수 있다.

24 위험물안전관리대행기관으로 지정 변경신고와 휴업·재개업 또는 폐업 신고와 관련한 설명 중 옳은 것은?

① 소방청장에게 신청한다.

② 지정받은 사항의 변경이 있는 경우 그 사유가 있는 날로부터 14일 전에 신고해야 한다.

③ 휴업·재개업 또는 폐업하려는 경우에는 휴업·재개업 또는 폐업한 후 1일 이내에 신고하면 된다.

④ 민원처리기간은 5일이다.

25 위험물안전관리법령상 제조소등의 정기점검 대상에 해당하지 않는 것은?

13년 경기·경남소방장 | 15년, 21년 소방위 | 18년 통합소방장

① 경유 20,000리터를 취급하며 차량에 고정된 탱크에 주입하는 일반취급소

② 등유 3,000리터를 저장하는 지하탱크저장소

③ 메틸알코올 5,000리터를 취급하는 제조소

④ 등유 220,000리터를 저장하는 옥외탱크저장소

14 최종모의고사

01 **위험물안전관리법령상 위험물 제조소에 설치하는 옥내소화전설비의 설치기준으로 옳지 않은 것은?**

① 수원의 수량은 옥내소화전이 가장 많이 설치된 층의 옥내소화전 설치개수(설치개수가 2개 이상인 경우는 2개)에 7.8m^3를 곱한 양 이상이 되도록 설치할 것

② 제조소등의 건축물의 층마다 해당 층의 각 부분에서 하나의 호스접속구까지의 수평거리가 25m 이하가 되도록 설치할 것

③ 옥내소화전설비는 각층을 기준으로 하여 해당 층의 모든 옥내소화전(설치개수가 5개 이상인 경우는 5개의 옥내소화전)을 동시에 사용할 경우에 각 노즐 끝부분의 방수압력이 350㎪ 이상이고 방수량이 1분당 260리터 이상의 성능이 되도록 할 것

④ 옥내소화전설비에는 비상전원을 설치할 것

02 **암반탱크저장소의 위치·구조 및 설비의 기준에 대한 설명이다. 다음 〈보기〉의 (　　)에 들어갈 알맞은 내용은?**

가. 지하수위 및 지하수의 흐름 등을 확인·통제할 수 있는 (㉠)을 설치해야 한다.
나. 암반탱크의 상부로 물을 주입하여 수압을 유지할 필요가 있는 경우에는 (㉡)을 설치할 것
다. 내부로 유입되는 지하수의 양을 측정할 수 있는 (㉢)와 자동측정이 가능한 (㉣)를 설치해야 한다.
라. 침출수에 섞인 위험물이 직접 배수구로 흘러 들어가지 아니하도록 (㉤)를 설치해야 한다.

① ㉠ : 수벽공, ㉡ : 관측공, ㉢ : 측정설비, ㉣ : 계량구, ㉤ : 자동배수장치
② ㉠ : 관측공, ㉡ : 관측공, ㉢ : 계량구, ㉣ : 측정설비, ㉤ : 자동배수장치
③ ㉠ : 관측공, ㉡ : 수벽공, ㉢ : 계량구, ㉣ : 계량장치, ㉤ : 유분리장치
④ ㉠ : 수벽공, ㉡ : 관측공, ㉢ : 계량구, ㉣ : 계량장치, ㉤: 유분리장치

03 **위험물안전관리법령상 옥내저장소의 지붕 또는 천장에 관한 설명으로 옳지 않은 것은?**

16년 소방위

① 황린만 저장하는 경우에는 지붕을 내화구조로 할 수 있다.
② 셀룰로이드만을 저장하는 경우에는 난연재료 또는 불연재료로 된 천장을 설치할 수 있다.
③ 할로젠간화합물만 저장하는 경우에는 지붕을 내화구조로 할 수 있다.
④ 질산구아니딘만을 저장하는 경우에는 난연재료로 된 천장을 설치할 수 있다.

04 주유취급소에 다음과 같이 전용탱크를 설치하였다. 최대로 저장 · 취급할 수 있는 용량은 얼마인가? (단, 고속도로 외의 도로변에 설치하는 자동차용 주유취급소인 경우이다)

> • 간이탱크 : 2기
> • 폐유탱크 등 : 1기
> • 고정주유설비 및 급유설비 접촉하는 전용탱크 : 2기

① 103,200리터
② 104,600리터
③ 123,200리터
④ 124,200리터

05 위험물안전관리법령상 위험물 제조소등에 자체소방대를 두어야 할 대상의 기준으로 옳지 않은 것은? (단, 원칙적인 경우에 한한다)

① 제4류 위험물의 최대수량의 합이 지정수량의 3천배 이상인 제조소
② 제4류 위험물의 최대수량의 합이 지정수량의 3천배 이상인 일반취급소
③ 제4류 위험물의 최대수량이 지정수량의 50만배 이상인 옥외탱크저장소
④ 제4류 위험물의 최소수량의 합이 지정수량의 3천배 이상인 제조소 및 일반취급소

06 다음 위험물 품명 중 지정수량이 나머지 셋과 다른 것은?

① 브로민산염류
② 아조화합물
③ 금속의 수소화물
④ 질 산

07 위험물안전관리법 시행규칙상 제조소등의 특례 중 (   )에 들어갈 내용을 순서대로 바르게 나열한 것은?

> 가. 하이드록실아민등을 취급하는 제조소의 담은 두께 (   )cm 이상의 철근콘크리트조 · 철골철근콘크리트조 또는 두께 (   )cm 이상의 보강콘크리트블록조로 할 것
> 나. 지정과산화물 저장창고의 외벽은 두께 (   )cm 이상의 철근콘크리트조나 철골철근콘크리트조 또는 두께 (   )cm 이상의 보강콘크리트블록조로 할 것
> 다. 지정과산화물 저장창고의 격벽은 두께 (   )cm 이상의 철근콘크리트조 또는 철골철근콘크리트조로 하거나 두께 (   )cm 이상의 보강콘크리트블록조로 할 것
> 라. 지정과산화물 저장창고의 지붕은 두께 (   )cm 이상, 너비 (   )cm 이상의 목재로 만든 받침대를 설치할 것

① 20, 30, 15, 20, 30, 40, 5, 30
② 20, 30, 15, 20, 30, 40, 15, 30
③ 15, 20, 30, 40, 20, 30, 15, 30
④ 15, 20, 20, 30, 30, 40, 5, 30

08 위험물안전관리법령상 이송취급소에 관한 기준 중 괄호 안에 들어갈 내용으로 옳은 것은?

15년 소방위

> 배관 등은 최대상용압력의 (   )배 이상의 압력으로 (   )시간 이상 수압을 가하여 누설 그 밖의 이상이 없을 것

① 1, 2
② 1.1, 3
③ 1.5, 5
④ 1.25, 4

09 옥내저장소의 저장창고의 구조에 대한 설명으로 옳은 것은?

① 지면에서 처마까지의 높이가 6m 이상인 단층건물로 해야 한다.
② 특수인화물과 인화성고체를 같은 저장창고에 저장할 경우 옥내저장소의 바닥면적은 1,500m^2 이하로 해야 한다.
③ 제2류 위험물(분상의 것과 인화성고체를 제외한다)과 제6류 위험물만의 저장창고의 지붕은 내화구조로 할 수 있다.
④ 저장창고 출입구는 자동폐쇄식 60분+방화문 또는 60분방화문을 설치해야 한다.

10 위험물안전관리법령상 특수인화물에 대한 설명으로 옳은 것은?

17년 인천소방장

① 인화점이 섭씨 영하 40도 이하이고 비점이 섭씨 20도 이하인 것이다.
② 1기압 섭씨 20도에서 발화점이 섭씨 40도 이하인 것이다.
③ 비점이 섭씨 20도 이하이고 인화점이 섭씨 40도 이하인 것이다.
④ 이황화탄소, 다이에틸에터가 해당된다.

11 주유취급소에 설치하는 주유원 간이대기실의 설치기준으로 옳은 것은?

① 불연재료로 하고 바닥면적이 3.3m^2 이하로 설치할 것
② 바퀴를 부착하여 이동이 편리하게 설치할 것
③ 주유공지 및 급유공지 외의 장소에 설치하는 것은 바닥면적의 제한이 없다.
④ 고정식주유설비 사이에 고정식으로 설치해야 한다.

12 자동화재탐지설비를 설치해야 하는 대상이 아닌 것은?

① 처마높이가 6m 이상인 단층 옥내저장소
② 저장창고의 연면적이 100m^{2}인 옥내저장소
③ 지정수량 100배의 에탄올을 저장 또는 취급하는 옥내저장소
④ 연면적이 500m^{2}인 일반취급소

13 위험물안전관리법 시행령상 제조소등에서 흡연장소의 지정기준 등에 관한 내용으로 옳지 않은 것은?

① 흡연장소에는 보유공지를 두고 흡연장소 내 화재가 발생하더라도 번지지 않도록 조치를 해야 한다.
② 흡연장소에는 가연성의 증기 또는 미분이 체류하거나 유입되는 것을 방지하는 조치를 할 것
③ 수동식소화기, 마른 모래 또는 소화수 등을 비치하는 등 흡연장소 내 화재를 진화할 수 있는 조치를 할 것
④ 위험물을 저장 또는 취급하는 장소에서 일정한 거리를 이격하는 등 화재 예방상 지장이 없는 위치일 것

14 다음 〈보기〉 중에서 위험물 옥내저장창고 내부에 체류한 가연성의 증기를 지붕 위로 배출하는 설비를 갖추어야 할 위험물을 모두 고르시오.

㉠ 다이에틸에터	㉡ 기어유
㉢ 휘발유	㉣ 경 유
㉤ 중 유	㉥ 아세톤

① 상기 다 맞다.
② ㉠, ㉢, ㉣, ㉥
③ ㉠, ㉡, ㉢, ㉣, ㉥
④ ㉠, ㉢, ㉤

15 위험물안전관리법령상 위험물의 운송에 관한 설명으로 옳지 않은 것은?

① 운송책임자는 위험물의 운송에 관한 안전교육을 수료하고 관련업무에 2년 이상 종사한 경력이 필요하다.
② 위험물 운송 시 장거리 운송을 할 때 2명 이상의 운전자로 하는 것이 원칙이나, 1명이 운송 도중에 2시간마다 10분 이상 휴식하는 경우는 예외로 한다.
③ 운송책임자는 운송의 감독 또는 지원을 위하여 마련한 별도의 사무실에 대기하면서 규정에 정한 사항을 중심으로 감독 또는 지원을 한다.
④ 알킬알루미늄, 알킬리튬 또는 이중 하나 이상을 함유하는 것을 운송하는 경우에는 운송책임자의 감독 또는 지원을 받아야 한다.

16 다음 중 위험물안전관리법상 벌칙의 양형기준이 다른 것은?

① 제조소등의 사용정지명령을 위반한 자
② 위험물 제조소등 사용중지 대상에 대한 안전조치 이행명령을 따르지 아니한 자
③ 위험물 저장·취급기준 준수명령 또는 응급조치명령을 위반한 자
④ 제조소등에 대한 긴급 사용정지·제한명령을 위반한 자

17 다음 〈보기〉에서 위험물 제조소등의 설치허가를 받지 않아도 되는 것을 모두 고르시오.

가. 지정수량 미만의 위험물을 저장·취급하는 장소
나. 항공기·선박·철도 또는 궤도로 운반하는 위험물
다. 공동주택의 중앙난방을 위한 저장소 또는 취급소
라. 관할 소방서장의 승인을 받아 지정수량 이상의 위험물을 90일 이내의 기간 동안 임시로 저장 또는 취급하는 경우
마. 농예용·축산용 또는 수산용으로 필요한 난방시설 또는 건조시설을 위한 지정수량 20배 이하의 취급소

① 가, 나, 라, 마
② 가, 나, 마
③ 가, 나, 라
④ 가, 나, 다, 라, 마

18 위험물 제조소등에서 저장 및 취급에 관한 중요기준에 따르지 않은 경우 벌칙 규정으로 맞는 것은?

13년 부산소방장 14년 소방위 17년 소방장

① 300만 원 이하의 벌금
② 500만 원 이하의 벌금
③ 1천만 원 이하의 벌금
④ 1천 500만 원 이하의 벌금

19 위험물 제조소에서 다음과 같이 위험물을 취급하고 있는 경우 각각의 지정수량 배수의 총 합은 얼마인가?

13년 경기·부산소방장 18년 소방위

• 휘발유 800리터×2기
• 경유 4,000리터
• 중유 6,000리터

① 5
② 10
③ 15
④ 20

20 자체소방대를 두어야 하는 일반취급소 중에서 제외되는 일정용도의 대상으로 맞지 않은 것은?

17년 인천소방장

① 이동저장탱크 그 밖에 이와 유사한 것에 위험물을 주입하는 일반취급소
② 용기에 위험물을 옮겨 담는 일반취급소
③ 유압장치, 윤활유순환장치 그 밖에 이와 유사한 장치로 위험물을 취급하는 일반취급소
④ 분무도장 작업 등의 일반취급소

21 위험물 탱크안전성능시험자가 반드시 갖춰야 할 장비는?

21년 소방장

① 자기탐상시험기
② 비중계
③ 검량계
④ 수직·수평도 측정기

22 위험물안전관리법령에서 규정하고 있는 주유취급소의 특례로 옳지 않은 것은?

17년 소방위

① 자가용주유취급소 - 주유공지 및 급유공지를 적용하지 아니한다.
② 고속국도 주유취급소 - 전용탱크를 60,000리터로 할 수 있다.
③ 선박주유취급소 - 주유관의 길이를 적용하지 아니한다.
④ 셀프주유취급소 - 셀프용 고정주유설비와 셀프용 고정급유설비의 주유 또는 급유시간 상한은 같다.

23 다음 〈보기〉 중에서 옥내저장소의 저장창고 바닥면적을 2,000m^2 이하로 해야 할 위험물을 모두 고른 것으로 옳은 것은?

20년 소방장

ㄱ. 등유, 경유	ㄴ. 과염소산염류
ㄷ. 인화성고체	ㄹ. 하이드록실아민
ㅁ. 유기과산화물	ㅂ. 적 린
ㅅ. 유기금속화합물	ㅇ. 질 산

① 상기 다 맞다.
② ㄱ, ㄴ, ㄷ, ㄹ, ㅁ, ㅂ, ㅅ
③ ㄱ, ㄷ, ㄹ, ㅂ, ㅅ
④ ㄴ, ㄷ, ㄹ, ㅁ, ㅂ, ㅅ, ㅇ

24 다음 위험물 중 위험등급 I 인 것을 모두 고르시오. 20년 소방장

㉠ 제1류 위험물 중 아염소산염류, 염소산염류, 과염소산염류, 무기과산화물, 차아염소산염류, 그 밖에 지정수량이 50킬로그램인 위험물
㉡ 제3류 위험물 중 칼륨, 나트륨, 알킬알루미늄, 알킬리튬, 황린 그 밖에 지정수량이 10킬로그램 또는 20킬로그램인 위험물
㉢ 제4류 위험물 중 특수인화물
㉣ 제5류 위험물 중 지정수량이 10킬로그램인 위험물

① ㉠, ㉡, ㉢
② ㉡, ㉢, ㉣
③ ㉠, ㉡, ㉢
④ ㉠, ㉡, ㉢, ㉣

25 위험물 제조소에서 가압설비 위험물의 성질에 따라 안전밸브의 작동이 곤란한 가압설비에 설비하는 안전장치로 맞는 것은?

① 파괴판
② 자동적으로 압력의 상승을 정지시키는 장치
③ 압력계
④ 안전밸브를 병용하는 경보장치

15 최종모의고사

01 위험물안전관리법령상 옥내저장소의 시설기준에 관한 내용으로 옳지 않은 것은? (단, 다층건물 및 복합용도 건축물의 옥내저장소는 제외)

① 저장창고는 위험물 저장을 전용으로 하는 독립된 건축물로 해야 한다.
② 지붕은 폭발력이 위로 방출될 정도의 가벼운 불연재료로 하고, 천장을 만들지 아니해야 한다.
③ 제1류 위험물을 저장할 경우 지면에서 처마까지의 높이가 6m 미만의 단층 건물로 해야 한다.
④ 내화구조로 된 옥내저장소에 적린 600킬로그램을 저장할 경우 너비 2m 이상의 공지를 확보해야 한다.

02 다음 중 위험물탱크 안전성능검사의 검사종류에 해당되지 않는 것은? 21년 소방장

① 기초검사
② 지반검사
③ 비파괴검사
④ 용접부검사

03 위험물안전관리법령에 의한 안전교육에 대한 설명으로 옳은 것은?

① 제조소등의 관계인은 교육대상자에 대하여 안전교육을 받게 할 의무가 있다.
② 안전관리자, 탱크시험자의 기술인력 및 위험물운송자는 안전교육을 받을 의무가 없다.
③ 탱크시험자의 업무에 대한 강습교육을 받으면 탱크시험자의 기술인력이 될 수 있다.
④ 소방서장은 교육대상자가 교육을 받지 아니한 때에는 그 자격을 정지하거나 취소할 수 있다.

04 옥외저장소에 덩어리 상태의 황만을 지반면에 설치한 경계표시의 안쪽에서 저장할 경우 하나의 경계표시의 내부면적은 몇 m^2 이하이어야 하는가?

① 75 ② 100
③ 300 ④ 500

05 **위험물안전관리법령에 대한 설명 중 옳지 않은 것은?**

① 군부대가 지정수량 이상의 위험물을 군사목적으로 임시로 저장 또는 취급하는 경우에는 제조소등이 아닌 장소에서 지정수량 이상의 위험물을 취급할 수 있다.

② 철도 및 궤도에 의한 위험물의 저장·취급 및 운반에 있어서는 위험물안전관리법령을 적용하지 아니한다.

③ 지정수량 미만인 위험물의 저장 또는 취급에 관한 기술상의 기준은 국가화재안전기준으로 정한다.

④ 업무상 과실로 제조소등에서 위험물을 유출, 방출 또는 확산시켜 사람의 생명, 신체 또는 재산에 대하여 위험을 발생시킨 자는 7년 이하의 금고 또는 7천만 원 이하의 벌금에 처한다.

06 **다음은 위험물안전관리법령상 제조소등의 사용 중지 등의 규정 내용이다. 옳지 않은 것은?**

① 시·도지사는 제조소등 사용 중지신고를 받으면 제조소등의 관계인이 안전조치를 적합하게 하였는지 또는 위험물안전관리자가 직무를 적합하게 수행하는지를 확인하고 위해 방지를 위하여 필요한 안전조치의 이행을 명할 수 있다.

② 안전조치 이행명령을 따르지 아니한 자는 1차 영업정지 10일, 2차 허가취소의 행정처분을 명할 수 있다.

③ 안전조치 이행명령을 따르지 아니한 자는 1천 500만 원 이하의 벌금에 처한다.

④ 시·도지사가 제조소등 사용 중지신고 또는 재개신고를 각각 접수하고 처리한 경우 신고서와 첨부서류의 사본 및 처리결과를 관할 소방서장에게 송부해야 한다.

07 **위험물 제조소에서 다음과 같이 위험물을 취급하고 있는 경우 각각의 지정수량 배수의 총합은 얼마인가?**

인화성고체 2,500킬로그램, 과산화나트륨 150킬로그램, 금속분 2,000킬로그램

① 6　　② 4

③ 9.5　　④ 7

08 위험물안전관리법령상 제조소등의 정기점검에 대한 규정이다. (   ) 안에 들어갈 내용이 순서대로 알맞게 짝지어진 것은?

> 정기점검을 한 제조소등의 관계인은 점검을 한 날부터 (㉠) 이내에 점검결과를 (㉡)에게 제출하여야 한다.

	㉠	㉡
①	30일	시·도지사
②	14일	시·도지사
③	14일	소방본부장 또는 소방서장
④	20일	소방본부장 또는 소방서장

09 제1류 위험물이 아닌 것은? 13년 경남소방장

① 과아이오딘산염류
② 퍼옥소붕산염류
③ 아이오딘의 산화물
④ 금속의 아지화합물

10 제조소등의 관계인은 제조소등을 사용 중지 하려는 경우 행정안전부령으로 정하는 안전조치를 해야 하는 사항으로 옳지 않은 것은?

① 탱크·배관 등 위험물을 저장 또는 취급하는 설비에서 위험물 및 가연성 증기 등의 제거
② 관계인이 아닌 사람에 대한 해당 제조소등에의 출입금지 조치
③ 해당 제조소등의 사용 중지 사실을 소방관서에 통보
④ 그 밖에 위험물의 사고 예방에 필요한 조치

11 위험물안전관리법령에 따른 위험물의 운반에 관한 적재방법에 대한 기준으로 틀린 것은?

① 제1류 위험물 중 알칼리토금속의 과산화물은 차광성과 방수성 있는 피복으로 덮어야 한다.
② 제1류 위험물 중 알칼리금속의 과산화물 또는 이를 함유한 것, 제2류 위험물 중 철분·금속분·마그네슘 또는 이들 중 어느 하나 이상을 함유한 것, 제3류 위험물 중 금수성물질은 방수성이 있는 피복으로 덮는다.
③ 제5류 위험물 중 55℃ 이하의 온도에서 분해될 우려가 있는 것은 보냉 컨테이너에 수납하는 등의 방법으로 적정한 온도관리를 한다.
④ 제1류 위험물·제3류 위험물 중 자연발화성물질, 제4류 위험물 중 특수인화물, 제5류 위험물 또는 제6류 위험물은 차광성이 있는 피복으로 가린다.

12 위험물안전관리법에 따른 제조소등에 있어서 위험물의 취급에 관한 설명으로 옳은 것은?

① 위험물의 취급에 관한 자격자라 하더라도 안전관리자로 선임되지 않은 자는 위험물을 단독으로 취급할 수 없다.

② 위험물안전관리자의 대리자가 참여한 상태에서는 위험물취급자격이 없더라도 누구든지 위험물 취급 작업을 할 수 있다.

③ 위험물의 취급에 관한 자격이 있는 자가 위험물안전관리자로 선임되지 않았어도 그 자가 참여한 상태에서 누구든지 위험물 취급 작업을 할 수 있다.

④ 위험물운송자는 위험물을 이동저장탱크에 충전하는 일반취급소에서 안전관리자 또는 대리자 참여 없이 위험물 출하 작업을 할 수 있다.

13 위험물안전관리법상 제6류 위험물을 저장 또는 취급하는 장소에 이산화탄소소화기가 적응성이 있는 경우는?

① 폭발의 위험이 없는 장소

② 사람이 상주하지 않는 장소

③ 습도가 낮은 장소

④ 전자설비를 설치한 장소

14 위험물 제조과정의 취급기준에 대한 설명으로 틀린 것은?

① 증류공정에 있어서는 위험물을 취급하는 설비의 외부압력의 변동 등에 의하여 액체 또는 증기가 생기도록 해야 한다.

② 추출공정에 있어서는 추출관의 내부압력이 비정상으로 상승하지 않도록 해야 한다.

③ 건조공정에 있어서는 위험물의 온도가 국부적으로 상승하지 않도록 가열 또는 건조시켜야 한다.

④ 분쇄공정에 있어서는 위험물의 분말이 현저하게 기계·기구 등에 부착하고 있는 상태로 그 기계·기구를 취급하지 말아야 한다.

15 위험물 제조소등에 설치하는 옥내소화전설비 또는 옥외소화전설비의 설치기준으로 옳지 않은 것은?

① 옥내소화전설비의 각 노즐 선단 방수량 : 260L/min

② 옥내소화전설비의 비상전원 용량 : 30분 이상

③ 옥외소화전설비의 각 노즐 선단 방수량 : 450L/min

④ 옥외소화전의 수원의 수량은 옥외소화전의 설치개수(설치개수가 4개 이상인 경우는 4개의 옥외소화전)에 $13.5m^3$를 곱한 양 이상이 되도록 설치할 것

16 하나의 옥내저장소에 칼륨과 황을 저장하고자 할 때 저장창고의 바닥면적에 관한 내용으로 적합하지 않은 것은?

① 만약 황이 없고 칼륨만을 저장하는 경우라면 저장창고의 바닥면적은 1,000m^2 이하로 해야 한다.
② 만약 칼륨이 없고 황만을 저장하는 경우라면 저장창고의 바닥면적은 2,000m^2 이하로 해야 한다.
③ 내화구조의 격벽으로 완전히 구획된 실에 각각 저장하는 경우 전체 바닥면적은 1,500m^2 이하로 해야 한다.
④ 내화구조의 격벽으로 완전히 구획된 실에 각각 저장하는 경우 칼륨의 저장실은 2,000m^2 이하, 황의 저장실은 500m^2 이하로 한다.

17 〈보기〉의 요건을 모두 충족하는 위험물은 어느 것인가?

- 이 위험물이 속하는 전체 유별은 옥외저장소에 저장할 수 없다(국제해상위험물 규칙에 적합한 용기에 수납하는 경우는 제외한다).
- 제1류 위험물과 1m 이상의 간격을 두면 동일한 옥내저장소에 저장이 가능하다.
- 위험등급 I 에 해당한다.

① 황 린　② 글리세린
③ 질 산　④ 질산염류

18 위험물안전관리법령 과징금에 관한 설명으로 옳지 않은 것은?

① 위반행위의 종류에 따른 과징금의 금액은 위반행위에 대한 사용정지의 기간에 따라 연간 매출액 기준 또는 위험물의 허가수량을 기준으로 산정한다.
② 과징금의 징수절차에 관하여는 「국고금 관리법 시행규칙」을 준용한다.
③ 과징금 금액은 해당 제조소등의 1일 평균 매출액의 기준에 따라 산정한다.
④ 시·도지사는 과징금을 납부해야 하는 자가 납부기한까지 이를 납부하지 아니한 때에는 「지방행정제재·부과금의 징수 등에 관한 법률」에 따라 징수한다.

19 위험물안전관리법령상 소화설비, 경보설비 및 피난설비의 기준에서 위험물 제조소의 연면적이 2,000m^2 또는 저장 및 취급하는 위험물이 지정수량의 150배 이상인 위험물 제조소에 설치해야 하는 소화설비로 옳은 것을 모두 고른 것은?

ㄱ. 옥내소화전설비	ㄴ. 옥외소화전설비
ㄷ. 상수도소화전설비	ㄹ. 물분무등소화설비

① ㄱ, ㄴ, ㄷ
② ㄴ, ㄷ, ㄹ
③ ㄱ, ㄷ, ㄹ
④ ㄱ, ㄴ, ㄹ

20 안전관리자 · 탱크시험자 · 위험물운송자 등 위험물의 안전관리와 관련된 업무를 수행하는 자로서 대통령령이 정하는 자에게 해당 업무에 관한 능력의 습득 또는 향상을 위하여 소방청장이 실시하는 안전교육에 대한 설명으로 틀린 것은?

① 소방본부장은 매년 10월 말까지 관할구역 안의 실무교육대상자 현황을 안전원에 통보하고 관할구역 안에서 안전원이 실시하는 안전교육에 관하여 지도 · 감독해야 한다.
② 기술원 또는 한국소방안전원은 교육을 실시하는 해의 전년도 말까지 강습교육 및 실무교육의 대상자별 및 지역별로 다음 연도의 교육실시계획을 수립하여 소방청장의 승인을 받아야 한다.
③ 소방청장은 안전교육을 강습교육과 실무교육으로 병행하여 실시할 수 있다.
④ 탱크안전성능 기술인력종사자 안전교육은 기술원에서 한다.

21 위험물 제조소의 옥외에 있는 위험물취급탱크 방유제 구조 및 설비기준으로 옳은 것은?

① 방유제의 높이는 0.5m 이상 3m 이하, 두께 0.2m 이상, 지하매설깊이 1m 이상으로 해야 한다.
② 방유제에는 해당 방유제를 관통하는 배관을 설치해야 한다.
③ 방유제 용량은 옥내취급탱크의 방유턱의 용량 산정방법과 동일하다.
④ 방유제는 철골콘크리트 또는 흙으로 해야 한다.

22 주유취급소의 공지에 대한 설명으로 옳지 않은 것은? 13년 부산소방장

① 주위는 너비 15m 이상, 길이 6m 이상의 콘크리트 등으로 포장한 공지를 보유해야 한다.
② 공지의 바닥은 주위의 지면보다 높게 해야 한다.
③ 공지바닥 표면은 수평을 유지해야 한다.
④ 공지바닥은 배수구, 집유설비 및 유분리시설을 해야 한다.

23 다음은 주유취급소 및 이동탱크저장소에서 위험물 취급기준에 대하여 설명하고 있는 "인화점" 기준은?

> 가. 주유취급소에서 자동차 등에 위험물을 주유할 때에는 자동차 등의 원동기를 정지시켜야 하는 인화점
> 나. 이동저장탱크로부터 위험물을 저장 또는 취급하는 탱크에 위험물을 주입할 때에는 이동탱크저장소의 원동기를 정지시켜야 하는 인화점

① 70℃ 미만
② 60℃ 미만
③ 40℃ 미만
④ 50℃ 미만

24 다음 중 제조소등의 위치 · 구조 및 설비의 기준에 적합하지 않은 것은?

① 지하저장탱크 압력탱크(최대상용압력이 46.7kPa 이상인 탱크) 외의 탱크에 있어서는 70kPa의 압력으로, 압력탱크에 있어서는 최대상용압력의 1.5배의 압력으로 각각 10분간 수압시험을 실시하여 새거나 변형되지 아니해야 한다.
② 옥외저장탱크 압력탱크(최대상용압력이 대기압을 초과하는 탱크) 외의 탱크는 수압시험, 압력탱크는 최대상용압력의 1.5배의 압력으로 10분간 실시하는 충수시험에서 각각 새거나 변형되지 아니해야 한다.
③ 이송취급소 배관 등은 최대상용압력의 1.25배 이상의 압력으로 4시간 이상 수압을 가하여 누설 그 밖의 이상이 없어야 한다.
④ 제조소 배관은 불연성 액체를 이용하는 경우에는 최대상용압력의 1.5배 이상의 압력으로 내압시험을 실시하여 누설 그 밖의 이상이 없는 것으로 해야 한다.

25 위험물의 운반에 관한 세부기준에 따르지 않은 경우 행정벌 규정으로 맞는 것은?

① 500만 원 이하의 과태료
② 300만 원 이하의 벌금
③ 200만 원 이하의 과태료
④ 1천만 원 이하

16 최종모의고사

01 위험물안전관리법령상 제3류, 제4류 및 제5류 위험물 중 인화성이 있는 액체(이황화탄소를 제외)를 저장하는 옥외저장탱크의 방유제 시설기준에 관한 내용으로 옳지 않은 것은? 17년 통합소방장

① 방유제의 높이는 0.5m 이상, 3m 이하로 한다.
② 옥외저장탱크의 총용량이 20만 리터 초과인 경우 방유제 내에 설치하는 탱크 수는 10 이하로 한다.
③ 방유제 안에 탱크가 1개 설치된 경우 방유제의 용량은 그 탱크 용량으로 한다.
④ 높이가 1m를 넘는 방유제의 안팎에는 계단 또는 경사로를 약 50m마다 설치해야 한다.

02 위험물안전관리법령상 이송취급소에 해당하지 않는 것을 모두 고른 것은?

> ㉠ 「송유관안전관리법」에 의한 송유관에 의하여 위험물을 이송하는 경우
> ㉡ 「농어촌 전기공급사업 촉진법」에 따라 설치된 자가발전시설에 사용되는 위험물을 이송하는 경우
> ㉢ 사업소와 사업소 사이의 이송배관이 제3자(해당 사업소와 관련이 있거나 유사한 사업을 하는 자에 한한다)의 토지만을 통과하는 경우로서 해당 배관의 길이가 100m 이하인 경우

① ㉠, ㉡
② ㉡, ㉢
③ ㉠, ㉢
④ ㉠, ㉡, ㉢

03 위험물 옥내저장소의 위치 · 구조 및 설비에 대한 기준으로 옳은 것은?

① 옥내저장소의 주위에는 그 저장 또는 취급하는 위험물의 최대수량에 따라 안전거리를 보유해야 한다.
② 저장창고의 창 또는 출입구에 유리를 이용하는 경우에는 강화유리로 해야 한다.
③ 지정수량의 10배 이상의 저장창고(제6류 위험물의 저장창고를 제외한다)에는 피뢰침을 설치해야 한다.
④ 인화점이 70℃ 이하인 위험물의 저장창고에 있어서는 내부에 체류한 가연성의 증기를 지붕 위로 배출하는 설비를 갖추어야 한다.

04 제2류 위험물을 수납하는 운반용기의 외부에 표시해야 하는 주의사항으로 옳은 것은?

① 제2류 위험물 중 철분·금속분·마그네슘 또는 이들 중 어느 하나 이상을 함유한 것에 있어서는 "화기주의" 및 "물기주의", 인화성고체에 있어서는 "화기엄금", 그 밖의 것에 있어서는 "화기주의"
② 제2류 위험물 중 철분·금속분·마그네슘 또는 이들 중 어느 하나 이상을 함유한 것에 있어서는 "화기주의" 및 "물기엄금", 인화성고체에 있어서는 "화기엄금", 그 밖의 것에 있어서는 "화기엄금"
③ 제2류 위험물 중 철분·금속분·마그네슘 또는 이들 중 어느 하나 이상을 함유한 것에 있어서는 "화기주의" 및 "물기엄금", 인화성고체에 있어서는 "화기엄금", 그 밖의 것에 있어서는 "화기주의"
④ 제2류 위험물 중 철분·금속분·마그네슘 또는 이들 중 어느 하나 이상을 함유한 것에 있어서는 "화기엄금" 및 "물기엄금", 인화성고체에 있어서는 "화기엄금", 그 밖의 것에 있어서는 "화기주의"

05 위험물안전관리법에 규정한 안전관리에 관한 설명으로 옳지 않은 것은?

① 위험물시설의 유지관리는 관계인의 의무이다.
② 위험물안전관리업무를 위탁받아 수행하는 기관을 소방안전관리대행기관이라 한다.
③ 검사 또는 점검의 일부를 전문적으로 수행하는 자를 탱크안전성능시험자라 한다.
④ 점검은 관계인이 하고, 검사는 소방관서에서 한다.

06 위험물안전관리법상 위험물 안전관리에 관한 협회를 설립하기 위한 발기인에 해당되는 사람을 모두 고르시오.

가. 제조소등의 관계인
나. 위험물운반자
다. 탱크시험자
라. 안전관리대행기관으로 소방청장의 지정을 받은 자
마. 위험물안전관리자
바. 위험물운송자

① 가, 나, 다, 라, 마, 바
② 가, 다, 라, 바
③ 가, 나, 다, 라
④ 가, 마, 바

07 위험물의 지정수량이 나머지 셋과 다른 하나는?

① 금속의 인화물
② 다이크로뮴산염류
③ 인화성고체
④ 과망가니즈산염류

08 제조소등에 있어서 위험물을 저장하는 기준으로 잘못된 것은?

① 황린은 제3류 위험물이므로 물기가 없는 건조한 장소에 저장해야 한다.
② 덩어리 상태의 황과 화약류에 해당하는 위험물은 위험물용기에 수납하지 않고 저장할 수 있다.
③ 옥내저장소에서는 용기에 수납하여 저장하는 위험물의 온도가 55℃를 넘지 아니하도록 필요한 조치를 강구해야 한다.
④ 이동저장탱크에는 해당 탱크에 저장 또는 취급하는 위험물의 위험성을 알리는 표지를 부착하고 잘 보일 수 있도록 관리해야 한다.

09 다층건물의 옥내저장소의 위치 · 구조 및 설비기준에 관한 설명으로 옳은 것은? 17년 통합소방장

① 층고는 6m 이상으로 할 수 있다.
② 중유를 저장할 경우 저장창고의 바닥면적은 2,000m^2 이하로 해야 한다.
③ 내화구조의 벽과 60분+방화문 · 60분방화문 또는 30분방화문으로 구획된 계단실에 있어서는 2층 이상의 층에 있는 바닥에 개구부를 둘 수 있다.
④ 저장창고의 벽 · 기둥 · 바닥은 내화구조로 하고 보와 계단은 불연재료로 해야 한다.

10 이동탱크저장소에 의한 위험물의 운송에 대한 설명으로 옳지 않은 것은?

① 이동탱크저장소의 운전자와 알킬알루미늄등의 운송책임자의 자격은 다르다.
② 알킬알루미늄등의 운송은 운송책임자의 감독 또는 지원을 받아서 해야 한다.
③ 운송은 위험물 취급에 관한 국가기술자격자 또는 위험물운송교육을 받은 자가 해야 한다.
④ 위험물운송자가 이동탱크저장소로 위험물을 운송할 때 해당 운송자격증을 휴대하지 않으면 벌금에 처해진다.

11 옥외탱크저장소에 설치해야 하는 자동화재탐지설비 설치기준으로 옳지 않은 것은?

① 자동화재탐지설비에는 비상전원을 설치할 것
② 불꽃을 감지하는 기능이 있는 지능형 폐쇄회로텔레비전(CCTV)을 설치한 경우 불꽃감지기를 설치한 것으로 본다.
③ 화학물질안전원장이 정하는 고시에 따라 가스감지기를 설치한 경우에 자동화재탐지설비를 설치하지 않을 수 있다.
④ 옥외탱크저장소의 방유제(防油堤)와 옥외저장탱크 사이의 지표면을 난연성 및 침윤성이 있는 철근콘크리트 구조 등으로 한 경우 자동화재탐지설비를 설치하지 않을 수 있다.

12 이동탱크저장소에 설치하는 자동차용소화기의 설치기준으로 옳지 않은 것은?

① 무상의 강화액 8리터 이상(2개 이상)
② 이산화탄소 3.2킬로그램 이상(2개 이상)
③ 소화분말 3.5킬로그램 이상(2개 이상)
④ 브로모클로로다이플루오로메탄(CF_2ClBr) 2리터 이상(2개 이상)

13 위험물안전관리법령상 간이탱크저장소 설치기준에 관한 내용으로 옳은 것은?

① 간이저장탱크의 용량은 1,000리터 이하이어야 한다.
② 하나의 간이탱크저장소에 설치하는 간이저장탱크 수는 5 이하로 한다.
③ 간이저장탱크는 70kPa의 압력으로 10분간의 수압시험을 실시하여 새거나 변형되지 아니해야 한다.
④ 간이저장탱크를 옥외에 설치하는 경우 그 탱크 주위에 너비 0.5m 이상의 공지를 둔다.

14 각 위험물의 지정수량을 합하면 가장 큰 값을 나타내는 것은?

① 다이크로뮴산칼륨 + 아염소산나트륨
② 다이크로뮴산칼륨 + 아질산칼륨
③ 과망가니즈산나트륨 + 염소산칼륨
④ 아이오딘산칼륨 + 아질산칼륨

15 위험물안전관리법령에서 정한 소화설비의 적응성에서 인산염류 등 분말소화설비는 적응성이 있으나 탄산수소염류 등 분말소화설비는 적응성이 없는 것은?

① 인화성고체
② 제4류 위험물
③ 제5류 위험물
④ 제6류 위험물

16 위험물안전관리법령에 따른 집유설비에 유분리장치를 설치해야 하는 기준으로 옳은 것은?

① 액체위험물을 저장하는 옥내저장소에 설치하는 집유설비
② 경유를 저장하는 옥내탱크저장소의 탱크전용실에 설치하는 집유설비
③ 등유를 저장하는 간이탱크저장소의 옥외설비 바닥에 설치하는 집유설비
④ 휘발유를 저장하는 옥외탱크저장소의 펌프실 이외의 장소에 설치하는 펌프설비에 설치하는 집유설비

17 위험물 제조소등의 보유공지에 대한 설명으로 옳지 않은 것은? (단, 벽・기둥 및 바닥이 있는 구조의 것은 내화구조의 건축물로 본다) 17년 인천소방장

① 주유취급소에 지정수량의 20배를 저장할 경우 보유공지는 3m 이상 확보해야 한다.
② 옥외탱크저장소에서 지정수량의 3,500배를 저장할 경우 보유공지는 15m 이상 확보해야 한다.
③ 옥내저장소의 경우 지정수량의 25배를 저장할 경우 보유공지는 3m 이상 확보해야 한다.
④ 옥외저장소 지정수량의 15배를 저장할 경우 보유공지는 5m 이상 확보해야 한다.

18 위험물 제조소등의 관계인이 화재 등 재해 발생 시의 비상조치를 위하여 정해야 하는 예방규정에 관한 설명으로 바른 것은?

① 위험물안전관리자가 선임되지 아니하였을 경우에 정하여 시행한다.
② 제조소등을 사용하기 시작한 후 30일 이내에 예방규정을 시행한다.
③ 예방규정을 정하여 한국소방안전원의 검토를 받아 시행한다.
④ 예방규정을 정하고 해당 제조소등의 사용을 시작하기 전에 시・도지사에게 제출한다.

19 안전교육대상자가 교육을 받지 아니한 때에는 그 교육대상자가 교육을 받을 때까지 시・도지사, 소방본부장 또는 소방서장이 조치할 수 있는 행정처분은?

① 그 자격으로 행하는 행위를 제한할 수 있다.
② 그 자격을 정지할 수 있다.
③ 그 자격을 취소할 수 있다.
④ 그 자격을 반납하도록 할 수 있다.

20 제조소등의 안전거리 단축기준에 대한 설명으로 옳은 것은?

① 학교·주택·문화유산 등의 건축물 또는 공작물이 목조인 경우 상수 P값은 0.15이다.
② 방화상 유효한 담은 제조소등으로부터 5m 미만의 거리에 설치하는 경우에는 불연재료로 할 것
③ 제조소등의 벽을 높게 하여 방화상 유효한 담을 갈음하는 경우에는 그 벽을 내화구조로 하고 개구부에는 60분+방화문 또는 60분방화문을 설치한다.
④ $H \leq pD^2 + \alpha$ 산식에 따라 산출된 수치가 4 이상일 때에는 담의 높이를 4m로 하고 대상에 따른 소화설비를 보강해야 한다.

21 고객이 직접 주유하는 주유취급소의 셀프용 고정급유설비기준에 대한 설명으로 틀린 것은?

13년 부산소방장

① 급유호스의 선단부에 수동개폐장치를 부착한 급유노즐을 설치할 것
② 급유노즐은 용기가 가득찬 경우에 자동적으로 정지시키는 구조일 것
③ 1회의 연속급유량 및 급유시간의 상한을 미리 설정할 수 있는 구조일 것. 이 경우 급유량의 상한은 1,000리터 이하, 급유시간의 상한은 6분 이하로 한다.
④ 1회의 연속급유량 및 급유시간의 상한을 미리 설정할 수 있는 구조일 것. 이 경우 급유량의 상한은 휘발유는 100리터 이하, 4분 이하로 하고, 경유는 600리터 이하로 하며, 급유시간의 상한은 12분 이하로 한다.

22 다음 〈보기〉의 길이(m)의 총합은?

> 가. 주유취급소 주유공지 너비
> 나. 수상구조물에 설치하는 선박주유취급소 오일펜스 길이
> 다. 간이탱크저장소 통기관 선단높이
> 라. 이동탱크저장소 주유설비의 길이

① 81.5m ② 117.5m
③ 116.5m ④ 126.5m

23 특정 옥외저장탱크의 용접(겹침보수 및 육성보수와 관련된 것은 제외)방법 중 에뉼러판과 에뉼러판의 용접방법으로 옳은 것은? 17년 소방위

① 겹치기용접
② 부분용입 그룹용접
③ 뒷면에 재료를 댄 맞대기용접
④ 완전용입 맞대기용접

24 위험물안전관리법의 구성에서 실체규정이란 법률이 달성하고자 하는 목적을 구현하기 위하여 필요한 가장 기본적인 사항을 규정해 놓은 것으로 이 법의 본질적이고 핵심적인 부분을 말한다. 다음 중 실체규정만으로 옳은 것은?

가. 위험물시설의 설치 및 변경에 관한 사항
나. 위험물의 저장 및 취급 제한에 관한 사항
다. 위험물시설의 안전관리에 관한 사항
라. 권한의 위임 또는 위탁에 관한 사항
마. 감독 및 조치명령에 관한 사항
바. 위험물의 운반 및 운송에 관한 사항

① 가, 나, 다
② 가, 다, 마
③ 가, 다, 마, 바
④ 가, 다, 라, 마

25 위험물안전관리법령상 이동저장탱크(압력탱크)에 대해 실시하는 수압시험은 용접부에 대한 어떤 시험으로 대신할 수 있는가?

① 수시험과 기밀시험
② 비파괴시험과 충수시험
③ 비파괴시험과 기밀시험
④ 방폭시험과 충수시험

17 최종모의고사

01 위험물안전관리법령상 이동탱크저장소의 시설기준에 관한 내용으로 옳은 것은?

① 옥외 상치장소로서 인근에 1층 건축물이 있는 경우에는 5m 이상 거리를 두어야 한다.
② 압력탱크 외의 탱크는 70kPa의 압력으로 30분간 수압시험을 실시하여 새거나 변형되지 않아야 한다.
③ 보기 쉬운 곳에 해당 이동탱크저장소가 금연구역임을 알리는 표지를 설치해야 한다. 이 경우 표지에는 금연을 상징하는 그림 또는 문자가 포함되어야 한다.
④ 액체위험물의 탱크내부에는 4,000리터 이하마다 3.2mm 이상의 강철판 등으로 방파판을 설치해야 한다.

02 위험물 주유취급소의 담 또는 벽의 일부분에 방화상 유효한 유리로 부착할 수 있는데, 부착기준에 대한 설명으로 옳지 않은 것은? 16년 소방위 17년 인천소방장

① 유리를 부착하는 범위는 전체의 담 또는 벽의 길이의 10분의 2를 초과할 수 없다.
② 유리를 부착하는 위치는 주입구, 고정주유설비 및 고정급유설비로부터 4m 이상 이격되어야 한다.
③ 주유취급소 내의 지반면으로부터 70cm를 초과하는 부분에 한하여 유리를 부착해야 한다.
④ 유리의 구조는 접합유리로 하되, 유리구획 부분의 내화시험방법에 따라 시험하여 비차열 1시간 이상의 방화성능이 인정되어야 한다.

03 위험물안전관리법상 안전관리대행기관이 휴업 또는 재개업 신고를 연간 2회 이상 하지 아니한 경우 행정처분기준으로 옳은 것은?

	1차	2차	3차
①	업무정지 30일	업무정지 60일	지정취소
②	업무정지 10일	업무정지 30일	지정취소
③	경 고	업무정지 90일	지정취소
④	경고 또는 업무정지 30일	업무정지 90일	지정취소

04 다음 괄호 안에 들어갈 알맞은 단어는?

> 보냉장치가 있는 이동저장탱크에 저장하는 아세트알데하이드등 또는 다이에틸에터등의 온도는 해당 위험물의 (   ) 이하로 유지해야 한다.

① 비 점
② 30도
③ 40도
④ 발화점

05 위험물안전관리자 등 안전교육에 관한 설명으로 옳은 것은? 21년 소방위

① 안전관리자 및 위험물운송자의 실무교육 시간 중 2시간 이내를 사이버교육의 방법으로 실시할 수 있다.
② 위험물운송자가 되고자 하는 자의 교육시간은 24시간이다.
③ 위험물운송자는 신규 종사 후 2년마다 1회 8시간의 안전원에서 실시하는 실무교육을 받아야 한다.
④ 안전관리자는 신규 종사 후 2년마다 1회 8시간의 안전원에서 실시하는 실무교육을 받아야 한다.

06 위험물안전관리법령상 주유취급소의 위치 · 구조 및 설비의 기준에 관한 조문의 일부이다. (   )에 들어갈 숫자가 바르게 나열된 것은?

> 사무실 등의 창 및 출입구에 유리를 사용하는 경우에는 망입유리 또는 강화유리로 할 것. 이 경우 강화유리의 두께는 창에는 (㉠)mm 이상, 출입구에는 (㉡)mm 이상으로 해야 한다.

① ㉠ : 5, ㉡ : 10
② ㉠ : 5, ㉡ : 12
③ ㉠ : 8, ㉡ : 10
④ ㉠ : 8, ㉡ : 12

07 지하저장탱크의 주위에 설치하는 액체위험물의 누설을 검사하기 위한 관의 기준에 대한 설명 중 옳지 않은 것은? 13년 통합소방장

① 재료는 금속관 또는 경질합성수지관으로 할 것
② 관은 탱크전용실의 바닥 또는 탱크의 기초까지 닿게 할 것
③ 상부는 물이 침투하지 아니하는 구조로 하고 뚜껑은 검사 시에 쉽게 열 수 있도록 할 것
④ 관의 밑부분으로부터 탱크의 상단 높이까지의 부분에는 소공이 뚫려 있을 것

08 **위험물안전관리법령상 소화난이도등급 I 에 해당하는 주유취급소로 옳은 것은?**

① 주유취급소에 출입하는 사람을 대상으로 한 점포・휴게음식점 또는 전시장 면적의 합이 $500m^2$를 초과하는 것

② 주유 또는 등유・경유를 옮겨 담기 위한 작업장의 면적이 $500m^2$인 것

③ 주유취급소의 업무를 행하기 위한 사무소의 면적의 합이 $1,000m^2$를 초과하는 것

④ 자동차 등의 세정을 위한 작업장 면적의 합이 $1,000m^2$를 초과하는 것

09 **위험물안전관리법령상 염소화규소화합물은 제 몇 류 위험물에 해당하는가?**

13년 소방위 17년 통합소방장

① 제1류
② 제2류
③ 제3류
④ 제5류

10 **위험물의 지정수량이 작은 것부터 큰 순서로 나열한 것은?** 21년 소방위

① 유기금속화합물 - 알칼리금속 - 칼륨

② 알킬리튬 - 유기금속화합물 - 탄화칼슘

③ 탄화칼슘 - 황린 - 알킬리튬

④ 금속의 수소화물 - 유기금속화합물 - 황린

11 **제4류 위험물 운반용기의 외부에 표시해야 하는 사항이 아닌 것은?** 18년 통합소방장

① 규정에 따른 주의사항

② 위험물의 품명 및 위험등급

③ 위험물안전관리자 및 지정수량 배수

④ 위험물의 화학명

12 **제조소등별로 설치해야 하는 경보설비의 종류에서 특수인화물, 제1석유류 및 알코올류를 저장 또는 취급하는 탱크의 용량이 1,000만 리터 이상인 것에 설치하는 경보설비로 맞는 것은?**

① 비상벨설비, 비상방송설비

② 자동화재탐지설비, 자동화재속보설비

③ 자동화재탐지설비, 비상방송설비

④ 자동화재탐지설비, 비상경보설비, 확성장치 또는 비상방송설비 중 1종 이상

13 위험물안전관리법령상 다음 내용에서 옳지 않은 것은?

① 시·도지사는 제조소등의 관계인이 금연구역임을 알리는 표지를 설치하지 아니하거나 보완이 필요한 경우 일정한 기간을 정하여 그 시정을 명할 수 있는 권한을 소방서장에게 위임할 수 있다.

② 소방청장은 대통령령으로 정하는 바에 따라 예방규정 이행 실태를 정기적으로 평가할 수 있다.

③ 소방청장의 지정을 받은 자는 위험물의 안전관리, 사고 예방을 위한 안전기술 개발, 그 밖에 위험물 안전관리의 건전한 발전을 도모하기 위하여 위험물 안전관리에 관한 협회(이하 "협회"라 한다)를 설립할 수 있다.

④ 누구든지 제조소등에서는 지정된 장소가 아닌 곳에서 흡연을 하여서는 아니 되는 규정에도 불구하고 이를 위반한 경우 1천만 원 이하의 벌금에 처한다.

14 다음 위험물의 유별을 구분하고, 운반용기 적재방법으로 옳은 것은?

유 별	적재 시 조치사항
① (가) 제1류 위험물 (나) 제6류 위험물	차광성이 있는 피복으로 가릴 것
② (가) 제3류 위험물 (나) 제5류 위험물	방수성이 있는 피복으로 덮을 것
③ (가) 제6류 위험물 (나) 제1류 위험물	차광성이 있는 피복으로 가릴 것
④ (가) 제3류 위험물 (나) 제5류 위험물	방수성이 있는 피복으로 덮을 것

위험물의 품명

(가) 아염소산염류

(나) 과산화수소

15 다음 중 제4류 위험물에 속하는 물질을 보호액으로 사용하는 것은?

① 벤 젠　② 황

③ 칼 륨　④ 질산에틸

16 제3류 위험물 옥내탱크저장소로 허가를 득하여 사용하고 있는 중에 변경허가를 득하지 않고 위험물시설을 변경할 수 있는 경우는?

① 옥내저장탱크를 교체하는 경우

② 옥내저장탱크에 지름 200mm의 맨홀을 신설하는 경우

③ 옥내저장탱크를 철거하는 경우

④ 배출설비를 신설하는 경우

17 위험물안전관리법에 따른 수수료 및 교육비에 관한 설명으로 옳은 것은?

① 옥외저장소는 지정수량 배수에 따라 설치허가 수수료를 다르게 납부해야 한다.
② 제조소등 변경허가의 수수료는 설치허가 수수료의 1/3에 해당하는 금액을 납부해야 한다.
③ 제조소등 변경허가 수수료와 제조소등 완공검사 수수료 금액은 같다.
④ 제1종 판매취급소와 제2종 판매취급소의 설치허가 수수료는 동일하게 납부한다.

18 위험물 제조소등 관계인에게 부과하는 과징금 부과기준에 대한 설명으로 옳은 것은?

① 1일 평균 매출액을 기준으로 한 과징금 산정기준은 1일 평균 매출액 × 사용정지 일수 × 0.574로 과징금 금액을 산정한다.
② 자가발전, 자가난방 그 밖의 이와 유사한 목적의 제조소등에 있어서는 기준금액의 2분의 1을 과징금의 금액으로 한다.
③ 위반행위의 종별・정도 등에 따른 과징금의 금액 그 밖의 필요한 사항은 대통령령으로 정한다.
④ 허가수량 기준으로 과징금 금액을 정할 때 저장량과 취급량이 다른 경우에는 둘 중 적은 수량을 기준으로 한다.

19 액체위험물을 저장 또는 취급하는 옥외탱크저장소 중 몇 리터 이상의 옥외탱크저장소는 정기검사의 대상이 되는가?

① 1만 리터 이상
② 10만 리터 이상
③ 50만 리터 이상
④ 1,000만 리터 이상

20 위험물의 안전관리와 관련된 업무를 수행하는 자로서 해당 업무에 관한 능력의 습득 또는 향상을 위하여 소방청장이 실시하는 교육을 받아야 하는 교육대상자가 아닌 것은?

① 위험물안전관리자로 선임된 자
② 탱크시험자의 기술인력으로 종사하는 자
③ 위험물운송자로 종사하는 자
④ 탱크안전성능시험자로 지정된 자

21 안전거리가 적용되는 위험물 제조소등으로 맞게 짝지어진 것은?

① 제조소, 주유취급소, 간이탱크저장소
② 옥외탱크저장소, 옥내저장소, 옥외저장소
③ 제조소, 옥내저장소, 지하탱크저장소
④ 제조소, 일반취급소, 옥내탱크저장소

22 위험물 제조소의 조명설비 설치기준으로 옳지 않은 것은? 13년 부산소방장

① 가연성가스 등이 체류할 우려가 있는 장소의 조명등은 방폭등으로 할 것
② 전선은 내화・내열전선으로 할 것
③ 점멸스위치는 출입구 빗물의 침투우려가 없는 안쪽부분에 설치할 것
④ 스위치의 스파크로 인한 화재・폭발 등의 우려가 없는 경우 스위치는 안쪽에 설치할 수 있다.

23 다음 중 위험물 유별에 따른 품목의 연결이 옳은 것은?

① 제1류 위험물 : 과염소산
② 제2류 위험물 : 황린
③ 제4류 중 제3석유류 : 경유
④ 제5류 위험물 : 하이드록실아민

24 시・도지사의 권한을 소방서장에게 일부에 대해 위임하여 업무 처리할 수 있는 사항으로 권한위임 사항이 아닌 것은

① 군사목적 또는 군부대시설을 위한 제조소등을 설치하거나 그 위치・구조 또는 설비의 변경에 관한 군부대의 장과의 협의에 관한 사항
② 대통령령이 정하는 바에 따라 과태료를 부과・징수하는 것에 관한 사항
③ 제조소등의 설치자의 지위승계신고의 수리에 관한 사항
④ 제조소등의 용도폐지신고의 수리에 관한 사항

25 위험물안전관리법령상 하이드록실아민등을 취급하는 제조소의 담 또는 토제 설치기준에 관한 내용이다. (　　)에 알맞은 숫자를 순서대로 나열한 것은?

> 제조소 주위에는 공작물 외측으로부터 (　　)m 이상 떨어진 장소에 담 또는 토제를 설치하고 담의 두께는 (　　)cm 이상의 철근콘크리트조로 하고, 토제의 경우 경사면의 경사도는 (　　)도 미만으로 한다.

① 2, 15, 60　　② 2, 20, 45
③ 3, 15, 60　　④ 3, 20, 45

18 최종모의고사

01 위험물안전관리법령상 과산화수소 5,000킬로그램을 저장하는 옥외저장소에 설치해야 할 경보설비의 종류에 해당되지 않는 것은?

① 자동화재탐지설비
② 비상경보설비
③ 확성장치
④ 자동화재속보설비

02 위험물안전관리법령상 이동탱크저장소의 기준 중 이동저장탱크에 설치하는 강철판으로 된 칸막이, 방파판, 방호틀 각각의 최소 두께를 합한 값은?

① 4.8mm ② 6.9mm
③ 7.1mm ④ 9.6mm

03 다음 중 제2류 위험물에 해당되지 않는 위험물은 무엇인가?

① 삼황화인 ② 티탄분
③ 황 린 ④ 철 분

04 알킬알루미늄등 또는 아세트알데하이드등을 취급하는 제조소의 특례기준으로서 옳은 것은?

① 알킬알루미늄등을 취급하는 설비에는 불활성기체 또는 수증기를 봉입하는 장치를 설치한다.
② 알킬알루미늄등을 취급하는 설비는 은・수은・동・마그네슘을 성분으로 하는 것으로 만들지 않는다.
③ 아세트알데하이드등을 취급하는 탱크에는 냉각장치 또는 보냉장치 및 불활성기체 봉입장치를 설치한다.
④ 아세트알데하이드등을 취급하는 설비의 주위에는 누설범위를 국한하기 위한 설비와 누설되었을 때 안전한 장소에 설치된 저장실에 유입시킬 수 있는 설비를 갖춘다.

05 위험물안전관리법상 제조소등의 허가취소 또는 사용정지의 사유에 해당하지 않는 것은?

17년 소방위

① 안전교육 대상자가 교육을 받지 아니한 때
② 완공검사를 받지 않고 제조소등을 사용한 때
③ 위험물안전관리자를 선임하지 아니한 때
④ 제조소등의 정기검사를 받지 아니한 때

06 위험물안전관리법령에서 정하는 위험등급 I 에 해당하지 않는 것은?

① 제3류 위험물 중 지정수량이 20킬로그램인 위험물
② 제4류 위험물 중 특수인화물
③ 제1류 위험물 중 무기과산화물
④ 제5류 위험물 중 지정수량이 100킬로그램인 위험물

07 위험물안전관리법에 따라 국가는 위험물에 의한 사고를 예방하기 위하여 시책을 수립・시행해야 할 내용으로 옳지 않은 것은?

① 위험물에 의한 사고 유형의 분석
② 사고 예방을 위한 안전기술 개발
③ 전문인력양성
④ 소방업무에 필요한 기반조성

08 위험물 제조소의 지붕을 내화구조로 할 수 있는 밀폐형 구조의 건축물에 대한 설명이다. 다음의 (　　)에 들어갈 적합한 내용으로 옳은 것은?

17년 통합소방장

> 발생할 수 있는 내부의 과압(過壓) 또는 (ㄱ)에 견딜 수 있는 (ㄴ)이고 외부화재에 (ㄷ) 이상 견딜 수 있는 밀폐형 구조인 건축물의 경우 지붕을 내화구조로 할 수 있다.

① ㉠ : 부압(負壓), ㉡ : 철근콘크리트조, ㉢ : 90분
② ㉠ : 정압(正壓), ㉡ : 철골콘크리트조, ㉢ : 60분
③ ㉠ : 부압(負壓), ㉡ : 철근콘크리트조, ㉢ : 60분
④ ㉠ : 정압(正壓), ㉡ : 철골콘크리트조, ㉢ : 90분

09 위험물 제조소등에 설치해야 하는 자동화재탐지설비의 설치기준에 대한 설명 중 틀린 것은?

① 자동화재탐지설비의 경계구역은 건축물 그 밖의 공작물의 2 이상의 층에 걸치도록 할 것

② 하나의 경계구역에서 그 한 변의 길이는 50m(광전식분리형 감지기를 설치할 경우에는 100m) 이하로 할 것

③ 자동화재탐지설비의 감지기는 지붕 또는 벽의 옥내에 면한 부분에 유효하게 화재의 발생을 감지할 수 있도록 설치할 것

④ 자동화재탐지설비에는 비상전원을 설치할 것

10 다음 중 지정수량이 같은 것으로 연결이 잘못된 것은?

① 알킬알루미늄 : 무기과산화물

② 아염소산염류 : 유기금속화합물

③ 제2석유류(수용성) : 제3석유류(비수용성)

④ 알코올 : 제1석유류(수용성)

11 수조(소화전용물통 3개 포함) 80리터의 소화 능력단위는?

① 0.1　　② 1.5

③ 1　　④ 0.5

12 상온에서 저장 · 취급 시 물과 접촉하면 위험한 것을 모두 고른 것은?

ㄱ. 과산화나트륨	ㄴ. 적 린
ㄷ. 칼 륨	ㄹ. 트리메틸알루미늄

① ㄱ, ㄷ, ㄹ　　② ㄱ, ㄴ, ㄹ

③ ㄱ, ㄴ, ㄷ　　④ ㄴ, ㄷ, ㄹ

13 위험물안전관리법에서 정하는 제조소등의 기술기준에 적합하도록 유지·관리에 관한 설명으로 옳은 것은?

① 소방서장은 해당 제조소등의 위치·구조 및 설비가 법령에 적합하도록 유지·관리해야 할 의무가 있다.

② 법령기준에 부적합한 경우에는 관할 소방서장만이 제조소등의 위치·구조 및 설비의 수리·개조 또는 이전을 명할 수 있다.

③ 법령기준에 적합하지 않아 소방서장의 수리·개조 또는 이전 명령에 따르지 아니한 사람은 1천만원의 이하의 벌금에 처한다.

④ 허가받은 취급소마다 위험물의 취급에 관한 자격이 있는 자를 안전관리자로 선임해야 한다.

14 다음 중 위험물을 가압하는 설비에 설치하는 장치로서 옳지 않은 것은?

① 안전밸브를 병용하는 경보장치

② 압력계

③ 수동적으로 압력상승을 정지시키는 장치

④ 감압측에 안전밸브를 부착한 감압밸브

15 위험물안전관리자 1인을 중복하여 선임할 수 있는 경우가 아닌 것은?

14년, 15년 소방위 | 17년, 19년 통합소방장

① 동일구 내에 있는 15개의 옥내저장소를 동일인이 설치한 경우

② 보일러·버너로 위험물을 소비하는 장치로 이루어진 6개의 일반취급소와 그 일반취급소에 공급하기 위한 위험물을 저장하는 저장소(일반취급소 및 저장소가 모두 동일구 내에 있는 경우에 한한다)를 동일인이 설치한 경우

③ 3개의 제조소(위험물 최대수량 : 지정수량 500배)와 1개의 일반취급소(위험물 최대수량 : 지정수량 1,000배)가 동일구내에 위치하고 있으며 동일인이 설치한 경우

④ 위험물을 차량에 고정된 탱크 또는 운반용기에 옮겨 담기 위한 3개의 일반취급소와 그 일반취급소에 공급하기 위한 위험물을 저장하는 저장소를 동일인이 설치하고 일반취급소 간의 거리가 300미터 이내인 경우

16 다음의 위험물안전관리법에 따른 벌칙규정 중 양형기준이 다른 하나로 옳은 것은?

17년 소방위 | 18년 통합소방장

> ㉠ 정기검사를 받지 아니한 관계인으로서 제조소등 설치허가를 받은 자
> ㉡ 저장소 또는 제조소등이 아닌 장소에서 지정수량 이상의 위험물을 저장 또는 취급한 자
> ㉢ 운반용기에 대한 검사를 받지 아니하고 운반용기를 사용하거나 유통시킨 자
> ㉣ 탱크시험자로 등록하지 아니하고 탱크시험자의 업무를 한 자

① ㉠　　② ㉡
③ ㉢　　④ ㉣

17 위험물안전관리법 시행규칙에 의하여 일반취급소의 위치 · 구조 및 설비의 기준은 제조소의 위치 · 구조 및 설비의 기준을 준용하거나 위험물의 취급 유형에 따라 따로 정한 특례기준을 적용할 수 있다. 이러한 특례의 대상이 되는 일반취급소 중 취급 위험물의 인화점 조건이 나머지 셋과 다른 하나의 것은?

① 열처리작업 등의 일반취급소
② 절삭장치 등을 설치하는 일반취급소
③ 열매체유 순환장치를 설치하는 일반취급소
④ 유압장치 등을 설치하는 일반취급소

18 다음은 전기자동차 충전설비 사용 시 취급기준의 준수사항으로 옳지 않은 것은?

전기자동차 충전설비

① 전기자동차의 전지 · 인터페이스 등이 충전기기의 규격에 적합한지 확인한 후 충전을 시작할 것
② 충전기기와 전기자동차를 연결할 때에는 연장코드를 사용할 것
③ 충전 중에는 자동차 등을 작동시키지 아니할 것
④ 충전기기의 규격이 적합하지 않은 경우 충전을 하지 아니할 것

19 옥외탱크저장소에서 제4석유류를 저장하는 경우, 방유제 내에 설치할 수 있는 옥외저장탱크의 수는 몇 이하이어야 하는가?

① 10
② 20
③ 30
④ 제한이 없다.

20 위험물안전관리법상 청문사유로 맞는 것은?

① 방염성능시험기관의 지정취소
② 위험물 제조소등 설치허가취소
③ 위험물소방용 기계·기구 형식승인 취소
④ 탱크시험자의 소방기술인정 자격취소

21 위험물안전관리법령에 따른 주의사항 등의 게시판에 대한 내용으로 옳지 않은 것은?

① 인화점이 21℃ 미만인 위험물을 주입하는 옥외저장탱크 주입구의 주의사항 : 백색바탕에 적색문자
② 주유중엔진정지 : 황색바탕에 흑색문자
③ 이동탱크저장소 위험물 표지 : 흑색바탕에 황색글자
④ 인화점이 21℃ 미만인 위험물 취급하는 펌프설비 주의사항 : 백색바탕에 흑색문자

22 운반용기 내용적의 90% 이하의 수납률로 수납해야 하는 위험물은? 13년 경기소방장

① 알킬알루미늄
② 제4류 액체위험물
③ 금속분
④ 과산화수소

23 위험물안전관리법에서 정하는 위험물질에 대한 설명으로 다음 중 옳은 것은?

① 철분이라 함은 철의 분말로서 53마이크로미터의 표준체를 통과하는 것이 60중량퍼센트 미만인 것은 제외한다.
② 인화성고체라 함은 고형알코올 그 밖에 1기압에서 인화점이 21℃ 미만인 고체를 말한다.
③ 황은 순도가 60중량퍼센트 이상인 것을 말한다.
④ 과산화수소는 그 농도가 36중량퍼센트 이하인 것에 한한다.

24 위험물저장탱크는 누가 실시하는 탱크안전성능검사를 누구에게 받아야 하는가?

① 소방청장
② 시・도지사
③ 소방서장
④ 한국소방산업기술원장

25 소방본부장 또는 소방서장은 제조소등의 관계인이 누출된 위험물에 대한 응급조치를 강구하지 아니 하였다고 인정하는 때에는 응급조치를 강구하도록 명할 수 있는데 이 명령을 위반할 시 조치할 수 있는 방법은?

① 500만 원 이하의 벌금
② 300만 원 이하의 벌금
③ 1천 500만 원 이하의 벌금
④ 200만 원 이하의 과태료

19 최종모의고사

01 위험물안전관리법령상 금속분, 마그네슘을 저장하는 곳에 적응성이 있는 소화설비를 다음 보기에서 모두 고른 것은?

> ㉠ 팽창질석
> ㉡ 불활성가스소화설비
> ㉢ 분말소화설비(탄산수소염류)
> ㉣ 대형무상강화액소화기

① ㉠, ㉢ ② ㉠, ㉣
③ ㉠, ㉡, ㉢ ④ ㉡, ㉢, ㉣

02 수상구조물에 설치하는 선박주유취급소에서 위험물이 유출될 경우 회수 등의 응급조치를 강구할 수 있는 설비에 대한 기준으로 옳은 것은?

① 오일펜스는 수면 아래로 20cm 이상 30cm 미만으로 노출되어야 한다.
② 오일펜스는 수면 위로 30cm 이상 40cm 미만으로 잠겨야 한다.
③ 오일펜스 길이는 50m 이상이어야 한다.
④ 유처리제, 유흡착제 또는 유겔화제는 20X(유처리제양) + 50Y(유흡착제양) + 15Z(유겔화제양) = 10,000 계산식을 충족하는 양 이상이어야 한다.

03 위험물안전관리법상 위험물에 해당하는 것은?

① 1분자를 구성하는 탄소원자의 수가 1개 내지 3개의 포화1가 알코올의 함유량이 60중량퍼센트 미만인 수용액
② 비중이 1.41인 질산
③ 53마이크로미터의 표준체를 통과하는 것이 50중량퍼센트 이상인 철의 분말
④ 농도가 15중량퍼센트인 과산화수소

04 복수의 성질과 상태를 가지는 위험물에 대한 품명지정의 기준상 유별의 연결이 틀린 것은?

① 산화성고체의 성질과 상태 및 가연성고체의 성질과 상태를 가지는 경우 : 가연성고체
② 산화성고체의 성질과 상태 및 자기반응성물질의 성질과 상태를 가지는 경우 : 자기반응성물질
③ 가연성고체의 성질과 상태가 자연발화성물질의 성질과 상태 및 금수성물질의 성질과 상태를 가지는 경우 : 자연발화성물질 및 금수성물질
④ 인화성액체의 성질과 상태 및 자기반응성물질의 성질과 상태를 가지는 경우 : 인화성액체

05 이송취급소의 배관이 하천을 횡단하는 경우 하천 밑에 매설하는 배관의 외면과 계획하상(계획하상이 최심하상보다 높은 경우에는 최심하상)과의 거리는?

① 1.2m 이상
② 2.5m 이상
③ 3.0m 이상
④ 4.0m 이상

06 위험물 제조소등의 통기관의 내용으로 옳지 않은 것은? 21년 소방장

① 지하탱크저장소의 통기관의 선단은 건축물의 창·출입구 등의 개구부로부터 1m 이상 떨어진 옥외의 장소에 지면으로부터 4m 이상의 높이로 설치하되, 인화점이 40℃ 미만인 위험물의 탱크에 설치하는 통기관에 있어서는 부지경계선으로부터 1.5m 이상 이격할 것
② 간이탱크저장소의 통기관은 옥외에 설치하되, 그 선단의 높이는 지상 1.5m 이상으로 할 것
③ 옥내탱크저장소의 통기관의 선단은 건축물의 창·출입구 등의 개구부로부터 1m 이상 떨어진 옥외의 장소에 지면으로부터 4m 이상의 높이로 설치하되, 인화점이 40℃ 미만인 위험물의 탱크에 설치하는 통기관에 있어서는 부지경계선으로부터 1.5m 이상 이격할 것
④ 인화점 70℃ 이상의 위험물만을 해당 위험물의 인화점 이상의 온도로 저장 또는 취급하는 탱크에 설치하는 통기관에 있어서는 인화방지망을 설치하지 않아도 된다.

07 위험물안전관리자의 선임 등에 대한 설명으로 옳은 것은?

① 안전관리자는 국가기술자격 취득자 중에서만 선임해야 한다.
② 안전관리자를 해임한 때에는 14일 이내에 다시 선임해야 한다.
③ 제조소등의 관계인은 안전관리자가 일시적으로 직무를 수행할 수 없는 경우에는 14일 이내의 범위에서 안전관리자의 대리자를 지정하여 직무를 대행하게 해야 한다.
④ 안전관리자를 선임한 때는 14일 이내에 신고해야 한다.

08 위험물안전관리법 시행규칙에 따른 위험물의 성질에 따른 이동탱크저장소의 특례에 관한 규정내용이다. ( ) 안에 들어갈 내용이 순서대로 알맞게 짝지어진 것은?

> 알킬알루미늄등을 저장 또는 취급하는 이동저장탱크는 그 외면을 (㉠)으로 도장하는 한편, (㉡)로서 동판(胴板)의 양측면 및 경판(동체의 양 끝부분에 부착하는 판)에 별표 4 Ⅲ제2호 라목의 규정에 의한 (㉢)을 표시할 것

	㉠	㉡	㉢
①	회 색	적색문자	상치장소
②	적 색	백색문자	상치장소
③	적 색	백색문자	주의사항
④	흑 색	적색문자	위험물

09 위험물에 해당하는 과산화수소를 저장하는 옥외저장탱크 3기를 다음과 같이 저장하고자 한다. 하나의 방유제를 설치할 경우 방유제 용량으로 옳은 것은? 17년, 19년 소방위

> • A 탱크 : 60,000리터
> • B 탱크 : 20,000리터
> • C 탱크 : 10,000리터

① 33,000리터　② 66,000리터
③ 60,000리터　④ 90,000리터

10 지정수량의 20배의 알코올류 옥외탱크저장소에 펌프실 외의 장소에 설치하는 펌프설비의 기준으로 틀린 것은?

① 펌프설비 주위에는 3m 이상의 공지를 보유한다.
② 펌프설비 그 직하의 지반면 주위에 높이 0.15m 이상의 턱을 만든다.
③ 펌프설비 그 직하의 지반면의 최저부에는 집유설비를 만든다.
④ 집유설비에는 위험물이 배수구에 유입되지 않도록 유분리장치를 만든다.

11 다음은 위험물안전관리법상 위험물의 성질에 따른 제조소의 특례에 관한 내용이다. (　　)에 해당하는 위험물은?

(　　)을/를 취급하는 설비는 (　　) 또는 이들을 성분으로 하는 합금으로 만들지 아니할 것

① 아세트알데하이드, 은 · 수은 · 동 · 마그네슘
② 하이드록실아민, 철
③ 다이에틸에터, 은 · 수은 · 아연 · 주석
④ 콜로디온, 철 이온

12 위험물안전관리법상 예방규정의 이행 실태 평가를 할 수 있는 사람은?

① 소방서장
② 시 · 도지사
③ 소방본부장
④ 소방청장

13 위험물안전관리법령상 제조소에 설치하는 배출설비에 관한 설명으로 옳지 않은 것은?

19년 통합소방장　21년 소방장

① 위험물취급설비가 배관이음 등으로만 된 경우에는 전역방식으로 할 수 있다.
② 배출구는 지상 2m 이상으로서 연소의 우려가 없는 장소에 설치해야 한다.
③ 배풍기는 국소배기방식으로 하고, 옥내닥트의 내압이 대기압 이하가 되지 아니하는 위치에 설치해야 한다.
④ 배풍기 · 배출닥트 · 후드 등을 이용하여 강제적으로 배출하는 것으로 해야 한다.

14 제5류 위험물 중 제조소의 위치 · 구조 및 설비 기준상 안전거리 기준, 담 또는 토제의 기준 등에 있어서 강화되는 특례기준을 두고 있는 품명은?

① 유기과산화물　② 질산에스터류
③ 나이트로화합물　④ 하이드록실아민등

15 옥외탱크저장소에 설치해야 하는 경보설비에 대한 설명으로 옳은 것은?

① 자동화재탐지설비 감지기는 보유공지 내에서 발생하는 화재를 유효하게 감지할 수 있는 위치에 설치한다.

② 설치해야 할 경보설비는 자동화재탐지설비, 자동화재속보설비, 비상방송설비가 해당된다.

③ 자동화재탐지설비 감지기는 차동식 분포형을 설치한다.

④ 특수인화물, 제1석유류, 알코올류, 제2석유류를 저장 또는 취급하는 탱크의 용량이 1,000만 리터 이상인 경우 설치한다.

16 옥외저장탱크 · 옥내저장탱크 · 지하저장탱크 또는 이동저장탱크에 새롭게 주입하는 때에는 미리 해당 탱크 안의 공기를 불활성 기체와 치환해 두어야 하는 위험물은?

① 아세트알데하이드등 ② 이황화탄소

③ 생석회 ④ 염소산나트륨

17 위험물안전관리법령상 옥내탱크저장소의 저장탱크에 크레오소트유(Creosote Oil)를 저장하고자 할 때 최대용량(L)은?

① 20,000 ② 40,000

③ 60,000 ④ 80,000

18 과징금의 금액산정에 있어서 1년간 매출액이 없거나 산출이 곤란한 제조소등의 경우 과징금 금액 산정기준으로 옳은 것은?

① 전년도 1년간의 총 매출액기준으로 산정한다.

② 1일 평균 매출 × 사용정지 일수 × 0.0574의 산정기준으로 산정한다.

③ 위험물의 허가수량(지정수량 배수)에 따른 1일당 과징금 금액 × 사용정지 일수로 산정한다.

④ 분기별 · 월별 또는 일별 매출액을 기준으로 하여 1년간의 총 매출액을 환산한다.

19 위험물안전관리법령에서 정하는 자체소방대에 관한 원칙적인 사항으로 옳지 않은 것은?

18년 통합소방장

① 제4류 위험물을 취급하는 제조소 · 일반취급소 또는 옥외탱크저장소에 대하여 적용한다.

② 저장 · 취급하는 양이 지정수량의 3만배 이상의 위험물에 한한다.

③ 대상이 되는 관계인은 대통령령에 따라 화학소방자동차 및 자체소방대원을 두어야 한다.

④ 자체소방대를 두지 아니한 허가 받은 관계인에 대한 벌칙은 1년 이하의 징역 또는 1천만 원 이하의 벌금이다.

20 위험물안전관리법상 권한을 위탁받아 사무를 수행하는 법인이나 단체의 임직원과 개인 등에 대하여 금품의 수수(收受) 등 불법행위와 관련하여 형법을 적용함에 있어서 이들을 공무원과 같이 처벌할 수 있도록 규정한 공무원 의제대상이 아닌 것은?

① 정기검사업무에 종사하는 기술원의 담당 임원 및 직원
② 탱크시험자의 업무에 종사하는 자
③ 위탁받은 업무에 종사하는 안전원 및 기술원의 담당 임원 및 직원
④ 위험물안전관리자

21 다음 중 보유공지에 관련된 항목을 모두 고르시오.

㉠ 3차원적 거리 규제개념이다.
㉡ 화재의 예방 또는 진압 차원에서 확보해야 하는 임의적 공간이다.
㉢ 위험물 제조소의 주변에 확보해야 하는 절대공간이다.
㉣ 2차원적 공간 규제개념이다.

① ㉠, ㉡, ㉢
② ㉢
③ ㉡, ㉢, ㉣
④ ㉠, ㉢, ㉣

22 위험물안전관리법에 따른 소화난이도등급 I 에 해당하는 옥내탱크저장소의 규모, 저장 또는 취급하는 최대수량 등에 대한 기준으로 옳지 않은 것은?

① 액표면적이 $40m^2$ 이상인 것(제6류 위험물을 저장하는 것 및 고인화점위험물만을 100℃ 미만의 온도에서 저장하는 것은 제외)
② 바닥면으로부터 탱크 옆판의 상단까지 높이가 6m 이상인 것(제6류 위험물을 저장하는 것 및 고인화점위험물만을 100℃ 미만의 온도에서 저장하는 것은 제외)
③ 고체위험물을 저장하는 것으로서 지정수량의 100배 이상인 것
④ 탱크전용실이 단층건물 외의 건축물에 있는 것으로서 인화점 38℃ 이상 70℃ 미만의 위험물을 지정수량의 5배 이상 저장하는 것(내화구조로 개구부 없이 구획된 것은 제외)

23 **제조소등의 종류 및 규모에 따라 선임해야 하는 안전관리자의 자격에 대한 설명으로 옳지 않은 것은?**

① 위험물기능사의 실무경력 기간은 위험물기능사 자격을 취득한 이후 위험물안전관리자로 선임된 기간을 말한다.

② 위험물안전관리자를 보조한 기간은 위험물기능사의 실무경력 기간에 해당되지 않는다.

③ 지하탱크저장소에 휘발유를 5만 리터 저장하는 경우에 소방공무원경력자는 안전관리자 자격이 있다.

④ 소방공무원으로 근무한 경력이 3년 이상인 자를 위험물취급자격자 구분에서 소방공무원경력자라고 말한다.

24 **다음 중 제조소등의 위험물안전관리에 관한 설명으로 옳은 것은?**

① 지정수량 이상의 위험물을 허가를 받지 아니하는 제조소와 이동탱크저장소는 위험물안전관리자를 선임해야 한다.

② 제조소등의 관계인은 안전관리자가 여행·질병 그 밖의 사유로 인하여 일시적으로 직무를 수행할 수 없는 경우 대리자(代理者)로 지정하여 그 직무를 대행하게 하여야 한다.

③ 안전관리자를 해임하거나 안전관리자가 퇴직한 경우 그 관계인 또는 안전관리자는 소방서장에게 신고해야 한다.

④ 안전관리자를 선임한 때에는 30일 이내에 소방본부장 또는 소방서장에게 신고해야 한다.

25 **시·도지사, 소방본부장 또는 소방서장은 제조소등에서의 위험물의 저장 또는 취급이 저장·취급에 관한 중요기준 또는 세부기준에 위반된다고 인정하는 때에는 해당 제조소등의 관계인에 대하여 동항의 기준에 따라 위험물을 저장 또는 취급하도록 명할 수 있다. 이 저장·취급기준 준수명령 명령을 위반할 시 조치할 수 있는 방법은?**

① 1천 500만 원 이하의 벌금

② 300만 원 이하의 벌금

③ 100만 원 이하의 벌금

④ 1년 이하의 징역 또는 1천만 원 이하의 벌금

20 최종모의고사

01 위험물안전관리법령상 이송취급소의 시설기준에 관한 내용으로 옳지 않은 것은?

① 해상에 설치한 배관에는 외면부식을 방지하기 위한 도장을 실시해야 한다.
② 도장을 한 배관은 지표면에 접하여 지상에 설치할 수 있다.
③ 지하매설 배관은 지하가 내의 건축물을 제외하고는 그 외면으로부터 건축물까지 1.5m 이상 안전거리를 두어야 한다.
④ 해저에 배관을 설치하는 경우에는 원칙적으로 이미 설치된 배관에 대하여 30m 이상의 안전거리를 두어야 한다.

02 지정과산화물 옥내저장소의 저장창고 출입구 및 창의 설치기준으로 틀린 것은?

① 창은 바닥면으로부터 2m 이상의 높이에 설치한다.
② 하나의 창의 면적을 $0.4m^2$ 이내로 한다.
③ 하나의 벽면에 두는 창의 면적의 합계를 해당 벽면면적의 60분의 1이 초과되도록 한다.
④ 출입구에는 60분+방화문 또는 60분방화문을 설치한다.

03 지하저장탱크에 경보음을 울리는 방법으로 과충전방지장치를 설치하고자 한다. 탱크용량의 최소 몇 %가 찰 때 경보음이 울리도록 해야 하는가?

① 80%
② 90%
③ 95%
④ 98%

04 주유취급소에 설치하는 "주유중엔진정지"라는 표시를 한 게시판의 바탕과 문자의 색상을 차례대로 옳게 나타낸 것은?

① 황색, 흑색
② 흑색, 황색
③ 백색, 흑색
④ 흑색, 백색

05 고객이 직접 주유하는 주유취급소에 대한 설명으로 옳지 않은 것은?

① 감시대에서 고객이 주유하거나 용기에 옮겨 담는 작업을 직시하는 등 적절한 감시를 할 것
② 감시대에서 근무하는 감시원은 안전관리자만 가능하다.
③ 비상시 그 밖에 안전상 지장이 발생한 경우에는 제어장치에 의하여 호스기기에 위험물의 공급을 일제히 정지하고, 위험물 취급을 중단한다.
④ 감시대의 방송설비를 이용하여 고객에 의한 주유 또는 용기에 옮겨 담는 작업에 대한 필요한 지시를 할 것

06 제조소등별로 설치해야 할 경보설비 종류 및 설치기준에서 자동화재탐지설비를 설치해야 하는 옥내저장소의 규모 등에 해당하지 않은 것은?

① 저장창고의 연면적 150m^2 초과하는 것
② 지정수량 150배 이상인 것
③ 처마의 높이가 6m 이상의 단층건물의 것
④ 합용도 건축물의 옥내저장소

07 위험물판매취급소에 관한 설명 중 틀린 것은?

13년 경기소방장

① 위험물을 배합하는 실의 바닥면적은 6m^2 이상, 15m^2 이하이어야 한다.
② 제1종 판매취급소는 건축물의 1층에 설치해야 한다.
③ 일반적으로 페인트점, 화공약품점이 이에 해당된다.
④ 취급하는 위험물의 종류에 따라 제1종과 제2종으로 구분된다.

08 위험물안전관리법령상 제4류 위험물과 제6류 위험물에 모두 적응성이 있는 소화설비는?

13년 경기소방장

① 불활성기스소화설비
② 할로젠화합물소화설비
③ 탄산수소염류분말소화설비
④ 인산염류분말소화설비

09 다음 〈보기〉는 위험물의 운반 기준에 관한 설명이다. (　　)에 들어갈 온도로 맞는 것은?

- 액체위험물은 운반용기 내용적의 98% 이하의 수납률로 수납하되, (㉠)℃의 온도에서 누설되지 아니하도록 충분한 공간용적을 유지하도록 해야 한다.
- 자연발화성물질 중 알킬알루미늄등은 운반용기의 내용적의 90% 이하의 수납률로 수납하되, (㉡)℃의 온도에서 5% 이상의 공간용적을 유지하도록 한다.
- 제5류 위험물 중 (㉢)℃ 이하의 온도에서 분해될 우려가 있는 것은 보냉 컨테이너에 수납하는 등 적정한 온도관리를 유지해야 한다.
- 액체위험물을 수납하는 경우에는 (㉣)℃의 온도에서의 증기압이 130kPa 이하가 되도록 수납한다.

① ㉠ : 55, ㉡ : 55, ㉢ : 55, ㉣ : 55
② ㉠ : 50, ㉡ : 50, ㉢ : 55, ㉣ : 50
③ ㉠ : 55, ㉡ : 50, ㉢ : 55, ㉣ : 55
④ ㉠ : 50, ㉡ : 55, ㉢ : 50, ㉣ : 50

10 위험물안전관리법령에 따른 옥외저장탱크가 2기 이상인 방유제 용량 산정 시 제외되는 부분에 대한 설명으로 옳지 않은 것은?

① 간막이 둑의 체적
② 해당 방유제 내에 있는 모든 탱크의 지반면 이상 부분의 기초의 체적
③ 용량이 최대인 탱크 외의 탱크의 방유제 높이 이상 부분의 용적
④ 해당 방유제 내에 있는 배관 등의 체적

11 위험물 제조소등에 설치하는 옥외소화전설비의 설치기준으로 옳지 않은 것은?

① 옥외소화전은 방호대상물의 각 부분에서 하나의 호스접속구까지의 수평거리가 25m 이하가 되도록 설치할 것. 이 경우 그 설치개수가 1개일 때는 2개로 하여야 한다.

② 수원의 수량은 옥외소화전의 설치개수(설치개수가 4개 이상인 경우는 4개의 옥외소화전)에 $13.5m^3$를 곱한 양 이상이 되도록 설치할 것

③ 옥외소화전설비는 모든 옥외소화전(설치개수가 4개 이상인 경우는 4개의 옥외소화전)을 동시에 사용할 경우에 각 노즐 끝부분의 방수압력이 350㎪ 이상이고, 방수량이 1분당 450리터 이상의 성능이 되도록 할 것

④ 옥외소화전설비에는 비상전원을 설치할 것

12 〈보기〉의 위험물을 위험등급Ⅰ, 위험등급Ⅱ, 위험등급Ⅲ의 순서로 옳게 나열한 것은?

황린, 수소화나트륨, 리튬

① 황린, 수소화나트륨, 리튬

② 황린, 리튬, 수소화나트륨

③ 수소화나트륨, 황린, 리튬

④ 수소화나트륨, 리튬, 황린

13 위험물안전관리법상 예방규정의 이행 실태 평가에 대한 설명으로 옳지 않은 것은?

① 평가는 최초평가・정기평가 또는 수시평가로 구분한다.

② 평가를 실시하는 경우 평가실시일 20일 전까지(수시평가의 경우에는 7일 전까지를 말한다) 제조소등의 관계인에게 평가실시일, 평가항목 및 세부 평가일정에 관한 사항을 통보해야 한다.

③ 소방청장은 제조소등의 위험성 등을 고려하여 서면점검 또는 현장검사의 방법으로 실시할 수 있다.

④ 예방규정의 이행 실태 평가를 완료한 때에는 그 결과를 해당 제조소등의 관계인에게 통보해야 한다.

14 이동저장탱크에 위험을 알리는 경고표지 사항으로 옳지 않은 것은?

① 흑색바탕에 황색문자인 "위험물" 표지

② UN번호

③ 그림문자

④ 유별・품명・최대수량 및 적재중량

15 위험물안전관리법령상 옥내저장소에서 위험물을 저장하는 경우에는 규정에 따라 높이를 초과하여 용기를 겹쳐 쌓지 아니해야 한다. 다음 중 높이의 제한이 가장 낮은 것은?

① 제4류 위험물 중 제3석유류를 수납하는 용기만을 겹쳐 쌓는 경우
② 제6류 위험물을 수납하는 용기만을 겹쳐 쌓는 경우
③ 제4류 위험물 중 제4석유류를 수납하는 용기만을 겹쳐 쌓는 경우
④ 기계에 의하여 하역하는 구조로 된 용기만을 겹쳐 쌓는 경우

16 저장 또는 취급하는 위험물의 허가수량을 기준으로 한 과징금 산정기준에서 저장하는 위험물의 허가수량(지정수량 배수) 10만배를 초과하는 경우 1일당 과징금 금액은 얼마인가?

① 30,000원
② 600,000원
③ 800,000원
④ 1,000,000원

17 위험물의 품명·수량 또는 지정수량 배수의 변경신고에 대한 설명으로 옳은 것은?

① 허가청과 협의하여 설치한 군용위험물시설의 경우에도 적용된다.
② 변경신고는 변경한 날로부터 7일 이내에 완공검사합격확인증을 첨부하여 신고해야 한다.
③ 위험물의 품명이나 수량의 변경을 위해 제조소등의 위치·구조 또는 설비를 변경하는 경우에 신고한다.
④ 위험물의 품명·수량 및 지정수량의 배수를 모두 변경할 때에는 신고를 할 수 없고 허가를 신청해야 한다.

18 위험물안전관리법령에 의하여 자체소방대에 배치해야 하는 화학소방차의 구분에 속하지 않는 것은?

21년 소방위

① 포수용액 방사차
② 고가 사다리차
③ 제독차
④ 할로젠화합물 방사차

19 소방청장, 시·도지사, 소방본부장 또는 소방서장의 업무의 일부를 한국소방안전원에 위탁한 업무로 맞는 것은?

17년 통합 소방장

① 위험물운송자로 종사하는 자에 대한 안전교육
② 탱크시험자의 기술인력으로 종사하는 자에 대한 안전교육
③ 위험물설치허가 관계인에 대한 안전교육
④ 위험물이동저장탱크 소유자에 대한 안전교육

20 **위험물 제조소의 보유공지 설정목적에 부합되지 않는 것은 무엇인가?**

① 위험물 제조소등 화재 시 인접시설 연소확대 방지

② 소화활동의 공간제공 및 확보

③ 절대공간으로 점검 및 보수용으로 사용불가

④ 피난상 필요한 공간 확보

21 **위험물안전관리법령에 따른 옥외저장탱크의 방유제 시설 기준에 대한 내용으로 옳은 것은?**

① 용량이 50만 리터 이상인 옥외탱크저장소가 해안 또는 강변에 설치되어 방유제 외부로 누출된 위험물이 바다 또는 강으로 유입될 우려가 있는 경우에는 해당 옥외탱크저장소가 설치된 부지 내에 전용유조(專用油槽) 등 누출위험물 수용설비를 설치할 것

② 용량이 50만 리터 이상인 위험물을 저장하는 옥외저장탱크에 있어서는 밸브 등에 그 개폐상황을 쉽게 확인할 수 있는 장치를 설치할 것

③ 용량이 100만 리터 이상인 옥외저장탱크의 주위에 설치하는 방유제에는 해당 탱크마다 간막이 둑을 설치할 것

④ 특수인화물, 제1석유류 및 알코올류를 저장 또는 취급하는 탱크의 용량이 100만 리터 이상인 옥외저장태크에는 자동화재속보설비를 설치 할 것

22 **위험물 제조소에서 지정수량 5배를 초과하는 경우 선임되어야 할 안전관리자의 자격으로 옳지 않은 것은?**

① 소방공무원으로 3년 이상 경력자

② 위험물기능장

③ 위험물산업기사

④ 2년 이상 실무경력이 있는 위험물기능사

23 옥외탱크저장소에 설치하는 자동화재탐지설비의 감지기 설치기준에 대한 내용으로 옳지 않은 것은?

① 광전식분리형 감지기를 설치할 경우에는 한 변의 길이는 100m이하로 할 것

② 불꽃을 감지하는 기능이 있는 CCTV를 설치한 경우 불꽃감지기를 설치한 것으로 본다.

③ 옥외저장탱크 외측과 보유공지 내에서 발생하는 화재를 유효하게 감지할 수 있는 위치에 설치할 것

④ 불꽃감지기를 설치할 것

24 탱크시험자가 다른 자에게 등록증을 빌려 준 경우의 1차 행정처분기준으로 옳은 것은?

① 경 고

② 업무정지 30일

③ 업무정지 90일

④ 등록취소

25 과산화수소를 취급하는 제조소에 설치하는 주의사항을 표시한 게시판으로 맞는 것은?

① 물기엄금

② 가연물접촉주의

③ 산화제와 접촉금지

④ 표시 규정이 없다.

21 최종모의고사

01 위험물안전관리법령상 주유취급소에 설치할 수 있는 건축물이나 공작물 등에 해당되지 않는 것은?

① 주유취급소에 출입하는 사람을 대상으로 하는 일반음식점
② 자동차 등의 간이정비를 위한 작업장
③ 자동차 등의 세정을 위한 작업장
④ 전기자동차용 충전설비

02 공항에서 시속 40km 이하로 운행하도록 된 주유탱크차에 대한 설명으로 옳지 않은 것은?

① 칸막이와 방파판의 특례기준을 적용한다.
② 칸막이에 구멍을 낼 수 있되, 그 지름이 30cm 이내일 것
③ 주유탱크차는 그 내부에 길이 1.5m 이하마다 칸막이를 설치한다.
④ 주유탱크차는 부피 4,000리터 이하마다 3.2mm 이상의 강철판으로 칸막이를 설치해야 한다.

03 위험물안전관리법령에 따른 위험물의 운송에 관한 설명 중 틀린 것은?

① 알킬리튬과 알킬알루미늄 또는 이중 어느 하나 이상을 함유한 것은 운송책임자의 감독 또는 지원을 받아야 한다.
② 이동탱크저장소에 의하여 위험물을 운송할 경우 운송책임자에는 법령의 교육을 이수하고 관련 업무에 2년 이상 경력이 있는 자도 포함된다.
③ 서울에서 부산까지 금속의 인화물 300킬로그램을 1명의 운전자가 휴식 없이 운송해도 규정위반이 아니다.
④ 운송책임자의 감독 또는 지원의 방법에는 동승하는 방법과 별도의 사무실에서 대기하면서 규정된 사항을 이행하는 방법이 있다.

04 제4류 위험물 중 제2석유류의 위험등급 기준은?

① 위험등급Ⅰ의 위험물
② 위험등급Ⅱ의 위험물
③ 위험등급Ⅲ의 위험물
④ 위험등급Ⅳ의 위험물

05 다음 중 화학소방자동차에 갖추어야 하는 소화능력 및 설비의 기준 내용으로 옳지 않은 것은?

21년 소방위

① 포수용액 방사차에는 10만 리터 이상의 포수용액을 방사할 수 있는 양의 소화약제를 비치해야 한다.

② 분말 방사차의 분말 방사능력은 매초 45킬로그램 이상이어야 한다.

③ 제독차에는 가성소다 및 규조토를 각각 50킬로그램 이상 비치할 것

④ 이산화탄소 방사차의 이산화탄소 방사능력은 매초 40킬로그램 이상이어야 한다.

06 주유취급소의 지하탱크에 설치하는 맨홀의 설치기준으로 옳지 않은 것은?

① 보호틀을 탱크에 완전히 용접하는 등 보호틀과 탱크를 긴밀하게 접합할 것

② 맨홀은 지면까지 올라오게 하여 관리가 쉽도록 한다.

③ 보호틀의 뚜껑에 걸리는 하중이 직접 보호틀에 미치지 아니하도록 설치하고, 빗물 등이 침투하지 아니하도록 할 것

④ 배관이 보호틀을 관통하는 경우에는 해당 부분을 용접하는 등 침수를 방지하는 조치를 할 것

07 위험물 운반용기 적재 방법 중 위험물을 수납한 운반용기를 겹쳐 쌓는 경우 높이는 몇 m 이하로 해야 하는가?

① 2 ② 3

③ 4 ④ 6

08 보일러 등으로 위험물을 소비하는 일반취급소의 특례의 적용에 관한 설명으로 틀린 것은?

① 일반취급소에서 보일러, 버너 등으로 소비하는 위험물은 인화점이 섭씨 38도 이상인 제4류 위험물이어야 한다.

② 일반취급소에서 취급하는 위험물의 양은 지정수량의 30배 미만이고 위험물을 취급하는 설비는 건축물 내에 있어야 한다.

③ 제조소의 기준을 준용하는 다른 일반취급소와 달라 일정한 요건을 갖추면 제조소의 안전거리, 보유공지 등에 관한 기준을 적용하지 않을 수 있다.

④ 건축물 중 일반취급소로 사용하는 부분은 취급하는 위험물의 양에 관계없이 철근콘크리트조 등의 바닥 또는 벽으로 해당 건축물의 다른 부분과 구획되어야 한다.

09 칼륨, 황린, 알칼리금속,금속의 인화합물을 각각 50킬로그램씩 저장하고 있을 때 지정수량의 배수가 가장 큰 것은?

① 알칼리금속　　② 황 린
③ 칼 륨　　④ 금속의 인화합물

10 위험물 사고조사위원회 구성 등에 대한 설명으로 옳지 않은 것은?

① 위원회는 위원장 1명을 포함하여 9명 이내의 위원으로 구성한다.
② 위원회의 위원은 소방청장, 소방본부장 또는 소방서장이 임명하거나 위촉하고, 위원장은 위원 중에서 소방청장, 소방본부장 또는 소방서장이 임명하거나 위촉한다.
③ 소속 소방공무원 이외에 위촉되는 민간위원의 임기는 2년으로 하며, 한 차례만 연임할 수 있다.
④ 출석한 위원에게는 예산의 범위에서 수당, 여비, 그 밖에 필요한 경비를 지급할 수 있다. 다만, 공무원인 위원이 그 소관 업무와 직접적으로 관련되어 위원회에 출석하는 경우에는 지급하지 않는다.

11 위험물안전관리법령상 이송취급소를 설치할 수 없는 장소는? (단, 지형상황 등 부득이한 경우 또는 횡단의 경우는 제외한다)

① 시가지 도로의 노면 아래
② 고속국도의 길어깨
③ 산림 또는 평야
④ 지하 또는 해저

12 위험물안전관리법 시행규칙상 「총포 · 도검 · 화약류 등 단속법」에 따른 화약류에 해당하는 위험물을 저장 또는 취급하는 제조소 등에 대해서 위험물의 특례를 적용할 수 있는 위험물의 연결이 잘못된 것은?

① 제1류 위험물 : 염소산염류 · 과염소산염류 · 질산염류
② 제2류 위험물 : 철분 · 금속분 · 마그네슘
③ 제5류 위험물 : 질산에스터류 · 나이트로화합물
④ 제3류 위험물 : 황린

13 소화난이도등급 I 의 제조소등 중 옥내탱크저장소의 규모에 대한 설명이 옳은 것은?

① 액체위험물을 저장하는 위험물의 액표면적이 20m^2 이상인 것
② 바닥면으로부터 탱크 옆판의 상단까지 높이가 6m 이상인 것(제6류 위험물을 저장하는 것 및 고인화점위험물만을 100℃ 미만의 온도에서 저장하는 것은 제외)
③ 액체위험물을 저장하는 단층건물 외의 건축물에 있는 것으로서 인화점 40℃ 이상, 70℃ 미만의 위험물은 지정수량의 40배 이상 저장 또는 취급하는 것
④ 고체위험물을 지정수량의 150배 이상 저장 또는 취급하는 것

14 다음 중 위험물 제조소의 위치 · 구조 및 설비의 기준으로 알맞은 것은?

① 안전거리는 기념물 및 보물에 있어서는 50m 이상 두어야 한다.
② 보유공지의 너비는 취급하는 위험물의 최대수량이 지정수량의 10배 이하일 때는 5m 이상 보유해야 한다.
③ 옥외설비의 바닥의 둘레는 높이 0.1m 이상의 턱을 설치하여 위험물이 외부로 흘러나가지 아니하도록 한다.
④ 배출설비의 1시간당 배출능력은 전역방식의 경우에는 바닥면적 1m^{2}당 16m^3 이상으로 할 수 있다.

15 완공검사는 원칙적으로 제조소등의 공사를 완료한 후 각각의 제조소등마다 신청해야 한다. 완공검사 신청시기를 틀리게 설명한 것은?

13년 부산소방장 | 18년, 19년 소방위

① 지하탱크가 있는 제조소등의 경우 : 해당 지하탱크를 매설하기 전
② 이동탱크저장소의 경우 : 이동저장탱크를 완공하고 상치장소를 확보한 후
③ 이송취급소의 경우 : 이송배관 공사의 전체 또는 일부를 완료한 후. 다만, 지하 · 하천 등에 매설하는 이송배관의 공사의 경우에는 이송배관을 매설하기 전
④ 배관을 지하에 설치하는 경우에는 시 · 도지사, 소방서장 또는 기술원이 지정하는 부분을 매몰한 직후

16 위험물안전관리법에서 규정하고 있는 사항으로 옳지 않은 것은?

① 위험물저장소를 경매에 의해 시설의 전부를 인수한 경우에는 30일 이내에, 저장소의 용도를 폐지한 경우에는 14일 이내에 시・도지사에게 그 사실을 신고해야 한다.

② 제조소등의 위치・구조 및 설비의 기준을 위반하여 사용한 때에는 시・도지사는 허가취소, 전부 또는 일부의 사용정지를 명할 수 있다.

③ 경유 20,000리터를 수산용 건조시설에 사용하는 경우에는 허가는 받지 아니하고 저장소를 설치할 수 있다.

④ 위치・구조 또는 설비의 변경 없이 저장소에서 저장하는 위험물 지정수량의 배수를 변경하고자 하는 경우에는 변경하고자 하는 날의 1일 전까지 행정안전부령이 정하는 바에 따라 시・도지사에게 신고해야 한다.

17 위험물안전관리법령에서 규정하고 있는 사항으로 틀린 것은?

① 안전관리자・탱크시험자・위험물운반자・위험물운송자 등 위험물의 안전관리와 관련된 업무를 수행하는 자로서 대통령령이 정하는 자는 해당 업무에 관한 능력의 습득 또는 향상을 위하여 소방청장이 실시하는 교육을 받아야 한다.

② 지정수량의 1천배 이상의 위험물을 취급하는 제조소 또는 일반취급소의 설치 또는 변경에 따른 완공검사를 기술원에 위탁한다.

③ 안전관리대행기관은 지정받은 사항의 변경이 있는 경우에는 그 사유가 있는 날부터 30일 이내에, 휴업・재개업 또는 폐업을 하려는 경우에는 휴업・재개업 또는 폐업하고자 하는 날의 1일 전에 법에 규정된 서류를 첨부하여 소방청장에게 제출하여야 한다.

④ 제조소등의 관계인은 제조소등의 사용을 중지하거나 중지한 제조소등의 사용을 재개하려는 경우에는 이 법에서 정하는 기간까지 행정안전부령으로 정하는 바에 따라 제조소등의 사용 중지 또는 재개를 시・도지사에게 신고하여야 한다.

18 다수의 제조소등을 동일인이 설치한 경우에는 제조소등마다 위험물안전관리자를 선임해야 함에도 불구하고 1인의 안전관리자를 중복하여 선임할 수 있는 경우가 아닌 것은? 19년 소방위

① 30개 이하의 옥외탱크저장소

② 10개 이하의 옥외저장소

③ 보일러 또는 이와 비슷한 것으로 위험물을 소비하는 장치로 이루어진 9개 이하의 일반취급소

④ 10개 이하의 암반탱크저장소

19 위험물의 지정수량 배수가 50~200배인 경우 제조소등별 보유공지가 틀리게 연결된 것은?

13년 경기소방장

① 옥내저장소 - 6m 이상
② 옥외저장소 - 12m 이상
③ 옥외탱크저장소 - 3m 이상
④ 제조소 - 5m 이상

20 위험물안전관리법상 위험물 안전관리에 관한 협회에 관한 내용으로 옳은 것은?

① 협회는 소방청장의 인가를 받아 주된 사무소의 소재지에 설립등기를 함으로써 성립한다.
② 협회에 관하여 이 법에서 규정한 것 외에는 「민법」 중 재단법인에 관한 규정을 준용한다.
③ 설립하려면 제조소등의 관계인 등 10명 이상이 발기인이 되어 정관을 작성한 후 창립총회의 의결을 거쳐 소방청장에게 허가를 신청해야 한다.
④ 회의 정관에는 회원의 가입·탈퇴 및 회비에 관한 사항도 포함되어야 한다.

21 다음 중 위험물 제조소의 안전거리를 설정하기 위한 기준요소로 맞지 않는 것은?

17년 인천소방장

① 위험물의 종류
② 위험물 제조소에 설치된 소방시설
③ 위험물 제조소의 위험도
④ 방호대상물의 위험도

22 제조소등에서 위험물의 저장기준으로 틀린 것은?

① 지하저장탱크의 주된 밸브 및 주입구의 밸브 또는 뚜껑은 위험물을 넣거나 빼낼 때 외에는 폐쇄해야 한다.
② 주유원 간이대기실 내에서는 화기를 사용하지 아니할 것
③ 옥외저장소에 있어서 운반용기에 적합한 용기에 꼭 수납하여 저장해야 한다.
④ 옥외저장탱크 주위에 설치된 방유제의 내부에 물이나 유류가 고였을 경우 지체없이 배출하도록 해야 한다.

23 다음 중 허가 받은 저장소 중 지정수량 배수와 관계 없이 예방규정을 정해야 할 대상으로 옳은 것은? 18년 소방위

① 제조소, 일반취급소
② 옥외탱크저장소, 옥내저장소
③ 암반탱크저장소, 이송취급소
④ 판매취급소, 이송취급소

24 옥내저장탱크 중 압력탱크 외에 아세트알데하이드를 저장할 경우 유지해야 할 온도는?

① 비점 이하
② 40℃ 이하
③ 15℃ 이하
④ 30℃ 이하

25 위험물의 옥외탱크저장소의 보유공지는 동일 부지 내에 2개 이상 인접하여 탱크를 설치하는 경우 탱크 상호 간의 보유공지의 너비는? (단, 제6류 위험물임)

① 1.5m 이상
② 2.5m 이상
③ 3m 이상
④ 4m 이상

22 최종모의고사

01 다음은 위험물안전관리법상 위험물시설의 설치 및 변경에 관한 내용이다. 괄호 안에 들어갈 내용으로 옳은 것은? 18년 소방위

> 제조소등의 위치·구조 또는 설비의 변경 없이 해당 제조소등에서 저장하거나 취급하는 위험물의 품명·수량 또는 지정수량의 배수를 변경하고자 하는 자는 변경하고자 하는 날의 (　　)일 전까지 행정안전부령이 정하는 바에 따라 시·도지사에게 신고해야 한다.

① 5　　② 1
③ 10　　④ 14

02 위험물안전관리법 위반사항에 관한 벌칙규정 중 벌금액이 다른 것은? 15년 소방위

① 위험물의 저장 또는 취급에 관한 중요기준에 따르지 아니한 자
② 위험물의 취급에 관한 안전관리와 감독을 하지 아니한 자
③ 위험물의 운반에 관한 중요기준에 따르지 아니한 자
④ 안전관리자 또는 그 대리자가 참여하지 아니한 상태에서 위험물을 취급한 자

03 이동탱크저장소가 원거리 운행 등으로 상치장소에 주차할 수 없는 경우에 주차할 수 있는 장소로 옳지 않은 것은?

① 다른 이동탱크저장소의 상치장소
② 제조소등이 설치된 사업장 내의 안전한 장소
③ 도로(길어깨 및 노상주차장을 포함) 외의 장소로서 화기취급장소 또는 건축물로부터 10m 이상 이격된 장소
④ 소방청장이 고시하는 상치장소에 적합한 장소

04 위험물안전관리법령상 고정주유설비는 주유설비의 중심선을 기점으로 하여 도로경계선까지 몇 m 이상의 거리를 유지해야 하는가?

① 1　　② 3
③ 4　　④ 6

05 **종류(유별)가 다른 위험물을 동일한 옥내저장소의 동일한 실에 같이 저장하는 경우에 대한 설명으로 틀린 것은? (단, 유별로 정리하여 서로 1m 이상의 간격을 두는 경우에 한한다)**

17년 소방위

① 제1류 위험물과 황린은 동일한 옥내저장소에 저장할 수 있다.
② 제1류 위험물과 제6류 위험물은 동일한 옥내저장소에 저장할 수 있다.
③ 제1류 위험물 중 알칼리금속의 과산화물과 제5류 위험물은 동일한 옥내저장소에 저장할 수 있다.
④ 제2류 위험물 중 인화성고체와 제4류 위험물을 동일한 옥내저장소에 저장할 수 있다.

06 **다음은 옥외저장탱크의 외부구조 및 설비에 대한 설명이다. (　　)에 들어갈 알맞은 내용으로 나열한 것은?**

- 옥외저장탱크의 배수관은 탱크의 (㉠)에 설치해야 한다.
- 부상지붕이 있는 옥외저장탱크의 (㉡) 또는 부상지붕에 설치하는 설비는 지진 등에 의하여 부상지붕 또는 (㉢)에 손상을 주지 아니하게 설치해야 한다.

	㉠	㉡	㉢
①	밑 판	밑 판	밑 판
②	옆 판	옆 판	옆 판
③	옆 판	옆 판	밑 판
④	밑 판	밑 판	옆 판

07 **정기점검 구분과 점검횟수에 대한 내용으로 옳지 않은 것은?**

① 정기점검대상의 제조소등은 연 2회 이상의 정기점검을 실시해야 한다.
② 액체위험물을 저장 또는 취급하는 50만 리터 이상의 옥외탱크저장소의 탱크는 추가로 구조안전점검을 실시해야 한다.
③ 구조안전점검은 완공검사합격확인증 교부일로부터 12년 이내에 1회 이상 실시해야 한다.
④ 구조안전점검은 최근 정밀정기검사를 받은 날로부터 11년(연장신청 시는 13년) 이내에 1회 이상 실시 해야 한다.

08 위험물안전관리법령상 지하탱크저장소의 기준에 관한 설명으로 옳은 것은? (단, 이중벽탱크와 특수누설방지구조는 제외한다)

① 지하저장탱크의 윗부분은 지면으로부터 0.5m 이상 아래에 있어야 한다.
② 지하저장탱크와 탱크전용실의 안쪽과의 사이는 5cm 이상의 간격을 유지하도록 한다.
③ 철근콘크리트 구조인 탱크전용실의 벽, 바닥 및 뚜껑은 두께 0.3m 이상으로 하고 그 내부에는 지름 9mm부터 13mm까지의 철근을 가로 및 세로로 5cm부터 20cm까지의 간격으로 배치한다.
④ 지하저장탱크는 용량이 1,500리터 이하일 때 탱크의 최대 지름은 1,067mm, 강철판의 최소두께는 4.24mm로 한다.

09 위험물안전관리법령상 제1종 판매취급소의 위험물을 배합하는 실에 관한 기준으로 옳은 것은?

① 출입구에는 수시로 열 수 있는 자동폐쇄식의 30분방화문을 설치할 것
② 방화구조 또는 난연재료로 된 벽으로 구획할 것
③ 출입구 문턱의 높이는 바닥면으로부터 5cm 이상으로 할 것
④ 바닥면적은 6m^2 이상 15m^2 이하로 할 것

10 자동화재탐지설비를 설치해야 하는 옥내저장소가 아닌 것은?

① 처마높이가 7m인 단층 옥내저장소
② 저장창고의 연면적이 100m^{2}인 옥내저장소
③ 알코올류인 에탄올 5만 리터를 저장하는 옥내저장소
④ 제1석유류인 벤젠(비수용성) 5만 리터를 저장하는 옥내저장소

11 이동탱크저장소에 의한 위험물 운송 시 위험물운송자가 휴대해야 하는 위험물안전카드의 작성대상에 관한 설명으로 옳은 것은?

① 모든 위험물에 대하여 위험물안전카드를 작성하여 휴대해야 한다.
② 제1류, 제3류 또는 제4류 위험물을 운송하는 경우에 위험물안전카드를 작성하여 휴대해야 한다.
③ 위험등급 Ⅰ 또는 위험등급 Ⅱ에 해당하는 위험물을 운송하는 경우에 위험물안전카드를 작성하여 휴대해야 한다.
④ 제1류, 제2류, 제3류, 제4류(특수인화물 및 제1석유류에 한한다), 제5류 또는 제6류 위험물을 운송하는 경우에 위험물안전카드를 작성하여 휴대해야 한다.

12 제조소등에서의 위험물 저장의 기준에 관한 설명 중 틀린 것은?

① 제3류 위험물 중 황린과 금수성물질은 동일한 저장소에 저장하여도 된다.
② 옥내저장소에서 재해가 현저하게 증대할 우려가 있는 위험물을 다량 저장하는 경우에는 지정수량의 10배 이하마다 구분하여 상호간 0.3m 이상의 간격을 두어 저장해야 한다.
③ 옥내저장소에서는 용기에 수반하여 저장하는 위험물의 온도가 55℃를 넘지 아니하도록 필요한 조치를 강구해야 한다.
④ 컨테이너식 이동탱크저장소 외의 이동탱크저장소에 있어서는 위험물을 저장한 상태로 이동저장탱크를 옮겨 싣지 아니해야 한다.

13 이동탱크저장소의 측면틀 기준에 있어서 탱크 뒷 부분의 입면도에서 측면틀의 최외측과 탱크의 최외측을 연결하는 직선의 수평면에 대한 내각은 얼마 이상 되도록 해야 하는가?

① 35°　　② 45°
③ 75°　　④ 65°

14 완공검사는 원칙적으로 제조소등의 공사를 완료한 후 각각의 제조소등마다 신청해야 한다. 완공검사 신청과 관련하여 다음 빈칸에 알맞은 것은?

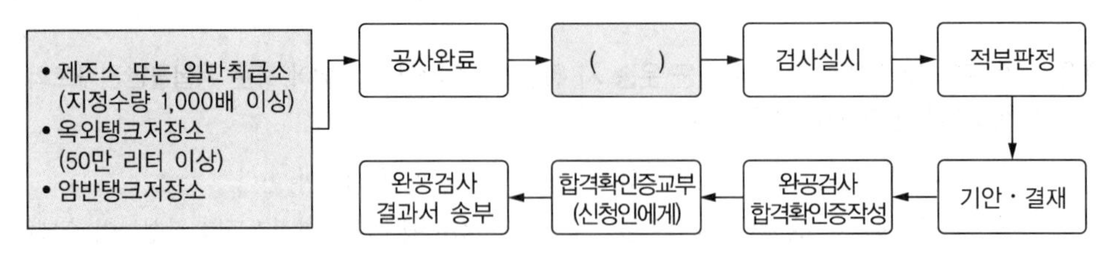

① 소방청장
② 소방서장
③ 한국소방산업기술원
④ 시 · 도지사

15 위험물안전관리법에 따른 옥외탱크저장소 정기검사 시기로 옳지 않은 것은?

① 중간정기검사 : 특정·준특정 옥외탱크저장소의 설치허가에 따른 완공검사합격확인증을 발급받은 날부터 4년 이내에 1회
② 정밀정기검사 : 최근의 정밀정기검사를 받은 날부터 11년 이내에 1회
③ 정밀정기검사 : 특정·준특정 옥외탱크저장소의 설치허가에 따른 완공검사합격확인증을 발급받은 날부터 13년 이내에 1회
④ 중간정기검사 : 최근의 정밀정기검사를 받은 날부터 4년 이내에 1회

16 1인의 안전관리자를 중복선임한 경우 대리자의 자격이 있는 자를 각 제조소등별로 지정하여 안전관리자를 보조해야 할 대상이 아닌 것은?

① 제조소
② 이송취급소
③ 일반취급소
④ 주유취급소

17 소방청장 업무의 일부를 한국소방산업기술원에 위탁한 업무의 내용으로 옳은 것은?

① 용량이 100만 리터 이상인 액체위험물을 저장하는 탱크안전성능시험
② 탱크시험자의 기술 인력으로 종사하는 자에 대한 안전교육
③ 지정수량의 1천배 이상의 위험물을 취급하는 제조소 또는 일반취급소의 설치 또는 변경(사용 중인 제조소 또는 일반취급소의 보수 또는 부분적인 증설을 제외한다)에 따른 완공검사
④ 위험물 운반용기검사

18 위험물제조소에 설치된 환기설비의 급기구의 크기는? (단, 급기구가 설치된 실의 바닥면적은 $150cm^2$이다)

13년 경기소방장

① $150cm^2$ 이상으로 한다.
② $300cm^2$ 이상으로 한다.
③ $450cm^2$ 이상으로 한다.
④ $800cm^2$ 이상으로 한다.

19 위험물 저장 · 취급에 관한 중요기준에 관한 설명으로 올바르지 않은 것은? 13년 경기소방장

① 위험물 저장 · 취급에 관한 중요기준을 위반할 경우 1천 500만 원 이하의 벌금에 해당된다.
② 제3류 위험물 중 황린 그 밖에 물속에 저장하는 물품과 금수성물질은 동일한 저장소에서 저장한 경우에는 중요기준 위반이다.
③ 화재 등 위해의 예방과 응급조치에 있어서 중요기준보다 상대적으로 적은 영향을 미치거나 그 기준을 위반하는 경우 직접적으로 화재를 일으킬 수 있는 기준 및 위험물의 안전관리에 필요한 표시와 서류 · 기구 등의 비치에 관한 기준으로서 행정안전부령이 정하는 기준을 말한다.
④ 위험물 저장 · 취급에 관한 중요기준 외에 운반에 관한 중요기준도 규정되어 있다.

20 위험물안전관리법령상 이동탱크저장소의 설비기준에 관한 설명으로 옳은 것을 모두 고른 것은?

ㄱ. 이동탱크저장소에 주입설비를 설치한 경우에는 주입설비의 길이를 60m 이내로 하고, 분당 토출량은 250리터 이하로 할 것
ㄴ. 탱크는 두께 3.2mm 이상의 강철판 또는 이와 동등 이상의 강도 · 내식성 및 내열성이 있다고 인정하여 소방청장이 정하여 고시하는 재료 및 구조로 위험물이 새지 아니하게 제작할 것
ㄷ. 제4류 위험물 중 특수인화물, 제1석유류 또는 제2석유류의 이동탱크저장소에는 정해진 기준에 따라 접지도선을 설치할 것
ㄹ. 방호틀은 두께 1.6mm 이상의 강철판 또는 이와 동등 이상의 기계적 성질이 있는 재료로써 산모양의 형상으로 할 것

① ㄱ, ㄹ
② ㄱ, ㄷ, ㄹ
③ ㄴ, ㄷ
④ ㄱ, ㄴ, ㄷ, ㄹ

21 위험물안전관리법 시행규칙에 따른 자체소방대의 설치 제외대상인 일반취급소에 해당되지 않은 것은?

① 보일러, 버너 그 밖에 이와 유사한 장치로 위험물을 소비하는 일반취급소
② 「총포 · 도검 · 화약류 등 단속법」의 적용을 받는 일반취급소
③ 용기에 위험물을 옮겨 담는 일반취급소
④ 이동저장탱크 그 밖에 이와 유사한 것에 위험물을 주입하는 일반취급소

22 다음 중 위험물안전관리법에 따른 알코올류가 위험물이 되기 위하여 갖추어야 할 조건으로 맞지 않은 것은?

① 알코올의 종류에는 메틸알코올, 에틸알코올, 프로필알코올 등이 있다.
② 1분자를 구성하는 탄소원자의 수가 1개 내지 3개의 포화1가 알코올의 함유량이 60중량퍼센트 이상인 수용액이어야 한다.
③ 가연성액체량이 60중량퍼센트 이상이고 인화점 및 연소점이 에틸알코올 60중량퍼센트 수용액의 인화점 및 연소점을 초과하는 것이어야 한다.
④ 1분자를 구성하는 탄소원자의 수가 1개부터 3개까지인 포화2가 알코올(변성알코올은 제외)을 말한다.

23 "알킬알루미늄등"을 저장 또는 취급하는 기준으로 옳은 것은?

① 알킬알루미늄등의 이동탱크저장소에 있어서 이동저장탱크로부터 알킬알루미늄등을 꺼낼 때에는 동시에 20kPa 이하의 압력으로 불활성의 기체를 봉입할 것
② 옥내저장소에서 제3류 위험물 중 알킬알루미늄과 알킬알루미늄을 함유한 제4류 위험물을 상호 1m 이상의 간격을 두는 경우 동일 실에 저장가능하다.
③ 자연발화성물질 중 알킬알루미늄등은 운반용기의 내용적의 95% 이하의 수납률로 수납한다.
④ 자연발화성물질 중 알킬알루미늄등은 55℃의 온도에서 5% 이상의 공간용적을 유지하도록 할 것

24 위험물 제조소등의 안전거리를 단축하기 위하여 설치하는 방화상 유효한 담의 높이는 $H > pD^2 + a$인 경우 $h = H - p(D^2 - d^2)$에 의하여 산정한 높이 이상으로 한다. 여기서 d가 의미하는 것은?

① 제조소등과 인접 건축물과의 거리(m)
② 제조소등과 방화상 유효한 담과의 거리(m)
③ 제조소등과 방화상 유효한 지붕과의 거리(m)
④ 제조소등과 인접 건축물 경계선과의 거리(m)

25 위험물안전관리법령에 따른 알킬알루미늄을 저장 또는 취급하는 이동탱크저장소에 비치해야 할 물품에 해당하지 않는 것은?

① 염기성 중화제
② 응급조치에 관하여 필요한 사항을 기재한 서류
③ 고무장갑, 방호복
④ 밸브를 죄는 공구 및 휴대용 확성기

23 최종모의고사

01 위험물안전관리법에 관한 설명으로 옳은 것은?

① 위험물이라 함은 인화성 또는 발화성 등의 성질을 가지는 것으로서 행정안전부령으로 정하는 물품을 말한다.
② 지정수량이라 함은 위험물의 종류별로 위험성을 고려하여 행정안전부령으로 정하는 수량을 말한다.
③ 지정수량 미만인 위험물의 저장 또는 취급에 관한 기술상의 기준은 행정안전부령으로 정한다.
④ 위험물안전관리법은 철도 및 궤도에 의한 위험물의 저장·취급 및 운반에 있어서는 이를 적용하지 아니한다.

02 제3류 위험물에 관한 설명으로 옳지 않은 것은?

① 황린은 공기와 접촉하면 자연발화할 수 있다.
② 칼륨, 나트륨은 등유, 경유 등에 넣어 보관한다.
③ 지정수량의 1/10을 초과하여 운반하는 경우 제4류 위험물과 혼재할 수 없다.
④ 자연발화성물질 중 알킬알루미늄등은 운반용기의 내용적의 90% 이하의 수납율로 수납한다.

03 위험물의 운반에 관한 기준에서 적재방법 기준으로 틀린 것은?

① 고체위험물은 운반용기의 내용적 95% 이하의 수납률로 수납할 것
② 액체위험물은 운반용기의 내용적 98% 이하의 수납률로 수납할 것
③ 알킬알루미늄등은 운반용기의 내용적 95% 이하의 수납률로 수납하되, 50℃의 온도에서 5% 이상의 공간용적률을 유지할 것
④ 제3류 위험물 중 자연발화성물질에 있어서는 불활성기체를 봉입하여 밀봉하는 등 공기와 접하지 아니하도록 할 것

04 위험물안전관리법 시행령상 예방규정의 이행 실태 평가에 대상으로 옳은 것은?

① 이송취급소
② 지정수량 100만배 이상의 위험물을 저장하는 옥외탱크저장소
③ 자체소방대를 설치해야 할 제조소등
④ 암반탱크저장소

05 위험물 제조소등의 화재예방 등 위험물안전관리에 관한 직무를 수행하는 위험물안전관리자의 선임 시기는?

① 위험물 제조소등의 완공검사를 받은 즉시
② 위험물 제조소등의 허가 신청 전
③ 위험물 제조소등의 설치를 마치고 완공검사를 신청하기 전
④ 위험물 제조소등에서 위험물을 저장 또는 취급하기 전

06 위험물안전관리대행기관의 업무수행에 관한 규정내용으로 옳지 않은 것은?

① 1인의 기술인력을 지정할 경우 안전관리자의 업무를 성실히 대행할 수 있는 범위 내에서 관리하는 제조소등의 수가 25를 초과하지 아니하도록 지정해야 한다.
② 안전관리원으로 지정된 자 또는 대행기관의 기술인력은 안전관리자 책무를 성실히 이행해야 한다.
③ 안전관리를 대행에 의뢰한 관계인은 해당 제조소등마다 대행기관의 기술인력을 감독할 수 있는 위치에 있는 사람을 안전관리원으로 지정해야 한다.
④ 기술인력이 위험물의 취급작업에 참여하지 아니하는 경우 매월 4회 이상 점검을 실시하고 기록·보존해야 한다.

07 위험물 옥내저장소의 구조 및 설비에 대한 설명으로 옳은 것은?

① 과염소산을 저장하고자 하는 창고는 바닥면적 2,000m^2 이하로 해야 한다.
② 과산화수소를 옥내저장소에 10배 이상 저장할 경우 피뢰설비를 설치해야 한다.
③ 등유를 용기에 수납하여 다층건물의 옥내저장소에 저장할 수 있다.
④ 저장창고에 150m^2 이내마다 일정 규격의 격벽을 설치하여 저장해야 하는 위험물은 제5류 위험물 중 지정과산물이다.

08 위험물의 운반기준에 있어서 차량 등에 적재하는 위험물의 성질에 따라 강구해야 하는 조치로 적합하지 않은 것은?

① 제5류 위험물 또는 제6류 위험물은 방수성이 있는 피복으로 덮는다.
② 제2류 위험물 중 철분·금속분·마그네슘은 방수성이 있는 피복으로 덮는다.
③ 제1류 위험물 중 알칼리금속의 과산화물 또는 이를 함유한 것은 차광성과 방수성이 있는 피복으로 덮는다.
④ 제5류 위험물 중 55℃ 이하의 온도에서 분해될 우려가 있는 것은 보냉 컨테이너에 수납하는 등의 방법으로 적정한 온도관리를 한다.

09 **위험물의 저장 · 취급 및 운반 기준에 관한 설명이다. 옳지 않은 것은?**

① 위험물이 남아 있거나 남아 있을 우려가 있는 설비, 기계 · 기구, 용기 등을 수리하는 경우에는 안전한 장소에서 위험물을 완전하게 제거한 후에 실시해야 한다.

② 제조소등의 위험물을 취급하는 곳에는 관계직원 이외의 자가 함부로 출입하여서는 아니된다.

③ 옥내저장소에 위험물을 저장할 때 유별로 정리하고 0.3m 이상의 간격을 두면 제1류 위험물과 제6류 위험물은 동일한 저장소에 저장할 수 있다.

④ 위험물을 보호액 안에 보존하는 경우에는 해당 위험물이 보호액으로부터 노출되지 아니하도록 해야 한다.

10 **옥외탱크저장소에 설치하는 높이가 1m를 넘는 방유제 및 간막이 둑의 안팎에 설치하는 계단 또는 경사로는 약 몇 m마다 설치해야 하는가?**

① 20m
② 30m
③ 40m
④ 50m

11 **제3류 위험물의 종류에 따라 위험물을 수납한 용기에 부착하는 주의사항의 내용에 해당하지 않는 것은?**

① 충격주의
② 화기엄금
③ 공기접촉엄금
④ 물기엄금

12 **위험물안전관리법상 위험물의 상태에 대한 설명으로 옳은 것은?**

① 액체라 함은 1기압 및 섭씨 21도에서 액상인 것 또는 섭씨 20도 초과 섭씨 60도 이하에서 액상인 것을 말한다.

② 기체라 함은 1기압 및 섭씨 21도에서 기상인 것을 말한다.

③ "액상"이라 함은 수직으로 된 시험관(안지름 30밀리미터, 높이 120밀리미터의 원통형유리관을 말한다)에 시료를 55밀리미터까지 채운 다음 해당 시험관을 수평으로 하였을 때 시료액면의 선단이 55밀리미터를 이동하는데 걸리는 시간이 90초 이내에 있는 것을 말한다.

④ "수용성액체"라 함은 섭씨 20도 및 1기압에서 동일한 양의 증류수와 완만하게 혼합하여 혼합액의 유동이 멈춘 후 해당 혼합액이 균일한 외관을 유지하는 것을 말한다.

13 **제조소등에서의 위험물의 저장 및 취급에 관한 기준 중 중요기준에 해당하지 않는 것은?**

17년 인천소방장

① 이동저장탱크에 아세트알데하이드등을 저장하는 경우에는 항상 불활성의 기체를 봉입해 두어야 한다.

② 옥내저장소에서는 용기에 수납하여 저장하는 위험물의 온도가 55℃를 넘지 아니하도록 필요한 조치를 강구해야 한다.

③ 옥외저장소에서 위험물을 수납한 용기를 선반에 저장하는 경우에는 6m를 초과하여 저장하지 아니해야 한다.

④ 컨테이너식 이동탱크저장소 외의 이동탱크저장소에 있어서는 위험물을 저장한 상태로 이동저장탱크를 옮겨 싣지 아니해야 한다.

14 **위험물의 운반 시 용기・적재방법 및 운반방법에 관하여는 화재 등의 위해 예방과 응급조치상의 중요성을 고려하여 중요기준 및 세부기준은 어느 기준에 따라야 하는가?**

① 행정안전부령　　② 대통령령

③ 소방본부장　　④ 시・도의 조례

15 **위험물 제조소의 채광, 환기시설에 대한 설명으로 옳지 않은 것은?**

① 채광설비는 단열재료를 사용하고 연소의 우려가 없는 장소에 설치하되 채광면적을 최대로 할 것

② 환기설비는 자연배기방식으로 할 것

③ 환기구는 지붕 위 또는 지상 2m 이상의 높이에 회전식 고정벤티레이터 또는 루프팬 방식으로 설치할 것

④ 환기설비의 급기구는 낮은 곳에 설치할 것

16 **위험물 제조소의 안전거리에 관한 기준에 대한 설명으로 옳은 것은?**

① 제6류 위험물을 취급하는 제조소도 안전거리 규제 대상이다.

② 불연재료로 된 방화상 유효한 벽을 설치한 경우에는 안전거리를 단축할 수 있다.

③ 건축물의 외벽과 제조소의 외벽과 보행거리 개념이다.

④ 제조소는 보물 중에서 모든 문화유산은 50m 이상 안전거리를 두어야 한다.

17 **안전관리자대행기관 지정기준과 탱크성능시험자의 등록기준의 설명으로 옳지 않은 것은?**

① 전용사무실을 갖추어야 한다.

② 기술능력 · 시설 및 장비를 갖추어야 한다.

③ 안전관리대행기관과 탱크성능시험자 등록을 동시에 하는 경우 둘 이상의 기능을 함께 가지고 있는 장비를 갖춘 경우에는 각각의 장비를 갖춘 것으로 본다.

④ 정전기 전위측정기는 안전관리대행기관이 갖추어야 할 장비의 일부이다.

18 **위험물안전관리법령상 과태료 처분에 해당하는 경우는?**

① 저장 · 취급기준 준수명령 또는 응급조치명령을 위반한 사람

② 안전관리자 또는 그 대리자가 참여하지 아니한 상태에서 위험물을 취급한 자

③ 정기점검 결과를 기록 · 보존하지 아니한 자

④ 위험물의 운반에 관한 중요기준에 따르지 아니한 자

19 **위험물 제조소등 관계인에게 부과하는 과징금의 부과징수권자는 누구인가?**

① 시 · 도지사
② 소방청장
③ 소방본부장
④ 시장 · 군수 · 구청장

20 **안전관리대행기관은 지정받은 사항의 변경이 있는 경우 변경신고 시, 휴업 · 재개업 또는 폐업 신고 시 각각 신고서와 함께 민원인이 제출해야 할 첨부서류를 알맞게 짝지어진 것은?**

① 영업소의 소재지 : 사무실의 확보를 증명할 수 있는 서류

② 법인의 대표자를 변경하는 경우 : 위험물안전관리대행기관지정서

③ 법인명칭 : 법인등기부등본

④ 휴업 · 재개업 또는 폐업을 하려는 경우 : 휴폐업신고서

21 **저장 또는 취급하는 위험물의 최대수량이 지정수량의 2,500배 이하일 때 옥외저장탱크의 측면으로부터 몇 m 이상의 보유공지를 유지해야 하는가?**

① 3m
② 9m
③ 12m
④ 15m

22 위험물의 위험등급의 구분에 관한 설명으로 틀린 것은?

① 위험물의 위험등급 Ⅰ, Ⅱ, Ⅲ 모두 있는 유별 위험물은 제1류, 제3류만 해당된다.
② 제2류 위험물에는 위험물의 위험등급 Ⅰ에 해당되는 위험물은 없다.
③ 제6류 위험물은 모두 위험등급Ⅰ에 해당된다.
④ 5류 위험물에는 위험등급 Ⅲ은 없다.

23 위험물안전관리법에 따른 고객에 의한 주유작업을 감시 · 제어하고 고객에 대한 필요한 지시를 하기 위한 설비를 모두 고르시오.

ㄱ. 감시대
ㄴ. 정전기제거장치
ㄷ. 방송설비
ㄹ. 주유 음성장치
ㅁ. 사각지대 감시를 위한 카메라
ㅂ. 주유설비의 위험물공급을 정지시킬 수 있는 제어장치

① ㄱ, ㄴ, ㄷ, ㄹ, ㅁ, ㅂ
② ㄴ, ㄷ, ㄹ, ㅁ, ㅂ
③ ㄱ, ㄷ, ㅁ, ㅂ
④ ㄴ, ㄹ, ㅂ

24 옥내저장소의 저장창고에 150m^2 이내마다 일정 규격의 격벽을 설치하여 저장해야 하는 위험물은?

① 제5류 위험물 중 지정과산화물
② 알킬알루미늄등
③ 아세트알데하이드등
④ 하이드록실아민등

25 옥외저장탱크에 저장하는 위험물 중 방유제를 설치하지 않아도 되는 것은?

① 질 산
② 이황화탄소
③ 톨루엔
④ 다이에틸에터

24 최종모의고사

01 위험물안전관리법령상 위험물의 안전관리와 관련된 업무를 수행하는 자로서 안전교육대상자로 명시된 자를 모두 고른 것은?

> ㉠ 안전관리자로 선임된 자
> ㉡ 탱크시험자의 기술인력으로 종사한 자
> ㉢ 위험물운송자로 종사하는 자
> ㉣ 제조소등을 시공한 자

① ㉠
② ㉠, ㉡
③ ㉠, ㉡, ㉢
④ ㉠, ㉡, ㉢, ㉣

02 위험물안전관리법령상 위험물에 해당하는 것은?

① 황가루와 활석가루가 각각 50킬로그램씩 혼합된 물질
② 아연분말 100킬로그램 중 150㎛의 체를 통과한 것이 60킬로그램인 것
③ 철분 500킬로그램 중 53㎛의 표준체를 통과한 것이 200킬로그램인 것
④ 구리분말 300킬로그램 중 150㎛의 체를 통과한 것이 200킬로그램인 것

03 위험물 제조소등에 자체소방대를 두어야 할 대상으로 옳은 것은?

① 일반취급소에서 취급하는 제4류 위험물의 최대수량의 합이 지정수량의 3천배 미만인 사업소
② 지정수량 300배 이상의 제4류 위험물을 취급하는 제조소
③ 지정수량 3,000배의 제4류 위험물을 취급하는 옥외탱크저장소
④ 옥외탱크저장소에 저장하는 제4류 위험물의 최대수량이 지정수량의 50만배 이상인 사업소

04 위험물안전관리법상 위험물의 분류와 그 성질이 옳은 것은? 17년 인천소방장

① "자연발화성물질 및 금수성물질"이라 함은 액체로서 공기 중에서 발화의 위험성이 있거나 물과 접촉하여 발화하거나 가연성가스를 발생하는 위험성이 있는 것을 말한다.
② "자기반응성물질"이라 함은 고체로서 폭발의 위험성 또는 가열분해의 격렬함을 판단하기 위하여 고시로 정하는 시험에서 고시로 정하는 성질과 상태를 나타내는 것을 말한다.
③ "인화성액체"라 함은 액체로서 발화의 위험성이 있는 것을 말한다.
④ "가연성고체"라 함은 고체로서 화염에 의한 발화의 위험성 또는 인화의 위험성을 판단하기 위하여 고시로 정하는 시험에서 고시로 정하는 성질과 상태를 나타내는 것을 말한다.

05 다음은 제5류 위험물 품목 중 유기과산화물을 함유하는 것 중에서 불활성고체를 함유하는 것으로서 위험물 제외기준에 대한 설명이다. (   )의 내용으로 옳은 것은?

- 과산화다이쿠밀의 함유량이 (㉠)미만인 것으로서 불활성고체와의 혼합물
- 1·4비스(2-터셔리부틸퍼옥시아이소프로필)벤젠의 함유량이 (㉡) 미만인 것으로서 불활성고체와의 혼합물
- 사이클로헥산온퍼옥사이드의 함유량이 (㉢) 미만인 것으로서 불활성고체와의 혼합물

① ㉠ : 40중량퍼센트, ㉡ : 30중량퍼센트, ㉢ : 30중량퍼센트
② ㉠ : 30중량퍼센트, ㉡ : 40중량퍼센트, ㉢ : 30중량퍼센트
③ ㉠ : 40중량퍼센트, ㉡ : 40중량퍼센트, ㉢ : 30중량퍼센트
④ ㉠ : 35.5용량퍼센트, ㉡ : 40중량퍼센트, ㉢ : 30중량퍼센트

06 위험물안전관리법령상 제조소등에 설치하는 소화설비 수원기준에 관한 것이다. (   )에 들어갈 숫자를 차례대로 나열하면?

가. 수원의 수량은 옥외소화전의 설치개수(설치개수가 4개 이상인 경우는 4개의 옥외소화전)에 (   )m^3를 곱한 양 이상이 되도록 설치할 것
나. 수원의 수량은 옥내소화전이 가장 많이 설치된 층의 옥내소화전 설치개수(설치개수가 5개 이상인 경우는 5개)에 (   )m^3를 곱한 양 이상이 되도록 설치할 것

① 260, 450
② 7.8, 13.5
③ 54, 39
④ 13.5, 7.8

07 위험물을 저장할 때 필요한 보호물질을 옳게 연결한 것은?

① 황린 - 석유
② 금속칼륨 - 에탄올
③ 이황화탄소 - 수조
④ 금속나트륨 - 알코올에 습면

08 위험물 저장소에서 다음과 같이 제4류 위험물을 저장하고 있는 경우 지정수량의 몇 배가 보관되어 있는가?

> • 다이에틸에터 : 50리터
> • 이황화탄소 : 150리터
> • 아세톤 : 800리터

① 4배 ② 5배
③ 6배 ④ 8배

09 지정과산화물을 옥내에 저장하는 저장창고 외벽의 기준으로 옳은 것은?

① 두께 20cm 이상의 무근콘크리트조
② 두께 30cm 이상의 무근콘크리트조
③ 두께 20cm 이상의 보강콘크리트블록조
④ 두께 30cm 이상의 보강콘크리트블록조

10 위험물안전관리 대행기관의 기술인력 지정기준으로 옳지 않은 것은?

① 위험물기능장 또는 위험물산업기사 1인 이상
② 위험물산업기사 또는 위험물기능사 2인 이상
③ 기계분야 및 전기분야의 소방설비기사 1인 이상
④ 비파괴검사기술사 1명 이상

11 알킬알루미늄등을 저장 또는 취급하는 이동탱크저장소에 관한 기준으로 옳은 것은?

① 탱크 외면은 적색으로 도장을 하고 백색문자로 동판의 양측면 및 경판에 "화기주의"라는 주의사항을 표시한다.
② 알킬알루미늄등을 저장하는 경우 20kPa 이하의 압력으로 불활성기체를 봉입해 두어야 한다.
③ 이동저장탱크의 맨홀 및 주입구의 뚜껑은 10mm 이상의 강판으로 제작하고 용량은 2,000리터 미만이어야 한다.
④ 이동저장탱크는 두께 10mm 이상의 강판으로 제작하고 3MPa 이상의 압력으로 10분간 실시하는 수압시험에서 새거나 변형되지 않아야 한다.

12 위험물의 취급 중 제조에 관한 기준으로 다음 사항을 유의해야 하는 공정은?

> 위험물을 취급하는 설비의 내부압력의 변동 등에 의하여 액체 또는 증기가 새지 아니하도록 해야 한다.

① 증류공정
② 추출공정
③ 건조공정
④ 분쇄공정

13 위험물 제조소등에 대한 설명으로 틀린 것은?

① 제조소등을 설치하고자 하는 자는 대통령령이 정하는 바에 따라 그 설치장소를 관할하는 시・도지사의 허가를 받아야 한다.
② 지정수량의 배수를 변경하고자 하는 자는 변경하고자 하는 날의 1일 전까지 행정안전부령이 정하는 바에 따라 시・도지사에게 신고해야 한다.
③ 군사용 위험물시설을 설치하고자 하는 군부대의 장이 관할 시・도지사와 협의한 경우에는 규정에 따른 허가를 받은 것으로 본다.
④ 위험물탱크 안전성능시험은 위험물탱크 안전성능시험자만이 할 수 있다.

14 위험물 제조소등의 허가에 관계된 설명으로 옳은 것은?

① 제조소등을 변경하고자 하는 경우에는 언제나 허가를 받아야 한다.
② 위험물의 품명을 변경하고자 하는 경우에는 언제나 허가를 받아야 한다.
③ 농예용으로 필요한 난방시설을 위한 지정수량 20배 이하의 저장소는 허가대상이 아니다.
④ 저장하는 위험물의 변경으로 지정수량의 배수가 달라지는 경우는 언제나 신고대상이 아니다.

15 다음 중 위험물안전관리법상 벌칙의 양형기준이 다른 것은?

① 정기점검을 하지 아니하거나 점검기록을 허위로 작성한 관계인으로서 제조소등 설치허가(허가면제 또는 협의로서 허가를 받은 경우 포함)를 받은 자
② 운반용기에 대한 검사를 받지 아니하고 운반용기를 사용하거나 유통시킨 자
③ 제조소등의 완공검사를 받지 아니하고 위험물을 저장・취급한 자
④ 정기검사를 받지 아니한 관계인으로서 제조소등 설치허가를 받은 자

16 다음 중 시·도지사의 권한을 소방서장에게 위임한 사항을 모두 고르시오.

㉠ 위험물 제조소등의 설치허가 또는 변경허가
㉡ 위험물 제조소등의 완공검사
㉢ 암반탱크저장소에 대한 탱크안전성능검사
㉣ 위험물안전관리법 위반자에 대한 과징금 처분
㉤ 위험물안전관리법 위반자에 대한 과태료 부과 징수
㉥ 위험물 제조소등의 지위승계 및 용도폐지 신고수리

① 상기 다 맞다.
② ㉠, ㉡, ㉣, ㉥
③ ㉠, ㉡, ㉣, ㉤, ㉥
④ ㉠, ㉡, ㉥

17 위험물안전관리법상 위험물의 저장 또는 취급량에 관계없이 정기점검대상인 제조소등은 모두 몇 개가 해당되는가?

18년 통합소방장

가. 이동탱크저장소
나. 이송취급소
다. 암반탱크저장소
라. 제조소
마. 지하탱크저장소
바. 옥외탱크저장소
사. 판매취급소
아. 옥내탱크저장소

① 6개
② 5개
③ 4개
④ 7개

18 제5류 위험물에 대한 설명으로 옳지 않은 것은?

13년 소방위 17년 인천소방장

① 자기연소를 일으키며 연소의 속도가 대단히 빠른 자기반응성물질이다.
② 불티·불꽃·고온체와의 접근이나 과열·충격 또는 마찰을 피해야 한다.
③ 운반용기의 외부에 표시하는 주의사항은 "화기엄금 및 충격주의"이다.
④ 모두 액체 또는 기체로서 가열, 충격, 마찰 등으로 인한 폭발위험이 있다.

19 위험물안전관리법에 규정한 방유턱 등 높이 기준으로 옳지 않은 것은? 17년 소방위

① 제조소의 옥외설비 바닥 둘레의 턱은 0.15m 이상으로 한다.
② 옥외탱크저장소에 설치하는 펌프실 바닥의 주위턱 높이는 0.2m 이상으로 한다.
③ 주유취급소의 사무실 그 밖의 화기를 사용하는 곳의 출입구 또는 사이통로의 문턱 높이는 20cm 이상으로 한다.
④ 판매취급소의 배합실의 출입구 문턱 높이는 0.1m 이상으로 한다.

20 위험물로서 "특수인화물"에 속하지 않는 것은? 21년 소방위

① 이황화탄소
② 알킬알루미늄등
③ 다이에틸에터
④ 아세트알데하이드

21 위험물안전관리법령상 시·도지사가 면제할 수 있는 탱크안전성능검사는?

① 기초·지반검사
② 충수·수압검사
③ 용접부 검사
④ 암반탱크검사

22 위험물안전관리법 시행규칙상 수납하는 운반용기에 따라 주의사항 표시로 옳은 것은?

① 제1류 - 유기과산화물 - 화기·충격주의 및 가연물접촉주의
② 제5류 - 무기과산화물 - 화기엄금 및 충격주의
③ 제2류 - 철분·금속분·마그네슘 - 화기주의 및 물기엄금
④ 제3류 - 무기금속화합물 - 물기엄금

23 위험물안전관리법령에 따른 제1류 위험물의 운반 및 위험물 제조소등에서 저장·취급에 관한 기준으로 옳은 것은? (단, 지정수량 10배인 경우이다)

① 제6류 위험물과는 운반 시 혼재할 수 있으며, 적절한 조치를 취하면 같은 옥내저장소에 저장할 수 있다.
② 제5류 위험물과는 운반 시 혼재할 수 없으며, 또한 같은 옥내저장소에 저장할 수 없다.
③ 제3류 위험물과는 운반 시 혼재할 수 있으나, 제3류 위험물인 황린과 같은 옥내저장소에서 저장할 수 있다.
④ 제3류 위험물과는 운반 시 혼재할 수 없으며, 황린을 함유한 제3류 위험물과 같은 옥내저장소에서 저장할 수 없다.

24 위험물안전관리법령에서 정한 위험물안전관리자의 책무에 해당되지 않는 것은?

① 제조소등의 구조 또는 설비의 이상을 발견한 경우 관계자에 대한 연락 및 응급조치
② 제조소등의 계측장치·제어장치 및 안전장치 등의 적정한 유지·관리
③ 안전관리자가 일시적으로 직무를 수행할 수 없는 경우에 대리자 지정
④ 위험물의 취급에 관한 일지의 작성·기록

25 위험물안전관리법 위반자에 대한 실효성확보 수단에 대한 설명으로 옳지 않은 것은?

18년 소방위

① 제조소등 또는 제6조 제1항에 따른 허가를 받지 않고 지정수량 이상의 위험물을 저장 또는 취급하는 장소에서 위험물을 유출·방출 또는 확산시켜 사람의 생명·신체 또는 재산에 대하여 위험을 발생시킨 법인에 대한 양벌은 1억 원 이하의 벌금에 처한다.
② 저장소 또는 제조소등이 아닌 장소에서 지정수량 이상의 위험물을 저장 또는 취급한 자는 3년 이하의 징역 또는 3천만 원 이하의 벌금에 처한다.
③ 제조소등 또는 제6조 제1항에 따른 허가를 받지 않고 지정수량 이상의 위험물을 저장 또는 취급하는 장소에서 위험물을 유출·방출 또는 확산시켜 사람을 사망에 이르게 한 때는 무기 또는 5년 이상의 징역에 처한다.
④ 제조소등의 설치허가를 받지 아니하고 위험물시설을 설치한 자는 5년 이하의 징역 또는 5천만 원 이하의 벌금에 처한다.

25 최종모의고사

01 위험물저장 장소로서 옥내저장소의 하나의 저장창고 바닥면적은 특수인화물, 알코올류를 저장하는 창고에 있어서는 몇 m^2 이하로 해야 하는가?

① 300
② 500
③ 800
④ 1,000

02 위험물의 유별 분류 및 지정수량이 옳지 않은 것은?

① 염소화아이소사이아누르산 - 제1류 - 300킬로그램
② 염소화규소화합물 - 제3류 - 300킬로그램
③ 금속의 아지화합물 - 제5류 - 300킬로그램
④ 할로젠간화합물 - 제6류 - 300킬로그램

03 위험물안전관리법에 따른 충전하는 일반취급소의 특례기준을 적용 받을 수 있는 일반취급소에서 취급할 수 없는 위험물을 모두 기술한 것은?

① 알킬알루미늄등, 알세트알데이드등 및 하이드록실아민등
② 알세트알데이드등 및 하이드록실아민등
③ 알킬알루미늄등 및 하이드록실아민등
④ 알킬알루미늄등 및 알세트알데이드등

04 위험물안전관리법상 주유취급소에 설치하는 고정식주유설비 등에 대한 설명으로 옳은 것은?

① 주유취급소에는 자동차 등의 연료탱크에 직접 주유하기 위한 고정급유설비를 설치해야 한다.
② 고정주유설비 또는 고정급유설비는 전용탱크, 간이탱크 중 하나의 탱크만으로부터 위험물을 공급받을 수 있도록 해야 한다.
③ 고정주유설비 또는 고정급유설비는 불연성 재료로 만들어진 외장을 설치해야 한다.
④ 펌프기기는 주유관 선단에서의 최대토출량이 제1석유류의 경우에는 분당 50리터 이하, 경유의 경우에는 분당 80리터 이하, 등유의 경우에는 분당 180리터 이하인 것으로 해야 한다.

05 **위험물안전관리법에 따른 소방청장이 안전원에 위탁한 업무에 해당하지 않은 것은?**

① 위험물운반자 또는 위험물운송자의 요건을 갖추려는 사람에 대한 안전교육
② 위험물취급자격자의 자격을 갖추려는 사람에 대한 안전교육
③ 탱크안전성능시험자의 기술인력으로 종사하는 사람에 대한 안전교육
④ 위험물안전관리자, 위험물운송자, 위험물운반자로 종사하는 사람에 대한 안전교육

06 **위험물안전관리법령상에 따른 다음에 해당하는 동식물유류의 규제에 관한 설명으로 틀린 것은?**

> 행정안전부령이 정하는 용기기준과 수납・저장기준에 따라 수납되어 저장・보관되고 용기의 외부에 물품의 통칭명, 수량 및 화기엄금(화기엄금과 동일한 의미를 갖는 표시를 포함한다)의 표시가 있는 경우

① 위험물에 해당하지 않는다.
② 제조소등이 아닌 장소에 지정수량 이상 저장할 수 있다.
③ 지정수량 이상을 저장하는 장소도 제조소등 설치허가를 받을 필요가 없다.
④ 화물자동차에 적재하여 운반하는 경우 위험물안전관리법상 운반기준이 적용되지 않는다.

07 **위험물 판매취급소에 대한 설명 중 틀린 것은?**

① 제1종 판매취급소라 함은 저장 또는 취급하는 위험물의 수량이 지정수량의 20배 이하인 판매취급소를 말한다.
② 위험물을 배합하는 실의 바닥면적은 $6m^2$ 이상 $12m^2$ 이하이어야 한다.
③ 판매취급소에서는 도료류 외의 제1석유류를 배합하거나 옮겨 담는 작업을 할 수 없다.
④ 제1종 판매취급소는 건축물의 1층에 설치한다.

08 **위험물안전관리법상 옥외탱크저장소에 자동화재속보설비를 설치해야하는 대상 중 자동화재속보설비를 설치하지 않을 수 있는 경우로 옳은 것은?**

① 옥외탱크저장소의 방유제와 옥외저장탱크 사이의 지표면을 불연성 및 불침윤성(수분에 젖지 않는 성질)이 있는 철근콘크리트 구조 등으로 한 경우
② 「화학물질관리법 시행규칙」 별표 5 제6호의 한국소방산업기술원장이 정하는 가스감지기를 설치한 경우
③ 자위소방대를 설치한 경우
④ 소방안전관리자가 해당 사업소에 24시간 상주하는 경우

09 **소화난이도등급 I 의 제조소등에 설치하여야 하는 소화설비 중 물분무소화설비를 설치해야 하는 제조소등이 다른 것은?**

① 소화난이도등급 I 의 옥내탱크저장소에서 황만을 저장・취급하는 것
② 소화난이도등급 I 의 옥외저장소에서 황만을 저장・취급하는 것
③ 소화난이도등급 I 의 암반탱크저장소에서 황만을 저장・취급하는 것
④ 소화난이도등급 I 의 옥외탱크저장소에서 황만을 저장・취급하는 것

10 **위험물안전관리법에 따른 경유 80,000리터를 저장하는 옥외탱크저장소에는 능력단위 3단위 소화기를 최소 몇 개 이상 비치해야 하는가?**

① 1　　② 2
③ 3　　④ 4

11 **다음 〈보기〉는 위험물안전관리법령에서 정한 황이 위험물로 취급되는 기준이다. (　　)에 알맞은 말을 차례대로 넣은 것으로 옳은 것은?**

> 황은 순도가 (　　) 이상인 것을 말한다. 이 경우 순도측정에 있어서 불순물은 (　　) 등 불연성물질과 (　　)에 한한다.

① 60중량퍼센트, 수분, 활석
② 60중량퍼센트, 활석, 수분
③ 60용량퍼센트, 활석, 수분
④ 60용량퍼센트, 수분, 활석

12 **위험물안전관리법상 자동화재탐지설비 설치기준으로 옳지 않은 것은?**

① 해당 건축물 그 밖의 공작물의 주요한 출입구에서 그 내부의 전체를 볼 수 있는 경우에 있어서는 하나의 경계구역을 1,000m² 이하로 할 수 있다.
② 옥외탱크저장소의 방유제와 옥외저장탱크 사이의 지표면을 불연성 및 불침윤성이 있는 철근콘크리트 구조 등으로 한 경우 자동화재탐지설비를 설치하지 않을 수 있다.
③ 감지기는 지붕 또는 벽의 옥내에 면한 부분에 유효하게 화재의 발생을 감지할 수 있도록 설치할 것
④ 하나의 경계구역의 면적이 600m² 이하이면서 해당 경계구역이 두개의 층에 걸치는 경우이거나 계단・경사로・승강기의 승강로 그 밖에 이와 유사한 장소에 연기감지기를 설치하는 경우에는 2개 층을 하나의 경계구역으로 할 수 있다.

13 물분무소화설비가 되어있는 위험물옥외탱크저장소에 대형소화기를 설치하는 경우 방호대상물로부터 소화기까지의 보행거리는 몇 m 이하가 되도록 설치해야 하는가?

① 50 ② 30
③ 20 ④ 제한 없음

14 위험물 제조소의 변경허가를 받아야 하는 경우가 아닌 것은? 14년 소방위

① 제조소의 위치를 이전하는 경우
② 위험물취급탱크의 방유제의 높이를 변경하는 경우
③ 불활성기체의 봉입장치를 신설하는 경우
④ 통풍장치, 배출설비를 증설하는 경우

15 기계에 의하여 하역하는 구조로 된 대형의 운반용기로서 행정안전부령이 정하는 것을 제작하거나 수입한 자 등은 행정안전부령이 정하는 바에 따라 해당 용기를 사용하거나 유통시키기 전에 누구에게 운반용기에 대한 검사를 받아야 하는가?

① 시·도지사 ② 소방본부장
③ 관할 소방서장 ④ 소방청장

16 제조소등의 설치허가를 받지 아니하고 위험물시설을 설치한 자의 처벌기준은? 18년 소방위

① 5년 이하의 징역 또는 1억 원 이하의 벌금
② 3년 이하의 징역 또는 3천만 원 이하의 벌금
③ 1년 이하의 징역 또는 1천만 원 이하의 벌금
④ 1천 500만 원 이하의 벌금

17 하이드록실아민 100킬로그램을 취급하는 제조소의 안전거리를 구하시오. (산식은 $D = 51.1\sqrt[3]{N}$ 이며, 지정수량은 제2종 : 100킬로그램)

① 34.1 ② 44.1
③ 51.1 ④ 64.1

18 주유취급소에 설치하는 건축물의 위치 및 구조에 대한 설명으로 옳지 않은 것은? 13년 경기소방장

① 건축물 중 사무실 그 밖의 화기를 사용하는 곳은 누설한 가연성증기가 그 내부에 유입되지 않도록 높이 1m 이하의 부분에 있는 창 등은 밀폐시킬 것
② 건축물 중 사무실 그 밖의 화기를 사용하는 곳의 출입구 또는 사이통로의 문턱 높이는 15cm 이상으로 할 것
③ 주유취급소에 설치하는 건축물의 벽, 기둥, 바닥, 보 및 지붕은 내화구조 또는 불연재료로 할 것
④ 자동차 등의 세정을 행하는 설비는 증기 세차기를 설치하는 경우에는 2m 이상의 담을 설치하고 출입구가 고정주유설비에 면하지 아니하도록 할 것

19 위험물 및 지정수량의 정의를 설명한 것 중 틀린 것은? 13년 소방위 17년 통합소방장

① 동식물유류라 함은 동물의 지육 등 또는 식물의 종자나 과육으로부터 추출한 것으로서 1기압에서 인화점이 섭씨 250도 미만인 것
② 구리분・니켈분은 150마이크로미터의 체를 통과하는 것이 50중량퍼센트 이상인 경우 금속분에 해당된다.
③ 제3석유류라 함은 중유, 크레오소트유 그 밖에 1기압에서 인화점이 섭씨 70도 이상 섭씨 200도 미만인 것을 말한다.
④ 인화성고체라 함은 고형알코올, 그 밖에 1기압에서 인화점이 섭씨 40도 미만인 고체를 말한다.

20 이송취급소에 설치하는 경보설비의 설치기준으로 옳은 것은?

① 이송기지에는 비상방송설비를 설치할 것
② 이송배관에는 비상벨설비 및 확성장치를 설치할 것
③ 지정수량 100배 이상인 이송기지에는 자동화재탐지설비를 설치할 것
④ 가연성증기를 발생하는 위험물을 취급하는 펌프실 등에는 가연성증기 경보설비를 설치할 것

21 위험물 제조소에 설치하는 방화에 관하여 필요한 사항을 게시한 게시판의 내용으로 옳지 않은 것은? 18년 소방위

① 위험물의 유별・품명
② 취급최대수량
③ 지정수량의 배수
④ 긴급시의 연락처

22 위험물 제조소등의 통기관의 내용으로 옳지 않은 것은?

① 인화점 70℃ 이상의 위험물만을 해당 위험물의 인화점 이상의 온도로 저장 또는 취급하는 탱크에 설치하는 통기관에 있어서는 인화방지망을 설치하지 않아도 된다.
② 간이탱크저장소의 통기관은 옥외에 설치하되, 그 선단의 높이는 지상 1.5m 이상으로 할 것
③ 옥내탱크저장소의 통기관의 선단은 건축물의 창・출입구 등의 개구부로부터 1m 이상 떨어진 옥외의 장소에 지면으로부터 4m 이상의 높이로 설치하되, 인화점이 40℃ 미만인 위험물의 탱크에 설치하는 통기관에 있어서는 부지경계선으로부터 1.5m 이상 이격할 것
④ 지하탱크저장소의 통기관의 선단은 건축물의 창・출입구 등의 개구부로부터 1m 이상 떨어진 옥외의 장소에 지면으로부터 4m 이상의 높이로 설치하되, 인화점이 40℃ 미만인 위험물의 탱크에 설치하는 통기관에 있어서는 부지경계선으로부터 1.5m 이상 이격할 것

23 위험물 제조소등 정기점검 등 서류보존기간에 대한 설명으로 옳은 것은?

① 일반 정기점검의 기록보존 기간 : 2년
② 점검 결과를 기록하지 않거나 보존하지 않은 경우 500만 원 이하의 벌금에 처한다.
③ 특정 옥외저장탱크에 안전조치를 한 후 기술원에 구조안전점검시기를 연장 신청하여 구조안전점검을 받은 경우의 점검기록 : 25년
④ 옥외저장탱크의 구조안전점검에 관한 기록보존기간 : 25년

24 위험물 제조소의 옥외에 있는 위험물 취급탱크 2기가 방유제 내에 있다. 방유제의 최소 내용적(m^3)은 얼마인가?

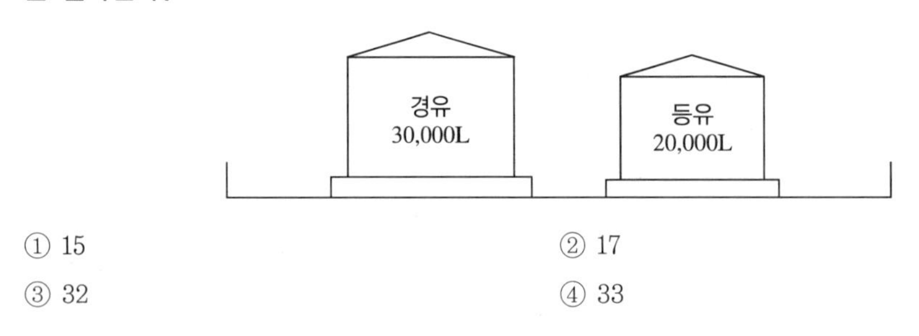

① 15 ② 17
③ 32 ④ 33

25 위험물안전관리법상 해당 건축물 그 밖의 공작물의 주요한 출입구에서 내부 전체를 볼 수 있는 경우 자동화재탐지설비의 하나의 경계구역을 할 수 있는 면적은?

① 2,000m^2 이하 ② 1,000m^2 이하
③ 600m^2 이하 ④ 500m^2 이하

정답

정답 및 해설

(제1회 ~ 제25회 정답 및 해설)

작은 기회로부터 종종 위대한 업적이 시작된다.

– 데모스테네스 –

01 정답 및 해설

1회_정답 및 해설

01	02	03	04	05	06	07	08	09	10	11	12	13	14	15
④	④	②	④	④	②	①	③	④	①	②	①	②	②	③
16	17	18	19	20	21	22	23	24	25					
①	③	②	③	②	①	④	②	③	③					

01 시·도지사의 권한을 한국소방산업기술원에 위탁

위탁관계	구 분	위탁사무
시·도지사 권한 → 기술원	탱크 성능 검사	• 용량이 100만 리터 이상인 액체위험물을 저장하는 탱크 • 암반저장탱크 • 지하탱크저장소의 액체위험물을 저장하는 탱크 중 이중벽탱크
	완공 검사	• 지정수량의 1천배 이상의 위험물을 취급하는 제조소 또는 일반취급소의 설치 또는 변경(사용 중인 제조소 또는 일반취급소의 보수 또는 부분적인 증설은 제외)에 따른 완공검사 • 저장용량 50만 리터 이상의 옥외탱크저장소의 설치 또는 변경에 따른 완공검사 • 암반탱크저장소의 설치 또는 변경에 따른 완공검사
	기 타	위험물 운반용기 검사

02 제조소등의 변경허가를 받아야 하는 경우

구 분	변경허가를 받아야 하는 경우
제조소 또는 일반취급소	가. 제조소 또는 일반취급소의 위치를 이전하는 경우 나. 건축물의 벽·기둥·바닥·보 또는 지붕을 증설 또는 철거하는 경우 다. 배출설비를 신설하는 경우 라. 위험물취급탱크를 신설·교체·철거 또는 보수(탱크의 본체를 절개하는 경우에 한한다)하는 경우 마. 위험물취급탱크의 노즐 또는 맨홀을 신설하는 경우(노즐 또는 맨홀의 지름이 250mm를 초과하는 경우에 한한다) 바. 위험물취급탱크의 방유제의 높이 또는 방유제 내의 면적을 변경하는 경우 사. 위험물취급탱크의 탱크전용실을 증설 또는 교체하는 경우 아. 300m(지상에 설치하지 아니하는 배관의 경우에는 30m)를 초과하는 위험물배관을 신설·교체·철거 또는 보수(배관을 절개하는 경우에 한한다)하는 경우 자. 불활성기체의 봉입장치를 신설하는 경우 차. 누설범위를 국한하기 위한 설비를 신설하는 경우 카. 냉각장치 또는 보냉장치를 신설하는 경우 타. 탱크전용실을 증설 또는 교체하는 경우 파. 담 또는 토제를 신설·철거 또는 이설하는 경우 하. 온도 및 농도의 상승에 의한 위험한 반응을 방지하기 위한 설비를 신설하는 경우 거. 철 이온 등의 혼입에 의한 위험한 반응을 방지하기 위한 설비를 신설하는 경우 너. 방화상 유효한 담을 신설·철거 또는 이설하는 경우 더. 위험물의 제조설비 또는 취급설비를 증설하는 경우. 다만, 펌프설비 또는 1일 취급량이 지정수량의 5분의 1 미만인 설비를 증설하는 경우는 제외한다.

러. 옥내소화전설비 · 옥외소화전설비 · 스프링클러설비 · 물분무등소화설비를 신설 · 교체(배관 · 밸브 · 압력계 · 소화전본체 · 소화약제탱크 · 포헤드 · 포방출구 등의 교체는 제외한다) 또는 철거하는 경우 머. 자동화재탐지설비를 신설 또는 철거하는 경우

03 소요단위의 계산방법

구 분	제조소등	건축물의 구조	소요단위
건축물의 규모기준	제조소 또는 취급소의 건축물	외벽이 내화구조 (제조소등의 용도로 사용되는 부분 외의 부분이 있는 건축물은 제조소등에 사용되는 부분의 바닥면적의 합계를 말함)	$100m^2$
		외벽이 내화구조가 아닌 것	$50m^2$
	저장소의 건축물	외벽이 내화구조	$150m^2$
		외벽이 내화구조가 아닌 것	$75m^2$
	옥외에 설치된 공작물	내화구조로 간주 (공작물의 최대수평투영면적을 연면적으로 간주)	제조소 · 일반취급소 : $100m^2$ 저장소 : $150m^2$
위험물 기준	지정수량 10배마다 1단위		

04 제조소의 옥외취급탱크 방유제 용량

- 하나의 취급탱크 주위에 설치하는 방유제의 용량 : 해당 탱크용량의 50퍼센트 이상
- 2 이상의 취급탱크 주위에 하나의 방유제를 설치하는 경우 방유제의 용량 : 해당 탱크 중 용량이 최대인 것의 50퍼센트 + 나머지 탱크용량 합계의 10퍼센트

따라서 계산식 = (50,000 × 0.5) + (50,000 × 0.1) = 30,000

05 유별을 달리하는 위험물의 혼재기준

위험물의 구분	제1류	제2류	제3류	제4류	제5류	제6류
제1류		×	×	×	×	○
제2류	×		×	○	○	×
제3류	×	×		○	×	×
제4류	×	○	○		○	×
제5류	×	○	×	○		×
제6류	○	×	×	×	×	

비고

1. "×" 표시는 혼재할 수 없음을 표시한다.
2. "○" 표시는 혼재할 수 있음을 표시한다.
3. 이 표는 지정수량의 $\frac{1}{10}$ 이하의 위험물에 대하여는 적용하지 아니한다.

※ 암기 Tip : 오이사의 오이가 삼사 육하나

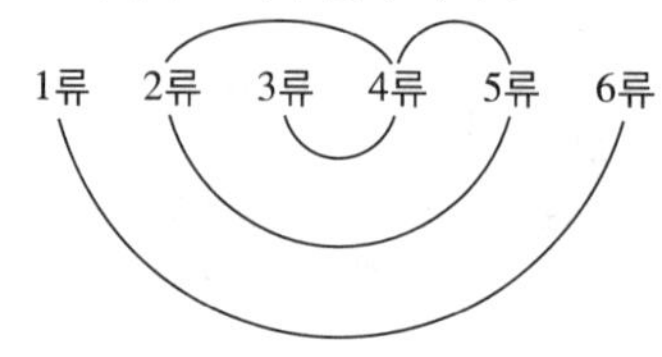

06 옥외탱크저장소 통기관 설치기준

옥외저장탱크 중 압력탱크 외의 탱크(제4류 위험물의 옥외저장탱크에 한함)는 밸브 없는 통기관 또는 대기밸브부착 통기관을 다음 각 목의 정하는 기준에 따라 설치

밸브 없는 통기관	대기밸브부착 통기관
1) 지름은 30㎜ 이상일 것 2) 끝부분은 수평면보다 45도 이상 구부려 빗물 등의 침투를 막는 구조로 할 것 3) 인화점이 38℃ 미만인 위험물만을 저장 또는 취급하는 탱크에 설치하는 통기관에는 화염방지장치를 설치하고, 그 외의 탱크에 설치하는 통기관에는 40메쉬(Mesh) 이상의 구리망 또는 동등 이상의 성능을 가진 인화방지장치를 설치할 것. 다만, 인화점이 70℃ 이상인 위험물만을 해당 위험물의 인화점 미만의 온도로 저장 또는 취급하는 탱크에 설치하는 통기관에는 인화방지장치를 설치하지 않을 수 있다. 4) 가연성의 증기를 회수하기 위한 밸브를 통기관에 설치하는 경우에 있어서는 당해 통기관의 밸브는 저장탱크에 위험물을 주입하는 경우를 제외하고는 항상 개방되어 있는 구조로 하는 한편, 폐쇄하였을 경우에 있어서는 10㎪ 이하의 압력에서 개방되는 구조로 할 것. 이 경우 개방된 부분의 유효단면적은 777.15㎟ 이상이어야 한다.	1) 5kPa 이하의 압력차이로 작동할 수 있을 것 2) 좌측 4)기준에 적합할 것

07 지정수량 미만인 위험물의 저장 또는 취급에 관한 기술상의 기준

- 시 · 도의 조례로 정한다(법 제4조).
- 운반에 관한 기준은 조례에 규정되어 있지 않다.

08 위험물 제조소등 소화설비의 비교

종류 \ 항목	방수량	방수압력	토출량	수 원	비상전원
옥내소화전설비	260L/min	0.35MPa (350kPa)	N(최대 5개) × 260L/min	N(최대 5개) × 7.8m^3 (260L/min × 30min)	45분
옥외소화전설비	450L/min	0.35MPa (350kPa)	N(최대 4개) × 450L/min	N(최대4개) × 13.5m^3 (450L/min × 30min)	45분
스프링클러설비	80L/min	0.1MPa (100kPa)	헤드수 × 80L/min	헤드수 × 2.4m^3 (80L/min × 30min)	45분

∴ 수원 = N(최대4개) × 13.5m^3(450L/min × 30min) = 4 × 13.5m^3 = 54m^3

09 간이저장탱크의 위치 · 구조 및 설비의 기준

구 분	위치 · 구조 및 설비의 기준
설치위치	간이탱크는 옥외에 설치하여야 한다. 다만, 전용실 안에 설치한 경우 그렇지 않음
설치하는 탱크 수	3 이하(동일한 품질의 위험물의 간이저장탱크를 2 이상 설치하지 아니해야 한다)
표지 및 게시판	"위험물 간이탱크저장소" 표지, 방화에 필요한 사항, 금연구역임을 알리는 표지 및 게시판
탱크의 고정	움직이거나 넘어지지 아니하도록 지면 또는 가설대에 고정
보유공지	옥외에 설치하는 경우에는 그 탱크의 주위에 너비 1m 이상의 공지를 둠
탱크와 전용실 벽과의 간격	전용실 안에 설치하는 경우 0.5m 이상 이상의 간격을 유지해야 함
간이저장탱크 용량	600리터 이하
탱크의 재질 · 두께 및 시험압력	두께 3.2㎜ 이상의 강판으로 흠이 없도록 제작해야 하고 70kPa의 압력 10분간 수압시험 새거나 변형되지 아니해야 함

10 황린은 20킬로그램이고 나머지는 10킬로그램이다.

11 수납하는 위험물 운반용기의 주의사항

유 별	품 명	운반용기 주의사항(별표 19)
제1류	알칼리금속의 과산화물	화기・충격주의, 가연물접촉주의 및 물기엄금
	그 밖의 것	화기・충격주의, 가연물접촉주의
제2류	철분, 금속분, 마그네슘(함유 포함)	화기주의 및 물기엄금
	인화성고체	화기엄금
	그 밖의 것	화기주의
제3류	자연발화성물질	화기엄금 및 공기접촉엄금
	금수성물질	물기엄금
제4류	모든 품명	화기엄금
제5류	모든 품명	화기엄금 및 충격주의
제6류	모든 품명	가연물접촉주의

12 ① 제조소등의 관계인은 제조소등의 사용을 중지(경영상 형편, 대규모 공사 등의 사유로 **3개월 이상** 위험물을 저장하지 아니하거나 취급하지 아니하는 것을 말한다. 이하 같다)하려는 경우에는 위험물의 제거 및 제조소등에의 출입통제 등 행정안전부령으로 정하는 안전조치를 하여야 한다.

13 위험물 및 지정수량

종 류	적 린	황 린	알칼리금속	알킬리튬
구 분	제2류 위험물	제3류 위험물	제3류 위험물	제3류 위험물
지정수량	100킬로그램	20킬로그램	50킬로그램	10킬로그램

14 ② 제조소등의 관계인은 정기점검 후 기록을 3년간 보관하여야 한다.

15 소화난이도등급 I 에 해당하는 제조소등

제조소등의 구분	제조소등의 규모, 저장 또는 취급하는 위험물의 품명 및 최대수량 등
옥외 탱크저장소	액표면적이 40m² 이상인 것(제6류 위험물을 저장하는 것 및 고인화점위험물만을 100℃ 미만의 온도에서 저장하는 것은 제외)
	지반면으로부터 탱크 옆판의 상단까지 높이가 6m 이상인 것(제6류 위험물을 저장하는 것 및 고인화점위험물만을 100℃ 미만의 온도에서 저장하는 것은 제외)
	지중탱크 또는 해상탱크로서 지정수량의 100배 이상인 것(제6류 위험물을 저장하는 것 및 고인화점위험물만을 100℃ 미만의 온도에서 저장하는 것은 제외)
	고체위험물을 저장하는 것으로서 **지정수량의 100배** 이상인 것
옥내 탱크저장소	액표면적이 40m² 이상인 것(제6류 위험물을 저장하는 것 및 고인화점위험물만을 100℃ 미만의 온도에서 저장하는 것은 제외)
	바닥면으로부터 탱크 옆판의 상단까지 높이가 **6m 이상**인 것(제6류 위험물을 저장하는 것 및 고인화점위험물만을 100℃ 미만의 온도에서 저장하는 것은 제외)
	탱크전용실이 단층건물 외의 건축물에 있는 것으로서 인화점 38℃ 이상 70℃ 미만의 위험물을 지정수량의 5배 이상 저장하는 것(내화구조로 개구부 없이 구획된 것은 제외한다)
암반 탱크저장소	액표면적이 40m² 이상인 것(제6류 위험물을 저장하는 것 및 고인화점위험물만을 100℃ 미만의 온도에서 저장하는 것은 제외)
	고체위험물을 저장하는 것으로서 **지정수량의 100배** 이상인 것
이송취급소	모든 대상

16 ① 소방기술과 안전관리에 관한 교육 및 조사・연구는 한국소방안전원의 업무에 해당한다.

위험물 안전관리에 관한 협회(법 제29조의2)

제조소등의 관계인, 위험물운송자, 탱크시험자 및 안전관리자의 업무를 위탁받아 수행할 수 있는 안전관리대행기관으로 소방청장의 지정을 받은 자는 위험물의 안전관리, 사고 예방을 위한 안전기술 개발, 그 밖에 위험물 안전관리의 건전한 발전을 도모하기 위하여 위험물 안전관리에 관한 협회(이하 "협회"라 한다)를 설립할 수 있다.

17 제조소등 설치허가의 취소와 사용정지 등(법 제12조)

- 위험물 제조소등의 변경허가를 받지 아니하고 제조소등의 위치・구조 또는 설비를 변경한 때
- 위험물 제조소등의 완공검사를 받지 아니하고 제조소등을 사용한 때
- 제조소등에의 사용중지 대상에 대한 안전조치 이행명령을 따르지 아니한 때
- 제조소등에의 수리・개조 또는 이전의 명령을 위반한 때
- 위험물안전관리자를 선임하지 아니한 때
- 위험물안전관리를 위한 대리자를 지정하지 아니한 때
- 위험물 제조소등에 대한 정기점검을 하지 아니한 때
- 위험물 제조소등에 대한 정기검사를 받지 아니한 때
- 위험물 저장・취급기준 준수명령을 위반한 때

18 정 의

- 위험물 제조소 : 위험물이나 비위험물을 원료로 사용하여 생산제품이 위험물인 경우
- 일반취급소 : 위험물을 원료로 사용하여 생산제품이 비위험물인 경우

제조소나 일반취급소의 원료로 사용하는 양이나 생산제품의 양이 지정수량 이상일 때 위험물안전관리법에 규제를 받는다.

19 시・도지사는 제조소등에 대한 사용의 정지가 그 이용자에게 심한 불편을 주거나 그 밖에 공익을 해칠 우려가 있는 때에는 사용정지처분에 갈음하여 2억 원 이하의 과징금을 부과할 수 있다(위험물안전관리법 제13조 제1항).

20 소방관계법령의 구성

법령명	구 성
소방기본법	제10장 제57조 및 부칙
소방시설 설치 및 관리에 관한법률	제7장 제61조 및 부칙
화재예방 및 안전관리에 관한 법률	제8장 제52조 및 부칙
소방의 화재조사에 관한 법률	제5장 제21조 및 부칙
소방시설공사업법	제7장 제40조 및 부칙
위험물안전관리법	제7장 제39조 및 부칙
다중이용업소 안전관리에 관한 특별법	제6장 제26조 및 부칙
소방산업진흥에 관한 법률	제8장 제35조 및 부칙

21 ① 제조소등의 완공검사합격확인증을 첨부하여 시・도지사 또는 소방서장에게 제출해야 한다.

22 위험물 민원처리기간 및 신고기일

구 분	내 용	기 간	주체 및 객체
제조소등의 설치허가 등	설치허가 처리기간(규칙 별지 제1호 서식) (한국소방산업기술원이 발급한 기술검토서를 첨부한 경우 : 3일)	5일	관계인이 소방서장에게
	완공검사 처리기간	5일	
	변경허가 처리기간 (한국소방산업기술원이 발급한 기술검토서를 첨부한 경우 : 3일)	4일	
신 고	품명, 수량, 배수 변경신고(별지 제19호 서식)	1일	
	용도폐지시고(별지 29호서식)	5일	
	지위승계신고(별지 28호서식)	즉 시	
사용중지	제조소등의 사용 중지신고(별지 29호의2 서식)	3일	
	제조소등의 사용 재개신고(별지 29호의2 서식)		

23 유처리제, 유흡착제 또는 유겔화제 계산식

$$20X + 50Y + 15Z = 10,000$$

여기서 X : 유처리제의 양(L), Y : 유흡착제의 양(kg), Z : 유겔화제의 양[액상(L), 분말(kg)]

24 ③ 저장소 또는 제조소등이 아닌 장소에서 지정수량 이상의 위험물을 저장 또는 취급한 자는 3년 이하의 징역 또는 3천만 원 이하의 벌금에 처한다.

25 간이저장탱크의 통기관 설치기준

밸브 없는 통기관	대기밸브부착 통기관
1) 통기관의 지름은 25mm 이상으로 할 것 2) 통기관의 끝부분은 수평면에 대하여 아래로 45° 이상 구부려 빗물 등이 침투하지 아니하도록 할 것 3) 통기관은 옥외에 설치하되, 그 끝부분의 높이는 지상 1.5m 이상으로 할 것 4) 가는 눈의 구리망 등으로 인화방지장치를 할 것. 다만, 인화점 70℃ 이상의 위험물만을 해당 위험물의 인화점 미만의 온도로 저장 또는 취급하는 탱크에 설치하는 통기관에 있어서는 그러하지 아니하다.	1) 5kPa 이하의 압력차이로 작동할 수 있을 것 2) 좌 3) 및 4)의 기준에 적합할 것

02 정답 및 해설

2회_정답 및 해설														
01	02	03	04	05	06	07	08	09	10	11	12	13	14	15
③	②	④	④	④	②	③	②	④	③	④	②	③	③	③
16	17	18	19	20	21	22	23	24	25					
④	①	③	②	③	②	④	②	④	③					

01 예방규정을 정해야 하는 제조소등
- 지정수량의 10배 이상의 위험물을 취급하는 제조소
- 지정수량의 100배 이상의 위험물을 저장하는 옥외저장소
- 지정수량의 150배 이상의 위험물을 저장하는 옥내저장소
- 지정수량의 200배 이상의 위험물을 저장하는 옥외탱크저장소
- 암반탱크저장소
- 이송취급소
- 지정수량의 10배 이상의 위험물을 취급하는 일반취급소

> 제4류 위험물(특수인화물을 제외한다)만을 지정수량의 50배 이하로 취급하는 일반취급소(제1석유류 · 알코올류의 취급량이 지정수량의 10배 이하인 경우에 한한다)로서 다음 각 목의 어느 하나에 해당하는 것을 제외한다.
> 1. 보일러 · 버너 또는 이와 비슷한 것으로서 위험물을 소비하는 장치로 이루어진 일반취급소
> 2. 위험물을 용기에 옮겨 담는 일반취급소
> 3. 차량에 고정된 탱크에 주입하는 일반취급소

02 제5류 위험물의 저장 · 취급기준
- 불티 · 불꽃 · 고온체와의 접근이나 과열 · 충격 또는 마찰을 피해야 한다.
- 주의사항을 표시한 게시판
  - 제조소등에서 주의사항 : 화기엄금
  - 운반용기에 표시한 주의사항 : 화기엄금 및 충격주의
- 제5류 위험물의 성질 및 품명 등

성 질	품 명		지정수량
자기 반응성 물질	1. 유기과산화물, 질산에스터류		제1종 : 10kg 제2종 : 100kg
	2. 하이드록실아민, 하이드록실아민염류		
	3. 나이트로화합물, 나이트로소화합물, 아조화합물, 다이아조화합물, 하이드라진 유도체		
	4. 그 밖에 행정안전부령이 정하는 것	금속의 아지화합물	
		질산구아니딘	

03 옥내저장소 또는 옥외저장소에서 유별을 달리하는 위험물을 혼재할 수 있는 저장기준
조건 : 위험물을 유별로 정리하여 저장하는 한편, 서로 1m 이상의 간격을 둘 것

제1류 위험물(알칼리금속의 과산화물 또는 이를 함유한 것을 제외)	제5류 위험물
제1류 위험물	제6류 위험물
제1류 위험물	제3류 위험물 중 황린 또는 이를 함유한 물품
제2류 중 인화성고체	제4류 위험물
제3류 위험물 중 알킬알루미늄등	제4류 위험물 중 알킬알루미늄 또는 알킬리튬을 함유한 물품
제4류 위험물 중 유기과산화물 또는 이를 함유하는 것	제5류 위험물 중 유기과산화물 또는 이를 함유한 것

04 피뢰설비
지정수량의 10배 이상의 위험물을 취급하는 제조소에는 피뢰침을 설치해야 한다.

설치제외
① 제6류 위험물을 취급하는 위험물 제조소
② 제조소의 주위의 상황에 따라 안전상 지장이 없는 경우

05 ① 특수인화물(제4류 위험물), 황산(비위험물), 질산(제6류 위험물)
② 알코올(제4류 위험물), 황린(제3류 위험물), 나이트로화합물(제5류 위험물)
③ 동・식물유류(제4류 위험물), 질산(제6류 위험물), 무기과산화물(제1류 위험물)

06 소화난이도등급 I 의 제조소등에 설치해야 하는 소화설비

제조소등의 구분		소화설비
옥외탱크 저장소, 암반탱크 저장소	황만을 저장 취급하는 것	물분무소화설비
	인화점 70℃ 이상의 제4류 위험물만을 저장 취급하는 것	고정식 포소화설비, 물분무소화설비
	그 밖의 것	고정식 포소화설비(적응성 없는 경우 분말소화설비)
옥내탱크 저장소	황만을 저장 취급하는 것	물분무소화설비
	인화점 70℃ 이상의 제4류 위험물	고정식 포소화설비, 물분무소화설비, 이동식 이외의 불활성가스소화설비, 분말소화설비, 할로젠화합물소화설비
	그 밖의 것	고정식 포소화설비, 이동식 이외의 불활성가스소화설비, 분말소화설비, 할로젠화합물소화설비

07 ③ 액체위험물은 용기 내용적의 98% 이상의 수납률로 수납할 것

08 제조소등에 대한 허가취소 및 사용정지의 처분기준

위반행위	행정처분		
	1차	2차	3차
정기점검을 하지 아니하거나 점검기록을 허위로 작성한 관계인으로서 제조소등 설치허가(허가 면제 또는 협의로서 허가를 받은 경우 포함)를 받은 자	사용정지 10일	사용정지 30일	허가취소
정기검사를 받지 아니한 관계인으로서 제조소등 설치허가를 받은 자	사용정지 10일	사용정지 30일	허가취소
위험물안전관리자 대리자를 지정하지 아니한 관계인으로서 위험물 제조소등 설치허가를 받은 자	사용정지 10일	사용정지 30일	허가취소
안전관리자를 선임하지 아니한 관계인으로서 위험물 제조소등 설치허가를 받은 자	사용정지 15일	사용정지 60일	허가취소
위험물 제조소등 변경허가를 받지 아니하고 제조소등을 변경한 자	경고 또는 사용정지 15일	사용정지 60일	허가취소
제조소등의 완공검사를 받지 아니하고 위험물을 저장·취급한 자	사용정지 15일	사용정지 60일	허가취소
위험물 저장·취급기준 준수명령 또는 응급조치명령을 위반한 자	사용정지 30일	사용정지 60일	허가취소
수리·개조 또는 이전의 명령에 따르지 아니한 자	사용정지 30일	사용정지 90일	허가취소
위험물 제조소등 사용중지 대상에 대한 안전조치 이행명령을 따르지 아니한 자	경 고	허가취소	

09 ① 탱크안전성능검사자는 시·도지사 또는 기술원이다.
② 이중벽탱크에 대한 수압검사는 기술원에서 한다.
③ 탱크안전성능검사별로 기초·지반검사, 충수·수압검사, 용접부검사 중에서 어느 하나의 검사를 실시한다.

10 특정 옥외저장탱크의 주하중과 종하중 구분 : 위험물안전관리법 시행규칙 별표 6 Ⅶ. 특정 옥외저장탱크의 구조
• 주하중 : 탱크하중, 탱크와 관련되는 내압, 온도변화의 영향 등
• 종하중 : 적설하중, 풍하중, 지진의 영향 등

11 한국소방산업기술원의 기술검토를 받아야 할 대상
① 지정수량의 1천배 이상의 위험물을 취급하는 제조소 또는 일반취급소
② 암반탱크저장소
③ 50만 리터 이상의 옥외탱크저장소

12 적재하는 위험물의 성질에 따른 재해방지 조치
(1) 차광성 피복

제1류	제2류	제3류	제4류	제5류	제6류
전 부	해당 없음	자연발화성 물품	특수인화물류	전 부	전 부

(2) 방수성 피복
① 제1류 위험물 중 : 알칼리금속의 과산화물 또는 이를 함유한 것
② 제2류 위험물 중 : 철분, 금속분, 마그네슘 또는 이들 중 어느 하나 이상을 함유한 것
③ 제3류 위험물 중 : 금수성 물질
(3) 보냉 컨테이너에 수납 또는 적정한 온도관리 : 제5류 중 55℃ 이하에서 분해될 우려가 있는 것

13 ③ 기술원의 원장은 운반용기 검사업무의 처리절차와 방법을 정하여 운용할 수 있다.

14 위험물 운반용기

(1) 운반용기 외부 표시사항

① 위험물의 품명·위험등급·화학명 및 수용성("수용성" 표시는 제4류 위험물로서 수용성인 것에 한한다)

② 위험물의 수량

③ 수납하는 위험물에 따라 다음에 따른 주의사항

종 류		주의사항
제1류 위험물	알칼리금속의 과산화물	화기·충격주의, 물기엄금 및 가연물접촉주의
	그 밖의 것	화기·충격주의, 가연물접촉주의
제2류 위험물	철분, 금속분, 마그네슘	화기주의 및 물기엄금
	인화성고체	화기엄금
	그 밖의 것	화기주의
제3류 위험물	자연발화성물질	화기엄금 및 공기접촉엄금
	금수성물질	물기엄금
제4류 위험물		화기엄금
제5류 위험물		화기엄금 및 충격주의
제6류 위험물		가연물접촉주의

(2) 제1류·제2류 또는 제4류 위험물(위험등급 I 의 위험물을 제외한다)의 운반용기로서 최대용적이 1리터 이하인 운반용기의 품명 및 주의사항은 위험물의 통칭명 및 해당 주의사항과 동일한 의미가 있는 다른 표시로 대신할 수 있다.

(3) 제4류 위험물에 해당하는 화장품(에어졸을 제외한다)의 운반용기 중

① 최대용적이 150ml 이하인 것에 대하여는 규정에 따른 (1)의 ①, ③의 표시를 하지 아니할 수 있다.

② 최대용적이 150ml 초과 300ml 이하의 것에 대하여는 (1)의 ①에 따른 표시를 하지 아니할 수 있으며, (1)의 ③에 따른 주의사항을 해당 주의사항과 동일한 의미가 있는 다른 표시로 대신할 수 있다.

(4) 제4류 위험물에 해당하는 에어졸의 운반용기로서 최대용적이 300ml 이하의 것에 대하여는 (1)의 ①에 따른 표시를 하지 아니할 수 있으며, (1)의 ③에 따른 주의사항을 해당 주의사항과 동일한 의미가 있는 다른 표시로 대신할 수 있다.

(5) 제4류 위험물 중 동식물유류의 운반용기로서 최대용적이 3리터 이하인 것에 대하여는 (1)의 ①, ③의 표시에 대하여 각각 위험물의 통칭명 및 규정에 따른 표시와 동일한 의미가 있는 다른 표시로 대신할 수 있다.

(6) 기계에 의하여 하역하는 구조로 된 운반용기의 외부에 행하는 표시는 (1)의 ①, ③의 규정에 의하는 외에 다음 각 목의 사항을 포함해야 한다. UN의 위험물 운송에 관한 권고(RTDG, Recommendations on the Transport of Dangerous Goods)에서 정한 기준 또는 소방청장이 정하여 고시하는 기준에 적합한 표시를 한 경우에는 그러하지 아니하다.

① 운반용기의 제조년월 및 제조자의 명칭

② 겹쳐쌓기 시험하중

③ 운반용기의 종류에 따라 다음에 따른 중량

- 플렉서블 외의 운반용기 : 최대총중량(최대수용중량의 위험물을 수납하였을 경우의 운반용기의 전 중량을 말한다)
- 플렉서블 운반용기 : 최대수용중량

15 ③ **이동저장탱크**에는 해당 탱크에 저장 또는 취급하는 위험물의 위험성을 알리는 표지를 부착하고 잘 보일 수 있도록 관리해야 한다.

16

품 명	저장 가능한 지정수량의 최대배수
에틸렌글리콜	5
기어유	35

단층건축물에 설치하는 **옥내저장탱크의 용량**(동일한 탱크전용실에 옥내저장탱크를 2 이상 설치하는 경우에는 각 탱크의 용량의 합계를 말한다)은 **지정수량의 40배**(**제4석유류 및 동식물유류 외의 제4류 위험물**에 있어서 해당 수량이 **20,000리터를 초과할 때에는 20,000리터**) **이하로** 해야 한다.

※ 에틸렌글리콜은 제3석유류(수용성)으로 지정수량은 4,000리터이고, 기어유는 제4석유류로서 지정수량은 6,000리터이다. 위에서 특수인화물, 제1석유류, 제2석유류, 제3석유류(제4석유류 및 동식물유류 외의 제4류 위험물)를 저장 시에는 20,000리터를 넘지 못하므로 에틸렌글리콜은 20,000리터 ÷ 4,000리터 = 5배이고 나머지는 기어유 35배(6,000리터 × 35 = 210,000리터)를 저장하면 된다.

17 접지도선을 해야 하는 위험물 : 특수인화물, 제1석유류, 제2석유류

18 위험물운송자는 장거리(고속국도에 있어서는 340km 이상, 그 밖의 도로에 있어서는 200km 이상을 말한다)에 걸치는 운송을 하는 때에는 2명 이상의 운전자로 할 것. 다만, 다음의 어느 하나에 해당하는 경우에는 그러하지 아니하다.
- 제1호 가목에 따라 운송책임자를 동승시킨 경우
- 운송하는 위험물이 제2류 위험물 · 제3류 위험물(칼슘 또는 알루미늄의 탄화물과 이것만을 함유한 것에 한한다) 또는 제4류 위험물(특수인화물을 제외한다)인 경우
- 운송도중에 2시간 이내마다 20분 이상씩 휴식하는 경우

19 제6류 위험물
- 옥외저장소에 저장할 수 있다.
- 액체이므로 운반용기에 수납할 때에는 내용적의 98퍼센트 이하로 수납해야 한다.
- 위험등급 I 에 해당하는 위험물이다.

20 탱크 용적의 산정기준(시행규칙 제5조)
위험물을 저장 또는 취급하는 탱크의 용량은 해당 탱크의 내용적에서 공간용적을 뺀 용적으로 한다. 이 경우 위험물을 저장 또는 취급하는 차량에 고정된 탱크(이하 "이동저장탱크"라 한다)의 용량은 「자동차 및 자동차부품의 성능과 기준에 관한 규칙」에 따른 최대적재량 이하로 하여야 한다.

21 ② 제조소등의 사용을 중지하는 기간에도 위험물안전관리자가 계속하여 직무를 수행하는 경우에는 안전조치를 아니할 수 있다.

22 ④ 소방공무원경력자는 지정수량 5배 이하의 제조소에는 위험물안전관리자로 선임할 수 있다(위험물안전관리법 시행령 별표 6).

제조소등의 종류 및 규모에 따라 선임해야 하는 안전관리자의 자격

제조소등의 종류 및 규모		안전관리자의 자격
제조소	1. 제4류 위험물만을 취급하는 것으로서 지정수량 5배 이하의 것	위험물기능장, 위험물산업기사, 위험물기능사, 안전관리자교육이수자 또는 소방공무원경력자
	2. 제1호에 해당하지 아니하는 것	위험물기능장, 위험물산업기사 또는 2년 이상의 실무경력이 있는 위험물기능사

<table>
<tr><td rowspan="13">저장소</td><td rowspan="2">1. 옥내저장소</td><td>제4류 위험물만을 저장하는 것으로서 지정수량 5배 이하의 것</td><td rowspan="12">위험물기능장,
위험물산업기사,
위험물기능사,
안전관리자교육이수자,
소방공무원경력자</td></tr>
<tr><td>제4류 위험물 중 알코올류・제2석유류・제3석유류・제4석유류・동식물유류만을 저장하는 것으로서 지정수량 40배 이하의 것</td></tr>
<tr><td rowspan="2">2. 옥외탱크저장소</td><td>제4류 위험물만을 저장하는 것으로서 지정수량 5배 이하의 것</td></tr>
<tr><td>제4류 위험물 중 제2석유류・제3석유류・제4석유류・동식물유류만을 저장하는 것으로서 지정수량 40배 이하의 것</td></tr>
<tr><td rowspan="2">3. 옥내탱크저장소</td><td>제4류 위험물만을 저장하는 것으로서 지정수량 5배 이하의 것</td></tr>
<tr><td>제4류 위험물 중 제2석유류・제3석유류・제4석유류・동식물유류만을 저장하는 것</td></tr>
<tr><td rowspan="2">4. 지하탱크저장소</td><td>제4류 위험물만을 저장하는 것으로서 지정수량 40배 이하의 것</td></tr>
<tr><td>제4류 위험물 중 제1석유류・알코올류・제2석유류・제3석유류・제4석유류・동식물유류만을 저장하는 것으로서 지정수량 250배 이하의 것</td></tr>
<tr><td colspan="2">5. 간이탱크저장소로서 제4류 위험물만을 저장하는 것</td></tr>
<tr><td colspan="2">6. 옥외저장소 중 제4류 위험물만을 저장하는 것으로서 지정수량 40배 이하의 것</td></tr>
<tr><td colspan="2">7. 보일러, 버너 그 밖에 이와 유사한 장치에 공급하기 위한 위험물을 저장하는 탱크저장소</td></tr>
<tr><td colspan="2">8. 선박주유취급소, 철도주유취급소 또는 항공기주유취급소의 고정주유설비에 공급하기 위한 위험물을 저장하는 탱크저장소로서 지정수량의 250배(제1석유류의 경우에는 지정수량의 100배) 이하의 것</td></tr>
<tr><td colspan="2">9. 제1호 내지 제8호에 해당하지 아니하는 저장소</td><td>위험물기능장,
위험물산업기사 또는
2년 이상의 실무경력이
있는 위험물기능사</td></tr>
<tr><td rowspan="8">취급소</td><td colspan="2">1. 주유취급소</td><td rowspan="7">위험물기능장,
위험물산업기사,
위험물기능사,
안전관리자교육이수자,
소방공무원경력자</td></tr>
<tr><td rowspan="2">2. 판매취급소</td><td>제4류 위험물만을 저장하는 것으로서 지정수량 5배 이하의 것</td></tr>
<tr><td>제4류 위험물 중 제1석유류・알코올류・제2석유류・제3석유류・제4석유류・동식물유류만을 취급하는 것</td></tr>
<tr><td colspan="2">3. 제4류 위험물 중 제1석유류・알코올류・제2석유류・제3석유류・제4석유류・동식물유류만을 지정수량 50배 이하로 취급하는 일반취급소(제1석유류・알코올류의 취급량이 지정수량의 10배 이하인 경우에 한한다)로서 다음 각 목의 어느 하나에 해당하는 것
가. 보일러, 버너 그 밖에 이와 유사한 장치에 의하여 위험물을 소비하는 것
나. 위험물을 용기 또는 차량에 고정된 탱크에 주입하는 것</td></tr>
<tr><td colspan="2">4. 제4류 위험물만을 취급하는 일반취급소로서 지정수량 10배 이하의 것</td></tr>
<tr><td colspan="2">5. 제4류 위험물 중 제2석유류・제3석유류・제4석유류・동식물유류만을 취급하는 일반취급소로서 지정수량 20배 이하의 것</td></tr>
<tr><td colspan="2">6. 「농어촌 전기공급사업 촉진법」에 따라 설치된 자가발전시설에 사용되는 위험물을 취급하는 일반취급소</td></tr>
<tr><td colspan="2">7. 제1호 내지 제6호에 해당하지 아니하는 취급소</td><td>위험물기능장,
위험물 산업기사 또는
2년 이상의 실무경력이
있는 위험물기능사</td></tr>
</table>

23 ② 위험물 제조소등 임시저장승인 기간은 90일 이내이다.

24 위험물안전관리법 위반 행정형벌

<table>
<tr><th colspan="2">위반내용</th><th>벌 칙</th><th>양벌규정</th></tr>
<tr><td rowspan="3">제조소등 또는 허가를 받지 않고 지정수량 이상의 위험물을 저장 또는 취급하는 장소에서 위험물을 유출·방출 또는 확산시켜</td><td>사람의 생명·신체 또는 재산에 대하여 위험을 발생시킨 자</td><td>1년 이상 10년 이하의 징역</td><td>1억 원 이하
(벌금으로
개정예정)</td></tr>
<tr><td>사람을 상해(傷害)에 이르게 한 때</td><td>무기 또는 3년 이상의 징역</td><td rowspan="2">3억 원 이하
(벌금으로
개정예정)</td></tr>
<tr><td>사망에 이르게 한 때</td><td>무기 또는 5년 이상의 징역</td></tr>
<tr><td rowspan="2">업무상과실로 제조소등 또는 허가를 받지 않고 지정수량 이상의 위험물을 저장 또는 취급하는 장소에서 위험물을 유출·방출 또는 확산시켜</td><td>사람의 생명·신체 또는 재산에 대하여 위험을 발생시킨 자</td><td>7년 이하의 금고 또는 7천만 원 이하 벌금</td><td rowspan="2">해당법조의
벌금</td></tr>
<tr><td>사람을 사상(死傷)에 이르게 한 자</td><td>10년 이하의 징역 또는 금고나 1억 원 이하 벌금</td></tr>
</table>

25 소화설비 설치기준

<table>
<tr><th colspan="2">항 목
종 류</th><th>방수량</th><th>방수압력</th><th>토출량</th><th>수 원</th><th>비상전원</th></tr>
<tr><td rowspan="2">옥내소화전
설비</td><td>일반건축물</td><td>130L/min</td><td>0.17MPa</td><td>N(최대 2개)
× 130L/min</td><td>N(최대 2개) × 2.6m^3
(130L/min × 20min)</td><td>20분</td></tr>
<tr><td>위험물
제조소등</td><td>260L/min</td><td>0.35MPa</td><td>N(최대 5개)
× 260L/min</td><td>N(최대 5개) × 7.8m^3
(260L/min × 30min)</td><td>45분</td></tr>
<tr><td rowspan="2">옥외소화전
설비</td><td>일반건축물</td><td>350L/min</td><td>0.25MPa</td><td>N(최대 2개)
× 350L/min</td><td>N(최대 2개) × 7m^3
(350L/min × 20min)</td><td>–</td></tr>
<tr><td>위험물
제조소등</td><td>450L/min</td><td>0.35MPa</td><td>N(최대 4개)
× 450L/min</td><td>N(최대 4개) × 13.5m^3
(450L/min × 30min)</td><td>45분</td></tr>
<tr><td rowspan="2">스프링클러
설비</td><td>일반건축물</td><td>80L/min</td><td>0.1MPa</td><td>헤드수
× 80L/min</td><td>헤드수 × 1.6m^3
(80L/min × 20min)</td><td>20분</td></tr>
<tr><td>위험물
제조소등</td><td>80L/min</td><td>0.1MPa</td><td>헤드수
× 80L/min</td><td>헤드수 × 2.4m^3
(80L/min × 30min)</td><td>45분</td></tr>
</table>

※ 물분무등소화설비 : 350kPa 이상으로 표준방사량을 방사할 수 있는 성능이 되도록 할 것

03 정답 및 해설

3회_정답 및 해설														
01	02	03	04	05	06	07	08	09	10	11	12	13	14	15
①	③	④	④	①	②	②	①	③	④	②	②	②	③	④
16	17	18	19	20	21	22	23	24	25					
③	①	④	③	④	③	①	④	②	④					

01 위험물은 지정수량의 10배를 1소요단위로 한다.

$$\text{소요단위} = \frac{\text{저장수량}}{\text{지정수량} \times 10} = \frac{500\text{kg}}{50\text{kg} \times 10} + \frac{3,000\text{kg}}{300\text{kg} \times 10} = 2\text{단위}$$

02 제1류 위험물 및 지정수량 등

성 질	품 명	위험등급	지정수량
산화성고체	아염소산염류, 염소산염류, 과염소산염류, 무기과산화물	I	50킬로그램
	브로민산염류, 질산염류, 아이오딘산염류	II	300킬로그램
	과망가니즈산염류, 다이크로뮴산염류	III	1,000킬로그램

유기과산화물, 질산에스터류, 하이드록실아민염류 : 제5류 위험물(자기반응성물질)

03 제6류 위험물
- 옥내저장소의 저장창고의 바닥면적은 1,000m^{2}까지 할 수 있다.
- 제6류 위험물에 해당되는 경우
  - 과산화수소 : 농도가 36중량퍼센트 이상인 것
  - 질산 : 비중이 1.49 이상인 것
- 제6류 위험물을 제외하고 제조소 또는 옥내저장소에는 지정수량의 10배 이상이면 피뢰설비를 설치해야 한다.
- 제조소 건축물의 창 및 출입구에 유리를 이용하는 경우에는 망입유리로 해야 한다.

04 제5류 위험물의 저장·취급에 대한 설명이다.

05 이동탱크저장소에 의한 위험물의 운송 시 준수해야 하는 기준
위험물(제4류 위험물에 있어서는 특수인화물 및 제1석유류에 한한다)을 운송하게 하는 자는 위험물안전카드를 위험물운송자로 하여금 휴대하게 할 것

06 옥내제조소등에서의 흡연 금지(법 제19조의2) : (신설 2024.1.30. 시행 2024.7.31.)
① 누구든지 제조소등에서는 지정된 장소가 아닌 곳에서 흡연을 하여서는 아니 된다.
② 제조소등의 관계인은 해당 제조소등이 금연구역임을 알리는 표지를 설치하여야 한다.
③ 시·도지사는 제조소등의 관계인이 금연구역임을 알리는 표지를 설치하지 아니하거나 보완이 필요한 경우 일정한 기간을 정하여 그 시정을 명할 수 있다.
④ 흡연장소의 지정 기준·방법 등은 대통령령으로 정하고, 금연구역임을 알리는 표지를 설치하는 기준·방법 등은 행정안전부령으로 정한다.

07 이동저장탱크 안전장치의 작동 압력

- 상용압력이 20kPa 이하인 탱크 : 20kPa 이상 24kPa 이하의 압력
- 상용압력이 20kPa을 초과 : 상용압력의 1.1배 이하의 압력

08 필렛용접의 사이즈 구하는 계산식

$$t_1 \geq S \geq \sqrt{2t_2}\ (\text{단, } S \geq 4.5)$$

t_1 : 얇은 쪽의 강판의 두께(mm), t_2 : 두꺼운 쪽의 강판의 두께(mm), S : 사이즈(mm)

09 (1) 주유취급소의 소화난이도등급 구분

제조소등 구분	소화난이도 I 등급	소화난이도 II 등급	소화난이도 III 등급
주유취급소	주유취급소의 업무를 행하기 위한 사무소, 자동차 등의 점검 및 간이정비를 위한 작업장 및 주유취급소에 출입하는 사람을 대상으로 한 점포·휴게음식점 또는 전시장의 면적의 합이 500m^{2}를 초과하는 것	옥내주유취급소로서 소화난이도등급 I 의 제조소등에 해당하지 아니하는 것	옥내주유취급소 외의 것으로서 소화난이도등급 I 의 제조소등에 해당하지 아니하는 것

(2) 소화난이도등급 II 의 제조소등에 설치해야 하는 소화설비

제조소등의 구분	소화설비
제조소 옥내저장소 옥외저장소 주유취급소 판매취급소 일반취급소	방사능력범위 내에 해당 건축물, 그 밖의 공작물 및 위험물이 포함되도록 대형수동식소화기를 설치하고, 해당 위험물의 소요단위의 1/5 이상에 해당되는 능력단위의 소형수동식소화기 등을 설치할 것
옥외탱크저장소 옥내탱크저장소	대형수동식소화기 및 소형수동식소화기 등을 각각 1개 이상 설치할 것

(3) 소화난이도등급 III 의 제조소등에 설치해야 하는 소화설비

제조소등의 구분	소화설비	설치기준	
지하탱크저장소	소형수동식 소화기 등	능력단위의 수치가 3 이상	2개 이상
이동탱크저장소	자동차용소화기	무상의 강화액 8리터 이상	2개 이상
		이산화탄소 3.2킬로그램 이상	
		브로모클로로다이플루오로메탄(CF_2ClBr) 2리터 이상	
		브로모트라이플루오로메탄(CF_3Br) 2리터 이상	
		다이브로모테트라플루오로에탄($C_2F_4Br_2$) 1리터 이상	
		소화분말 3.3킬로그램 이상	
	마른 모래 및 팽창질석 또는 팽창진주암	마른 모래 150리터 이상(1.5단위)	
		팽창질석 또는 팽창진주암 640리터 이상(4단위)	
그 밖의 제조소등	소형수동식 소화기 등	능력단위의 수치가 건축물 그 밖의 공작물 및 위험물의 소요단위의 수치에 이르도록 설치할 것. 다만, 옥내소화전설비, 옥외소화전설비, 스프링클러설비, 물분무등소화설비 또는 대형수동식소화기를 설치한 경우에는 해당 소화설비의 방사능력범위 내의 부분에 대하여는 소화기 등을 그 능력단위의 수치가 해당 소요단위의 수치의 1/5 이상이 되도록 하는 것으로 족하다.	

비고

알킬알루미늄등을 저장 또는 취급하는 이동탱크저장소에 있어서는 자동차용소화기 설치 외에 마른 모래나 팽창질석 또는 팽창진주암을 추가로 설치해야 한다.

10 제2류 위험물 중 마그네슘, 철분, 금속분의 소화의 적응성

소화설비의 구분	소화의 적응성
물분무등소화설비	분말소화설비 중 탄산수소염류소화기, 인산염류소화기 외의 그 밖의 것
대형・소형소화기	분말소화기 중 탄산수소염류소화기, 인산염류소화기 외의 그 밖의 것
기 타	건조사, 팽창질석 또는 팽창진주암

11 인화성고체, 제1석유류 또는 알코올류 옥외저장소의 특례

- 적용대상 위험물
  - 제2류 위험물 인화점이 21℃ 미만인 인화성고체
  - 제4류 위험물 중 제1석유류 및 알코올류
- 위험물별 적용설비
  - 살수설비 : 인화점이 21℃ 미만인 인화성고체, 제1석유류 및 알코올류
  - 배수구 및 집유설비 : 제1석유류 및 알코올류
  - 배수구・집유설비 및 유분리 장치 : 제1석유류(비수용성)

12 탱크안전성능검사의 대상 및 내용

검사 종류	검사 대상
기초・지반검사	100만 리터 이상인 액체위험물을 저장하는 옥외탱크저장소
충수・수압검사	액체위험물을 저장 또는 취급하는 탱크, 다만 다음에 해당하는 탱크를 제외한다. • 제조소 또는 일반취급소에 설치된 탱크로서 용량이 지정수량 미만인 것 • 「고압가스안전관리법」제17조 제1항에 따른 특정설비에 관한 검사에 합격한 탱크 • 「산업안전보건법」제34조 제2항의 규정에 의한 안전인증을 받은 탱크
용접부 검사	100만 리터 이상인 액체위험물을 저장하는 옥외탱크저장소
암반탱크검사	액체위험물을 저장 또는 취급하는 암반 내의 공간을 이용한 탱크

13 제조소등의 예방규정 대상

- 지정수량의 10배 이상의 위험물을 취급하는 제조소
- 지정수량의 100배 이상의 위험물을 저장하는 옥외저장소
- 지정수량의 150배 이상의 위험물을 저장하는 옥내저장소
- 지정수량의 200배 이상의 위험물을 저장하는 옥외탱크저장소
- 암반탱크저장소
- 이송취급소
- 지정수량의 10배 이상의 위험물을 취급하는 일반취급소

14 옥외탱크저장소 자동화재속보설비 설치제외

- 옥외탱크저장소의 방유제(防油堤)와 옥외저장탱크 사이의 지표면을 불연성 및 불침윤성(수분에 젖지 않는 성질)이 있는 철근콘크리트 구조 등으로 한 경우
- 「화학물질관리법 시행규칙」 별표 5 제6호의 화학물질안전원장이 정하는 고시에 따라 가스감지기를 설치한 경우
- 자체소방대를 설치한 경우
- 안전관리자가 해당 사업소에 24시간 상주하는 경우

15 방유제는 탱크의 옆판으로부터 일정 거리를 유지할 것(단, 인화점이 200℃ 이상인 위험물은 제외)

- 지름이 15m 미만인 경우 : 탱크 높이의 1/3 이상
- 지름이 15m 이상인 경우 : 탱크 높이의 1/2 이상

∴ 거리 = 15m × 1/3 = 5m

16 안전거리의 적용 위험물 제조소등

구 분	제조소	저장소								취급소			
		옥내	옥외탱크	옥내탱크	지하탱크	이동탱크	간이탱크	암반탱크	옥외	주유	판매	일반	이송
안전거리	○	○	○	×	×	×	×	×	○	×	×	○	○

※ 제6류 위험물을 제조하는 제조소는 안전거리 제외

17 4개 전부 다 제1류 위험물이다.

18 ④ 저장하는 위험물을 지정수량 40배 이하로 하는 것은 제2종 판매취급소에 해당한다.

19 ③ 위험물탱크의 제작지를 관할하는 소방서장에게 신청해야 한다.

20 ① 주유취급소 간이대기실은 불연재료로 해야 한다.

② 간이저장탱크의 용량은 600리터 이하이어야 한다.

③ 지하탱크저장소는 탱크용량의 90퍼센트가 찰 때 경보음을 울리는 방법으로 과충전을 방지하는 장치를 설치해야 한다.

21 권한의 위탁규정에 따라 시・도지사는 운반용기 검사를 기술원에 위탁하기 때문에 한국소방산업기술원장에게 제출해야 한다.

22 옥내저장소에서 위험물을 저장하는 경우에는 다음 각 목에 따른 높이를 초과하여 용기를 겹쳐 쌓지 아니해야 한다.

수납용기의 종류	높 이
기계에 의하여 하역하는 구조로 된 용기만을 겹쳐 쌓는 경우	6m
제3석유류, 제4석유류 및 동식물유류를 수납하는 용기만을 겹쳐 쌓는 경우	4m
그 밖의 용기를 겹쳐 쌓는 경우	3m

23 유별을 달리하는 위험물의 혼재기준(별표 19 관련)

위험물의 구분	제1류	제2류	제3류	제4류	제5류	제6류
제1류		×	×	×	×	○
제2류	×		×	○	○	×
제3류	×	×		○	×	×
제4류	×	○	○		○	×
제5류	×	○	×	○		×
제6류	○	×	×	×	×	

비고

1. "×" 표시는 혼재할 수 없음을 표시한다.
2. "○" 표시는 혼재할 수 있음을 표시한다.
3. 이 표는 지정수량의 $\frac{1}{10}$ 이하의 위험물에 대하여는 적용하지 아니한다.

※ 암기 Tip : 오이사의 오이가 삼사 육하나

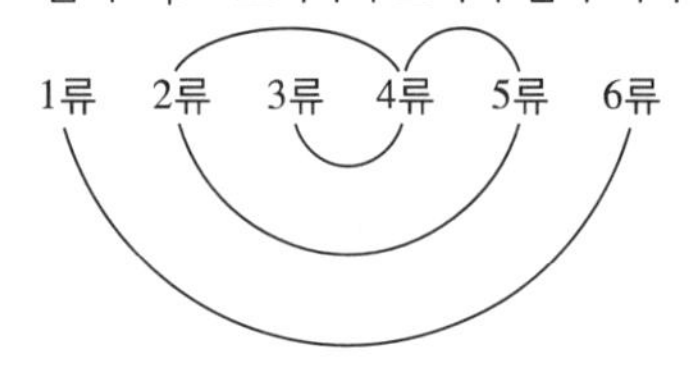

24 ② 개인 주거에 있어서 원칙적으로 제한하고 있다. 다만, 관계인의 승낙이 있거나 화재발생우려가 커서 긴급한 필요가 있는 경우에는 출입·검사를 할 수 있다.

25 국토교통부령이 정하는 기준의 "불연재료(不燃材料)"란 불에 타지 아니하는 성질을 가진 재료는 콘크리트·석재·벽돌·기와·철강·알루미늄·유리·시멘트모르타르 및 회 등이 있다. 다만, 위험물안전관리법 용어의 정의에서는 유리를 제외하였다(시행규칙 제2조 제5호).

04 정답 및 해설

4회_정답 및 해설														
01	02	03	04	05	06	07	08	09	10	11	12	13	14	15
④	③	①	③	①	①	①	①	②	④	②	③	④	②	②
16	17	18	19	20	21	22	23	24	25					
②	④	④	④	②	②	①	①	④	②					

01 시 · 도지사의 권한을 소방서장에게 위임

구 분	위임업무
허가 협의	1) 제조소등의 설치허가 또는 변경허가 2) 군사목적 또는 군부대시설을 위한 제조소등을 설치하거나 위치 · 구조 또는 설비의 변경에 관한 군부대의 장과의 협의
검 사	3) 탱크안전성능검사(기술원 위탁 제외) 4) 위험물 제조소등의 완공검사(기술원 위탁 제외)
신고 등 수리	5) 제조소등의 설치자의 지위승계 신고의 수리 6) 제조소등의 용도폐지 신고의 수리 7) 제조소등의 사용 중지신고 또는 재개신고의 수리 8) 위험물의 품명 · 수량 또는 지정수량 배수의 변경신고의 수리 9) 정기점검 결과의 수리
행정 처분	10) 예방규정의 수리 · 반려 및 변경명령 11) 제조소등 사용 중지대상 안전조치의 이행 명령 12) 제조소등의 설치허가의 취소와 사용정지 13) 과징금 처분 14) 제조소등의 관계인이 금연구역임을 알리는 표지를 설치하지 아니하거나 보완이 필요한 경우 일정한 기간을 정하여 그 시정을 명할 수 있는 권한

02 제조소등의 안전거리

건축물의 외벽 또는 공작물의 외측으로부터 해당 제조소의 외벽 또는 이에 상당하는 공작물의 외측까지의 수평거리를 안전거리라 한다.

건축물	안전거리
사용전압 7,000V 초과 35,000V 이하의 특고압가공전선	3m 이상
사용전압 35,000V 초과의 특고압가공전선	5m 이상
주거용으로 사용되는 것(제조소가 설치된 부지 내에 있는 것을 제외)	10m 이상
고압가스, 액화석유가스, 도시가스를 저장 또는 취급하는 시설	20m 이상
학교, **병원**(종합병원, 병원, 치과병원, 한방병원 및 요양병원), **극장**, 공연장, 영화상영관, 그 밖에 수용인원 300명 이상 수용할 수 있는 것, 복지시설(아동복지시설, 노인복지시설, 장애인복지시설, 한부모가족복지시설), 어린이집, 성매매피해자 등을 위한 지원시설, 정신건강증진시설, 가정폭력방지 및 피해자 보호 등에 관한 법률에 따른 보호시설, 그 밖에 유사한 시설로서 수용인원 20명 이상 수용할 수 있는 것	30m 이상
지정문화유산 및 천연기념물 등	50m 이상

03 제조소등별로 설치해야 할 경보설비 종류 및 설치기준

<table>
<tr><th colspan="3">제조소등별로 설치해야 할 경보설비 종류</th><th rowspan="2">자동화재탐지설비 설치기준</th></tr>
<tr><th>제조소등의 구분</th><th>규모·저장
또는 취급하는 위험물의 종류 최대수량 등</th><th>경보설비</th></tr>
<tr><td>1. 제조소
일반
취급소</td><td>• 연면적 500m² 이상인 것
• 옥내에서 지정수량 100배 이상을 취급하는 것
• 일반취급소로 사용되는 부분 이외의 건축물에 설치된 일반취급소(복합용도 건축물의 취급소) : 내화구조로 구획된 것 제외</td><td rowspan="4">자동화재
탐지설비</td><td rowspan="4">• 경계구역
– 2개의 층에 걸치지 아니할 것
– 600m² 이하로 할 것
– 한 변의 길이는 50m 이하로 할 것
– 광전식분리형 : 100m 이하로 할 것
• 감지기설치
– 지붕 또는 벽의 옥내에 면한 부분에 유효하게 화재를 감지할 수 있도록 설치할 것
• 비상전원을 설치</td></tr>
<tr><td>2. 옥내
저장소</td><td>• 저장창고의 연면적 150m² 초과하는 것
• 지정수량 100배 이상(고인화점만은 제외)
• 처마의 높이가 6m 이상의 단층건물의 것
• 복합용도 건축물의 옥내저장소</td></tr>
<tr><td>3. 옥내
탱크
저장소</td><td>단층건물 이외의 건축물에 설치된 옥내탱크저장소로서 소화난이도등급 I 에 해당되는 것</td></tr>
<tr><td>4. 주유
취급소</td><td>옥내주유취급소</td></tr>
<tr><td>1~4. 이외의
대상</td><td>지정수량 10배 이상 저장·취급하는 것</td><td colspan="2">자동화재탐지설비, 비상경보설비, 확성장치 또는 비상방송설비 중 1종 이상</td></tr>
</table>

04 가. "동식물유류"라 함은 동물의 지육 등 또는 식물의 종자나 과육으로부터 추출한 것으로서 1기압에서 인화점이 섭씨 250도 미만인 것. 다만, 행정안전부령이 정하는 용기기준과 수납·저장기준에 따라 수납되어 저장·보관되고 용기의 외부에 물품의 통칭명, 수량 및 화기엄금(화기엄금과 동일한 의미를 갖는 표시를 포함한다)의 표시가 있는 경우를 제외한다.

나. "제4석유류"라 함은 기어유, 실린더유 그 밖에 1기압에서 인화점이 섭씨 200도 이상 섭씨 250도 미만의 것을 말한다. 다만, 도료류 그 밖의 물품은 가연성 액체량이 40중량퍼센트 이하인 것은 제외한다.

05 사에틸납은 제3류 위험물 중 유기금속화합물에 해당되며 나머지는 제2류 위험물에 해당된다.

06 ① 지정과산화물이란 제5류 위험물 중 유기과산화물 또는 이를 함유한 것으로서 지정수량이 10킬로그램인 것을 말한다.

07 제조소등의 옥외에 설치된 공작물은 외벽이 내화구조인 것으로 간주하고 공작물의 최대수평 투영면적을 연면적으로 간주하여 제조소·일반취급소는 $100m^2$ 및 저장소는 $150m^2$를 1 소요단위로 산정할 것, 따라서 $\frac{500m^2}{100m^2} = 5$단위

08 이송취급소의 기타설비 중 경보설비 설치기준

• 이송기지에는 비상벨장치 및 확성장치를 설치할 것

• 가연성증기를 발생하는 위험물을 취급하는 펌프실 등에는 가연성증기 경보설비를 설치할 것

09 위험물이 되기 위한 조건

구 분	정 의
황	순도가 60중량퍼센트 이상인 것
철 분	철의 분말로서 53마이크로미터의 표준체를 통과하는 것이 50중량퍼센트 이상인 것
금속분	알칼리금속 · 알칼리토류금속 · 철 및 마그네슘 외의 금속의 분말을 말하고, 구리분 · 니켈분 및 150마이크로미터의 체를 통과하는 것이 50중량퍼센트 이상인 것
알코올류	1분자를 구성하는 탄소원자의 수가 1개 내지 3개의 포화1가 알코올의 함유량이 60중량퍼센트 이상인 수용액
과산화수소	그 농도가 36중량퍼센트 이상인 것
질 산	그 비중이 1.49 이상인 것
과염소산	자체가 제6류 위험물에 해당

10 옥외저장소의 보유공지

제4류 위험물 중 제4석유류와 제6류 위험물을 저장 또는 취급하는 옥외저장소의 보유공지는 다음 표에 의한 공지의 너비의 1/3 이상의 너비로 할 수 있다.

저장 또는 취급하는 위험물의 최대수량	공지의 너비
지정수량의 10배 이하	3m 이상
지정수량의 10배 초과 20배 이하	5m 이상
지정수량의 20배 초과 50배 이하	9m 이상
지정수량의 50배 초과 200배 이하	12m 이상
지정수량의 200배 초과	15m 이상

11 주유취급소의 저장 또는 취급 가능한 탱크

- 자동차 등에 주유하기 위한 고정주유설비에 직접 접속하는 전용탱크로서 50,000리터 이하의 것
- 고정급유설비에 직접 접속하는 전용탱크로서 50,000리터 이하의 것
- 보일러 등에 직접 접속하는 전용탱크로서 10,000리터 이하의 것
- 자동차 등을 점검 · 정비하는 작업장 등에서 사용하는 폐유 · 윤활유 등의 위험물을 저장하는 탱크로서 용량이 2,000리터 이하인 탱크
- 고정주유설비 또는 고정급유설비에 직접 접속하는 3기 이하의 간이탱크

12 지중탱크의 누액방지판의 구조(위험물안전관리에 관한 세부기준 제88조)

- 누액방지판은 두께 4.5mm 이상의 강판으로 할 것
- 누액방지판의 용접은 맞대기용접으로 할 것(단, 밑판의 내측에 설치하는 누액방지판의 두께가 9mm 이하인 것에 대하여는 필렛용접법으로 할 수 있다)
- 누액방지판은 침하 등에 의한 지중탱크본체의 변위영향을 흡수할 수 있는 것으로 할 것
- 밑판에 설치하는 누액방지판에는 그 아래에 두께 50mm 이상의 아스팔트샌드 등을 설치할 것
- 누액방지판은 일사 등에 의한 열 영향, 콘크리트의 건조 · 수축 등에 의한 응력에 대하여 안전한 것으로 할 것
- 옆판에 설치하는 누액방지판은 옆판과 일체의 구조로 하고 옆판과 접하는 부분에는 부식을 방지하기 위한 조치를 강구할 것

13 옥외저장탱크의 펌프설비

- 펌프설비의 주위에는 너비 3m 이상의 공지를 보유할 것(제6류 위험물, 지정수량의 10배 이하 위험물은 제외)
- 펌프설비로부터 옥외저장탱크까지의 사이에는 해당 옥외저장탱크의 보유공지 너비의 1/3 이상의 거리를 유지할 것
- 펌프실의 벽, 기둥, 바닥, 보 : 불연재료
- 펌프실의 지붕 : 폭발력이 위로 방출될 정도의 가벼운 불연재료로 할 것
- 펌프실의 창 및 출입구에는 60분+방화문 · 60분방화문 또는 30분방화문을 설치할 것
- 펌프실의 창 및 출입구에 유리를 이용하는 경우에는 망입유리로 할 것
- 펌프실의 바닥의 주위에 높이 0.2m 이상의 턱을 만들고 그 최저부에는 집유설비를 설치할 것
- 인화점이 21℃ 미만인 위험물을 취급하는 펌프설비에는 보기 쉬운 곳에 옥외저장탱크 펌프설비라는 표시를 한 게시판과 방화에 관하여 필요한 사항을 게시한 게시판을 설치할 것

14

제조소등의 관계인은 제조소등의 사용을 중지하려는 경우에는 중지하려는 날의 7일 전까지, 중지한 제조소등의 사용을 재개하려는 경우에는 재개하려는 날의 3일 전까지 **행정안전부령**으로 정하는 바에 따라 제조소등의 사용 중지 또는 재개를 **시 · 도지사**에게 신고해야 한다.

15

운반 시 위험물 표지 : **흑색바탕**에 **황색 반사도료**

16

같은 유별에 속하는 위험물이라도 동일한 저장소에 저장할 수 없다.

> 제3류 위험물 중 황린 그 밖에 물속에 저장하는 물품과 금수성물질은 동일한 저장소에서 저장하지 아니해야 한다.

17 소화방법

- 무기과산화물(과산화칼륨, 과산화나트륨) : 탄산수소염류소화기, 건조사, 팽창질석 또는 팽창진주암에 의한 피복소화
- 유기과산화물(메틸에틸케톤퍼옥사이드, 벤조일퍼옥사이드) : 대량의 물에 의한 냉각소화

18

탱크안전성능시험자가 되고자 하는 자는 대통령령이 정하는 기술능력 · 시설 및 장비를 갖추어 시 · 도지사에게 등록해야 한다.

19

제3류 위험물 : 자연발화성 및 금수성 물질

20 **탱크안전성능검사의 면제(시행규칙 제18조 제2항)**

해당 탱크안전성능검사의 일부를 면제 받기 위해 기술원 또는 탱크시험자에게 탱크안전성능시험을 받으려는 자는 별지 제20호 서식의 신청서에 해당 위험물탱크의 구조명세서 1부를 첨부하여 기술원 또는 탱크시험자에게 신청할 수 있다.

21 위험물의 신고

- 제조소등의 지위승계 : 승계한 날부터 30일 이내에 시 · 도지사에게 신고
- 제조소등의 **용도폐지** : 폐지한 날부터 **14일 이내**에 **시 · 도지사에게 신고**
- 위험물안전관리자 재선임 : 퇴직한 날부터 30일 이내에 안전관리자 재선임
- 위험물안전관리자 선임신고 : 선임한 날부터 14일 이내에 소방본부장이나 소방서장에게 신고

22 위험물운송자와 관련한 벌칙

위반내용	벌칙 등
주행 중의 이동탱크저장소의 정지지시를 거부하거나 국가기술자격증, 교육수료증·신원확인을 위한 증명서의 제시 요구 또는 신원확인을 위한 질문에 응하지 아니한 사람	1천 500만 원 이하의 벌금
위험물의 저장 또는 취급에 관한 기준에서 이동탱크저장소와 관련한 중요기준을 따르지 아니한 사람	
위험물 운반에 관한 중요기준에 따르지 아니한 사람	1천만 원 이하의 벌금
위험물운반자의 자격요건을 갖추지 아니하고 위험물을 운반한 자	
위험물운송자의 자격요건을 갖추지 아니하고 위험물을 운송한 자	
알킬알루미늄, 알킬리튬 이들을 함유하는 위험물 운송에 있어서는 운송책임자의 감독 또는 지원을 받아 운송해야 함에도 불구하고 이를 따르지 않은 위험물운송자	
위험물의 운송에 관한 기준을 따르지 아니한 자	500만 원 이하의 과태료
위험물운반자 중 위험물 운반에 관한 세부기준을 따르지 아니한 자	

23 주유취급소 변경허가를 받아야 하는 사항

제조소등의 구분	변경허가를 받아야 하는 경우
주유취급소	가. 지하에 매설하는 탱크의 변경 중 다음의 어느 하나에 해당하는 경우 1) 탱크의 위치를 이전하는 경우 2) 탱크전용실을 보수하는 경우 3) 탱크를 신설·교체 또는 철거하는 경우 4) 탱크를 보수(탱크본체를 절개하는 경우에 한한다)하는 경우 5) 탱크의 노즐 또는 맨홀을 신설하는 경우(노즐 또는 맨홀의 지름이 250mm를 초과하는 경우에 한한다) 6) 특수누설방지구조를 보수하는 경우 나. 옥내에 설치하는 탱크의 변경 중 다음의 어느 하나에 해당하는 경우 1) 탱크의 위치를 이전하는 경우 2) 탱크를 신설·교체 또는 철거하는 경우 3) 탱크를 보수(탱크본체를 절개하는 경우에 한한다)하는 경우 4) 탱크의 노즐 또는 맨홀을 신설하는 경우(노즐 또는 맨홀의 지름이 250mm를 초과하는 경우에 한한다) 다. 고정주유설비 또는 고정급유설비를 신설 또는 철거하는 경우 라. 고정주유설비 또는 고정급유설비의 위치를 이전하는 경우 마. 건축물의 벽·기둥·바닥·보 또는 지붕을 증설 또는 철거하는 경우 바. 담 또는 캐노피를 신설 또는 철거(유리를 부착하기 위하여 담의 일부를 철거하는 경우를 포함한다)하는 경우 사. 주입구의 위치를 이전하거나 신설하는 경우 아. 별표 13 V제1호 각 목에 따른 시설과 관계된 공작물(바닥면적이 $4m^2$ 이상인 것에 한한다)을 신설 또는 증축하는 경우 자. 개질장치(改質裝置), 압축기(壓縮機), 충전설비, 축압기(蓄壓器) 또는 수입설비(受入設備)를 신설하는 경우 차. 자동화재탐지설비를 신설 또는 철거하는 경우 카. 셀프용이 아닌 고정주유설비를 셀프용 고정주유설비로 변경하는 경우 타. 주유취급소 부지의 면적 또는 위치를 변경하는 경우 파. 300m(지상에 설치하지 않는 배관의 경우에는 30m)를 초과하는 위험물의 배관을 신설·교체·철거 또는 보수(배관을 자르는 경우만 해당한다)하는 경우 하. 탱크의 내부에 탱크를 추가로 설치하거나 철판 등을 이용하여 탱크 내부를 구획하는 경우

24 ㉠, ㉡, ㉢을 위반한 경우 : 500만 원 이하의 과태료
㉣을 위반한 경우 : 1천만 원 이하의 벌금

25 ① "위험물"이라 함은 인화성 또는 발화성 등의 성질을 가지는 것으로서 대통령령이 정하는 물품을 말한다.
③ 위험물안전관리법 시행규칙에 따라 건축법 시행령에서 규정한 불연재료에서 유리를 제외한다.
④ 지정수량 미만인 위험물의 저장・취급 기준은 시・도 조례로 정한다.

05 정답 및 해설

5회_정답 및 해설														
01	02	03	04	05	06	07	08	09	10	11	12	13	14	15
③	②	①	②	③	③	③	②	③	④	③	①	③	③	③
16	17	18	19	20	21	22	23	24	25					
④	③	④	②	④	①	②	②	②	③					

01 인화점이 21℃ 미만인 액체위험물의 옥외저장탱크 주입구 설치기준 24년 소방위

옥외저장탱크의 주입구에는 보기 쉬운 곳에 다음의 기준에 의한 게시판을 설치할 것

- 게시판은 한 변이 0.3m 이상, 다른 한 변이 0.6m 이상인 직사각형으로 할 것
- 게시판에는 "옥외저장탱크 주입구"라고 표시하는 것 외에 취급하는 위험물의 유별, 품명 및 주의사항을 표시할 것
- 게시판은 백색바탕에 흑색문자(주의사항은 적색문자)로 할 것

02 보유공지 규제대상

구분	제조소	저장소								취급소			
		옥내	옥외탱크	옥내탱크	지하탱크	이동탱크	간이탱크	암반탱크	옥외	주유	판매	일반	이송
보유공지	○	○	○	×	×	×	○ (옥외)	×	○	○	×	○	○

※ 옥내에 설치된 간이탱크저장소는 보유공지 제외

03 2품목 이상의 지정수량의 배수 산정

$$계산값 = \frac{A품명의\ 수량}{A품명의\ 지정수량} + \frac{B품명의\ 수량}{B품명의\ 지정수량} + \frac{C품명의\ 수량}{C품명의\ 지정수량} + \cdots$$

종 류	알루미늄 탄화물류	알코올	무기과산화물	질 산	황	적 린
지정수량	300킬로그램	400리터	50킬로그램	300킬로그램	100킬로그램	100킬로그램

$$\therefore\ 지정수량의\ 배수 = \frac{900kg}{300kg} + \frac{2,000L}{400L} + \frac{400kg}{50kg} + \frac{600kg}{300kg} + \frac{500kg}{100kg} + \frac{1,000kg}{100kg} = 33배$$

04 ② 무기과산화물은 제1류 위험물, 유기과산화물은 제5류 위험물에 해당된다.

05 제5류 위험물 제외 : 사이클로헥사온퍼옥사이드의 함유량이 30중량퍼센트 미만인 것으로서 불활성고체와의 혼합물

06 제조소의 건축물 구조

- 지하층이 없도록 해야 한다.
- 벽·기둥·바닥·보·서까래 및 계단 : 불연재료(연소 우려가 있는 외벽은 개구부가 없는 내화구조의 벽으로 할 것)
- 지붕은 폭발력이 위로 방출될 정도의 가벼운 불연재료로 덮어야 한다.
- 출입구와 비상구에는 60분+방화문·60분방화문 또는 30분방화문을 설치해야 한다.

연소우려가 있는 외벽의 출입구 : 수시로 열 수 있는 자동폐쇄식의 60분+방화문 또는 60분방화문 설치

- 건축물의 창 및 출입구의 유리 : 망입유리
- 액체의 위험물을 취급하는 건축물의 바닥 : 적당한 경사를 두고 그 최저부에 집유설비를 할 것

07 지하탱크저장소 설비 등 기준

구 분	주요 제원
주요구성	벽, 바닥, 뚜껑(두께 0.3m 이상)
재 질	철근콘크리트조 또는 이와 동등 이상의 강도가 있는 구조
매설 깊이	탱크 윗부분은 지면으로부터 0.6m 이상 아래
탱크 간격	1m 이상(용량의 합계가 지정수량의 100배 이하인 때에는 0.5m) (예외 : 벽이나 두께 20cm 이상의 콘크리트 구조물)
탱크와 벽	0.1m 이상
탱크 주위	마른 모래 또는 습기 등에 의하여 응고되지 아니하는 입자지름 5mm 이하의 마른 자갈분

08 안전교육(법 제28조)

다음 각 호의 어느 하나에 해당하는 사람으로서 대통령령으로 정하는 사람은 해당 업무에 관한 능력의 습득 또는 향상을 위하여 소방청장이 실시하는 교육을 받아야 한다.

- 안전관리자의 자격을 취득하려는 사람
- 위험물운반자 · 위험물운송자가 되려는 사람
- 위험물의 안전관리와 관련된 업무를 수행하는 사람

09

방유제는 옥외저장탱크의 지름에 따라 그 탱크의 옆판으로부터 다음에 정하는 거리를 유지할 것. 다만, 인화점이 200℃ 이상인 위험물을 저장 또는 취급하는 것에 있어서는 그러하지 아니하다.

- 지름이 15m 미만인 경우에는 탱크 높이의 3분의 1 이상
- 지름이 15m 이상인 경우에는 탱크 높이의 2분의 1 이상

10 이동탱크저장소의 구조

이동저장탱크는 그 내부에 4,000리터 이하마다 3.2㎜ 이상의 강철판 또는 이와 동등 이상의 강도 · 내열성 및 내식성이 있는 금속성의 것으로 칸막이를 설치하여야 한다. 다만, 고체인 위험물을 저장하거나 고체인 위험물을 가열하여 액체 상태로 저장하는 경우에는 그러하지 아니하다.

11 제조소의 정전기 제거설비

위험물을 취급함에 있어서 정전기가 발생할 우려가 있는 설비에는 다음 각 목의 어느 하나에 해당하는 방법으로 정전기를 유효하게 제거할 수 있는 설비를 설치하여야 한다.

- 접지에 의한 방법
- 공기 중의 상대습도를 70퍼센트 이상으로 하는 방법
- 공기를 이온화하는 방법

12

위험물의 지정수량

종 류	구 분	지정수량	종 류	구 분	지정수량
브롬산칼륨	제1류 위험물 (브로민산염류)	300킬로그램	질산칼륨	제1류 위험물 (질산염류)	300킬로그램
염소산칼륨	제1류 위험물 (염소산염류)	50킬로그램	다이크로뮴산 나트륨	제1류 위험물 (다이크로뮴산염류)	1,000킬로그램
질 산	제6류 위험물	300킬로그램	휘발유	제4류 위험물 (제1석유류)	200리터
과산화수소	제6류 위험물	300킬로그램	윤활유	제4류 위험물 (제4석유류)	6,000리터

지정수량의 배수를 구하면

① 지정배수 $= \dfrac{\text{저장량}}{\text{지정수량}} = \dfrac{80\text{kg}}{300\text{kg}} + \dfrac{40\text{kg}}{50\text{kg}} = 1.067$(지정수량 이상이므로 허가대상)

② 지정배수 $= \dfrac{\text{저장량}}{\text{지정수량}} = \dfrac{100\text{kg}}{300\text{kg}} + \dfrac{150\text{kg}}{300\text{kg}} = 0.833$(지정수량 미만이므로 비허가대상)

③ 지정배수 $= \dfrac{\text{저장량}}{\text{지정수량}} = \dfrac{120\text{kg}}{300\text{kg}} + \dfrac{500\text{kg}}{1{,}000\text{kg}} = 0.90$(지정수량 미만이므로 비허가대상)

④ 지정배수 $= \dfrac{\text{저장량}}{\text{지정수량}} = \dfrac{20\text{L}}{200\text{L}} + \dfrac{2{,}000\text{L}}{6{,}000\text{L}} = 0.433$(지정수량 미만이므로 비허가대상)

13

아세트알데하이드등을 취급하는 제조소의 특례

"아세트알데하이드등"이라 함은 제4류 위험물 중 특수인화물의 아세트알데하이드 · 산화프로필렌 또는 이중 어느 하나 이상을 함유하는 것으로 특례는 다음 각 목과 같다

- 아세트알데하이드등을 취급하는 설비는 은 · 수은 · 동 · 마그네슘 또는 이들을 성분으로 하는 합금으로 만들지 아니할 것
- 아세트알데하이드등을 취급하는 설비에는 연소성 혼합기체의 생성에 의한 폭발을 방지하기 위한 불활성기체 또는 수증기를 봉입하는 장치를 갖출 것

14

옥내탱크전용실을 건축물의 1층 또는 지하층에 설치하는 위험물 : 황화인, 적린, 덩어리 황, 황린, 질산

<table>
<tr><th rowspan="2">구 분</th><th rowspan="2">단층 건축물</th><th colspan="5">단층건축물 이외의 옥외저장탱크</th></tr>
<tr><th>제2류</th><th>제3류</th><th>제6류</th><th colspan="2">제4류</th></tr>
<tr><td>저장 · 취급
할 위험물</td><td>제한 없음</td><td>황화인 ·
적린
덩어리 황</td><td>황 린</td><td>질 산</td><td colspan="2">인화점이 38℃ 이상인
위험물</td></tr>
<tr><td>설치층</td><td>단층으로 해당 없음</td><td colspan="3">1층 또는 지하층</td><td colspan="2">층수 제한 없음</td></tr>
<tr><td rowspan="2">저장용량</td><td rowspan="2">40배 이하</td><td colspan="3" rowspan="2">40배 이하</td><td>1층 이하</td><td>2층 이상</td></tr>
<tr><td>40배 이하</td><td>10배 이하</td></tr>
<tr><td rowspan="2">탱크용량</td><td rowspan="2">제4석유류 및 동식물유류 외의 제4류 위험물에 있어서 해당 수량이 20,000리터를 초과할 때에는 20,000리터</td><td colspan="3" rowspan="2">탱크의 최대용량 제한 없음</td><td colspan="2">제4석유류 및 동식물 이외 제4류</td></tr>
<tr><td>2만 리터</td><td>5천 리터</td></tr>
</table>

15

전기설비의 소화설비 : 제조소등에 전기설비(전기배선, 조명기구 등은 제외)가 설치된 경우는 면적 100m^2마다 소형수동식 소화기를 1개 이상 설치할 것

$\therefore 500\text{m}^2 \div 100\text{m}^2 = 5$개

16 예방규정의 제정 등 예방규정에 포함되어야 할 사항
- 위험물의 안전관리업무를 담당하는 자의 직무 및 조직에 관한 사항
- 안전관리자가 여행·질병 등으로 인하여 그 직무를 수행할 수 없을 경우 그 직무의 대리자에 관한 사항
- 자체소방대를 설치해야 하는 경우에는 자체소방대의 편성과 화학소방자동차의 배치에 관한 사항
- 위험물의 안전에 관계된 작업에 종사하는 자에 대한 안전교육 및 훈련에 관한 사항
- 위험물시설 및 작업장에 대한 안전순찰에 관한 사항
- 위험물시설·소방시설 그 밖의 관련시설에 대한 점검 및 정비에 관한 사항
- 위험물시설의 운전 또는 조작에 관한 사항
- 위험물 취급 작업의 기준에 관한 사항
- 이송취급소에 있어서는 배관공사 현장책임자의 조건 등 배관공사 현장에 대한 감독체제에 관한 사항과 배관주위에 있는 이송취급소 시설 외의 공사를 하는 경우 배관의 안전 확보에 관한 사항
- 재난 그 밖의 비상시의 경우에 취해야 하는 조치에 관한 사항
- 위험물의 안전에 관한 기록에 관한 사항
- 제조소등의 위치·구조 및 설비를 명시한 서류와 도면의 정비에 관한 사항
- 그 밖에 위험물의 안전관리에 관하여 필요한 사항

17 **군부대의 장이 완공검사를 자체적으로 실시한 후 지체없이 시·도지사에게 통보해야하는 사항**
- 제조소등의 완공일 및 사용개시일
- 탱크안전성능검사의 결과(탱크안전성능검사의 대상이 되는 위험물탱크가 있는 경우에 한한다)
- 완공검사의 결과
- 안전관리자 선임계획
- 예방규정(해당하는 제조소등의 경우에 한한다)

18 제1류 위험물 품명란 그 밖의 행정안전부령이 정하는 것
- 과아이오딘산염류
- 크로뮴, 납 또는 아이오딘의 산화물
- 차아염소산염류(50킬로그램)
- 퍼옥소이황산염류
- 과아이오딘산
- 아질산염류
- 염소화아이소사이아누르산
- 퍼옥소붕산염류

19 ② 변경허가 신청 후 가사용승인을 받은 경우 완공검사 전에 일부에 대해 사용할 수 있다.

20 **[별표 22] 안전관리대행기관의 지정기준**

구분	기준
기술인력	1. 위험물기능장 또는 위험물산업기사 1인 이상 2. 위험물산업기사 또는 위험물기능사 2인 이상 3. 기계분야 및 전기분야의 소방설비기사 1인 이상
시 설	전용사무실을 갖출 것
장 비	1. 절연저항계 2. 접지저항측정기(최소눈금 0.1Ω 이하) 3. 가스농도측정기 4. 정전기 전위측정기 5. 토크렌치 6. 진동시험기 7. 삭 제 8. 표면온도계(-10℃~300℃) 9. 두께측정기(1.5mm~99.9mm) 10. 삭 제 11. 안전용구(안전모, 안전화, 손전등, 안전로프 등) 12. 소화설비점검기구(소화전밸브압력계, 방수압력측정계, 포콜렉터, 헤드렌치, 포콘테이너)

비고 기술인력란의 각 호에 정한 2 이상의 기술인력을 동일인이 겸할 수 없다.

21 ① 운송경로를 미리 파악하고 관할 소방관서 또는 관련업체(비상대응에 관한 협력을 얻을 수 있는 업체를 말한다)에 대한 연락체계를 갖추는 것

22 1천 500만 원 이하의 벌금

- 위험물의 **저장** 또는 **취급**에 관한 **중요기준**에 따르지 아니한 사람
- **변경허가를 받지 아니하고 제조소등을 변경한 사람**
- 제조소등의 완공검사를 받지 아니하고 위험물을 저장·취급한 사람
- 제조소등의 사용정지명령을 위반한 사람
- 수리·개조 또는 이전의 명령에 따르지 아니한 사람
- **안전관리자를 선임하지 아니한 관계인으로서 허가를 받은 사람**
- 대리자를 지정하지 아니한 관계인으로서 허가를 받은 사람
- 탱크안전성능시험자에 대한 업무정지명령을 위반한 사람
- 탱크안전성능시험 또는 점검에 관한 업무를 허위로 하거나 그 결과를 증명하는 서류를 허위로 교부한 사람
- 예방규정을 제출하지 아니하거나 변경명령을 위반한 관계인으로서 허가를 받은 사람
- 정지지시를 거부하거나 국가기술자격증 또는 교육수료증의 제시를 거부 또는 기피한 사람
- 탱크시험자에 대하여 필요한 보고 또는 자료제출을 하지 아니하거나 허위의 보고 또는 자료제출을 한 사람 및 관계공무원의 출입 또는 조사·검사를 거부·방해 또는 기피한 사람
- 탱크시험자에 대한 감독상 명령에 따르지 아니한 사람
- 무허가장소의 위험물에 대한 조치명령에 따르지 아니한 사람
- 저장·취급기준 준수명령 또는 응급조치명령을 위반한 사람

23 제4류 위험물 인화성액체의 분류

품 명	대표적인 품목	인화점
특수인화물	이황화탄소 다이에틸에터	• 인화점이 섭씨 영하 20도 이하이고 비점이 섭씨 40도 이하인 것 • 그 밖의 1기압에서 발화점이 섭씨 100도 이하인 것
제1석유류	아세톤, 휘발유	그 밖의 1기압에서 인화점이 섭씨 21도 미만인 것
제2석유류	등유, 경유	• 그 밖의 1기압에서 인화점이 섭씨 21도 이상 70도 미만인 것 • 다만, 도료류 그 밖의 물품에 있어서 가연성 액체량이 40중량퍼센트 이하이면서 인화점이 섭씨 40도 이상인 동시에 연소점이 섭씨 60도 이상인 것은 제외
제3석유류	중유, 크레오소트유	• 그 밖의 1기압에서 인화점이 섭씨 70도 이상 섭씨 200도 미만인 것 • 다만, 도료류 그 밖의 물품은 가연성 액체량이 40중량퍼센트 이하인 것은 제외
제4석유류	기어유, 실린더유	• 그 밖의 1기압에서 인화점이 섭씨 200도 이상 섭씨 250도 미만의 것 • 다만, 도료류 그 밖의 물품은 가연성 액체량이 40중량퍼센트 이하인 것은 제외
동식물유류	동물의 지육 등 또는 식물의 종자나 과육으로부터 추출한 것	• 그 밖의 1기압에서 인화점이 섭씨 250도 미만인 것 • 다만, 행정안전부령으로 정하는 용기 기준과 수납·저장기준에 따라 수납되어 저장·보관되고 용기의 외부에 물품의 통칭명, 수량 및 화기엄금(화기엄금과 동일한 의미를 갖는 표시를 포함한다)의 표시가 있는 경우 제외
알코올류	메탄올, 에탄올	• 1분자를 구성하는 탄소원자의 수가 1개부터 3개까지인 포화1가 알코올(변성알코올을 포함한다)을 말함 • 다만, 다음 각목에 해당하는 것은 제외 – 1분자를 구성하는 탄소원자의 수가 1개 내지 3개의 포화1가 알코올의 함유량이 60중량퍼센트 미만인 수용액 – 가연성액체량이 60중량퍼센트 미만이고 인화점 및 연소점(태그개방식인화점측정기에 의한 연소점을 말한다. 이하 같다)이 에틸알코올 60중량퍼센트 수용액의 인화점 및 연소점을 초과하는 것

24 암반탱크저장소의 위치 · 구조 · 설비의 기준

- 암반탱크저장소의 암반탱크는 다음의 기준에 의하여 설치해야 한다.
  - 암반탱크는 암반투수계수가 1초당 10만분의 1m 이하인 천연암반 내에 설치할 것
  - 암반탱크는 저장할 위험물의 증기압을 억제할 수 있는 지하수면하에 설치할 것
  - 암반탱크의 내벽은 암반균열에 의한 낙반을 방지할 수 있도록 볼트 · 콘크리트 등으로 보강할 것
- 암반탱크는 다음 각 목의 기준에 적합한 수리조건을 갖추어야 한다.
  - 암반탱크 내로 유입되는 지하수의 양은 암반 내의 지하수 충전량보다 적을 것
  - 암반탱크의 상부로 물을 주입하여 수압을 유지할 필요가 있는 경우에는 수벽공을 설치할 것
  - 암반탱크에 가해지는 지하수압은 저장소의 최대 운영압보다 항상 크게 유지할 것

25 ③ 채광설비는 불연재료로 하고, 연소의 우려가 없는 장소에 설치하되 채광면적을 최소로 할 것

06 정답 및 해설

6회_정답 및 해설														
01	02	03	04	05	06	07	08	09	10	11	12	13	14	15
④	③	④	③	②	④	④	④	④	③	③	①	④	③	④
16	17	18	19	20	21	22	23	24	25					
②	④	③	③	①	③	④	②	③	①					

01 제2류 위험물의 분류

종 류	규 격
금속분류	알칼리금속(리튬, 루비듐, 세슘, 프란슘)·알칼리토류금속(베릴륨, 칼슘, 스트론튬, 바륨, 라듐)·철 및 마그네슘 외의 금속의 분말(구리분·니켈분 및 150 마이크로미터의 체를 통과하는 것이 50중량퍼센트 미만인 것은 제외)
황	순도가 60중량퍼센트 이상인 것
철 분	철의 분말로서 53마이크로미터의 표준체를 통과하는 것(50중량퍼센트 미만은 제외)
마그네슘	① 2mm의 체를 통과하지 아니하는 덩어리 상태의 것 제외 ② 지름 2mm 이상의 막대 모양의 것 제외

02 허가 받지 않고 위치, 구조 설비를 변경하는 경우와 신고하지 않고 품명, 수량, 지정수량의 배수를 변경할 수 있는 경우
- 주택의 난방시설(공동주택의 중앙난방시설을 제외한다)을 위한 저장소 또는 취급소
- 농예용·축산용 또는 수산용으로 필요한 난방시설 또는 건조시설을 위한 지정수량 20배 이하의 저장소

03 이산화탄소소화기 및 할로젠화합물소화기의 적응성 있는 위험물
- 전기설비
- 제2류 인화성고체
- 제4류 위험물

04 한국소방산업기술원에 위탁업무

위탁관계	구 분	위탁사무
시·도지사 권한 : 기술원	탱크 성능 검사	• 용량이 100만 리터 이상인 액체위험물을 저장하는 탱크 • 암반저장탱크 • 지하탱크저장소의 액체위험물을 저장하는 탱크 중 이중벽탱크
	완공 검사	• 지정수량의 1천배 이상의 위험물을 취급하는 제조소 또는 일반취급소의 설치 또는 변경(사용 중인 제조소 또는 일반취급소의 보수 또는 부분적인 증설은 제외)에 따른 완공검사 • 저장용량 50만 리터 이상의 옥외탱크저장소의 설치 또는 변경에 따른 완공검사 • 암반탱크저장소의 설치 또는 변경에 따른 완공검사
	기타	위험물 운반용기 검사
소방본부장 또는 소방서장 : 기술원		액체위험물을 저장 또는 취급하는 50만 리터 이상의 옥외탱크저장소의 정기검사
소방청장 : 기술원		탱크시험자의 기술인력으로 종사하는 사람에 대한 안전교육

05 위험물을 취급하는 건축물 그 밖의 시설(위험물을 이송하기 위한 배관 그 밖에 이와 유사한 시설을 제외한다)의 주위에는 그 취급하는 위험물의 최대수량에 따라 다음 표에 의한 너비의 공지를 보유해야 한다.

취급하는 위험물의 최대수량	공지의 너비
지정수량의 10배 이하	3m 이상
지정수량의 10배 초과	5m 이상

06 ① 위험물의 각 유별 품명에 따라 위험등급 Ⅰ부터 Ⅲ등급까지 구분하고 있다.
② 제1류 위험물은 산화성고체의 성질을 가지고 있다.
③ 제3류 위험물은 자연발화성 및 금수성의 성질을 가지고 있다.

07 응급조치·통보 및 조치명령은 위험물안전관리법 제27조에 규정되어 있으며 ①, ②, ③은 소방기본법에 규정된 내용이다.

08 이동저장탱크로부터 직접 위험물을 자동차의 연료탱크에 주입할 수 있는 기준
- 건설공사를 하는 장소에서 주입설비를 부착한 이동탱크저장소로부터 해당 건설공사와 관련된 건설기계 중 덤프트럭과 콘크리트믹서트럭의 연료탱크에 인화점 40℃ 이상의 위험물을 주입하는 경우
- 재난이 발생한 장소에서 주입설비를 부착한 이동탱크저장소로부터 「소방장비관리법」 제8조에 따른 소방자동차의 연료탱크에 인화점 40℃ 이상의 위험물을 주입하는 경우
- 재난이 발생한 장소에서 주입설비를 부착한 이동탱크저장소로부터 긴급구조지원기관 소속의 자동차의 연료탱크에 인화점 40℃ 이상의 위험물을 주입하는 경우
- 그 밖에 재난에 긴급히 대응할 필요가 있는 경우로서 소방대장 및 긴급구조지원기관의 장이 지정하는 자동차

09 제조소등의 변경허가를 받아야 하는 경우(시행규칙 제8조 관련)

제조소등의 구분	변경허가를 받아야 하는 경우
이동탱크저장소	① 상치장소의 위치를 이전하는 경우(같은 사업장 또는 같은 울 안에서 이전하는 경우는 제외한다) ② 이동저장탱크를 **보수(탱크본체를 절개하는 경우**에 한한다)하는 경우 ③ 이동저장탱크의 노즐 또는 맨홀을 신설하는 경우(노즐 또는 맨홀의 지름이 250mm를 초과하는 경우에 한한다) ④ 이동저장탱크의 내용적을 변경하기 위해 구조를 변경하는 경우 ⑤ 주입설비를 설치·교체 또는 철거하는 경우 ⑥ 펌프설비를 신설 또는 철거하는 경우

10 위험물안전관리자
- **재선임** : 해임 또는 퇴직한 날부터 **30일 이내**
- 선임신고 : 선임한날로부터 14일 이내에 소방본부장 또는 소방서장에게 신고

11 ③ 제6류 위험물은 모두 위험등급 Ⅰ이고 지정수량은 모두 300킬로그램이다.

12 **염소화규소화합물** : 제3류 위험물(자연발화성 및 금수성물질)

13 제6류 위험물의 성질과 품목
- "산화성액체"라 함은 액체로서 산화력의 잠재적인 위험성을 판단하기 위하여 고시로 정하는 시험에서 고시로 정하는 성질과 상태를 나타내는 것을 말한다.
- 과산화수소는 그 농도가 36중량퍼센트 이상인 것에 한하며, 산화성액체의 성질과 상태가 있는 것으로 본다.
- 질산은 그 비중이 1.49 이상인 것이 제6류 위험물에 해당한다.
- 과염소산은 비중이나 농도에 의하지 않고, 산화성액체의 성질과 상태가 있는 것으로 본다.

14 수 원

- 옥내소화전설비의 수원 = N(최대 5개) × 7.8m^3(260L/min × 30min)
- 옥외소화전설비의 수원 = N(최대 4개) × 13.5m^3(450L/min × 30min)

∴ 수원 = 옥내 + 옥외 = (1개 × 7.8m^3) + (1개 × 13.5m^3) = 21.3m^3

15 지정수량 및 단위

화학식	황 린	과염소산	나트륨	이황화탄소
유 별	제3류 위험물	제6류 위험물	제3류 위험물	제4류 위험물
지정수량	20킬로그램	300킬로그램	10킬로그램	50리터

16 명령권자 정리

명령의 내용	명령권자
출입・검사	소방청장(중앙119구조본부장및 그 소속 기관의 장을 포함), 시・도지사, 소방본부장 또는 소방서장
위험물 누출 등의 사고 조사	소방청장(중앙119구조본부장및 그 소속 기관의 장을 포함), 소방본부장 또는 소방서장
탱크시험자에 대한 감독상 명령	시・도지사, 소방본부장 또는 소방서장
무허가 장소의 위험물에 대한 조치명령	
제조소등에 대한 긴급 사용정지명령 등	
저장・취급기준 준수명령등	
응급조치・통보 및 조치명령	소방본부장 또는 소방서장

17 시・도지사의 완공검사에 관한 권한 중 한국산업기술원에 업무 위탁(시행령 제22조 제1항 제2호)

- 지정수량의 1천배 이상의 위험물을 취급하는 제조소 또는 일반취급소의 설치 또는 변경(사용 중인 제조소 또는 일반취급소의 보수 또는 부분적인 증설은 제외한다)에 따른 완공검사
- 저장용량이 50만 리터 이상의 옥외탱크저장소의 설치 또는 변경에 따른 완공검사
- 암반탱크저장소의 설치 또는 변경에 따른 완공검사

18 위험물의 성질과 상태

유 별	성 질	상 태
제1류	산화성	고 체
제2류	가연성	고 체
제3류	자연발화성 및 금수성	고체 또는 액체
제4류	인화성	액 체
제5류	자기반응성 물질	고체 또는 액체
제6류	산화성	액 체

19 ③ 원칙적으로 제조소등의 설치를 마쳤거나 또는 기존의 제조소등에 있어 변경허가를 받은 자는 공사를 완료하고 완공검사를 신청하여 소방서장의 완공검사를 받은 후 적합 판정이 있어야만 사용할 수 있도록 하고 있다. 그러나 예외적으로 변경허가 신청 시 화재예방에 관한 조치사항을 기재한 서류를 제출하는 경우는 가사용 승인을 받아 변경공사와 관계가 없는 나머지 부분에 대하여서는 미리 사용할 수 있도록 한 것이다.

20 ① 추출공정에 있어서는 추출관의 내부압력이 비정상으로 상승하지 아니하도록 할 것

21 ③ 지중탱크에 대한 용어의 정의이다.

22

질산칼륨	다이에틸에테	황 린	과염소산 과산화수소	고형알코올	아세톤	탄화알루미늄
제1류	제4류	제3류	제6류	제2류	제4류	제3류
산화성고체 (불연성)	인화성액체	자연발화성	산화성액체 (불연성)	인화성고체	인화성액체	금수성 및 자연발화성

23 저장 · 취급 위험물의 주의사항

품 명	황화인	과산화나트륨	알킬알루미늄	나이트로글리셀린
유 별	제2류	제1류 알칼리금속 과산화물	제3류	제5류
주의사항	화기주의	물기엄금	물기엄금	화기엄금

24 옥내저장소 또는 옥외저장소에서 유별을 달리하는 위험물을 혼재할 수 있는 저장기준

조건 : 위험물을 유별로 정리하여 저장하는 한편, 서로 1m 이상의 간격을 둘 것

제1류 위험물(알칼리금속의 과산화물 또는 이를 함유한 것을 제외)	제5류 위험물
제1류 위험물	제6류 위험물
제1류 위험물	제3류 위험물 중 황린 또는 이를 함유한 물품
제2류 중 인화성고체	제4류 위험물
제3류 위험물 중 알킬알루미늄등	제4류 위험물 중 알킬알루미늄 또는 알킬리튬을 함유한 물품
제4류 위험물 중 유기과산화물 또는 이를 함유하는 것	제5류 위험물 중 유기과산화물 또는 이를 함유한 것

25 다층건물의 옥내저장소에 저장 · 취급할 수 있는 위험물

- 인화성고체를 제외한 제2류 위험물
- 인화점이 70℃ 미만인 제4류 위험물을 제외한 제4류의 위험물

07 정답 및 해설

7회_정답 및 해설														
01	02	03	04	05	06	07	08	09	10	11	12	13	14	15
②	①	②	④	②	②	③	③	④	④	④	④	②	③	④
16	17	18	19	20	21	22	23	24	25					
④	②	④	③	①	①	④	④	③	①					

01 옥외저장탱크의 바닥판 전면 교체 시 절차 순서 : 기술검토 – 변경허가 – 안전성능검사 – 완공검사

02 제4류 위험물의 분류 : 331P 5회 23번 정답 및 해설 참고

03 제조소의 환기설비 기준

<table>
<tr><th>구 분</th><th colspan="2">설치기준</th></tr>
<tr><td rowspan="7">환기
설비
15년 소방위</td><td colspan="2">• 환기는 자연배기방식으로 할 것
• 급기구는 해당 급기구가 설치된 실의 바닥면적 150m²마다 1개 이상으로 하되, 급기구의 크기는 800cm² 이상으로 할 것. 다만, 바닥면적이 150m² 미만인 경우에는 다음의 크기로 할 것</td></tr>
<tr><td>바닥면적</td><td>급기구의 면적</td></tr>
<tr><td>60m² 미만</td><td>150cm² 이상</td></tr>
<tr><td>60m² 이상 90m² 미만</td><td>300cm² 이상</td></tr>
<tr><td>90m² 이상 120m² 미만</td><td>450cm² 이상</td></tr>
<tr><td>120m² 이상 150m² 미만</td><td>600cm² 이상</td></tr>
<tr><td colspan="2">• 급기구는 낮은 곳에 설치하고 가는 눈의 구리망 등으로 인화방지망을 설치할 것
• 환기구는 지붕 위 또는 지상 2m 이상의 높이에 회전식 고정벤티레이터 또는 루프팬 방식으로 설치할 것</td></tr>
</table>

04 안전관리자의 책무(시행규칙 제55조)

법 제15조 제6항에 따라 안전관리자는 위험물의 취급에 관한 안전관리와 감독에 관한 다음 각 호의 업무를 성실하게 행해야 한다.

① 위험물의 취급작업에 참여하여 해당 작업이 법 제5조 제3항에 따른 저장 또는 취급에 관한 기술기준과 법 제17조에 따른 예방규정에 적합하도록 해당 작업자(해당 작업에 참여하는 위험물취급자격자를 포함한다)에 대하여 지시 및 감독하는 업무

② 화재 등의 재난이 발생한 경우 응급조치 및 소방관서 등에 대한 연락업무

③ 위험물시설의 안전을 담당하는 자를 따로 두는 제조소등의 경우에는 그 담당자에게 다음 각 목에 따른 업무의 지시, 그 밖의 제조소등의 경우에는 다음 각 목에 따른 업무

㉠ 제조소등의 위치·구조 및 설비를 기술기준에 적합하도록 유지하기 위한 점검과 점검상황의 기록·보존

㉡ 제조소등의 구조 또는 설비의 이상을 발견한 경우 관계자에 대한 연락 및 응급조치

㉢ 화재가 발생하거나 화재발생의 위험성이 현저한 경우 소방관서 등에 대한 연락 및 응급조치

㉣ 제조소등의 계측장치·제어장치 및 안전장치 등의 적정한 유지·관리

㉤ 제조소등의 위치·구조 및 설비에 관한 설계도서 등의 정비·보존 및 제조소등의 구조 및 설비의 안전에 관한 사무의 관리

④ 화재 등의 재해의 방지와 응급조치에 관하여 인접하는 제조소등과 그 밖의 관련되는 시설의 관계자와 협조체제의 유지

⑤ 위험물의 취급에 관한 일지의 작성・기록

⑥ 그 밖에 위험물을 수납한 용기를 차량에 적재하는 작업, 위험물설비를 보수하는 작업 등 위험물의 취급과 관련된 작업의 안전에 관하여 필요한 감독의 수행

05 제조소의 주의사항

품 명	주의사항	게시판표시
제1류 위험물(알칼리금속의 과산화물과 함유 포함) 제3류 위험물(금수성 물질)	물기엄금	청색바탕에 백색문자
제2류 위험물(인화성고체 제외)	화기주의	적색바탕에 백색문자
제2류 위험물(인화성고체) 제3류 위험물(자연발화성물질) 제4류 위험물 제5류 위험물	화기엄금	적색바탕에 백색문자

06 자동화재탐지설비 경계구역 설치기준

- 2개의 층에 걸치지 아니할 것
- $600m^2$ 이하로 할 것
- 한 변의 길이는 50m 이하로 할 것
- 광전식분리형 : 100m 이하로 할 것

07 ③ 정기점검 대상과 정기검사 대상은 일치하지 않는다.

정기점검 대상	정기검사 대상
• 예방규정을 정하는 제조소등 • 지하탱크저장소 • 이동탱크저장소 • 위험물을 취급하는 탱크로서 지하에 매설된 탱크가 있는 제조소・주유취급소 또는 일반취급소	액체위험물을 저장, 취급하는 50만 리터 이상의 옥외탱크저장소

08 옥외저장소에 저장할 수 있는 위험물

- 제2류 위험물 중 황 또는 인화성고체(인화점이 섭씨 0도 이상인 것에 한한다)
- 제4류 위험물 중 제1석유류(인화점이 섭씨 0도 이상인 것에 한한다)・알코올류・제2석유류・제3석유류・제4석유류 및 동식물유류
- 제6류 위험물
- 제2류 위험물 및 제4류 위험물 중 특별시・광역시・특별자치시・도 및 특별자치도(이하 "시・도"라 한다)의 조례에서 정하는 위험물(「관세법」 제154조에 따른 보세구역안에 저장하는 경우에 한한다)

09 안전관리대행기관 지정 등(시행규칙 제57조 제5항 및 제6항)

⑤ 안전관리대행기관은 지정받은 사항의 변경이 있는 경우에는 그 사유가 있는 날부터 14일 이내에 별지 제35호서식의 위험물안전관리대행기관 변경신고서(전자문서로 된 신고서를 포함한다)에 행정안전부령으로 정하는 서류(전자문서를 포함한다)를 첨부하여 소방청장에게 제출해야 한다.

⑥ 안전관리대행기관은 휴업・재개업 또는 폐업을 하려는 경우에는 휴업・재개업 또는 폐업하려는 날 1일 전까지 위험물안전관리대행기관 휴업・재개업・폐업 신고서(전자문서로 된 신고서를 포함한다)에 위험물안전관리대행기관지정서(전자문서를 포함한다)를 첨부하여 소방청장에게 제출해야 한다.

10 고체위험물(아염소산염류)운반용기의 내장용기 최대용적

- 금속제용기 : 30리터
- 종이포대 : 5킬로그램, 50킬로그램, 125킬로그램
- 플라스틱 필름포대 : 5킬로그램, 50킬로그램, 125킬로그램
- 유리용기 : 10리터

11 위험물 제조소의 난이도 등급

- 소화난이도등급 I 에 해당하는 위험물 제조소 : 연면적 1,000m^2 이상
- 소화난이도등급 II 에 해당하는 위험물 제조소 : 연면적 600m^2 이상

12

④ 위험물시설의 사용시기는 완공검사합격확인증을 받고 위험물안전관리자를 선임하고 나서 위험물을 저장 또는 취급할 수 있다(위험물안전관리자 선임신고는 선임일로부터 14일 이내에 소방서장에게 한다).

13 제2류 위험물의 구분

품 명	위험물이 되기 위한 요건
황	순도가 60중량퍼센트 이상인 것 (순도측정에 있어서 불순물은 활석 등 불연성 물질과 수분에 한함)
철 분	철의 분말로서 53마이크로미터의 표준체를 통과하는 것이 50중량퍼센트 미만인 것을 제외
금속분	알칼리금속・알칼리토류금속・철 및 마그네슘 외의 금속의 분말을 말하며, 구리분・니켈분 및 150마이크로미터의 체를 통과하는 것이 50중량퍼센트 미만인 것은 제외함
마그네슘 및 마그네슘을 함유한 것	다음에 해당하는 것은 제외한다. • 2밀리미터의 체를 통과하지 아니하는 덩어리 상태의 것 • 지름 2밀리미터 이상의 막대 모양의 것
황화인・적린・황 및 철분	가연성고체의 성상이 있는 것으로 봄
인화성고체	고형알코올 그 밖에 1기압에서 인화점이 섭씨 40도 미만인 고체

14 옥외탱크저장소의 방유제

간막이 둑	용량이 1,000만 리터 이상인 옥외저장탱크의 주위에 설치하는 방유제에는 다음의 규정에 따라 당해 탱크마다 간막이 둑을 설치할 것 • 간막이 둑의 높이는 0.3m(방유제 내에 설치되는 옥외저장탱크의 용량의 합계가 2억 리터를 넘는 방유제에 있어서는 1m)이상으로 하되, 방유제의 높이보다 0.2m 이상 낮게 할 것 • 간막이 둑은 흙 또는 철근콘크리트로 할 것 • 간막이 둑의 용량은 간막이 둑안에 설치된 탱크의 용량의 10% 이상일 것

15 제6류 위험물

- 과산화수소(H_2O_2, 농도가 36중량퍼센트 이상인 것)
- 질산(HNO_3, 비중이 1.49 이상인 것)
- 과염소산($HClO_4$)
- 할로젠간화합물 : 오블화아이오딘(IF_5)

16

"산화성고체"라 함은 고체[액체(1기압 및 섭씨 20도에서 액상인 것 또는 섭씨 20도 초과 섭씨 40도 이하에서 액상인 것) 또는 기체(1기압 및 섭씨 20도에서 기상인 것) 외의 것을 말한다]로서 산화력의 잠재적인 위험성 또는 충격에 대한 민감성을 판단하기 위하여 소방청장이 정하여 고시하는 시험에서 고시로 정하는 성질과 상태를 나타내는 것을 말한다. 이 경우 "액상"이라 함은 수직으로 된 시험관(안지름 30밀리미터, 높이 120밀리미터의 원통형유리관을 말한다)에 시료를 55밀리미터까지 채운 다음 해당 시험관을 수평으로 하였을 때 시료액면의 선단이 30밀리미터를 이동하는데 걸리는 시간이 90초 이내에 있는 것을 말한다.

17 지정수량

종 류	부틸리튬(알킬리튬)	마그네슘	인화칼슘(금속의 인화물)	황 린
지정수량	10킬로그램	500킬로그램	300킬로그램	20킬로그램

18

정기점검 대상인 위험물 제조소등의 관계인은 점검을 한 날부터 30일 이내에 점검결과를 시·도지사에게 제출해야 한다.

19 제4류 위험물 및 지정수량

<table>
<tr><th colspan="2">성 질</th><th>위험등급</th><th colspan="2">품 명</th><th>지정수량</th></tr>
<tr><td rowspan="10">제4류</td><td rowspan="10">인화성 액체</td><td>I</td><td colspan="2">1. 특수인화물</td><td>50리터</td></tr>
<tr><td rowspan="3">II</td><td rowspan="2">2. 제1석유류(아세톤, 휘발유 등)</td><td>비수용성 액체</td><td>200리터</td></tr>
<tr><td>수용성 액체</td><td>400리터</td></tr>
<tr><td colspan="2">3. 알코올류(탄소원자의 수가 1~3개)</td><td>400리터</td></tr>
<tr><td rowspan="6">III</td><td rowspan="2">4. 제2석유류(등유, 경유 등)</td><td>비수용성 액체</td><td>1,000리터</td></tr>
<tr><td>수용성 액체</td><td>2,000리터</td></tr>
<tr><td rowspan="2">5. 제3석유류(중유, 크레오소트유 등)</td><td>비수용성 액체</td><td>2,000리터</td></tr>
<tr><td>수용성 액체</td><td>4,000리터</td></tr>
<tr><td colspan="2">6. 제4석유류(기어유, 실린더유 등)</td><td>6,000리터</td></tr>
<tr><td colspan="2">7. 동식물유류</td><td>10,000리터</td></tr>
</table>

20 위험물 제조소등 완공검사 신청서류

- 신청서류
  - 위험물[제조소, 저장소, 취급소(전부, 부분)] 완공검사신청서
  - 이송취급소 완공검사 신청서
- 첨부서류
  - 배관에 관한 내압시험, 비파괴시험 등에 합격하였음을 증명하는 서류(내압시험 등을 해야 하는 배관이 있는 경우에 한함)
  - 소방서장, 기술원 또는 탱크시험자가 교부한 탱크검사합격확인증 또는 탱크시험합격확인증(해당 위험물탱크의 완공검사를 실시하는 소방서장 또는 기술원이 그 위험물탱크의 탱크안전성능검사를 실시한 경우는 제외)
  - 이중벽탱크의 경우 재료의 성능을 증명하는 서류
- 제출시기 : 완공검사를 실시할 때까지 제출

21 안전관리대행기관의 자격(시행규칙 제57조 제1항)

다음 각 호의 1에 해당하는 기관으로서 안전관리대행기관의 지정기준을 갖추어 소방청장의 지정을 받아야 한다.

1. 탱크시험자로 등록한 법인
2. 다른 법령에 의하여 안전관리업무를 대행하는 기관으로 지정・승인 등을 받은 법인

22 인화성고체, 제1석유류 또는 알코올류 옥외저장소의 특례

- 적용 대상 위험물
  - 제2류 위험물 인화점이 21℃ 미만인 인화성고체
  - 제4류 위험물 중 제1석유류 및 알코올류
- 위험물별 적용설비
  - 살수설비 : 인화점이 21℃ 미만인 인화성고체, 제1석유류 및 알코올류
  - 배수구 및 집유설비 : 제1석유류 및 알코올류
  - 배수구・집유설비 및 유분리장치 : 제1석유류(비수용성)

23 방유제, 방유턱 용량

- 위험물 제조소의 옥외에 있는 위험물 취급탱크의 방유제의 용량
  - 1기일 때 : 탱크용량 × 0.5(50%)
  - 2기 이상일 때 : 최대탱크용량 × 0.5 + (나머지 탱크 용량합계 × 0.1)
- 위험물 제조소의 옥내에 있는 위험물 취급탱크의 방유턱의 용량
  - 1기일 때 : 탱크용량 이상
  - 2기 이상일 때 : 최대탱크용량 이상
- 위험물옥외탱크저장소의 방유제의 용량
  - 1기일 때 : 탱크용량 × 1.1(110%)[비인화성 물질 × 100%]
  - 2기 이상일 때 : 최대탱크용량 × 1.1(110%)[비인화성 물질 × 100%]
- 과염소산은 불연성인 제6류 위험물로 방유제 용량 산정 시 최대탱크용량의 100%로 산정한다.

24 ① 시・도의 조례가 정하는 바에 따라 관할소방서장의 승인을 받아 지정수량 이상의 위험물을 90일 이내의 기간동안 임시로 저장 또는 취급하는 경우에는 제조소등이 아닌 장소에서 저장・취급할 수 있다.

② 옥외에 있는 이동탱크저장소의 상치장소는 화기를 취급하는 장소 또는 인근 건축물로부터 5m 이상의 거리를 확보해야 한다.

④ "제조소등"이라 함은 제조소・저장소 및 취급소를 말한다.

25 ② 화물차량에 위험물 용기를 싣고 다른 장소로 옮기는 것을 〈나〉와 같이 운반이라 한다.

③ 그림 〈가〉와 같이 이동탱크저장소에 의하여 위험물을 다른 장소로 옮기는 것을 운송이라 한다.

④ 운반용기의 재질은 강판・알루미늄판・양철판・유리・금속판・종이・플라스틱・섬유판・고무류・합성섬유・삼・짚 또는 나무이다.

08 정답 및 해설

8회_정답 및 해설

01	02	03	04	05	06	07	08	09	10	11	12	13	14	15
③	④	②	③	③	③	①	②	④	③	①	④	②	①	②
16	17	18	19	20	21	22	23	24	25					
③	④	④	④	②	③	②	③	①	③					

01 제5류 위험물의 종류와 성질 및 취급
- 위험성 유무와 등급에 따라 제1종 또는 제2종으로 분류한다.
- 질산에스터류는 자기반응성물질로서 외부로부터 산소의 공급이 없어도 자기연소하며 연소속도가 빠르다.
- 제5류 위험물은 유기과산화물, 질산에스터류, 나이트로화합물등이 있다.

알킬리튬, 알킬알루미늄 : 제3류 위험물

- 위험물 제조소등의 주의사항 : 화기엄금

02 소화설비의 능력단위

소화설비	용 량	능력단위
소화전용(專用)물통	8리터	0.3
수조(소화전용물통 3개 포함)	80리터	1.5
수조(소화전용물통 6개 포함)	190리터	2.5
마른 모래(삽 1개 포함)	50리터	0.5
팽창질석 또는 팽창진주암(삽 1개 포함)	160리터	1.0

03 위험물안전관리법에서 제조소등에 설치할 경보설비의 종류
- 자동화재탐지설비
- 비상경보설비(비상벨장치 또는 경종을 포함)
- 확성장치(휴대용 확성기를 포함)
- 비상방송설비
- 자동화재속보설비

※ 자동신호장치를 갖춘 스프링클러설비 또는 물분무등소화설비를 설치한 제조소등에 있어서는 자동화재탐지설비를 설치한 것으로 본다.

04 제조소의 안전거리 기준

안전거리	해당 대상물
① 50m 이상	지정문화유산 및 천연기념물 등
② 30m 이상	• 학교, 병원급 의료기관 • 공연장, 영화상영관 및 그 밖에 이와 유사한 시설로서 300명 이상의 인원을 수용할 수 있는 곳 • 아동복지시설, 노인복지시설, 장애인복지시설, 한부모가족복지시설, 어린이집, 성매매피해자 등을 위한 지원시설, 정신건강증진시설, 가정폭력방지 · 피해자보호시설 및 그 밖에 이와 유사한 시설로서 20명 이상의 인원을 수용할 수 있는 곳
③ 20m 이상	• 허가를 받거나 신고를 하여야 하는 고압가스제조시설 또는 고압가스 사용시설로서 1일 $30m^3$ 이상의 용적을 취급하는 시설이 있는 것 • 허가를 받거나 신고를 하여야 하는 고압가스저장시설 • 허가를 받거나 신고를 하여야 하는 액화산소를 소비하는 시설 • 허가를 받거나 신고를 하여야 하는 액화석유가스제조시설 및 액화석유가스저장시설 • 도시가스공급시설
④ 10m 이상	①, ②, ③ 외의 건축물 그 밖의 공작물로서 주거용으로 사용되는 것(제조소가 설치된 부지 내에 있는 것을 제외한다)
⑤ 5m 이상	사용전압 35,000V를 초과하는 특고압가공전선
⑥ 3m 이상	사용전압 7,000V 초과 35,000V 이하의 특고압가공전선

05 위험물별 소화설비의 적응성에서 전기설비가 있는 장소에 적응성이 있는 소화설비는 물분무소화설비, 불활성가스소화설비, 할로젠화합물소화설비이다.

06 "금속분"이라 함은 알칼리토금속 · 알칼리토류금속 · 철 및 마그네슘 외의 금속의 분말을 말하고 구리분 · 니켈분 및 150마이크로미터의 체를 통과하는 것이 50중량퍼센트 미만인 것은 제외한다.

07 적재하는 위험물의 성질에 따른 재해방지 조치

(1) 차광성 피복

제1류	제2류	제3류	제4류	제5류	제6류
전 부	해당없음	자연발화성 물품	특수인화물류	전 부	전 부

(2) 방수성 피복

① 제1류 위험물 중 : 알칼리금속의 과산화물 또는 이를 함유한 것

② 제2류 위험물 중 : 철분, 금속분, 마그네슘 또는 이들 중 어느 하나 이상을 함유한 것

③ 제3류 위험물 중 : 금수성 물질

(3) 보냉 컨테이너에 수납 또는 적정한 온도관리 : 제5류 중 55℃ 이하에서 분해될 우려가 있는 것

08 기술원은 소방청장이 정하여 고시하는 기준에 따라 정기검사를 실시한 결과 다음 각 호의 구분에 따른 사항이 적합하다고 인정되면 검사종료일부터 10일 이내에 정기검사합격확인증을 관계인에게 발급하고, 그 결과보고서를 작성하여 소방서장에게 제출해야 한다.

09 지정과산화물을 저장하는 옥내저장소의 저장창고의 기준

• 저장창고는 $150m^2$ 이내마다 격벽으로 완전하게 구획할 것. 이 경우 해당 격벽은 **두께 30cm 이상의 철근콘크리트조** 또는 철골 · 철근콘크리트조로 하거나 두께 40cm 이상의 보강콘크리트블록조로 하고, 해당 저장창고의 **양측의 외벽으로부터 1m 이상, 상부의 지붕으로부터 50cm 이상 돌출**하게 해야 한다.

• 저장창고의 **외벽**은 두께 20cm 이상의 철근콘크리트조나 철골 · 철근콘크리트조 또는 두께 30cm 이상의 보강콘크리트블록조로 할 것

• 저장창고의 창은 바닥면으로부터 2m 이상의 높이에 두되, 하나의 벽면에 두는 창의 면적의 합계를 해당 벽면의 면적의 80분의 1 이내로 하고, 하나의 창의 면적을 $0.4m^2$ 이내로 할 것

10 ③ 위험물의 제조설비 또는 취급설비를 증설하는 경우에 변경허가를 받아야 하지만 펌프설비 또는 1일 취급량이 지정수량의 5분의 1 미만인 설비를 증설하는 경우는 변경허가를 받아야 하는 경우에서 제외한다.

11 자기반응성물질 : 유기과산화물, 질산에스터류, 하이드라진 유도체, 아조화합물, 다이아조화합물 등

무기과산화물 : 제1류 위험물, 하이드라진(N_2H_4) : 제4류 위험물 제2석유류(수용성)

12 스프링클러설비가 적합하지 않는 위험물
- 제1류 위험물의 무기과산화물
- 제2류 위험물의 금속분, 철분, 마그네슘
- 제3류 위험물(황린은 제외)
- 제4류 위험물

13 위험물안전관리대행기관 지정기준

구 분	안전관리대행기관 지정기준
기술 인력	① 위험물기능장 또는 위험물산업기사 1인 이상 ② 위험물산업기사 또는 위험물기능사 2인 이상 ③ 기계분야 및 전기분야의 소방설비기사 1인 이상 ※ 2 이상의 기술인력은 동일인이 겸직 불가능
시 설	전용사무실을 갖출 것
장 비	① 절연저항계(절연저항측정기) ② 접지저항측정기(최소눈금 0.1Ω 이하) ③ 가스농도측정기(탄화수소계 가스의 농도측정이 가능할 것) ④ 정전기 전위측정기 ⑤ 토크렌치(Torque Wrench : 볼트와 너트를 규정된 회전력에 맞춰 조이는데 사용하는 도구) ⑥ 진동시험기 ⑦ 표면온도계(−10℃~300℃) ⑧ 두께측정기(1.5mm~99.9mm) ⑨ 안전용구(안전모, 안전화, 손전등, 안전로프 등) ⑩ 소화설비점검기구(소화전밸브압력계, 방수압력측정계, 포콜렉터, 헤드렌치, 포콘테이너)

※ 탱크안전성능시험자 등록기준과 비교해서 학습하기 바랍니다.

14 자체소방대에 두는 화학소방자동차 및 인원(시행령 제18조 제3항 관련)

사업소의 구분	화학소방자동차	자체소방대원의 수
1. 제조소 또는 일반취급소에서 취급하는 제4류 위험물의 최대수량의 합이 지정수량의 3천배 이상 12만배 미만인 사업소	1대	5인
2. 제조소 또는 일반취급소에서 취급하는 제4류 위험물의 최대수량의 합이 지정수량의 12만배 이상 24만배 미만인 사업소	2대	10인
3. 제조소 또는 일반취급소에서 취급하는 제4류 위험물의 최대수량의 합이 지정수량의 24만배 이상 48만배 미만인 사업소	3대	15인
4. 제조소 또는 일반취급소에서 취급하는 제4류 위험물의 최대수량의 합이 지정수량의 48만배 이상인 사업소	4대	20인
5. 옥외탱크저장소에 저장하는 제4류 위험물의 최대수량이 지정수량의 50만배 이상인 사업소	2대	10인

비고

화학소방자동차에는 행정안전부령이 정하는 소화능력 및 설비를 갖추어야 하고, 소화활동에 필요한 소화약제 및 기구(방열복 등 개인장구를 포함한다)를 비치해야 한다.

15 교육과정 · 교육대상자 · 교육시간 · 교육시기 및 교육기관

교육과정	교육대상자	교육시간	교육시기	교육기관
강습교육	안전관리자가 되려는 사람	24시간	최초 선임되기 전	안전원
	위험물운반자가 되려는 사람	8시간	최초 종사하기 전	
	위험물운송자가 되려는 사람	16시간	최초 종사하기 전	
실무교육	안전관리자	8시간	가. 제조소등의 안전관리자로 선임된 날부터 6개월 이내 나. 가목에 따른 교육을 받은 후 2년마다 1회	안전원
	위험물운반자	4시간	가. 위험물운반자로 종사한 날부터 6개월 이내 나. 가목에 따른 교육을 받은 후 3년마다 1회	안전원
	위험물운송자	8시간	가. 이동탱크저장소의 위험물운송자로 종사한 날부터 6개월 이내 나. 가목에 따른 교육을 받은 후 3년마다 1회	안전원
	탱크시험자의 기술인력	8시간	가. 탱크시험자의 기술인력으로 등록한 날부터 6개월 이내 나. 가목에 따른 교육을 받은 후 2년마다 1회	기술원

16 위험물의 성질과 상태

"자기반응성물질"이라 함은 고체 또는 액체로서 폭발의 위험성 또는 가열분해의 격렬함을 판단하기 위하여 고시로 정하는 시험에서 고시로 정하는 성질과 상태를 나타내는 것을 말하며, 위험성 유무와 등급에 따라 제1종 또는 제2종으로 분류한다.

17 ④ 해당 위험물탱크의 완공검사를 실시하는 소방서장 또는 기술원이 그 위험물탱크의 탱크안전성능검사를 실시한 경우 탱크검사합격확인증을 생략한다.

18 안전관리대행기관 지정신청 서류(시행규칙 제57조 제2항)

- 신청서 : 위험물안전관리대행기관 지정신청서(시행규칙 별지 제33호 서식)
- 첨부서류

구분	서류
신청인 제출서류	1. 기술인력의 연명부 및 기술자격증 2. 사무실의 확보를 증명할 수 있는 서류 3. 장비보유명세서
담당 공무원 확인사항	법인 등기사항 증명서

19 탱크시험자의 등록취소 : 시 · 도지사, 소방본부장, 소방서장

20 위험물 제조소의 지붕

- 폭발력이 위로 방출될 정도의 가벼운 불연재료로 덮어야 한다.
- 지붕을 내화구조로 할 수 있는 경우
  - 제2류 위험물(분말상태의 것과 인화성고체는 제외)
  - 제4류 위험물 중 제4석유류, 동식물유류
  - 제6류 위험물
  - 다음의 기준에 적합한 밀폐형 구조의 건축물인 경우
    ⓐ 발생할 수 있는 내부의 과압(過壓) 또는 부압(負壓)에 견딜 수 있는 철근콘크리트조일 것
    ⓑ 외부화재에 90분 이상 견딜 수 있는 구조일 것

21 옥내탱크전용실의 구조

- 벽 · 기둥 및 바닥은 내화구조로 하고, 보를 불연재료로 하며, 연소의 우려가 있는 외벽은 출입구 외에는 개구부가 없도록 할 것
- 지붕은 불연재료로 하고, 천장을 설치하지 아니할 것
- 탱크전용실의 창 및 출입구에는 60분+방화문 · 60분방화문 또는 30분방화문을 설치하는 동시에, 연소의 우려가 있는 외벽에 두는 출입구에는 수시로 열 수 있는 자동폐쇄식의 60분+방화문 또는 60분방화문을 설치할 것
- 탱크전용실의 창 또는 출입구에 유리를 이용하는 경우에는 망입유리로 할 것
- 액상의 위험물의 옥내저장탱크를 설치하는 탱크전용실의 바닥은 위험물이 침투하지 아니하는 구조로 하고, 적당한 경사를 두는 한편, 집유설비를 설치할 것
- 탱크전용실의 출입구의 턱의 높이를 해당 탱크전용실 내의 옥내저장탱크(옥내저장탱크가 2 이상인 경우에는 최대용량의 탱크)의 용량을 수용할 수 있는 높이 이상으로 하거나 옥내저장탱크로부터 누설된 위험물이 탱크전용실 외의 부분으로 유출하지 아니하는 구조로 할 것
- 탱크전용실의 채광 · 조명 · 환기 및 배출의 설비는 옥내저장소의 채광 · 조명 · 환기 및 배출의 설비의 기준을 준용할 것
- 전기설비는 「전기사업법」에 의한 전기설비기술기준에 의할 것

22 복합용도 건축물 옥내저장소의 기준

- 저장용량의 제한 : 20배 이하
- 면적의 제한 : 바닥면적은 75m^2 이하
- 층고의 제한 : 6m 미만
- 설치위치 제한 : 내화구조 건축물의 1층 또는 2층

23 이동저장탱크에 저장 · 취급 기준

- 이동저장탱크에 알킬알루미늄등을 저장하는 경우에는 20kPa 이하의 압력으로 불활성의 기체를 봉입하여 둘 것
- 알킬알루미늄등의 이동탱크저장소에 있어서 이동저장탱크로부터 알킬알루미늄등을 꺼낼 때에는 동시에 200kPa 이하의 압력으로 불활성의 기체를 봉입할 것
- 아세트알데하이드등의 이동탱크저장소에 있어서 이동저장탱크로부터 아세트알데하이드등을 꺼낼 때에는 동시에 100kPa 이하의 압력으로 불활성의 기체를 봉입할 것

24 ① 옥내저장소의 저장창고 지붕은 폭발력이 위로 방출될 정도의 가벼운 불연재료로 하고, 천장을 만들지 아니해야 한다.

25 이동탱크로 위험물 운송 시 반드시 위험물안전관리카드를 휴대해야 할 위험물

제1류	제2류	제3류	제4류	제5류	제6류
전 부	전 부	전 부	특수인화물류, 제1석유류	전 부	전 부

09 정답 및 해설

9회_정답 및 해설														
01	02	03	04	05	06	07	08	09	10	11	12	13	14	15
③	②	②	④	③	①	②	③	③	④	①	④	③	④	③
16	17	18	19	20	21	22	23	24	25					
①	①	④	③	③	①	①	③	②	③					

01 위험물의 분류

종 류	질산구아니딘	염소화규소화합물	할로젠간화합물	과아이오딘산
구 분	제5류 위험물	제3류 위험물	제6류 위험물	제1류 위험물

02 턱의 높이
- 주유취급소의 펌프실 출입구의 문턱의 높이 : 0.1m 이상
- 판매취급소의 배합실 출입구 문턱의 높이 : 0.1m 이상
- 제조소의 옥외설비는 바닥의 둘레에 턱의 높이 : 0.15m 이상
- 옥외탱크저장소에서 펌프실 외의 장소에 설치하는 펌프설비에는 그 직하의 지반면의 주위의 턱의 높이 : 0.15m 이상
- 옥외탱크저장소에서 펌프실의 바닥 주위의 턱의 높이 : 0.2m 이상
- 옥내탱크저장소의 탱크전용실에 펌프설비 설치 시 턱의 높이 : 0.2m 이상

03 ② 제조소의 배출능력은 1시간당 배출장소 용적의 20배 이상이므로 $500m^3 \times 20$배 $= 10,000m^3$이다.

04 ④ 제5류 위험물의 위험등급 구분에서 등급 Ⅲ에 해당하는 위험물 품목은 없다.

05 예방규정의 이행 실태 평가(시행규칙 제63조의2)
예방규정의 이행 실태 평가는 다음 각 호의 구분에 따라 실시한다.
1. 최초평가 : 예방규정을 최초로 제출한 날부터 3년이 되는 날이 속하는 연도에 실시
2. 정기평가 : 최초평가 또는 직전 정기평가를 실시한 날을 기준으로 4년마다 실시. 다만, 수시평가를 실시한 경우에는 수시평가를 실시한 날을 기준으로 4년마다 실시한다.
3. 수시평가 : 위험물의 누출・화재・폭발 등의 사고가 발생한 경우 소방청장이 제조소등의 관계인 또는 종업원의 예방규정 준수 여부를 평가할 필요가 있다고 인정하는 경우에 실시

06 ① 벽・기둥・바닥・보・서까래는 불연재료로 해야 한다.

07 과태료 부과기준
- 미성년자는 과태료 100분의 50의 범위에서 감경할 수 있다.
- 질서위반행위 규제법상 의견진술기간 내에 자진납부한 경우 20퍼센트까지 감경부과한다.
- 위반행위가 사소한 부주의나 오류 등 과실로 인한 것으로 인정되는 경우에는 부과금액의 2분의 1까지 그 금액을 줄일 수 있다.

08 수소충전설비를 설치한 주유취급소의 특례 중 충전설비의 기준

- 위치는 주유공지 또는 급유공지 외의 장소로 하되, 주유공지 또는 급유공지에서 압축수소를 충전하는 것이 불가능한 장소로 할 것
- 충전호스는 자동차 등의 가스충전구와 정상적으로 접속하지 않는 경우에는 가스가 공급되지 않는 구조로 하고, 200킬로그램 중 이하의 하중에 의하여 파단 또는 이탈되어야 하며, 파단 또는 이탈된 부분으로부터 가스 누출을 방지할 수 있는 구조일 것
- 자동차 등의 충돌을 방지하는 조치를 마련할 것
- 자동차 등의 충돌을 감지하여 운전을 자동으로 정지시키는 구조일 것

09 위험물 제조소등의 지위승계는 시·도지사에게 신고사항(법 제10조)인데 소방서장에게 권한을 위임한(시행령 제21조) 사항이다.

> 지위승계는 실무에서는 위임규정에 따라 관할 소방서에서 하고 있습니다.

10 소화설비의 설치기준

- 소화난이도등급 Ⅰ의 제조소등에 설치해야 하는 소화설비

제조소등의 구분	소화설비	
옥외탱크 저장소	황만을 저장 취급하는 것	물분무소화설비
	인화점 70℃ 이상의 제4류 위험물만을 저장 취급하는 것	물분무소화설비 또는 고정식 포소화설비
	그 밖의 것	고정식 포소화설비(포소화설비가 적응성이 없는 경우에는 분말소화설비)

- 소화난이도등급 Ⅱ의 제조소등에 설치해야 하는 소화설비

제조소등의 구분	소화설비
옥외탱크저장소, 옥내탱크저장소	대형수동식소화기 및 소형수동식소화기 등을 각각 1개 이상 설치할 것

- 소화난이도등급 Ⅲ의 제조소등에 설치해야 하는 소화설비

제조소등의 구분	소화설비	설치기준	
지하탱크저장소	소형수동식소화기 등	능력단위의 수치가 3 이상	2개 이상

- 전기설비의 소화설비 : 제조소등에 전기설비(전기배선, 조명기구 등은 제외)가 설치된 경우 면적 100m^{2}마다 소형수동식 소화기를 1개 이상 설치할 것

11 ① 자연발화성물질 중 알킬알루미늄등은 운반용기의 내용적의 90퍼센트 이하의 수납률로 하되 50℃의 온도에서 5퍼센트 이상의 공간용적을 유지할 것

12 소화난이도등급을 결정하는 요소

- 제조소 : 연면적, 지정수량의 배수, 취급설비의 높이
- 옥내저장소 : 연면적, 지정수량의 배수, 처마의 높이
- 옥외탱크, 옥내탱크저장소 : 액표면적, 탱크의 높이, 지정수량의 배수
- 주유취급소 : 옥내주유취급소, 옥내주유취급소 외의 것

13 이송취급소를 지하에 매설하는 경우

- 안전거리
  - 건축물(지하가 내의 건축물을 제외한다) : 1.5m 이상
  - 지하가 및 터널 : 10m 이상
  - 수도법에 의한 수도시설(위험물의 유입우려가 있는 것에 한한다) : 300m 이상
- 배관은 그 외면으로부터 다른 공작물에 대하여 0.3m 이상의 거리를 보유할 것
- 배관의 외면과 지표면과의 거리는 산이나 들에 있어서는 0.9m 이상, 그 밖의 지역에 있어서는 1.2m 이상으로 할 것
- 배관의 하부에는 사질토 또는 모래로 20cm(자동차 등의 하중이 없는 경우에는 10cm) 이상, 배관의 상부에는 사질토 또는 모래로 30cm(자동차 등의 하중이 없는 경우에는 20cm) 이상 채울 것

14 옥외탱크저장소의 주위에 설치하는 방유제의 설치기준

- 방유제의 높이는 0.5m 이상, 3m 이하로 하고 면적은 8만m^2 이하로 한다.
- 위험물옥외탱크저장소의 방유제의 용량
  - 1기일 때 : 탱크용량 × 1.1(110%)[비인화성 물질 × 100%]
  - 2기 이상일 때 : 최대 탱크용량 × 1.1(110%)[비인화성 물질 × 100%]
- 용량이 1,000만 리터 이상인 옥외저장탱크의 주위에 설치하는 방유제에 간막이 둑의 기준
  - 간막이 둑의 높이는 0.3m(방유제 내에 설치되는 옥외저장탱크의 용량의 합계가 2억 리터를 넘는 방유제에 있어서는 1m) 이상으로 하되, 방유제의 높이보다 0.2m 이상 낮게 할 것
  - 간막이 둑은 흙 또는 철근콘크리트로 할 것
  - 간막이 둑의 용량은 간막이 둑 안에 설치된 탱크의 용량의 10퍼센트 이상일 것

15 ③ 이송취급소 특례기준에 따라 운전상태 감시장치, 안전제어장치, 누설검지장치, 감진장치의 규정은 적용하지 아니한다.

16 위험물의 용기 및 수납 종류별 표시사항

운반용기 종류	표시사항
기계에 의하여 하역하는 구조 이외의 용기	① 위험물의 품명, 위험등급, 화학명표시 및 수용성(제4류 수용성에 한함) ② 위험물 수량 ③ 위험물에 따른 주의사항
기계에 의하여 하역하는 구조의 운반용기	① 위험물의 품명, 위험등급, 화학명 및 수용성(일반운반용기) ② 위험물 수량(일반운반용기) ③ 위험물에 따른 주의사항(일반용기) ④ 제조년월 및 제조자의 명칭 ⑤ 겹쳐쌓기시험하중 ⑥ 운반용기의 종류에 따른 중량 ㉠ 플렉서블 외의 용기 : 최대총중량 ㉡ 플렉서블 운반용기 : 최대수용중량 ※ 일반적인 운반용기 : ①, ②, ③표시

17 제5류 위험물

<table>
<tr><th colspan="2">성 질</th><th>위험
등급</th><th>품 명</th><th>지정수량</th></tr>
<tr><td rowspan="4">제5류</td><td rowspan="4">자기
반응성
물질</td><td>1종 : I</td><td>1. 유기과산화물, 2. 질산에스터류</td><td rowspan="4">1종 : 10킬로그램
2종 : 100킬로그램</td></tr>
<tr><td rowspan="3">2종 : II</td><td>3. 나이트로화합물, 4. 나이트로소화합물, 5. 아조화합물
6. 다이아조화합물, 7. 히드라진유도체</td></tr>
<tr><td>8. 하이드록실아민, 9. 하이드록실아민염류</td></tr>
<tr><td>10. 그 밖의 행정안전부령이 정하는 것 : 금속의 아지화합물, 질산구아니딘
11. 제1호 내지 제10호의1에 해당하는 어느 하나 이상을 함유한 것</td></tr>
</table>

18 한국소방산업기술원에 완공검사를 신청해야 할 제조소등의 경우

① 지정수량의 1천배 이상의 위험물을 취급하는 제조소 또는 일반취급소의 설치 또는 변경허가에 따른 완공검사
② 50만 리터 이상 옥외탱크저장소의 설치 또는 변경허가에 따른 완공검사
③ 암반탱크저장소의 설치 또는 변경허가에 따른 완공검사

19 ③ 위험물 상호 간의 간격은 0.3m 이상으로 한다.

20 ③ 특수누설방지구조의 지하탱크저장소란 지하저장탱크를 위험물의 누설을 방지할 수 있도록 두께 15cm(측방 및 하부에 있어서는 30cm) 이상의 콘크리트로 피복하는 구조로 하여 지면 하에 설치하는 것을 말한다.

21 위험물안전관리대행기관의 지정받은 사항 변경신고

• 신고기간 : 그 사유가 있는 날부터 14일 이내
• 신고서 서식 : 별지 제35호서식(전자문서로 된 신고서를 포함한다)
• 신고기관 : 소방청장
• 변경구분에 따른 첨부서류(전자문서 포함)

변경사항	영업소 소재지, 법인명칭, 대표자	기술인력
신청인 제출서류	위험물안전관리대행기관지정서	1. 기술인력자의 연명부 2. 변경된 기술인력자의 기술자격증
담당 공무원 확인사항	법인 등기사항증명서	없 음

※ 안전관리대행기관 휴업 · 재개업 또는 폐업하려는 경우 : 휴업 · 재개업 또는 폐업하려는 날 1일 전까지 휴업 · 재개업 · 폐업 신고서(전자문서로 된 신고서를 포함한다)에 위험물안전관리대행기관지정서(전자문서를 포함한다)를 첨부하여 소방청장에게 제출해야 한다.

22 ② 제조소등을 설치하고자 하는 자는 관할하는 시 · 도지사의 허가를 받아야 한다.

③ 과징금 처분을 받은 자가 이를 납부하지 않은 경우 「지방행정제재 · 부과금의 징수 등에 관한 법률」에 따라 징수한다.
④ 용량이 1,000만 리터 이상인 옥외저장탱크의 주위에 설치하는 방유제에는 해당 탱크마다 칸막이 둑을 설치해야 한다.

23 위험물의 지정수량

유 별	제1류	제1류	제3류	제4석유류
	차아염소산염류	다이크로뮴산염류	황 린	
지정수량	50킬로그램	1,000킬로그램	20킬로그램	6,000리터

24 자체소방대를 두어야 하는 제조소등(시행령 제18조)

- 취급하는 제4류 위험물의 최대수량의 합이 지정수량의 3천배 이상의 제조소
- 취급하는 제4류 위험물의 최대수량의 합이 지정수량의 3천배 이상의 일반취급소
- 저장하는 제4류 위험물의 최대수량이 지정수량의 50만배 이상의 옥외탱크저장소

25 ③ 위험물은 위험할수록 지정수량이 적다.

10 정답 및 해설

10회_정답 및 해설														
01	02	03	04	05	06	07	08	09	10	11	12	13	14	15
④	①	③	①	①	④	②	②	④	②	③	②	①	①	④
16	17	18	19	20	21	22	23	24	25					
②	③	④	②	④	①	④	④	④	②					

01 제조소의 안전거리 : 343P 8회 모의고사 4번 문제 해설 참조

02 위험물 제조소의 배관설치 기준

위험물 제조소 내의 위험물을 취급하는 배관은 다음 각 호의 기준에 의하여 설치하여야 한다.

- 배관의 재질은 강관 그 밖에 이와 유사한 금속성으로 하여야 한다.
- 다만, 다음 각 목의 기준에 적합한 경우에는 그러하지 아니하다.
  - 배관의 재질은 한국산업규격의 유리섬유강화플라스틱 · 고밀도폴리에틸렌 또는 폴리우레탄으로 할 것
  - 배관의 구조는 내관 및 외관의 이중으로 하고, 내관과 외관의 사이에는 틈새공간을 두어 누설여부를 외부에서 쉽게 확인할 수 있도록 할 것
  - 국내 또는 국외의 관련공인시험기관으로부터 안전성에 대한 시험 또는 인증을 받을 것
  - 배관은 지하에 매설할 것

03 피난설비

- 주유취급소 중 건축물의 2층 이상의 부분을 점포 · 휴게음식점 및 전시장의 용도로 사용하는 것에 있어서는 해당 건축물의 2층 이상으로부터 주유취급소의 부지 밖으로 통하는 출입구와 해당 출입구로 통하는 통로 · 계단 및 출입구에 유도등을 설치하여야 한다.
- 옥내주유취급소에 있어서는 해당 사무소 등의 출입구 및 피난구와 해당 피난구로 통하는 통로 · 계단 및 출입구에 유도등을 설치하여야 한다.
- 유도등에는 비상전원을 설치하여야 한다.

04 특수인화물의 정의

"특수인화물"이라 함은 이황화탄소, 다이에틸에터 그 밖에 1기압에서 발화점이 섭씨 100도 이하인 것 또는 인화점이 섭씨 영하 20도 이하이고 비점이 섭씨 40도 이하인 것을 말한다.

> 대표적인 특수인화물 : 이황화탄소, 다이에틸에터, 아세트알데하이드, 산화프로필렌, 이소프렌

05 소화난이도등급 Ⅰ에 해당하는 옥내저장소

- 연면적 150m^{2}를 초과하는 것
- 지정수량의 150배 이상인 것
- 처마높이가 6m 이상인 단층 건물의 것
- 옥내저장소로 사용되는 부분 외의 부분이 있는 건축물에 설치된 것

06 ④ 특수인화물 및 제1석유류를 운송하게 하는 자는 위험물안전카드를 위험물운송자로 하여금 휴대하게 할 것

07 전기설비의 소화설비

제조소등에 전기설비(전기배선, 조명기구 등은 제외한다)가 설치된 경우에는 해당 장소의 면적 100m^2마다 소형수동식소화기를 1개 이상 설치할 것

08 위험물의 분류

품 명	유기과산화물	황화인	금속분	무기과산화물
구 분	제5류 위험물	제2류 위험물	제2류 위험물	제1류 위험물

09 제조소에서 보유공지를 면제 받을 수 있는 방화상 유효한 벽의 기준

- 방화벽은 내화구조로 할 것, 다만 취급하는 위험물이 제6류 위험물인 경우에는 불연재료로 할 수 있다.
- 방화벽에 설치하는 출입구 및 창 등의 개구부는 가능한 한 최소로 하고, 출입구 및 창에는 자동폐쇄식의 60분+방화문 또는 60분방화문을 설치할 것
- 방화벽의 양단 및 상단이 외벽 또는 지붕으로부터 50cm 이상 돌출하도록 할 것

10 소화설비의 능력단위

소화설비	용 량	능력단위
소화전용(專用)물통	8리터	0.3
수조(소화전용물통 3개 포함)	80리터	1.5
수조(소화전용물통 6개 포함)	190리터	2.5
마른 모래(삽 1개 포함)	50리터	0.5
팽창질석 또는 팽창진주암(삽 1개 포함)	160리터	1.0

11 옥내저장소에 저장 시 높이(아래 높이를 초과하지 말 것)

수납용기의 종류	높 이
기계에 의하여 하역하는 구조로 된 용기만을 겹쳐 쌓는 경우	6m
제3석유류, 제4석유류 및 동식물유류를 수납하는 용기만을 겹쳐 쌓는 경우	4m
그 밖의 용기를 겹쳐 쌓는 경우	3m

12 제조소등에서의 흡연 금지 등(제19조의2)

- 흡연장소의 지정 기준・방법 등은 대통령령으로 정하고, 금연구역임을 알리는 표지를 설치하는 기준・방법 등은 행정안전부령으로 정한다.
- 시・도지사는 제조소등의 관계인이 금연구역임을 알리는 표지를 설치하지 아니하거나 보완이 필요한 경우 일정한 기간을 정하여 그 시정을 명할 수 있다.
- 금연구역임을 알리는 표지는 건축물 또는 시설의 규모나 구조에 따라 표지의 크기를 다르게 할 수 있으며, 바탕색 및 글씨색 등은 그 내용이 눈에 잘 띄도록 배색할 것

13 운반용기의 적재방법

- 고체위험물 : 운반용기 내용적의 95% 이하의 수납률로 수납할 것
- 액체위험물 : 운반용기 내용적의 98% 이하의 수납률로 수납하되, 55℃의 온도에서 누설되지 아니하도록 충분한 공간용적을 유지하도록 할 것

> • 아염소산염류 : 산화성고체
> • 과염소산(산화성액체) 산화프로필렌(인화성액체), 아세톤(인화성액체)

14 위험물의 저장 · 취급 및 운반 적용 제외(위험물안전관리법 제3조)

- 항공기
- 선 박
- 철도 및 궤도

15 ④ 저장창고의 벽 · 기둥 및 바닥은 내화구조로 하고, 보와 서까래는 불연재료로 해야 한다.

16 제조소등의 완공검사를 받지 아니하고 위험물을 저장 · 취급한 자(법 제36조)
1천 500만 원 이하의 벌금

17 ① 가솔린 100/200 + 등유 500/1,000 = 500만 원 이하의 과태료 틀림
② 아세톤 100/400 + 경유 500/1,000 = 0.75 지정 미만으로 허가 필요 없음
③ 아세톤 200/400 + 중유 1,000/2,000 = 1,500만 원 이하의 벌금
④ 가솔린 100/200 + 중유 500/2,000 = 0.75, 지정 미만으로 허가 필요 없으며, 벌칙규정도 틀림

18 ④ 소방본부장 또는 소방서장은 그 관할하는 구역에 있는 이동탱크저장소의 관계인에 대하여 누출 등 위험물에 대한 응급조치를 강구하도록 명할 수 있다.

19 제조소등 사용 중지신고 또는 재개신고를 기간 이내에 하지 아니하거나 거짓으로 한 자의 벌칙 : 500만 원 이하의 과태료

20 제조소등의 관계인은 위험물의 안전관리에 관한 직무를 수행하게 하기 위하여 제조소등마다 대통령령이 정하는 위험물의 취급에 관한 자격이 있는 자(✪시행령 제11조(위험물안전관리자로 선임할 수 있는 위험물취급자격자 등))를 위험물안전관리자(이하 "안전관리자"라 한다)로 선임해야 한다.
(시행령 별표 5) 위험물취급자격자의 자격

위험물취급자격자의 구분	취급할 수 있는 위험물
1. 위험물기능장, 위험물산업기사, 위험물기능사의 자격을 취득한 사람	모든 위험물
2. 소방청장(한국소방안전원)이 실시하는 안전관리자 교육이수자	위험물 중 제4류 위험물
3. 소방공무원으로 근무한 경력이 3년 이상인 자	위험물 중 제4류 위험물

21 복수성상물품의 구별

복수성상물품	1류+2류	1류+5류	2류+3류	3류+4류	4류+5류
품 명	2류 제8호	5류 제11호	3류 제12호	3류 제12호	5류 제11호
비 고	제○호 란 : 제○호 내지 제○호의 해당하는 어느 하나 이상을 함유한 것				

22 군부대의 장은 미리 제조소등의 소재지를 관할하는 시 · 도지사와 협의를 해야 한다(법 제7조).

23 위험물 제조소등의 완공검사권자
- 제조소등에 대한 완공검사를 받으려는 자는 이를 시 · 도지사(위임규정에 따라 관할 소방서장)에게 신청해야 한다.
- 한국소방산업기술원에 완공검사를 신청해야 할 제조소등의 경우
  - 지정수량의 1,000배 이상의 위험물을 취급하는 제조소 또는 일반취급소의 설치 또는 변경허가에 따른 완공검사
  - 50만 리터 이상 옥외탱크저장소의 설치 또는 변경허가에 따른 완공검사
  - 암반탱크저장소의 설치 또는 변경허가에 따른 완공검사

24 위험물의 저장 및 취급기준
- 옥내저장소에 있어서 위험물은 용기에 수납하여 저장해야 한다.
- 옥외저장소에 있어서 위험물은 규정에 따른 용기에 수납하여 저장해야 한다.
- 판매취급소에서 위험물은 운반용기에 수납한 채로 판매해야 한다.

25 위험물의 성질에 따른 제조소의 특례(시행규칙 별표 4 XII 참고)
제4류 위험물 중 특수인화물의 아세트알데하이드 · 산화프로필렌 또는 이중 어느 하나 이상을 함유하는 것(이하 “아세트알데하이드등”이라 한다)

11 정답 및 해설

11회_정답 및 해설

01	02	03	04	05	06	07	08	09	10	11	12	13	14	15
①	④	②	②	④	④	①	④	④	③	④	①	④	③	①
16	17	18	19	20	21	22	23	24	25					
④	④	②	④	①	②	①	①	②	③					

01 위험물을 취급하는 건축물의 채광·조명·환기 및 배출설비기준

구 분	설치기준
채광 설비	• 불연재료로 할 것 • 연소의 우려가 없는 장소에 설치하되 채광면적을 최소로 할 것
조명 설비	• 가연성가스 등이 체류할 우려가 있는 장소 : 방폭등 • 전선 : 내화·내열전선 • 점멸스위치는 출입구 바깥 부분에 설치할 것. 다만, 스위치의 스파크로 인한 화재·폭발의 우려가 없을 경우에는 그렇지 않다.
환기 설비	• 환기는 자연배기방식으로 할 것 • 급기구는 해당 급기구가 설치된 실의 바닥면적 $150m^2$마다 1개 이상으로 하되, 급기구의 크기는 $800cm^2$ 이상으로 할 것. 다만, 바닥면적 $150m^2$ 미만인 경우에는 다음의 크기로 할 것 (바닥면적 / 급기구의 면적) $60m^2$ 미만 / $150cm^2$ 이상 $60m^2$ 이상 $90m^2$ 미만 / $300cm^2$ 이상 $90m^2$ 이상 $120m^2$ 미만 / $450cm^2$ 이상 $120m^2$ 이상 $150m^2$ 미만 / $600cm^2$ 이상 • 급기구는 낮은 곳에 설치하고 가는 눈의 구리망 등으로 인화방지망을 설치할 것 • 환기구는 지붕위 또는 지상 2m 이상의 높이에 회전식 고정벤티레이터 또는 루프팬 방식으로 설치할 것
배출설비 배풍기	• 강제배기방식으로 할 것 • 옥내 덕트의 내압이 대기압 이상이 되지 아니하는 위치에 설치

02 옥외에서 액체위험물을 취급하는 설비의 바닥의 기준

- 바닥의 둘레에 높이 0.15m 이상의 턱을 설치하는 등 위험물이 외부로 흘러나가지 아니하도록 해야 한다.
- 바닥은 콘크리트 등 위험물이 스며들지 아니하는 재료로 하고, 제1호의 턱이 있는 쪽이 낮게 경사지게 해야 한다.
- 바닥의 최저부에 집유설비를 해야 한다.
- 위험물(온도 20℃의 물 100g에 용해되는 양이 1g 미만인 것에 한한다)을 취급하는 설비에 있어서는 해당 위험물이 직접 배수구에 흘러들어가지 아니하도록 집유설비에 유분리장치를 설치해야 한다.

03 이동탱크저장소에 관한 통보사항(시행규칙 제77조)

시・도지사, 소방본부장 또는 소방서장은 이동탱크저장소의 관계인에 대하여 위험물의 저장 또는 취급기준 준수명령을 한 때에는 다음 각 호의 사항을 해당 이동탱크저장소의 허가를 한 소방서장에게 통보하여야 한다.

1. 명령을 한 시・도지사, 소방본부장 또는 소방서장
2. 명령을 받은 자의 성명・명칭 및 주소
3. 명령에 관계된 이동탱크저장소의 설치자, 상치장소 및 설치 또는 변경의 허가번호
4. 위반내용
5. 명령의 내용 및 그 이행사항
6. 그 밖에 명령을 한 시・도지사, 소방본부장 또는 소방서장이 통보할 필요가 있다고 인정하는 사항

04 운송책임자의 감독 또는 지원을 받아 운송해야 하는 위험물(시행령 제19조)

㉠ 알킬알루미늄

㉡ 알킬리튬

㉢ ㉠ 또는 ㉡의 물질을 함유하는 위험물

품 명	품 목
알킬알루미늄 (RAl 또는 RAlX : C_1~C_4)	트라이에틸 알루미늄$(C_2H_5)_3Al$, 트라이이소부틸 알루미늄(iso-$C_4H_9)_3Al$, 다이에틸 알루미늄 클로라이드$(C_2H_5)_2AlCl$, 트라이메틸 알루미늄$(CH_3)_3Al$
알킬리튬(RLi)	부틸리튬(C_4H_9Li), 메틸리튬(CH_3Li), 에틸리튬(C_2H_5Li)

05 정기점검 대상의 제조소등은 연 1회 이상의 정기점검을 실시한다. 다만, 액체위험물을 저장 또는 취급하는 50만 리터 이상의 옥외탱크저장소(특정・준특정 옥외탱크저장소)의 탱크는 정기점검을 실시하는 외에 추가로 구조안전점검을 실시해야 한다.

06 ④ 배관에는 서로 인접하는 2개의 긴급차단밸브 사이의 구간마다 해당 배관 안의 위험물을 안전하게 물 또는 불연성기체로 치환할 수 있는 조치를 해야 한다.

07 제조소등에 대한 긴급 사용정지명령 등(법 제25조)

시・도지사, 소방본부장 또는 소방서장은 공공의 안전을 유지하거나 재해의 발생을 방지하기 위하여 긴급한 필요가 있다고 인정하는 때에는 제조소등의 관계인에 대하여 해당 제조소등의 사용을 일시정지하거나 그 사용을 제한할 것을 명할 수 있다.

08 지정수량의 단위는 제4류 위험물만 리터(L)이고, 나머지 위험물 유별은 전부 킬로그램(kg)이다.

- 자기반응성물질(제5류 위험물) : 킬로그램
- 산화성물질(제1류와 제6류 위험물) : 킬로그램

09 위험물 운반 시 혼재가 가능한 위험물 : 제1류+제6류, 제3류+제4류, 제2류+제4류+제5류 위험물

명 칭	염소화규소 화합물	특수 인화물	고형알코올	나이트로 화합물	염소산 염류	질 산	질산 구아니딘	황 린
유 별	제3류	제4류	제2류	제5류	제1류	제6류	제5류	제3류

※ 제5류 위험물(질산구아니딘)과 제3류 위험물(황린)은 혼재할 수 없다.

10 판매취급소에서의 취급기준

- 판매취급소에서는 도료류, 제1류 위험물 중 염소산염류 및 염소산염류만을 함유한 것, 황 또는 인화점이 38℃ 이상인 제4류 위험물을 배합실에서 배합하는 경우 외에는 위험물을 배합하거나 옮겨 담는 작업을 하지 아니할 것
- 위험물은 별표 19 Ⅰ에 따른 운반용기에 수납한 채로 판매할 것
- 판매취급소에서 위험물을 판매할 때에는 위험물이 넘치거나 비산하는 계량기(액용되를 포함한다)를 사용하지 아니할 것

※ 과산화수소는 농도가 60퍼센트 이상이면 충격에 의하여 폭발의 위험이 있다.

11 옥내저장소(내화구조일 경우)의 보유공지는 지정수량의 5배 이하는 보유공지가 필요 없다.

위험물의 지정수량을 보면

종 류	아세트산	아세톤	클로로벤젠	글리세린
품 명	제2석유류(수용성)	제1석유류(수용성)	제2석유류(비수용성)	제3석유류(수용성)
지정수량	2,000리터	400리터	1,000리터	4,000리터

- 아세트산의 지정수량 배수 = $\frac{30{,}000L}{2{,}000L}$ = 15.0배 ⇒ 보유공지 : 2m 이상 확보
- 아세톤의 지정수량 배수 = $\frac{5{,}000L}{400L}$ = 12.5배 ⇒ 보유공지 : 2m 이상 확보
- 클로로벤젠의 지정수량 배수 = $\frac{10{,}000L}{1{,}000L}$ = 10.0배 ⇒ 보유공지 : 1m 이상 확보
- 글리세린의 지정수량 배수 = $\frac{15{,}000L}{4{,}000L}$ = 3.75배 ⇒ 보유공지 : 필요 없음

[옥내저장소의 보유공지]

저장 또는 취급하는 위험물의 최대수량	공지의 너비	
	벽·기둥 및 바닥이 내화구조로 된 건축물	그 밖의 건축물
지정수량의 5배 이하		0.5m 이상
지정수량의 5배 초과 10배 이하	1m 이상	1.5m 이상
지정수량의 10배 초과 20배 이하	2m 이상	3m 이상
지정수량의 20배 초과 50배 이하	3m 이상	5m 이상
지정수량의 50배 초과 200배 이하	5m 이상	10m 이상
지정수량의 200배 초과	10m 이상	15m 이상

12 위험물 제조소의 배관

위험물 제조소 내의 위험물을 취급하는 배관은 다음 각 호의 구분에 따른 압력으로 내압시험을 실시하여 누설 그 밖의 이상이 없는 것으로 해야 한다.

- 불연성 액체를 이용하는 경우에는 최대상용압력의 1.5배 이상
- 불연성 기체를 이용하는 경우에는 최대상용압력의 1.1배 이상

13 소화설비의 적응성

소화설비의 구분	대상물 구분											
	건축물·그 밖의 공작물	제1류 그 밖의 것	제6류 위험물	제2류 그 밖의 것	전기설비	제4류 위험물	제1류 알칼리금속과산화물등	제2류 철분·금속분·마그네슘 등	제3류 금수성물품	제2류 인화성고체	제3류 그 밖의 것	제5류 위험물
불활성가스소화설비					○	○				○		

제6류 위험물은 수계소화설비(옥내, 옥외, 스프링클러설비)가 적합하고 불활성가스소화설비는 적합하지 않다.

14 위험물의 특성·등급 및 지정수량을 통한 품명 구분

- 제1류 위험물과 제6류 위험물은 운반 시 혼재가 가능하다.
- 제3류 황린과 제1류 위험물을 저장 시 동일한 옥내저장소에는 1m 이상 간격을 유지한다면 저장이 가능하다.

품 명	염소산염류	무기과산화물	질산염류	과망가니즈산염류
유 별	제1류 위험물			
등 급	I	I	II	III
지정수량	50킬로그램	50킬로그램	300킬로그램	1,000킬로그램

따라서 위 표에서 질산염류가 보기의 요건에 적합한 위험물에 해당한다.

15 위험물 이동탱크저장소에서의 위험물 취급기준

① 이동저장탱크로부터 직접 위험물을 자동차(자동차관리법 제2조 제1호에 따른 자동차와 「건설기계관리법」 제2조 제1항 제1호에 따른 건설기계 중 덤프트럭 및 콘크리트믹서트럭을 말한다)의 연료탱크에 주입하지 말 것. 다만, 다음의 어느 하나에 해당하는 경우에는 그렇지 않다.

- 건설공사를 하는 장소에서 주입설비를 부착한 이동탱크저장소로부터 해당 건설공사와 관련된 자동차(건설기계 중 덤프트럭과 콘크리트믹서트럭으로 한정한다)의 연료탱크에 인화점 40℃ 이상의 위험물을 주입하는 경우
- 재난이 발생한 장소에서 주입설비를 부착한 이동탱크저장소로부터 다음의 어느 하나에 해당하는 자동차의 연료탱크에 인화점 40℃ 이상의 위험물을 주입하는 경우. 이 경우 주유장소는 소방대장 또는 긴급구조지원기관의 장이 지정하는 안전한 장소로 해야 하고, 해당 이동탱크저장소는 주유장소에 정차 중인 자동차 1대에 대해서 주유를 완료한 후가 아니면 다른 자동차에 주유하지 않아야 한다.
  - 「소방장비관리법」 제8조에 따른 소방자동차
  - 긴급구조지원기관 소속의 자동차
  - 그 밖에 재난에 긴급히 대응할 필요가 있는 경우로서 소방대장 및 긴급구조지원기관의 장이 지정하는 자동차

② 이동저장탱크로부터 위험물을 저장 또는 취급하는 탱크에 인화점이 40℃ 미만인 위험물을 주입할 때에는 이동탱크저장소의 원동기를 정지시켜야 한다.

③ 이동저장탱크로부터 액체위험물을 용기에 옮겨 담지 아니할 것. 다만, 주입호스의 선단부에 수동개폐장치를 한 주입노즐(수동개폐장치를 개방상태로 고정하는 장치를 한 것을 제외한다)을 사용하여 운반용기 규정에 적합한 운반용기에 인화점 40℃ 이상의 제4류 위험물을 옮겨 담는 경우에는 그러하지 아니하다.

④ 원거리 운행 등으로 상치장소에 주차할 수 없는 경우에는 도로(길어깨 및 노상주차장을 포함한다) 외의 장소로서 화기취급장소 또는 건축물로부터 10m 이상 이격된 장소에 주차할 수 있다.

16 내장용기가 금속제 용기인 경우 최대용적 : 30리터 이상

운반 용기				수납위험물의 종류								
내장 용기		외장 용기		제3류			제4류			제5류		제6류
용기의 종류	최대용적 또는 중량	용기의 종류	최대용적 또는 중량	I	II	III	I	II	III	I	II	I
금속제 용기	30리터	나무 또는 플라스틱 상자	125킬로그램	○	○	○	○	○	○	○	○	○
			225킬로그램						○			
		파이버판상자	40킬로그램	○	○	○	○	○	○	○	○	○
			55킬로그램		○	○		○	○		○	

17 기계에 의하여 하역하는 구조로 된 경질플라스틱제의 운반용기 또는 플라스틱내용기 부착의 운반용기에 액체위험물을 수납하는 경우에는 해당 운반용기는 제조된 때로부터 5년 이내의 것으로 할 것

18 주유 또는 그에 부대하는 업무를 위하여 사용되는 건축물 중 주유취급소의 직원 외의 자가 출입하는 〈보기〉 가목·나목 및 라목의 용도에 제공하는 부분의 면적의 합은 1,000m^{2}를 초과할 수 없으므로 사무소로 제공할 수 있는 최대 면적은 500m^{2}이다.

19 위험물안전관리대행기관의 변경신고 또는 휴업·재개업 또는 폐업 신고 시 첨부서류

변경사항	영업소 소재지, 법인명칭, 대표자	기술인력	휴업, 재개업 또는 폐업
신청인 제출서류	위험물안전관리대행기관지정서	1. 기술인력자의 연명부 2. 변경된 기술인력자의 기술자격증	위험물안전관리 대행기관지정서
담당 공무원 확인사항	법인 등기사항증명서	없 음	없 음

20 제조소등에 대한 긴급 사용정지·제한명령을 위반한 자 : 1년 이하의 징역 또는 1천만 원 이하의 벌금, 나머지는 1천 500만원 이하의 벌금형이다.

21 ② 위험물안전관리대행기관의 제조소등 1인의 기술능력자가 대행할 수 있는 제조소등의 수는 25개를 초과할 수 없다.

22 위험물이동저장탱크로 장거리 운송 시 운전자를 2명 이상의 운전자로 해야 할 위험물

1류	2류	3류	4류	5류	6류
전 부	해당없음	칼슘 또는 알루미늄의 탄화물과 이것만을 함유한 것 이외의 것	특수인화물류	전 부	전 부

23 과태료 개별기준

위반행위	과태료 금액		
	1차	2차	3차
누구든지 제조소등에서 지정된 장소가 아닌 곳에서 흡연을 해서는 안 되는데도 불구하고 이를 위반하고 흡연을 한 자	250	400	500
제조소등의 관계인이 해당 제조소등이 금연구역임을 알리는 표지를 설치하지 아니하여 일정기간을 정하여 시정보완명령을 하였음에도 이를 따르지 아니한 자.	250	400	500

24 허가받지 않고 위험물의 저장 · 취급이 가능한 제조소등
- 주택의 난방시설(공동주택의 중앙난방시설을 제외한다)을 위한 저장소 또는 취급소
- 농예용 · 축산용 또는 수산용으로 필요한 난방시설 또는 건조시설을 위한 지정수량 20배 이하의 저장소

25 방유제 또는 간막이 둑에는 해당 방유제를 관통하는 배관을 설치하지 아니할 것. 다만, 위험물을 이송하는 배관의 경우에는 배관이 관통하는 지점의 좌우방향으로 각 1.0m 이상까지의 방유제 또는 간막이 둑의 외면에 두께 0.1m 이상, 지하매설 깊이 0.1m 이상의 구조물을 설치하여 방유제 또는 간막이 둑을 이중구조로 하고, 그 사이에 토사를 채운 후, 관통하는 부분을 완충재 등으로 마감하는 방식으로 설치할 수 있다.

12 정답 및 해설

12회_정답 및 해설														
01	02	03	04	05	06	07	08	09	10	11	12	13	14	15
②	①	①	③	③	①	③	④	②	④	③	②	④	②	②
16	17	18	19	20	21	22	23	24	25					
①	①	④	②	④	①	④	④	④	②					

01 방유제의 용량

- 위험물 제조소의 옥외에 있는 위험물 취급탱크
  - 하나의 취급탱크 주위에 설치하는 방유제의 용량 : 해당 탱크용량의 50퍼센트 이상
  - 2 이상의 취급탱크 주위에 하나의 방유제를 설치하는 경우 방유제의 용량 : 해당 탱크 중 용량이 최대인 것의 50퍼센트에 나머지 탱크용량 합계의 10퍼센트를 가산한 양 이상이 되게 할 것

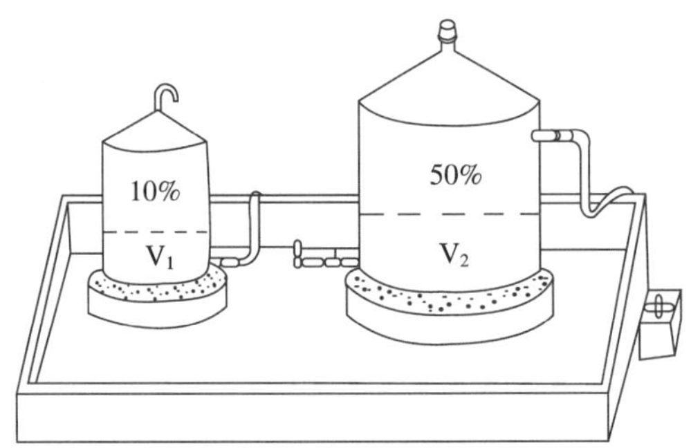

방유제용량 $V=(V_2 \times 0.5)+(V_1 \times 0.1)$

- 위험물 제조소의 옥내에 있는 위험물 취급탱크
  - 하나의 취급탱크의 주위에 설치하는 방유턱의 용량 : 해당 탱크용량 이상
  - 2 이상의 취급탱크 주위에 설치하는 방유턱의 용량 : 최대 탱크용량 이상

> 방유제, 방유턱의 용량
> - 위험물 제조소의 옥외에 있는 위험물 취급탱크의 방유제의 용량
>   - 1기일 때 : 탱크용량 × 0.5(50%)
>   - 2기 이상일 때 : 최대탱크용량 × 0.5 + (나머지 탱크 용량합계 × 0.1)
> - 위험물 제조소의 옥내에 있는 위험물 취급탱크의 방유턱의 용량
>   - 1기 일 때 : 탱크용량 이상
>   - 2기 이상일 때 : 최대 탱크용량 이상
> - 위험물옥외탱크저장소의 방유제의 용량
>   - 1기일 때 : 탱크용량 × 1.1(110%)[비인화성 물질 × 100%]
>   - 2기 이상일 때 : 최대 탱크용량 × 1.1(110%)[비인화성 물질 × 100%]

∴ 방유제 용량 = $(200m^3 \times 0.5) + (100m^3 \times 0.1) = 110m^3$

02 위험물의 운송 및 운반기준

- 지정수량 이상을 운송하는 차량은 소방서에 신고해야 하는 규정은 없다. 따라서 신고할 필요가 없다.
- 운송책임자의 감독・지원을 받아 운송해야 하는 위험물 : 알킬알루미늄, 알킬리튬, 이들을 함유한 물질
- 방수성이 있는 피복으로 덮어야 하는 위험물
  - 제1류 위험물 중 알칼리금속의 과산화물
  - 제2류 위험물 중 철분, 마그네슘, 금속분
  - 제3류 위험물 중 금수성 물질
- 운반용기의 외부 표시사항
  - 품명, 위험등급, 화학명 및 수용성(제4류 위험물로서 수용성인 것에 한함), 수량
  - 주의사항

03 위험물 등급

등급 / 유별	I	II	III
제1류	아염소산염류, 염소산염류, 과염소산염류, 무기과산화물, 그 밖에 지정수량이 50킬로그램인 위험물	브로민산염류, 질산염류, 아이오딘산염류, 그 밖에 지정수량이 300킬로그램인 위험물	과망가니즈산염류, 다이크로뮴산염류
제2류		황화인, 적린, 황, 그 밖에 지정수량이 100킬로그램인 위험물	철분, 금속분, 마그네슘, 인화성고체
제3류	칼륨, 나트륨, 알킬알루미늄, 알킬리튬, 황린, 그 밖에 지정수량이 10킬로그램 또는 20킬로그램인 위험물	알칼리금속(K 및 Na 제외) 및 알칼리토금속, 유기금속화합물(알킬알루미늄 및 알킬리튬을 제외), 그 밖에 지정수량이 50킬로그램인 위험물	금속의 수소화물, 금속의 인화물, 칼슘 또는 알루미늄탄화물
제4류	특수인화물	제1석유류 및 알코올류	제2석유류, 제3석유류, 제4석유류, 동식물유류
제5류	지정수량이 10킬로그램인 위험물	지정수량이 10킬로그램인 위험물 외의 것	
제6류	전부(과산화수소, 과염소산, 질산)		

04 ③ 무기과산화물은 제1류 위험물에 해당된다.

05 ③ 유기과산화물은 제5류 위험물에 해당된다.

제3류 위험물

유 별	성 상	등 급	품 명	지정수량
제3류	자연발화성물질 및 금수성 물질	I	1. 칼륨, 2. 나트륨, 3. 알킬알루미늄, 4. 알킬리튬	10킬로그램
			5. 황 린	20킬로그램
		II	6. 알칼리금속 및 알칼리토금속, 7. 유기금속화합물	50킬로그램
		III	8. 금속의 수소화물, 9. 금속의 인화물, 10. 칼슘 또는 알루미늄의 탄화물	300킬로그램
			11. 그 밖의 행정안전부령이 정하는 것 : 염소화규소화합물(300킬로그램) 12. 제1호 내지 제11호의1에 해당하는 어느 하나 이상을 함유한 것	10킬로그램, 20킬로그램, 50킬로그램 또는 300킬로그램

06 소요단위의 계산방법

구 분	제조소등	건축물의 구조	소요단위
건축물의 규모기준	제조소 또는 취급소의 건축물	외벽이 내화구조 (제조소등의 용도로 사용되는 부분 외의 부분이 있는 건축물은 제조소등에 사용되는 부분의 바닥면적의 합계를 말함)	$100m^2$
		외벽이 내화구조가 아닌 것	$50m^2$
	저장소의 건축물	외벽이 내화구조	$150m^2$
		외벽이 내화구조가 아닌 것	$75m^2$
	옥외에 설치된 공작물	내화구조로 간주 (공작물의 최대수평투영면적을 연면적으로 간주)	제조소 · 일반취급소 : $100m^2$ 저장소 : $150m^2$
위험물 기준	지정수량 10배마다 1단위		

07 제4류 위험물의 분류

종 류	아세트알데하이드	다이에틸에터	나이트로벤젠	이황화탄소
품 명	특수인화물	특수인화물	제3석유류	특수인화물

08 위험물의 운반은 그 용기 · 적재방법 및 운반방법에 관한 법에서 정한 중요기준과 세부기준에 따라 행해야 한다(법 제20조).

09 안전교육(법 제28조)
다음 각 호의 어느 하나에 해당하는 사람으로서 대통령령으로 정하는 사람은 해당 업무에 관한 능력의 습득 또는 향상을 위하여 소방청장이 실시하는 교육을 받아야 한다.
1. 안전관리자의 자격을 취득하려는 사람
2. 위험물운반자 · 위험물운송자가 되려는 사람
3. 위험물의 안전관리와 관련된 업무를 수행하는 사람(안전관리자, 위험물운송자, 위험물운반자, 탱크시험자의 기술인력으로 종사하는 자)

10 산화성고체 : 제1류 위험물

종 류	$NaClO_3$	$AgNO_3$	$KBrO_3$	$HClO_4$
명 칭	염소산나트륨	질산은	브로민산칼륨	과염소산
품 명	염소산염류	질산염류	브로민산염류	–
구 분	제1류 위험물	제1류 위험물	제1류 위험물	제6류 위험물

11 이동저장탱크는 그 내부에 4,000리터 이하마다 3.2mm 이상의 강철판 또는 금속성의 칸막이를 설치해야 하므로 10,000리터 ÷ 4,000리터 = 2.5개 ⇒ 3개(실)
[3개의 실]

4,000리터	4,000리터	2,000리터

12 유기과산화물을 함유하는 것 중에서 불활성고체를 함유하는 것으로서 제5류 위험물에 제외 대상

- 과산화벤조일의 함유량이 35.5중량퍼센트 미만인 것으로서 전분가루, 황산칼슘2수화물 또는 인산수소칼슘2수화물과의 혼합물
- 비스(4-클로로벤조일)퍼옥사이드의 함유량이 30중량퍼센트 미만인 것으로서 불활성고체와의 혼합물
- 과산화다이쿠밀의 함유량이 40중량퍼센트 미만인 것으로서 불활성고체와의 혼합물
- 1·4비스(2-터셔리부틸퍼옥사아이소프로필)벤젠의 함유량이 40중량퍼센트 미만인 것으로서 불활성고체와의 혼합물
- 사이크로헥사놀퍼옥사이드의 함유량이 30중량퍼센트 미만인 것으로서 불활성고체와의 혼합물

13 지정수량의 배수

- 인화성고체 지정수량 : 1,000킬로그램
- 크로뮴분(금속분)의 지정수량 : 500킬로그램
- 철분 : 철의 분말로서 53μm의 표준체를 통과한 것이 50중량퍼센트 미만은 제외한다.

$$\text{지정수량의 배수} = \frac{\text{저장량}}{\text{지정수량}} + \frac{\text{저장량}}{\text{지정수량}}$$

$$\therefore \text{지정수량의 배수} = \frac{1{,}500\text{kg}}{1{,}000\text{kg}} + \frac{1{,}000\text{kg}}{500\text{kg}} = 3.5\text{배}$$

14 소화난이도등급 Ⅰ의 제조소등에 설치해야 하는 소화설비

제조소등의 구분		소화설비
제조소 및 일반취급소		옥내소화전설비, 옥외소화전설비, 스프링클러설비 또는 물분무등소화설비(화재발생시 연기가 충만할 우려가 있는 장소에는 스프링클러설비 또는 이동식 외의 물분무등소화설비에 한한다)
옥내저장소	처마높이가 6m 이상인 단층건물 또는 다른 용도의 부분이 있는 건축물에 설치한 옥내저장소	스프링클러설비 또는 이동식 외의 물분무등소화설비
	그 밖의 것	옥외소화전설비, 스프링클러설비, 이동식 외의 물분무등소화설비 또는 이동식 포소화설비(포소화전을 옥외에 설치하는 것에 한한다)

15 액체위험물의 운반용기 최대용적(액체위험물)

운반용기				수납위험물의 종류								
내장용기		외장용기		제3류			제4류			제5류		제6류
용기의 종류	최대용적 또는 중량	용기의 종류	최대용적 또는 용적	Ⅰ	Ⅱ	Ⅲ	Ⅰ	Ⅱ	Ⅲ	Ⅰ	Ⅱ	Ⅰ
유리용기	5리터	나무 또는 플라스틱상자(불활성의 완충재를 채울 것)	75킬로그램	○	○	○	○	○	○	○	○	○
	10리터		125킬로그램		○	○		○	○		○	
			225킬로그램						○			
	5리터	파이버판상자(불활성의 완충재를 채울 것)	40킬로그램	○	○	○	○	○	○	○	○	○
	10리터		55킬로그램						○			
플라스틱용기	10리터	나무 또는 플라스틱상자(필요에 따라 불활성의 완충재를 채울 것)	75킬로그램	○	○	○	○	○	○	○	○	○
			125킬로그램		○	○		○	○		○	
			225킬로그램						○			
		파이버판상자(필요에 따라 불활성의 완충재를 채울 것)	40킬로그램	○	○	○	○	○	○	○	○	○
			55킬로그램						○			

16 위험물 및 지정수량

- 제1석유류라 함은 아세톤, 휘발유 그 밖에 1기압에서 인화점이 섭씨 21도 미만인 것을 말한다.
- 제2석유류라 함은 등유, 경유 그 밖에 1기압에서 인화점이 섭씨 21도 이상 70도 미만인 것을 말한다.
- 제3석유류라 함은 중유, 크레오소트유 그 밖에 1기압에서 인화점이 섭씨 70도 이상 섭씨 200도 미만인 것을 말한다.
- 제4석유류라 함은 기어유, 실린더유 그 밖에 1기압에서 인화점이 섭씨 200도 이상 섭씨 250도 미만의 것을 말한다.

17 ① 제1종이든 제2종이든 판매취급소로 사용되는 부분과 다른 부분과의 격벽은 내화구조로 해야 하며, 제1종 판매취급소의 용도로 사용되는 건축물의 부분은 내화구조 또는 불연재료로 선택할 수 있다.

18 ① 제조소에는 보기 쉬운 곳에 다음 각 목의 기준에 따라 "위험물 제조소"라는 표시를 한 표지를 설치할 것
② 표지의 바탕은 백색으로, 문자는 흑색으로 할 것
③ 게시판에는 저장 또는 취급하는 위험물의 유별·품명 및 저장 최대수량 또는 취급최대수량, 지정수량의 배수 및 안전관리자의 성명 또는 직명을 기재할 것

19 ② 개인의 주거에 있어서는 관계인의 승낙을 받아야 한다.

20 ④ 위험물 제조소등 설치허가 시 가스관련 법령 등 다른 법령에 안전거리가 규정되어 있는 경우에는 해당 법령에 의한 안전거리도 만족해야 한다.

21 옥내소화전설비의 설치기준

- 소화전은 제조소등의 건축물의 층마다 해당 층의 각 부분에서 하나의 호스 접속구까지의 수평거리가 25m 이하가 되도록 설치할 것. 이 경우 옥내소화전은 각층의 출입구 부근에 1개 이상 설치해야 한다.
- 수원의 수량은 옥내소화전이 가장 많이 설치된 층의 옥내소화전 설치개수(설치개수가 5개 이상인 경우는 5개)에 $7.8m^3$를 곱한 양 이상이 되도록 설치할 것
- 옥내소화전설비는 각층을 기준으로 하여 해당 층의 모든 옥내소화전(설치개수가 5개 이상인 경우는 5개의 옥내소화전)을 동시에 사용할 경우에 각 노즐선단의 방수압력이 350kPa 이상이고 방수량이 1분당 260리터 이상의 성능이 되도록 할 것
- 옥내소화전설비에는 비상전원을 설치할 것

내 용	제조소등 설치기준	특정소방대상물 설치기준
설치위치 설치개수	• 수평거리 25m 이하 • 각층의 출입구 부근에 1개 이상 설치	수평거리 25m 이하
수원량	• Q = N(가장 많이 설치된 층의 설치개수 : 최대 5개) × $7.8m^3$ • 최대 = 260L/min × 30분 × 5 = $39m^3$	• Q = N(가장 많이 설치된 층의 설치개수 : 최대 2개) × $2.6m^3$ • 최대 = 130L/min × 20분 × 5 = $13m^3$
방수압력	350kPa 이상	0.17MPa 이상
방수량	260L/min	130L/min
비상전원	• 용량 : 45분 이상 • 자가발전설비 또는 축전지설비	• 용량 : 20분 이상 • 설치대상 – 지하층을 제외한 7층 이상으로서 연면적 $2,000m^2$ 이상 – 지하층의 바닥면적의 합계가 $3,000m^2$ 이상

※ 옥내소화설비 세부기준은 위험물 안전관리에 관한 세부기준 제129조 참조

22 ① 해당 제조소등의 용도를 폐지한 때에는 제조소등의 용도를 폐지한 날부터 14일 이내에 시 · 도지사에게 신고해야 한다.
② 시 · 도지사는 제조소등에 대한 사용의 정지가 그 이용자에게 심한 불편을 주거나 그 밖에 공익을 해칠 우려가 있는 때에는 사용정지처분에 갈음하여 2억 원 이하의 과징금을 부과할 수 있다.
③ 과징금 처분을 받은 자가 이를 납부하지 않은 경우 「지방행정제재 · 부과금의 징수 등에 관한 법률」에 따라 징수한다.

23 셀프용 고정주유설비의 기준
- 주유호스의 선단부에 수동개폐장치를 부착한 주유노즐을 설치할 것. 다만, 수동개폐장치를 개방한 상태로 고정시키는 장치가 부착된 경우에는 다음의 기준에 적합해야 한다.
  - 주유작업을 개시함에 있어서 주유노즐의 수동개폐장치가 개방상태에 있는 때에는 해당 수동개폐장치를 일단 폐쇄시켜야만 다시 주유를 개시할 수 있는 구조로 할 것
  - 주유노즐이 자동차 등의 주유구로부터 이탈된 경우 주유를 자동적으로 정지시키는 구조일 것
- 주유노즐은 자동차 등의 연료탱크가 가득 찬 경우 자동적으로 정지시키는 구조일 것
- 주유호스는 200킬로그램 중 이하의 하중에 의하여 파단(破斷) 또는 이탈되어야 하고, 파단 또는 이탈된 부분으로부터의 위험물 누출을 방지할 수 있는 구조일 것
- 휘발유와 경유 상호 간의 오인에 의한 주유를 방지할 수 있는 구조일 것
- 1회의 연속주유량 및 주유시간의 상한을 미리 설정할 수 있는 구조일 것. 이 경우 주유량 및 주유시간은 다음과 같다.
  - 휘발유는 100리터 이하, 4분 이하로 할 것
  - 경유는 600리터 이하, 12분 이하로 할 것

24 옥외저장탱크의 펌프설비 기준
- 펌프설비의 주위에는 너비 3m 이상의 공지를 보유할 것(방화상 유효한 격벽을 설치한 경우, 제6류 위험물, 지정수량의 10배 이하 위험물은 제외)
- 펌프설비로부터 옥외저장탱크까지의 사이에는 해당 옥외저장탱크의 보유공지 너비의 1/3 이상의 거리를 유지할 것
- 펌프실의 벽, 기둥, 바닥, 보 : 불연재료
- 펌프실의 지붕 : 폭발력이 위로 방출될 정도의 가벼운 불연재료로 할 것
- 펌프실의 창 및 출입구에는 60분+방화문 · 60분방화문 또는 30분방화문을 설치할 것
- 펌프실의 창 및 출입구에 유리를 이용하는 경우에는 망입유리로 할 것
- 펌프실의 바닥의 주위에는 높이 0.2m 이상의 턱을 만들고 그 최저부에는 집유설비를 설치할 것
- 인화점이 21℃ 미만인 위험물을 취급하는 펌프설비에는 보기 쉬운 곳에 옥외저장탱크 펌프설비라는 표시를 한 게시판과 방화에 관하여 필요한 사항을 게시한 게시판을 설치할 것

25 ② 철도 및 도로의 터널 안에는 이송취급소를 설치할 수 없다.

13 정답 및 해설

13회_정답 및 해설

01	02	03	04	05	06	07	08	09	10	11	12	13	14	15
③	②	④	③	③	④	④	②	④	③	②	②	①	④	②
16	17	18	19	20	21	22	23	24	25					
②	①	④	②	③	③	③	②	①	①					

01 위험물의 성질에 따른 제조소의 특례

(1) 알킬알루미늄등(알킬알루미늄 · 알킬리튬)을 취급하는 제조소의 특례

① 알킬알루미늄등을 취급하는 설비의 주위에는 누설범위를 국한하기 위한 설비와 누설된 알킬알루미늄등을 안전한 장소에 설치된 저장실에 유입시킬 수 있는 설비를 갖출 것

② 알킬알루미늄등을 취급하는 설비에는 불활성기체를 봉입하는 장치를 갖출 것

(2) 아세트알데하이드등(아세트알데하이드 · 산화프로필렌)을 취급하는 제조소의 특례

① 아세트알데하이드등을 취급하는 설비는 은 · 수은 · 동 · 마그네슘 또는 이들을 성분으로 하는 합금으로 만들지 아니할 것

② 아세트알데하이드등을 취급하는 설비에는 연소성 혼합기체의 생성에 의한 폭발을 방지하기 위한 불활성기체 또는 수증기를 봉입하는 장치를 갖출 것

③ 아세트알데하이드등을 취급하는 탱크(옥외에 있는 탱크 또는 옥내에 있는 탱크로서 그 용량이 지정수량의 5분의 1 미만의 것을 제외한다)에는 냉각장치 또는 저온을 유지하기 위한 장치(이하 "보냉장치"라 한다) 및 연소성 혼합기체의 생성에 의한 폭발을 방지하기 위한 불활성기체를 봉입하는 장치를 갖출 것. 다만, 지하에 있는 탱크가 아세트알데하이드등의 온도를 저온으로 유지할 수 있는 구조인 경우에는 냉각장치 및 보냉장치를 갖추지 아니할 수 있다.

(3) 하이드록실아민등을 취급하는 제조소의 특례

① 안전거리(건축물의 벽 또는 이에 상당하는 공작물의 외측으로부터 해당 제조소의 외벽 또는 이에 상당하는 공작물의 외측까지의 거리)

$$D = 51.1 \times \sqrt[3]{N}$$

여기서, N : 해당 제조소에서 취급하는 하이드록실아민등의 지정수량의 배수
D : 거리(m)

② 담 또는 토제(土堤)의 설치기준

㉠ 담 또는 토제는 해당 제조소의 외벽 또는 이에 상당하는 공작물의 외측으로부터 2m 이상 떨어진 장소에 설치할 것

㉡ 담 또는 토제의 높이는 해당 제조소에 있어서 하이드록실아민등을 취급하는 부분의 높이 이상으로 할 것

㉢ 담은 두께 15cm 이상의 철근콘크리트조 · 철골철근콘크리트조 또는 두께 20cm 이상의 보강콘크리트블록조로 할 것

㉣ 토제의 경사면의 경사도는 60도 미만으로 할 것

③ 하이드록실아민등을 취급하는 설비에는 하이드록실아민등의 온도 및 농도의 상승에 의한 위험한 반응을 방지하기 위한 조치를 강구할 것

④ 하이드록실아민등을 취급하는 설비에는 철 이온 등의 혼입에 의한 위험한 반응을 방지하기 위한 조치를 강구할 것

02 탱크전용실을 단층건물 외의 건축물에 설치할 수 있는 위험물

- 황화인, 적린, 덩어리 황.
- 황 린
- 제4류 위험물 중 인화점이 38℃ 이상인 위험물
- 질 산

03 ④ 복합용도의 옥내저장소의 용도에 사용되는 부분의 바닥면적은 75m^2 이하로 해야 한다.

04 ③ 시・도지사, 소방본부장 또는 소방서장은 공공의 안전을 유지하거나 재해의 발생을 방지하기 위하여 긴급한 필요가 있다고 인정하는 때에는 제조소등의 관계인에 대하여 해당 제조소등의 사용을 일시정지하거나 그 사용을 제한할 것을 명할 수 있다.

05 판매취급소의 건축물 구조

<table>
<tr><td>벽, 기둥</td><td>불연재료 또는 내화구조</td><td>내화구조</td></tr>
<tr><td>바 닥</td><td>내화구조</td><td>내화구조</td></tr>
<tr><td>격 벽</td><td>내화구조</td><td>내화구조</td></tr>
<tr><td>보</td><td>불연재료</td><td>내화구조</td></tr>
<tr><td>지 붕</td><td>상층이 있는 경우: 상층의 바닥을 내화구조
상층이 없는 경우: 불연재료 또는 내화구조</td><td>상층이 있는 경우: 상층의 바닥을 내화구조
상층이 없는 경우: 내화구조</td></tr>
<tr><td>천 장</td><td>불연재료</td><td>불연재료</td></tr>
<tr><td>창</td><td rowspan="2">• 창 및 출입구에는 60분+방화문・60분방화문 또는 30분방화문을 설치할 것
• 창 및 출입구에는 유리를 이용하는 경우에는 망입유리로 할 것</td><td>연소의 우려가 없는 부분에 한하여 창을 두되, 해당 창에는 60분+방화문・60분방화문 또는 30분방화문을 설치할 것</td></tr>
<tr><td>출입구</td><td>출입구에는 60분+방화문・60분방화문 또는 30분방화문을 설치할 것. 다만, 해당 부분 중 연소의 우려가 있는 벽에 설치하는 출입구에는 수시로 열 수 있는 자동폐쇄식의 60분+방화문 또는 60분방화문을 설치해야 한다.</td></tr>
</table>

06 소화난이도등급 I에 해당하는 제조소등

제조소등 구분	소화난이도등급 I	소화난이도등급 II	소화난이도등급 III
제조소 일반 취급소	① 연면적 1,000m^2 이상 ② 지정수량 100배 이상 ③ 처마의 높이가 6m 이상 ④ 일반취급소로 사용되는 부분 이외의 부분을 갖는 건축물에 설치된 것	① 연면적 600m^2 이상 ② 지정수량 10배 이상 100배 미만 ③ 분, 세, 열, 보, 유, 절, 열・화의 일반취급소로서 등급 I 에 해당되지 않는 것	① 염소산염류・과염소산염류・질산염류・유황・철분・금속분・마그네슘・질산에스터류・나이트로화합물 중 화약류에 해당하는 위험물을 저장하는 것 ② 화약류의 위험물 외의 것을 취급하는 것으로 등급 I, II 이외의 것

옥내저장소	① 연면적 150m^2 초과 ② 지정수량 150배 이상 ③ 처마의 높이가 6m 이상인 단층 건물 ④ 옥내저장소로 사용되는 부분 이외의 부분을 갖는 건축물에 설치된 것	① 단층건물 이외의 것 ② 다층 및 소규모 옥내저장소 ③ 지정수량 10배 이상 150배 미만 ④ 연면적 150m^2 초과인 것 ⑤ 복합용도 옥내저장소로서 소화난이도등급 I 외의 제조소등인 것	
옥외저장소	① 100m^{2}이상[덩어리(괴상)의 황을 저장하는 경계표시 내부면적] ② 인화점이 21도 미만인 인화성 고체, 제1석유류, 알코올류를 저장하는 것으로 지정수량 100배 이상	① 경계표시 내부면적 5~100m^2 (황) ② 인화점이 21도 미만인 인화성 고체, 제1석유류, 알코올류를 저장하는 것으로 지정수량 10배 이상~100배 미만 ③ 지정수량 100배 이상(나머지)	① 황을 저장하는 경계표시 내부면적 5m^2 미만 ② 옥내주유취급소 외의 것으로서 소화난이도등급 I, II 이외의 것
옥외탱크 저장소	① 지중탱크, 해상탱크로서 지정수량 100배 이상 ② 고체위험물을 저장하는 것으로 지정수량 100배 이상 ③ 탱크상단까지 높이 6m 이상 ④ 액표면적 40m^2 이상	소화난이도등급 I 외의 제조소(고인화점위험물을 100℃ 미만으로 저장하는 것, 6류만 저장은 제외)	
옥내탱크 저장소	① 탱크상단까지 높이 6m 이상 ② 액표면적 40m^2 이상 ③ 탱크전용실이 단층건물 외의 건축물에 있는 것으로서 인화점이 38℃ 이상 70℃ 미만 지정수량 5배 이상을 저장하는 것		
암반탱크 저장소	① 액표면적 40m^2 이상 ② 고체위험물을 저장하는 것으로 지정수량 100배이상		
이송취급소	모든 대상		
주유취급소	주유취급소의 업무를 행하기 위한 사무소, 자동차 등의 점검 및 간이정비를 위한 작업장 및 주유취급소에 출입하는 사람을 대상으로 한 점포·휴게음식점 또는 전시장의 면적의 합이 500m^{2}를 초과하는 것	옥내주유취급소로서 소화난이도등급 I의 제조소등에 해당하지 아니하는 것	옥내주유취급소 이외의 것으로서 소화난이도등급 I의 제조소등에 해당하지 아니하는 것
판매취급소		제2종 판매취급소	제1종 판매취급소
지하탱크 이동탱크 간이탱크			모든 대상

- 소화난이도등급 I 중 지정수량 100배 이상 : 제조소, 일반취급소, 옥외저장소, 옥외탱크저장소, 암반탱크저장소(옥내저장소 – 지정수량 150배 이상)
- 높이 6m 이상 : 제조소, 옥내저장소, 옥내탱크저장소, 옥외탱크저장소
- 알킬알루미늄을 저장, 취급하는 이동탱크저장소는 자동차용 소화기를 설치하는 외에 마른 모래나 팽창질석 또는 팽창진주암을 추가로 설치한다.

07 지하저장탱크 시험방법

- 압력탱크 외의 탱크는 70kPa의 압력으로 10분간 수압시험
- 압력탱크에 있어서는 최대상용압력의 1.5배의 압력으로 10분간 수압시험
  ※ 압력탱크 : 최대사용압력이 46.7kPa 이상인 탱크
- 수압시험은 탱크의 모든 개구부를 완전 폐쇄하고 맨홀 윗면까지 물을 채우고 실시하고, 수압시험은 기밀시험과 비파괴시험을 동시에 실시하는 방법으로 대신할 수 있다.

08 위험물 누출 등 사고조사 및 위원회의 구성(법 제22조의2 및 시행령 제19조의2)

- 소방청장(중앙119구조본부장 및 그 소속 기관의 장 포함), 시・도지사, 소방본부장 또는 소방서장은 위험물의 누출・화재・폭발 등의 사고가 발생한 경우 사고의 원인 및 피해 등을 조사해야 한다.
- 위원회는 위원장 1명을 포함하여 7명 이내의 위원으로 구성한다.
- 위원으로 위촉되는 민간위원의 임기는 2년으로 하며, 한 차례만 연임할 수 있다.

09 자체소방대 편성에 필요한 화학소방차 및 인원

사업소의 구분	화학 소방자동차	자체소방 대원의 수
옥외탱크저장소에 저장하는 제4류 위험물의 최대수량이 지정수량의 50만배 이상인 사업소[시행일 : 2022. 1. 1.]	2대	10인

10 하이드록실아민등을 취급하는 제조소의 특례

구분	제조소의 특례기준
안전거리	$D = 51.1\sqrt[3]{N}$ 식에 의한 안전거리를 둘 것(N : 지정수량 배수)
담 또는 토제	• 제조소의 외벽 또는 이에 상당하는 공작물의 외측으로부터 2m 이상 떨어진 장소에 설치할 것 • 담 또는 토제의 높이는 해당 제조소에 있어서 하이드록실아민등을 취급하는 부분의 높이 이상으로 할 것 • 담은 두께 15cm 이상의 철근콘크리트조・철골철근콘크리트조 또는 두께 20cm 이상의 보강콘크리트블록조로 할 것 • 토제의 경사면의 경사도는 60도 미만으로 할 것
하이드록실아민등을 취급하는 설비	• 하이드록실아민등의 온도 및 농도의 상승에 의한 위험한 반응을 방지하기 위한 조치를 강구할 것 • 철 이온 등의 혼입에 의한 위험한 반응을 방지하기 위한 조치를 강구할 것

11 자동화재탐지설비의 설치기준

(1) 자동화재탐지설비의 경계구역(화재가 발생한 구역을 다른 구역과 구분하여 식별할 수 있는 최소단위의 구역)은 건축물 그 밖의 공작물의 2 이상의 층에 걸치지 아니하도록 할 것. 다만, 하나의 경계구역의 면적이 500m^2 이하이면서 해당 경계구역이 두개의 층에 걸치는 경우이거나 계단・경사로・승강기의 승강로 그 밖에 이와 유사한 장소에 연기감지기를 설치하는 경우에는 그러하지 아니하다.

(2) 하나의 경계구역의 면적은 600m^2 이하로 하고 그 한 변의 길이는 50m(광전식분리형 감지기를 설치할 경우에는 100m) 이하로 할 것. 다만, 해당 건축물 그 밖의 공작물의 주요한 출입구에서 그 내부의 전체를 볼 수 있는 경우에 있어서는 그 면적을 1,000m^2 이하로 할 수 있다.

※ 문제에서 주어진 면적을 구하면, 면적 = 12m × 60m = 720m^{2}이다.

∴ 경계구역 = 720m^2 ÷ 600m^2 = 1.2 ⇒ 2구역

[위험물안전관리법 시행규칙 별표 17 II 경보설비란 참조]
차동식 스포트형 감지기는 한 변의 길이가 50m 이하로 해야 하는데 문제에서 60m로 하였으니, 법에 맞지 않으나 저자는 그대로 풀이했습니다.

12 위험등급Ⅱ : 제1석유류(피리딘), 알코올류

13 제조소의 표지·게시판 및 주의사항

① 위험물 제조소 표지와 방화에 관하여 필요한 사항을 게시한 게시판의 크기는 기준은 한 변의 길이가 0.3m 이상, 다른 한 변의 길이가 0.6m 이상인 직사각형 같다.

② 제3류 위험물 중 자연발화성인 황린을 취급하는 제조소의 주의사항 표기는 "화기엄금"이다.

③ 주의사항을 표시한 게시판의 크기는 규정되어 있지 않다.

④ 방화에 관하여 필요한 사항을 게시한 게시판에는 위험물의 유별·품명 및 저장최대수량 또는 취급최대수량, 지정수량의 배수 및 안전관리자의 성명 또는 직명을 표시한다.

14 셀프용 고정주유설비의 기준

1회의 연속주유량 및 주유시간의 상한을 미리 설정할 수 있는 구조일 것. 이 경우 연속주유량 및 주유시간의 상한은 다음과 같다.

- 휘발유는 100리터 이하, 4분 이하로 할 것
- 경유는 600리터 이하, 12분 이하로 할 것

15 ② 탱크시험자가 되고자 하는 자는 대통령령이 정하는 기술능력·시설 및 장비를 갖추어 시·도지사에게 등록하여야 한다.

16

보고 또는 자료제출을 하지 아니하거나 허위로 보고 또는 자료제출을 한 자 또는 관계공무원의 출입·검사 또는 수거를 거부·방해 또는 기피한 자의 행정벌 정리

- 위험물 제조소등의 출입·검사 및 위험물 사고조사 시 : 1년 이하의 징역 또는 1천만 원 이하의 벌금
- 탱크시험자 감독상 출입·검사 : 1천 500만 원 이하의 벌금
- 화재안전조사를 정당한 사유 없이 거부·방해 또는 기피한 자 : 300만 원 이하의 벌금

17 안전거리의 기산점

해당 제조소의 외벽 또는 이에 상당하는 공작물의 외측으로부터 방호대상 건축물의 외벽 또는 이에 상당하는 공작물의 외측까지의 수평거리이다.

18 이황화탄소의 옥외저장탱크는 벽 및 바닥의 두께가 0.2m 이상이고 누수가 되지 아니하는 철근콘크리트의 수조에 넣어 보관함으로써 보유공지·통기관 및 자동계량장치는 생략할 수 있으며, 안전거리는 제외한다.

19 1일 평균 매출액을 기준으로 한 과징금 산정기준

과징금 금액 = 1일 평균 매출액 × 사용정지 일수 × 0.0574

20 위험물의 품명·수량 또는 지정수량의 배수 변경시 첨부서류 : 제조소등의 완공검사합격확인증(위험물안전관리법 시행규칙 제10조)

21 제1류 위험물 중 알칼리금속의 과산화물 또는 이를 함유하는 것, 제2류 위험물 중 철분·금속분·마그네슘 또는 이중 어느 하나 이상을 함유하는 것, 제3류 위험물 중 금수성물질 또는 제4류 위험물의 저장창고의 바닥은 물이 스며 나오거나 스며들지 아니하는 구조로 해야 한다.

22 ③ 천장을 설치하는 경우에는 모든 천장을 불연재료로 해야 한다.

23 제조소등의 위치 · 구조 또는 설비의 변경 없이 해당 제조소등에서 저장하거나 취급하는 위험물의 품명 · 수량 또는 지정수량의 배수를 변경하고자 하는 자는 변경하고자 하는 날의 1일 전까지 행정안전부령이 정하는 바에 따라 시 · 도지사에게 신고해야 한다.

24 ② 안전관리대행기관은 지정받은 사항의 변경이 있는 경우에는 그 사유가 있는 날부터 14일 이내에 위험물안전관리대행기관 변경신고서(전자문서로 된 신고서를 포함한다)에 다음 각 호의 구분에 따른 서류(전자문서를 포함한다)를 첨부하여 소방청장에게 제출해야 한다.

③ 안전관리대행기관은 휴업 · 재개업 또는 폐업을 하려는 경우에는 휴업 · 재개업 또는 폐업하려는 날 1일 전까지 위험물안전관리대행기관 휴업 · 재개업 · 폐업 신고서(전자문서로 된 신고서를 포함한다)에 위험물안전관리대행기관지정서(전자문서를 포함한다)를 첨부하여 소방청장에게 제출해야 한다. 〈신설 2024. 5. 20.〉

④ 민원처리기간은 3일이다.

25 정기점검의 대상인 제조소등(시행령 제16조)

- 예방규정을 정하는 제조소등
- 지하탱크저장소
- 이동탱크저장소
- 위험물을 취급하는 탱크로서 지하에 매설된 탱크가 있는 제조소 · 주유취급소 또는 일반취급소

14 정답 및 해설

14회_정답 및 해설														
01	02	03	04	05	06	07	08	09	10	11	12	13	14	15
①	③	①	①	④	②	④	④	③	④	③	②	①	②	②
16	17	18	19	20	21	22	23	24	25					
④	③	④	③	④	①	④	③	④	①					

01 옥내소화전설비의 설치기준

① 옥내소화전은 제조소등의 건축물의 층마다 해당 층의 각 부분에서 하나의 호스접속구까지의 수평거리가 25m 이하가 되도록 설치할 것. 이 경우 옥내소화전은 각층의 출입구 부근에 1개 이상 설치하여야 한다.

② 수원의 수량은 옥내소화전이 가장 많이 설치된 층의 옥내소화전 설치개수(설치개수가 5개 이상인 경우는 5개)에 7.8m^3를 곱한 양 이상이 되도록 설치할 것

③ 옥내소화전설비는 각층을 기준으로 하여 해당 층의 모든 옥내소화전(설치개수가 5개 이상인 경우는 5개의 옥내소화전)을 동시에 사용할 경우에 각 노즐 끝부분의 방수압력이 350㎪ 이상이고 방수량이 1분당 260리터 이상의 성능이 되도록 할 것

④ 옥내소화전설비에는 비상전원을 설치할 것

02 암반탱크저장소 위치 · 구조 및 설비 기준

- 암반탱크저장소 주위에는 지하수위 및 지하수의 흐름 등을 확인 · 통제할 수 있는 관측공을 설치해야 한다.
- 암반탱크의 상부로 물을 주입하여 수압을 유지할 필요가 있는 경우에는 수벽공을 설치할 것
- 암반탱크저장소에는 위험물의 양과 내부로 유입되는 지하수의 양을 측정할 수 있는 계량구와 자동측정이 가능한 계량장치를 설치해야 한다.
- 암반탱크저장소에는 주변 암반으로부터 유입되는 침출수를 자동으로 배출할 수 있는 시설을 설치하고 침출수에 섞인 위험물이 직접 배수구로 흘러 들어가지 아니하도록 유분리장치를 설치해야 한다.

03 옥내저장소 저장창고는 지붕을 폭발력이 위로 방출될 정도의 가벼운 불연재료로 하고, 천장을 만들지 아니해야 한다. 다만, 제2류 위험물(분상의 것과 인화성고체를 제외한다)과 제6류 위험물만의 저장창고에 있어서는 지붕을 내화구조로 할 수 있고, 제5류 위험물만의 저장창고에 있어서는 해당 저장창고 내의 온도를 저온으로 유지하기 위하여 난연재료 또는 불연재료로 된 천장을 설치할 수 있다.

[위험물의 분류]

종 류	황 린	셀룰로이드	할로젠간화합물	질산구아니딘
유 별	제3류 위험물	제5류 위험물	제6류 위험물	제5류 위험물

04 탱크 최대용량 = (600 × 2) + 2,000 + (50,000 × 2) = 103,200리터

주유취급소의 탱크설치

탱크구분	탱크용량
전용탱크	• 고정주유설비에 직접 접속 5만 리터 이하 • 고정급유설비에 직접 접속 5만 리터 이하 • 보일러 등에 직접 접속하는 전용탱크 : 1만 리터 이하
폐유탱크 등	폐유탱크 등의 위험물을 저장하는 탱크 : 2,000리터 이하
간이탱크	간이탱크 1기의 용량 : 600리터 이하
이동탱크	• 5천 리터 이하 • 상시주차장소를 주유공지 또는 급유공지 외의 장소에 확보 • 해당 주유취급소의 위험물의 저장·취급에 관계된 것에 한함

05 자체소방대를 설치해야 하는 사업소(시행령 제18조)

• 제조소 또는 일반취급소에서 취급하는 제4류 위험물의 최대수량의 합이 지정수량의 3천배 이상

• 옥외탱크저장소에 저장하는 제4류 위험물의 최대수량이 지정수량의 50만배 이상[시행일 : 2022. 1. 1.]

06 위험물 및 지정수량

종 류	브로민산염류	아황화인	금속의 수소화물	질 산
유 별	제1류 위험물	제2류 위험물	제3류 위험물	제6류 위험물
지정수량	300킬로그램	100킬로그램	300킬로그램	300킬로그램

07 가. 하이드록실아민등을 취급하는 제조소의 담은 두께 15cm 이상의 철근콘크리트조·철골철근콘크리트조 또는 두께 20cm 이상의 보강콘크리트블록조로 할 것

나. 지정과산화물 저장창고의 외벽은 두께 20cm 이상의 철근콘크리트조나 철골철근콘크리트조 또는 두께 30cm 이상의 보강콘크리트블록조로 할 것

다. 지정과산화물 저장창고의 격벽은 두께 30cm 이상의 철근콘크리트조 또는 철골철근콘크리트조로 하거나 두께 40cm 이상의 보강콘크리트블록조로 할 것

라. 지정과산화물 저장창고의 지붕은 두께 5cm 이상, 너비 30cm 이상의 목재로 만든 받침대를 설치할 것

08 이송취급소 배관의 내압시험

배관 등은 최대상용압력의 1.25배 이상의 압력으로 4시간 이상 수압을 가하여 누설 그 밖의 이상이 없을 것

09 ① 지면에서 처마까지의 높이가 6m 미만인 단층건물로 해야 한다.

② 특수인화물과 인화성고체를 같은 저장창고에 저장할 경우 옥내저장소의 바닥면적은 1,000m^2 이하로 해야 한다.

④ 저장창고 출입구는 60분+방화문·60분방화문 또는 30분방화문을 설치해야 한다.

10 "특수인화물"라 함은 이황화탄소, 다이에틸에터 그 밖에 1기압에서 발화점이 섭씨 100도 이하인 것 또는 인화점이 섭씨 영하 20도 이하이고 비점이 섭씨 40도 이하인 것

11 주유원 간이대기실의 설치 기준

• 불연재료로 할 것

• 바퀴가 부착되지 아니한 고정식일 것

• 차량의 출입 및 주유작업에 장애를 주지 아니하는 위치에 설치할 것

• 바닥면적이 2.5m^2 이하일 것. 다만, 주유공지 및 급유공지 외의 장소에 설치하는 것은 그러하지 아니하다.

12 제조소등별로 설치해야 할 경보설비 종류 및 설치기준

<table>
<tr><th colspan="3">제조소등별로 설치해야 할 경보설비 종류</th><th rowspan="2">자동화재탐지설비
설치기준</th></tr>
<tr><th>제조소등의
구분</th><th>규모 · 저장
또는 취급하는 위험물의 종류 최대 수량 등</th><th>경보
설비</th></tr>
<tr><td>1. 제조소
일반취급소</td><td>• 연면적 500m^2 이상인 것
• 옥내에서 지정수량 100배 이상을 취급하는 것
• 일반취급소 사용되는 부분 이외의 건축물에 설치된 일반취급소(복합용도 건축물의 취급소) : 내화구조로 구획된 것 제외</td><td rowspan="4">자동
화재
탐지
설비</td><td rowspan="4">• 경계구역
– 2개의 층에 걸치지 아니할 것
– 600m^2 이하로 할 것
– 한 변의 길이는 50m 이하로 할 것
– 광전식분리형 : 100m 이하로 할 것
• 감지기설치 : 지붕 또는 벽의 옥내에 면한 부분에 유효하게 화재를 감지할 수 있도록 설치할 것
• 비상전원을 설치</td></tr>
<tr><td>2. 옥내저장소</td><td>• 저장창고의 연면적 150m^2 초과하는 것
• 지정수량 100배 이상(고인화점만은 제외)
• 처마의 높이가 6m 이상의 단층건물의 것
• 복합용도 건축물의 옥내저장소</td></tr>
<tr><td>3. 옥내탱크
저장소</td><td>단층건물 이외의 건축물에 설치된 옥내탱크저장소로서 소화난이도등급 I 에 해당되는 것</td></tr>
<tr><td>4. 주유취급소</td><td>옥내주유취급소</td></tr>
<tr><td>1~4 이외의
대상</td><td>지정수량 10배 이상 저장 · 취급하는 것</td><td colspan="2">자동화재탐지설비, 비상경보설비, 확성장치 또는 비상방송설비 중 1종 이상</td></tr>
</table>

13 흡연장소의 지정기준 등(시행령 제18조의2)

제조소등의 흡연하는 장소를 지정하는 기준 · 방법 등은 다음 각 호와 같다.

- 위험물을 저장 또는 취급하는 장소에서 일정한 거리를 이격하는 등 화재 예방상 지장이 없는 위치일 것
- 흡연장소에는 가연성의 증기 또는 미분이 체류하거나 유입되는 것을 방지하는 조치를 할 것
- 수동식소화기, 마른 모래 또는 소화수 등을 비치하는 등 흡연장소 내 화재를 진화할 수 있는 조치를 할 것

14

제4류 위험물 중 인화점이 70℃ 미만인 위험물의 저장창고에 있어서는 내부에 체류한 가연성의 증기를 지붕 위로 배출하는 설비를 갖추어야 하므로 특수인화물류, 제1석유류, 제2석유류를 저장하는 창고에는 배출설비를 설치해야 한다.

15 위험물 장거리 운송 시 2명 이상의 운전자로 하지 않는 경우

- 운송책임자를 동승시킨 경우
- 운송하는 위험물이 제2류 위험물 · 제3류 위험물(칼슘 또는 알루미늄의 탄화물과 이것만을 함유한 것에 한한다) 또는 제4류 위험물(특수인화물을 제외한다)인 경우
- 운송도중에 2시간 이내마다 20분 이상씩 휴식하는 경우

16

①·②·③ 1천 500만 원 이하의 벌금, ④ 1년 이하의 징역 또는 1천만 원 이하의 벌금

17 위험물 제조소등의 설치허가를 받지 않아도 되는 경우

가. 지정수량 미만의 위험물을 저장 · 취급하는 장소
나. 항공기 · 선박 · 철도 및 궤도로 운반하는 위험물
다. 주택의 난방시설(공동주택의 중앙난방시설을 제외한다)을 위한 저장소 또는 취급소
라. 관할 소방서장의 승인을 받아 지정수량 이상의 위험물을 90일 이내의 기간 동안 임시로 저장 또는 취급하는 경우
마. 농예용 · 축산용 또는 수산용으로 필요한 난방시설 또는 건조시설을 위한 지정수량 20배 이하의 저장소

18

위험물의 저장 또는 취급에 관한 중요기준에 따르지 아니한 자 : 1천 500만 원 이하의 벌금(법 제36조 제1호)

19 제4류 위험물의 지정수량

종 류	휘발유(비수용성)	경유(비수용성)	중유(비수용성)
품 명	제1석유류	제2석유류	제3석유류
지정수량	200리터	1,000리터	2,000리터

$\therefore$ 지정수량의 배수 $= \frac{\text{저장량}}{\text{지정수량}} + \frac{\text{저장량}}{\text{지정수량}} = \frac{1,600L}{200L} + \frac{4,000L}{1,000L} + \frac{6,000L}{2,000L} = 15$배

20 지정수량 3천배 이상이더라도 자체소방대 설치 제외 일반취급소

- 보일러, 버너 그 밖에 이와 유사한 장치로 위험물을 소비하는 일반취급소
- 이동저장탱크 그 밖에 이와 유사한 것에 위험물을 주입하는 일반취급소
- 용기에 위험물을 옮겨 담는 일반취급소
- 유압장치, 윤활유순환장치 그 밖에 이와 유사한 장치로 위험물을 취급하는 일반취급소
- 「광산안전법」의 적용을 받는 일반취급소

21 필수장비 : 자기탐상시험기, 초음파두께측정기 및 다음 ① 또는 ② 중 어느 하나

① 영상초음파시험기
② 방사선투과시험기 및 초음파시험기

22

- 셀프용 고정주유설비의 1회 연속주유량 및 주유시간의 상한을 미리 설정할 수 있는 구조일 것. 이 경우 연속주유량 및 주유시간의 상한은 다음과 같다.
  - 휘발유는 100리터 이하, 4분 이하로 할 것
  - 경유는 600리터 이하, 12분 이하로 할 것
- 셀프용 고정급유설비의 1회의 연속급유량 및 급유시간의 상한을 미리 설정할 수 있는 구조일 것. 이 경우 급유량의 상한은 100리터 이하, 급유시간의 상한은 6분 이하로 한다.

23 옥내저장창고의 기준면적

구 분	위험물을 저장하는 창고	기준면적
㉮	① 제1류 위험물 중 아염소산염류, 과염소산염류, 무기과산화물) 그 밖에 지정수량 50킬로그램인 위험물 ② 제3류 위험물 중 칼륨, 나트륨, 알킬알루미늄, 알킬리튬, 그 밖에 지정수량 10킬로그램인 위험물 및 황린 ③ 제4류 위험물 중 특수인화물, 제1석유류, 알코올류 ④ 제5류 위험물 중 지정수량이 10킬로그램인 위험물 ⑤ 제6류 위험물(과염소산, 과산화수소, 질산) ⑥ ㉮목의 위험물과 ㉯목의 위험물을 같은 창고에 저장할 때	1,000m^2 이하
㉯	위 ㉮의 위험물 외의 위험물	2,000m^2 이하
㉰	㉮목의 위험물과 ㉯목의 위험물을 내화구조의 격벽으로 완전구획된 실에 각각 저장하는 창고 (㉮의 위험물을 저장하는 실의 면적은 500m^2를 초과할 수 없다)	1,500m^2 이하

24 차아염소산염류는 행정안전부령이 정하는 1류 위험물 중 지정수량 50킬로그램으로 상기 모두 위험등급 I 이다.

25 위험물을 가압 또는 그 위험물의 압력이 상승할 우려가 있는 설비에서 위험물의 성질에 따라 안전밸브의 작동이 곤란한 가압설비를 설치하는 것 : 파괴판

15 정답 및 해설

15회_정답 및 해설														
01	02	03	04	05	06	07	08	09	10	11	12	13	14	15
④	③	①	②	③	②	③	①	④	③	①	②	①	①	②
16	17	18	19	20	21	22	23	24	25					
④	①	①	④	③	①	③	③	②	①					

01 옥내저장소의 저장창고

구 분	위치 · 구조 및 설비의 기준
건축물	저장창고는 위험물의 저장을 전용으로 하는 독립된 건축물로 하여야 한다.
높 이	저장창고는 지면에서 처마까지의 높이(이하 "처마높이"라 한다)가 6m 미만인 단층건물로 하고 그 바닥을 지반면보다 높게 하여야 한다.
벽 · 기둥 및 바닥	내화구조
보 · 서까래	불연재료
지붕 · 천장	• 폭발력이 위로 방출될 정도의 가벼운 불연재료로 하고, 천장을 만들지 않아야 한다. • 다만, 제2류 위험물(분말상태의 것과 인화성고체를 제외한다)과 제6류 위험물만의 저장창고에 있어서는 지붕을 내화구조로 할 수 있다. • 제5류 위험물만의 저장창고에 있어서는 해당 저장창고 내의 온도를 저온으로 유지하기 위하여 난연재료 또는 불연재료로 된 천장을 설치할 수 있다.
보유공지	저장 또는 취급하는 위험물의 최대수량에 따라 너비의 공지를 보유하여야 한다.

저장 또는 취급하는 위험물의 최대수량	공지의 너비	
	벽 · 기둥 및 바닥이 내화구조로 된 건축물	그 밖의 건축물
지정수량의 5배 이하		0.5m 이상
지정수량의 5배 초과 10배 이하	1m 이상	1.5m 이상
지정수량의 10배 초과 20배 이하	2m 이상	3m 이상
지정수량의 20배 초과 50배 이하	3m 이상	5m 이상
지정수량의 50배 초과 200배 이하	5m 이상	10m 이상
지정수량의 200배 초과	10m 이상	15m 이상

∴ 적린의 지정수량은 100킬로그램이므로 지정수량의 배수를 구하면 지정수량의 배수 = 600kg/100kg = 6배
위 보유공지 표에서 지정수량의 5배 초과 10배 이하 : 1m 이상

02 위험물탱크의 탱크안전성능검사(시행령 제8조)

검사 종류	검사 대상	신청시기
기초·지반검사	100만 리터 이상인 액체위험물을 저장하는 옥외탱크저장소	위험물탱크의 기초 및 지반에 관한 공사의 개시 전
충수·수압검사	액체위험물을 저장 또는 취급하는 탱크	위험물을 저장 또는 취급하는 탱크에 배관 그 밖의 부속설비를 부착하기 전
용접부 검사	100만 리터 이상인 액체위험물을 저장하는 옥외탱크저장소	탱크본체에 관한 공사의 개시 전
암반탱크검사	액체위험물을 저장 또는 취급하는 암반 내의 공간을 이용한 탱크	암반탱크의 본체에 관한 공사의 개시 전

03 안전교육(법 제28조)

① 제조소등의 관계인은 교육대상자에 대하여 필요한 안전교육을 받게 하여야 한다.

② 위험물의 안전관리와 관련된 업무를 수행하는 사람은 해당 업무에 관한 능력의 습득 또는 향상을 위하여 소방청장이 실시하는 교육을 받아야 한다.

③ 탱크시험자의 기술인력의 필수인력

- 위험물기능장·위험물산업기사 또는 위험물기능사 중 1명 이상
- 비파괴검사기술사 1명 이상 또는 초음파비파괴검사·자기비파괴검사 및 침투비파괴검사별로 기사 또는 산업기사 각 1명 이상

④ 시·도지사, 소방본부장 또는 소방서장은교육대상자가 교육을 받지 아니한 때에는 그 교육대상자가 교육을 받을 때까지 이 법의 규정에 따라 그 자격으로 행하는 행위를 제한할 수 있다.

04 ② 하나의 경계표시의 내부의 면적은 100m^2 이하일 것

05 ③ 지정수량 미만인 위험물의 저장 또는 취급에 관한 기술상의 기준은 시·도의 조례로 정한다.

국가화재안전기준은 소방시설의 설치기준이다.

06 ② 안전조치 이행명령을 따르지 아니한 자는 1차 경고, 2차 허가취소의 행정처분을 명할 수 있다.

07 위험물의 지정수량 배수

종 류	인화성고체	과산화나트륨	금속분
품 명	고형알코올	무기과산화물	금속분
지정수량	1,000킬로그램	50킬로그램	500킬로그램
배 수	2.5	3	4

08 ① 정기점검을 한 제조소등의 관계인은 점검을 한 날부터 30일 이내에 점검결과를 시·도지사에게 제출하여야 한다.

09 위험물의 분류

품 명	과아이오딘산염류	퍼옥소붕산염류	아이오딘의 산화물	금속의 아지화합물
유 별	제1류 위험물	제1류 위험물	제1류 위험물	제5류 위험물

10

사용 중지신고 또는 재개신고 등(시행규칙 제23조의2 제1항)

"위험물의 제거 및 제조소등에의 출입통제 등 행정안전부령으로 정하는 안전조치"란 다음 각 호의 조치를 말한다.

1. 탱크 · 배관 등 위험물을 저장 또는 취급하는 설비에서 위험물 및 가연성 증기 등의 제거
2. 관계인이 아닌 사람에 대한 해당 제조소등에의 출입금지 조치
3. 해당 제조소등의 사용 중지 사실의 게시
4. 그 밖에 위험물의 사고 예방에 필요한 조치

11

적재하는 위험물의 성질에 따른 재해방지 조치

(1) 차광성 피복

제1류	제2류	제3류	제4류	제5류	제6류
전 부	해당없음	자연발화성 물품	특수인화물류	전 부	전 부

(2) 방수성 피복

① 제1류 위험물 중 : 알칼리금속의 과산화물 또는 이를 함유한 것

② 제2류 위험물 중 : 철분, 금속분, 마그네슘 또는 이들중 어느 하나 이상을 함유한 것

③ 제3류 위험물 중 : 금수성물질

(3) 보냉 컨테이너에 수납 또는 적정한 온도관리 : 제5류 중 55℃ 이하에서 분해될 우려가 있는 것

12

①, ③, ④ 제조소등에 있어서 위험물취급자격자가 아닌 자는 안전관리자 또는 대리자가 참여한 상태에서 위험물을 취급해야 한다(법 제15조 제7항 참조).

13

소화설비의 적응성(시행규칙 별표17)

소화설비의 구분			건축물 · 그 밖의 공작물	제1류 그 밖의 것	제2류 그 밖의 것	제3류 그 밖의 것	제5류 위험물	제6류 위험물	전기설비	제2류 인화성고체	제4류 위험물	제1류 알칼리금속과산화물등	제2류 철분 · 금속분 · 마그네슘등	제3류 금수성물품
옥내소화전설비 또는 옥외소화전설비			○	○	○	○	○	○		○				
스프링클러설비			○	○	○	○	○	○		○	△			
물분무등 소화설비	물분무소화설비		○	○	○	○	○	○	○	○	○			
	포소화설비		○	○	○	○	○	○		○	○			
	불활성가스소화설비								○	○	○			
	할로젠화합물소화설비								○	○	○			
	분말소화설비	인산염류 등	○	○	○			○	○	○	○			
		탄산수소염류 등							○	○	○	○	○	○
		그 밖의 것										○	○	○

대형·소형 수동식 소화기	봉상수(棒狀水)소화기		○	○	○	○	○	○		○				
	무상수(霧狀水)소화기		○	○	○	○	○	○	○	○				
	봉상강화액소화기		○	○	○	○	○	○		○				
	무상강화액소화기		○	○	○	○	○	○	○	○	○			
	포소화기		○	○	○	○	○	○		○	○			
	이산화탄소소화기							△	○	○	○			
	할로젠화합물소화기								○	○	○			
	분말 소화기	인산염류소화기	○	○	○			○	○	○	○			
		탄산수소염류소화기							○	○	○	○	○	○
		그 밖의 것										○	○	○
기 타	물통 또는 수조		○	○	○	○	○	○		○				
	건조사			○	○	○	○	○		○	○	○	○	○
	팽창질석 또는 팽창진주암			○	○	○	○	○		○	○	○	○	○

비고

※ "○"표시는 해당 소방대상물 및 위험물에 대하여 소화설비가 적응성이 있음을 표시하고, "△"표시는 제4류 위험물을 저장 또는 취급하는 장소의 살수기준면적에 따라 스프링클러설비의 살수밀도가 다음 표에 정하는 기준 이상인 경우에는 해당 스프링클러설비가 제4류 위험물에 대하여 적응성이 있음을, 제6류 위험물을 저장 또는 취급하는 장소로서 폭발의 위험이 없는 장소에 한하여 이산화탄소소화기가 제6류 위험물에 대하여 적응성이 있음을 각각 표시한다.

14 증류공정에 있어서는 위험물을 취급하는 설비의 내부압력의 변동 등에 의하여 액체 또는 증기가 새지 아니하도록 할 것

15 옥내 · 외 소화전설비의 설치기준

내 용	옥내소화전 설치기준	옥외소화전 설치기준
설치위치 설치개수	• 수평거리 25m 이하 • 각층의 출입구 부근에 1개 이상 설치	• 수평거리 40m 이하마다 설치 • 설치개수가 1개인 경우 2개 설치
수원량	• Q = N(가장 많이 설치된 층의 설치개수 : 최대 5개) × $7.8m^3$ • 최대 = 260L/min × 30분 × 5 = $39m^3$	• Q = N(설치개수 : 최대 4개) × $13.5m^3$ • 최대 = 450L/min × 30분 × 4 = $54m^3$
방수압력	350kPa 이상	350kPa 이상($3.45kg/cm^2$)
방수량	260L/min	450L/min
비상전원	• 용량 : 45분 이상 • 자가발전설비 또는 축전지설비	용량은 45분 이상

16 ④의 경우 칼륨의 저장실은 500m² 이하, 황의 저장실은 1000m² 이하로 하여야 한다.

옥내저장창고의 기준면적

구 분	위험물을 저장하는 창고	기준면적
㉮	① 제1류 위험물 중 아염소산염류, 과염소산염류, 무기과산화물 그 밖에 지정수량 50킬로그램인 위험물 ② 제3류 위험물 중 칼륨, 나트륨, 알킬알루미늄, 알킬리튬, 그 밖에 지정수량 10킬로그램인 위험물 및 황린 ③ 제4류 위험물 중 특수인화물, 제1석유류, 알코올류 ④ 제5류 위험물 중 지정수량이 10킬로그램인 위험물 ⑤ 제6류 위험물(과염소산, 과산화수소, 질산) ⑥ ㉮목의 위험물과 ㉯목의 위험물을 같은 창고에 저장할 때	1,000m² 이하
㉯	위 ㉮의 위험물 외의 위험물	2,000m² 이하
㉰	㉮목의 위험물과 ㉯목의 위험물을 내화구조의 격벽으로 완전구획된 실에 각각 저장하는 창고(㉮의 위험물을 저장하는 실의 면적은 500m²를 초과할 수 없다)	1,500m² 이하

17 위험물

- 전체를 옥외저장소에 저장하지 못하는 유별 : 제1류 위험물(질산염류), 제3류 위험물(황린)
- 제1류 위험물과 1m 이상의 간격을 두면 동일한 옥내저장소에 저장이 가능한 경우
  - 제1류 위험물 + 제6류 위험물
  - 제1류 위험물(알칼리금속의 과산화물 제외) + 제5류 위험물
  - 제1류 위험물 + 제3류 위험물(자연발화성물질, 황린 포함)
- 위험등급

종 류	황 린	글리세린	질 산	질산염류
위험등급	I	III	I	II

18 ① 위반행위의 종류에 따른 과징금의 금액은 위반행위에 대한 사용정지의 기간에 따라 1일 평균 매출액을 기준 또는 위험물의 허가수량을 기준으로 산정한다.

19 소화난이도 I 등급의 제조소에 설치하는 소화설비

옥내소화전설비, 옥외소화전설비, 스프링클러설비 또는 물분무등소화설비

20 안전교육에 관한 사항(시행규칙 제78조)

① 안전교육은 안전관리자로 선임된 사람, 탱크시험자의 기술인력으로 종사하는 사람, 위험물운반자로 종사하는 사람, 위험물운송자로 종사하는 사람을 대상으로 하는사람을 대상으로 하는 교육(이하 “실무교육”이라 한다)과 위험물운반자 또는 위험물운송자의 요건을 갖추려는 사람, 위험물취급자격자의 자격을 갖추려는 사람을 대상으로 하는 교육(이하 “강습교육”이라 한다)으로 구분한다.

② 안전교육의 과정·기간과 그 밖의 교육의 실시에 관한 구체적 사항은 시행규칙 별표 24에서 규정하고 있다.

21 위험물 제조소의 옥외취급탱크 주위의 방유제 설치기준

- 방유제의 높이는 0.5m 이상 3m 이하, 두께 0.2m 이상, 지하매설깊이 1m 이상으로 할 것
- 방유제는 철근콘크리트로 하고, 방유제와 옥외저장탱크 사이의 지표면은 불연성과 불침윤성이 있는 구조(철근콘크리트 등)로 할 것
- 방유제에는 해당 방유제를 관통하는 배관을 설치하지 아니할 것
- 옥내취급탱크의 방유턱의 용량 산정방법은 다르다.

22 주유취급소의 주유공지

- 주유취급소의 고정주유설비(펌프기기 및 호스기기로 되어 위험물을 자동차 등에 직접 주유하기 위한 설비로서 현수식의 것을 포함한다)의 주위에는 주유를 받으려는 자동차 등이 출입할 수 있도록 너비 15m 이상, 길이 6m 이상의 콘크리트 등으로 포장한 공지(이하 "주유공지"라 한다)를 보유해야 한다.
- **공지의 바닥은 주위 지면보다 높게 하고**, 그 표면을 적당하게 경사지게 하여 새어나온 기름 그 밖의 액체가 공지의 외부로 유출되지 아니하도록 **배수구 · 집유설비 및 유분리장치**를 해야 한다.

23 위험물 취급기준

- 주유취급소에서 자동차 등에 인화점 40℃ 미만의 위험물을 주유할 때에는 자동차 등의 원동기를 정지시킬 것. 다만, 연료탱크에 위험물을 주유하는 동안 방출되는 가연성 증기를 회수하는 설비가 부착된 고정주유설비에 의하여 주유하는 경우에는 그러하지 아니하다.
- 이동저장탱크로부터 위험물을 저장 또는 취급하는 탱크에 인화점이 40℃ 미만인 위험물을 주입할 때에는 이동탱크저장소의 원동기를 정지시킬 것

24 ② 옥외저장탱크 압력탱크(최대상용압력이 대기압을 초과하는 탱크) 외의 탱크는 충수시험, 압력탱크는 최대상용압력의 1.5배의 압력으로 10분간 실시하는 수압시험에서 각각 새거나 변형되지 아니해야 한다.

25 위험물 운반에 관한 세부기준을 따르지 아니한 자 : 500만 원 이하의 과태료

16 정답 및 해설

16회_정답 및 해설

01	02	03	04	05	06	07	08	09	10	11	12	13	14	15
③	④	③	③	②	②	①	①	③	④	④	③	③	②	④
16	17	18	19	20	21	22	23	24	25					
④	①	④	①	④	④	④	③	④	③					

01 방유제의 설치기준

시설구분	방유제 설비기준
설치대상	제3류, 제4류 및 제5류 위험물 중 인화성이 있는 액체(이황화탄소를 제외한다)의 옥외탱크저장소의 탱크 주위에는 다음 각 목의 기준에 의하여 방유제를 설치해야 한다.
방유제 용량	• 탱크가 하나일 때 : 탱크 용량의 110% 이상(인화성이 없는 액체위험물은 100%) • 탱크가 2기 이상일 때 : 탱크 중 용량이 최대인 것의 용량의 110% 이상(인화성이 없는 액체위험물은 100%)
방유제 기준	• 높이 0.5m 이상 3m 이하 • 두께 0.2m 이상 • 지하매설깊이 1m 이상
방유제 내의 면적	80,000m^2 이하
방유제 내에 설치하는 옥외저장탱크의 수	• 10 이하 • 방유제 내에 설치하는 모든 옥외저장탱크의 용량이 20만 리터 이하이고, 위험물의 인화점이 70℃ 이상 200℃ 미만인 경우 : 20 방유제 내에 탱크의 설치개수 ① 제1석유류, 제2석유류 : 10기 이하 ② 제3석유류(인화점 70℃ 이상 200℃ 미만) : 20기 이하 ③ 제4석유류(인화점이 200℃ 이상) : 제한없음
구내도로	• 방유제 외면의 1/2 이상은 자동차 등이 통행할 수 있는 3m 이상의 노면 폭을 확보한 구내도로에 직접 접하도록 할 것 • 다만, 방유제 내에 설치하는 옥외저장탱크의 용량합계가 20만 리터 이하인 경우에는 소화활동에 지장이 없다고 인정되는 3m 이상의 노면폭을 확보한 도로 또는 공지에 접하는 것으로 할 수 있다.
옆판으로부터 거리	방유제는 옆판으로부터 일정 거리를 유지할 것(인화점이 200℃ 이상인 위험물은 제외) • 지름이 15m 미만인 경우 : 탱크 높이의 1/3 이상 • 지름이 15m 이상인 경우 : 탱크 높이의 1/2 이상
계단 또는 경사로	높이가 1m를 넘는 방유제 및 간막이 둑의 안팎에는 방유제 내에 출입하기 위한 계단 또는 경사로를 약 50m마다 설치할 것

02 이송취급소에 해당되지 않는 장소

(1) 「송유관안전관리법」에 의한 송유관에 의하여 위험물을 이송하는 경우
(2) 제조소등에 관계된 시설(배관을 제외한다) 및 그 부지가 같은 사업소 안에 있고 해당 사업소 안에서만 위험물을 이송하는 경우
(3) 사업소와 사업소의 사이에 도로(폭 2m 이상의 일반교통에 이용되는 도로로서 자동차의 통행이 가능한 것을 말한다)만 있고 사업소와 사업소 사이의 이송배관이 그 도로를 횡단하는 경우
(4) 사업소와 사업소 사이의 이송배관이 제3자(해당 사업소와 관련이 있거나 유사한 사업을 하는 자에 한한다)의 토지만을 통과하는 경우로서 해당 배관의 길이가 100m 이하인 경우
(5) 해상구조물에 설치된 배관(이송되는 위험물이 별표 1의 제4류 위험물 중 제1석유류인 경우에는 배관의 안지름이 30cm 미만인 것에 한한다)으로서 해당 해상구조물에 설치된 배관의 길이가 30m 이하인 경우
(6) 사업소와 사업소 사이의 이송배관이 (3) 내지 (5)에 따른 경우 중 2 이상에 해당하는 경우
(7) 「농어촌 전기공급사업 촉진법」에 따라 설치된 자가발전시설에 사용되는 위험물을 이송하는 경우

03

① 옥내저장소의 주위에는 그 저장 또는 취급하는 위험물의 최대수량에 따라 공지를 보유해야 한다.
② 저장창고의 창 또는 출입구에 유리를 이용하는 경우에는 망입유리로 해야 한다.
④ 인화점이 70℃ 미만인 위험물의 저장창고에 있어서는 내부에 체류한 가연성의 증기를 지붕 위로 배출하는 설비를 갖추어야 한다.

04 수납하는 위험물에 따른 주의사항

유 별	품 명	운반용기 주의사항(별표 19)
1류	알칼리금속의 과산화물	화기・충격주의, 가연물 접촉주의 및 물기엄금
	그 밖의 것	화기・충격주의, 가연물접촉주의
2류	철분, 금속분, 마그네슘(함유포함)	화기주의 및 물기엄금
	인화성고체	화기엄금
	그 밖의 것	화기주의
3류	자연발화성물질	화기엄금 및 공기접촉엄금
	금수성물질	물기엄금
4류	모든 품명	화기엄금
5류	모든 품명	화기엄금 및 충격주의
6류	모든 품명	가연물접촉주의

05

② 위험물안전관리업무를 위탁받아 수행하는 기관을 위험물안전관리대행기관이라 한다.

06 위험물 안전관리에 관한 협회의 설립인가 절차 등(시행령 제20조의2)

위험물 안전관리에 관한 협회(이하 "협회"라 한다)를 설립하려면 다음 각 호의 사람 10명 이상이 발기인이 되어 정관을 작성한 후 창립총회의 의결을 거쳐 소방청장에게 인가를 신청해야 한다.

1. 제조소등의 관계인
2. 위험물운송자
3. 탱크시험자
4. 안전관리자의 업무를 위탁받아 수행할 수 있는 안전관리대행기관으로 소방청장의 지정을 받은 자

07 위험물의 지정수량

종 류	금속의 인화물	다이크로뮴산염류	인화성고체	과망가니즈산염류
지정수량	300킬로그램	1,000킬로그램	1,000킬로그램	1,000킬로그램

08 황린(제3류 위험물) : 물속에 저장

09 다층건물의 옥내저장소의 기준

- 저장・취급할 수 있는 위험물
  - 인화성고체를 제외한 제2류 위험물
  - 인화점이 70℃ 이상인 제4류의 위험물
- 다층건물의 옥내저장소의 위치・구조 및 설비의 기술기준
  - 안전거리, 보유공지, 표지 및 게시판, 지중 및 천장, 바닥 등 단층건물의 기준에 의하는 외에 다음 기준에 의한다.
  - 저장창고는 각층의 바닥을 지면보다 높게 하고, 바닥면으로부터 상층의 바닥(상층이 없는 경우에는 처마)까지의 높이(이하 "층고"라 한다)를 6m 미만으로 해야 한다.
  - 하나의 저장창고의 바닥면적 합계는 1,000m^2 이하로 해야 한다.
  - 저장창고의 벽・기둥・바닥 및 보를 내화구조로 하고, 계단을 불연재료로 하며, 연소의 우려가 있는 외벽은 출입구 외의 개구부를 갖지 아니하는 벽으로 해야 한다.
  - 2층 이상의 층의 바닥에는 개구부를 두지 아니해야 한다. 다만, 내화구조의 벽과 60분+방화문・60분방화문 또는 30분방화문으로 구획된 계단실에 있어서는 그렇지 않다.

10 이동탱크저장소에 의한 위험물의 운송

(1) 운전자와 운송책임자

① 이동탱크저장소의 운전자(시행규칙 별표 24)
한국소방안전원에서 실시하는 16시간의 강습교육을 받아야 한다.

② 위험물운송책임자

㉠ 해당 위험물의 취급에 관한 국가기술자격을 취득하고 관련 업무에 1년 이상 종사한 경력이 있는 자

㉡ 법 제28조 제1항에 따른 위험물의 운송에 관한 안전교육을 수료하고 관련 업무에 2년 이상 종사한 경력이 있는 자

(2) 알킬알루미늄등의 운송은 운송책임자의 감독 또는 지원을 받아서 해야 한다.

(3) 운송은 위험물 취급에 관한 국가기술자격자 또는 위험물운송교육을 받은 자가 해야 한다.

(4) 위험물운송자가 이동탱크저장소로 위험물을 운송할 때 해당 국가기술자격증 또는 교육수료증을 지니고 다녀야 하는데 위반하면 과태료 10만 원에 처하였으나 2014.12.30. 휴대 의무 규정이 없어졌다.

11 옥외탱크저장소의 방유제(防油堤)와 옥외저장탱크 사이의 지표면을 불연성 및 불침윤성(수분에 젖지 않는 성질)이 있는 철근콘크리트 구조 등으로 한 경우이다.

12 소화난이도등급Ⅲ의 제조소등에 설치해야 하는 소화설비

<table>
<tr><th>제조소등의 구분</th><th>소화설비</th><th colspan="2">설치기준</th></tr>
<tr><td>지하탱크저장소</td><td>소형수동식소화기 등</td><td>능력단위의 수치가 3 이상</td><td>2개 이상</td></tr>
<tr><td rowspan="8">이동탱크저장소</td><td rowspan="6">자동차용소화기</td><td>무상의 강화액 8리터 이상</td><td rowspan="6">2개 이상</td></tr>
<tr><td>이산화탄소 3.2킬로그램 이상</td></tr>
<tr><td>브로모클로로다이플루오로메탄(CF_2ClBr) 2리터 이상</td></tr>
<tr><td>브로모트라이플루오로메탄(CF_3Br) 2리터 이상</td></tr>
<tr><td>다이브로모테트라플루오로에탄($C_2F_4Br_2$) 1리터 이상</td></tr>
<tr><td>소화분말 3.3킬로그램 이상</td></tr>
<tr><td rowspan="2">마른 모래 및 팽창질석 또는 팽창진주암</td><td colspan="2">마른 모래 150리터 이상(1.5단위)</td></tr>
<tr><td colspan="2">팽창질석 또는 팽창진주암 640리터 이상(4단위)</td></tr>
</table>

비고

알킬알루미늄등을 저장 또는 취급하는 이동탱크저장소에 있어서는 자동차용소화기를 설치하는 외에 마른 모래나 팽창질석 또는 팽창진주암을 추가로 설치해야 한다.

13 간이탱크저장소의 설치기준

- 하나의 간이탱크저장소에 설치하는 간이저장탱크는 그 수를 3 이하로 하고, 동일한 품질의 위험물의 간이저장탱크를 2 이상 설치하지 아니해야 한다.
- 간이저장탱크의 용량은 600리터 이하이어야 한다.
- 간이저장탱크는 두께 3.2mm 이상의 강판으로 흠이 없도록 제작해야 하며, 70kPa의 압력으로 10분간의 수압시험을 실시하여 새거나 변형되지 아니해야 한다.
- 간이저장탱크에는 통기관을 설치해야 한다.
- 간이저장탱크를 옥외에 설치하는 경우에는 그 탱크의 주위에 너비 1m 이상의 공지를 둔다.

14 제1류 위험물의 지정수량

종 류	다이크로뮴산칼륨	아염소산나트륨	아질산칼륨	염소산칼륨	과망가니즈산나트륨	아이오딘산칼륨
지정수량	1,000킬로그램	50킬로그램	300킬로그램	50킬로그램	1,000킬로그램	300킬로그램

- 다이크로뮴산칼륨 + 아염소산나트륨 = 1,000킬로그램 + 50킬로그램 = 1,050킬로그램
- 다이크로뮴산칼륨 + 아질산칼륨 = 1,000킬로그램 + 300킬로그램 = 1,300킬로그램
- 과망가니즈산나트륨 + 염소산칼륨 = 1,000킬로그램 + 50킬로그램 = 1,050킬로그램
- 아이오딘산칼륨 + 아질산칼륨 = 300킬로그램 + 300킬로그램 = 600킬로그램

15 제6류 위험물 : 인산염류(제3종 분말) 분말소화설비는 적응성이 있으나 탄산수소염류 등 분말소화설비는 적응성이 없다.

소화설비의 구분	대상물 구분											
	건축물·그 밖의 공작물	제1류 그 밖의 것	제2류 그 밖의 것	제3류 그 밖의 것	제5류 위험물	제6류 위험물	전기설비	제2류 인화성고체	제4류 위험물	제1류 알칼리금속과산화물등	제2류 철분·금속분·마그네슘등	제3류 금수성물품
옥내소화전설비 또는 옥외소화전설비	○	○	○	○	○	○		○				
스프링클러설비	○	○	○	○	○	○		○	△			
물분무등소화설비 - 물분무소화설비	○	○	○	○	○	○	○	○	○			
물분무등소화설비 - 포소화설비	○	○	○	○	○	○		○	○			
물분무등소화설비 - 불활성가스소화설비							○	○	○			
물분무등소화설비 - 할로젠화합물소화설비							○	○	○			
물분무등소화설비 - 분말소화설비 - 인산염류 등	○	○	○			○	○	○	○			
물분무등소화설비 - 분말소화설비 - 탄산수소염류 등							○	○	○	○	○	○
물분무등소화설비 - 분말소화설비 - 그 밖의 것										○	○	○

16 옥외탱크저장소 펌프실 외의 장소에 설치하는 펌프설비에는 그 직하의 지반면의 주위에 높이 0.15m 이상의 턱을 만들고 해당 지반면은 콘크리트 등 위험물이 스며들지 아니하는 재료로 적당히 경사지게 하여 그 최저부에는 집유설비를 할 것. 이 경우 제4류 위험물(온도 20℃의 물 100g에 용해되는 양이 1g 미만인 것에 한한다)을 취급하는 펌프설비에 있어서는 해당 위험물이 직접 배수구에 유입하지 아니하도록 집유설비에 유분리장치를 설치해야 한다.

17 위험물 제조소등의 보유공지

저장, 취급하는 최대수량			공지의 너비			
			옥내저장소		옥외 저장소	옥외탱크 저장소
옥내저장소	옥외저장소	옥외탱크저장소	벽, 기둥, 바닥이 내화구조	그 밖의 건축물		
5배 이하	10배 이하	500배 이하		0.5m 이상	3m 이상	3m 이상
5~10배 이하	10~20배 이하	500~1,000배 이하	1m 이상	1.5m 이상	5m 이상	5m 이상
10~20배 이하	20~50배 이하	1,000~2,000배 이하	2m 이상	3m 이상	9m 이상	9m 이상
20~50배 이하	50~200배 이하	2,000~3,000배 이하	3m 이상	5m 이상	12m 이상	12m 이상
50~200배 이하	200배 초과	3,000~4,000배 이하	5m 이상	10m 이상	15m 이상	15m 이상
200배 초과		4,000배 초과	10m 이상	15m 이상		• 탱크의 수평단면의 최대지름과 높이 중 큰 것과 같은 거리 이상 • 30m 초과 시 30m 이상 가능 • 15m 미만의 경우 15m 이상

18

대통령령이 정하는 제조소등의 관계인은 해당 제조소등의 화재예방과 화재 등 재해 발생 시의 비상조치를 위하여 행정안전부령이 정하는 바에 따라 **예방규정**을 정하여 해당 제조소등의 사용을 시작하기 전에 **시·도지사**에게 **제출**해야 한다. 예방규정을 변경한 때에도 또한 같다.

19

① 시·도지사, 소방본부장 또는 소방서장은 교육대상자가 교육을 받지 아니한 때에는 그 교육대상자가 교육을 받을 때까지 이 법의 규정에 따라 그 자격으로 행하는 행위를 제한할 수 있다.

20

• 상수 P값

인근 건축물 또는 공작물의 구분	P의 값
– 학교·주택·국가유산 등의 건축물 또는 공작물이 목조인 경우 – 학교·주택·국가유산 등의 건축물 또는 공작물이 방화구조 또는 내화구조이고, 제조소등에 면한 부분의 개구부에 60분+방화문·60분방화문 또는 30분방화문이 설치되지 아니한 경우	0.04
– 학교·주택·국가유산 등의 건축물 또는 공작물이 방화구조인 경우 – 학교·주택·국가유산 등의 건축물 또는 공작물이 방화구조 또는 내화구조이고, 제조소등에 면한 부분의 개구부에 30분방화문이 설치된 경우	0.15
학교·주택·국가유산 등의 건축물 또는 공작물이 내화구조이고, 제조소등에 면한 개구부에 60분+방화문 또는 60분방화문이 설치된 경우	∞

• 방화상 유효한 담의 구조
  – 제조소등으로부터 5m 미만의 거리에 설치하는 경우 : 내화구조
  – 제조소등으로부터 5m 이상의 거리에 설치하는 경우 : 불연재료
  – 제조소등의 벽을 높게 하여 방화상 유효한 담을 갈음하는 경우 : 그 벽을 내화구조로 하고 개구부를 설치하여서는 아니된다.

• $H \leqq pD^2+\alpha$ 산출된 수치가 2 미만일 때에는 담의 높이를 2m로, 4 이상일 때에는 담의 높이를 4m로 하되, 대상에 따른 소화설비를 보강해야 한다.

21 ④ 셀프용 고정주유설비의 기준에 해당한다.

셀프용 고정급유설비의 기준

- 급유호스의 선단부에 수동개폐장치를 부착한 급유노즐을 설치할 것
- 급유노즐은 용기가 가득찬 경우에 자동적으로 정지시키는 구조일 것
- 1회의 연속급유량 및 급유시간의 상한을 미리 설정할 수 있는 구조일 것. 이 경우 급유량의 상한은 100리터 이하, 급유시간의 상한은 6분 이하로 한다.

22 가. 15m, 나. 60m, 다. 1.5m, 라. 50m

23 특정 옥외저장탱크의 용접방법(시행규칙 별표 6 Ⅶ. 특정 옥외저장탱크의 구조 제3호 다목)

옆판 (가로 및 세로이음)	옆판과 에뉼러판 (에뉼러판이 없는 경우에는 밑판)	에뉼러판과 에뉼러판	에뉼러판과 밑판 및 밑판과 밑판
완전용입 맞대기용접	• 부분용입 그룹용접 • 동등 이상 용접강도	뒷면에 재료를 댄 맞대기용접	뒷면에 재료를 댄 맞대기용접 또는 겹치기용접
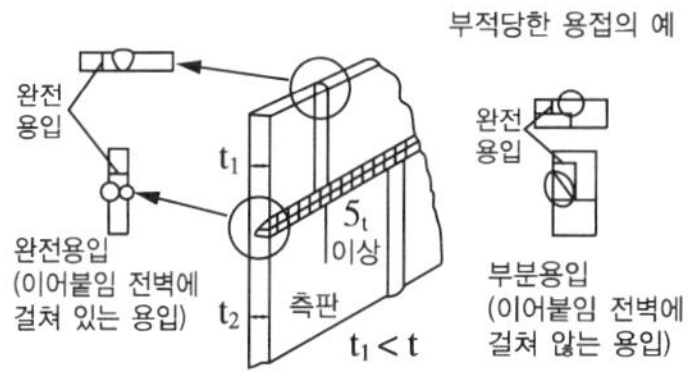 부적당한 용접의 예		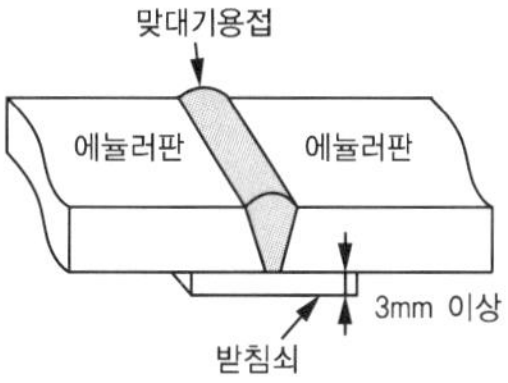 맞대기 이어붙임의 예 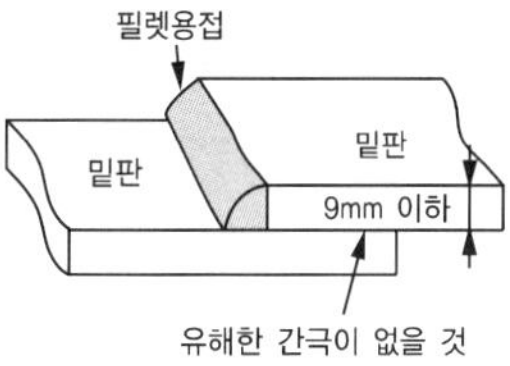 겹치기 이어붙임의 예	
• 옆판의 세로이음은 단을 달리하는 옆판의 각각의 세로이음과 동일선상에 위치하지 아니하도록 할 것 • 해당 세로이음 간의 간격은 서로 접하는 옆판중 두꺼운 쪽 옆판의 5배 이상으로 해야 한다.	용접 비드(Bead)는 매끄러운 형상을 가져야 한다.	이 경우에 에뉼러판과 밑판의 용접부의 강도 및 밑판과 밑판의 용접부의 강도에 유해한 영향을 주는 흠이 있어서는 아니 된다.	

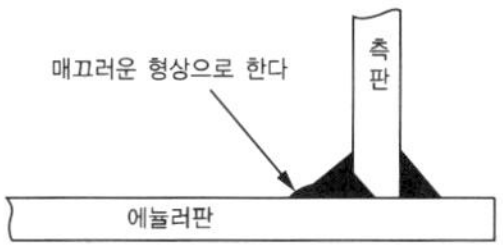

24 나. 총칙 규정, 라. 보칙규정

25 이동저장탱크의 안전성능시험

압력탱크(최대상용압력이 46.7kPa 이상인 탱크를 말한다) 외의 탱크는 70kPa의 압력으로, 압력탱크는 최대상용압력의 1.5배의 압력으로 각각 10분간의 수압시험을 실시하여 새거나 변형되지 아니할 것. 이 경우 수압시험은 용접부에 대한 비파괴시험과 기밀시험으로 대신할 수 있다.

17 정답 및 해설

17회_정답 및 해설														
01	02	03	04	05	06	07	08	09	10	11	12	13	14	15
③	④	④	①	④	④	④	①	③	②	③	②	④	①	③
16	17	18	19	20	21	22	23	24	25					
②	③	②	③	④	②	③	④	②	①					

01 이동탱크저장소의 설치기준

구 분	위치 · 구조 및 설비의 기준
상치장소	• 옥외에 있는 상치장소는 화기를 취급하는 장소 또는 인근의 건축물로부터 5m 이상(인근의 건축물이 1층인 경우에는 3m 이상)의 거리를 확보해야 한다. 다만, 하천의 공지나 수면, 내화구조 또는 불연재료의 담 또는 벽 그 밖에 이와 유사한 것에 접하는 경우를 제외한다. • 옥내에 있는 상치장소는 벽 · 바닥 · 보 · 서까래 및 지붕이 내화구조 또는 불연재료로 된 건축물의 1층에 설치해야 한다.
탱크의 구조	• 두께 3.2㎜ 이상의 강철판 또는 이와 동등 이상의 강도 · 내식성 및 내열성이 있다고 인정하는 재료 및 구조로 위험물이 새지 아니하게 제작해야 한다. • 압력탱크 외의 탱크는 70㎪의 압력으로, 압력탱크는 최대상용압력의 1.5배의 압력으로 각각 10분간의 수압시험을 실시하여 새거나 변형되지 아니할 것. 이 경우 수압시험은 용접부에 대한 비파괴시험과 기밀시험으로 대신할 수 있다.
칸막이	• 그 내부에 4,000리터 이하마다 3.2㎜ 이상의 강철판 또는 이와 동등 이상의 강도 · 내열성 및 내식성이 있는 금속성의 것으로 칸막이를 설치하여야 한다. • 다만, 고체인 위험물을 저장하거나 고체인 위험물을 가열하여 액체 상태로 저장하는 경우에는 그러하지 아니하다.
칸막이마다 설치	• 칸막이로 구획된 각 부분마다 맨홀과 다음 각목의 기준에 의한 안전장치 및 방파판을 설치해야 한다. • 다만, 칸막이로 구획된 부분의 용량이 2,000리터 미만인 부분에는 방파판을 설치하지 않을 수 있다.
표 지	이동탱크저장소에는 소방청장이 고시하여 정하는 바에 따라 저장하는 위험물의 위험성을 알리는 표지(위험물 표지, UN번호, 그림문자)를 설치해야 한다.
금연구역 표시	보기 쉬운 곳에 해당 이동탱크저장소가 금연구역임을 알리는 표지를 설치해야 한다. 이 경우 표지에는 금연을 상징하는 그림 또는 문자가 포함되어야 한다.

02 주유취급소의 담 또는 벽의 기준

(1) 주유취급소의 주위에는 자동차 등이 출입하는 쪽 외의 부분에 높이 2m 이상의 내화구조 또는 불연재료의 담 또는 벽을 설치하되, 주유취급소의 인근에 연소의 우려가 있는 건축물이 있는 경우에는 소방청장이 정하여 고시하는 바에 따라 방화상 유효한 높이로 해야 한다.

(2) (1)에도 불구하고 다음 각 목의 기준에 모두 적합한 경우에는 담 또는 벽의 일부분에 방화상 유효한 구조의 유리를 부착할 수 있다.
① 유리를 부착하는 위치는 주입구, 고정주유설비 및 고정급유설비로부터 4m 이상 이격될 것
② 유리를 부착하는 방법은 다음의 기준에 모두 적합할 것
- 주유취급소 내의 지반면으로부터 70cm를 초과하는 부분에 한하여 유리를 부착할 것
- 하나의 유리판의 가로의 길이는 2m 이내일 것
- 유리판의 테두리를 금속제의 구조물에 견고하게 고정하고 해당구조물을 담 또는 벽에 견고하게 부착할 것

• 유리의 구조는 접합유리(두 장의 유리를 두께 0.76mm 이상의 폴리바이닐부티랄 필름으로 접합한 구조를 말한다)로 하되, 「유리구획 부분의 내화시험방법(KS F 2845)」에 따라 시험하여 비차열 30분 이상의 방화성능이 인정될 것
• 유리를 부착하는 범위는 전체의 담 또는 벽의 길이의 10분의 2를 초과하지 아니할 것

03 안전관리대행기관에 대한 행정처분기준

위반사항	행정처분기준		
	1차	2차	3차
(1) 허위 그 밖의 부정한 방법으로 등록을 한 때	지정취소		
(2) 탱크시험자의 등록 또는 다른 법령에 의한 안전관리업무대행기관의 지정·승인 등이 취소된 때	지정취소		
(3) 다른 사람에게 지정서를 대여한 때	지정취소		
(4) 안전관리대행기관의 지정기준에 미달되는 때	업무정지 30일	업무정지 60일	지정취소
(5) 소방청장의 지도·감독에 정당한 이유없이 따르지 아니한 때	업무정지 30일	업무정지 60일	지정취소
(6) 지정변경 신고를 연간 2회 이상 하지 아니한 때	경고 또는 업무정지 30일	업무정지 90일	지정취소
(7) 휴업 또는 재개업 신고를 연간 2회 이상 하지 아니한 때	경고 또는 업무정지 30일	업무정지 90일	지정취소
(8) 안전관리대행기관의 기술인력이 안전관리업무를 성실하게 수행하지 아니한 때	경 고	업무정지 90일	지정취소

04 ① 보냉장치가 있는 이동저장탱크에 저장하는 아세트알데하이드등 또는 다이에틸에터등의 온도는 해당 위험물의 비점 이하로 유지할 것

05 ① 안전관리자 및 위험물운송자의 실무교육 시간 중 4시간 이내를 사이버교육의 방법으로 실시할 수 있다.
② 위험물운송자가 되고자 하는 자의 교육시간은 16시간이다.
③ 위험물운송자는 신규 종사 후 3년마다 1회 8시간 안전원에서 실시하는 실무교육을 받아야 한다.

06 사무실 등의 창 및 출입구에 유리를 사용하는 경우에는 망입유리 또는 강화유리로 할 것. 이 경우 강화유리의 두께는 창에는 8mm 이상, 출입구에는 12mm 이상으로 해야 한다.

07 ④ 관의 밑부분으로부터 탱크의 중심 높이까지의 부분에는 소공이 뚫려 있을 것

08 소화난이도등급 I 에 해당하는 주유취급소
주유취급소의 직원 외의 자가 출입하는 다음의 면적의 합이 500m^{2}를 초과하는 것
① 주유 또는 등유·경유를 옮겨 담기 위한 작업장
② 자동차 등의 점검 및 간이정비를 위한 작업장
③ 주유취급소에 출입하는 사람을 대상으로 한 점포·휴게음식점 또는 전시장

09 위험물 유별에서 행정안전부령이 정하는 위험물 품명 구분(시행규칙 제4조)

제1류	제3류	제5류	제6류
• 과아이오딘산염류 • 과아이오딘산 • 크로뮴, 납 또는 아이오딘의 산화물 • 아질산염류 • 차아염소산염류 • 염소화아이소사이아누르산 • 퍼옥소이황산염류 • 퍼옥소붕산염류	염소화규소화합물	• 금속의 아지화합물 • 질산구아니딘	할로젠간화합물

10 제3류 위험물 지정수량

성 질	등 급	품 명	지정수량
자연발화성물질 및 금수성물질	I	1. 칼륨, 2. 나트륨, 3. 알킬알루미늄, 4. 알킬리튬	10킬로그램
		5. 황 린	20킬로그램
	II	6. 알칼리금속 및 알칼리토금속, 7. 유기금속화합물	50킬로그램
	III	8. 금속의 수소화물, 9. 금속의 인화물, 10. 칼슘 또는 알루미늄의 탄화물	300킬로그램
		11. 그 밖의 행정안전부령이 정하는 것 : 염소화규소화합물 12. 제1호 내지 제11호의1에 해당하는 어느 하나 이상을 함유한 것	10킬로그램, 20킬로그램, 50킬로그램 또는 300킬로그램

11 운반용기의 외부 표시사항

- 위험물의 품명, 위험등급, 화학명 및 수용성(제4류 위험물의 수용성인 것에 한함)
- 위험물의 수량
- 주의사항

12 옥외탱크저장소로서 특수인화물, 제1석유류 및 알코올류를 저장 또는 취급하는 탱크의 용량이 1,000만 리터 이상인 것 : 자동화재탐지설비, 자동화재속보설비

13 누구든지 제조소등에서는 지정된 장소가 아닌 곳에서 흡연을 하여서는 아니 되는 규정에도 불구하고 흡연을 한 자 : 500만 원 이하(1차 250만 원, 2차 400만 원, 3차 500만 원)의 과태료를 부과한다.

14 차광성이 있는 것으로 피복

- 제1류 위험물 : 아염소산 염류
- 제3류 위험물 중 자연발화성물질
- 제4류 위험물 중 특수인화물
- 제5류 위험물
- 제6류 위험물 : 과산화수소

15 칼륨, 나트륨의 보호액 : 등유, 경유, 유동파라핀 속에 저장

[위험물 저장 · 취급방법]

물질명	저장 · 취급방법	이 유
황린(P_4)	PH-9 정도 물속 저장	PH_3의 생성을 방지
칼륨, 나트륨(K, Na)	석유, 등유, 유동파라핀	공기 중 수분과의 반응을 통해 수소가 발생하여 자연발화
과산화수소(H_2O_2)	구멍뚫린 마개가 있는 갈색유리병 안정제 : 인산(H_3PO_4), 요산($C_5H_4N_4O_3$)	직사일광 및 상온에서 서서히 분해하여 산소가 발생하여 폭발의 위험이 있어 통기하기 위하여
이황화탄소(CS_2)	수조 속에 저장	• 물보다 무겁고 물에 불용 • 가연성증기 발생방지
다이에틸에터($C_2H_5OC_2H_5$)	2퍼센트의 공간용적으로 갈색병에 저장	공기와 장시간 접촉하면 과산화물 생성
아세트알데이드(CH_3CHO) 산화프로필렌(CH_3CHCH_2O)	• 은, 수은, 구리, 마그네슘 함유물 접촉금지 • 불연성가스 봉입 • 보냉장치가 있는 것은 비점 이하로 보관	• 은, 수은, 구리, 마그네슘과 반응하여 아세틸라이드 생성 • 과산화물 생성 및 중합반응
질산(HNO_3)	갈색병(냉암소)	직사일광에 분해되어 NO_2 발생 $4HNO_3 \rightarrow 4NO_2 + 2H_2O + O_2$
나이트로셀룰로오스	• 물이나 알콜에 습윤하여 저장 • 통상 이소프로필알코올 30퍼센트에 습윤	열분해하여 자연발화 방지
아세틸렌	다공성 물질에 아세톤을 희석시켜 저장	
알킬알루미늄	안정제 : 벤젠, 헥산	
벤조일퍼옥사이드(BPO) 메탈에틸케톤퍼옥사이드(MEKP)	안정제 : 프탈산다이메틸, 프탈산다이부틸	

16 옥내탱크저장소의 변경허가를 받아야 하는 경우

제조소등의 구분	변경허가를 받아야 하는 경우
옥내탱크 저장소	• 옥내탱크저장소의 위치를 이전하는 경우 • 주입구의 위치를 이전하거나 신설하는 경우 • 300m(지상에 설치하지 아니하는 배관의 경우에는 30m)를 초과하는 위험물배관을 신설 · 교체 · 철거 또는 보수(배관을 절개하는 경우에 한한다)하는 경우 • 옥내저장탱크를 신설 · 교체 또는 철거하는 경우 • 옥내저장탱크를 보수(탱크 본체를 절개하는 경우에 한한다)하는 경우 • 옥내저장탱크의 노즐 또는 맨홀을 신설하는 경우(노즐 또는 맨홀의 지름이 250mm를 초과하는 경우에 한한다) • 건축물의 벽 · 기둥 · 바닥 · 보 또는 지붕을 증설 또는 철거하는 경우 • 배출설비를 신설하는 경우 • 별표 7 Ⅱ에 따른 누설범위를 국한하기 위한 설비 · 냉각장치 · 보냉장치 · 온도의 상승에 의한 위험한 반응을 방지하기 위한 설비 또는 철 이온 등의 혼입에 의한 위험한 반응을 방지하기 위한 설비를 신설하는 경우 • 불활성기체의 봉입장치를 신설하는 경우 • 물 분무 등 소화설비를 신설 · 교체(배관 · 밸브 · 압력계 · 소화전 본체 · 소화약제탱크 · 포헤드 · 포방출구 등의 교체는 제외한다) 또는 철거하는 경우 • 자동화재탐지설비를 신설 또는 철거하는 경우

17 ① 옥외저장소는 지정수량 배수에 관계없이 설치허가 수수료는 1만 5천 원을 납부해야 한다.
② 제조소등 변경허가의 수수료는 설치허가 수수료의 1/2에 해당하는 금액을 납부해야 한다.
③ 제조소등 변경허가 수수료와 제조소등 완공검사 수수료는 설치허가 수수료의 1/2에 해당하는 금액을 납부해야 한다.
④ 제1종 판매취급소의 허가 수수료는 3만원, 제2종 판매취급소의 설치허가 수수료는 4만 원을 납부해야 한다.

18 ① 1일 평균 매출액을 기준으로 한 과징금 산정기준은 1일 평균 매출액 × 사용정지 일수 × 0.0574로 과징금 금액을 산정한다.
③ 위반행위의 종별·정도 등에 따른 과징금의 금액 그 밖의 필요한 사항은 행정안전부령으로 정한다.
④ 허가수량 기준으로 과징금 금액을 정할 때 저장량과 취급량이 다른 경우에는 둘 중 많은 수량을 기준으로 한다.

19 ③ 50만 리터 이상의 옥외탱크저장소가 정기검사 대상이다.

20 안전교육대상자(시행령 제20조)
- 안전관리자로 선임된 자
- 탱크시험자의 기술인력으로 종사하는 자
- 위험물운송자로 종사하는 자
- 위험물운반자로 종사하는 자

21 안전거리의 적용 위험물 제조소등

구 분	제조소	저장소								취급소			
		옥 내	옥외 탱크	옥내 탱크	지하 탱크	이동 탱크	간이 탱크	암반 탱크	옥 외	주 유	판 매	일 반	이 송
안전거리	○	○	○	×	×	×	×	×	○	×	×	○	○

※ 제6류 위험물을 제조하는 제조소는 안전거리 제외

22 위험물 제조소의 조명설비 기준
- 가연성가스 등이 체류할 우려가 있는 장소 : 방폭등
- 전선 : 내화·내열전선
- 점멸스위치 : 출입구 바깥부분에 설치할 것. 다만, 스위치의 스파크로 인한 화재·폭발 등의 우려가 없는 경우에는 그러하지 아니하다.

23 ① 제6류 위험물 : 과염소산
② 제3류 위험물 : 황린
③ 제4류 중 제2석유류 : 경유

24 시 · 도지사의 권한을 소방서장에게 위임

구 분	위임업무
허가 협의	1) 제조소등의 설치허가 또는 변경허가 2) 군사목적 또는 군부대시설을 위한 제조소등을 설치하거나 위치 · 구조 또는 설비의 변경에 관한 군부대의 장과의 협의
검 사	3) 탱크안전성능검사(기술원 위탁 제외) 4) 위험물 제조소등의 완공검사(기술원 위탁 제외)
신고등 수리	5) 제조소등의 설치자의 지위승계 신고의 수리 6) 제조소등의 용도폐지 신고의 수리 7) 제조소등의 사용 중지신고 또는 재개신고의 수리 8) 위험물의 품명 · 수량 또는 지정수량 배수의 변경 신고의 수리 9) 정기점검 결과의 수리
행정 처분	10) 예방규정의 수리 · 반려 및 변경명령 11) 제조소등 사용중지대상 안전조치의 이행 명령 12) 제조소등의 설치허가의 취소와 사용정지, 13) 과징금 처분 14) 제조소등의 관계인이 금연구역임을 알리는 표지를 설치하지 아니하거나 보완이 필요한 경우 일정한 기간을 정하여 그 시정을 명할 수 있는 권한

25 하이드록실아민등을 취급하는 제조소의 특례에서 담 또는 토제

- 담 또는 토제는 해당 제조소의 외벽 또는 이에 상당하는 공작물의 외측으로부터 2m 이상 떨어진 장소에 설치할 것
- 담 또는 토제의 높이는 해당 제조소에 있어서 하이드록실아민등을 취급하는 부분의 높이 이상으로 할 것
- 담은 두께 15cm 이상의 철근콘크리트조 · 철골철근콘크리트조 또는 두께 20cm 이상의 보강콘크리트블록조로 할 것
- 토제의 경사면의 경사도는 60도 미만으로 할 것

18 정답 및 해설

18회_정답 및 해설

01	02	03	04	05	06	07	08	09	10	11	12	13	14	15
④	③	③	③	①	④	④	①	①	①	②	①	④	③	①
16	17	18	19	20	21	22	23	24	25					
②	①	②	④	②	④	①	③	②	③					

01 위험물 제조소등에는 지정수량의 10배 이상이면 자동화재탐지설비, 비상경보설비, 비상방송설비, 확성장치 중 1종 이상을 설치해야 한다.

과산화수소는 5,000kg/300kg = 16.7배

02 이동탱크저장소의 강철판의 두께

구 조	탱크(맨홀 및 주입관의 뚜껑 포함)	칸막이	측면틀	방호틀	방파판
일반이동탱크	3.2mm	3.2mm		2.3mm	1.6mm

※ 최소두께 = 칸막이 + 방파판 + 방호틀 = 3.2mm + 1.6mm + 2.3mm = 7.1mm

03 황린 : 제3류 위험물

04 위험물의 성질에 따른 제조소의 특례

위험물의 성질	특례기준
알킬알루미늄등을 취급하는 제조소 (암기Tip : 알누알불)	• 옥외저장탱크의 주위에는 누설범위를 국한하기 위한 설비 및 누설된 알킬알루미늄등을 안전한 장소에 설치된 조에 이끌어 들일 수 있는 설비를 설치할 것 • 옥외저장탱크에는 불활성의 기체를 봉입하는 장치를 설치할 것
아세트알데하이드등을 취급하는 제조소 (암기Tip : 아동 아냉)	• 옥외저장탱크의 설비는 동 · 마그네슘 · 은 · 수은 또는 이들을 성분으로 하는 합금으로 만들지 아니할 것 • 옥외저장탱크에는 냉각장치 또는 보냉장치, 그리고 연소성 혼합기체의 생성에 의한 폭발을 방지하기 위한 불활성의 기체를 봉입하는 장치를 설치할 것
하이드록실아민등을 취급하는 제조소 (암기Tip : 은하철(온)도)	• 옥외탱크저장소에는 하이드록실아민등의 온도의 상승에 의한 위험한 반응을 방지하기 위한 조치를 강구할 것 • 옥외탱크저장소에는 철 이온 등의 혼입에 의한 위험한 반응을 방지하기 위한 조치를 강구할 것

05 제조소등 설치허가의 취소와 사용정지 등(법 제12조)

시·도지사는 제조소등의 관계인이 다음에 해당될 때 허가를 취소하거나 6월 이내의 기간을 정하여 제조소등의 전부 또는 일부의 사용정지를 명할 수 있다.

① 변경허가를 받지 아니하고 제조소등의 위치·구조 또는 설비를 변경한 때
② 완공검사를 받지 아니하고 제조소등을 사용한 때
③ 제조소등 사용중지 대상에 대한 안전조치 이행명령을 따르지 아니한 때
④ 제조소등의 위치, 구조, 설비에 따른 수리·개조 또는 이전의 명령에 위반한 때
⑤ 위험물안전관리자를 선임하지 아니한 때
⑥ 대리자를 지정하지 아니한 때
⑦ 제조소등의 정기점검을 하지 아니한 때
⑧ 제조소등의 정기검사를 받지 아니한 때
⑨ 위험물의 저장·취급기준 준수명령에 위반한 때

※ 시·도지사, 소방본부장 또는 소방서장은 교육대상자가 교육을 받지 아니한 때에는 그 교육대상자가 교육을 받을 때까지 이 법의 규정에 따라 그 자격으로 행하는 행위를 제한할 수 있다.

06 위험물의 위험등급

등급 / 유별	I	II	III
제1류	아염소산염류, 염소산염류, 과염소산염류, 무기과산화물, 그 밖에 지정수량이 50킬로그램인 위험물	브로민산염류, 질산염류, 아이오딘산염류, 그 밖에 지정수량이 300킬로그램인 위험물	과망가니즈산염류, 다이크로뮴산염류
제2류		황화인, 적린, 황, 그 밖에 지정수량이 100킬로그램인 위험물	철분, 금속분, 마그네슘, 인화성고체
제3류	칼륨, 나트륨, 알킬알루미늄, 알킬리튬, 황린, 그 밖에 지정수량이 10킬로그램 또는 20킬로그램인 위험물	알칼리금속(K 및 Na 제외) 및 알칼리토금속, 유기금속화합물(알킬알루미늄 및 알킬리튬을 제외), 그 밖에 지정수량이 50킬로그램인 위험물	금속의 수소화물, 금속의 인화물, 칼슘 또는 알루미늄탄화물
제4류	특수인화물	제1석유류 및 알코올류	제2석유류, 제3석유류, 제4석유류, 동식물류
제5류	지정수량이 10킬로그램인 위험물	지정수량이 10킬로그램인 위험물 외의 것	
제6류	전부(과산화수소, 과염소산, 질산)		

07 국가의 책무(법 제3조의2)

① 국가는 위험물에 의한 사고를 예방하기 위하여 다음 각 호의 사항을 포함하는 시책을 수립·시행해야 한다.
  1. 위험물의 유통실태 분석
  2. 위험물에 의한 사고 유형의 분석
  3. 사고 예방을 위한 안전기술 개발
  4. 전문인력 양성
  5. 그 밖에 사고 예방을 위하여 필요한 사항

② 국가는 지방자치단체가 위험물에 의한 사고의 예방·대비 및 대응을 위한 시책을 추진하는 데에 필요한 행정적·재정적 지원을 해야 한다.

08 위험물 제조소의 지붕 설치기준

위험물을 취급하는 건축물이 다음 각 목의 1에 해당하는 경우에는 그 지붕을 내화구조로 할 수 있다.

- 제2류 위험물(분상의 것과 인화성고체를 제외한다), 제4류 위험물 중 제4석유류, 동·식물유류 또는 제6류 위험물을 취급하는 건축물인 경우
- 다음의 기준에 적합한 밀폐형 구조의 건축물인 경우
  - 발생할 수 있는 내부의 과압(過壓) 또는 **부압(負壓)**에 견딜 수 있는 **철근콘크리트조**일 것
  - 외부화재에 **90분** 이상 견딜 수 있는 구조일 것

09 자동화재탐지설비의 설치기준

• 자동화재탐지설비의 경계구역은 건축물 그 밖의 공작물의 2 이상의 층에 걸치지 아니하도록 할 것. 다만, 하나의 경계구역의 면적이 500m^2 이하이면서 해당 경계구역이 두개의 층에 걸치는 경우이거나 계단 · 경사로 · 승강기의 승강로 그 밖에 이와 유사한 장소에 연기감지기를 설치하는 경우에는 그러하지 아니하다.
• 하나의 경계구역의 면적은 600m^2 이하로 하고 그 한 변의 길이는 50m(광전식분리형 감지기를 설치할 경우에는 100m) 이하로 할 것. 다만, 해당 건축물 그 밖의 공작물의 주요한 출입구에서 그 내부의 전체를 볼 수 있는 경우에 있어서는 그 면적을 1,000m^2 이하로 할 수 있다.
• 자동화재탐지설비의 감지기는 지붕(상층이 있는 경우에는 상층의 바닥) 또는 벽의 옥내에 면한 부분(천장이 있는 경우에는 천장 또는 벽의 옥내에 면한 부분 및 천장의 뒷부분)에 유효하게 화재의 발생을 감지할 수 있도록 설치할 것
• 자동화재탐지설비에는 비상전원을 설치할 것

10 위험물 지정수량

① 알킬알루미늄(10킬로그램) ≠ 무기과산화물(50킬로그램)
② 아염소산염류 = 유기금속화합물 = 50킬로그램
③ 제2석유류(수용성) = 제3석유류(비수용성) = 2,000리터
④ 알코올 = 제1석유류(수용성) = 400리터

11 소화설비의 능력단위

소화설비	용 량	능력단위
소화전용(專用)물통	8리터	0.3
수조(소화전용물통 3개 포함)	80리터	1.5
수조(소화전용물통 6개 포함)	190리터	2.5
마른 모래(삽 1개 포함)	50리터	0.5
팽창질석 또는 팽창진주암(삽 1개 포함)	160리터	1.0

12 물과 접촉을 피해야 할 위험물

• 제1류 위험물 중 알칼리금속의 과산화물
• 제2류 위험물 중 철분, 금속분, 마그네슘
• 제3류 위험물 중 금수성물질(이들을 함유한 모든 물질 포함)

13 ① 제조소등의 관계인은 해당 제조소등의 위치 · 구조 및 설비가 법령 기술기준에 적합하도록 유지 · 관리해야 한다.
② 시 · 도지사, 소방본부장 또는 소방서장은 법령기준에 부적합 경우에 제조소등의 위치 · 구조 및 설비의 수리 · 개조 또는 이전을 명할 수 있다.
③ 법령기준에 적합하지 않아 소방서장의 수리 · 개조 또는 이전 명령에 따르지 아니한 사람은 1천 500만 원의 이하의 벌금에 처한다.

14 가압설비에 설치하는 안전장치

• 압력계
• 감압측에 안전밸브를 부착한 감압밸브
• 파괴판
• 자동적으로 압력의 상승을 정지시키는 장치
• 안전밸브를 병용하는 경보장치

15 위험물안전관리자 1인이 중복선임할 수 있는 저장소 등

위치·거리	제조소등 구분		개 수	인적조건
동일구 내에	보일러, 버너 등으로서 위험물을 소비하는 장치로 이루어진 7개 이하의 일반취급소와	그 일반취급소에 공급하기 위한 위험물을 저장하는 저장소를	7개 이하	동일인이 설치한 경우
동일구 내에 (일반취급소간 보행거리 300m 이내)	위험물을 차량에 고정된 탱크 또는 운반용기에 옮겨 담기 위한 5개 이하의 일반취급소와	그 일반취급소에 공급하기 위한 위험물을 저장하는 저장소를	5개 이하	
동일구 내에 있거나 상호 보행거리 100미터 이내의 거리에 있는 저장소로서 저장소의 규모, 저장하는 위험물의 종류 등을 고려하여 행정안전부령이 정하는 저장소	옥외탱크저장소		30개 이하	동일인이 설치한 경우
	옥내저장소		10개 이하	
	옥외저장소			
	암반탱크저장소		제한없음	
	지하탱크저장소			
	옥내탱크저장소			
	간이탱크저장소			
다음 각 목의 기준에 모두 적합한 5개 이하의 제조소등을 동일인이 설치한 경우 • 각 제조소등이 동일구 내에 위치하거나 상호 100미터 이내의 거리에 있을 것 • 각 제조소등에서 저장 또는 취급하는 위험물의 최대수량이 지정수량의 3천배 미만인 일 것. 다만, 저장소의 경우에는 그러하지 아니하다.			5개 이하	
선박주유취급소의 고정주유설비에 공급하기 위한 위험물을 저장하는 저장소와 해당 선박주유취급소			제한없음	

※ 15개의 옥내저장소를 동일인이 설치한 경우에는 1인의 안전관리자를 중복하여 선임할 수 없으며 최소 2명을 선임하여야 한다.

16 ㉠, ㉢, ㉣은 위반 시 1년 이하의 징역 또는 1천만 원 이하의 벌금에 처하고 ㉡은 위반 시 3년 이하의 징역 또는 3천만 원 이하의 벌금에 처한다.

17 일반취급소 특례기준

일반취급소 특례	용도(건축물에 설치한 것에 한함)	취급 위험물	지정수량 배수
분무도장작업 등의 일반취급소	도장, 인쇄, 도포	제2류, 제4류(특인제외)	30배 미만
세정작업의 일반취급소	세 정	40℃ 이상의 제4류	30배 미만
열처리작업 등의 일반취급소	열처리작업 또는 방전가공	70℃ 이상의 제4류	30배 미만
보일러 등으로 위험물을 소비하는 일반취급소	보일러, 버너 등으로 소비	38℃ 이상의 제4류	30배 미만
충전하는 일반취급소	이동저장탱크에 액체위험물을 주입하는(용기에 다시 채움 포함)	액체위험물(알킬알루미늄등, 아세트알데하이드등, 하이드록실아민등 제외)	제한없음
옮겨 담는 일반취급소	고정급유설비에 의해 위험물을 용기에 다시 채우거나 4,000리터 이하의 이동저장탱크에 주입	38℃ 이상의 제4류	40배 미만

유압장치 등을 설치하는 일반취급소	위험물을 이용한 유압장치 또는 윤활유 순환	고인화점 위험물만을 100℃ 미만의 온도로 취급하는 것에 한 함	50배 미만
절삭장치 등을 설치하는 일반취급소	절삭유 위험물을 이용한 절삭·연삭장치 등	고인화점 위험물만을 100℃ 미만의 온도로 취급하는 것에 한 함	30배 미만
열매체유 순환장치를 설치하는 일반취급소	위험물 외의 물건을 가열	고인화점 위험물에 한함	30배 미만
반도체 제조공정의 일반취급소	반도체 관련 제품의 제조		
이차전지 제조공정의 일반취급소	이차전지 관련 제품의 제조		

18 전기자동차 충전설비를 사용하는 때에는 다음의 기준을 준수할 것

- 충전기기와 전기자동차를 연결할 때에는 연장코드를 사용하지 아니할 것
- 전기자동차의 전지·인터페이스 등이 충전기기의 규격에 적합한지 확인한 후 충전을 시작할 것
- 충전 중에는 자동차 등을 작동시키지 아니할 것

19 방유제 내에 옥외저장탱크의 설치 개수

- 제1석유류, 제2석유류 : 10 이하
- 제3석유류(인화점 70℃ 이상 200℃ 미만) : 20 이하
- 제4석유류(인화점이 200℃ 이상) : 제한없음

20 청문사유

- 위험물 제조소등 설치허가취소
- 위험물탱크안전성능시험자 등록취소

21 주의사항의 바탕색과 문자색 구별

① 인화점이 21℃ 미만인 위험물을 주입하는 옥외저장탱크 주입구의 주의사항 : 백색바탕에 적색문자
② 주유중엔진정지 – 황색바탕에 흑색문자
③ 인화점이 21℃ 미만인 위험물 취급하는 펌프설비 주의사항 : 백색바탕에 적색문자
④ 이동탱크저장소 위험물 표지 : 흑색바탕에 황색글자
⑤ 물기엄금 : 청색바탕에 백색문자
⑥ 화기엄금 : 적색바탕에 백색문자

22 ① 알킬알루미늄등은 운반용기 내용적의 90퍼센트 이하의 수납률로 하되 50℃의 온도에서 5퍼센트 이상의 공간용적을 유지해야 한다.

23 위험물이 되기 위한 조건

품 명	위험물이 되기 위한 조건
황	순도가 60중량퍼센트 이상인 것(순도측정에 있어서 불순물은 활석 등 불연성 물질과 수분에 한함)
철 분	철의 분말로서 53마이크로미터의 표준체를 통과하는 것이 50중량퍼센트 미만인 것을 제외한다.
금속분	알칼리금속 · 알칼리토류금속 · 철 및 마그네슘 외의 금속의 분말을 말하며, 구리분 · 니켈분 및 150마이크로미터의 체를 통과하는 것이 50중량퍼센트 미만인 것은 제외한다.
마그네슘 및 마그네슘을 함유한 것	다음 해당하는 것은 제외한다. • 2밀리미터의 체를 통과하지 아니하는 덩어리 상태의 것 • 지름 2밀리미터 이상의 막대 모양의 것
인화성고체	고형알코올 그 밖에 1기압에서 인화점이 섭씨 40도 미만인 고체
과산화수소	그 농도가 36중량퍼센트 이상인 것에 한한다.

24 탱크안전성능검사 실시권자 : 시 · 도지사

25 응급조치명령을 위반한 자 : 1천 500만 원 이하의 벌금(법 제36조)

19 정답 및 해설

19회_정답 및 해설														
01	02	03	04	05	06	07	08	09	10	11	12	13	14	15
①	④	③	④	④	④	④	③	③	④	①	④	③	④	①
16	17	18	19	20	21	22	23	24	25					
①	①	③	②	④	②	③	②	②	①					

01 소화설비의 적응성

소화설비의 구분			건축물·그 밖의 공작물	제1류 그 밖의 것	제2류 그 밖의 것	제3류 그 밖의 것	제5류 위험물	제6류 위험물	전기설비	제2류 인화성고체	제4류 위험물	제1류 알칼리금속과산화물등	제2류 철분금속분·마그네슘등	제3류 금수성물품
옥내소화전설비 또는 옥외소화전설비			○	○	○	○	○	○		○				
스프링클러설비			○	○	○	○	○	○		○	△			
물분무등 소화설비	물분무소화설비		○	○	○	○	○	○	○	○	○			
물분무등 소화설비	포소화설비		○	○	○	○	○	○		○	○			
물분무등 소화설비	불활성가스소화설비								○	○	○			
물분무등 소화설비	할로젠화합물소화설비								○	○	○			
물분무등 소화설비	분말소화설비	인산염류 등	○	○	○			○	○	○	○			
물분무등 소화설비	분말소화설비	탄산수소염류 등							○	○	○	○	○	○
물분무등 소화설비	분말소화설비	그 밖의 것										○	○	○
대형·소형 수동식 소화기	봉상수(棒狀水)소화기		○	○	○	○	○	○		○				
대형·소형 수동식 소화기	무상수(霧狀水)소화기		○	○	○	○	○	○	○	○				
대형·소형 수동식 소화기	봉상강화액소화기		○	○	○	○	○	○		○				
대형·소형 수동식 소화기	무상강화액소화기		○	○	○	○	○	○	○	○	○			
대형·소형 수동식 소화기	포소화기		○	○	○	○	○	○		○	○			
대형·소형 수동식 소화기	이산화탄소소화기							△	○	○	○			
대형·소형 수동식 소화기	할로젠화합물소화기								○	○	○			
대형·소형 수동식 소화기	분말소화기	인산염류소화기	○	○	○			○	○	○	○			
대형·소형 수동식 소화기	분말소화기	탄산수소염류소화기							○	○	○	○	○	○
대형·소형 수동식 소화기	분말소화기	그 밖의 것										○	○	○
기 타	물통 또는 수조		○	○	○	○	○	○		○				
기 타	건조사			○	○	○	○	○		○	○	○	○	○
기 타	팽창질석 또는 팽창진주암			○	○	○	○	○		○	○	○	○	○

비고

※ "○"표시는 해당 소방대상물 및 위험물에 대하여 소화설비가 적응성이 있음을 표시하고, "△"표시는 제4류 위험물을 저장 또는 취급하는 장소의 살수기준면적에 따라 스프링클러설비의 살수밀도가 다음 표에 정하는 기준 이상인 경우에는 해당 스프링클러설비가 제4류 위험물에 대하여 적응성이 있음을, 제6류 위험물을 저장 또는 취급하는 장소로서 폭발의 위험이 없는 장소에 한하여 이산화탄소소화기가 제6류 위험물에 대하여 적응성이 있음을 각각 표시한다.

02 수상구조물에 설치하는 선박주유취급소에는 위험물이 유출될 경우 회수 등의 응급조치를 강구 설비기준

- 오일펜스 : 수면 위로 20cm 이상 30cm 미만으로 노출되고, 수면 아래로 30cm 이상 40cm 미만으로 잠기는 것으로서, 60m 이상의 길이일 것
- 유처리제, 유흡착제 또는 유겔화제 : 다음의 계산식을 충족하는 양 이상일 것

  $20X + 50Y + 15Z = 10,000$

  X : 유처리제의 양(L) Y : 유흡착제의 양(kg) Z : 유겔화제의 양[액상(L), 분말(kg)]

03 위험물

① 1분자를 구성하는 탄소원자의 수가 1개 내지 3개의 포화1가 알코올의 함유량이 60중량퍼센트 이상인 수용액이 위험물이다.

② 질산은 비중이 1.49 이상인 것을 위험물로 분류한다.

④ 과산화수소는 농도가 36중량퍼센트 이상인 것을 위험물로 분류한다.

04 복수성상물품의 구별

위험물은 하나의 위험성을 가질 경우도 있지만 둘 이상의 위험성을 가질 경우도 있다. 위험물을 구분하는데 위험성 간의 경합이 있어 문제가 될 수 있다. 하나의 위험물이 둘 이상의 위험성을 가진 경우를 위험물안전관리법 시행령 제2조 관련 영 별표 1의 성질란에 규정된 성질과 상태가 2가지 이상인 물품을 "복수성상물품"이라 하며 이러한 경우 품명은 다음과 같이 더 위험한 위험성을 그 위험물의 성질과 상태로 한다.

- 복수성상물품이 산화성고체의 성질과 상태 및 가연성고체의 성질과 상태를 가지는 경우 : 제2류(가연성고체) 제8호에 따른 품명
- 복수성상물품이 산화성고체의 성질과 상태 및 자기반응성물질의 성질과 상태를 가지는 경우 : 제5류(자기반응성물질) 제11호에 따른 품명
- 복수성상물품이 가연성고체의 성질과 상태 자연발화성물질의 성질과 상태 및 금수성물질의 성질과 상태를 가지는 경우 : 제3류(자연발화성물질의 성질과 상태 및 금수성물질) 제12호에 따른 품명
- 복수성상물품이 자연발화성물질의 성질과 상태, 금수성물질의 성질과 상태 및 인화성액체의 성질과 상태를 가지는 경우 : 제3류(자연발화성물질의 성질과 상태 및 금수성물질) 제12호에 따른 품명
- 복수성상물품이 인화성액체의 성질과 상태 및 자기반응성물질의 성질과 상태를 가지는 경우 : 제5류(자기반응성물질) 제11호에 따른 품명

05 하천 또는 수로의 밑에 배관을 매설하는 경우 이송취급소 배관설치기준

배관의 외면과 계획하상(계획하상이 최심하상보다 높은 경우에는 최심하상)과의 거리는 다음에 따른 거리 이상으로 하되, 호안 그 밖에 하천관리시설의 기초에 영향을 주지 아니하고 하천바닥의 변동·패임 등에 의한 영향을 받지 아니하는 깊이로 매설해야 한다.

- 하천을 횡단하는 경우 : 4.0m
- 수로를 횡단하는 경우
  - 하수도(상부가 개방되는 구조로 된 것에 한한다) 또는 운하 : 2.5m
  - 위의 규정에 따라 수로에 해당되지 아니하는 좁은 수로(용수로 그 밖에 유사한 것을 제외한다) : 1.2m

구 분		배관외면과 계획하상과의 거리
하천을 횡단하는 경우		4m
수로를 횡단하는 경우	하수도(상부가 개방) 또는 운하	2.5m
	상기 외 좁은 수로	1.2m

06 ④ 가는 눈의 구리망 등으로 인화방지장치를 할 것. 다만, 인화점 70℃ 이상의 위험물만을 해당 위험물의 인화점 미만의 온도로 저장 또는 취급하는 탱크에 설치하는 통기관에 있어서는 그러하지 아니하다.

07 위험물안전관리자의 자격 및 신고 등
- 안전관리자의 자격 : 자격증(위험물기능장, 위험물산업기사, 위험물기능사), 안전관리자교육이수자, 소방공무원경력자
- 안전관리자를 해임한때에는 30일 이내에 재선임해야 한다.
- 대리자의 지정기간은 30일을 초과할 수 없다.
- 안전관리자를 선임한 때에는 14일 이내에 소방본부장 또는 소방서장에게 신고해야 한다.

08 알킬알루미늄등을 저장 또는 취급하는 이동저장탱크는 그 외면을 적색으로 도장하는 한편, 백색문자로서 동판(銅版)의 양측면 및 경판(동체의 양 끝부분에 부착하는 판)에 별표 4 Ⅲ제2호 라목의 규정에 의한 주의사항을 표시할 것

09 위험물 옥외탱크저장소의 방유제의 용량
- 1기일 때 : 탱크용량 × 1.1(110%)[비인화성 물질 × 100%]
- 2기 이상일 때 : 최대 탱크용량 × 1.1(110%)[비인화성 물질 × 100%]

즉, 과산화수소(제6류 산화성액체)는 비인화성 물질로 100%를 적용하면 정답은 60,000리터이다.

10 알코올류는 물에 잘 녹는 수용성액체이므로 유분리장치는 필요 없다. 그러나 20℃의 물 100g에 용해되는 양이 1g 미만인 것에는 집유설비에 유분리장치를 설치해야 한다.

11 아세트알데하이드·산화프로필렌을 취급하는 설비는 은·수은·동·마그네슘 또는 이들을 성분으로 하는 합금으로 만들지 아니할 것

12 예방규정(법 제17조 제4항)
소방청장은 대통령령으로 정하는 제조소등에 대하여 행정안전부령으로 정하는 바에 따라 예방규정의 이행 실태를 정기적으로 평가할 수 있다. 〈2023.01.03. 신설, 시행 2024.07.04.〉

13 제조소의 배출설비 기준

구분	설비기준
설치 대상	인화점이 70℃ 미만인 위험물의 저장창고에 있어서는 가연성의 증기 또는 미분이 체류할 우려가 있는 건축물
배출 설비	• 국소방식이어야 한다. **전역방식으로 할 수 있는 것** • 위험물취급설비가 배관이음 등으로만 된 경우 • 건축물의 구조·작업장소의 분포 등의 조건에 의하여 전역방식이 유효한 경우 • 배풍기·배출덕트·후드 등을 이용하여 강제적으로 배출하는 것으로 할 것
배출 능력	• 국소방식 : 1시간당 배출장소용적의 20배 이상인 것으로 해야한다. • 전역방식 : 바닥면적 $1m^2$당 $18m^3$ 이상으로 할 수 있다.
급기구	높은 곳에 설치하고, 가는 눈의 구리망 등으로 인화방지망을 설치할 것
배출구	• 지상 2m 이상으로서 연소의 우려가 없는 장소에 설치할 것 • 배출 덕트가 관통하는 벽부분의 바로 가까이에 화재 시 자동으로 폐쇄되는 방화댐퍼를 설치할 것
배풍기	강제배기방식으로 하고 옥내 덕트의 내압이 대기압 이상이 되지 아니하는 위치에 설치

14 제조소의 특례대상 : 알킬알루미늄등, 아세트알데하이드등, 하이드록실아민등
※ 396P 18회 문제 4번 해설 참고

15 옥외탱크저장소에 설치해야 하는 경보설비
② 설치해야 할 경보설비는 자동화재탐지설비 · 자동화재속보설비가 해당된다.
③ 자동화재탐지설비 감지기는 불꽃감지기를 설치한다.
④ 특수인화물, 제1석유류, 알코올류를 저장 또는 취급하는 탱크의 용량이 1,000만 리터 이상인 경우 설치한다.

16 옥외저장탱크 · 옥내저장탱크 · 지하저장탱크 또는 이동저장탱크에 새롭게 아세트알데하이드등을 주입하는 때에는 미리 해당 탱크 안의 공기를 불활성 기체와 치환하여 둘 것

17 옥내저장탱크의 용량(동일한 탱크전용실에 2 이상 설치하는 경우에는 각 탱크의 용량의 합계)은 지정수량의 40배(제4석유류 및 동식물유류 외의 제4류 위험물 : 20,000리터를 초과할 때에는 20,000리터) 이하일 것
※ 크레오소트유는 제3석유류로 지정수량 2,000리터로서 배수제한보다 용량의 제한 20,000리터를 초과할 수 없다.

18 1년간의 총 매출액이 없거나 산출하기 곤란한 제조소등의 경우에는 해당 제조소등에서 저장 또는 취급하는 위험물의 허가수량(지정수량의 배수)을 기준으로 하여 1일당 과징금 금액에 사용정지 일수를 곱하여 과징금 금액을 산정한다.

19 자체소방대를 설치해야 하는 사업소(시행령 제18조)
- 제조소 또는 일반취급소에서 취급하는 제4류 위험물의 최대수량의 합이 지정수량의 3천배 이상
- 옥외탱크저장소에 저장하는 제4류 위험물의 최대수량이 지정수량의 50만배 이상

20 공무원 의제대상(법 제32조)
다음의 자는 형법 제129조 내지 제132조의 적용에 있어서는 이를 공무원으로 본다.
① 제8조 제1항 후단에 따른 검사업무에 종사하는 기술원의 담당 임원 및 직원
② 제16조 제1항에 따른 탱크시험자의 업무에 종사하는 자
③ 제30조 제2항의 규정에 따라 위탁받은 업무에 종사하는 안전원 및 기술원의 담당 임원 및 직원

21 보유공지는 3차원적 공간 규제개념이며, 화재의 예방 또는 진압 차원에서 위험물 제조소의 주변에 확보해야 하는 절대공간을 말한다.

22 소화난이도등급 I 에 해당하는 옥내탱크저장소의 규모, 저장 또는 취급하는 최대수량 등의 기준
- 액표면적이 40m^2 이상인 것
- 바닥면으로부터 탱크 옆판의 상단까지 높이가 6m 이상인 것
- 탱크전용실이 단층건물 외의 건축물에 있는 것으로서 인화점 38℃ 이상 70℃ 미만의 위험물을 지정수량의 5배 이상 저장하는 것

23 위험물기능사의 실무경력 기간은 위험물기능사 자격을 취득한 이후 「위험물안전관리법」 제15조에 따른 위험물안전관리자로 선임된 기간 또는 위험물안전관리자를 보조한 기간을 말한다(영 별표 6 비고).

24 ① 지정수량 이상의 위험물을 허가를 받지 아니하는 제조소와 이동탱크저장소는 안전관리자 선임의무가 없으며 이동탱크저장소의 경우 운송자 자격자가 운송해야 한다.
③ 제조소등의 관계인은 안전관리자를 해임하거나 안전관리자가 퇴직한 경우 그 관계인 또는 안전관리자는 소방본부장 또는 소방서장에 그 사실을 알려 해임되거나 퇴직한 사실을 확인 받을 수 있다.
④ 안전관리자를 선임한 때에는 14일 이내에 소방본부장 또는 소방서장에게 신고해야 한다.

25 저장 · 취급기준 준수명령을 위반한 자 : 1천 500만 원 이하의 벌금(법 제36조)

20 정답 및 해설

20회_정답 및 해설

01	02	03	04	05	06	07	08	09	10	11	12	13	14	15
②	③	②	①	②	②	④	④	③	③	①	②	②	④	②
16	17	18	19	20	21	22	23	24	25					
④	①	②	①	③	①	①	①	④	④					

01 이송취급소의 시설기준

- 해상에 설치한 배관에는 외면부식을 방지하기 위한 도장을 실시해야 한다.
- 배관은 지표면에 접하지 아니하도록 지상에 설치해야 있다.
- 지하매설 배관은 지하가 내의 건축물을 제외하고는 그 외면으로부터 건축물까지 1.5m 이상 안전거리를 두어야 한다.
- 해저에 배관을 설치하는 경우에는 원칙적으로 이미 설치된 배관에 대하여 30m 이상의 안전거리를 두어야 한다.

02 지정과산화물 옥내저장소의 저장창고의 기준

구 분	옥내저장창고 기준
면 적	저장창고는 150m² 이내마다 격벽으로 완전하게 구획할 것
격 벽	• 격벽은 두께 30cm 이상의 철근콘크리트조 또는 철골철근콘크리트조로 하거나 두께 40cm 이상의 보강 콘크리트블록조로 할 것 • 창고의 양측 외벽으로부터 1m 이상, 상부의 지붕으로부터 50cm 이상 돌출시킬 것
외 벽	두께 20cm 이상의 철근콘크리트조나 철골철근콘크리트조 또는 두께 30cm 이상의 보강콘크리트블록조로 할 것
출입구	출입구에는 60분+방화문 또는 60분방화문을 설치할 것
창	• 바닥면으로부터 2m 이상의 높이에 두되, 하나의 벽면에 두는 창의 면적 합계는 해당 벽면적의 80분의 1 이내로 할 것 • 하나의 창의 면적 : 0.4m² 이내로 할 것
지 붕	• 중도리 또는 서까래의 간격은 30cm 이하로 할 것 • 지붕의 아래쪽 면에는 한 변의 길이가 45cm 이하의 환강・경량형강 등으로 된 강제의 격자를 설치할 것 • 지붕의 아래쪽 면에 철망을 쳐서 불연재료의 도리・보 또는 서까래에 단단히 결합할 것 • 두께 5cm 이상, 너비 30cm 이상의 목재로 만든 받침대를 설치할 것

03 과충전방지장치

- 탱크용량을 초과하는 위험물이 주입될 때 자동으로 그 주입구를 폐쇄하거나 위험물의 공급을 자동으로 차단하는 방법으로 한다.
- 탱크용량의 90퍼센트가 찰 때 경보음을 울리는 방법으로 한다.

04 주유취급소의 보기 쉬운 곳에 황색바탕에 흑색문자로 "주유중엔진정지"라는 표시를 한 게시판을 설치한다.

05 감시대에서 근무하는 감시원은 안전관리자 또는 위험물안전관리에 관한 전문지식이 있는 자일 것

06 제조소등별로 설치해야 할 경보설비 종류 및 설치기준

<table>
<tr><th colspan="3">제조소등별로 설치해야 할 경보설비 종류</th><th rowspan="2">자동화재탐지설비 설치기준</th></tr>
<tr><th>제조소등의 구분</th><th>규모 · 저장
또는 취급하는 위험물의 종류 최대수량 등</th><th>경보설비</th></tr>
<tr><td>1. 제조소 일반 취급소</td><td>• 연면적 500m² 이상인 것
• 옥내에서 지정수량 100배 이상을 취급하는 것
• 일반취급소로 사용되는 부분 이외의 건축물에 설치된 일반취급소(복합용도 건축물의 취급소) : 내화구조로 구획된 것 제외</td><td rowspan="4">자동화재 탐지설비</td><td rowspan="4">• 경계구역
– 2개의 층에 걸치지 아니할 것
– 600m² 이하로 할 것
– 한 변의 길이는 50m 이하로 할 것
– 광전식분리형 : 100m 이하로 할 것
• 감지기설치
지붕 또는 벽의 옥내에 면한 부분에 유효하게 화재를 감지할 수 있도록 설치할 것
• 비상전원을 설치</td></tr>
<tr><td>2. 옥내 저장소</td><td>• 저장창고의 연면적 150m² 초과하는 것
• 지정수량 100배 이상(고인화점만은 제외)
• 처마의 높이가 6m 이상의 단층건물의 것
• 복합용도 건축물의 옥내저장소</td></tr>
<tr><td>3. 옥내 탱크 저장소</td><td>단층건물 이외의 건축물에 설치된 옥내탱크저장소로서 소화난이도등급 I 에 해당되는 것</td></tr>
<tr><td>4. 주유 취급소</td><td>옥내주유취급소</td></tr>
<tr><td>5. 옥외탱크 저장소</td><td>특수인화물, 제1석유류 및 알코올류를 저장 또는 취급하는 탱크의 용량이 1,000만 리터 이상인 것</td><td colspan="2">• 자동화재탐지설비
• 자동화재속보설비</td></tr>
<tr><td>1–5. 이외의 대상</td><td>지정수량 10배 이상 저장 · 취급하는 것</td><td colspan="2">자동화재탐지설비, 비상경보설비, 확성장치 또는 비상방송설비 중 1종 이상</td></tr>
</table>

07 위험물판매 취급소는 취급하는 지정수량에 따라 제1종과 제2종으로 구분된다.

• 제1종 판매취급소 : 저장 또는 취급하는 위험물의 수량이 지정수량의 20배 이하인 판매취급소

• 제2종 판매취급소 : 저장 또는 취급하는 위험물의 수량이 지정수량의 40배 이하인 판매취급소

08 인산염류분말소화설비(제3종분말)는 제4류와 제6류 위험물에 적합하다.

※ 402P 19회 1번 문제 해설 참고

09 위험물 운반에 관한 기준

• 액체위험물은 운반용기 내용적의 98퍼센트 이하의 수납률로 수납하되, 55℃의 온도에서 누설되지 아니하도록 충분한 공간용적을 유지하도록 해야 한다.

• 자연발화성물질 중 알킬알루미늄등은 운반용기의 내용적의 90% 이하의 수납률로 수납하되, 50℃의 온도에서 5% 이상의 공간용적을 유지하도록 한다.

• 제5류 위험물 중 55℃ 이하의 온도에서 분해될 우려가 있는 것은 보냉컨테이너에 수납하는 등 적정한 온도관리를 유지해야 한다.

• 액체위험물을 수납하는 경우에는 55℃의 온도에서의 증기압이 130kPa 이하가 되도록 수납한다.

10 옥외저장탱크가 2기 이상인 방유제 용량 산정 시 제외

해당 방유제의 내용적에서 다음의 용적 및 체적을 뺀 용량 이상으로 해야 한다.

① 간막이 둑의 체적

② 해당 방유제 내에 있는 모든 탱크의 지반면 이상 부분의 기초의 체적

③ 용량이 최대인 탱크 외의 탱크의 방유제 높이 이하 부분의 용적

④ 해당 방유제 내에 있는 배관 등의 체적

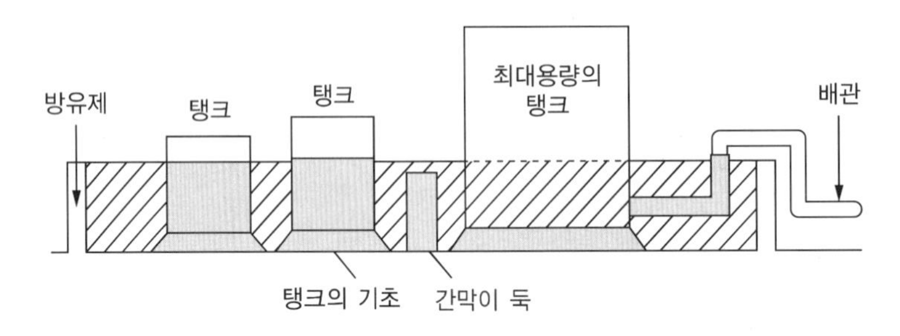

11 옥외소화전설비의 설치기준

옥외소화전설비의 설치기준은 다음의 기준에 의할 것

- 옥외소화전은 방호대상물(해당 소화설비에 의하여 소화하여야 할 제조소등의 건축물, 그 밖의 공작물 및 위험물을 말한다. 이하 같다)의 각 부분(건축물의 경우에는 해당 건축물의 1층 및 2층의 부분에 한한다)에서 하나의 호스접속구까지의 수평거리가 40m 이하가 되도록 설치할 것. 이 경우 그 설치개수가 1개일 때는 2개로 하여야 한다.
- 수원의 수량은 옥외소화전의 설치개수(설치개수가 4개 이상인 경우는 4개의 옥외소화전)에 13.5m^3를 곱한 양 이상이 되도록 설치할 것
- 옥외소화전설비는 모든 옥외소화전(설치개수가 4개 이상인 경우는 4개의 옥외소화전)을 동시에 사용할 경우에 각 노즐 끝부분의 방수압력이 350㎪ 이상이고, 방수량이 1분당 450리터 이상의 성능이 되도록 할 것
- 옥외소화전설비에는 비상전원을 설치할 것

12 위험등급

종 류	황 린	리 튬	수소화나트륨
위험등급	I	II	III
품 명	–	알칼리금속 및 알칼리토금속	금속의 수소화물

13 예방규정의 이행 실태 평가(시행규칙 제63조의2)

① 평가의 구분

예방규정의 이행 실태 평가는 다음 각 호의 구분에 따라 실시한다.

구 분	평가실시
최초평가	예방규정을 최초로 제출한 날부터 3년이 되는 날이 속하는 연도에 실시
정기평가	최초평가 또는 직전 정기평가를 실시한 날을 기준으로 4년마다 실시. 다만, 수시평가를 실시한 경우에는 수시평가를 실시한 날을 기준으로 4년마다 실시한다.
수시평가	위험물의 누출·화재·폭발 등의 사고가 발생한 경우 소방청장이 제조소등의 관계인 또는 종업원의 예방규정 준수 여부를 평가할 필요가 있다고 인정하는 경우에 실시

② 서면점검 및 현장검사

소방청장은 평가를 실시하는 경우 제조소등의 위험성 등을 고려하여 서면점검 또는 현장검사의 방법으로 실시할 수 있다. 이 경우 현장검사는 소방청장이 정하여 고시하는 고위험군의 제조소등에 대하여만 실시한다.

③ 평가실시일 등 통보

소방청장은 평가를 실시하는 경우 평가실시일 30일 전까지(수시평가의 경우에는 7일 전까지를 말한다) 제조소등의 관계인에게 평가실시일, 평가항목 및 세부 평가일정에 관한 사항을 통보해야 한다.

④ 평가항목 또는 평가면제

평가는 예방규정에 포함되어야 할 사항의 세부항목에 대하여 실시한다. 다만, 평가실시일부터 직전 1년 동안 「산업안전보건법」 제46조 제4항에 따른 공정안전보고서의 이행 상태 평가 또는 「화학물질관리법」 제23조의2 제2항에 따른 화학사고예방관리계획서의 이행 여부 점검을 받은 경우로서 해당 평가 또는 점검 항목과 중복되는 항목이 있는 경우에는 해당 항목에 대한 평가를 면제할 수 있다.

⑤ 예방규정의 이행 실태 평가의 통보

소방청장은 예방규정의 이행 실태 평가를 완료한 때에는 그 결과를 해당 제조소등의 관계인에게 통보해야 한다. 이 경우 소방청장은 제조소등의 관계인에게 화재예방과 화재 등 재해발생 시 비상조치의 효율적 수행을 위하여 필요한 조치 등의 이행을 권고할 수 있다.

14 그 외에 상치장소를 표기해야 하며, 위험물 운송·운반 시의 위험성 경고표지에 관한 기준에 따라 표시해야 한다.

15 옥내저장소에 저장하는 운반용기 쌓는 높이(아래 높이를 초과하지 말 것)

수납용기의 종류	높 이
기계에 의하여 하역하는 구조로 된 용기만을 겹쳐 쌓는 경우	6m
제3석유류, 제4석유류 및 동식물유류를 수납하는 용기만을 겹쳐 쌓는 경우	4m
그 밖의 용기를 겹쳐 쌓는 경우	3m

16 저장 또는 취급하는 위험물의 허가수량을 기준으로 한 과징금 산정기준

등급	저장 또는 취급하는 위험물의 허가수량(지정수량의 배수)		1일당 과징금 금액 (단위 : 원)
	저장량	취급량	
1	50배 이하	30배 이하	30,000
2	50배 초과 ~ 100배 이하	30배 초과 ~ 100배 이하	100,000
3	100배 초과 ~ 1,000배 이하	100배 초과 ~ 500배 이하	400,000
4	1,000배 초과 ~ 10,000배 이하	500배 초과 ~ 1,000배 이하	600,000
5	10,000배 초과 ~ 100,000배 이하	1,000배 초과 ~ 2,000배 이하	800,000
6	100,000배 초과	2,000배 초과	1,000,000

17 위험물시설의 설치 및 변경 등(법 제6조 제2항)

제조소등의 위치·구조 또는 설비의 변경 없이 해당 제조소등에서 저장하거나 취급하는 위험물의 품명·수량 또는 지정수량의 배수를 변경하고자 하는 자는 변경하고자 하는 날의 1일 전까지 행정안전부령이 정하는 바에 따라 시·도지사에게 신고해야 하며, 군용위험물시설의 경우에도 해당한다.

18 화학소방자동차(내폭화학차 및 제독차를 포함한다)에 갖추어야 하는 소화능력 및 설비의 기준

화학소방자동차의 구분	소화능력 및 설비의 기준
포수용액 방사차	• 포수용액의 방사능력이 매분 2,000리터 이상일 것 • 소화약액탱크 및 소화약액혼합장치를 비치할 것 • 10만 리터 이상의 포수용액을 방사할 수 있는 양의 소화약제를 비치할 것
분말 방사차	• 분말의 방사능력이 매초 35킬로그램 이상일 것 • 분말탱크 및 가압용가스설비를 비치할 것 • 1,400킬로그램 이상의 분말을 비치할 것
할로젠화합물 방사차	• 할로젠화합물의 방사능력이 매초 40킬로그램 이상일 것 • 할로젠화합물탱크 및 가압용가스설비를 비치할 것 • 1,000킬로그램 이상의 할로젠화합물을 비치할 것
이산화탄소 방사차	• 이산화탄소의 방사능력이 매초 40킬로그램 이상일 것 • 이산화탄소저장용기를 비치할 것 • 3,000킬로그램 이상의 이산화탄소를 비치할 것
제독차	가성소다 및 규조토를 각각 50킬로그램 이상 비치할 것

※ 이 중에 포수용액을 방사하는 화학소방자동차의 대수는 자체소방대편성기준에 의한 화학소방자동차의 대수의 3분의 2 이상으로 해야 한다(시행규칙 제75조 제1항).

19 업무의 위탁(시행령 제22조 제1항 제1호)

소방청장은 다음 각 호의 구분에 따른 안전교육에 관한 업무를 한국소방안전원에 위탁한다.

- 위험물운반자 또는 위험물운송자의 요건을 갖추려는 사람
- 위험물취급자격자의 자격을 갖추려는 사람
- 위험물안전관리자로 선임된 자, 위험물운송자로 종사하는 자, 위험물운반자로종사하는 자에 대한 안전교육

20 보유공지 설정목적

- 위험물 제조소등 화재 시 인접시설 연소확대 방지
- 소화활동의 공간제공 및 확보
- 피난상 필요한 공간 확보
- 점검 및 보수 등의 공간 확보
- 방호 및 완충공간 제공

21 ② 용량이 100만 리터 이상인 위험물을 저장하는 옥외저장탱크에 있어서는 밸브 등에 그 개폐상황을 쉽게 확인할 수 있는 장치를 설치할 것

③ 용량이 1,000만 리터 이상인 옥외저장탱크의 주위에 설치하는 방유제에는 해당 탱크마다 간막이 둑을 설치할 것

④ 특수인화물, 제1석유류 및 알코올류를 저장 또는 취급하는 탱크의 용량이 1,000만 리터 이상인 옥외저장탱크에는 자동화재속보설비를 설치할 것

22 제조소에 지정수량 5배를 초과한 경우 위험물안전관리자의 선임자격(영 별표 6)

- 위험물기능장
- 위험물산업기사
- 2년 이상의 실무경력이 있는 위험물기능사

23 ① 옥외탱크저장소 이외의 자동화재탐지설비 설치기준에 해당한다.

옥외탱크저장소에 설치하는 자동화재탐지설비의 감지기 설치기준

- 옥외저장탱크 외측과 별표 6 Ⅱ에 따른 보유공지 내에서 발생하는 화재를 유효하게 감지할 수 있는 위치에 설치할 것
- 지지대를 설치하고 그 곳에 감지기를 설치하는 경우 지지대는 벼락에 영향을 받지 않도록 설치할 것
- 불꽃감지기를 설치할 것. 다만, 불꽃을 감지하는 기능이 있는 지능형 폐쇄회로텔레비전(CCTV)을 설치한 경우 불꽃감지기를 설치한 것으로 본다.

24 탱크안전성능시험자의 행정처분기준

위반사항	행정처분기준		
	1차	2차	3차
허위 그 밖의 부정한 방법으로 등록을 한 경우	등록취소		
법 제16조 제4항 각 호의 1의 등록의 결격사유에 해당하게 된 경우	등록취소		
다른 자에게 등록증을 빌려 준 경우	등록취소		
법 제16조 제2항에 따른 등록기준에 미달하게 된 경우	업무정지 30일	업무정지 60일	등록취소
탱크안전성능시험 또는 점검을 허위로 하거나 이 법에 의한 기준에 맞지 아니하게 탱크안전성능시험 또는 점검을 실시하는 경우 등 탱크시험자로서 적합하지 아니하다고 인정되는 경우	업무정지 30일	업무정지 90일	등록취소

25 ④ 과산화수소는 제6류 위험물로 취급하는 제조소의 주의사항을 표시한 게시판 규정은 없다.

21 정답 및 해설

21회_정답 및 해설

01	02	03	04	05	06	07	08	09	10	11	12	13	14	15
①	②	③	③	②	②	②	④	③	①	②	④	②	①	④
16	17	18	19	20	21	22	23	24	25					
②	③	③	①	①	②	②	③	③	①					

01 주유취급소에 설치할 수 있는 건축물이나 공작물
- 주유 또는 등유·경유를 옮겨 담기 위한 작업장
- 주유취급소의 업무를 행하기 위한 사무소
- 자동차 등의 점검 및 간이정비를 위한 작업장
- 자동차 등의 세정을 위한 작업장
- 주유취급소에 출입하는 사람을 대상으로 한 점포·휴게음식점 또는 전시장
- 주유취급소의 관계자가 거주하는 주거시설
- 전기자동차용 충전설비(전기를 동력원으로 하는 자동차에 직접 전기를 공급하는 설비를 말한다. 이하 같다)
- 그 밖의 소방청장이 정하여 고시하는 건축물 또는 시설

02 공항에서 시속 40km 이하로 운행하도록 된 주유탱크차는 칸막이와 방파판의 규정을 적용하지 아니하되, 다음 각 목의 기준에 적합해야 한다.

① 이동저장탱크는 그 내부에 길이 1.5m 이하 또는 부피 4천 리터 이하마다 3.2mm 이상의 강철판 또는 이와 같은 수준 이상의 강도·내열성 및 내식성이 있는 금속성의 것으로 칸막이를 설치할 것

② 칸막이에 구멍을 낼 수 있되, 그 지름이 40cm 이내일 것

03 위험물운송자는 장거리(고속국도에 있어서는 340km 이상, 그 밖의 도로에 있어서는 200km 이상을 말한다)에 걸치는 운송을 하는 때에는 2명 이상의 운전자로 해야 하며, 운송도중에 2시간 이내마다 20분 이상씩 휴식하는 경우에는 1명이 운전할 수 있다. 금속의 인화물을 휴식 없이 운송하는 경우에는 2명 이상의 운전자가 운송하여야 한다.

04 제4류 위험물의 위험등급의 구분

등급 / 유별	I	II	III
제4류	특수인화물	제1석유류 및 알코올류	제2석유류, 제3석유류, 제4석유류, 동식물유류

05 화학소방자동차에 갖추어야 하는 소화능력 및 설비의 기준

화학소방자동차의 구분	소화능력 및 설비의 기준
포수용액 방사차	• 포수용액의 방사능력이 매분 2,000리터 이상일 것 • 소화약액탱크 및 소화약액혼합장치를 비치할 것 • 10만 리터 이상의 포수용액을 방사할 수 있는 양의 소화약제를 비치할 것
분말 방사차	• 분말의 방사능력이 매초 35킬로그램 이상일 것 • 분말탱크 및 가압용 가스설비를 비치할 것 • 1,400킬로그램 이상의 분말을 비치할 것

할로젠화합물 방사차	• 할로젠화합물의 방사능력이 매초 40킬로그램 이상일 것 • 할로젠화합물탱크 및 가압용 가스설비를 비치할 것 • 1,000킬로그램 이상의 할로젠화합물을 비치할 것
이산화탄소 방사차	• 이산화탄소의 방사능력이 매초 40킬로그램 이상일 것 • 이산화탄소저장용기를 비치할 것 • 3,000킬로그램 이상의 이산화탄소를 비치할 것
제독차	가성소다 및 규조토를 각각 50킬로그램 이상 비치할 것

06 주유취급소에 설치한 지하탱크 맨홀은 지면까지 올라오지 아니하도록 하되, 가급적 낮게 할 것

07 운반용기를 겹쳐 쌓는 경우 높이 : 3m 이하

08 보일러 등으로 위험물을 소비하는 일반취급소의 특례

건축물 중 일반취급소로 사용하는 부분은 벽, 기둥, 바닥, 보를 내화구조로 하고 출입구 외의 개구부가 없는 70mm 이상의 철근콘크리트조 또는 이와 동등 이상의 강도가 있는 바닥 또는 벽으로 해당 건축물의 다른 부분과 구획되어야 한다.

09 위험물의 지정수량

종 류	칼 륨	황 린	알칼리금속	금속의 인화합물
지정수량	10킬로그램	20킬로그램	50킬로그램	300킬로그램

$\therefore$ 지정수량의 배수 $= \frac{\text{저장량}}{\text{지정수량}}$

① 알칼리금속의 지정수량의 배수 $= \frac{50kg}{50kg} = 1$배

② 황린의 지정수량의 배수 $= \frac{50kg}{20kg} = 2.5$배

③ 칼륨의 지정수량의 배수 $= \frac{50kg}{10kg} = 5$배

④ 금속의 인화합물의 지정수량의 배수 $= \frac{50kg}{300kg} = 0.17$배

10 ① 위험물 사고조사위원회는 위원장 1명을 포함하여 7명 이내의 위원으로 구성한다.

11 이송취급소의 설치장소

다음 각 목의 장소 외의 장소에 설치해야 한다.

• 철도 및 도로의 터널 안
• 고속국도 및 자동차전용도로의 차도・길어깨 및 중앙분리대
• 호수・저수지 등으로서 수리의 수원이 되는 곳
• 급경사지역으로서 붕괴의 위험이 있는 지역

12 화약류에 해당하는 위험물의 특례(시행규칙 제48조)

염소산염류・과염소산염류・질산염류・황・철분・금속분・마그네슘・질산에스터류・나이트로화합물 중 「총포・도검・화약류 등 단속법」에 따른 화약류에 해당하는 위험물을 저장 또는 취급하는 제조소등에 대해서는 별표 4 II(보유공지)・IV(건축물의 구조)・IX(위험물취급탱크)・X(배관) 및 별표 5 I 제1호(안전거리)・제2호(보유공지)・제4호부터 제8호(독립건축물, 처마의 높이, 저장창고의 면적, 저장창고의 구조, 저장창고의 지붕)까지・제14호(채광・조명 및 환기의 설비)・제16호(피뢰설비)・II(다층건물의 옥내저장소의 기준)・III(복합용도 건축물의 옥내저장소의 기준)을 적용하지 않는다.

13 소화난이도등급 Ⅰ에 해당하는 제조소등 중 옥내탱크저장소의 규모

- 액표면적이 40m^2 이상인 것(제6류 위험물을 저장하는 것 및 고인화점위험물만을 100℃ 미만의 온도에서 저장하는 것은 제외)
- 바닥면으로부터 탱크 옆판의 상단까지 높이가 6m 이상인 것(제6류 위험물을 저장하는 것 및 고인화점위험물만을 100℃ 미만의 온도에서 저장하는 것은 제외)
- 탱크전용실이 단층건물 외의 건축물에 있는 것으로서 인화점 38℃ 이상 70℃ 미만의 위험물을 지정수량의 5배 이상 저장하는 것(내화구조로 개구부 없이 구획된 것은 제외한다)

14 ① 안전거리는 지정문화유산 및 천연기념물 등에 있어서는 50m 이상 두어야 한다.

② 보유공지

취급하는 위험물의 최대수량	공지의 너비
지정수량의 10배 이하	3m 이상
지정수량의 10배 초과	5m 이상

③ 옥외설비의 바닥의 둘레는 높이 0.15m 이상의 턱을 설치하여 위험물이 외부로 흘러나가지 아니하도록 한다.

④ 배출능력은 1시간당 배출장소 용적의 20배 이상인 것으로 할 것(전역 방출방식 : 바닥면적 1m^2당 18m^3 이상)

15 완공검사는 원칙적으로 제조소등의 공사를 완료한 후 각각의 제조소등마다 신청해야 한다. 그러나 몇몇 제조소등은 공사를 완료하게 되면 완공검사의 행정목적을 달성할 수 없는 상황이 될 수 있으므로 「위험물안전관리법 시행규칙」 제20조에서 다음과 같은 완공검사 신청시기의 예외를 규정하고 있다.

① 지하탱크가 있는 제조소등의 경우 : 해당 지하탱크를 매설하기 전

② 이동탱크저장소의 경우 : 이동저장탱크를 완공하고 상치장소를 확보한 후

③ 이송취급소의 경우 : 이송배관 공사의 전체 또는 일부를 완료한 후. 다만, 지하・하천 등에 매설하는 이송배관의 공사의 경우에는 이송배관을 매설하기 전

④ 전체 공사가 완료된 후에는 완공검사를 실시하기 곤란한 경우 : 다음에서 정하는 시기

- 위험물설비 또는 배관의 설치가 완료되어 기밀시험 또는 내압시험을 실시하는 시기
- 배관을 지하에 설치하는 경우에는 시・도지사, 소방서장 또는 기술원이 지정하는 부분을 매몰하기 직전
- 기술원이 지정하는 부분의 비파괴시험을 실시하는 시기
- 제①호 내지 제④호에 해당하지 아니하는 제조소등의 경우 : 제조소등의 공사를 완료한 후

16 시・도지사, 소방본부장 또는 소방서장은 해당 제조소등의 위치・구조 및 설비의 유지・관리의 상황이 제5조 제4항에 따른 기술기준에 부적합하다고 인정하는 때에는 그 기술기준에 적합하도록 제조소등의 위치・구조 및 설비의 수리・개조 또는 이전을 명할 수 있다(법 제14조 제2항).

17
- 안전관리대행기관은 지정받은 사항의 변경이 있는 경우에는 그 사유가 있는 날부터 14일 이내에 위험물안전관리대행기관 변경신고서(전자문서로 된 신고서를 포함한다)에 이 법에 정하는 서류(전자문서를 포함한다)를 첨부하여 소방청장에게 제출해야 한다(시행규칙 제57조 제5항).
- 휴업・재개업 또는 폐업을 하려는 경우에는 휴업・재개업 또는 폐업하려는 하고자 하는 날의 1일 전까지 위험물안전관리대행기관 휴업・재개업・폐업 신고서(전자문서로 된 신고서를 포함한다)에 위험물안전관리대행기관지정서(전자문서를 포함한다)를 첨부하여 소방청장에게 제출해야 한다(시행규칙 제57조 제6항).

18 1인의 안전관리자를 중복하여 선임할 수 있는 경우는 보일러・버너 또는 이와 비슷한 것으로서 위험물을 소비하는 장치로 이루어진 7개 이하의 일반취급소와 그 일반취급소에 공급하기 위한 위험물을 저장하는 저장소를 동일인이 설치한 경우

19 제조소등별 보유공지

저장, 취급하는 최대수량			공지의 너비			
			옥내저장소			
옥내저장소	옥외저장소	옥외탱크저장소	벽, 기둥, 바닥이 내화구조	그 밖의 건축물	옥외 저장소	옥외탱크 저장소
5배 이하	10배 이하	500배 이하		0.5m 이상	3m 이상	3m 이상
5~10배 이하	10~20배 이하	500~1,000배 이하	1m 이상	1.5m 이상	5m 이상	5m 이상
10~20배 이하	20~50배 이하	1,000~2,000배 이하	2m 이상	3m 이상	9m 이상	9m 이상
20~50배 이하	50~200배 이하	2,000~3,000배 이하	3m 이상	5m 이상	12m 이상	12m 이상
50~200배 이하	200배 초과	3,000~4,000배 이하	5m 이상	10m 이상	15m 이상	15m 이상
200배 초과		4,000배 초과	10m 이상	15m 이상		• 탱크의 수평단면의 최대지름과 높이 중 큰 것과 같은 거리 이상 • 30m 초과 시 30m 이상 가능 • 15m 미만의 경우 15m 이상

20 위험물 안전관리에 관한 협회

- 협회는 소방청장의 인가를 받아 주된 사무소의 소재지에 설립등기를 함으로써 성립한다.
- 협회에 관하여 이 법에서 규정한 것 외에는 「민법」 중 사단법인에 관한 규정을 준용한다.
- 설립하려면 제조소등의 관계인 등 10명 이상이 발기인이 되어 정관을 작성한 후 창립총회의 의결을 거쳐 소방청장에게 인가를 신청해야 한다.

21 제조소의 안전거리

- 설정목적
  - 위험물의 폭발 · 화재 · 유출 등 각종 위해로부터 방호대상물(인접건물) 및 거주자를 보호
  - 위험물로 인한 재해로부터 방호대상물의 손실의 경감과 환경적 보호
  - 설치 허가 시 안전거리를 법령규정에 따라 엄격히 적용해야 한다.
- 설정기준 요소
  - 방호대상물의 위험도
  - 저장 · 취급하는 위험물의 종류와 양 등 위험물 제조소의 위험도
  - 각 요소들의 총합이 크면 안전거리는 길어지고 작으면 그 반대이다.

22 ② 주유원 간이대기실 내에서는 화기를 사용하지 아니할 것에 대한 내용은 규칙 별표 18 주유취급소에서 위험물의 취급기준에 해당한다.

23 ③ 지정수량 배수와 관계없이 예방규정을 정할 대상은 암반탱크저장소, 이송취급소이다.

24 탱크의 저장기준

저장탱크		저장 온도
옥내저장탱크 · 옥외저장탱크 · 지하저장탱크 중 압력탱크에 저장하는 경우	아세트알데하이드등, 다이에틸에터등의 온도	40℃ 이하
옥내저장탱크 · 옥외저장탱크 · 지하저장탱크 중 압력탱크 외에 저장하는 경우	산화프로필렌과 이를 함유한 것 또는 다이에틸에터등의 온도	30℃ 이하
	아세트알데하이드 또는 이를 함유한 것	15℃ 이하
보냉장치가 있는 이동저장탱크에 저장하는 경우	아세트알데하이드등, 다이에틸에터등의 온도	비점 이하
보냉장치가 없는 이동저장탱크에 저장하는 경우		40℃ 이하

25 옥외탱크저장소의 보유공지(제6류 위험물) : 최소 1.5m 이상

22 정답 및 해설

22회_정답 및 해설														
01	02	03	04	05	06	07	08	09	10	11	12	13	14	15
②	①	④	③	③	②	①	③	④	②	④	①	③	③	③
16	17	18	19	20	21	22	23	24	25					
④	②	④	③	③	②	④	②	②	①					

01 제조소등의 위치・구조 또는 설비의 변경 없이 해당 제조소등에서 저장하거나 취급하는 **위험물의 품명・수량 또는 지정수량의 배수를 변경하고자 하는 자는** 변경하고자 하는 날의 1일 **전까지** 행정안전부령이 정하는 바에 따라 시・**도지사에게** 신고해야 한다.

02 ①을 위반할 경우 1천 500만 원 이하의 벌금에 해당되며, 나머지의 경우 1천만 원 이하의 벌금에 처한다.

03 이동탱크저장소 원거리 운행 시 상치장소
- 다른 이동탱크저장소의 상치장소
- 일반화물자동차운송사업을 위한 차고로서 상치장소 규정에 적합한 장소
- 물류터미널의 주차장으로서 상치장소 규정에 적합한 장소
- 주차장 중 노외의 옥외주차장으로서 상치장소 규정에 적합한 장소
- 제조소등이 설치된 사업장 내의 안전한 장소
- 도로(길어깨 및 노상주차장을 포함한다) 외의 장소로서 화기취급장소 또는 건축물로부터 10m 이상 이격된 장소
- 벽・기둥・바닥・보・서까래 및 지붕이 내화구조로 된 건축물의 1층으로서 개구부가 없는 내하구조의 격벽 등으로 해당 건축물의 다른 용도의 부분과 구획된 장소
- 소방본부장 또는 소방서장으로부터 승인을 받은 장소

04 주유취급소 관련 설비 주유설비 거리 기준

구 분	도로경계선	부지경계선	담	건축물의 벽	상호 간
고정식주유설비	4m 이상	2m 이상	2m 이상	2m 이상(개구부 없는 벽 1m)	4m 이상
고정식급유설비	4m 이상	1m 이상	1m 이상		

05 옥외 또는 옥내저장소에서 혼재 저장기준
유별을 달리하는 위험물은 동일한 저장소(2 이상 있는 저장소에 있어서는 동일한 실)에 저장하지 아니해야 한다. 위험물을 유별로 정리하여 저장하는 한편, 서로 1m 이상의 간격을 두는 경우에는 그러하지 아니한다.

제1류 위험물(알칼리금속의 과산화물 또는 이를 함유한 것을 제외)	제5류 위험물
제1류 위험물	제6류 위험물
제1류 위험물	제3류 위험물 중 황린 또는 이를 함유한 물품
제2류 위험물 중 인화성고체	제4류 위험물
제3류 위험물 중 알킬알루미늄등	제4류 위험물 중 알킬알루미늄 또는 알킬리튬을 함유한 물품
제4류 위험물 중 유기과산화물 또는 이를 함유하는 것	제5류 위험물 중 유기과산화물 또는 이를 함유한 것

06 옥외저장탱크의 외부구조 및 설비
- 옥외저장탱크의 배수관은 탱크의 옆판에 설치해야 한다.
- 부상지붕이 있는 옥외저장탱크의 옆판 또는 부상지붕에 설치하는 설비는 지진 등에 의하여 부상지붕 또는 옆판에 손상을 주지 아니하게 설치해야 한다.

07 정기점검대상 제조소등은 연 1회 이상의 정기점검을 실시해야 한다.

08 ① 지하저장탱크의 윗부분은 지면으로부터 0.6m 이상 아래에 있어야 한다.
② 지하저장탱크와 탱크전용실의 안쪽과의 사이는 0.1m 이상의 간격을 유지하도록 한다.
④ 지하저장탱크는 용량이 1,500리터 이하일 때 탱크의 최대 지름은 1,067mm, 강철판의 최소두께는 3.2mm로 한다.

09 판매취급소의 배합실 기준
- 바닥면적은 $6m^2$ 이상 $15m^2$ 이하로 할 것
- 내화구조 또는 불연재료로 된 벽으로 구획할 것
- 바닥은 위험물이 침투하지 아니하는 구조로 하여 적당한 경사를 두고 집유설비를 할 것
- 출입구에는 수시로 열 수 있는 자동폐쇄식의 60분+방화문 또는 60분방화문을 설치할 것
- 출입구 문턱의 높이는 바닥면으로부터 0.1m 이상으로 할 것
- 내부에 체류한 가연성의 증기 또는 가연성의 미분을 지붕 위로 방출하는 설비를 할 것

10 제조소등별로 설치해야 하는 경보설비의 종류(시행규칙 별표 17)

제조소등의 구분	규모 · 저장 또는 취급하는 위험물의 종류 최대 수량 등	경보설비 종류
1. 제조소일반 취급소	• 연면적 $500m^2$ 이상인 것 • 옥내에서 지정수량 100배 이상을 취급하는 것 • 일반취급소 사용되는 부분 이외의 건축물에 설치된 일반취급소(복합용도 건축물의 취급소) : 내화구조로 구획된 것 제외	자동화재탐지설비
2. 옥내저장소	• 저장창고의 연면적 $150m^2$ 초과하는 것 • 지정수량 100배 이상(고인화점만은 제외) • 처마의 높이가 6m 이상의 단층건물의 것 • 복합용도 건축물의 옥내저장소	
3. 옥내탱크 저장소	단층건물 이외의 건축물에 설치된 옥내탱크저장소로서 소화난이도 Ⅰ등급에 해당되는 것	
4. 주유취급소	옥내주유취급소	
5. 옥외탱크 저장소	특수인화물, 제1석유류 및 알코올류를 저장 또는 취급하는 탱크의 용량이 1,000만 리터 이상인 것	• 자동화재탐지설비 • 자동화재속보설비
1~5. 이외의 대상	지정수량 10배 이상 저장 · 취급하는 것	자동화재탐지설비, 비상경보비, 확성장치 또는 비상방송설비 중 1종 이상

- 에탄올 5만 리터를 저장하는 옥내저장소의 지정배수(에탄올의 지정수량 : 400리터)

$$\therefore \text{지정배수} = \frac{50,000L}{400L} = 125\text{배}$$

- 벤젠 5만 리터를 저장하는 옥내저장소의 지정배수(제1석유류로서 지정수량 : 200리터)

$$\therefore \text{지정배수} = \frac{50,000L}{200L} = 250\text{배}$$

11 위험물(제4류 위험물에 있어서는 특수인화물 및 제1석유류에 한한다)을 운송하게 하는 자는 별지 제48호 서식의 위험물안전카드를 위험물운송자로 하여금 휴대하게 해야 한다(시행규칙 별표 21 제2호 마목). 따라서 위험물안전카드를 작성・휴대해야 하는 위험물 유별은 제1류, 제2류, 제3류, 제4류(특수인화물, 제1석유류에 한함), 제5류, 제6류 위험물 등이 있다.

12 제조소등에서의 위험물 저장기준
옥내저장소 또는 옥외저장소에 있어서는 유별을 달리하는 위험물을 동일한 저장소에 저장할 수 없는데 1m 이상 간격을 두고 아래 유별을 저장할 수 있다.

제1류 위험물 (알칼리금속의 과산화물 또는 이를 함유한 것을 제외)	제5류 위험물
제1류 위험물	제6류 위험물
제1류 위험물	제3류 위험물 중 황린 또는 이를 함유한 물품
제2류 중 인화성고체	제4류 위험물
제3류 위험물 중 알킬알루미늄등	제4류 위험물 중 알킬알루미늄 또는 알킬리튬을 함유한 물품
제4류 위험물 중 유기과산화물 또는 이를 함유하는 것	제5류 위험물 중 유기과산화물 또는 이를 함유한 것

제3류 위험물 중 황린 그 밖에 물속에 저장하는 물품과 금수성물질은 동일한 저장소에서 저장하지 아니해야 한다(중요기준).

13 측면틀
• 탱크 뒷부분의 입면도에 있어서 측면틀의 최외측과 탱크의 최외측을 연결하는 직선(이하 여기에서 "최외측선"이라 한다)의 수평면에 대한 내각이 75도 이상이 되도록 하고, 최대수량의 위험물을 저장한 상태에 있을 때의 해당 탱크중량의 중심점과 측면틀의 최외측을 연결하는 직선과 그 중심점을 지나는 직선중 최외측선과 직각을 이루는 직선과의 내각이 35도 이상이 되도록 할 것
• 외부로부터 하중에 견딜 수 있는 구조로 할 것
• 탱크상부의 네 모퉁이에 해당 탱크의 전단 또는 후단으로부터 각각 1m 이내의 위치에 설치할 것
• 측면틀에 걸리는 하중에 의하여 탱크가 손상되지 아니하도록 측면틀의 부착부분에 받침판을 설치할 것

14 위험물 제조소등 완공검사 신청은 한국소방산업기술원에 신청해야 한다.

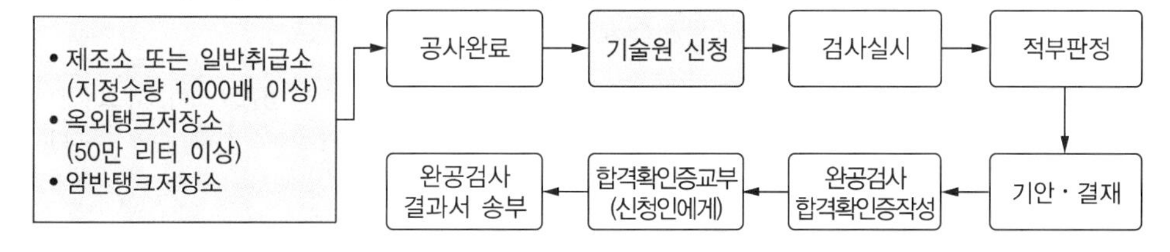

15 정기검사 및 정기점검 시기

구 분		다음 각 목의 어느 하나에 해당하는 기간 내에 1회
정기검사	정밀정기검사	• 완공검사합격확인증을 발급받은 날부터 12년 • 최근의 정밀정기검사를 받은 날부터 11년
	중간정기검사	• 완공검사합격확인증을 발급받은 날부터 4년 • 최근의 정밀정기검사 또는 중간정기검사를 받은 날부터 4년
구조안전점검		• 완공검사합격확인증을 발급받은 날부터 12년 • 최근의 정밀정기검사를 받은 날부터 11년
정기점검		연1회 이상

16 대리자의 자격이 있는 자를 각 제조소등별로 지정하여 안전관리자를 보조해야 할 대상

- 제조소
- 이송취급소
- 일반취급소
  다만, 인화점이 38도 이상인 제4류 위험물만을 지정수량의 30배 이하로 취급하는 일반취급소로서 다음 각 목의 1에 해당하는 일반취급소를 제외한다.
- 보일러 · 버너 또는 이와 비슷한 것으로서 위험물을 소비하는 장치로 이루어진 일반취급소
- 위험물을 용기에 옮겨 담거나 차량에 고정된 탱크에 주입하는 일반취급소

17 ② 소방청장의 안전교육에 관한 권한 중 탱크시험자의 기술 인력으로 종사하는 자에 대한 안전교육은 기술원에 위탁한다. ①, ③, ④는 시 · 도지사가 기술원에 위탁한 업무에 해당한다.

18 제조소의 환기설비

- 환기 : 자연배기방식
- 급기구는 해당 급기구가 설치된 실의 바닥면적 150m^2마다 1개 이상으로 하되 급기구의 크기는 800cm^2 이상으로 할 것. 다만 바닥면적 150m^2 미만인 경우에는 다음의 크기로 할 것

바닥면적	급기구의 면적
60m^2 미만	150cm^2 이상
60m^2 이상 ~ 90m^2 미만	300cm^2 이상
90m^2 이상 ~ 120m^2 미만	450cm^2 이상
120m^2 이상 ~ 150m^2 미만	600cm^2 이상

- 급기구는 낮은 곳에 설치하고 가는 눈의 구리망으로 인화방지망을 설치할 것
- 환기구는 지붕 위 또는 지상 2m 이상의 높이에 회전식 고정식벤티레이터 또는 루프팬방식으로 설치할 것

19 위험물 저장 또는 취급에 관한 중요기준 및 세부기준

- 중요기준 : 화재 등 위해의 예방과 응급조치에 있어서 큰 영향을 미치거나 그 기준을 위반하는 경우 직접적으로 화재를 일으킬 가능성이 큰 기준으로서 행정안전부령으로 정하는 기준을 말하며 직접적으로 위험물의 위해성을 통제하기 위한 각종 기준을 말한다.

  ❖ 기준법규 : 위험물안전관리법 시행규칙 별표 18에서 규정
  ❖ 적용법규 : 1천 500만 원 이하의 벌금(법 제36조 제1호) 13년 부산소방장

- 세부기준 : 화재 등 위해의 예방과 응급조치에 있어서 중요기준보다 상대적으로 적은 영향을 미치거나 그 기준을 위반하는 경우 간접적으로 화재를 일으킬 수 있는 기준 및 위험물의 안전관리에 필요한 표시와 서류 · 기구 등의 비치에 관한 기준으로서 행정안전부령이 정하는 기준을 말한다.

  ❖ 기준법규 : 위험물안전관리법 시행규칙 별표 18에서 규정
  ❖ 적용법규 : 500만 원 이하의 과태료(법 제39조 제2호)

20 이동탱크저장소의 설비 기준

- 이동탱크저장소에 주입설비를 설치한 경우에는 주입설비의 길이를 50m 이내로 하고, 분당 토출량은 200리터 이하로 할 것
- 방호틀은 두께 2.3mm 이상의 강철판 또는 이와 동등 이상의 기계적 성질이 있는 재료로써 산모양의 형상으로 할 것

21 자체소방대의 설치 제외대상인 일반취급소

1. 보일러, 버너 그 밖에 이와 유사한 장치로 위험물을 소비하는 일반취급소
2. 이동저장탱크 그 밖에 이와 유사한 것에 위험물을 주입하는 일반취급소
3. 용기에 위험물을 옮겨 담는 일반취급소
4. 유압장치, 윤활유순환장치 그 밖에 이와 유사한 장치로 위험물을 취급하는 일반취급소
5. 「광산안전법」의 적용을 받는 일반취급소

22 "알코올류"라 함은 1분자를 구성하는 탄소원자의 수가 1개부터 3개까지인 포화1가 알코올(변성알코올을 포함한다)을 말한다. 다음의 1에 해당하는 것은 제외한다.

- 1분자를 구성하는 탄소원자의 수가 1개 내지 3개의 포화1가 알코올의 함유량이 60중량퍼센트 미만인 수용액
- 가연성액체량이 60중량퍼센트 미만이고 인화점 및 연소점(태그개방식인화점측정기에 의한 연소점을 말한다)이 에틸알코올 60중량퍼센트 수용액의 인화점 및 연소점을 초과하는 것

23 ① 알킬알루미늄등의 이동탱크저장소에 있어서 이동저장탱크로부터 알킬알루미늄등을 꺼낼 때에는 동시에 200kPa 이하의 압력으로 불활성의 기체를 봉입할 것

③, ④ 자연발화성물질 중 알킬알루미늄등은 운반용기의 내용적의 90% 이하의 수납률로 수납하되, 50℃의 온도에서 5% 이상의 공간용적을 유지하도록 할 것

24 방화상 유효한 담의 높이

① $H \leq pD^2+a$인 경우 $h=2$

② $H > pD^2+a$인 경우 $h=H-p(D^2-d^2)$

③ ① 및 ②에서 D, H, a, d, h 및 p는 다음과 같다.

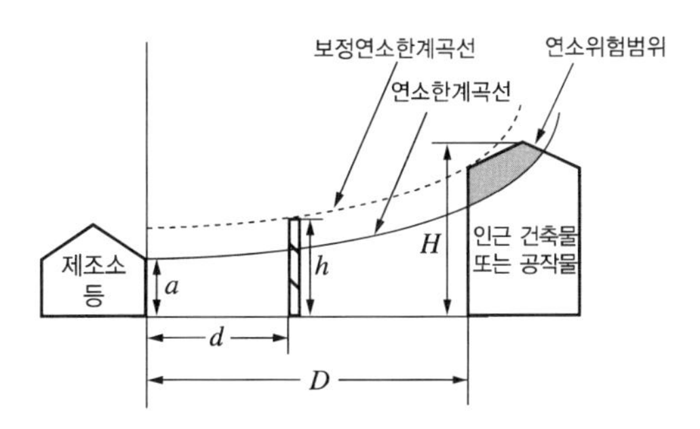

D : 제조소등과 인근 건축물 또는 공작물과의 거리(m)

H : 인근 건축물 또는 공작물의 높이(m)

a : 제조소등의 외벽의 높이(m)

d : 제조소등과 방화상 유효한 담과의 거리(m)

h : 방화상 유효한 담의 높이(m)

p : 상수

25 알킬알루미늄을 저장 또는 취급하는 이동탱크저장소의 비치 물품

알킬알루미늄등을 저장 또는 취급하는 이동탱크저장소에는 긴급 시의 연락처, 응급조치에 관하여 필요한 사항을 기재한 서류, 방호복, 고무장갑, 밸브 등을 죄는 결합공구 및 휴대용 확성기를 비치하여야 한다.

23 정답 및 해설

23회_정답 및 해설														
01	02	03	04	05	06	07	08	09	10	11	12	13	14	15
④	③	③	②	④	③	④	①	③	④	①	④	③	①	①
16	17	18	19	20	21	22	23	24	25					
②	③	③	①	②	③	①	③	①	②					

01 위험물안전관리법 설명
- 위험물 : 인화성 또는 발화성 등의 성질을 가지는 것으로서 대통령령이 정하는 물품
- 지정수량 : 위험물의 종류별로 위험성을 고려하여 대통령령이 정하는 수량으로서 제6호에 따른 제조소등의 설치허가 등에 있어서 최저의 기준이 되는 수량
- 지정수량 미만인 위험물의 저장 또는 취급에 관한 기술상의 기준은 시・도의 조례로 정한다.
- 위험물안전관리법은 항공기・선박(선박법 제1조의2 제1항에 따른 선박을 말한다)・철도 및 궤도에 의한 위험물의 저장・취급 및 운반에 있어서는 이를 적용하지 아니한다.

02 제3류 위험물
- 황린은 공기와 접촉하면 자연발화할 수 있다.
- 칼륨, 나트륨은 등유, 경유, 유동파라핀 속에 넣어 보관한다.
- 지정수량의 1/10을 초과하여 운반하는 경우 혼재할 수 있다.
  - 제1류 위험물 + 제6류 위험물
  - 제3류 위험물 + 제4류 위험물
  - 제2류 위험물 + 제4류 위험물 + 제5류 위험물
- 알킬알루미늄등은 운반용기 내용적의 90퍼센트 이하의 수납률로 하되 50℃의 온도에서 5퍼센트 이상의 공간용적을 유지해야 한다.

03 ③ 자연발화성물질 중 알킬알루미늄등은 운반용기의 내용적의 90퍼센트 이하의 수납률로 수납하되, 50℃의 온도에서 5퍼센트 이상의 공간용적을 유지하도록 할 것

04 예방규정의 이행 실태 평가 대상(시행령 제15조 제2항)
예방규정을 정해야 하는 제조소등 가운데 저장 또는 취급하는 위험물의 최대수량의 합이 지정수량의 3천배 이상인 제조소등(신설 2024.07.02., 시행 2024.07.04.)

05 위험물 제조소등에서 위험물을 저장 또는 취급하기 전에 위험물의 안전관리에 관한 직무를 수행하게 하기 위하여 제조소등마다 대통령령이 정하는 위험물의 취급에 관한 자격이 있는 자를 위험물안전관리자로 선임해야 한다.

06 안전관리대행기관은 제1항에 따라 기술인력을 안전관리자로 지정함에 있어서 1인의 기술인력을 다수의 제조소등의 안전관리자로 중복하여 지정하는 경우에는 시행령 제12조 제1항 및 이 규칙 제56조의 규정에 적합하게 지정하거나 안전관리자의 업무를 성실히 대행할 수 있는 범위 내에서 관리하는 제조소등의 수가 25를 초과하지 아니하도록 지정해야 한다. 이 경우 각 제조소등(지정수량의 20배 이하를 저장하는 저장소는 제외한다)의 관계인은 해당 제조소등마다 위험물의 취급에 관한 국가기술자격자 또는 법 제28조 제1항에 따른 안전교육을 받은 자를 안전관리원으로 지정하여 대행기관이 지정한 안전관리자의 업무를 보조하게 해야 한다(시행규칙 제59조 제2항).

07 ① 제6류 위험물인 과염소산을 저장하고자 하는 창고는 바닥면적 1,000m^2 이하로 해야 한다.
② 제6류 위험물을 저장하는 옥내저장소는 용량에 관계 없이 피뢰설비를 설치를 제외하고 있다.
③ 인화점이 70℃ 이상인 제4류 위험물은 다층건물의 옥내저장소에 저장할 수 있다. 등유는 인화점이 21도 이상 70도 미만인 제2석유류에 해당되어 저장할 수 없다.

08 위험물의 운반 시 성질에 따른 조치
- 차광성이 있는 것으로 피복
  - 제1류 위험물
  - 제3류 위험물 중 자연발화성물질
  - 제4류 위험물 중 특수인화물
  - 제5류 위험물
  - 제6류 위험물
- 방수성이 있는 것으로 피복
  - 제1류 위험물 중 알칼리금속의 과산화물
  - 제2류 위험물 중 철분·금속분·마그네슘
  - 제3류 위험물 중 금수성물질

09 옥내저장소에 위험물을 저장할 때 유별로 정리하고 1m 이상의 간격을 두면 제1류 위험물과 제6류 위험물은 동일한 저장소에 저장할 수 있다.

10 옥외탱크저장소의 계단 및 경사로의 설치 : 50m마다 설치

11 유별·저장·취급 공통기준 및 운반용기의 주의사항 등

유 별	품 명	유별 저장·취급 공통기준(별표 18)	운반용기 주의사항(별표 19)	제조소등 주의사항(별표 4)
제1류	알칼리금속의 과산화물	물과의 접촉 금지	화기·충격주의, 가연물접촉주의 및 물기엄금	물기엄금
	그 밖의 것	가연물과 접촉, 혼합이나 분해를 촉진하는 물품과의 접근 금지 과열·충격·마찰 금지	화기·충격주의, 가연물접촉주의	
제2류	철분, 금속분, 마그네슘	물이나 산과의 접촉금지	화기주의 및 물기엄금	화기주의
	인화성고체	함부로 증기의 발생 금지	화기엄금	화기엄금
	그 밖의 것	산화제와의 접촉·혼합 금지 불티·불꽃·고온체와의 접근 또는 과열금지	화기주의	화기주의
제3류	자연발화성 물질	불티·불꽃·고온체와의 접근 또는 과열금지 공기와의 접촉 금지	화기엄금 및 공기접촉엄금	화기엄금
	금수성물질	물과의 접촉 금지	물기엄금	물기엄금
제4류	모든 품명	불티·불꽃·고온체와의 접근 또는 과열금지 함부로 증기의 발생 금지	화기엄금	화기엄금
제5류	모든 품명	불티·불꽃·고온체와의 접근 금지 과열·충격·마찰 금지	화기엄금 및 충격주의	화기엄금
제6류	모든 품명	가연물과 접촉, 혼합이나 분해를 촉진하는 물품과의 접근 또는 과열금지	가연물접촉주의	

12 ① 액체라 함은 1기압 및 섭씨 20도에서 액상인 것 또는 섭씨 20도 초과 섭씨 40도 이하에서 액상인 것을 말한다. (이하 같다)
② 기체라 함은 1기압 및 섭씨 20도에서 기상인 것을 말한다.
③ "액상"이라 함은 수직으로 된 시험관(안지름 30밀리미터, 높이 120밀리미터의 원통형유리관을 말한다)에 시료를 55밀리미터까지 채운 다음 해당 시험관을 수평으로 하였을 때 시료액면의 선단이 30밀리미터를 이동하는데 걸리는 시간이 90초 이내에 있는 것을 말한다.

13 ③ 위험물안전관리법 시행규칙 별표 18 Ⅲ 저장기준에 따른 세부기준에 해당한다.

14 위험물의 운반 시 중요기준 및 세부기준 : 행정안전부령(법 제20조)

15 채광 및 조명설비
- 채광설비 : 불연재료로 하고 연소의 우려가 없는 장소에 설치하되 채광면적을 최소로 할 것
- 환기는 자연배기방식으로 할 것
- 급기구는 해당 급기구가 설치된 실의 바닥면적 150m^{2}마다 1개 이상으로 하되, 급기구의 크기는 800cm^2 이상으로 할 것
- 급기구는 낮은 곳에 설치하고 가는 눈의 구리망 등으로 인화방지망을 설치할 것
- 환기구는 지붕 위 또는 지상 2m 이상의 높이에 회전식 고정벤티레이터 또는 루프팬 방식(roof fan: 지붕에 설치하는 배기장치)으로 설치할 것

16 ① 제6류 위험물을 취급하는 제조소는 제외한다.
③ 건축물의 외벽과 제조소의 외벽과 수평거리 개념이다.
④ 제조소는 지정문화유산 및 천연기념물 등과 50m 이상 안전거리를 두어야 한다.

17 탱크시험자의 등록기준과 안전관리대행기관 지정기준의 비교

구 분	탱크시험자 등록기준	안전관리대행기관 지정기준
기술 인력	① 필수인력 ㉠ 위험물기능장·위험물산업기사 또는 위험물기능사 중 1명 이상 ㉡ 비파괴검사기술사 1명 이상 또는 초음파비파괴검사·자기비파괴검사 및 침투비파괴검사별로 기사 또는 산업기사 각 1명 이상 ② 필요한 경우에 두는 인력 ㉠ 충·수압시험, 진공시험, 기밀시험 또는 내압시험의 경우 : 누설비파괴검사 기사, 산업기사 또는 기능사 ㉡ 수직·수평도시험의 경우 : 측량 및 지형공간정보 기술사, 기사, 산업기사 또는 측량기능사 ㉢ 방사선투과시험의 경우 : 방사선비파괴검사 기사 또는 산업기사 ㉣ 필수 인력의 보조 : 방사선비파괴검사·초음파비파괴검사·자기비파괴검사 또는 침투비파괴검사 기능사	① 위험물기능장 또는 위험물산업기사 1인 이상 ② 위험물산업기사 또는 위험물기능사 2인 이상 ③ 기계분야 및 전기분야의 소방설비기사 1인 이상 ※ 2 이상의 기술인력은 동일인이 겸직 불가능
시 설	전용사무실을 갖출 것	전용사무실을 갖출 것

장 비	① 필수장비 : 자기탐상시험기, 초음파두께측정기 및 다음 ㉠ 또는 ㉡ ㉠ 영상초음파시험기 ㉡ 방사선투과시험기 및 초음파시험기 ② 필요한 경우에 두는 장비 ㉠ 충・수압시험, 진공시험, 기밀시험 또는 내압시험의 경우 ⓐ 진공능력 53kPa 이상의 진공누설시험기 ⓑ 기밀시험장치(안전장치가 부착된 것으로서 가압능력 200kPa 이상, 감압의 경우에는 감압능력 10kPa 이상・감도 10Pa 이하의 것으로서 각각의 압력 변화를 스스로 기록할 수 있는 것) ㉡ 수직・수평도 시험의 경우 : 수직・수평도 측정기 ※ 둘 이상의 기능을 함께 가지고 있는 장비를 갖춘 경우에는 각각의 장비를 갖춘 것으로 본다	① 절연저항계 ② 접지저항측정기(최소눈금 0.1Ω 이하) ③ 가스농도측정기(탄화수소계 가스의 농도측정이 가능할 것) ④ 정전기 전위측정기 ⑤ 토크렌치 ⑥ 진동시험기 ⑦ 표면온도계(−10℃~300℃) ⑧ 두께측정기(1.5mm~99.9mm) ⑨ 안전용구(안전모, 안전화, 손전등, 안전로프 등) ⑩ 소화설비점검기구(소화전밸브압력계, 방수압력측정계, 포콜렉터, 헤드렌치, 포콘테이너

18 벌칙 및 과태료

- 저장・취급기준 준수명령 또는 응급조치명령을 위반한 사람 : 1천 500만 원 이하의 벌금
- 안전관리자 또는 그 대리자가 참여하지 아니한 상태에서 위험물을 취급한 자 : 1천만 원 이하의 벌금
- 정기점검 결과를 기록・보존하지 아니한 자 : 500만 원 이하의 과태료
- 위험물의 운반에 관한 중요기준에 따르지 아니한 자 : 1천만 원 이하의 벌금

19 시・도지사는 제조소등에 대한 사용의 정지(시행령 제25조 관련 별표 2 행정처분기준)가 그 이용자에게 심한 불편을 주거나 그 밖에 공익을 해칠 우려가 있는 때에는 사용정지처분에 갈음하여 2억 원 이하의 과징금을 부과할 수 있다(법 제13조 제1항).

20 위험물안전관리대행기관의 지정사항을 변경하려는 경우 변경신고 또는 휴업・재개업 또는 폐업을 하려는 경우 휴업・재개업 또는 폐업신고서에 함께 첨부해야 하는 서류

변경사항	영업소 소재지, 법인명칭, 대표자	기술인력	휴업, 재개업, 폐업
신청인 제출서류	위험물안전관리 대행기관지정서	1. 기술인력자의 연명부 2. 변경된 기술인력자의 기술자격증	위험물안전관리 대행기관지정서
담당 공무원 확인사항	법인 등기사항증명서	없 음	없 음

21 옥외탱크저장소의 보유공지

저장 또는 취급하는 위험물의 최대수량	공지의 너비
지정수량의 500배 이하	3m 이상
지정수량의 500배 초과 1,000배 이하	5m 이상
지정수량의 1,000배 초과 2,000배 이하	9m 이상
지정수량의 2,000배 초과 3,000배 이하	12m 이상
지정수량의 3,000배 초과 4,000배 이하	15m 이상
지정수량의 4,000배 초과	해당 탱크의 수평단면의 최대지름(가로형인 경우에는 긴 변)과 높이 중 큰 것과 같은 거리 이상. 다만, 30m 초과의 경우에는 30m 이상으로 할 수 있고, 15m 미만의 경우에는 15m 이상으로 해야 한다.

22 위험물의 위험등급 Ⅰ, Ⅱ, Ⅲ 모두 있는 유별 위험물은 제1류, 제3류, 제4류가 해당된다.

23 고객에 의한 주유작업을 감시・제어하고 고객에 대한 필요한 지시를 하기 위한 감시대와 필요한 설비를 다음 각 목의 기준에 의하여 설치해야 한다.

- 감시대는 모든 셀프용 고정주유설비 또는 셀프용 고정급유설비에서의 고객의 취급작업을 직접 볼 수 있는 위치에 설치할 것
- 주유 중인 자동차 등에 의하여 고객의 취급작업을 직접 볼 수 없는 부분이 있는 경우에는 해당 부분의 감시를 위한 카메라를 설치할 것
- 감시대에는 모든 셀프용 고정주유설비 또는 셀프용 고정급유설비로의 위험물 공급을 정지시킬 수 있는 제어장치를 설치할 것
- 감시대에는 고객에게 필요한 지시를 할 수 있는 방송설비를 설치할 것

24 지정과산화물을 저장 또는 취급하는 옥내저장소에 대하여 강화되는 기준
저장창고는 150m^2 이내마다 격벽으로 완전하게 구획할 것. 이 경우 해당 격벽은 두께 30cm 이상의 철근콘크리트조 또는 철골철근콘크리트조로 하거나 두께 40cm 이상의 보강콘크리트블록조로 하고, 해당 저장창고의 양측의 외벽으로부터 1m 이상, 상부의 지붕으로부터 50cm 이상 돌출하게 해야 한다.

25 ② 이황화탄소는 물속에 저장하므로 방유제를 설치할 필요가 없다.

24 정답 및 해설

24회_정답 및 해설														
01	02	03	04	05	06	07	08	09	10	11	12	13	14	15
③	②	④	④	③	④	③	③	④	④	②	①	④	③	③
16	17	18	19	20	21	22	23	24	25					
②	③	④	③	②	②	③	①	③	④					

01 안전교육대상자(시행령 제20조)

- 위험물안전관리자로 선임된 자
- 탱크시험자의 기술인력으로 종사한 자
- 위험물운송자로 종사하는 자
- 위험물운반자로 종사하는 자

안전교육의 과정 · 기간과 그 밖의 교육의 실시에 관한 사항 등(별표 24)

교육과정	교육대상자	교육시간	교육시기	교육기관
강습교육	안전관리자가 되려는 사람	24시간	최초 선임되기 전	안전원
	위험물운반자가 되려는 사람	8시간	최초 종사하기 전	
	위험물운송자가 되려는 사람	16시간	최초 종사하기 전	
실무교육	안전관리자	8시간	가. 제조소등의 안전관리자로 선임된 날부터 6개월 이내 나. 가목에 따른 교육을 받은 후 2년마다 1회	안전원
	위험물운반자	4시간	가. 위험물운반자로 종사한 날부터 6개월 이내 나. 가목에 따른 교육을 받은 후 3년마다 1회	안전원
	위험물운송자	8시간	가. 이동탱크저장소의 위험물운송자로 종사한 날부터 6개월 이내 나. 가목에 따른 교육을 받은 후 3년마다 1회	안전원
	탱크시험자의 기술인력	8시간	가. 탱크시험자의 기술인력으로 등록한 날부터 6개월 이내 나. 가목에 따른 교육을 받은 후 2년마다 1회	기술원

02 제2류 위험물의 정의

(1) 황 : 순도가 60중량퍼센트 이상인 것

황가루와 활석가루가 각각 50킬로그램씩 혼합된 물질

- 농도(%) = $\frac{\text{황의 무게}}{\text{전체무게}} \times 100 = \frac{50\text{kg}}{100\text{kg}} \times 100 = 50\text{wt\%}$(황 50중량퍼센트는 위험물이 아니다)

(2) 금속분 : 알칼리금속 · 알칼리토류금속 · 철 및 마그네슘 외의 금속의 분말(구리분 · 니켈분 및 150마이크로미터의 체를 통과하는 것이 50중량퍼센트 미만인 것은 제외)

- 아연분말은 150마이크로미터의 체를 통과하는 것이 60중량퍼센트($\frac{60\text{kg}}{100\text{kg}} \times 100 = 60\text{wt\%}$)이므로 위험물에 해당된다.

(3) 철분 : 철의 분말로서 53마이크로미터의 표준체를 통과하는 것이 50중량퍼센트 미만은 제외한다.

- 철분의 wt% = $\frac{200\text{kg}}{500\text{kg}} \times 100 = 40\text{wt\%}$(위험물이 아니다)

(4) 금속분 : 구리분, 니켈분은 제외, 150마이크로미터의 체를 통과하는 것이 50중량퍼센트 미만인 것은 제외한다.

03 자체소방대를 설치해야 하는 사업소(시행령 제18조)
- 제조소 또는 일반취급소에서 취급하는 제4류 위험물의 최대수량의 합이 지정수량의 3천배 이상
- 옥외탱크저장소에 저장하는 제4류 위험물의 최대수량이 지정수량의 50만배 이상

04 위험물의 성질과 상태
- "산화성고체"라 함은 고체로서 산화력의 잠재적인 위험성 또는 충격에 대한 민감성을 판단하기 위하여 소방청장이 정하여 고시(이하 "고시"라 한다)하는 시험에서 고시로 정하는 성질과 상태를 나타내는 것을 말한다.
- "가연성고체"라 함은 고체로서 화염에 의한 발화의 위험성 또는 인화의 위험성을 판단하기 위하여 고시로 정하는 시험에서 고시로 정하는 성질과 상태를 나타내는 것을 말한다.
- "자연발화성물질 및 금수성물질"이라 함은 고체 또는 액체로서 공기 중에서 발화의 위험성이 있거나 물과 접촉하여 발화하거나 가연성가스를 발생하는 위험성이 있는 것을 말한다.
- "인화성액체"라 함은 액체로서 인화의 위험성이 있는 것을 말한다.
- "자기반응성물질"이라 함은 고체 또는 액체로서 폭발의 위험성 또는 가열분해의 격렬함을 판단하기 위하여 고시로 정하는 시험에서 고시로 정하는 성질과 상태를 나타내는 것을 위험성 유무와 등급에 따라 제1종 또는 제2종으로 분류한다.
- "산화성액체"라 함은 액체로서 산화력의 잠재적인 위험성을 판단하기 위하여 고시로 정하는 시험에서 고시로 정하는 성질과 상태를 나타내는 것을 말한다.

05 제5류 유기과산화물을 함유하는 것 중에서 불활성고체를 함유하는 것으로서 제5류 위험물 제외 대상
- 과산화벤조일의 함유량이 35.5중량퍼센트 미만인 것으로서 전분가루, 황산칼슘2수화물 또는 인산수소칼슘2수화물과의 혼합물
- 비스(4-클로로벤조일)퍼옥사이드의 함유량이 30중량퍼센트 미만인 것으로서 불활성고체와의 혼합물
- 과산화다이쿠밀의 함유량이 40중량퍼센트 미만인 것으로서 불활성고체와의 혼합물
- 1·4비스(2-터셔리부틸퍼옥시아이소프로필)벤젠의 함유량이 40중량퍼센트 미만인 것으로서 불활성고체와의 혼합물
- 사이클로헥산온퍼옥사이드의 함유량이 30중량퍼센트 미만인 것으로서 불활성고체와의 혼합물

06 소화설비 수원기준

가. 수원의 수량은 옥외소화전의 설치개수(설치개수가 4개 이상인 경우는 4개의 옥외소화전)에 $13.5m^3$를 곱한 양 이상이 되도록 설치할 것.

나. 수원의 수량은 옥내소화전이 가장 많이 설치된 층의 옥내소화전 설치개수(설치개수가 5개 이상인 경우는 5개)에 $7.8m^3$를 곱한 양 이상이 되도록 설치할 것

07 위험물의 저장방법
- 이황화탄소의 옥외탱크저장소 : 벽 및 바닥의 두께가 0.2m 이상이고 누수가 되지 아니하는 철근콘크리트의 수조에 넣어 보관
- 황린 : 물속에 저장
- 칼륨, 나트륨 : 등유, 경유, 유동파라핀 속에 저장
- 나이트로셀룰로오스 : 물 또는 알코올로 습면시켜 저장

08 지정수량

종 류	다이에틸에터	이황화탄소	아세톤
품 명	특수인화물	특수인화물	제1석유류(수용성)
지정수량	50리터	50리터	400리터

∴ 지정수량의 배수를 구하면

$$\text{지정배수} = \frac{\text{저장량}}{\text{지정수량}} + \frac{\text{저장량}}{\text{지정수량}} + \cdots$$

$$\text{지정배수} = \frac{50L}{50L} + \frac{150L}{50L} + \frac{800L}{400L} = 6\text{배}$$

09 지정과산화물(제5류 위험물 중 유기과산화물)을 저장 또는 취급하는 옥내저장소

(1) 안전거리, 보유공지 : 시행규칙 별표 5의 Ⅷ 참조

① 지정수량의 5배 이하인 지정과산화물의 옥내저장소에 대하여는 해당 옥내저장소의 저장창고의 외벽을 두께 30cm 이상의 철근콘크리트조 또는 철골철근콘크리트조로 만드는 것으로서 담 또는 토제에 대신할 수 있다.

② 담 또는 토제는 저장창고의 외벽으로부터 2m 이상 떨어진 장소에 설치할 것. 다만, 담 또는 토제와 해당 저장창고와의 간격은 해당 옥내저장소의 공지의 너비의 5분의 1을 초과할 수 없다.

③ 담 또는 토제의 높이는 저장창고의 처마높이 이상으로 할 것

④ 담은 두께 15cm 이상의 철근콘크리트조나 철골철근콘크리트조 또는 두께 20cm 이상의 보강콘크리트블록조로 할 것

⑤ 토제의 경사면의 경사도는 60도 미만으로 할 것

(2) 옥내저장창고 기준

구 분	옥내저장창고 기준
면 적	저장창고는 150m^2 이내마다 격벽으로 완전하게 구획할 것
격 벽	격벽은 두께 30cm 이상의 철근콘크리트조 또는 철골철근콘크리트조로 하거나, 두께 40cm 이상의 보강콘크리트블록조로 하고 창고의 양측의 외벽으로부터 1m 이상, 상부의 지붕으로부터 50cm 이상 돌출시킬 것
외 벽	두께 20cm 이상의 철근콘크리트조나 철골철근콘크리트조 또는 두께 30cm 이상의 보강콘크리트블록조로 할 것
출입구	출입구에는 60분+방화문 또는 60분방화문을 설치할 것
창	바닥면으로부터 2m 이상의 높이에 두되 하나의 벽면에 두는 창의 면적 합계 : 해당 벽면적의 80분의 1 이내 및 하나의 창의 면적은 0.4m^2 이내로 할 것
지 붕	• 중도리 또는 서까래의 간격은 30cm 이하로 할 것 • 지붕의 아래쪽 면에는 한 변의 길이가 45cm 이하의 환강·경량형강 등으로 된 강제의 격자를 설치할 것 • 지붕의 아래쪽 면에 철망을 쳐서 불연재료의 도리·보 또는 서까래에 단단히 결합할 것 • 두께 5cm 이상, 너비 30cm 이상의 목재로 만든 받침대를 설치할 것

10 위험물안전관리 대행기관 지정의 기술인력

• 위험물기능장 또는 위험물산업기사 1인 이상
• 위험물산업기사 또는 위험물기능사 2인 이상
• 기계분야 및 전기분야의 소방설비기사 1인 이상

※ 2 이상의 기술인력은 동일인이 겸직 불가능

11 알킬알루미늄등을 저장 또는 취급하는 이동탱크저장소에 관한 기준

• 이동저장탱크는 외면을 적색으로 도장하는 한편 백색문자로서 동판의 양측면 및 경판에 "물기엄금"이라는 주의사항을 표시(알킬알루미늄은 제3류 위험물의 금수성 물질로서 주의사항 : 물기엄금)(시행규칙 별표 10)
• 이동저장탱크에 알킬알루미늄등을 저장하는 경우 20kPa 이하의 압력으로 불활성기체를 봉입하여 둘 것(시행규칙 별표 18)
• 이동저장탱크의 맨홀 및 주입구의 뚜껑은 10mm 이상의 강판 또는 이와 동등 이상의 기계적 성질이 있는 재료로 할 것(시행규칙 별표 10)
• 이동저장탱크의 용량은 1,900리터 미만일 것(시행규칙 별표 10)
• 이동저장탱크는 두께 10mm 이상의 강판으로 제작하고 1MPa 이상의 압력으로 10분간 실시하는 수압시험에서 새거나 변형되지 아니하는 것일 것(시행규칙 별표 10)

12 위험물의 취급 중 제조에 관한 기준

- 증류공정 : 위험물을 취급하는 설비의 내부압력의 변동 등에 의하여 액체 또는 증기가 새지 아니하도록 할 것
- 추출공정 : 추출관의 내부압력이 비정상으로 상승하지 아니하도록 할 것
- 건조공정 : 위험물의 온도가 국부적으로 상승하지 아니하는 방법으로 가열 또는 건조할 것
- 분쇄공정 : 위험물의 분말이 현저하게 부유하고 있거나 위험물의 분말이 현저하게 기계·기구 등에 부착하고 있는 상태로 그 기계·기구를 취급하지 아니할 것

13 위험물탱크 안전성능시험 신청서는 한국소방산업기술원, 탱크 안전성능시험자에 신청을 해야 하므로 이 기관은 안전성능시험을 할 수 있다.

14 ① 제조소등을 변경하고자 하는 경우 언제나 허가를 받아야 하는 것은 아니다.
② 위험물의 품명을 변경하고자 하는 경우에는 행정안전부령으로 정한 경우에 한한다.
③ 농예용으로 필요한 난방시설을 위한 지정수량 20배 이하의 저장소는 허가대상이 아니다.
④ 저장하는 위험물의 변경으로 지정수량의 배수가 달라지는 경우는 신고대상이다.

15 검사 또는 점검관련 벌칙

위반내용	양형기준
정기점검을 하지 아니하거나 점검기록을 허위로 작성한 관계인으로서 제조소등 설치허가(허가 면제 또는 협의로서 허가를 받은 경우 포함)를 받은 자	1년 이하의 징역 또는 1천만 원 이하의 벌금
정기검사를 받지 아니한 관계인으로서 제조소등 설치허가를 받은 자	1년 이하의 징역 또는 1천만 원 이하의 벌금
운반용기에 대한 검사를 받지 아니하고 운반용기를 사용하거나 유통시킨 자	1년 이하의 징역 또는 1천만 원 이하의 벌금
소방청장, 시·도지사, 소방본부장 또는 소방서장의 출입·검사 및 위험물 사고 조사시 보고 또는 자료제출을 하지 아니하거나 허위로 보고 또는 자료제출을 한 자 또는 관계공무원의 출입·검사 또는 수거를 거부·방해 또는 기피한 자	1년 이하의 징역 또는 1천만 원 이하의 벌금
제조소등의 완공검사를 받지 아니하고 위험물을 저장·취급한 자	1천 500만 원 이하의 벌금

16 시·도지사의 권한을 소방서장에게로의 위임사항

구 분	위임업무
허가 협의	1) 제조소등의 설치허가 또는 변경허가 2) 군사목적 또는 군부대시설을 위한 제조소등을 설치하거나 위치·구조 또는 설비의 변경에 관한 군부대의 장과의 협의
검 사	3) 탱크안전성능검사(기술원 위탁 제외) 4) 위험물 제조소등의 완공검사(기술원 위탁 제외)
신고등 수리	5) 제조소등의 설치자의 지위승계 신고의 수리 6) 제조소등의 용도폐지 신고의 수리 7) 제조소등의 사용 중지신고 또는 재개신고의 수리 8) 위험물의 품명·수량 또는 지정수량 배수의 변경 신고의 수리 9) 정기점검 결과의 수리
행정 처분	10) 예방규정의 수리·반려 및 변경명령 11) 제조소등 사용중지대상 안전조치의 이행 명령 12) 제조소등의 설치허가의 취소와 사용정지 13) 과징금 처분 14) 제조소등의 관계인이 금연구역임을 알리는 표지를 설치하지 아니하거나 보완이 필요한 경우 일정한 기간을 정하여 그 시정을 명할 수 있는 권한

17 정기점검의 대상인 제조소등

- 예방규정을 정하는 제조소등
  - 지정수량의 10배 이상의 위험물을 취급하는 제조소
  - 지정수량의 100배 이상의 위험물을 저장하는 옥외저장소
  - 지정수량의 150배 이상의 위험물을 저장하는 옥내저장소
  - 지정수량의 200배 이상의 위험물을 저장하는 옥외탱크저장소
  - 암반탱크저장소
  - 이송취급소
  - 지정수량의 10배 이상의 위험물을 취급하는 일반취급소
- 지하탱크저장소
- 이동탱크저장소
- 위험물을 취급하는 탱크로서 지하에 매설된 탱크가 있는 제조소・주유취급소 또는 일반취급소

18 자기반응성물질이라 함은 고체 또는 액체로서 폭발의 위험성 또는 가열분해의 격렬함을 판단하기 위하여 고시로 정하는 시험에서 고시로 정하는 성질과 상태를 나타내는 것을 말하며, 위험성 유무와 등급에 따라 제1종 또는 제2종으로 분류한다.

19 제조소등별 각종 턱 높이

1. 제조소
   ① 옥외설비 바닥 둘레의 턱 높이 : 0.15m 이상
   ② 옥내 취급탱크 주위의 방유턱 높이
   - 탱크 1개 : 탱크용량 이상을 수용할 수 있는 높이
   - 탱크 2개 이상 : 최대탱크용량 이상을 수용할 수 있는 높이
2. 옥외탱크저장소
   ① 펌프실 바닥의 주위 턱 높이 : 0.2m 이상
   ② 펌프실 외의 장소에 설치하는 펌프설비 주위의 턱 높이 : 0.15m 이상
3. 옥내탱크저장소
   ① 펌프설비를 탱크전용실이 있는 건축물 외의 장소에 설치하는 경우 → 옥외저장탱크의 기준 준용
   - 펌프실 바닥의 주위 턱 높이 : 0.2m 이상
   - 펌프실 외의 장소에 설치하는 펌프설비 주위의 턱 높이 : 0.15m 이상
   ② 펌프설비를 탱크전용실이 있는 건축물에 설치하는 경우
   - 탱크전용실 외의 장소에 설치하는 경우 펌프실 바닥의 주위 턱 높이 : 0.2m 이상
   - 탱크전용실에 설치하는 경우 펌프설비 주위의 턱 높이 : 탱크전용실의 문턱 높이 이상(다층건물인 경우는 0.2m 이상)
   ③ 탱크전용실의 출입구의 턱 높이
   - 탱크 1개 : 탱크용량 이상을 수용할 수 있는 높이
   - 탱크 2개 이상 : 최대 탱크 용량 이상(다층건물인 경우는 모든 탱크 용량 이상)
4. 주유취급소
   ① 사무실 그 밖의 화기를 사용하는 곳의 출입구 또는 사이통로의 문턱 높이 : 15cm 이상
   ② 펌프실 출입구의 턱 높이 : 0.1m 이상
5. 판매취급소의 배합실의 출입구 문턱 높이 : 0.1m 이상

20 "특수인화물"이라 함은 이황화탄소, 다이에틸에터, 아세트알데하이드, 산화프로필렌 그 밖에 1기압에서 발화점이 섭씨 100도 이하인 것 또는 인화점이 섭씨 영하 20도 이하이고 비점이 섭씨 40도 이하인 것을 말하며, 휘발유는 제4류 제1석유류(인화성액체)에 해당한다.

21 탱크안전성능검사의 면제(시행령 제9조)

시・도지사가 면제할 수 있는 탱크안전성능검사는 충수・수압검사로 한다.

22 위험물 운반용기 주의사항

품 명	유기과산화물	무기 과산화물	철분 · 금속분 · 마그네슘	유기금속화합물
유 별	제5류 위험물	제1류 위험물	제2류 위험물	제3류 위험물
주의사항	화기엄금 및 충격주의	화기 · 충격주의, 가연물접촉주의 및 물기엄금	화기주의 및 물기엄금	물기엄금

23 옥외 또는 옥내저장소에서 혼재 저장기준

유별을 달리하는 위험물은 동일한 저장소(2 이상 있는 저장소에 있어서는 동일한 실)에 저장하지 아니해야 한다. 위험물을 유별로 정리하여 저장하는 한편, 서로 1m 이상의 간격을 두는 경우에는 그러하지 아니한다.

제1류 위험물(알칼리금속의 과산화물 또는 이를 함유한 것을 제외)	제5류 위험물
제1류 위험물	제6류 위험물
제1류 위험물	제3류 위험물 중 황린 또는 이를 함유한 물품
제2류 위험물 중 인화성고체	제4류 위험물
제3류 위험물 중 알킬알루미늄등	제4류 위험물 중 알킬알루미늄 또는 알킬리튬을 함유한 물품
제4류 위험물 중 유기과산화물 또는 이를 함유하는 것	제5류 위험물 중 유기과산화물 또는 이를 함유한 것

24 안전관리자의 책무(시행규칙 제55조)

1. 위험물의 취급작업에 참여하여 해당 작업이 규정에 따른 저장 또는 취급에 관한 기술기준과 법 제17조에 따른 예방규정에 적합하도록 해당 작업자(해당 작업에 참여하는 위험물취급자격자를 포함한다)에 대하여 지시 및 감독하는 업무
2. 화재 등의 재난이 발생한 경우 응급조치 및 소방관서 등에 대한 연락업무
3. 위험물시설의 안전을 담당하는 자를 따로 두는 제조소등의 경우에는 그 담당자에게 다음 각 목에 따른 업무를 지시, 그 밖의 제조소등의 경우에는 다음 각 목에 따른 업무
   가. 제조소등의 위치 · 구조 및 설비를 법 제5조 제4항의 기술기준에 적합하도록 유지하기 위한 점검과 점검상황의 기록 · 보존
   나. 제조소등의 구조 또는 설비의 이상을 발견한 경우 관계자에 대한 연락 및 응급조치
   다. 화재가 발생하거나 화재발생의 위험성이 현저한 경우 소방관서 등에 대한 연락 및 응급조치
   라. 제조소등의 계측장치 · 제어장치 및 안전장치 등의 적정한 유지 · 관리
   마. 제조소등의 위치 · 구조 및 설비에 관한 설계도서 등의 정비 · 보존 및 제조소등의 구조 및 설비의 안전에 관한 사무의 관리
4. 화재 등의 재해의 방지와 응급조치에 관하여 인접하는 제조소등과 그 밖의 관련되는 시설의 관계자와 협조체제의 유지
5. 위험물의 취급에 관한 일지의 작성 · 기록
6. 그 밖에 위험물을 수납한 용기를 차량에 적재하는 작업, 위험물설비를 보수하는 작업 등 위험물의 취급과 관련된 작업의 안전에 관하여 필요한 감독의 수행

25 제34조의2(벌칙) 제6조 제1항 전단을 위반하여 제조소등의 설치허가를 받지 아니하고 위험물시설을 설치한 자는 5년 이하의 징역 또는 1억 원 이하의 벌금에 처한다.

25 정답 및 해설

25회_정답 및 해설														
01	02	03	04	05	06	07	08	09	10	11	12	13	14	15
④	③	①	②	③	④	②	①	②	③	②	④	④	④	①
16	17	18	19	20	21	22	23	24	25					
①	③	④	②	④	④	①	④	②	②					

01 저장창고의 기준면적(위험물안전관리법 시행규칙 별표 5)

위험물을 저장하는 창고의 종류	기준면적
① 제1류 위험물 중 아염소산염류, 염소산염류, 과염소산염류, 무기과산화물, 그 밖에 지정수량이 50킬로그램인 위험물 ② 제3류 위험물 중 칼륨, 나트륨, 알킬알루미늄, 알킬리튬, 그 밖에 지정수량이 10킬로그램인 위험물 및 황린 ③ 제4류 위험물 중 특수인화물, 제1석유류 및 알코올류 ④ 제5류 위험물 중 유기과산화물, 질산에스터류, 그 밖에 지정수량이 10킬로그램인 위험물 ⑤ 제6류 위험물	1,000m^2 이하
①~⑤의 위험물 외의 위험물을 저장하는 창고	2,000m^2 이하
위의 전부에 해당하는 위험물을 내화구조의 격벽으로 완전히 구획된 실에 각각 저장하는 창고(①~⑤의 위험물을 저장하는 실의 면적은 500m^{2}을 초과할 수 없다)	1,500m^2 이하

02 위험물의 분류

종 류	염소화아이소사이아누르산	염소화규소화합물	금속의 아지화합물	할로젠간화합물
유 별	제1류 위험물	제3류 위험물	제5류 위험물	제6류 위험물
지정수량	300킬로그램	300킬로그램	제2종 : 100킬로그램	300킬로그램

03 충전하는 일반취급소

- 이동저장탱크에 액체위험물을 주입하는 일반취급소
- 액체위험물을 용기에 옮겨 담는 취급소를 포함
- 알킬알루미늄등, 아세트알데하이드등 및 하이드록실아민등을 제외한다.

04 ② 주유취급소의 고정주유설비 또는 고정급유설비는 주(급)유 전용탱크, 간이탱크 중 하나의 탱크만으로부터 위험물을 공급받을 수 있도록 해야 한다(별표 13 Ⅳ 제2호).

고정식주유설비 등 설치기준

- 주유취급소에는 자동차 등의 연료탱크에 직접 주유하기 위한 고정주유설비를 설치해야 한다.
- 고정주유설비 또는 고정급유설비는 난연성 재료로 만들어진 외장을 설치할 것
- 펌프기기는 주유관 선단에서의 최대토출량이 제1석유류의 경우에는 분당 50리터 이하, 경유의 경우에는 분당 180리터 이하, 등유의 경우에는 분당 80리터 이하인 것으로 할 것
- 이동저장탱크에 주입하기 위한 고정급유설비의 펌프기기는 최대토출량이 분당 300리터 이하인 것으로 할 수 있으며, 분당 토출량이 200리터 이상인 것의 경우에는 주유설비에 관계된 모든 배관의 안지름을 40mm 이상으로 해야 한다.

- 본체 또는 노즐 손잡이에 주유작업자의 인체에 축적되는 정전기를 유효하게 제거할 수 있는 장치를 설치할 것
- 주유관의 길이(선단의 개폐밸브를 포함한다)는 5m(현수식의 경우에는 지면 위 0.5m의 수평면에 수직으로 내려 만나는 점을 중심으로 반경 3m) 이내로 할 것

05 안전교육 업무의 위탁(시행령 제22조 제1항)

1. 소방청장이 안전원에 위탁한 안전교육
   가. 위험물운반자 또는 위험물운송자의 요건을 갖추려는 사람에 대한 안전교육
   나. 위험물취급자격자의 자격을 갖추려는 사람에 대한 안전교육
   다. 위험물안전관리자, 위험물운송자, 위험물운반자로 종사하는 사람에 대한 안전교육
2. 소방청장이 기술원에 위탁한 안전교육
   탱크안전성능시험자의 기술인력으로 종사하는 사람에 대한 안전교육

06 ④ 화물자동차에 적재하여 운반하는 경우 위험물안전관리법상 운반기준의 적용을 받는다.

07 ② 배합실의 바닥면적은 $6m^2$ 이상 $15m^2$ 이하로 하여야 한다.

08 옥외탱크저장소가 다음 각 목의 어느 하나에 해당하는 경우에는 자동화재속보설비를 설치하지 않을 수 있다.

- 옥외탱크저장소의 방유제와 옥외저장탱크 사이의 지표면을 불연성 및 불침윤성(수분에 젖지 않는 성질)이 있는 철근콘크리트 구조 등으로 한 경우
- 「화학물질관리법 시행규칙」 별표 5 제6호의 화학물질안전원장이 정하는 고시에 따라 가스감지기를 설치한 경우
- 자체소방대를 설치한 경우
- 안전관리자가 해당 사업소에 24시간 상주하는 경우

09 ①, ③, ④의 경우 물분무소화설비를 설치해야 한다.
②의 경우는 옥내소화전설비, 옥외소화전설비, 스프링클러설비 또는 물분무등소화설비를 설치해야 한다.

10 소요단위의 계산방법

위험물은 지정수량의 10배를 1 소요단위이며, 능력단위는 소요단위에 대응하는 소화설비의 소화능력의 기준단위로 경유는 제2석유류(비수용성)에 해당되며, 지정수량은 1,000리터이다.

따라서, $\frac{\text{저장량}}{\text{지정수량}} = \frac{80,000}{1,000}$ = 80배 ÷ 10배 = 8단위 ÷ 3단위 = 2.67개

11 ② 황은 순도가 **60중량퍼센트** 이상인 것을 말한다. 이 경우 순도측정에 있어서 불순물은 **활석** 등 불연성물질과 **수분**에 한한다.

12 ④ 하나의 경계구역의 면적이 500㎡ 이하이면서 해당 경계구역이 두개의 층에 걸치는 경우이거나 계단・경사로・승강기의 승강로 그 밖에 이와 유사한 장소에 연기감지기를 설치하는 경우에는 2개 층을 하나의 경계구역으로 할 수 있다.

13 ④ 옥외탱크저장소에 소화기를 비치할 때에는 면제대상과 소화기의 개수는 있으나 설치거리의 규정은 없다.

14 제조소, 일반취급소의 변경허가를 받아야 하는 경우(시행규칙 별표 1의2)

- 제조소 또는 일반취급소의 위치를 이전하는 경우
- 건축물의 벽 · 기둥 · 바닥 · 보 또는 지붕을 증설 또는 철거하는 경우
- **배출설비**를 **신설**하는 경우
- 위험물취급탱크를 신설 · 교체 · 철거 또는 보수(탱크의 본체를 절개하는 경우에 한한다)하는 경우
- 위험물취급탱크의 노즐 또는 맨홀을 신설하는 경우(노즐 또는 맨홀의 지름이 250mm를 초과하는 경우에 한한다)
- 위험물취급탱크의 **방유제의 높이** 또는 방유제 내의 면적을 **변경하는 경우**
- 위험물취급탱크의 탱크전용실을 증설 또는 교체하는 경우
- 300m(지상에 설치하지 아니하는 배관의 경우에는 30m)를 초과하는 위험물배관을 신설 · 교체 · 철거 또는 보수(배관을 절개하는 경우에 한한다)하는 경우
- **불활성기체의 봉입장치**를 **신설**하는 경우
- 누설범위를 국한하기 위한 설비를 신설하는 경우
- 냉각장치 또는 보냉장치를 신설하는 경우
- 탱크전용실을 증설 또는 교체하는 경우
- 담 또는 토제를 신설 · 철거 또는 이설하는 경우
- 온도 및 농도의 상승에 의한 위험한 반응을 방지하기 위한 설비를 신설하는 경우
- 철 이온 등의 혼입에 의한 위험한 반응을 방지하기 위한 설비를 신설하는 경우
- 방화상 유효한 담을 신설 · 철거 또는 이설하는 경우
- 위험물의 제조설비 또는 취급설비(펌프설비 및 취급량이 지정수량의 5분의 1 미만인 설비를 제외한다)를 증설하는 경우
- 옥내소화전설비 · 옥외소화전설비 · 스프링클러설비 · 물분무등소화설비를 신설 · 교체(배관 · 밸브 · 압력계 · 소화전본체 · 소화약제탱크 · 포헤드 · 포방출구 등의 교체는 제외한다) 또는 철거하는 경우
- 자동화재탐지설비를 신설 또는 철거하는 경우

15 기계에 의하여 하역하는 구조로 된 대형의 운반용기로서 행정안전부령이 정하는 것✪(별표 20에 규정한 운반용기)을 제작하거나 수입한 자 등은 행정안전부령이 정하는 바에 따라 해당 용기를 사용하거나 유통시키기 전에 시 · 도지사가 실시하는 운반용기에 대한 검사를 받아야 한다(법 제20조 제2항).

16 제34조의2(벌칙) 제6조 제1항 전단을 위반하여 제조소등의 설치허가를 받지 아니하고 위험물시설을 설치한 자는 5년 이하의 징역 또는 1억 원 이하의 벌금에 처한다.

17 하이드록실아민등을 취급하는 제조소의 안전거리

$$D = 51.1\sqrt[3]{N}$$

여기서, N : 지정수량의 배수(하이드록실아민의 지정수량 : 100킬로그램)

D : 거리(m)

∴ 안전거리 $D = 51.1\sqrt[3]{2}$ = 51.1 × 1 = 51.1m

18 자동차 등의 세정을 행하는 설비의 기준

- 증기 세차기를 설치하는 경우에는 그 주위에 불연재료로 된 높이 **1m 이상의 담**을 설치하고 출입구가 고정주유설비에 면하지 아니하도록 할 것. 이 경우 담은 고정주유설비로부터 4m 이상 떨어지게 해야 한다.
- 증기 세차기 외의 세차기를 설치하는 경우에는 고정주유설비로부터 4m 이상, 도로경계선으로부터 2m 이상 떨어지게 할 것

19 **금속분**이라 함은 알칼리금속 · 알칼리토류금속 · 철 및 마그네슘 외의 금속의 분말을 말하고, 구리분 · 니켈분 및 150마이크로미터의 체를 통과하는 것이 50중량퍼센트 미만인 것은 제외한다.

20 이송취급소에는 다음 각 목의 기준에 의하여 경보설비를 설치하여야 한다.

- 이송기지에는 비상벨장치 및 확성장치를 설치할 것
- 가연성증기를 발생하는 위험물을 취급하는 펌프실 등에는 가연성증기 경보설비를 설치할 것

21 게시판에는 저장 또는 취급하는 위험물의 유별 · 품명 및 저장최대수량 또는 취급최대수량, 지정수량의 배수 및 안전관리자의 성명 또는 직명을 기재할 것

22 ① 인화점 70℃ 이상의 위험물만을 해당 위험물의 인화점 이하의 온도로 저장 또는 취급하는 탱크에 설치하는 통기관에 있어서는 인화방지망을 설치하지 않아도 된다.

23 정기점검기록 보존기간(시행규칙 제68조 제2항)

- 옥외저장탱크의 구조안전점검에 관한 기록 : 25년
- 특정 · 준특정 옥외저장탱크에 안전조치를 한 후 기술원에 구조안전점검시기를 연장 신청하여 구조안전점검을 받은 경우의 점검기록 : 30년
- 일반 정기점검의 기록 : 3년

24 위험물 제조소의 옥외에 있는 위험물 취급탱크의 방유제의 용량

- 1기일 때 : 탱크용량 × 0.5(50%)
- 2기 이상일 때 : 최대탱크용량 × 0.5 + (나머지 탱크 용량합계 × 0.1)

따라서, 30,000L × 0.5 + 등유 20,000L × 0.1 = 17,000L = 17m^3

25 ② 주요한 출입구에서 내부 전체를 볼 수 있는 경우 경계구역은 1,000m^2 이하로 할 수 있다.

S D E D U

합 격 의
공 식
시대에듀

많이 보고 많이 겪고 많이 공부하는 것은 배움의 세 기둥이다.

– 벤자민 디즈라엘리 –

배우기만 하고 생각하지 않으면 얻는 것이 없고,
생각만 하고 배우지 않으면 위태롭다.

– 공자 –

2025 시대에듀 소방승진 위험물안전관리법 최종모의고사

개정11판1쇄 발행	2025년 05월 20일 (인쇄 2025년 03월 19일)
초 판 발 행	2014년 08월 05일 (인쇄 2014년 07월 24일)
발 행 인	박영일
책 임 편 집	이해욱
편 저	문옥섭
편 집 진 행	윤승일 · 유형곤
표지디자인	조혜령
편집디자인	차성미 · 장성복
발 행 처	(주)시대고시기획
출 판 등 록	제10-1521호
주 소	서울시 마포구 큰우물로 75 [도화동 538 성지 B/D] 9F
전 화	1600-3600
팩 스	02-701-8823
홈 페 이 지	www.sdedu.co.kr
I S B N	979-11-383-9033-0 (13500)
정 가	28,000

승진시험 합격자들이 집필한 **시대에듀**

소방승진

최종모의고사 시리즈

※ 도서 이미지 및 구성은 변경될 수 있습니다.

➜ 핵심이론을 정리한 빨리보는 간단한 키워드(빨간키) 수록!

➜ 최신의 기출문제를 최대한 복원하여 수록!

➜ 시험의 출제경향을 분석해 최대한 실제 시험유형에 맞게 구성한 모의고사!

➜ 실력확인 OX 문제 수록!

더 이상의 소방 시리즈는 없다!

- **현장실무**와 오랜 시간 동안 쌓은 **저자의 노하우**를 바탕으로 최단기간 합격의 기회를 제공합니다.
- 2025년 시험대비를 위해 **최신개정법 및 이론**을 반영하였습니다.
- **빨간키(빨리보는 간단한 키워드)**를 수록하여 가장 기본적인 이론을 시험 전에 확인할 수 있도록 하였습니다.

시대에듀의 소방 도서는...

알차다!
꼭 알아야 할 내용

친절하다!
쉽게 요약한 핵심

핵심을 뚫는다!
시험 유형에 적합한 문제

명쾌하다!
상세하고 친절한 풀이